SOLUTIONS

DES

EXERCICES ET PROBLÈMES

DU

COURS SUPÉRIEUR D'ARITHMÉTIQUE

N° 157

Les ouvrages suivants se trouvent aux mêmes adresses.

Syllabaire, in-18.
Nouveau Syllabaire, in-16.
Premier livre de Lecture, in-18.
Syllabaire et Premier livre de Lecture réunis, in-18.
Vie de N.-S. Jésus-Christ, in-18.
Devoirs du Chrétien, in-12.
Lectures courantes, Cours élément. et moyen, 2 vol. in-12.
* Lectures instructives (manuscrit), in-12.
Petit Questionnaire, in-18.
Manuel des Commençants, in-18.
Abrégé de Grammaire, in-12.
Grammaire française, Cours élément. in-18, moyen et supér. in-12, 3 vol.
Cours élémentaire et * intermédiaire d'Orthographe, 2 vol. in-12.
* Cours d'Analyse grammaticale et logique, in-12.
* Exercices orthographiques, Cours de 1re année, de 2e et de 3e année, 2 vol. in-12.
* Leçons de Langue française : Cours élémentaire, moyen, supérieur et complémentaire, 4 vol. in-12.
Petite Histoire sainte, in-18.
Petite Histoire de France, in-18.
Les deux vol. précéd. réunis, in-18.
Histoire sainte illustrée, Cours élém. et moyen, 2 vol. in-12.
Cours supérieur d'Hist. sainte, in-12.
Histoire de France illustrée, Cours préparatoire, élémentaire, moyen, supérieur, 4 vol. in-12.
Chronologie de l'Hist. de France, in-12.
Petite Géographie, in-18.

Géographie, Cours élément., moyen, supér., 3 vol. (in-18, in-16, in-12).
Atlas B, C, D, E, in-4o, comprenant : 30, 50, 100, 150 cartes.
Géographie-Atlas, Cours préparatoire, * élémentaire, * moyen et supérieur, 4 vol. in-4o.
Petite Arithmétique, in-18.
* Exercices de Calcul, in-18.
* Recueil de Problèmes, in-18.
* Petit Système métrique, in-18.
* Les Fractions, in-18.
* Traité d'Arithmétique décim., in-12.
* Arithmétique, Cours élément. in-18, moyen in-16, et supérieur in-12.
* Recueil de Problèmes, in-12.
* Géométrie, Cours élément., moyen et supérieur, 3 vol. in-12.
Manuel d'Arpentage, in-12.
Manuel d'Algèbre et de Trigonométrie, in-12.
Leçons d'Agriculture et d'Horticulture, illustré, in-12.
Notions d'Agriculture et d'Horticulture, illustré, in-12.
* Cours élém. de Tenue des Livres, in-12.
Chants pieux (texte), in-18.
Les mêmes, avec musique, in-18.
Recueil de Cantiques.
Éléments * d'Arithmétique, * d'Algèbre, de * Géométrie, de * Trigonométrie, d'Arpentage, de * Géométrie descriptive, de Cosmographie, de * Mécanique, 8 vol. in-12.
Éléments d'Histoire naturelle : Zoologie, * Botanique et Géologie, 3 v. in-12.
Éléments de Comptabilité, in-12.

Nota : Aux ouvrages marqués * correspond un Livre du Maître.

COLLECTION D'OUVRAGES CLASSIQUES
RÉDIGÉS EN COURS GRADUÉS
CONFORMÉMENT AUX PROGRAMMES OFFICIELS

SOLUTIONS

DES

EXERCICES ET PROBLÈMES

DU

COURS SUPÉRIEUR D'ARITHMÉTIQUE

Par F. F.

CHEZ LES ÉDITEURS

TOURS
ALFRED MAME ET FILS
IMPRIMEURS-LIBRAIRES

PARIS
CH. POUSSIELGUE
RUE CASSETTE, 15

TABLE DES MATIÈRES

SYSTÈME MÉTRIQUE

RAPPORTS ET APPLICATIONS

COMPLÉMENTS

RÉCAPITULATION

INTRODUCTION

Le volume que nous publions renferme les solutions raisonnées des exercices pratiques contenus dans le *Cours supérieur d'Arithmétique*, c'est-à-dire les réponses à près de 300 questions orales et à plus de 1 700 problèmes.

Comme le texte des questions à résoudre précède chaque solution, cet ouvrage est à la fois le *livre du Maître*, du Cours supérieur d'Arithmétique, et un *Recueil méthodique de problèmes raisonnés*.

Les 600 problèmes de récapitulation ont été choisis parmi les questions proposées dans les diverses académies pendant ces dernières années; ils offrent donc tout l'intérêt désirable au point de vue de l'actualité et de la variété. Nous les avons répartis en quinze séries ou paragraphes, répondant aux divers chapitres du Cours supérieur d'Arithmétique.

Cette nouvelle disposition permettra, dès le début du Cours, de familiariser les élèves avec les difficultés qu'ils pourront rencontrer dans les examens.

Une note placée à la fin de chaque chapitre du livre de l'élève indique les problèmes de récapitulation que l'on peut résoudre en s'appuyant uniquement sur les théories déjà étudiées.

Pour ne pas donner à ce volume une étendue trop considérable, nous avons rédigé aussi succinctement que possible les solutions de la plupart des problèmes, nous contentant de renvoyer le lecteur, soit à la théorie du livre de l'élève, soit à quelque problème analogue déjà résolu.

Dans un examen il faut être parfois plus explicite, il est vrai, car alors chaque solution doit présenter un tout complet. Il importe cependant d'être concis dans le texte, et de bien détacher les opérations, afin que l'examinateur puisse facilement suivre la marche de la solution sans être obligé de lire tout le raisonnement. Nous donnons ci-après, comme modèles, la solution complète de quelques problèmes d'examen.

Les notions d'algèbre contenues dans le livre de l'élève nous ont permis d'indiquer la solution algébrique d'un certain nombre de problèmes. Nous engageons les maîtres à faire quelquefois usage des notations algébriques dans la résolution des problèmes au tableau noir. Après avoir employé les procédés arithmétiques, on pourrait *généraliser la question proposée* en remplaçant les nombres par des lettres; puis les élèves indiqueraient les opérations à effectuer pour résoudre les problèmes semblables.

CONSEILS

1º Faire des phrases concises, comprenant un verbe à un mode personnel ; par exemple :

Un mètre de toile coûte $\qquad$ $21,6 : 5,4 = 4$ fr.,

au lieu de : Prix d'un mètre de toile $21,6 : 5,4 = 4$ fr.

2º N'employer les signes $(+, -, \times, :, =)$ qu'entre les quantités, et réserver les expressions (plus, moins, multiplié par, divisé par, égale) pour le corps du raisonnement.

Éviter d'écrire, par exemple : 25 plus 15 égale 40,

et : Le prix d'achat $+$ le bénéfice $=$ le prix de vente.

3º Se bien garder de séparer par le signe $=$ une suite d'expressions n'ayant pas la même valeur, comme, par exemple :

$$19,94 - 7,88 = 12,06 : 2 = 6 \text{ fr. } 03.$$

Le premier membre $19,94 - 7,88$ n'égale pas le dernier $6,03$.

On aurait dû écrire, suivant le cas :

$$\frac{19,94 - 7,88}{2} = 6 \text{ fr. } 03,$$

ou bien $\qquad 19,94 - 7,88 = 12,06 ; \quad 12,06 : 2 = 6$ fr. 03.

4º La nature de l'unité doit toujours être indiquée au résultat d'une opération.

5º Lorsque le dernier membre d'une égalité est le résultat des opérations indiquées dans les premiers membres, l'unité exprimée par le résultat doit être la même que celle qui est employée dans les autres membres.

Soit, par exemple, à trouver le volume d'un morceau de bois dont les dimensions sont : long. 1 m. 4, larg. 1 m. 1, haut. 0 m. 6.

Ne pas écrire $\qquad 1,4 \times 1,1 \times 0,6 = 924$ dm. c.,

mais $\qquad 1,4 \times 1,1 \times 0,6 = 0$ m. c. 924 ou 924 dm. c.,

ou bien $\qquad 14 \times 11 \times 6 = 924$ dm. c.

6º Éviter, autant que possible, les longueurs de la règle de trois. Se rappeler, par exemple, que gagner 5 % c'est gagner 0 fr. 05 par franc ; qu'un déchet de 6 % sur le poids d'une marchandise, c'est un déchet de 0 kg. 06 par kilogr.

Soit à *trouver le bénéfice réalisé sur un objet qui a coûté 45 fr., et sur lequel on a gagné 5 % sur le prix d'achat.*

Au lieu de dire : Sur 100 fr. on gagne 5 fr. ;

sur 1 fr. on gagne 100 fois moins, ou $\dfrac{5}{100}$ fr.,

et sur 45 fr. on gagne 45 fois plus, ou $\dfrac{100}{5 \times 45} = 2$ fr. 25.

Dites : Le bénéfice réalisé est de $0,05 \times 45 = 2$ fr. 25.

7º Lorsque dans un problème on parle d'un bénéfice de *tant pour cent*, sans indiquer si le bénéfice doit être calculé sur le prix d'achat ou sur le prix de vente, l'élève est parfois embarrassé par cette double interprétation.

Bien qu'il soit plus rationnel de calculer le bénéfice sur le prix d'achat, ou sur le prix de revient, il faut tenir compte de la pratique ; or, dans le commerce, on compare souvent le bénéfice au prix de vente. C'est pourquoi, dans un examen, le candidat fera bien, s'il doute, de fournir une double solution.

8° Lorsqu'il s'agit du *tant pour cent* sur le prix d'achat, 5 %, par exemple, il est bon d'écrire :

achat,	bénéfice,	vente.
100	5	105

le prix de vente se trouve, comme on sait, en ajoutant le bénéfice au prix d'achat. Puis, suivant le cas, on se sert des deux termes dont on parle, ayant soin de mettre en pratique, s'il y a lieu, la remarque 6° ci-dessus.

Exemple I. *J'ai vendu un objet 141 fr. 75, et j'ai gagné 5 % sur le prix d'achat. 1° Combien ai-je payé cet objet ? 2° combien ai-je gagné ?*

	achat,	vente.
1°	100	105
	x	141,75.

	bénéfice,	vente.
2°	5	105
	x	141,75.

II. *J'ai gagné 13 fr. sur la vente d'un objet à raison de 5 % sur le prix d'achat. 1° Combien cet objet m'a-t-il coûté ? 2° combien l'ai-je vendu ?*

	achat,	bénéfice,
1°	100	5
	x	13.

	bénéfice,	vente.
2°	5	105
	13	x.

Si le bénéfice est de 7 % sur le prix de vente, on écrit :

vente,	bénéfice,	achat.
100	7	93.

On sait que le prix d'achat se trouve en retranchant le bénéfice du prix de vente.

Le reste se calcule comme pour le tant pour cent sur le prix d'achat.

9° Dans les questions d'intérêt, lorsque le capital et l'intérêt sont réunis, il y a deux opérations à faire : 1° chercher l'intérêt de 100 fr. pour le temps donné ; 2° chercher la réponse à la question proposée.

Soit par exemple à trouver : *quel capital il faut placer à 6 %, pendant 3 ans 9 mois, pour recevoir au bout de ce temps 4549 fr. 65, tant pour le capital que pour les intérêts.*

1° En 3 ans 9 mois ou $\dfrac{45}{12}$ d'année 100 fr. rapportent

$$\dfrac{6 \times 45}{12} = 22 \text{ fr. } 50.$$

2° On aura :	100	122,5
	x	4549,65.

Le capital demandé est $4549,65 : 1,225 = 3714$ fr.

10° Écrire très lisiblement la réponse sur une ligne finale.

PROBLÈMES D'EXAMEN

I. *Un marchand de grains a pris livraison de 100 hectolitres de froment pesant 80 kg. à l'hectolitre, au moment de la récolte, à raison de 20 fr. l'hectolitre. Ce blé perd le $1/25$ de son poids en se desséchant. On demande combien ce marchand devra vendre le quintal métrique de blé sec pour réaliser un bénéfice de 5 %.*

Le blé pesait $80 \times 100 = 8000$ kg. ou 80 quintaux.

Le marchand a payé $20 \times 100 = 2000$ fr.

Il veut gagner $2000 \times 0,05 = 100$ fr.

Il devra vendre le blé sec $2000 + 100 = 2100$ fr.

Puisque en se desséchant le blé perd $\dfrac{1}{25}$ de son poids, le blé sec ne pèse que $80 \times \dfrac{24}{25} = 76$ quintaux 8.

Le marchand devra vendre le quintal de blé

$$\frac{2100}{76,8} = 27 \text{ fr. } 343, \text{ soit } 27 \text{ fr. } 35.$$

Rép. 27 fr. 35 le quintal métrique.

Nota. Les additions, les soustractions, aussi bien que les multiplications et les divisions par un nombre d'un chiffre, n'ont pas besoin d'être faites à part. Mais, dans une composition d'examen, les multiplications et les divisions par un nombre de plusieurs chiffres, autres que 25, doivent être écrites en marge.

Dans le problème I ci-dessus, la division $\dfrac{2100}{76,8}$ seule doit figurer sur la copie.

II. *Les élèves d'un externat payent les uns 80 fr. par an, les autres 60 fr. Le nombre total des élèves est de 61, parmi lesquels 4 gratuits, dont 3 de la première classe et 1 de la seconde. La somme représentant le prix de pension de ces 4 élèves est égale aux $5/72$ de la rétribution totale des autres. On demande combien cet externat reçoit d'élèves de chaque catégorie.*

Les 3 élèves gratuits de la 1re classe auraient payé $80 \times 3 = 240$ fr.

L'élève gratuit de la seconde $\underline{60}$

Le prix de la pension de ces 4 élèves aurait été de   300 fr.

Puisque cette somme est les $\dfrac{5}{72}$ de la rétribution totale des autres, cette rétribution est de $\dfrac{300 \times 72}{5} = 4320$ fr.

L'externat comptait $61 - 4 = 57$ élèves payants.

Si tous les élèves avaient été de la 1re classe, la rétribution aurait été de $80 \times 57 = 4560$ fr.

Elle est moindre de $4560 - 4320 = 240$ fr.

Un élève de la 2e classe paye $80 - 60 = 20$ fr. de moins qu'un élève de la 1re.

Pour que la rétribution ait été plus faible de 240 fr., il a fallu qu'il y ait

      $240 : 20 = 12$ élèves payants de la 2e classe,

et $57 - 12 = 45$ »   de la 1re classe.

Donc l'externat compte $45 + 3 = 48$ élèves en 1re classe, et $12 + 1 = 13$ en 2e classe.

Rép. 48 élèves en 1re classe, et 13 en 2e classe.

Nota. Il n'y a pas d'opérations à faire figurer sur la copie.

III. Une compagnie a acheté un terrain de 120 mètres de longueur sur 80 mètres de largeur, et elle y a fait élever une maison dont la construction a coûté exactement le double du prix d'acquisition du terrain. Le montant des loyers payés annuellement au profit de la compagnie s'élève à 90 720 fr. et représente l'intérêt à 7 %/₀ du capital employé dans cette affaire. On demande : 1º le prix d'achat du mètre carré du terrain ; 2º la somme payée pour la construction des bâtiments.

1ʳᵉ solution.

Puisque le montant des loyers est les $\dfrac{7}{100}$ du capital employé, ce capital égale

$$\frac{90\,720 \times 100}{7} = 1\,296\,000 \text{ fr.}$$

Le prix d'achat du terrain est la moitié de la somme payée pour la construction, ou le $\dfrac{1}{3}$ du capital employé,

soit $\dfrac{1\,296\,000}{3} = 432\,000 \text{ fr.}$

La surface du terrain égale

$$120 \times 80 = 9\,600 \text{ m. q.}$$

1º Le mètre carré de ce terrain a coûté

$$\frac{432\,000}{9\,600} = 45 \text{ fr.}$$

2º La construction a coûté

$$432\,000 \times 2 = 864\,000 \text{ fr.}$$

Rép. $\left\{\begin{array}{l} \text{1º 45 fr. le mètre carré.} \\ \text{2º Construction 864 000 fr.} \end{array}\right.$

Nota. Dans ce problème la division $\dfrac{432\,000}{9\,600}$ ou $\dfrac{4\,320}{96}$ doit seule figurer sur la copie.

2ᵉ solution.

La surface du terrain acheté est de

$$120 \times 80 = 9\,600 \text{ mètres carrés.}$$

Si le terrain valait 1 fr. le mètre carré, les dépenses auraient été :

Achat du terrain	9 600 fr.
Construction $9\,600 \times 2 =$	19 200
Capital employé	28 800 fr.

Le montant des loyers aurait été les $\dfrac{7}{100}$ de cette somme ou

$$28\,800 \times 0{,}07 = 2\,016 \text{ fr.}$$

Mais la compagnie reçoit $\dfrac{90\,720}{2\,016}$, soit 45 fois plus.

On aura donc :

Rép. $\left\{\begin{array}{l} \text{1º Achat du terrain 45 fr. le mètre carré.} \\ \text{2º Somme payée pour la construction} \\ 19\,200 \times 45 = 864\,000 \text{ fr.} \end{array}\right.$

Nota. La division $\dfrac{90\,720}{2\,016}$ doit figurer sur la copie.

NUMÉRATION

1. *Quelle est la base de notre système de numération, et pourquoi?*

La base de notre système de numération est *dix*, parce qu'il faut dix unités d'un ordre quelconque pour faire une unité de l'ordre immédiatement supérieur.

2. *Quelle est la classe des plus hautes unités d'un nombre entier qui a : 1° neuf chiffres; 2° treize chiffres; 3° dix-sept chiffres; 4° douze chiffres?*

1° Classe des millions; 2° classe des trillions; 3° classe des quatrillions; 4° classe des billions.

3. *Combien de chiffres ont les nombres entiers dont les plus hautes unités sont : 1° des dizaines de billions; 2° des centaines de mille; 3° des milliards; 4° des centaines de millions.*

1° Onze chiffres; 2° six chiffres; 3° dix chiffres; 4° neuf chiffres.

4. *Quelle est la classe des plus hautes unités dans les nombres décimaux qui ont sept chiffres, si les plus faibles unités de ces nombres sont respectivement : 1° des millièmes; 2° des dixièmes; 3° des millionièmes; 4° des centièmes?*

1° Classe des mille; 2° classe des mille (centaines de mille); 3° classe des unités; 4° classe des mille (dizaines de mille).

5. *Combien faut-il de chiffres pour écrire les nombres décimaux dont les plus faibles unités sont des millièmes, si les plus hautes unités de ces nombres sont respectivement : 1° des mille, 2° des milliards; 3° des dizaines de millions; 4° des dizaines d'unités?*

1° Sept chiffres; 2° treize chiffres; 3° onze chiffres; 4° cinq chiffres.

6. *Multiplier par 10, puis par 100, puis par 1 000 chacun des nombres 384 et 64,58.*

1° $384 \times 10 = 3840$; $384 \times 100 = 38400$; $384 \times 1000 = 384000$;
2° $64,58 \times 10 = 645,8$; $64,58 \times 100 = 6458$; $64,58 \times 1000 = 64580$.

7. *Diviser par 10, puis par 100, puis par 1 000 chacun des nombres suivants : 25, 6410, 2817,4 et 6,24.*

1° $25 : 10 = 2,5$; $25 : 100 = 0,25$; $25 : 1000 = 0,025$
2° $6410 : 10 = 641$; $6410 : 100 = 64,1$; $6410 : 1000 = 6,41$
3° $2817,4 : 10 = 281,74$; $2817,4 : 100 = 28,174$; $2817,4 : 1000 = 2,8174$
4° $6,24 : 10 = 0,624$; $6,24 : 100 = 0,0624$; $6,24 : 1000 = 0,00624$

8. *Écrire en chiffres arabes (chiffres ordinaires) les nombres suivants :*

XLV	45	CIX	109	MCDXCII	1492
LVIII	58	CCXXXIV	234	MDCCXIX	1719
LXIX	69	CDXCIX	499	MDCCCLXXIX	1879
LXXXIV	84	CMLIV	954	MM	2000
XCIX	99				

9. *Écrire en chiffres romains les nombres suivants :*

35	XXXV	1355	MCCCLV	1794	MDCCXCIV
69	LXIX	1451	MCDLI	1800	MDCCC
979	CMLXXIX	1515	MDXV	1814	MDCCCXIV
904	CMIV	1610	MDCX	1830	MDCCCXXX
1099	MXCIX	1648	MDCXLVIII	1848	MDCCCXLVIII
1214	MCCXIV	1699	MDCXCIX	1870	MDCCCLXX
1328	MCCCXXVIII	1779	MDCCLXXIX	1880	MDCCCLXXX

OPÉRATIONS ARITHMÉTIQUES

EXERCICES SUR L'ADDITION ET LA SOUSTRACTION

§ I. — QUESTIONS ORALES

10. *Pourquoi ne commence-t-on pas l'addition par la gauche, et dans quel cas est-il indifférent de commencer l'addition par la gauche ou par une colonne quelconque? Quand la somme a-t-elle un chiffre de plus que le plus grand nombre?*

On ne commence pas l'addition par la gauche parce que, si le total d'une des colonnes surpassait 9, on serait obligé d'ajouter les dizaines de cette colonne au chiffre déjà écrit de la colonne de gauche: par suite on serait obligé de changer ce chiffre.

Il serait indifférent de commencer par la gauche ou par une colonne quelconque, si le total de chaque colonne ne surpassait pas 9.

La somme a un chiffre de plus que le plus grand nombre quand le total de la dernière colonne de gauche, augmenté de la retenue de l'avant-dernière colonne, surpasse 9.

11. *Quand on veut faire la preuve de l'addition, pourquoi est-il préférable de recommencer l'addition dans un sens inverse?*

Il est préférable de recommencer l'addition dans un sens inverse parce que, les chiffres ne se présentant pas dans le même ordre, on n'est pas exposé à reproduire les erreurs que l'on pourrait avoir commises.

12. *Comment peut-on faire la preuve de la soustraction par la soustraction?*

On retranche la différence du grand nombre, et l'on doit obtenir le petit nombre.

13. *Si l'on ajoute le bénéfice fait sur une marchandise à son prix d'achat, qu'indique la somme obtenue?*

Cette somme indique le prix de vente.

14. *Si l'on ajoute la perte au prix de vente d'une marchandise, qu'indique la somme obtenue?*

Cette somme indique le prix d'achat.

15. *Si l'on ajoute votre âge à l'année de votre naissance, qu'indique la somme obtenue?*

En ajoutant mon âge à l'année de ma naissance, la somme obtenue indique l'année courante.

16. *Si, après avoir fait une addition, on la recommence en y comprenant la somme, puis une seconde fois en y comprenant la deuxième somme, et ainsi de suite, que sera : 1° la deuxième somme par rapport à la première; 2° la troisième somme par rapport à chacune des deux premières; 3° la quatrième par rapport à chacune des trois premières, etc.?*

1° La deuxième somme sera le double de la première; 2° la troisième sera le double de la seconde et le quadruple de la première; 3° la quatrième sera le double de la troisième, le quadruple de la deuxième, et vaudra 8 fois la première, etc.

17. *Pourquoi commence-t-on la soustraction par la droite?*

On commence la soustraction par la droite afin que le résultat de chaque soustraction partielle donne un chiffre de la différence cherchée. Si l'un des chiffres du nombre inférieur était plus grand que son correspondant du nombre supérieur, il faudrait augmenter celui-ci de 10 unités de son ordre, et, par compensation, augmenter de 1 le chiffre suivant du nombre inférieur; il faudrait donc, si l'on avait commencé par la gauche, diminuer de 1 la différence déjà écrite de la colonne à gauche.

18. *Dans quel cas serait-il indifférent de commencer la soustraction par la gauche ou par une colonne quelconque?*

Il serait indifférent, etc., si chaque chiffre du nombre inférieur était plus faible que son correspondant du nombre supérieur.

19. *Que faut-il ajouter ou retrancher au grand ou au petit nombre d'une soustraction : 1° pour augmenter la différence de 12; 2° pour diminuer la différence de 12?*

1° Il faut ajouter 12 au grand nombre ou retrancher 12 du petit nombre;

2° Il faut retrancher 12 du grand nombre ou ajouter 12 au petit nombre.

20. *Si l'on additionne ensemble deux nombres et leur différence, que représente la somme obtenue?*

La somme représente le double du grand nombre, car le petit nombre augmenté de la différence égale le grand nombre. On aura [*] : $p + d = g$; $g + p = s$; $g + p + d = 2g = s + d$;

d'où : $$g = \frac{s + d}{2}.$$

21. *La différence de deux nombres ajoutée à leur somme donne pour total 432; quel est le plus grand de ces nombres?*

Le nombre 432 est la somme du grand nombre, du petit nombre et de la différence; il égale 2 fois le grand nombre. (Probl. 20.) On aura donc :

Réponse. $g = \dfrac{s + d}{2} = \dfrac{432}{2} = 216.$

---

[*] Faites lire : *Le petit nombre, plus la différence, égale le grand nombre.* Faites de même pour les formules qui suivent.

22. *Si de la somme de deux nombres on retranche leur différence, qu'obtient-on pour résultat ?*

Le grand nombre égale le petit nombre, plus la différence ;
la somme des deux nombres vaut donc 2 fois le petit nombre,
plus la différence. Si on en retranche la différence, il reste 2 fois
le petit nombre.

$$g + p = p + p + d = 2p + d = s; \quad 2p = s - d;$$

d'où :
$$p = \frac{s - d}{2}.$$

23. *La somme de deux nombres est 50, leur différence est 20;
quel est le grand nombre ?*

$$\text{Rép. } g = \frac{s + d}{2} = \frac{50 + 20}{2} = 35. \quad (\text{Probl. 20.})$$

24. *La somme de deux nombres est 24, leur différence est 6;
quel est le petit nombre ?*

$$\text{Rép. } p = \frac{s - d}{2} = \frac{24 - 6}{2} = 9. \quad (\text{Probl. 22.})$$

25. *La somme de deux nombres est 400, le double de leur différence est 36; quels sont ces deux nombres ?*

$$\text{Rép. } g = \frac{400 + 18}{2} = 209; \quad p = \frac{400 - 18}{2} = 191.$$

26. *Deux nombres étant donnés, que faut-il ajouter au petit
et retrancher du grand pour rendre les deux nombres égaux
sans changer leur somme ?*

Il faut ajouter au petit nombre et retrancher du grand la moitié
de leur différence.

27. *Si l'on retranche la somme de deux nombres du double
du grand nombre, qu'obtient-on pour résultat ?*

Le double du grand nombre égale 2 fois le petit nombre et
2 fois la différence; si l'on en retranche leur somme, c'est-à-dire
(Probl. 22) 2 fois le petit nombre plus la différence, il restera
une fois la différence.

$$2g - s = 2p + 2d - (2p + d) = d.$$

28. *La somme de deux nombres est 80, le double du petit 60;
quelle est la différence des deux nombres ?*

La somme de deux nombres égale 2 fois le petit nombre, plus
la différence; si l'on en retranche 2 fois le petit, il restera la différence. Donc :

$$\text{Rép. } d = s - 2p = 80 - 60 = 20.$$

§ II. — PROBLÈMES

29. *Du 1er au 15 juillet, les recettes d'un marchand ont été res
pectivement de 87 fr, 68 fr 50, 97 fr 10, 108 fr 80, 75 fr 90, 108 fr 80
75 fr 90, 105 fr, 81 fr 75, 104 fr 20, 77 fr 05, 90 fr 75, 119 fr 70
59 fr 60, 68 fr 85 et 117 fr 45; quelle a été la recette totale?*

La recette totale du marchand est égale à la somme des recettes particulières.

Rép. 1446 fr 35.

30. *Un débiteur qui devait 1585 fr, a donné en janvier 88 fr,
en février 97 fr, en mars 108 fr, en avril 117 fr, en mai 119 fr,
en juin 125 fr, en juillet 128 fr, en août 125 fr, en septembre 118 fr,
en octobre 109 fr, en novembre 96 fr, en décembre 83 fr; que doit-il
encore?*

Rép. Le débiteur doit encore : 272 fr.

31. *L'octroi d'une petite ville a encaissé pendant les 31 jours
du mois d'août : 204 fr 50, 95 fr 25, 108 fr 40, 205 fr. 141 fr,
19 fr 10, 59 fr 75, 108 fr, 97 fr 50, 104 fr 75, 291 fr, 225 fr 40,
24 fr 30, 272 fr 10, 185 fr, 149 fr 50, 206 fr, 175 fr 10, 301 fr 95,
18 fr 35, 192 fr, 149 fr 25, 164 fr 15, 209 fr 75, 97 fr 75, 178 fr 40,
21 fr, 342 fr 75, 196 fr, 271 fr 35 et 172 fr 90; quelle a été la recette
totale du mois?*

Rép. On a reçu pendant le mois 4987 fr 25.

32. *Par le chemin de fer, on compte de Paris à Versailles
17 km, à Melun 45 km, à Beauvais 79 km, à Chartres 88 km,
à Évreux 108 km, à Orléans 121 km, à Amiens 131 km, à Rouen
136 km, à Laon 140 km, à Troyes 167 km, à Châlons-sur-Marne
173 km, à Auxerre 175 km, à Blois 178 km, à Arras 192 km.
Quelle est la somme des longueurs des quatorze fils télégraphi-
ques qui relient directement à Paris chacun de ces chefs-lieux
de département?*

Rép. La longueur demandée est 1750 km.

33. *On donne le poids en kilogrammes d'un décimètre cube
(litre) des métaux suivants, appelés métaux usuels: or 19,36,
platine 21,53, argent 10,47, mercure 13,596, plomb 11,35, cuivre
8,85, étain 7,291, fer 7,788, zinc 7,19, aluminium 2,56. Si l'on
prend un décimètre cube de chacun de ces métaux, quel sera le
poids de ces 10 décimètres cubes?*

Rép. Le poids demandé égale: 109 kgr 985.

34. *En 1871, les hauteurs mensuelles de la pluie tombée à Paris
ont été : en janvier 15 mm 8, en février 34 mm, en mars 16 mm 5,
en avril 62 mm 2, en mai 33 mm, en juin 114 mm 9, en juillet
74 mm 3, en août 47 mm, en septembre 37 mm 1, en octobre
37 mm 3, en novembre 9 mm 3 et en décembre 21 mm. Quelle est
en millimètres la hauteur de la pluie tombée à Paris pendant
toute l'année?*

Rép. La hauteur demandée égale 502 mm 4.

35. *La somme de deux nombres est 45215; leur différence est 23949. Quels sont ces deux nombres?*

On a (Probl. 20) : $g = \dfrac{s+d}{2} = \dfrac{45215+23949}{2} = 34582$;

(Probl. 22) : $p = \dfrac{s-d}{2} = \dfrac{45215-23949}{2} = 10633$.

Rép. 34582 et 10633.

36. *La différence de deux nombres est 2369; le double du grand nombre est 6508. Quels sont ces deux nombres?*

$$g = \frac{6508}{2} = 3254; \quad p = 3254 - 2369 = 885.$$

Rép. 3254 et 885.

37. *La différence de deux nombres est 3215; le double du petit est 7270. Quel est le grand nombre?*

$$p = \frac{7270}{2} = 3635; \quad g = 3635 + 3215 = 6850.$$

Rép. 6850 et 3635.

38. *La somme de deux nombres est 5810; le double du petit nombre est 1374. Quelle est la différence de ces deux nombres?*

$$d = s - 2p = 5810 - 1374 = 4436.$$

Rép. 4436.

EXERCICES SUR LA MULTIPLICATION

---

§ I. — QUESTIONS ORALES

39. *Comment fait-on la preuve de la multiplication par la multiplication? Sur quel principe s'appuie-t-on pour justifier cette manière de procéder?*

Rép. 1° Arith. n° 101 ; 2° Arith. n° 91.

40. *La somme de cinq nombres est 125; quelle sera cette somme si l'on multiplie chacun des cinq nombres par 4?*

La somme sera 125×4 ou 500. (Arith. n° 79.)

41. *La différence de deux nombres est 15; quelle sera cette différence si l'on multiplie les deux nombres par 3?*

La différence sera $15 \times 3 = 45$.

42. *Quelle est la sixième puissance de 2, la quatrième puissance de 3, de 5?*

$$2^6 = 64; \quad 3^4 = 81; \quad 5^4 = 625,$$

43. *Quel est le produit : 1° de 240 par 15; 2° de 44 par 25?*

Multiplier un nombre par 15, c'est le prendre 10 fois et la moitié de 10 fois. On aura donc : $240 \times 15 = 2400 + 1200 = 3600$.

Multiplier un nombre par 25, c'est le prendre le quart de 100 fois. Donc : $44 \times 25 = \dfrac{4400}{4} = 1100$.

44. *Trouver le produit de 25 par 9 sans effectuer directement la multiplication.*

Multiplier 25 par 9, c'est prendre ce nombre 10 fois moins une fois. Donc : $25 \times 9 = 250 - 25 = 225$.

45. *Trouver le produit de 18 par 11 sans effectuer directement la multiplication.*

Rép. $18 \times 11 = 180 + 18 = 198$.

46. *Trouver le produit de 49 : 1° par 99; 2° par 101, sans effectuer directement la multiplication.*

$$1° \quad 49 \times 99 = 4900 - 49 = 4851 ;$$
$$2° \quad 49 \times 101 = 4900 + 49 = 4949.$$

47. *Trouver le produit de 51 par 1010 sans effectuer directement la multiplication.*

Rép. $51 \times 1010 = 51000 + 510 = 51510$.

48. *Un nombre doit être multiplié successivement par 3, 5, 8; par quel nombre pourrait-on remplacer les facteurs successifs?*

On peut remplacer les facteurs 3, 5, 8, par leur produit :
$$3 \times 5 \times 8 = 120.$$

49. *Un nombre doit être multiplié par 24; pourrait-on obtenir le produit en faisant des multiplications successives? Quelles seraient-elles?*

On peut multiplier le nombre par les facteurs de 24; ex. par 3 puis par 8, ou par 2 puis par 12, etc.

50. *On a répété 125 fois 306; de quel nombre sera augmenté le produit : 1° si l'on ajoute 2 au multiplicateur; 2° si l'on ajoute 5 au multiplicande?*

1° Si l'on ajoute 2 au multiplicateur, le produit contiendra 2 fois de plus le multiplicande; il sera donc augmenté de
$$306 \times 2 = 612.$$

2° On peut intervertir les facteurs; donc le produit sera augmenté de $\qquad 125 \times 5 = 625$.

51. *De combien sera diminué le produit 34×52 : 1° si l'on retranche 4 du multiplicande; 2° si l'on retranche 3 du multiplicateur?*

Le produit sera diminué : 1° de $52 \times 4 = 208$; 2° de $34 \times 3 = 102$. (Probl. 50.)

52. *Quelle est la somme des produits suivants : 18×25 plus 42×25? Comment peut-on obtenir cette somme en ne faisant qu'une seule multiplication.*

$$(18 \times 25) + (42 \times 25) = (18 + 42) \times 25 = \frac{60 \times 100}{4} = 1\,500.$$

(Arith. n° 79.)

53. *Trouver la différence des produits suivants : 1° 43×16 et 23×16; 2° 54×12 et 42×12?*

1° $(43 \times 16) - (23 \times 16) = (43 - 23) \times 16 = 320$. (Arith. n° 81.)

2° $(54 \times 12) - (42 \times 12) = (54 - 42) \times 12 = 12 \times 12 = 144$.

54. *Quel changement éprouve un produit lorsqu'on ajoute un même nombre, 5 par exemple, aux deux facteurs de ce produit?*

Le produit est augmenté de 5 fois le multiplicande, plus 5 fois c multiplicateur, plus $5 \times 5 = 25$. (Arith. n° 82.)

§ II. — PROBLÈMES

55. *Dans un château il y a 18 croisées au premier étage, autant au deuxième, et 12 mansardes au troisième; les croisées du premier étage ont chacune 16 carreaux, celles du deuxième étage 12 carreaux, les mansardes 8 carreaux : combien y a-t-il de carreaux dans ce château, sachant qu'au rez-de-chaussée on en compte 198?*

$$18 \times 16 + 18 \times 12 + 12 \times 8 + 198 = 798 \text{ carreaux.}$$

Rép. Dans le château il y a 798 carreaux.

56. *On a acheté 45 douzaines d'œufs à 8 fr 50 le cent, on les a revendus 1 fr 20 la douzaine. Combien a-t-on gagné?*

Une douzaine d'œufs coûte $0,085 \times 12 = 1$ fr 02.

Rép. On a gagné : $(1,20 - 1,02) \times 45 = 8$ fr 10.

57. *Un ouvrier qui fait 5 m 20 de drap par jour, a mis 12 jours $^1/_2$ pour en faire une pièce. Combien doit recevoir cet ouvrier, sachant qu'il est payé à raison de 1 fr 25 par mètre de drap fabriqué?*

En un jour l'ouvrier gagne $1,25 \times 5,2 = 6$ fr 50.

Rép. L'ouvrier recevra $6,5 \times 12,5 = 81$ fr 25.

58. *Un ouvrier qui gagne 5 fr 60 par jour de travail et qui dépense 3 fr 20 par jour, ne travaille pas pendant les 52 dimanches de l'année ni pendant les 4 fêtes chômées. Quelles sont ses économies pendant une année de 365 jours?*

L'ouvrier travaille pendant $365 - 56 = 309$ jours.

Il gagne : $5,60 \times 309 = 1\,730$ fr 40.

Il dépense pendant l'année $3,2 \times 365 = 1\,168$ fr.

Rép. Les économies annuelles de cet ouvrier sont de :
$$1\,730,4 - 1\,168 = 562 \text{ fr } 40.$$

59. *Un homme respire en moyenne 18 fois par minute. A chaque inspiration il introduit dans ses poumons environ 136 centimètres cubes d'oxygène; à chaque expiration il en rejette 106 centimètres cubes. Quelle quantité d'oxygène un homme consomme-t-il par heure ?*

Un homme consomme à chaque respiration $136 - 106 = 30$ centimètres cubes d'oxygène.

En une minute il en consommera $30 \times 18 = 540$ centimètres cubes.

En une heure il en consommera $540 \times 60 = 32400$ centimètres cubes.

Rép. 32 décimètres cubes 4.

60. *Un marchand achète 8 pièces de vin contenant chacune 220 litres, qui lui reviennent à 115 fr la pièce. A tout ce vin il mélange 345 litres d'un autre vin qui lui revient à 55 centimes le litre, et il vend le tout à raison de 60 c le litre. Combien a-t-il gagné ?*

Il y aura $220 \times 8 + 345$ ou 2105 litres de mélange.

Ce vin sera vendu $0,6 \times 2105 = 1263$ fr.

Il a coûté $115 \times 8 + 0,55 \times 345 = 1109$ fr 75.

Rép. Le marchand a gagné $1263 - 1109,75 = 153$ fr 25.

61. *Un libraire achète 5 douzaines de volumes à raison de 3 fr 25 le volume; on lui donne 13 volumes pour 12 et on lui diminue de 54 fr le montant de sa facture. Quel bénéfice réalisera-t-il s'il vend séparément chaque volume 3 fr 50 ?*

Le libraire a reçu $13 \times 5 = 65$ volumes; il en a payé $12 \times 5 = 60$.

Il retirera de la vente $3,5 \times 65 = 227$ fr. 50.

Il a déboursé $(3,25 \times 60) - 54 = 141$.

Rép. Le bénéfice égale $227,5 - 141 = 86$ fr 50.

62. *Une fermière porte au marché 52 kg de beurre. Au commencement du marché on lui offre de prendre son beurre à raison de 1 fr 35 le $\frac{1}{2}$ kg, mais elle préfère attendre. Plus tard elle donne tout son beurre pour 145 fr. Combien a-t-elle gagné ou perdu à ce second marché ?*

Au commencement du marché la fermière aurait retiré de son beurre $1,35 \times 2 \times 52 = 140$ fr 40.

Rép. La fermière a gagné $145 - 140,4 = 4$ fr 60.

EXERCICES SUR LES QUATRE RÈGLES

§ I. — QUESTIONS ORALES

63. *Lorsqu'on multiplie un des nombres d'une addition par 7, par exemple, quel changement éprouve la somme ?*

La somme est augmentée de 6 fois le nombre multiplié.

64. *Lorsqu'on divise par 5, par exemple, un des nombres d'une addition, quel changement éprouve la somme?*

La somme est diminuée de 4 fois le quotient obtenu en divisant le nombre par 5.

65. *Lorsqu'on multiplie par 2 un des nombres d'une addition, et qu'on divise par 2 un autre nombre de cette addition, quel changement éprouve la somme?*

Lorsqu'on multiplie par 2 un des nombres d'une addition, le total est augmenté du nombre multiplié; lorsqu'on divise par 2 un nombre d'une addition, le total est diminué de la moitié de ce nombre.

Si le nombre multiplié est plus grand que la moitié du nombre divisé, le total est augmenté de l'excès du nombre multiplié sur la moitié du nombre divisé. Dans le cas contraire, le total est diminué de l'excès de la moitié du nombre divisé sur le nombre multiplié.

66. *Quel changement éprouve la différence de deux nombres :
1º si l'on multiplie ces nombres par un facteur quelconque; 2º si on les divise par un même nombre?*

1º La différence est multipliée par ce facteur;

2º La différence est divisée par ce facteur.

67. *Par quel nombre faut-il multiplier 12 pour que le produit soit contenu 2 fois dans 120?*

La moitié de 120 ou 60 est un produit, 12 est l'un des facteurs. On trouvera l'autre facteur en divisant 60 par 12. Il faut donc multiplier 12 par 5.

68. *Par quel nombre faut-il multiplier 5 pour que le produit soit : 1º quatre fois moindre que 60; 2º triple de 40?*

1º Il faut multiplier 5 par 3 pour avoir $\frac{60}{4} = 15$ au produit. (Probl. 67.)

2º Il faut multiplier 5 par 24 pour avoir $40 \times 3 = 120$ au produit.

69. *Lorsqu'on multiplie un facteur d'un produit par un nombre, quel changement éprouve le produit?*

Le produit est multiplié par ce nombre. (Arith. nº 96.)

70. *Lorsqu'on divise un facteur d'un produit par un nombre, quel changement éprouve le produit?*

Le produit est divisé par ce nombre. (Arith. nº 121.)

71. *Si l'on multipliait deux facteurs d'un produit par un nombre, quel changement éprouverait le produit?*

Le produit serait multiplié par le carré de ce nombre.

72. *Si l'on divisait deux facteurs d'un produit par un même nombre, quel changement éprouverait le produit?*

Le produit serait divisé par le carré de ce nombre.

73. *Le produit changerait-il si l'on multipliait un des facteurs d'un produit par un nombre, et si l'on divisait un autre facteur par le même nombre?*

Le produit ne changerait pas, car il aurait été multiplié et divisé par un même nombre.

74. *Quel est le diviseur lorsque le dividende est : 1° double; 2° triple; 3° quadruple du quotient?*

Le diviseur indique combien de fois le dividende contient le quotient. (Arith. n° 110.)

Donc : 1° le diviseur est 2; 2° le diviseur est 3; 3° le diviseur est 4.

75. *Quel est le diviseur lorsque le quotient est : 1° double; 2° quadruple; 3° quintuple du dividende?*

Le dividende est égal au produit du diviseur par le quotient (Arith. n° 110); le produit étant la moitié d'un facteur, l'autre facteur est la moitié de l'unité. (Arith. n° 73.)

Donc le diviseur: 1° 0,5; 2° 0,25; 3° 0,20.

76. *Lorsque le diviseur est : 1° 0,02; 2° 0,4; 3° 0,15, qu'est le quotient par rapport au dividende?*

1° Les 2 centièmes, ou la cinquantième partie du quotient égale le dividende. (Arith. n° 110 et 73.)

Le quotient vaut donc 50 fois le dividende.

2° Le quotient vaut 10 fois le quart du dividende.

3° Le quotient vaut 100 fois la quinzième partie du dividende.

77. *Par combien faut-il multiplier 50 pour obtenir un produit égal au quotient de 30 par 0,3?*

Il faut multiplier 50 par 2 pour obtenir 30 : 0,3 ou 100. (Probl. 67.)

78. *Que devient le quotient d'une division : 1° lorsqu'on augmente le dividende; 2° lorsqu'on diminue le dividende; 3° lorsqu'on diminue le diviseur; 4° lorsqu'on augmente le diviseur?*

La quantité à partager étant plus grande, les parts seront plus grandes; dans le cas contraire, elles seront plus petites.

Si l'on partage la quantité en un plus grand nombre de parts, ces parts seront évidemment plus petites; si le nombre des parts est plus petit, les parts seront plus grandes. (Arith. n° 109.)

Donc : 1° le quotient augmente; 2° le quotient diminue; 3° le quotient augmente; 4° le quotient diminue.

79. *Que devient le quotient d'une division : 1° si l'on ajoute le diviseur au dividende; 2° si l'on retranche le diviseur du dividende?*

Il est évident que le dividende contiendra une fois de plus ou une fois de moins le diviseur.

Donc : 1° le quotient augmente de 1; 2° le quotient diminue de 1.

80. *Que devient le quotient d'une division : 1° si l'on multiplie*

le dividende par 5 et le diviseur par 6 ; 2° si l'on divise le divi-
dende par 3 et que l'on multiplie le diviseur par 2?

1° En multipliant le dividende par 5, on multiplie le quotient par 5; et en multipliant le diviseur par 6, on divise le quotient par 6. Le quotient a donc été multiplié par 5 et divisé par 6.

2° En divisant le dividende par 3, on divise le quotient par 3, et en multipliant le diviseur par 2, on divise le quotient par 2. Le quotient a donc été divisé par 3 et par 2 ou par 6.

81. *Étant donnés la somme de deux nombres et leur quotient, que faut-il faire pour avoir le petit nombre?*

Application : somme 64, quotient 7.

Il faut diviser la somme par le quotient augmenté de 1 :

$$p = \frac{s}{q+1} \quad \text{(Probl. 79.)}$$

Application : $p = \frac{64}{8} = 8.$

82. *Étant donnés la différence de deux nombres et leur quo-tient, que faut-il faire pour avoir le plus petit de ces nombres?*

Application : différence 144, quotient 13.

Il faut diviser la différence par le quotient diminué de 1 :

$$p = \frac{d}{q-1} \quad \text{(Probl. 79.)}$$

Application : $p = \frac{144}{12} = 12.$

83. *Comment fait-on la preuve de la multiplication par la division?*

Arith. n° 131.

84. *Comment fait-on la preuve de la division par la multipli-cation ?*

Arith. n° 130.

85. *Comment fait-on la preuve de la division par la division?*

Le dividende est égal au produit du diviseur par le quotient, plus le reste. (Arith. n° 111.)

On retranche le reste du dividende, et l'on divise la différence obtenue par le quotient; si l'opération est exacte, on retrouve le diviseur.

86. *Lorsqu'on divise un nombre par 7, quels restes différents peut-on avoir, et pourquoi?*

On ne peut avoir pour reste que les nombres plus petits que 7, car le reste doit être plus petit que le diviseur.

87. *On a trouvé le quotient de deux nombres : que faudrait-il faire pour obtenir un quotient quadruple, par exemple : 1° en modifiant seulement le dividende; 2° en modifiant seulement le diviseur?*

Pour obtenir un quotient quadruple, il faut multiplier le divi-

dende par 4, ou bien diviser le diviseur par 4; dans le premier cas, le nombre à partager étant 4 fois plus grand, les parts seront 4 fois plus grandes; dans le second, le nombre à partager est le même, mais il y aura 4 fois moins de parts.

Remarque. Dans cette question et les deux suivantes, on parle du quotient exact.

88. *On a multiplié le dividende par un nombre, 5 par exemple, et divisé le diviseur par ce même nombre; quel changement a éprouvé le quotient?*

Le quotient a été multiplié par le carré de 5, c'est-à-dire par 25.

89. *On a divisé le dividende par un nombre, 7 par exemple, et on a multiplié le diviseur par ce même nombre; qu'est devenu le quotient?*

Le quotient a été divisé par le carré de 7 ou 49.

90. *Un nombre doit être divisé par le produit $3 \times 5 \times 7 \times 9$; quel changement éprouverait le quotient si l'on supprimait au diviseur : 1° le facteur 5; 2° les facteurs 7 et 9?*

Le quotient serait : 1° multiplié par 5; 2° multiplié par $7 \times 9 = 63$. (Arith. n° 121.)

91. *Au lieu de diviser un nombre successivement par 2, par 5 et par 8, par quel nombre faudrait-il le diviser si l'on ne voulait faire qu'une seule division?*

Il faudrait diviser le nombre par $2 \times 5 \times 8 = 80$. (Arith. n° 124.)

92. *Comment pourrait-on diviser un nombre par 21, en faisant deux divisions successives?*

On pourrait diviser le nombre par 3, puis le quotient obtenu par 7. (Arith. n° 124.)

93. *Quand est-ce que le nombre que l'on ajoute au dividende ne fait qu'augmenter le reste sans faire varier le quotient?*

On ne fait pas varier la partie entière d'un quotient si le nombre que l'on ajoute au dividende, augmenté du reste, donne un total plus petit que le diviseur.

94. *Quand est-ce que le nombre que l'on ajoute au dividende fait varier le quotient?*

Lorsque le nombre ajouté au dividende, plus le reste, donne un nombre au moins égal au diviseur, la partie entière du quotient varie.

95. *Lorsqu'une division se fait avec un reste, quel est le plus petit nombre que l'on puisse retrancher du dividende pour avoir un quotient exact?*

C'est le reste.

96. *Lorsque la division se fait avec un reste, quel est le plus petit nombre que l'on puisse ajouter au dividende pour avoir un quotient exact?*

C'est la différence entre le diviseur et le reste.

§ II. — PROBLÈMES

97. *Si l'on me donnait 158 fr 35 je pourrais payer 290 fr 50 que je dois, et il me resterait 83 fr 45. Combien ai-je?*

$$s + 158,35 = 290,5 + 83,45 = 373,95.$$

Retranchons 158 fr 35 de chaque membre de l'égalité.

Rép. $s = 373,95 - 158,35 = 215$ fr 60.

98. *Si j'avais vendu 20 fr de moins une marchandise qui me coûtait 400 fr, je n'aurais gagné que 18 fr 50. Combien ai-je vendu cette marchandise?*

Le bénéfice est de $18,5 + 20 = 38$ fr 50.

Rép. La marchandise a été vendue $400 + 38,5 = 438$ fr 50.

99. *Depuis 1795 jusqu'en 1878 on a fabriqué, en France, pour 7147852360 fr en pièces de 20 fr. On demande quelle longueur on obtiendrait en mettant toutes ces pièces les unes à la suite des autres, sur une même ligne droite, le diamètre (la largeur) de la pièce étant de 21 millimètres.*

On a fabriqué : $7147852360 : 20 = 357392618$ pièces.

Rép. Ces pièces feraient une longueur de :

$$0,021 \times 357392618 = 7505244 \text{ m } 978.$$

100. *Combien chaque aiguille d'une horloge fait-elle de fois le tour du cadran pendant une année bissextile?*

La petite aiguille fait 2 tours par jour; la grande en fait 24.

Rép.   La petite aiguille fera $2 \times 366 = 732$ tours;

la grande fera $24 \times 366 = 8784$ tours

101. *Une boîte à dragées vaut 0 fr 50; les dragées qu'on y renferme en quintuplent le prix. Combien valent les dragées?*

La boîte pleine de dragées vaut $0,5 \times 5 = 2,5$.

Rép. Les dragées valent $2,5 - 0,5 = 2$ fr.

102. *Un marchand a vendu 225 kg d'une certaine marchandise, et il a gagné 27 fr. Combien gagnerait-il s'il vendait 630 kg de cette marchandise?*

Le marchand gagne par kilogr $\dfrac{27}{225}$ fr.

Rép. S'il vend 630 kilogr, il gagnera $\dfrac{27 \times 630}{225} = 75$ fr 60.

103. *En multipliant un nombre par 19,5, je l'ai augmenté de 248529; quel est ce nombre?*

Multiplier un nombre par 19,5, c'est (Arith. n° 72) chercher un produit qui contienne 19 fois et demie le multiplicande, c'est-à-dire une fois plus 18 fois et demie.

Donc : 248529 égale 18 fois 5 le nombre cherché.

Rép. Ce nombre sera : $248529 : 18,5 = 13434$.

104. *La lumière parcourt environ 308000 km par seconde. Quel temps faut-il à la lumière pour venir du soleil à la terre ? La distance de la terre au soleil est de 153048000 km environ.*

Il faudra : $\dfrac{153048000}{308000} = 496^{s}9$; 497^{s} par excès, ou $8^{m}\ 17^{s}$.

Rép. $8^{m}\ 17^{s}$.

105. *On sait que la terre tourne autour de son axe en 24 heures. Quelle distance un objet situé à l'équateur parcourt-il par minute? On sait que le grand cercle de l'équateur a environ 40000 km de circonférence.*

24 heures valent : $60 \times 24 = 1440^{m}$.

Rép. En une minute un objet fera : $40000 : 1440 = 27$ km 777 m.

106. *Le son parcourt 340 m par seconde. A quelle distance se trouve un nuage orageux, si l'on entend le tonnerre 5 secondes après avoir vu l'éclair (le temps que la lumière met à franchir cet espace est inappréciable)?*

Rép. La distance du nuage est de $340 \times 5 = 1700$ m.

107. *Un village est situé sur une éminence, à 5 km d'un polygone d'artillerie. Combien le bruit d'un canon tiré au polygone met-il de temps pour arriver à ce village? (Voir Probl. 106.)*

Rép. $\dfrac{5000}{340} = 14^{s}\ 42^{t}$, ou $14^{s}7$.

108. *Deux horloges électriques, A et B, sont placées aux deux extrémités d'une rue longue de 1804 m ; elles sonnent à 3 secondes d'intervalle. Quel est le point de la rue d'où l'on entend les deux horloges sonner en même temps, sachant que le son parcourt 340 m par seconde, et que l'horloge A sonne la première ?*

Le son de l'horloge A aura parcouru 3 fois 340 m, ou 1020 m, quand l'horloge B sonnera. C'est donc du milieu de l'espace restant que l'on entendra en même temps le son des deux horloges :
$$1804 - 1020 = 784 \text{ m}.$$

Rép. A $1020 + \dfrac{784}{2} = 1412$ m de l'horloge A,

et à 392 m de l'horloge B.

109. *Une bougie, longue de 0m 23, diminue en brûlant de 0m 0011 par minute. Pendant combien d'heures peut-elle brûler ?*

Rép. La bougie brûlera pendant $0,23 : 0,0011 = 3^{h}\ 29^{m}$ par défaut.

110. *La somme 1431 fr 30 est composée d'un même nombre de pièces de 20 fr, de 10 fr, de 5 fr, de 1 fr, de 0 fr 50 et de 0 fr 20 ; combien y a-t-il de pièces de chaque valeur?*

En prenant une pièce de chaque espèce, on aurait :
$$20 + 10 + 5 + 1 + 0,50 + 0,20 = 36 \text{ fr } 70.$$

Rép. Le nombre de pièces de chaque valeur est de :
$$1431,3 : 36,7 = 39 \text{ pièces}.$$

111. *On a acheté du papier à 3 fr 50, à 3 fr 75, à 4 fr et à 4 fr 25 la rame; on en a eu autant d'une qualité que de l'autre pour 294 fr 50. Combien a-t-on eu de rames de chacun de ces prix?*

Une rame de chaque prix vaut : $3,5 + 3,75 + 4 + 4,25 = 15,5$.

Rép. Pour 294 fr 50, on aura $294,5 : 15,5 = 19$ rames.

112. *On a brûlé en 30 jours 257 hectolitres de coke. Ce combustible coûte 3 fr 75 les 100 kg, et l'hectolitre pèse 45 kg. A combien reviendra le chauffage au coke pendant le premier trimestre d'une année bissextile?*

En un jour on brûle $257 : 30 = 8$ hl 566 de coke.
Le poids de ce coke est : $45 \times 8,566 = 385$ kg 20.
Le prix est : $3,75 \times 3,852 = 14$ fr 4550.
Le chauffage durera : $31 + 29 + 31 = 91$ jours.
On dépensera : $14,455 \times 91 = 1315$ fr 40.

Rép. Le chauffage revient à 1315 fr 40.

113. *Un libraire achète 845 volumes à 0 fr 60, et il les revend à raison de 13 pour 9 fr 75. Combien doit-il vendre la douzaine sans treizième pour réaliser le même bénéfice?*

Le marchand vend un volume : $\dfrac{9,75}{13} = 0$ fr 75.

Rép. Il vendra 12 volumes : $0,75 \times 12 = 9$ fr.

114. *Un libraire achète 650 volumes à 15 fr la douzaine avec treizième. Combien devra-t-il vendre le volume pour gagner 210 fr, sachant que les frais se sont élevés à 15 fr.*

Les 650 volumes, ou $\dfrac{650}{13} = 50$ douzaines avec treizième coûtent : $15 \times 50 = 750$ fr.
Le libraire doit retirer de sa vente : $750 + 210 + 15 = 975$ fr.

Rép. Il devra vendre le volume $975 : 650 = 1$ fr 50.

115. *Un marchand de vin en a acheté 5 pièces pour 598 fr 90; il a vendu 80 litres de ce vin pour 48 fr, et il a gagné 0 fr 07 par litre. Combien chaque pièce contient-elle de litres?*

Le litre de vin est vendu $48 : 80 = 0$ fr 60.
Il a coûté : 0 fr $60 - 0$ fr $07 = 0$ fr 53.
Le marchand avait acheté $598,90 : 0,53$, soit 1130 litres de vin.

Rép. Chaque pièce contenait $1130 : 5 = 226$ litres.

116. *Un marchand de bois a acheté 95 stères de bois à brûler, dont la moitié à 16 fr 50 le stère, et le reste à 18 fr; il a payé le mesurage 0 fr 20 par stère. Combien a-t-il déboursé pour le tout?*

Le prix moyen du stère est de : $\dfrac{16,5 + 18}{2} = 17,25$.

Le prix d'achat du bois est de : $17,25 \times 95 = 1638$ fr 75.
Les frais de mesurage sont de : $0,20 \times 95 = 19$ fr.

Rép. On a déboursé : $1638,75 + 19 = 1657$ fr 75.

117. *Cinq pièces de toile de même longueur ont été vendues à raison de 2 fr 45 le mètre. Quelle est la longueur de chaque pièce, sachant que le mètre de toile a coûté 2 fr 20, et que le bénéfice total est de 70 fr 50?*

Sur 1 mètre, on a gagné : $2,45 - 2,20 = 0$ fr 25.
La longueur totale des 5 pièces de toile est de :
$$70,50 : 0,25 = 282 \text{ m.}$$
Rép. Chaque pièce avait $282 : 5 = 56$ m. 4.

118. *J'ai acheté 18 pièces de drap d'égale longueur à raison de 15 fr 20 le mètre; en revendant ce drap 16 fr 35 le mètre, je gagne 1293 fr 75. Dites quelle est la longueur de chaque pièce.*

En vendant 1 mètre de drap, on gagne $16,35 - 15,20 = 1$ fr 15.
Pour gagner 1293 fr 75, on a dû vendre $1293,75 : 1,15 = 1125$ m.
Rép. Chaque pièce contenait donc $1125 : 18 = 62$ m 5.

119. *Une personne reçoit des marchandises qu'elle avait achetées 528 fr 35; mais comme elles lui arrivent avariées, le vendeur lui diminue le prix de 25 centimes par franc. Combien cette personne doit-elle pour les marchandises qu'elle vient de recevoir?*

Pour 1 fr porté sur la facture, cette personne paye 0 fr 75.

Rép. Cette personne doit $0,75 \times 528,35 = 396$ fr 26.

120. *Le produit de deux nombres a été augmenté de 1260, en ajoutant 2 au multiplicateur et 5 au multiplicande. Quel est le multiplicande si le multiplicateur est 65?*

Le produit a été augmenté de :
65×5 ou 325, plus 2 fois le multiplicande, plus 2×5 ou 10.
Donc, 2 fois le multiplicande égale :
$$1260 - (325 + 10) \text{ ou } 925.$$
Rép. Le multiplicande est $925 : 2 = 462,5$.

121. *La somme de deux nombres est 5765, et leur différence est 4894. Quels sont ces deux nombres?*

On a (Probl. 20 et 22) : $g = \dfrac{s+d}{2} = \dfrac{5765 + 4894}{2} = 5329,5.$

$$p = \frac{s-d}{2} = \frac{5765 - 4894}{2} = 435,5$$

Rép. 5329,5 et 435,5.

122. *La somme de deux nombres est 1051; leur différence est 427. Quels sont ces deux nombres?*

On a (Probl. 20 et 22) : $g = \dfrac{1051 + 427}{2} = 739;$

$$p = \frac{1051 - 427}{2} = 312.$$

Rép. 739 et 312.

123. *La somme de deux nombres est 1029; leur différence égale 5 fois le plus petit de ces nombres. Quels sont ces deux nombres?*

Le grand nombre vaut le petit nombre, plus la différence;

c'est-à-dire une fois, plus 5 fois, ou 6 fois le petit nombre. La somme des deux nombres vaut donc 7 fois le petit nombre.

Le petit nombre est $1\,029 : 7 = 147$.

Le grand nombre égale $1\,029 - 147 = 882$.

Rép. 882 et 147.

124. *Le produit de deux nombres est 6 840; si l'on diminue le multiplicateur de 5, le produit est diminué de 760. Quels sont les deux nombres?*

Lorsqu'on retranche 5 au multiplicateur, le produit est diminué de 5 fois le multiplicande. (Probl. 50.)

Le multiplicande est donc $760 : 5 = 152$.

Le multiplicateur est $6\,840 : 152 = 45$.

Rép. 152 et 45.

125. *Le produit de deux nombres est 7 383; si l'on augmente le multip'icande de 7, le produit devient 9 630. Quels sont ces deux nombres?*

Le multiplicateur est : $\dfrac{9\,630 - 7\,383}{7} = 321$. (Probl. 124.)

Le multiplicande est $7\,383 : 321 = 23$.

Rép. 321 et 23.

126. *La somme de deux nombres est 6 210; leur quotient est 17. Quels sont ces deux nombres?*

On a (Probl. 81) : $p = \dfrac{s}{q+1} = \dfrac{6\,210}{18} = 345$;

$$g = 6\,210 - 345 = 5\,865.$$

Rép. 345 et 5 865.

127. *La différence de deux nombres est 1 232; leur quotient est 8. Quels sont ces deux nombres?*

On a (Probl. 82) : $p = \dfrac{d}{q-1} = \dfrac{1\,232}{7} = 176$;

$$g = 1\,232 + 176 = 1\,408.$$

Rép. 176 et 1 408.

128. *La somme de deux nombres est 6 000; leur quotient est 14 et le reste de leur division 45. Quels sont ces deux nombres?*

La somme 6 000 égale 15 fois le petit nombre, plus 45. (Probl. 81.)

Rép. $p = \dfrac{6\,000 - 45}{15} = 397$; $g = 6\,000 - 397 = 5\,603.$

129. *La différence de deux nombres est 4 835; leur quotient est 13 et le reste de leur division 11. Quels sont ces deux nombres?*

Rép. $p = \dfrac{4\,835 - 11}{12} = 402$; $g = 4\,835 + 402 = 5\,237.$

(Probl. 82 et 127.)

130. *En 1893 l'âge d'un père était triple de celui de son fils né en 1871. En quelle année l'âge de ce fils sera-t-il la moitié de celui de son père?*

En 1893 le fils avait : 1893 — 1871 = 22 ans.

Le père avait : 22 × 3 = 66 ans.

La différence des âges était et restera (Arith., nº 67) de 66 — 22 ou 44 ans.

Quand l'âge du fils sera la moitié de celui de son père, la différence sera égale à l'âge du fils.

Rép En l'année 1871 + 44 = 1915.

131. *La somme de 6000 fr a été partagée entre quatre personnes de la manière suivante : la première a reçu 1255 fr 30, la deuxième 114 fr 80 de plus que la première, la troisième autant que les deux premières moins 1000 fr, la quatrième a eu le reste. Quelle a été la part de la quatrième personne?*

La 1re personne a :		1255 fr 30.
La 2e personne a :	1255,30 + 114,8	= 1370 10.
La 3e personne :	(1255,30 + 1370,10) — 1000 = 1625 40.
La 4e personne aura :		1749 20.
		6000 fr.

Remarque. On obtient la quatrième part en prenant le complément des trois premières. (*Arith.* nº 68.) On dit : 3 et 1... 4 et 4... 8 et 2... 10. Je retiens 1. 1 et 5... 6 et 5... 11 et 9... 20. Je retiens 2, etc.

Rép. La part de la 4e personne égale 1749 fr 20.

132. *Deux trains de voyageurs partent en même temps de deux villes différentes et se dirigent l'un vers l'autre; l'un fait en moyenne 45 km à l'heure, l'autre 60 km. Les deux trains se rencontrent après quatre heures et demie de marche. Quelle est la distance des deux points de départ?*

Pendant une heure les deux trains se rapprochent de :

45 + 60 = 105 km.

Rép. La distance des deux villes est de :

105 × 4,5 = 472 km 500 m.

133. *Un bassin vide reçoit de l'eau par deux robinets qui donnent en moyenne, l'un 42 litres et l'autre 50 litres par minute; mais le bassin perd par des fissures 15 litres par minute. Le bassin a été rempli en 35 heures. Quelle est sa contenance?*

Après une minute, il reste dans le bassin :

(42 + 50) — 15 = 77 litres d'eau.

Rép. La contenance du bassin est de :

77 × 60 × 35 = 161 700 litres, ou 161 mc 7.

134. *Combien coûtera le gaz employé à l'éclairage d'une classe d'adultes pendant 4 mois, en admettant : 1º que l'éclairage dure deux heures et demie par jour; 2º qu'il y a 22 jours de classe par mois; 3º qu'il faut cinq becs de gaz pour l'éclairage de la* classe; 4° qu'un bec consomme 120 *litres de gaz par heure*; 5° *et que* 1 000 *litres de gaz coûtent* 0 *fr* 40?

Pendant 4 mois, il y aura : 22×4, soit 88 jours de classe.

Il se consomme par jour : $120 \times 5 \times 2,5 = 1 500$ litres de gaz.

La dépense journalière est de : $0,40 \times 1,5 = 0$ fr 60.

Rép. La dépense totale est de : $0,6 \times 88 = 52$ fr 80.

135. *Un marchand a du café de trois qualités, savoir :* 40 *kg à* 2 *fr* 50 *le kg;* 55 *kg à* 2 *fr* 85 *le kg;* 45 *kg à* 3 *fr* 50 *le kg. Il mélange le tout. Combien devra-t-il vendre le kilog du mélange pour réaliser un bénéfice total de* 71 *fr* 75.

Rép. $\dfrac{2,5 \times 40 + 2,85 \times 55 + 3,5 \times 45 + 71,75}{140} = 3$ fr 47.

136. *On a dépensé* 2123 *fr pour donner une ration de vin à tous les soldats d'une division; un litre a fourni* 3 *rations, et chaque tonneau contenant* 220 *litres a été payé* 121 *fr. Dites :* 1° *combien d'hommes ont pris part à cette distribution;* 2° *le prix d'une ration.*

Le litre de vin coûte $121 : 220 = 0$ fr 55.

On a distribué $2123 : 0,55 = 3860$ litres de vin.

Rép. 1° Il y a donc eu : 3860×3, soit 11 580 hommes.

2° Le prix d'une ration est de $0,55 : 3$, soit 0 fr 18 $^1/_3$.

137. *Un cultivateur a* 8 *hectares* 40 *plantés en pommiers à cidre. Dans un hectare il y a* 70 *arbres; chaque arbre fournit* 2 *hectolitres de pommes, et un hectolitre de pommes donne* 43 *litres de cidre. Combien ce cultivateur peut-il vendre d'hectolitres de cidre chaque année, supposé qu'il en réserve* 35 *hectolitres pour son usage?*

Le champ contient : $70 \times 8,40$, soit 588 arbres.

Il produit : $2 \times 588 = 1 176$ hl de pommes.

On retirera de ces pommes : $43 \times 1176 = 50568$ litres de cidre.

Rép. Le cultivateur pourra vendre :
505,68 — 35, soit 470 hl 68 de cidre.

138. *Par la carbonisation en meules, on obtient* 17 *kg* 50 *de charbon sur* 100 *kg de bois. Combien a-t-il fallu de stères de bois, pesant chacun* 340 *kg, pour obtenir* 25 *mètres cubes de charbon, si le mètre cube de charbon pèse* 198 *kg?*

Les 25 mètres cubes de charbon pèsent : $198 \times 25 = 4950$ kilog.

Pour avoir 1 kg de charbon, il faut : $\dfrac{100}{17,5}$ kg de bois.

Pour en avoir 4950 kg, il faudra : $\dfrac{100 \times 4950}{17,5}$ kg de bois.

Rép. Il a fallu : $\dfrac{100 \times 4950}{17,5 \times 340} = 83$ stères 19 de bois.

139. *On a vendu pour* 875 *fr* 50 *de charbon à raison de* 8 *fr* 50 *les* 100 *kg. Combien de stères de bois avait-il fallu employer pour*

*faire ce charbon, sachant qu'un stère de bois rend environ
0 mètre cube 384 de charbon, et que le poids du mètre cube de
charbon est de 240 kg ?*

On a vendu 875, 50 : 0,085 = 10300 kg de charbon.

Un stère de bois donne : 240 × 0,384 = 92 kg 16 de charbon.

Rép. Il a fallu 10300 : 92,16 = 111 stères 76 de bois.

140. *Combien de mètres cubes de charbon retirera-t-on de trois
fourneaux, dont le premier est chargé de 64 stères de bois, le
deuxième de 72 stères et le troisième de 86 stères, si l'on admet
que le stère de bois pèse en moyenne 300 kg, que 100 kg de bois
donnent 21 kg de charbon, et que le mètre cube de charbon
pèse 200 kg ?*

Les 3 fourneaux contiennent : 64 + 72 + 86 = 222 stères de bois.

Le poids de ce bois est de : 300 × 222 = 66 600 kg.

On retirera : 21 × 666 = 13 986 kg de charbon.

Rép. Le volume de ce charbon est de :
$$13986 : 200 = 69 \text{ m c } 93.$$

141. *Pour faire des confitures, on a employé 98 kg 500 de sucre
à 1 fr 40 le kilog et 107 kg 250 de groseilles à 0 fr 30 le kilog. On
a obtenu 125 kg de confitures. A combien revient le kilog de ces
confitures, si le combustible employé est évalué à 3 fr 50 ?*

Le sucre a coûté : 1,4 × 98,5 = 137 fr 90.

Les groseilles valent : 0,3 × 107,25 = 32 fr 175.

Les confitures reviennent à :
$$137,90 + 32,175 + 3,50 = 173 \text{ fr } 575.$$

Rép. Le kilog de confiture revient à :
$$173,575 : 125 = 1 \text{ fr } 3886.$$

142. *En admettant qu'un cheval consomme journellement
10 kg de foin, autant de paille et 15 litres d'avoine, quelle sera
la dépense annuelle de trois chevaux, si le foin coûte 55 fr les
1000 kg, la paille 23 fr 50 les 1000 kg et l'avoine 1 fr 85 les
20 litres ?*

Un cheval consomme chaque jour pour :
$$0,055 × 10 = 0 \text{ fr } 55 \text{ de foin.}$$

Il consomme pour : 0,0235 × 10 = 0 fr 235 de paille.

Il consomme pour : $\dfrac{1,85 × 15}{20} = 1 \text{ fr } 3875$ d'avoine.

La dépense journalière est, par cheval :
$$0,55 + 0,235 + 1,3875 = 2 \text{ fr } 1725.$$

La dépense annuelle de trois chevaux est de :
$$2,1725 × 3 × 365 = 2378 \text{ fr } 8875.$$

Rép. 2378 fr 90.

143. *Un éleveur a 18 têtes de bétail pesant en moyenne 280 kg ;
la consommation journalière du fourrage est de 15 kg 55 par
100 kg de poids vivant de bétail. Quelle étendue de terrain faudra-t-il cultiver pour nourrir ce bétail pendant 150 jours, si*

chaque hectare donne annuellement deux coupes de 35 800 kg chacune?

Les 18 têtes de bétail pèsent : $280 \times 18 = 5040$ kg.

La consommation journalière est de $15,55 \times 50,4 = 783$ kg 72.

En 150 jours le bétail consommera : $783,72 \times 150 = 117558$ kg.

Rép. Il faudra $117558 : 35800 \times 2 = 1$ hectare 6418.

144. *Cinq hommes sont occupés à battre du blé. Chacun d'eux bat, par jour, 80 gerbes, donnant en moyenne 3 litres de grain chacune et reçoit 2 fr 50. Si l'on obtient 150 hectolitres de grain, dites : 1° la durée de ce travail; 2° le nombre de gerbes qui ont été battues; 3° la somme qui doit être payée à chaque ouvrier.*

Les cinq hommes battent par jour : $80 \times 5 = 400$ gerbes, qui donnent $400 \times 3 = 1200$ litres de grain.

Pour obtenir 150 hl de grain, il faudra $15000 : 1200 = 12$ j $^1/_2$.

Pour obtenir 150 hl de grain, on battra $15000 : 3 = 5000$ gerbes.

Chaque homme recevra : $2,5 \times 12,5 = 31$ fr 25.

Rép. 1° 12 j $^1/_2$; 2° 5000 gerbes; 3° 31 fr 25.

145. *Une machine bat 50 gerbes de blé par heure; combien mettra-t-elle de temps pour battre 1 800 gerbes, si elle fonctionne 8 heures par jour? Combien le propriétaire retirera-t-il de litres de blé, s'il est obligé de donner une gerbe sur 20 au maître de la machine, et si l'on admet que 6 gerbes donnent 20 litres?*

Pour battre 1 800 gerbes, il faudra :

$$1800 : 50 = 36 \text{ h, ou } 4 \text{ j } ^1/_2 \text{ de 8 heures.}$$

Il reste au propriétaire : $\dfrac{1800 \times 19}{20}$, soit 1 710 gerbes.

Le propriétaire retirera :

$$\frac{1710 \times 20}{6} = 5700 \text{ litres,}$$

Rép. 1° 4 j $^1/_2$; 2° 5700 litres de blé.

146. *Un marchand de bois de chauffage en a vendu 56 stères à raison de 19 fr le stère à un marchand drapier, et il désire être payé en marchandises. Le marchand drapier offre à son créancier de la toile à 2 fr 10, du drap à 12 fr et du calicot à 2 fr 90 le mètre. Combien le marchand de bois recevrait-il de mètres de chaque étoffe : 1° s'il en demandait autant de l'une que de l'autre; 2° s'il demandait pour une même somme de chacune de ces étoffes?*

Les 56 stères de bois valent : $19 \times 56 = 1064$ fr.

Un mètre de chaque étoffe coûterait : $2,10 + 12 + 2,90 = 17$ fr.

Rép.
1° Le marchand de bois recevra :

$1064 : 17 = 62$ m 588, soit 62 m 60 de chaque étoffe.

2° Pour le tiers de la somme, il recevra :

$$\frac{1064}{3 \times 2,10} = 168 \text{ m } 88 \text{ de toile.}$$

$$\frac{1064}{3 \times 12} = 29 \text{ m } 55 \text{ de drap.}$$

$$\frac{1064}{3 \times 2,90} = 122 \text{ m } 29 \text{ de calicot.}$$

147. *Un cultivateur destine 3 hectares 25 à la culture du seigle. Combien doit-il employer de fumier pour récolter 26 hectolitres de ce grain par hectare, si l'on admet que l'hectolitre de seigle pèse 72 kg, que le poids de la paille est double de celui du grain, et qu'il faut 200 kg de fumier pour 100 kg de paille et de grain réunis?*

Le poids de 26 hl de seigle est de : $72 \times 26 = 1872$ kg.

Le poids de la récolte par hectare sera :
$$1872 + 1872 \times 2 = 5616 \text{ kg.}$$

Il faudra par hectare : $200 \times 56,16 = 11232$ kg de fumier.

Rép. Pour les 3 hectares 25, il faudra :
$$11232 \times 3,25 = 36504 \text{ kg de fumier.}$$

148. *Un boucher a payé 1360 fr un bœuf du poids de 1280 kg. Il vend la peau, les intestins, les abats, pesant ensemble 82 kg pour 76 fr 60; et 58 kg 25 de suif à raison de 0 fr 72 le kilog. Il a obtenu les quantités suivantes de viande : première catégorie, 248 kg 250 à 1 fr 83 le kilog; deuxième catégorie, 433 kg 500 à 1 fr 43 le kilog. Quelle était la quantité de viande de la troisième catégorie, et combien valait le kilog, en supposant son bénéfice de 140 fr.*

Le boucher doit retirer de son bœuf : $1360 + 140 = 1500$ fr.

Rép.
> 1° La viande de la troisième catégorie pèse :
> $$1280 - (82 + 58,25 + 248,25 + 433,500) = 458 \text{ kg;}$$
> 2° Cette viande vaut :
> $$\frac{1500 - (76,6 + 58,25 \times 0,72 + 248,25 \times 1,83 + 433,5 \times 1,43)}{458} =$$
> $$0 \text{ fr } 6646 \text{ le kg.}$$

149. *Un vaisseau monté par 548 hommes doit tenir la mer pendant 3 années, dont une de 366 jours; chaque homme reçoit par jour 0 kg 55 de biscuit, 0 litre 50 de vin, 0 litre 05 d'eau-de-vie et 0 litre 50 d'eau. On demande la quantité de pain, de vin, d'eau-de-vie et d'eau qu'il faut embarquer, et le poids de ces provisions, si le litre de vin pèse 0 kg 995 et le litre d'eau-de-vie 0 kg 965; on sait que le litre d'eau pèse 1 kg.*

Le vaisseau tiendra la mer pendant $(365 \times 3) + 1 = 1096$ jours.

Rép. Il faudra :
> pain : $\quad 0,55 \times 548 \times 1096 = 330334$ kg 4,
> vin : $\quad 0,50 \times 548 \times 1096 = 300304$ lit,
> ou $\quad 300304 \times 0,995 = 298802$ kg 480,
> eau-de-vie : $0,05 \times 548 \times 1096 = 30030$ lit 4,
> ou $\quad 30030,4 \times 0,965 = 28979$ kg 336,
> eau : $\quad\quad\quad\quad\quad\quad\quad\quad 300304$ litres,
> ou $\quad\quad\quad\quad\quad\quad\quad\quad 300304$ kg.

150. *On sait que 3 kg de farine font 4 kg de pain. Quel sera le bénéfice d'un boulanger qui a acheté 56 sacs de farine pesant chacun net 157 kg, à raison de 52 fr 75 le sac, s'il vend le pain de 2 kg au prix de 0 fr 90?*

Le boulanger a déboursé : $52,75 \times 56 = 2954$ fr.

Les 56 sacs donneront : $\dfrac{157 \times 56 \times 4}{3}$ kg de pain.

Ce pain vaut : $\dfrac{157 \times 56 \times 4 \times 0,45}{3} = 5275$ fr 20.

Rép. Le boulanger fera un bénéfice de :
$$5275,20 - 2954 = 2321 \text{ fr } 20.$$

151. *Un boulanger fait 89 pains de 1 kg 500 avec une balle de 100 kg de farine qui lui coûte 44 fr 50. Combien doit-il vendre le pain pour gagner 0 fr 05 sur chaque pain, si les frais de levure, de chauffage et autres s'élèvent à 4 fr 45 ?*

Les 89 pains coûtent : 44 fr 50 + 4,45 = 48,95.

Un pain revient à 48,95 : 89 = 0 fr 55.

Rép. On vendra le pain : 0,55 + 0,05 = 0 fr 60.

152. *Pour avoir 2 kg de pain il faut 1 kg 525 de farine. Combien fera-t-on de pains de 2 kg avec 10 sacs pesant chacun 250 kg, et quelle somme restera-t-il pour la main-d'œuvre et les fournitures, si la taxe du pain est à 0 fr 50 le kg, et si les 100 kg de farine coûtent 58 fr ?*

Avec 2500 kg de farine on fera :
$$2500 : 1,525 = 1639,34, \text{ soit } 1639 \text{ pains.}$$

La farine coûte : 58 × 25 = 1450 fr.

Le pain de 2 kg valant 1 fr, il reste : 1639 — 1450 = 189 fr pour les fournitures et la main-d'œuvre.

Rép. 1° 1639 pains de 2 kg ; 2° 189 fr pour la main d'œuvre.

153. *On a payé 305 fr pour un certain nombre de mètres de drap de deux qualités. Un mètre de la première qualité vaut 21 fr, et 5 m de cette qualité valent autant que 7 m de l'autre. Combien a-t-on acheté de mètres de drap de chaque qualité, si l'on en a pris autant de l'une que de l'autre ?*

Le drap de 2ᵉ qualité vaut : $\dfrac{21 \times 5}{7} = 15$ fr le mètre.

Pour un mètre de drap de chaque qualité on aurait payé :
$$21 + 15 = 36 \text{ fr.}$$

Rép. On a acheté 306 : 36 = 8 m 5 de drap de chaque qualité.

154. *Dans une usine où l'on emploie un nombre égal d'hommes, de femmes et d'enfants, il a fallu 4134 fr pour payer les ouvriers après une semaine de 6 jours de travail. Les hommes gagnent 7 fr 50, les femmes 3 fr 50 et les enfants 2 fr. Combien cette usine emploie-t-elle d'ouvriers de chaque catégorie ?*

Le salaire journalier des ouvriers est de 4134 : 6 = 689 fr.

Pour un ouvrier de chaque catégorie, on donne :
$$7,5 + 3,5 + 2 = 13 \text{ fr.}$$

Rép. On emploie chaque jour 689 : 13 = 53 ouvriers de chaque catégorie.

155. *Un ouvrier et son apprenti travaillent ensemble. Pour 13 journées de l'ouvrier et 9 de l'apprenti, ils ont reçu 123 fr 50 ; une autre fois, pour 15 journées de l'ouvrier et 9 de l'apprenti* *ils reçoivent 138 fr. Combien l'ouvrier et l'apprenti gagnent-ils chacun par jour?*

La seconde fois l'ouvrier a fait 2 journées de plus que la première fois, et l'apprenti le même nombre de journées.

Donc : 138 — 123,5 ou 14 fr 50 sont le prix de 2 journées de l'ouvrier.

Rép. $\begin{cases} \text{L'ouvrier gagne } 14,5 : 2 = 7 \text{ fr 25 par jour.} \\ \text{L'apprenti gagne } \dfrac{138 - (7,25 \times 15)}{9} = 3 \text{ fr 25 par jour.} \end{cases}$

156. *Pour 12 journées d'un ouvrier et 7 de son apprenti on a payé 109 fr 25; une aut·e fois, pour 11 journées de l'ouvrier et 6 de l'apprenti on donne 99 fr. Quel est le salaire journalier de l'ouvrier et celui de son apprenti?*

La 1ʳᵉ fois, il y a une journée d'ouvrier et une d'apprenti de plus que la 2ᵉ fois, et l'on a payé : 109,25 — 99 = 10 fr 25 de plus.

Sept journées d'ouvrier et 7 d'apprenti valent : 10,25 × 7 = 71,75.

Donc 12 — 7 ou 5 journées d'ouvrier valent :
$$109,25 - 71,75 = 37,50.$$

Rép. $\begin{cases} \text{L'ouvrier gagne } 37,5 : 5 = 7 \text{ fr 50 par jour.} \\ \text{L'apprenti gagne } \dfrac{109,25 - (7,5 \times 12)}{7} = 2 \text{ fr 75 par jour.} \end{cases}$

157. *En prenant un domestique, un maître lui promet pour un an 240 fr et un habit; au bout de 8 mois le domestique est congédié, et il reçoit 120 fr et l'habit. On demande le prix de cet habit.*

Pour 4 mois, on retient : 240 — 120, ou 120 fr.

Le salaire annuel est donc de : 120 × 3 = 360 fr.

Rép. L'habit vaut : 360 — 240 = 120 fr.

158. *Un maître serrurier prend un apprenti pour deux ans et promet de lui donner 74 fr et un pantalon; mais, peu satisfait de sa conduite, il le renvoie après un an et quatre mois, et lui donne 42 fr et le pantalon. Quelle est la valeur de ce pantalon?*

Pour 8 mois, on retient : 74 — 42 = 32 fr.

Pour 2 ans, on lui aurait donné : $\dfrac{32 \times 24}{8} = 96$ fr.

Rép. Le pantalon vaut : 96 — 74 = 22 fr.

159. *Quelqu'un prend un ouvrier, et il convient avec lui de lui donner 6 fr 50 par jour quand il ne le nourrira pas, et 3 fr lorsqu'il le nourrira. Après 85 jours de travail, le maître doit à l'ouvrier 349 fr 50. Combien de jours l'ouvrier a-t-il été nourri?*

Si l'ouvrier n'avait pris aucun de ses repas chez son patron, il aurait reçu : 6,5 × 85 = 552 fr 5.

Il a reçu en moins : 552 fr 50 — 349,5 = 203 fr.

Quand le patron le nourrissait, l'ouvrier recevait :
$$6,5 - 3 = 3 \text{ fr } 50 \text{ de moins.}$$

Rép. L'ouvrier a été nourri pendant 203 : 3,5 = 58 jours.

160. *Deux joueurs, A et B, conviennent que, après chaque partie, le perdant donnera 0 fr 05 au gagnant. Quand ils cessent*

de jouer, après 15 parties, le joueur A a gagné 0 fr 35. Combien chaque joueur a-t il gagné de parties?

Le joueur A a gagné 0,35 : 0,05, soit 7 parties de plus qu'il n'en a perdu.

Des 8 autres parties, il en a gagné 4 et perdu 4.

Rép. { Le joueur A a gagné : $7 + 4 = 11$ parties;
{ Le joueur B en a gagné 4.

161. *Une somme a été partagée entre quatre personnes : la part de la première plus celle de la deuxième valent 2 690 fr 40; la part de la troisième plus celle de la deuxième valent 3090 fr 45; la troisième et la quatrième part valent ensemble 3319 fr 60; enfin la quatrième et la deuxième part valent ensemble 3 189 fr 95. Dire la somme à partager et la part de chaque personne.*

$$1^{re} + 2^e = 2\,690,40; \qquad (1)$$
$$2^e + 3^e = 3\,090,45; \qquad (2)$$
$$3^e + 4^e = 3\,319,60; \qquad (3)$$
$$2^e + 4^e = 3\,189,95. \qquad (4)$$

J'ajoute (2) et (3) et j'ai : $3^e + 3^e + 2^e + 4^e = 6410$ fr 05;   (5)
Je retranche (4) de (5) et j'ai : $3^e + 3^e = 3\,220,10$.
La 3e part vaut donc :   1 610 fr 05;
La 2e part vaut (2) : $3\,090,45 - 1\,610,05 = 1\,480$ fr 40;
La 1re part vaut (1) : $2\,690,40 - 1\,480,40 = 1\,210$ fr;
La 4e part vaut (3) : $3\,319,60 - 1\,610,05 = 1\,709$ fr 55.
La somme totale est :   6010 fr.

Rép. 6010 fr. 1re 1 210; 2e 1 480,40; 3e 1 610,05; 4e 1 709 fr 55.

162. *Un écolier dit à un de ses camarades : Si j'achetais 40 poires, il me manquerait 0 fr 15; mais si je n'en achetais que 15, il me resterait 0 fr 35. On demande : 1° quel est le prix des poires; 2° quelle somme avait cet écolier.*

Pour $40 - 15$, ou 25 poires, on payerait : $0,15 + 0,35 = 0$ fr 50.

Rép. { Une poire vaut $0,50 : 25 = 0$ fr 02.
{ L'élève avait : $(0,02 \times 15) + 0,35 = 0$ fr 65.

163. *Un particulier a deux tonneaux de vin de qualités différentes. Un litre de la première qualité vaut 0 fr 90; un litre de la seconde vaut 0 fr 50. Il retire 80 litres de vin de chaque qualité, puis il verse le vin de la première qualité dans le tonneau de celui de la seconde et réciproquement. Le litre de chacun de ces mélanges revient à 0 fr 75. Quelle est la capacité de chaque tonneau?*

Le marchand tire du 1er tonneau du vin pour la somme de :
$$0,90 \times 80 = 72 \text{ fr.}$$

Du second tonneau, il en tire pour $0,5 \times 80 = 40$ fr.
La valeur du vin du 1er tonneau diminue de $72 - 40 = 32$ fr.
La valeur du vin du 2e tonneau augmente de 32 fr.
Le litre de vin du 1er tonneau diminue de : $0,90 - 0,75 = 0$ fr 15.
Le litre de vin du 2e tonneau augmente de : $0,75 - 0,50 = 0$ fr 25.

Rép. { Il y avait dans le 1er tonneau $32 : 0,15 = 213$ litres 33.
{ Il y avait dans le 2e tonneau $32 : 0,25 = 128$ lit de vin.

PROPRIÉTÉS DES NOMBRES

§ I. — QUESTIONS ORALES

164. *Qu'appelle-t-on multiples d'un nombre ?*
Rép. Arith. n° 132.

165. *Que faut-il faire pour avoir un multiple d'un nombre ?*
Il faut multiplier ce nombre par un nombre entier.

166. *Combien un nombre peut-il avoir de multiples ?*
La suite des nombres entiers étant illimitée, un nombre peut avoir une infinité de multiples. (Probl. 165.)

167. *Qu'appelle-t-on diviseurs d'un nombre ?*
Rép. Arith. n° 135.

168. *Par quelles autres dénominations peut-on remplacer celle de diviseur ?*
Les diviseurs d'un nombre sont des sous-multiples, des facteurs de ce nombre.

169. *Quel est le plus grand diviseur d'un nombre ?*
Le plus grand diviseur d'un nombre est ce nombre lui-même. Un diviseur plus grand ne donnerait pas un quotient entier.

170. *Quel est le plus petit diviseur d'un nombre ?*
Le plus petit diviseur entier d'un nombre est 1.

171. *Combien un nombre premier a-t-il de diviseurs ?*
Un nombre premier a 2 diviseurs, 1 et lui-même. (Arith. n° 170.)

172. *Lorsqu'on divise un nombre par un de ses diviseurs, à quoi est égal : 1° le quotient ; 2° le reste ?*
Lorsqu'on divise un nombre par un de ses diviseurs, 1° le quotient est un autre diviseur de ce nombre ; 2° le reste est 0.

173. *Quel est le seul nombre pair qui soit premier ?*
Le seul nombre pair qui soit premier, c'est le nombre 2 ; tous les autres nombres pairs sont divisibles par 2.

174. *De quel nombre sont multiples tous les nombres pairs ?*
Tous les nombres pairs sont multiples de 2 ; ce sont les produits de 2 par la suite des nombres entiers : 1, 2, 3...

175. *Quel est le plus petit nombre qu'il faut ajouter à un nombre pair ou retrancher de ce nombre pour le rendre impair ?*
Pour rendre impair un nombre pair il suffit d'ajouter 1 à ce nombre ou d'en retrancher 1.

176. *Quel est le plus petit nombre qu'il faut ajouter à un nombre impair ou retrancher de ce nombre pour le rendre pair?*

Pour rendre pair un nombre impair il suffit d'ajouter 1 à ce nombre ou d'en retrancher 1.

177. *Quels sont les chiffres que l'on peut écrire à la suite de 35, par exemple, pour former un nombre impair de trois chiffres?*

On obtiendra un nombre impair de trois chiffres si l'on écrit à la droite du nombre 35 l'un des chiffres : 1, 3, 5, 7, 9.

178. *Quels sont les chiffres que l'on peut écrire à la suite de 19, par exemple, pour former un nombre impair de trois chiffres?*

On obtiendra un nombre impair de trois chiffres si l'on écrit à la droite du nombre 19 l'un des chiffres : 1, 3, 5, 7, 9.

179. *Combien peut-on écrire de chiffres différents à la suite de 24, par exemple, pour former un nombre pair de trois chiffres?*

On obtiendra un nombre pair de trois chiffres si l'on écrit à la droite du nombre 24 l'un des chiffres : 0, 2, 4, 6, 8.

180. *Tout multiple d'un nombre est-il multiple des diviseurs de ce nombre?*

Tout multiple d'un nombre est multiple des diviseurs de ce nombre. (Arith. n° 139.)

Soit 384 un multiple de 24; ce nombre 384 est aussi un multiple de 3 et de 8, diviseurs de 24. En effet, 3 et 8 divisent 24; ils divisent donc aussi son multiple 384.

181. *Tout diviseur d'un nombre est-il diviseur des multiples de ce nombre?*

Oui, car tout nombre qui en divise un autre divise aussi les multiples de cet autre. (Arith. n° 139.)

182. *Tout nombre est-il multiple ou sous-multiple de ses diviseurs?*

Tout nombre est multiple de ses diviseurs.

183. *Dites ce qu'est un nombre quelconque par rapport à ses multiples.*

Un nombre est facteur, sous-multiple ou diviseur de ses multiples.

184. *Dites ce que la somme de plusieurs multiples d'un nombre est par rapport à ce nombre.*

La somme de plusieurs multiples d'un nombre est un multiple de ce nombre. (Arith. n° 138.)

185. *Dites ce que la différence de deux multiples d'un nombre est par rapport à ce nombre.*

La différence de deux multiples d'un nombre est un multiple de ce nombre. (Arith. n° 140.)

186. *Un nombre qui divise le diviseur divise-t-il le produit du diviseur par le quotient? Pourquoi?*

Un nombre qui divise le diviseur d'une division divise le produit du diviseur par le quotient, car tout nombre qui en divise un autre divise les multiples de cet autre. (Arith. n° 139.)

187. *Tout nombre qui divise le dividende et le diviseur divise-t-il le reste? Pourquoi?*

Tout nombre qui divise le dividende et le diviseur divise le reste, qui est la différence du dividende et du produit du diviseur par le quotient. (Probl. 186 et Arith n° 140.)

188. *Tout nombre qui divise le diviseur et le reste divise-t-il le dividende? Pourquoi?*

Tout nombre qui divise le diviseur et le reste divise le dividende, qui est la somme du reste et d'un multiple du diviseur. (Arith. n° 138.)

189. *Un nombre divise le dividende et le reste d'une division, divise-t-il le diviseur? Pourquoi?*

Tout nombre qui divise le dividende et le reste d'une division divise le produit du diviseur par le quotient, qui est la différence entre le dividende et le reste, mais il ne divise pas toujours le diviseur. Ex. : $D = 88$; $d = 7$; $r = 4$.

190. *Quel changement éprouve le quotient d'une division : 1° lorsqu'on augmente le dividende d'un multiple du diviseur; 2° lorsqu'on diminue le dividende d'un multiple du diviseur?*

1° Le quotient augmente du quotient que l'on obtient en divisant le nombre ajouté par le diviseur;

2° Le quotient diminue du quotient que l'on obtient en divisant le nombre retranché par le diviseur.

191. *Le reste d'une division change-t-il : 1° lorsqu'on augmente le dividende d'un multipl du diviseur; 2° lorsqu'on diminue le dividende d'un multiple du diviseur? Pourquoi?*

Le reste ne change pas, car on ajoute ou l'on retranche un nombre exact de fois le diviseur; le quotient seul varie.

192. *Obtient-on un nombre pair en additionnant : 1° deux nombres pairs; 2° deux nombres impairs; 3° un nombre pair et un nombre impair?*

1° On obtient un nombre pair en additionnant deux nombres pairs. (Arith. n° 138.)

2° On obtient un nombre pair, car $m2 + 1$ plus $m2 + 1 = m2 + 2$. (Arith. n° 138.)

3° On obtient un nombre impair, car $m2 + (m2 + 1) = m2 + 1$. (Arith. n° 143.)

193. *Obtient-on un nombre pair lorsqu'on retranche : 1° un nombre pair d'un autre nombre pair; 2° un nombre impair d'un* *autre nombre impair; 3° un nombre pair d'un nombre impair, et vice versa?*

1° On obtient un nombre pair, car $m2 - m2 = m2$. (Arith. n° 140.)

2° On obtient un nombre pair, car $(m2 + 1) - (m2 + 1) = m2$.

3° On obtient un nombre impair, car $m2 + 1 - m2 = m2 + 1$; ou $m2 - (m2 + 1) = m2 - 1$.

194. *Quand un nombre est-il divisible par 2?*

Arith. n° 144.

195. *Quelle est dans un nombre quelconque la partie qui est toujours divisible par 2?*

Les dizaines d'un nombre sont toujours divisibles par 2. (Arith. n° 144, 1°.)

196. *Pourquoi la divisibilité d'un nombre par 2 dépend-elle du chiffre des unités?*

Arith. n° 145.

197. *Quel est le plus grand multiple de 2 contenu dans un nombre quelconque?*

C'est le nombre lui-même, s'il est pair; si le nombre est impair, c'est le nombre diminué de 1.

198. *Quand un nombre est-il divisible par 5?*

Arith. n° 146.

199. *Quelle est dans un nombre la partie toujours divisible par 5?*

Les dizaines d'un nombre sont toujours divisibles par 5. (Arith. n° 146, 1°.)

200. *Pourquoi la divisibilité d'un nombre par 5 dépend-elle au chiffre des unités?*

Arith. n° 147.

201. *Est-il nécessaire de diviser un nombre par 5, pour avoir le reste que donnerait cette division?*

Il suffit de diviser par 5 les unités de ce nombre, car les dizaines sont toujours divisibles par 5. (Arith. n° 146, 1°.)

202. *En divisant un nombre par 5, quand obtient-on pour reste le chiffre des unités de ce nombre?*

Le reste de la division d'un nombre par 5 est égal au chiffre des unités de ce nombre quand ce chiffre est plus petit que 5; c'est-à-dire 1, 2, 3, 4.

203. *Quand un nombre est-il divisible par 4?*

Arith. n° 148.

204. *Quelle est dans un nombre la partie toujours divisible par 4?*

Les centaines d'un nombre sont toujours divisibles par 4. (Arith. n° 148, 1°.)

205. *Pourquoi la divisibilité d'un nombre par 4 dépend-elle des deux premiers chiffres à droite?*

Parce que tout nombre exact de centaines est divisible par 4.

Si le nombre formé par les deux chiffres de droite est divisible par 4, tout le nombre sera divisible par 4 (Arith. n° 138); s'il n'est pas divisible par 4, le nombre n'est pas non plus divisible par 4. (Arith. n° 143.)

206. *Est-il nécessaire de diviser un nombre par 4 pour avoir le reste que donne cette division?*

Il suffit de diviser par 4 le nombre formé par les deux derniers chiffres de droite. (Arith. n° 150.)

207. *Lorsqu'on cherche le reste de la division d'un nombre par 4, quelle partie de ce nombre faut-il diviser : 1° si le chiffre des dizaines est pair; 2° si le chiffre des dizaines est impair?*

1° Si le chiffre des dizaines est pair, il suffit de diviser les unités par 4; car un nombre pair de dizaines est un multiple de 20 qui est divisible par 4. (Arith. n° 139.)

2° Si le chiffre des dizaines est impair, il suffit de diviser par 4, 10 plus les unités.

208. *Quels sont les nombres de deux chiffres que l'on peut écrire à la droite d'un nombre impair quelconque pour avoir un nombre divisible par 4?*

On peut écrire tous les multiples de 4, de 12 à 96 y compris.

Remarque. 1° Il est indifférent que le nombre soit pair on impair; 2° à la droite d'un nombre impair on ne peut écrire que les chiffres 2, 6, pour avoir un nombre divisible par 4.

209. *Quand un nombre est-il divisible par 25?*

Arith. n° 149.

210. *Quelle est dans un nombre la partie toujours divisible par 25?*

Les centaines d'un nombre sont toujours divisibles par 25. (Arith. n° 149.)

211. *Pourquoi la divisibilité d'un nombre par 25 dépend-elle du nombre formé par les deux premiers chiffres de droite?*

(Arith. n° 150.)

212. *Lorsqu'on veut avoir le reste de la division d'un nombre par 25, quelle partie de ce nombre suffit-il de diviser?*

Il suffit de diviser le nombre formé par les deux derniers chiffres de droite.

213. *Quels sont les nombres différents que peuvent représenter les deux derniers chiffres de droite dans les nombres divisibles par 25?*

Ce sont les nombres 25, 50, 75.

214. *Quel est le reste de la division : 1° de 34284 par 25; 2° de 1339 par 4?*

1° Le reste de la division de 34284 par 25 est le même que celui de la division de 84 par 25 (Arith. n° 150), c'est-à-dire :

$$84 - 75 = 9.$$

2° Le reste de la division de 1339 par 4 est le même que celui de la division de 19 par 4 (Probl. 207), c'est-à-dire 3.

215. *Quand un nombre est-il divisible : 1° par 8; 2° par 125?*
Arith. n° 151, 1°.

216. *Pourquoi la divisibilité d'un nombre par 8 ou par 125 dépend-elle du nombre formé par les trois premiers chiffres de droite?*

Parce que tout nombre exact de mille est divisible par 8 et par 125; le nombre sera donc divisible par 8 ou par 125, si le nombre formé par les trois derniers chiffres de droite est divisible par 8 ou par 125.

217. *Dans un nombre au moins égal à 1 000, quelle est la partie toujours divisible par 8 et par 125?*

Les mille d'un nombre sont toujours divisibles par 8 et par 125.

218. *Quand est-ce qu'un nombre est divisible : 1° par 16; 2° par 625?*
Arith. n° 151, 2°.

219. *Quand est-ce qu'un nombre est divisible par 3?*
Arith. n° 154.

220. *Pourquoi la divisibilité d'un nombre par 3 dépend-elle de la somme de ses chiffres?*

Parce que tout nombre plus grand que 9 peut être décomposé en deux parties, l'une qui est toujours un multiple de 9, et l'autre la somme des chiffres. (Arith. n° 152.) Donc (Arith. n° 138 et 143) la divisibilité d'un nombre par 3 dépend de la somme des chiffres de ce nombre.

221. *Quel multiple obtient-on en retranchant de la valeur d'un nombre la somme de ses chiffres?*
On obtient un multiple de 9 et de 3.

222. *Que faut-il retrancher d'un nombre pour avoir le plus grand multiple de 3 contenu dans ce nombre?*
Il faut retrancher de ce nombre le reste de la division de la somme de ses chiffres par 3.

223. *Le nombre 123 est-il divisible par 3?*
Le nombre 123 est divisible par 3, car la somme de ses chiffres (1 + 2 + 3) est 6. (Probl. 220.)

224. *Est-il nécessaire de diviser 452 par 3 pour avoir le reste de la division de ce nombre par 3?*
Il suffit de diviser par 3 la somme (4 + 5 + 2) ou 11 des chiffres du nombre; on obtient 2 pour reste. (Arith. 143.)

225. *Dites la plus petite valeur qu'il faut ajouter à 452 pour rendre ce nombre divisible par 3.*
Il suffit d'ajouter 1 à 452 pour avoir un nombre divisible par 3.

226. *Quel est le plus petit changement, soit en plus, soit en moins, qu'il faut faire éprouver au chiffre des unités de 124, si l'on veut rendre ce nombre divisible par 3 ?*

Il suffit d'ajouter 2 ou de retrancher 1.

Le plus petit changement à effectuer consiste à retrancher 1 de 124.

227. *Quels chiffres peut-on écrire à la droite du nombre 451, par exemple, pour obtenir un nombre de quatre chiffres divisible par 3?*

On peut écrire les chiffres : 2, 5, 8.

228. *Quand est-ce qu'un nombre est divisible par 9?*

Arith. nº 152.

229. *Pourquoi la divisibilité d'un nombre par 9 dépend-elle de la somme de ses chiffres?*

Arith. nº 153.

230. *Quel est le plus petit changement à effectuer sur le nombre 457 pour le rendre divisible par 9?*

Le plus petit changement à effectuer sur le nombre 457, pour le rendre divisible par 9, consiste à ajouter 2 à ce nombre; alors la somme des chiffres de ce nombre sera un multiple de 9.

231. *Quels chiffres peut-on placer à la droite du nombre 216, par exemple, pour obtenir un nombre de quatre chiffres divisible par 9?*

On ne peut écrire à la droite de 216 que les chiffres 0 et 9, pour former un nombre de quatre chiffres divisible par 9.

232. *Lorsqu'on cherche le reste de la division d'un nombre par 9, est-il nécessaire d'effectuer la division?*

Il suffit de diviser par 9 la somme des chiffres de ce nombre. (Arith. nº 153.)

233. *Dire, sans faire la division, quel est le reste de la division de 428; 1º par 3; 2º par 9.*

Le reste de la division de 428 par 3 est 2; celui de la division de 428 par 9 est 5.

234. *Pour faire la preuve de la multiplication, pourquoi emploie-t-on de préférence le diviseur 9?*

Parce que la preuve par 9 porte sur tous les chiffres, et qu'il est facile d'obtenir le reste de la division d'un nombre par 9.

235. *Dans quels cas la preuve par 9 est-elle en défaut?*

La preuve par 9 est en défaut : 1º quand on change un chiffre de place (la somme est la même); 2º quand les erreurs se compensent, c'est-à-dire quand on augmente le produit d'une quantité et que d'autre part on le diminue de la même quantité; 3º quand l'erreur est un multiple de 9, par exemple, quand on écrit 0 au lieu de 9, ou 12 pour 21; 4º quand on ne place pas bien le premier chiffre à droite d'un produit partiel, etc.

236. *Pourquoi n'emploie-t-on pas la preuve par 9 pour vérifier une addition ou une soustraction?*

Parce que la preuve par 9 est presque aussi laborieuse que les autres preuves.

237. *Lorsqu'en faisant par 9 la preuve d'une multiplication, un facteur donne 0 pour reste, quel reste doit donner le produit?*

Le produit divisé par 9 doit donner pour reste 0; car, divisant un des facteurs, 9 divisera le produit. (Arith. n° 139.)

238. *Peut-on, sans recommencer la multiplication, vérifier chaque produit partiel?*

On vérifie un produit partiel comme on vérifie le produit total; le multiplicande est l'un des facteurs, le chiffre qui a servi à former ce produit partiel est l'autre facteur.

239. *Quand un nombre est-il divisible : 1° par 6; 2° par 15; 3° par 18?*

Arith. n° 181.

240. *Pourquoi la divisibilité d'un nombre par 6 dépend-elle de sa divisibilité par 2 et par 3?*

Arith. n° 180.

241. *Un nombre impair peut-il être divisible par 6 ?*

Un nombre impair ne peut pas être divisible par 6; car, s'il était divisible par 6, il serait un multiple de 2.

242. *Quand est-ce qu'un nombre est divisible par 12?*

Un nombre est divisible par 12 lorsqu'il est divisible par 3 et par 4. (Arith. n° 180.)

243. *Le nombre 1 536 est-il divisible par 12?*

Le nombre 1 536 est divisible par 12, car il est divisible par et par 4.

244. *Quand un nombre est-il divisible par 11?*

Arith. n° 156.

245. *Un nombre divisible par 6 est-il pair, et pourquoi?*

Un nombre divisible par 6 est pair; 2 divisant 6, il divisera son multiple. (Arith. n° 139.)

246. *Un nombre divisible par 18 est-il pair, et pourquoi?*

Probl. 245.

247. *Un nombre divisible par 12 est-il pair, et pourquoi?*

Probl. 245.

248. *Obtient-on un nombre pair en multipliant l'un par l'autre : 1° deux nombres pairs; 2° deux nombres impairs; 3° un nombre pair par un nombre impair, et vice versa?*

1° Le produit de deux nombres pairs est un nombre pair. (Arith. n° 139.)

2° Le produit de deux nombres impairs est un nombre impair, car aucun d'eux ne contient le facteur 2.

3° Le produit d'un nombre pair par un nombre impair est un nombre pair. (Arith. n° 139.)

249. *Trouver le plus petit nombre qui donne 5 pour reste, si on le divise par 6 ou par 8?*

C'est le p. p. c. m. de ces nombres, augmenté de 5; $6 = 2 \times 3$; $8 = 2^3$. Ce nombre sera : $(2^3 \times 3) + 5$ ou 29.

250. *Trouver le plus petit nombre qui donne 7 pour reste, si on le divise par 8, par 12 ou par 15?*

C'est le p. p. c. m. des nombres 8; 12 et 15, augmenté de 7; $8 = 2^3$; $12 = 2^2 \times 3$; $15 = 3 \times 5$. Ce nombre sera : $(2^3 \times 3 \times 5) + 7 = 127$.

251. *Que faut-il faire pour trouver facilement deux nombres qui ne soient pas premiers et qui soient cependant premiers entre eux?*

Deux nombres consécutifs sont toujours premiers entre eux; si l'on prend deux nombres consécutifs tels que le nombre impair ne soit pas premier, on aura deux nombres premiers entre eux, mais qui ne sont pas des nombres premiers.

252. *Deux nombres pairs sont-ils premiers entre eux?*

Deux nombres pairs ne peuvent être premiers entre eux, puisqu'ils sont divisibles l'un et l'autre par 2.

253. *Quel est le p. g. c. d. entre un multiple et son sous-multiple?*

C'est le sous-multiple.

254. *Quand détermine-t-on par une seule division le p. g. c. d. entre deux nombres, et quel est alors le p. g. c. d.?*

Une seule division suffit pour déterminer le p. g. c. d. entre deux nombres, lorsque le grand nombre est un multiple de l'autre. Le petit nombre est le p. g. c. d.

255. *Comment s'appelle le nombre qui a pour facteurs tous les diviseurs premiers communs à deux nombres?*

Ce nombre est le p. g. c. d. des nombres proposés.

256. *Quel est le p. g. c. d. de deux nombres, si 1 est le reste de la division du grand par le petit?*

Ces deux nombres ont 1 pour p. g. c. d., par conséquent ils sont premiers entre eux.

257. *Étant donnés deux nombres, que faut-il faire pour en avoir deux autres, dont le p. g. c. d. soit 5 fois plus grand ou 5 fois plus petit que celui des deux premiers?*

Il suffit de multiplier ou de diviser par 5 les deux nombres donnés. (Arith. n° 167 et 168.)

258. *Trois vapeurs font le même service, le premier tous les 6 jours, le second tous les 8 jours et le troisième tous les 10 jours. Ces vapeurs partent ensemble. Quand partiront-ils de nouveau le même jour?*

Entre les deux dates auxquelles les vapeurs partiront le même

jour, il s'écoulera un nombre de jours qui sera le plus petit multiple commun des nombres 6, 8 et 10;
c'est-à-dire : $2^3 \times 3 \times 5 = 120$ jours.

Le 1er aura fait 20 fois le service, le 2e 15 fois, le 3e 12 fois.

§ II. — PROBLÈMES

259. *Quels sont les multiples plus petits que 100 de chacun des nombres suivants :* 13, 17, 20, 25?

Puisque $100 = 13 \times 7 + 9$, le plus grand multiple de 13 contenu dans 100 est 13×7.

Donc les multiples de 13 plus petits que 100 sont les produits de 13 par chacun des nombres : 1, 2, 3, 4, 5, 6, 7.

Rép. 13, 26, 39, 52, 65, 78 et 91.

On trouvera de même pour 17 les nombres : 17, 34, 51, 68, 85.

                                  20   »   20, 40, 60, 80.

                                  25   »   25, 50, 75.

260. *Quels sont les multiples pairs plus petits que 1 000 de chacun des nombres suivants :* 97, 102, 125 *et* 150?

Les nombres 97 et 125 étant impairs, les multiples pairs de ces nombres s'obtiendront en multipliant 97 et 125 par des nombres pairs; tous les multiples de 102 et de 150 seront pairs. (Probl. 248.)

On aura donc (Probl. 259) :

Multiples pairs de   97 — 194, 388, 582, 776, 970.

     »   de   102 — 102, 204, 306, 408, 510, 612, 714, 816, 918.

     »   de   125 — 250, 500, 750.

     »   de   150 — 150, 300, 450, 600, 750, 900.

261. *Quels nombres plus petits que 100 sont divisibles à la fois par 2, par 3 et par 4?*

Ce sont les multiples plus petits que 100 du p. p. c. m. de 2, 3, 4, ou de 12. (Probl. 259.)

Rép. 12, 24, 36, 48, 60, 72, 84, 96.

262. *Quels nombres plus petits que 1 000 sont divisibles à la fois par 4, par 5, par 6 et par 8?*

Le p. p. c. m. de : 4, 5, 6, 8 est 120; $1\,000 = 120 \times 8 + 40$.

Rép. 120, 240, 360, 480, 600, 720, 840, 960.

263. *Écrire les nombres de quatre chiffres qui sont divisibles à la fois par 2, par 3, par 4, par 5, par 6 et par 7.*

Ce sont les multiples plus grands que 999 et plus petits que 10 000 du p. p. c. m. des nombres 2, 3, 4, 5, 6 et 7, ou 420.

Or : $999 = 420 \times 2 + 159$ et $10\,000 = 420 \times 23 + 340$.

Rép. Les produits de 420 par les nombres entiers 3, 4, 5, 6... 23.

264. *Par lesquels des nombres suivants : 2, 3, 4, 5, 6. 8, 9, 11, 25 et 125, chacun des nombres 1166, 1288 et 1938 est-il divisible?*

Le nombre 1166 est divisible par 2 et par 11 ;

     »   1288   »   par 2, 4 et 8;

     »   1938   »   par 2, 3 et 6.

265. *Même question pour les nombres 2464, 2475 et 3510.*

Le nombre 2464 est divisible par 2, 4, 8 et 11 ;

     »   2475   »   par 3, 5, 9, 11 et 25;

     »   3510   »   par 2, 3, 5, 6, 9.

266. *Même question pour les nombres 29935, 53625 et 82875.*

Le nombre 29935 est divisible par 5 ;

     »   53625   »   par 3, 5, 11, 25, 125;

     »   82875   »   par 3, 5, 25, 125.

267. *Même question pour le nombre 364742378.*

Le nombre 364742378 est divisible par 2 et par 11.

TROUVER LES FACTEURS PREMIERS DES NOMBRES SUIVANTS :

268. $280 = 2^3 \times 5 \times 7.$

269. $2646 = 2 \times 3^3 \times 7^2.$

270. $2970 = 2 \times 3^3 \times 5 \times 11.$

271. $14700 = 2^2 \times 3 \times 5^2 \times 7^2.$

272. $16335 = 3^3 \times 5 \times 11^2.$

273. $15147 = 3^4 \times 11 \times 17.$

274. $147231 = 3^3 \times 7 \times 19 \times 41.$

275. $839160 = 2^3 \times 3^4 \times 5 \times 7 \times 37.$

276. $873425 = 5^2 \times 7^2 \times 23 \times 31.$

277. $1280125 = 5^3 \times 7^2 \times 11 \times 19.$

TROUVER TOUS LES DIVISEURS DES NOMBRES SUIVANTS :

278. $100 = 2^2 \times 5^2.$

Les diviseurs sont : 1, 2, 4, 5, 10, 20, 25, 50, 100.

279. $360 = 2^3 \times 3^2 \times 5.$

Diviseurs 1, 2, 4, 8, 3, 6, 12, 24, 9, 18, 36, 72, 5, 10, 20, 40, 15, 30, 60, 120, 45, 90, 180, 360.

280. $1728 = 2^6 \times 3^3.$ Diviseurs : 1, 2, 4, 8, 16, 32, 64, 3, 6, 12, 24, 48, 96, 192, 9, 18, 36, 72, 144, 288, 576, 27, 54, 108, 216, 432, 864, 1728.

281. $1755 = 3^3 \times 5 \times 13$

Diviseurs 1, 3, 9, 27, 5, 15, 45, 135, 13, 39, 117, 351, 65, 195, 585, 1755.

282. $2646 = 2 \times 3^3 \times 7^2$.
Diviseurs   1, 2, 3, 6, 9, 18, 27, 54,
                 7, 14, 21, 42, 63, 126, 189, 378,
                 49, 98, 147, 294, 441, 882, 1 323, 2 646.

283. $3819 = 3 \times 19 \times 67$.
Diviseurs   1, 3, 19, 57, 67, 201, 1 273, 3 819.

284. $5145 = 3 \times 5 \times 7^3$.
Diviseurs   1, 3, 5, 15, 7, 21, 35, 105, 49, 147, 245,
                 735, 343, 1 029, 1 715, 5 145.

285. $8398 = 2 \times 13 \times 17 \times 19$.
Diviseurs   1, 2, 13, 26, 17, 34, 221, 442, 19, 38,
                 247, 494, 323, 646, 4 199, 8 398.

286. $15435 = 3^2 \times 5 \times 7^3$.
Diviseurs   1, 3, 9, 5, 15, 45,
                 7, 21, 63, 35, 105, 315,
                 49, 147, 441, 245, 735, 2 205,
                 343, 1 029, 3 087, 1 715, 5 145, 15 435.

287. $31416 = 2^3 \times 3 \times 7 \times 11 \times 17$.
Diviseurs : 1, 2, 4, 8, 3, 6, 12, 24, 7, 14, 28, 56, 21, 42, 84, 168,
11, 22, 44, 88, 33, 66, 132, 264, 77, 154, 308, 616, 231, 462, 924, 1 848,
17, 34, 68, 136, 51, 102, 204, 408, 119, 238, 476, 952, 357, 714, 1 428, 2 856,
187, 374, 748, 1 496, 561, 1 122, 2 244, 4 488, 1 309, 2 618, 5 236, 10 472,
3 927, 7 854, 15 708, 31 416.

QUELS SONT LES DIVISEURS COMMUNS AUX NOMBRES SUIVANTS ?

288. Les nombres 420 et 720 ont pour p. g. c. d. :
                    $2^2 \times 3 \times 5 = 60$.
Leurs diviseurs communs sont les diviseurs de 60;
soit   1, 2, 4, 3, 6, 12, 5, 10, 20, 15, 30, 60.

289. Le p. g. c. d. de 900 et 375 est $5^2 \times 3 = 75$,
Les diviseurs communs de ces nombres sont : 1, 5, 25, 3, 15, 75.

290. Le p. g. c. d. de 12 285 et 4 375 est $5 \times 7 = 35$.
Les diviseurs communs de ces nombres sont : 1, 5, 7 et 35.

291. $42432 = 2^6 \times 3 \times 13 \times 17$; $945945 = 3^3 \times 5 \times 7^2 \times 11 \times 13$.
Le p. g. c. d. est $3 \times 13 = 39$.
Les diviseurs communs sont : 1, 3, 13 et 39.

292. $172172 = 2^2 \times 7 \times 13 \times 43$; $1126125 = 3^2 \times 5^3 \times 7 \times 11 \times 13$.
Leur p. g. c. d. est $7 \times 13 = 91$.
Les diviseurs communs sont : 1, 7, 13 et 91.

293. $1890 = 2 \times 3^3 \times 5 \times 7$; $3528 = 2^3 \times 3^2 \times 7^2$.
                    p. g. c. d. $= 2 \times 3^2 \times 7 = 126$.
Diviseurs communs : 1, 2, 3, 6, 9, 18, 7, 14, 21, 42, 63, 126.

294. $672 = 2^5 \times 3 \times 7$; $8624 = 2^4 \times 7^2 \times 11$;
                 $502656 = 2^7 \times 3 \times 7 \times 11 \times 17$;
                 p. g. c. d. : $2^4 \times 7 = 112$.
Diviseurs communs : 1, 2, 4, 8, 16, 7, 14, 28, 56, 112.

295. $183456 = 2^5 \times 3^2 \times 7^2 \times 13$; $458640 = 2^4 \times 3^2 \times 5 \times 7^2 \times 13$;
$$642096 = 2^4 \times 3^2 \times 7^3 \times 13;$$
$$\text{p. g. c. d.} = 2^4 \times 3^2 \times 7^2 \times 13 = 91728.$$
Diviseurs communs : les 90 diviseurs du nombre 91728.

296. $$810810 = 2 \times 3^4 \times 5 \times 7 \times 11 \times 13$$
$$729729 = 3^6 \times 7 \times 11 \times 13$$
$$4459455 = 3^4 \times 5 \times 7 \times 11^2 \times 13.$$
$$\text{p. g. c. d.} \quad 3^4 \times 7 \times 11 \times 13 = 81081.$$
Diviseurs communs : les 40 diviseurs de 81081.

297. $$388800 = 2^6 \times 3^5 \times 5^2$$
$$472500 = 2^2 \times 3^3 \times 5^4 \times 7$$
$$2337500 = 2^2 \times 5^6 \times 11 \times 17.$$
$$\text{p. g. c. d.} = 2^2 \times 5^2 = 100.$$
Diviseurs :   1, 2, 4, 5, 10, 20, 25, 50, 100.

TROUVER LE PLUS GRAND COMMUN DIVISEUR DES NOMBRES SUIVANTS :

On opérera : 1° par la méthode ordinaire; 2° par la décomposition des nombres en facteurs premiers.

298. $128 = 2^7$; $192 = 2^6 \times 3$; p. g. c. d. $= 2^6 = 64$. (Arith n° 190.)

299. $240 = 2^4 \times 3 \times 5$; $160 = 2^5 \times 5$; p. g. c. d. $= 2^4 \times 5 = 80$.

300. $180 = 2^2 \times 3^2 \times 5$; $224 = 2^5 \times 7$; p. g. c. d. $= 2^2 = 4$.

301. $$900 = 2^2 \times 3^2 \times 5^2; \quad 7290 = 2 \times 3^6 \times 5;$$
$$\text{p. g. c. d.} = 2 \times 3^2 \times 5 = 90.$$

302. $$571428 = 2^2 \times 3^3 \times 11 \times 13 \times 37;$$
$$999999 = 3^3 \times 7 \times 11 \times 13 \times 37;$$
$$\text{p. g. c. d.} = 3^3 \times 11 \times 13 \times 37 = 142857.$$

303. $72 = 2^3 \times 3^2$; $216 = 2^3 \times 3^3$; $128 = 2^7$; p. g. c. d. $= 2^3 = 8$.

304. $24 = 2^3 \times 3$; $80 = 2^4 \times 5$; $160 = 2^5 \times 5$; p. g. c. d. $= 2^3 = 8$.

305. 90, 180 et 945. Le nombre 180 étant un multiple de 90, il suffit de chercher le p. g. c. d. des nombres 90 et 945. (Arith. n° 139.)
$90 = 2 \times 3^2 \times 5$; $945 = 3^3 \times 5 \times 7$; p. g. c. d. $= 3^2 \times 5 = 45$.

306. 60, 320 et 360. Le nombre 360 étant un multiple 60, il suffit de chercher le p. g. c. d. des nombres 60 et 320. Or ces nombres ont évidemment pour diviseur commun 10; il reste à trouver le p. g. c. d. de 6 et 32, qui est 2.

Le p. g. c. d. des nombres 60, 320, 360 est $10 \times 2 = 20$.

307. 100, 550 et 10500. Les nombres 100, 550 et 10500 ont évidemment pour diviseur commun 50; or le quotient de ces nombres par 50 sont 2, 11 et 210, nombres premiers entre eux.

Le p. g. c. d. de 100, 550 et 10500 est 50.

TROUVER LE PLUS PETIT COMMUN MULTIPLE DES NOMBRES SUIVANTS :

308. $60 = 2^2 \times 3 \times 5$; $81 = 3^4$; $90 = 2 \times 3^2 \times 5$ (Arith. n° 192);
$$\text{p. p. c. m.} = 2^2 \times 3^4 \times 5 = 1620.$$

309. $\quad 70 = 2 \times 5 \times 7$; $130 = 2 \times 5 \times 13$; $190 = 2 \times 5 \times 19$;
$$\text{p. p. c. m.} = 2 \times 5 \times 7 \times 13 \times 19 = 17290.$$

310. $506 = 2 \times 11 \times 23$; $759 = 3 \times 11 \times 23$; $1771 = 7 \times 11 \times 23$;
$$\text{p. p. c. m.} = 2 \times 3 \times 7 \times 11 \times 23 = 10626.$$

311.
$$3168 = 2^5 \times 3^2 \times 11$$
$$6048 = 2^5 \times 3^3 \times 7;$$
$$4896 = 2^5 \times 3^2 \times 17.$$

p. p. c. m. $= 2^5 \times 3^3 \times 7 \times 11 \times 17 = 1130976.$

312. $\quad 15 = 3 \times 5$; $24 = 2^3 \times 3$; $28 = 2^2 \times 7$; $44 = 2^2 \times 11$;
$$175 = 5^2 \times 7$$
$$\text{p. p. c. m.} = 2^3 \times 3 \times 5^2 \times 7 \times 11 = 46200$$

313. Le p. p. c. m. des nombres 72, 135, 216 et 648 est le même que celui de 135 et 648; car 72 et 216 sont sous-multiples de 648.
$$135 = 3^3 \times 5; \quad 648 = 2^3 \times 3^4;$$
$$\text{p. p. c. m.} = 2^3 \times 3^4 \times 5 = 3240.$$

314. Le p. p. c. m. des nombres : 12, 18, 24, 36, 48 est le même que celui des nombres 36 et 48. (Probl. 313.)
$$36 = 2^2 \times 3^2; \quad 48 = 2^4 \times 3;$$
$$\text{p. p. c. m.} = 2^4 \times 3^2 = 144.$$

315. Le p. p. c. m. des nombres 7, 12, 21, 24 et 42 est le même que celui des nombres 24 et 42. (Probl. 313.)
$$24 = 2^3 \times 3; \quad 42 = 2 \times 3 \times 7;$$
$$\text{p. p. c. m.} = 2^3 \times 3 \times 7 = 168.$$

316. *Le p. g. c. d. de deux nombres est 312; leur p. p. c. m. est 6552. Quel est le produit de ces deux nombres?*

Le p. g. c. d. et le p. p. c. m. de deux nombres contiennent tous les facteurs premiers de ces nombres. (Arith. n° 190 et 192.) Leur produit égale donc le produit des deux nombres.

Rép. Le produit est $312 \times 6552 = 2044224$.

317. *Le p. g. c. d. de deux nombres est 12; leur p. p. c. m. est 420. Quels sont ces deux nombres, sachant que leur différence est plus petite que 30?*

D'après la définition du p. p. c. m. et du p. g. c. d., on voit que le p. p. c. m. est le produit du p. g. c. d. par le produit des facteurs non communs aux nombres proposés.

Le p. p. c. m. 420 égale 12×35.

Les facteurs non communs sont donc 5 et 7. Si les deux facteurs faisaient partie du même nombre, les deux nombres seraient 12 et $35 \times 12 = 420$, dont la différence surpasse 30. Si l'un des facteurs appartient à l'un des nombres et l'autre à l'autre, les nombres sont $5 \times 12 = 60$ et $7 \times 12 = 84$, dont la différence est inférieure à 30.

Rép. 60 et 84.

318. *On a trois règles de même longueur et ayant chacune un nombre exact de divisions; les divisions de la première sont dis—*

lantes de 12 mm, celles de la seconde de 15 mm, celles de la troisième de 18 mm. On place ces trois règles à côté les unes des autres de manière que les bouts soient sur une même ligne droite, et l'on demande : 1° à quelle distance du premier bout se trouvent la première, la deuxième, etc., division commune aux trois règles ; 2° la longueur de chaque règle, sachant que cette longueur est comprise entre 700 et 800 mm.

La distance du bout des règles à chaque division commune aux trois règles est un multiple commun des nombres 12 mm, 15 mm et 18 mm. Le p. p. c. m. de ces nombres est 180 mm ou 18 cm.

Les divisions communes aux trois règles sont :

1° La 1re à 18 cm ; la 2e à $18 \times 2 = 36$ cm ; la 3e à $18 \times 3 = 54$ cm ! la 4e à $18 \times 4 = 72$ cm ; la 5e serait à $18 \times 5 = 90$ cm, etc.

2° La longueur de chaque règle est donc : 720 mm, ou 72 cm.

319. *Au moyen des diviseurs, trouver deux nombres consécutifs dont le produit soit 1 260.*

$$1260 = 2^2 \times 3^2 \times 5 \times 7 = (2^2 \times 3^2) \times (5 \times 7) = 36 \times 35.$$

320. *Au moyen des diviseurs, trouver deux nombres qui diffèrent de 3 et dont le produit soit 1 120.*

$$1120 = 2^5 \times 5 \times 7 = 2^5 \times (5 \times 7) = 32 \times 35.$$

FRACTIONS ORDINAIRES

EXERCICES SUR LES RÉDUCTIONS DES FRACTIONS

I. Réduire en une seule expression fractionnaire :

321. $\quad 54\,\dfrac{1}{4} = \dfrac{217}{4}$

322. $\quad 24\,\dfrac{2}{9} = \dfrac{218}{9}$

323. $\quad 45\,\dfrac{3}{10} = \dfrac{453}{10}$

324. $\quad 109\,\dfrac{3}{11} = \dfrac{1202}{11}$

325. $\quad 150\,\dfrac{5}{12} = \dfrac{1805}{12}$

326. $\quad 158\,\dfrac{7}{15} = \dfrac{2377}{15}$

327. $\quad 243\,\dfrac{11}{19} = \dfrac{4628}{19}$

328. $\quad 145\,\dfrac{8}{21} = \dfrac{3053}{21}$

329. $\quad 92\,\dfrac{3}{20} = \dfrac{1843}{20}$

330. $\quad 36\,\dfrac{1}{25} = \dfrac{901}{25}$

331. $\quad 235\,\dfrac{5}{8} = \dfrac{1885}{8}$.

II. Extraire les entiers contenus dans les expressions suivantes :

332. $\quad \dfrac{3849}{7} = 549\,\dfrac{6}{7}$

333. $\quad \dfrac{8543}{11} = 776\,\dfrac{7}{11}$

334. $\quad \dfrac{3981}{8} = 497\,\dfrac{5}{8}$

335. $\quad \dfrac{3502}{12} = 291\,\dfrac{5}{6}$

336. $\quad \dfrac{23589}{24} = 982\,\dfrac{7}{8}$

337. $\quad \dfrac{13482}{28} = 481\,\dfrac{1}{2}$

338. $\quad \dfrac{13265}{9} = 1473\,\dfrac{8}{9}$

339. $\quad \dfrac{431500}{24} = 17979\,\dfrac{1}{6}$

340. $\quad \dfrac{31416}{18} = 1745\,\dfrac{1}{3}$

341. $\quad \dfrac{456429}{25} = 18257\,\dfrac{4}{25}$

342. $\quad \dfrac{254392}{15} = 16959\,\dfrac{7}{15}$

343. $\quad \dfrac{483562}{21} = 23026\,\dfrac{16}{21}$.

III. Simplifier les expressions suivantes :

344. $\dfrac{32}{48} = \dfrac{2}{3}$

p. g. c. d. $16 = 2^4$

345. $\dfrac{46}{54} = \dfrac{23}{27}$

p. g. c. d. $= 2$

346. $\dfrac{96}{144} = \dfrac{2}{3}$

p. g. c. d. $= 48 = 2^4 \times 3$

347. $\dfrac{87}{192} = \dfrac{29}{64}$

p. g. c. d. $= 3$

348. $\dfrac{320}{750} = \dfrac{32}{75}$

p. g. c. d. $= 10$

349. $\dfrac{1\,080}{1\,350} = \dfrac{4}{5}$

p. g. c. d. $= 270 = 2 \times 3^3 \times 5$

350. $\dfrac{1\,470}{2\,205} = \dfrac{2}{3}$

p. g. c. d. $= 735 = 3 \times 5 \times 7^2$

351. $\dfrac{5\,544}{38\,808} = \dfrac{1}{7}$

p. g. c. d. $= 5544 = 2^3 \times 3^2 \times 7 \times 11$

352. $\dfrac{5\,673}{13\,237} = \dfrac{3}{7}$

p. g. c. d. $= 1\,891 = 31 \times 61$

353. $\dfrac{2\,646}{22\,050} = \dfrac{3}{25}$

p. g. c. d. $= 882 = 2 \times 3^2 \times 7^2$

354. $\dfrac{10\,500}{15\,435} = \dfrac{100}{147}$

p. g. c. d. $= 105 = 3 \times 5 \times 7$

355. $\dfrac{85\,995}{89\,180} = \dfrac{27}{28}$

p. g. c. d. $= 3185 = 5 \times 7^2 \times 13$

356. $\dfrac{49\,077}{105\,165} = \dfrac{7}{15}$

p. g. c. d. $= 7011 = 3^2 \times 19 \times 41$

357. $\dfrac{105\,535}{263\,835} = \dfrac{21\,107}{52\,767}$

p. g. c. d. $= 5$

358. $\dfrac{606\,375}{1\,378\,125} = \dfrac{11}{25}$

p. g. c. d. $= 55\,125 = 3^2 \times 5^3 \times 7^2$

359. $\dfrac{20\,366}{75\,474} = \dfrac{17}{63}$

p. g. c. d. $= 1198 = 2 \times 599$

360. $\dfrac{936\,544}{5\,258\,214} = \dfrac{468\,272}{2\,629\,107}$

p. g. c. d. $= 2$

361. $\dfrac{1\,679\,616}{2\,799\,360} = \dfrac{3}{5}$

p. g. c. d. $559\,872 = 2^8 \times 3^7$

362. $\dfrac{78 \times 84 \times 44}{98 \times 99 \times 520} = \dfrac{2}{35}$

363. $\dfrac{88 \times 133 \times 15 \times 21{,}1}{2\,185 \times 462} = 3\,\dfrac{77}{115}$

364. $\dfrac{4\,715 \times 104 \times 792 \times 57}{280\,071 \times 280 \times 52} = 5\,\dfrac{3}{7}$

365. $\dfrac{9\,936 \times 11\,875 \times 3\,773}{1\,081 \times 893 \times 31\,801} = 14\,\dfrac{65\,366}{130\,331}$

366. $\dfrac{9\,594\,000 \times 95 \times 105 \times 4\,969 \times 7}{328 \times 575 \times 45 \times 76 \times 117 \times 210} = 210\,\dfrac{35}{828}$

367. $\dfrac{84 + 120 + 132}{252} = 1\,^1/_3$

368. $\dfrac{4\,935 - 735}{105 + 840 + 1\,155} = 2.$

IV. Réduire au même dénominateur les fractions suivantes :

369. $\dfrac{1}{3}$, $\dfrac{4}{5}$ et $\dfrac{5}{6}$

d. c. $= 5 \times 6 = 30$

$\dfrac{10}{30}$, $\dfrac{24}{30}$ et $\dfrac{25}{30}$

370. $\dfrac{1}{2}$, $\dfrac{2}{3}$, $\dfrac{3}{4}$ et $\dfrac{5}{6}$

d. c. $= 12$

$\dfrac{6}{12}$, $\dfrac{8}{12}$, $\dfrac{9}{12}$, $\dfrac{10}{12}$

371. $\dfrac{1}{2}$, $\dfrac{2}{5}$, $\dfrac{3}{7}$ et $\dfrac{4}{9}$

d. c. $= 2. 5. 7. 9 = 630$

$\dfrac{315}{630}$, $\dfrac{252}{630}$, $\dfrac{270}{630}$ et $\dfrac{280}{630}$

372. $\dfrac{1}{5}$, $\dfrac{2}{7}$, $\dfrac{5}{9}$ et $\dfrac{1}{12}$

d. c. $= 5. 7. 9. 4 = 1260$

$\dfrac{252}{1260}$, $\dfrac{360}{1260}$, $\dfrac{700}{1260}$ et $\dfrac{105}{1260}$

373. $\dfrac{11}{12}$, $\dfrac{13}{14}$ et $\dfrac{3}{14}$

d. c. $= 12. 7 = 84$

$\dfrac{77}{84}$, $\dfrac{78}{84}$ et $\dfrac{18}{84}$

374. $\dfrac{7}{8}$, $\dfrac{3}{11}$ et $\dfrac{3}{14}$

d. c. $= 8. 11. 7 = 616$

$\dfrac{539}{616}$, $\dfrac{168}{616}$ et $\dfrac{132}{616}$

375. $\dfrac{3}{4}$, $\dfrac{5}{8}$, $\dfrac{9}{16}$ et $\dfrac{11}{32}$

d. c. $= 32$

$\dfrac{24}{32}$, $\dfrac{20}{32}$, $\dfrac{18}{32}$ et $\dfrac{11}{32}$

376. $\dfrac{2}{3}$, $\dfrac{4}{9}$, $\dfrac{11}{12}$ et $\dfrac{15}{16}$.

d. c. $= 3^2. 2^4 = 144$

$\dfrac{96}{144}$, $\dfrac{64}{144}$, $\dfrac{132}{144}$ et $\dfrac{135}{144}$

V. Réduire au plus petit dénominateur commun les fractions suivantes :

377. $\dfrac{5}{6}$, $\dfrac{11}{12}$, $\dfrac{7}{15}$ et $\dfrac{5}{18}$

d. c. $= 2^2. 3^2. 5 = 180$

$\dfrac{150}{180}$, $\dfrac{165}{180}$, $\dfrac{84}{180}$ et $\dfrac{50}{180}$

378. $\dfrac{2}{3}$, $\dfrac{1}{7}$, $\dfrac{4}{9}$ et $\dfrac{5}{12}$

d. c. $= 2^2. 3^2. 7 = 252$

$\dfrac{168}{252}$, $\dfrac{36}{252}$, $\dfrac{112}{252}$ et $\dfrac{105}{252}$

379. $\dfrac{3}{4}$, $\dfrac{2}{9}$, $\dfrac{7}{12}$, $\dfrac{5}{16}$ et $\dfrac{3}{21}$

d. c. $= 2^4. 3^2. 7 = 1008$

$\dfrac{756}{1008}$, $\dfrac{224}{1008}$, $\dfrac{588}{1008}$, $\dfrac{315}{1008}$, $\dfrac{144}{1008}$

380. $\dfrac{12}{21}$, $\dfrac{7}{14}$, $\dfrac{11}{42}$ et $\dfrac{8}{27}$

d. c. $= 2. 3^3. 7 = 378$

$\dfrac{216}{378}$, $\dfrac{189}{378}$, $\dfrac{99}{378}$ et $\dfrac{112}{378}$

381. $\dfrac{3}{5}$, $\dfrac{5}{6}$, $\dfrac{7}{12}$, $\dfrac{8}{15}$, $\dfrac{11}{20}$ et $\dfrac{29}{30}$

d. c. $= 20. 3 = 60$

$\dfrac{36}{60}$, $\dfrac{50}{60}$, $\dfrac{35}{60}$, $\dfrac{32}{60}$, $\dfrac{33}{60}$ et $\dfrac{58}{60}$

382. $\dfrac{24}{99}$, $\dfrac{25}{77}$ et $\dfrac{17}{693}$

d. c $= 693.$

$\dfrac{168}{693}$, $\dfrac{225}{693}$ et $\dfrac{17}{693}$

383. $\dfrac{5}{504}$, $\dfrac{11}{1260}$ et $\dfrac{5}{756}$

d. c. $= 2^3. 3^3. 5. 7 = 7560$

$\dfrac{75}{7560}$, $\dfrac{66}{7560}$ et $\dfrac{50}{7560}$

384. $\dfrac{13}{84}$, $\dfrac{19}{252}$, $\dfrac{29}{756}$

d. c. $= 756$

$\dfrac{117}{756}$, $\dfrac{57}{756}$ et $\dfrac{29}{756}$

385.
$$\frac{3}{14}, \ \frac{2}{21}, \ \frac{6}{25} \ \text{et} \ \frac{5}{18}$$
$$d.\,c. = 2.\ 3^2.\ 5^2.\ 7 = 3150$$
$$\frac{675}{3150}, \ \frac{300}{3150}, \ \frac{756}{3150}, \ \text{et} \ \frac{875}{3150}$$

386.
$$\frac{1}{84}, \ \frac{1}{616}, \ \frac{1}{1125} \ \text{et} \ \frac{1}{539}$$
$$d.\,c. = 2^3.\ 3^2.\ 5^3.\ 7^2.\ 11 = 4\,851\,000$$
$$\frac{57\,750}{4\,851\,000}, \ \frac{7875}{4\,851\,000}, \ \frac{4312}{4\,851\,000} \ \text{et} \ \frac{9000}{4\,851\,000}.$$

VI. Réduire au même numérateur les fractions suivantes :

387.
$$\frac{5}{7} \ \text{et} \ \frac{3}{4}$$
$$n.\,c. = 15$$
$$\frac{15}{21} \ \text{et} \ \frac{15}{20}$$

388.
$$\frac{4}{11} \ \text{et} \ \frac{6}{13}$$
$$n.\,c. = 12$$
$$\frac{12}{33} \ \text{et} \ \frac{12}{26}$$

389.
$$\frac{4}{5}, \ \frac{10}{11} \ \text{et} \ \frac{12}{13}$$
$$n.\,c. = 60$$
$$\frac{60}{75}, \ \frac{60}{66} \ \frac{60}{65}$$

390.
$$\frac{66}{71}, \ \frac{108}{149}, \ \frac{120}{121}$$
$$n.\,c. = 2^3.\ 3^3.\ 5.\ 11 = 11\,880$$
$$\frac{11\,880}{12\,780}, \ \frac{11\,880}{16\,390} \ \text{et} \ \frac{11\,880}{11\,979}.$$

EXERCICES SUR LES FRACTIONS

§ I. — QUESTIONS ORALES

391. *Qu'est-ce qu'une fraction ?*
Arith. nº 193.

392. *Pourquoi les fractions ordinaires sont-elles aussi appelées fractions à deux termes ?*

Les fractions ordinaires sont appelées fractions à deux termes parce qu'elles sont représentées par deux nombres appelés termes de la fraction.

393. *De deux fractions ayant même dénominateur, quelle est la plus grande ? Pourquoi ?*
Arith. nº 198.

394. *Quelle est la plus grande des deux fractions* 1/5 *et* 1/6 *? Pourquoi ?*

La plus grande est $\dfrac{1}{5}$. (Arith. nº 199.)

395. *De deux fractions ayant même numérateur, quelle est la plus grande? Pourquoi?*

Arith. nº 199.

396. *Quelle fraction faut-il ajouter à* ²/₉ *pour avoir le nombre un?*

Il faut ajouter $\frac{7}{9}$ à $\frac{2}{9}$ pour avoir 1.

397. *Quelle est la fraction à laquelle il manque* ⁵/₉ *pour égaler 1?*

C'est la fraction $\frac{4}{9}$.

398. *Si l'on ajoute 2 au numérateur d'une fraction,* ³/₇ *par exemple, de combien la fraction est-elle augmentée? — Même question pour l'expression* ⁶/₅.

Si l'on ajoute 2 au numérateur de la fraction $\frac{3}{7}$, la fraction est augmentée de $\frac{2}{7}$.

L'expression fractionnaire $\frac{6}{5}$ est augmentée de $\frac{2}{5}$.

399. *Si l'on retranche 5 du numérateur d'une fraction,* ⁷/₉ *par exemple, de combien cette fraction est-elle diminuée? — Même question pour l'expression* ¹¹/₅.

La fraction $\frac{7}{9}$ est diminuée de $\frac{5}{9}$; elle contient cinq parties de moins.

L'expression fractionnaire $\frac{11}{5}$ est diminuée de $\frac{5}{5}$ ou de 1.

400. *Si l'on ajoute 3 au dénominateur d'une fraction,* ¹/₇ *par exemple, de combien la fraction est-elle diminuée?*

Si l'on augmente le dénominateur d'une fraction, la fraction diminue.

La diminution est une fraction ayant pour numérateur le produit du numérateur de la fraction donnée par le nombre ajouté au dénominateur, et pour dénominateur le produit du dénominateur de la fraction donnée par celui de la fraction obtenue.

Ex. : La fraction $\frac{1}{7}$ est diminuée de $\frac{1 \times 3}{7 \times 10}$ ou $\frac{3}{70}$.

Soient $\frac{a}{b}$ la fraction, et n la quantité que l'on ajoute au dénominateur, la fraction deviendra $\frac{a}{b+n}$

On aura : $\frac{a}{b} - \frac{a}{b+n} = \frac{ab + an - ab}{b(b+n)} = \frac{an}{b(b+n)}$.

401. *Si l'on retranche 5 du dénominateur d'une fraction, $^1/_{11}$ par exemple, de combien cette fraction est-elle augmentée?*

La fraction est augmentée d'une fraction formée comme il est dit au problème 400.

La fraction est augmentée de $\dfrac{1 \times 5}{11 \times 6} = \dfrac{5}{66}$.

402. *Quel changement éprouve une expression fractionnaire, telle que $^{15}/_7$: 1° si l'on ajoute 3 à son dénominateur; 2° si l'on retranche 3 de son dénominateur?*

1° L'expression $\dfrac{15}{7}$ diminue de $\dfrac{15 \times 3}{7 \times 10} = \dfrac{45}{70} = \dfrac{9}{14}$. (Probl. 400.)

2° L'expression augmente de $\dfrac{15 \times 3}{7 \times 4} = \dfrac{45}{28}$.

403. *Quel changement éprouve une fraction quand on ajoute un même nombre à chacun de ses termes? En est-il de même pour une expression fractionnaire?*

1° La fraction augmente. (Arith. n° 206.)

L'augmentation est une fraction qui a pour numérateur le produit de la différence des termes de la fraction proposée par le nombre ajouté, et pour dénominateur le produit du dénominateur de la fraction donnée par celui de la fraction obtenue.

2° L'expression fractionnaire diminue. (Arith. n° 207.)

La diminution est une fraction formée comme ci-dessus.

Soient $\dfrac{a}{b}$ la fraction, et n la quantité que l'on ajoute à chacun de ses termes; la fraction obtenue sera $\dfrac{a+n}{b+n}$.

On aura : $\dfrac{a+n}{b+n} - \dfrac{a}{b} = \dfrac{ab+bn-ab-an}{b(b+n)} = \dfrac{n(b-a)}{b(b+n)}$.

Pour une expression fractionnaire il faudrait retrancher $\dfrac{a+n}{b+n}$ de $\dfrac{a}{b}$.

404. *Quel changement éprouve une fraction quand on retranche un même nombre de chacun de ses termes? En est-il de même pour une expression fractionnaire?*

La fraction diminue et l'expression fractionnaire augmente, pourvu que l'on retranche un nombre plus petit que le plus petit des termes.

L'augmentation et la diminution se calculent comme ci-dessus. (Probl. 400 et 403.)

405. *La valeur d'une fraction dépend-elle de la grandeur de ses termes? De quoi dépend-elle?*

La valeur d'une fraction ne dépend pas de la grandeur de ses termes; elle dépend de leur rapport ou quotient.

406. *Quel changement éprouve une fraction si l'on multiplie le numérateur de cette fraction par un nombre?*

Arith. n° 200.

407. Quel changement éprouve une fraction si l'on divise par un nombre le numérateur de cette fraction?

Arith. n° 202.

408. Quel changement éprouve une fraction ou une expression fractionnaire : 1° si l'on multiplie son dénominateur par un nombre; 2° si l'on divise son dénominateur par un nombre?

Arith. n°ˢ 201 et 203.

409. De combien de manières peut-on multiplier une fraction ou une expression fractionnaire?

Arith. n° 204, 1°.

410. Multiplier par ²/₃ la fraction ⁵/₁₈ en n'opérant que sur un de ses termes.

Si l'on divise par $\dfrac{2}{3}$ le dénominateur 18, la fraction sera multipliée par $\dfrac{2}{3}$. (Arith. n° 203.)

On obtient pour dénominateur : $18 : {}^2/_3 = \dfrac{18 \times 3}{2} = 27$.

Rép. $\dfrac{5}{27}$.

411. Diviser par ³/₄ la fraction ¹²/₁₇ en n'opérant que sur l'un de ses termes.

Il suffit de diviser par $\dfrac{3}{4}$ le numérateur 12. (Arith. n° 202.)

On obtient $\dfrac{16}{17}$.

412. Peut-on diviser la fraction ⁸/₁₅ par ²/₅ sans multiplier la première par la deuxième renversée? Comment procède-t-on et pourquoi?

Il suffit de diviser par $\dfrac{2}{5}$ le numérateur 8. (Arith. n° 202.)

On obtient $\dfrac{20}{15}$ ou $\dfrac{4}{3}$ ou $1\,{}^1/_3$.

413. Diviser comme l'indique le n° précédent ¹⁸/₂₅ par ³/₅ et ⁷/₂₄ par ¹/₃.

1° $\dfrac{18}{25} : \dfrac{3}{5} = \dfrac{18 \times {}^5/_3}{25} = \dfrac{6 \times 5}{25} = \dfrac{6}{5}$.

2° $\dfrac{7}{24} : \dfrac{1}{3} = \dfrac{7}{24 : 3} = \dfrac{7}{8}$.

414. Comment trouverait-on toutes les fractions égales à une autre fraction? On prendra ¹/₃ pour exemple.

On multiplierait les deux termes de la fraction successivement par la suite des nombres entiers.

415. Qu'est-ce qu'une fraction décimale?

Arith. n° 36.

416. *Comment réduit-on les fractions ordinaires en fractions décimales ?*

Arith. n° 257.

417. *Comment réduit-on les fractions décimales en fractions ordinaires ?*

Arith. n° 269.

418. *Toutes les fractions ordinaires sont-elles réductibles exactement en fractions décimales ?*

Arith. n° 258.

419. *Toutes les fractions décimales sont-elles réductibles exactement en fractions ordinaires ?*

Oui, on peut toujours trouver une fraction ordinaire équivalente à une fraction décimale limitée.

420. *Comment appelle-t-on la fraction décimale à laquelle donne lieu une fraction ordinaire non réductible exactement en fraction décimale ?*

On l'appelle fraction périodique. (Arith. n° 260.)

421. *Quand une fraction ordinaire est-elle réductible en fraction décimale limitée ?*

Arith. n° 258.

422. *Quand une fraction ordinaire irréductible donne-t-elle lieu à une fraction décimale périodique simple ?*

Arith. n° 266.

423. *Quand une fraction ordinaire irréductible donne-t-elle lieu à une fraction décimale périodique mixte ?*

Arith. n° 267.

424. *La fraction $^2/_5$ est-elle réductible en fraction décimale limitée ?*

La fraction $\dfrac{2}{5}$ est réductible en fraction décimale limitée (Arith. n° 258); elle égale 0,4.

425. *La fraction $^{18}/_{30}$ est-elle réductible exactement en fraction décimale ?*

Il faut d'abord réduire la fraction à sa plus simple expression; $\dfrac{18}{30} = \dfrac{3}{5}$.

La fraction $\dfrac{3}{5}$ est réductible en fraction décimale limitée (Arith. n° 258); elle vaut 0,6.

426. *Même question pour les fractions suivantes : $^3/_5$, $^1/_7$, $^5/_t$, $^9/_{12}$, $^5/_8$, $^{41}/_{64}$, $^3/_{14}$, et dire pourquoi. Si ces fractions ne sont pas réductibles, à quelle sorte de fractions périodiques donnent-elles lieu ?*

Arith. n°s 258, 266 et 267.

La fraction $\dfrac{3}{5}$ est réductible en fraction décimale limitée; elle vaut 0,6.

$\dfrac{1}{7}$ donne lieu à une fraction périodique simple; 0,142857 142857...

$\dfrac{5}{6}$ »   fraction périodique mixte; 0,8333...

$\dfrac{9}{12} = \dfrac{3}{4}$ » fraction décimale limitée; 0,75.

$\dfrac{5}{8}$ »   fraction décimale limitée; 0,625.

$\dfrac{41}{64}$ »   fraction décimale limitée; 0,640625.

$\dfrac{3}{14}$ »   fraction périodique mixte; 0,2 142857 142857...

427. *Combien la fraction décimale équivalente à la fraction ordinaire* $^{12}/_{25}$ *aura-t-elle de chiffres après la virgule?*

Le dénominateur $25 = 5^2$; la fraction décimale aura 2 chiffres après la virgule. (Arith. nᵒ 258.)

428. *Même question pour les fractions suivantes :* $^5/_8$, $^3/_{40}$, $^{17}/_{200}$ *et* $^{15}/_{96}$.

En convertissant en fractions décimales les fractions suivantes, on aura :

Pour la fraction $\dfrac{5}{8}$, 3 chiffres après la virgule; car $8 = 2^3$

$$\dfrac{5}{8} = 0,625$$

Pour la fraction $\dfrac{3}{40}$, 3 chiffres après la virgule; car $40 = 2^3 \times 5$

$$\dfrac{3}{40} = 0,075$$

Pour la fraction $\dfrac{17}{200}$, 3 chiffres après la virgule;

car $200 = 2^3 \times 5^2$ $\dfrac{17}{200} = 0,085$

Pour la fraction $\dfrac{15}{96} = \dfrac{5}{32}$, 5 chiffres après la virgule;

car $32 = 2^5$ $\dfrac{15}{96} = 0,15625$.

429. *Combien aura de chiffres la partie non périodique de la fraction décimale équivalente à la fraction ordinaire* $^5/_{24}$ *? Et pourquoi?*

Elle aura 3 chiffres;

car $24 = 2^3 \times 3$ (Arith. nᵒ 267); $\dfrac{5}{24} = 0,208333...$

430. *Même question pour les fractions suivantes :* $3/14$, $2/15$, $7/28$, $4/55$, $7/75$.

La partie non périodique des fractions équivalentes aux fractions ordinaires précédentes sera composée :

Pour la fraction $\dfrac{3}{14}$, de 1 chiffre;   car $14 = 2 \times 7$;

$$\frac{3}{14} = 0{,}2\,142857\,142857\ldots$$

Pour la fraction $\dfrac{2}{15}$, de 1 chiffre;   car $15 = 3 \times 5$;

$$\frac{2}{15} = 0{,}1\,333\ldots$$

Pour la fraction $\dfrac{2}{28} = \dfrac{1}{14}$, de 1 chiffre;   car $14 = 2 \times 7$;

$$\frac{1}{14} = 0{,}0714285\,714285\ldots$$

Pour la fraction $\dfrac{4}{55}$, de 1 chiffre;   car $55 = 5 \times 11$;

$$\frac{4}{55} = 0{,}072\,72\,72\ldots$$

Pour la fraction $\dfrac{7}{75}$, de 2 chiffres;   car $75 = 3 \times 5^2$;

$$\frac{7}{75} = 0{,}093333\ldots$$

EFFECTUER LES ADDITIONS SUIVANTES :

431. $\dfrac{3}{5} + \dfrac{5}{6} + \dfrac{4}{9} = \dfrac{54}{90} + \dfrac{75}{90} + \dfrac{40}{90} = \dfrac{169}{90} = 1\,\dfrac{79}{90}$

432. $\dfrac{2}{3} + \dfrac{1}{4} + \dfrac{3}{8} = \dfrac{16}{24} + \dfrac{6}{24} + \dfrac{9}{24} = \dfrac{31}{24} = 1\,\dfrac{7}{24}$

433. $\dfrac{2}{3} + \dfrac{3}{5} + \dfrac{2}{7} = \dfrac{70}{105} + \dfrac{63}{105} + \dfrac{30}{105} = \dfrac{163}{105} = 1\,\dfrac{58}{105}$

434. $\dfrac{3}{5} + \dfrac{5}{6} + \dfrac{4}{7} + \dfrac{2}{5} + \dfrac{2}{3} = \dfrac{3}{5} + \dfrac{2}{5} + \dfrac{5}{6} + \dfrac{4}{6} + \dfrac{4}{7}$

$1 + 1\,\dfrac{1}{2} + \dfrac{4}{7}$ ou $2\,\dfrac{15}{14} = 3\,\dfrac{1}{14}$

435. $\dfrac{2}{3} + \dfrac{4}{5} + 6\,\dfrac{2}{3} + \dfrac{2}{9} = \dfrac{30}{45} + \dfrac{36}{45} + 6\,\dfrac{30}{45} + \dfrac{10}{45} = 8\,\dfrac{16}{45}$

436. $\dfrac{5}{6} + 9\,\dfrac{2}{5} + 1\,\dfrac{1}{2} + 2\,\dfrac{2}{3}$

$\dfrac{25}{30} + 9\,\dfrac{12}{30} + 1\,\dfrac{15}{30} + 2\,\dfrac{20}{30} = 14\,\dfrac{12}{30} = 14\,\dfrac{2}{5}$

437. $12\,\dfrac{1}{5} + 3\,\dfrac{1}{5} + 14\,\dfrac{7}{18} = 15\,\dfrac{36}{90} + 14\,\dfrac{35}{90} = 29\,\dfrac{71}{90}$

438. $2\,\dfrac{5}{8} + 9\,\dfrac{5}{9} + 10\,\dfrac{3}{10}$

$2\,\dfrac{225}{365} + 9\,\dfrac{200}{360} + 10\,\dfrac{108}{360} = 22\,\dfrac{173}{360}$

439.
$$11\frac{3}{4} + 7\frac{1}{2} + 21\frac{1}{5} + 19\frac{3}{8}$$
$$19\frac{10}{40} + 21\frac{8}{40} + 19\frac{15}{40} = 59\frac{33}{40}$$

440.
$$26\frac{2}{5} + 8\frac{5}{24} + 15\frac{2}{15} + 10\frac{8}{9}$$
$$26\frac{144}{360} + 8\frac{75}{360} + 15\frac{48}{360} + 10\frac{320}{360} = 60\frac{227}{360}$$

441.
$$31\frac{1}{2} + 11\frac{1}{4} + 28\frac{5}{12} + 9\frac{9}{15}$$
$$31\frac{30}{60} + 11\frac{15}{60} + 28\frac{25}{60} + 9\frac{36}{60} = 80\frac{23}{30}.$$

442. *Le complément d'une fraction étant ce qui manque à cette fraction pour égaler l'unité, on peut faire la preuve de l'addition des fractions en faisant la somme des compléments des fractions additionnées; la somme des fractions complémentaires, ajoutée à la somme des fractions proposées, doit donner autant d'unités qu'il y a de fractions à additionner. — Faire ainsi la preuve des n°s 431, 432, 433 et 434.*

(N° 431.) Compl. $\dfrac{2}{5} + \dfrac{1}{6} + \dfrac{5}{9} = \dfrac{36}{90} + \dfrac{15}{90} + \dfrac{50}{90} = \dfrac{101}{90} = 1\dfrac{11}{90}$
$$1\frac{11}{90} + 1\frac{79}{90} = 3$$

(N° 432.) $\dfrac{1}{3} + \dfrac{3}{4} + \dfrac{5}{8} = \dfrac{8}{24} + \dfrac{18}{24} + \dfrac{15}{24} = \dfrac{41}{24} = 1\dfrac{17}{24}$
$$1\frac{17}{24} + 1\frac{7}{24} = 3$$

(N° 433.) $\dfrac{1}{3} + \dfrac{2}{5} + \dfrac{5}{7} = \dfrac{35}{105} + \dfrac{42}{105} + \dfrac{75}{105} = \dfrac{152}{105} = 1\dfrac{47}{105}$
$$1\frac{47}{105} + 1\frac{58}{105} = 3$$

(N° 434.) $\dfrac{2}{5} + \dfrac{1}{6} + \dfrac{3}{7} + \dfrac{3}{5} + \dfrac{1}{3}$
$$1 + \frac{7}{14} + \frac{6}{14} = 1\frac{13}{14}$$
$$1\frac{13}{14} + 3\frac{1}{14} = 5.$$

EFFECTUER LES SOUSTRACTIONS SUIVANTES.

443.
$$\frac{7}{9} - \frac{2}{5} = \frac{35}{45} - \frac{18}{45} = \frac{17}{45}$$

444.
$$\frac{11}{12} - \frac{3}{7} = \frac{77}{84} - \frac{36}{84} = \frac{41}{84}$$

445. $\dfrac{17}{18} - \dfrac{9}{10} = \dfrac{85}{90} - \dfrac{81}{90} = \dfrac{4}{90} = \dfrac{2}{45}$

446. $1\dfrac{2}{3} - \dfrac{4}{5} = 1\dfrac{10}{15} - \dfrac{12}{15} = \dfrac{13}{15}$

447. $18\dfrac{4}{11} - 2\dfrac{8}{9} = 18\dfrac{36}{99} - 2\dfrac{88}{99} = 15\dfrac{47}{99}$

448. $7\dfrac{1}{5} - 6\dfrac{2}{3} = 7\dfrac{3}{15} - 6\dfrac{10}{15} = \dfrac{8}{15}$

449. $11\dfrac{8}{9} - 10\dfrac{3}{7} = 11\dfrac{56}{63} - 10\dfrac{27}{63} = 1\dfrac{29}{63}$

450. $7\dfrac{2}{7} - 1\dfrac{8}{11} = 7\dfrac{22}{77} - 1\dfrac{56}{77} = 5\dfrac{43}{77}$

451. $3\dfrac{17}{21} - 2\dfrac{19}{23} = 3\dfrac{391}{483} - 2\dfrac{399}{483} = \dfrac{475}{483}$.

EFFECTUER LES MULTIPLICATIONS SUIVANTES :

452. $\dfrac{5}{6} \times 5 = \dfrac{25}{6} = 4\dfrac{1}{6}$

453. $\dfrac{11}{13} \times 26 = 11 \times 2 = 22$

454. $\dfrac{9}{21} \times 7 = \dfrac{9}{3} = 3$

455. $49 \times \dfrac{2}{7} = 7 \times 2 = 14$

456. $54 \times \dfrac{5}{9} = 6 \times 5 = 30$

457. $108 \times \dfrac{7}{12} = 9 \times 7 = 63$

458. $\dfrac{2}{7} \times \dfrac{6}{7} = \dfrac{2 \times 6}{7 \times 7} = \dfrac{12}{49}$

459. $\dfrac{3}{5} \times \dfrac{5}{24} = \dfrac{3 \times 5}{5 \times 24} = \dfrac{1}{8}$

460. $\dfrac{1}{8} \times \dfrac{2}{3} = \dfrac{2}{8 \times 3} = \dfrac{1}{12}$

461. $\dfrac{7}{8} \times \dfrac{15}{16} = \dfrac{7 \times 15}{8 \times 16} = \dfrac{105}{128}$

462. $\dfrac{5}{8} \times \dfrac{12}{25} = \dfrac{5 \times 12}{8 \times 25} = \dfrac{3}{10}$

463. $\dfrac{9}{14} \times \dfrac{1}{7} = \dfrac{9}{14 \times 7} = \dfrac{9}{98}$

464. $4\dfrac{2}{7} \times 3\dfrac{2}{5} = \dfrac{30 \times 17}{7 \times 5} = \dfrac{102}{7} = 14\dfrac{4}{7}$

465. $6\dfrac{9}{10} \times 7\dfrac{3}{4} = \dfrac{69 \times 31}{10 \times 4} = \dfrac{2139}{40} = 53\dfrac{19}{40}$

466. $1\dfrac{2}{3} \times 5\dfrac{1}{8} = \dfrac{5 \times 41}{3 \times 8} = \dfrac{205}{24} = 8\dfrac{13}{24}$

467. $7\dfrac{2}{9} \times 9\dfrac{5}{17} = \dfrac{65 \times 158}{9 \times 17} = \dfrac{10270}{153} = 67\dfrac{19}{153}$

468. $14\dfrac{5}{13} \times 12\dfrac{2}{7} = \dfrac{187 \times 86}{13 \times 7} = \dfrac{16082}{91} = 176\dfrac{66}{91}$

469. $2\dfrac{4}{13} \times 4\dfrac{2}{7} = \dfrac{34 \times 30}{13 \times 7} = \dfrac{68}{7} = 9\dfrac{5}{7}$

EFFECTUER LES DIVISIONS SUIVANTES :

470. $\dfrac{5}{8} : \dfrac{3}{4} = \dfrac{5}{8} \times \dfrac{4}{3} = \dfrac{5}{6}$

471. $\dfrac{7}{9} : \dfrac{1}{12} = \dfrac{7}{9} \times 12 = \dfrac{28}{3} = 9\dfrac{1}{3}$

472. $\dfrac{14}{15} : \dfrac{7}{10} = \dfrac{14}{15} \times \dfrac{10}{7} = \dfrac{4}{3} = 1\dfrac{1}{3}$

473. $\dfrac{15}{17} : \dfrac{5}{7} = \dfrac{15}{17} \times \dfrac{7}{5} = \dfrac{21}{17} = 1\dfrac{4}{17}$

474. $\dfrac{9}{14} : \dfrac{3}{5} = \dfrac{9}{14} \times \dfrac{5}{3} = \dfrac{15}{14} = 1\dfrac{1}{14}$

475. $6 : \dfrac{2}{5} = \dfrac{6 \times 5}{2} = 15$

476. $5 : \dfrac{4}{9} = \dfrac{5 \times 9}{4} = \dfrac{45}{4} = 11\dfrac{1}{4}$

477. $4 : \dfrac{3}{11} = \dfrac{4 \times 11}{3} = \dfrac{44}{3} = 14\dfrac{2}{3}$

478. $12 : \dfrac{12}{23} = \dfrac{12 \times 23}{12} = 23$

479. $9 : \dfrac{3}{2} = \dfrac{9 \times 2}{3} = 6$

480. $7\dfrac{1}{5} : 4\dfrac{1}{4} = \dfrac{36}{5} : \dfrac{17}{4} = \dfrac{36}{5} \times \dfrac{4}{17} = 1\dfrac{59}{85}$

481. $11\dfrac{2}{3} : 9\dfrac{1}{8} = \dfrac{35}{3} : \dfrac{73}{8} = \dfrac{35}{3} \times \dfrac{8}{73} = \dfrac{280}{219} = 1\dfrac{61}{219}$

482. $15\dfrac{5}{6} : 19\dfrac{10}{11} = \dfrac{95}{6} : \dfrac{219}{11} = \dfrac{95}{6} \times \dfrac{11}{219} = \dfrac{1045}{1314}$

483. $18\dfrac{4}{11} : 1\dfrac{3}{8} = \dfrac{202}{11} : \dfrac{11}{8} = \dfrac{202}{11} \times \dfrac{8}{11} = \dfrac{1616}{121} = 13\dfrac{43}{121}$

484. $104\dfrac{1}{2} : 11\dfrac{4}{9} = \dfrac{209}{2} : \dfrac{103}{9} = \dfrac{209}{2} \times \dfrac{9}{103} = \dfrac{1881}{206} = 9\dfrac{27}{206}.$

RÉDUIRE EN FRACTIONS DÉCIMALES LES FRACTIONS SUIVANTES :

485. $\dfrac{1}{5} = 0,2$

486. $\dfrac{1}{8} = 0,125$

487. $\dfrac{12}{15} = \dfrac{4}{5} = 0,8$

488. $\dfrac{7}{8} = 0,875$

489. $\dfrac{2}{3} = 0,6666\ldots$

490. $\dfrac{1}{7} = 0,142857\,142857\ldots$

491. $\dfrac{1}{9} = 0,1111\ldots$

492. $\dfrac{10}{11} = 0,909090\ldots$

493. $\dfrac{5}{6} = 0,8333\ldots$ 497. $\dfrac{7}{64} = 0,109375$

494. $\dfrac{4}{13} = 0,307\,692\,307\,692\ldots$ 498. $\dfrac{7}{60} = 0,116666\ldots$

495. $\dfrac{4}{45} = 0,08888\ldots$ 499. $\dfrac{6}{25} = 0,24$

496. $\dfrac{11}{24} = 0,458333\ldots$ 500. $\dfrac{6}{75} = \dfrac{2}{25} = 0,04.$

CHERCHER LES FRACTIONS GÉNÉRATRICES DES FRACTIONS DÉCIMALES PÉRIODIQUES SUIVANTES :

501. $0,3333\ldots = \dfrac{3}{9} = \dfrac{1}{3}$ 504. $0,232323\ldots = \dfrac{23}{99}$

502. $0,6666\ldots = \dfrac{6}{9} = \dfrac{2}{3}$ 505. $0,454545\ldots = \dfrac{45}{99} = \dfrac{5}{11}$

503. $0,7777\ldots = \dfrac{7}{9}$ 506. $0,919191\ldots = \dfrac{91}{99}$

507. $0,108108108\ldots = \dfrac{108}{999} = \dfrac{12}{111} = \dfrac{4}{37}$

508. $3,181818\ldots = 3 + \dfrac{18}{99} = 3 + \dfrac{2}{11}$

509. $0,2543333\ldots = \dfrac{2543 - 254}{9000} = \dfrac{2289}{9000} = \dfrac{763}{3000}$

510. $0,01666\ldots = \dfrac{16 - 1}{900} = \dfrac{15}{900} = \dfrac{1}{60}$

511. $0,32548548\ldots = \dfrac{32548 - 32}{99900} = \dfrac{32516}{99900} = \dfrac{8129}{24975}$

512. $0,3456783333\ldots = \dfrac{3456783 - 345678}{9000000} = \dfrac{3111105}{9000000} = \dfrac{207407}{600000}$

513. $0,000432432 = \dfrac{432}{999000} = \dfrac{2}{4625}.$

514. $0,19819819\ldots = \dfrac{198}{999} = \dfrac{22}{111}$

515. $22,4545\ldots = 22 + \dfrac{45}{99} = 22 + \dfrac{5}{11}$

516. $254,39475\,75\ldots = 254 + \dfrac{39475 - 394}{99000}$ ou $254 + \dfrac{39081}{99000}$

ou $254 + \dfrac{13027}{33000}.$

Remarque. Les questions n°s 508, 515, 516 pourraient être résolues de la manière suivante :

Soit F la valeur qui a donné lieu au nombre fractionnaire 3,18.18.18...

On aura :
$$100\,F = 318,18\,18\,18...$$
$$F = 3,18\,18\,18...$$
$$99\,F = 318 - 3$$

d'où
$$F = \frac{318 - 3}{99} = \frac{315}{99} = \frac{35}{11} = 3\,\frac{2}{11}.$$

N° 515.
$$F = \frac{2\,245 - 22}{99} = \frac{2\,223}{99} = 22\,\frac{5}{11}.$$

N° 516.
$$F = 254,\,394\,75\,75\,75...$$

$$100\,000\,F = 25489475,\,75\,75\,75...$$
$$1\,000\,F = 254\,394,\,75\,75\,75...$$
$$99\,000\,F = 254\,394\,75 - 254\,394$$

d'où
$$F = \frac{25\,489\,475 - 254\,394}{99\,000} = 254\,\frac{13\,027}{33\,000}.$$

METTRE SOUS FORME DE FRACTIONS ORDINAIRES RÉDUITES A LEURS PLUS SIMPLES TERMES LES FRACTIONS DÉCIMALES SUIVANTES :

517. $0,45 = \frac{45}{100} = \frac{9}{20}$

518. $0,185 = \frac{185}{1\,000} = \frac{37}{200}$

519. $0,5 = \frac{5}{10} = \frac{1}{2}$

520. $0,25 = \frac{25}{100} = \frac{1}{4}$

521. $0,2 = \frac{2}{10} = \frac{1}{5}$

522. $0,125 = \frac{125}{1\,000} = \frac{1}{8}$

523. $0,0625 = \frac{625}{10000} = \frac{1}{16}$

524. $0,3244 = \frac{3244}{10000} = \frac{811}{2500}$

525. $0,064 = \frac{64}{1\,000} = \frac{8}{125}$

526. $0,195 = \frac{195}{1\,000} = \frac{39}{200}$

527. $0,4532 = \frac{4532}{10000} = \frac{1\,133}{2500}$

528. $0,625 = \frac{625}{1\,000} = \frac{5}{8}.$

FAIRE LA SOMME DES QUANTITÉS SUIVANTES :

529. $\quad \frac{2}{3} + 0,448 = \frac{2}{3} + \frac{448}{1\,000} = \frac{2}{3} + \frac{56}{125} = \frac{250}{375} + \frac{168}{375}$

ou $\quad \frac{418}{375} = 1\,\frac{43}{375}$

530. $\frac{4}{7} + 0,91 = \frac{4}{7} + \frac{91}{100} = \frac{400}{700} + \frac{637}{700} = \frac{1\,037}{700} = 1\,\frac{337}{700}$

531. $2,36 + 5\,\frac{1}{9} = 2\,\frac{36}{100} + 5\,\frac{1}{9} = 2\,\frac{324}{900} + 5\,\frac{100}{900} = 7\,\frac{424}{900} = 7\,\frac{106}{225}$

532. $\quad 2\,\frac{4}{7} + 8,45 + 0,625 = \frac{18}{7} + \frac{845}{100} + \frac{625}{1\,000}$

ou $\quad \frac{18000}{7000} + \frac{59150}{7000} + \frac{4375}{7000} = \frac{81\,525}{7000} = 11\,\frac{181}{280}$

533. $5 \frac{3}{4} + 2 \frac{7}{8} + 9,75 = 5,75 + 2,875 + 9,75 = 18,375$

534. $2,66 + 1 \frac{3}{7} + 8 \frac{4}{9} = \frac{266}{100} + \frac{10}{7} + \frac{76}{9}$

ou $\frac{16758}{6300} + \frac{9000}{6300} + \frac{53200}{6300} = \frac{78958}{6300} = 12 \frac{1679}{3150}.$

TROUVER LA DIFFÉRENCE DES QUANTITÉS SUIVANTES :

535. $\frac{5}{7} - 0,225 = \frac{5}{7} - \frac{225}{1000} = \frac{200}{280} - \frac{63}{280} = \frac{137}{280}$

536. $\frac{11}{12} - 0,495 = \frac{11}{12} - \frac{495}{1000} = \frac{11000}{12000} - \frac{5940}{12000} = \frac{5060}{12000} = \frac{253}{600}$

537. $4,28 - \frac{2}{9} = 4 \frac{28}{100} - \frac{2}{9} = 4 + \frac{63}{225} - \frac{50}{225} = 4 \frac{13}{225}$

538. $5,016 - 1 \frac{3}{7} = 5 \frac{2}{125} - 1 \frac{3}{7} = 5 \frac{14}{875} - 1 \frac{375}{875} = 3 \frac{514}{875}.$

EFFECTUER LES MULTIPLICATIONS SUIVANTES :

539. $\frac{5}{6} \times 0,156 = \frac{5}{6} \times \frac{156}{1000} = \frac{13}{100} = 0,13$

540. $1 \frac{3}{7} \times 3,458 = \frac{10}{7} \times \frac{3458}{1000} = \frac{494}{100} = 4,94$

541. $0,572 \times 5 \frac{2}{11} = \frac{572}{1000} \times \frac{57}{11} = \frac{52 \times 57}{1000} = \frac{2964}{1000} = 2,964$

542. $8,35 \times 4 \frac{5}{6} = \frac{835}{100} \times \frac{29}{6} = \frac{4843}{120} = 40 \frac{43}{120}$

543. $0,454545\ldots \times 3,27666\ldots =$

$\frac{45}{99} \times \frac{2949}{900} = \frac{1 \times 983}{33 \times 20} = \frac{983}{660} = 1 \frac{323}{660}.$

TROUVER A MOINS D'UN MILLIÈME LE QUOTIENT DES DIVISIONS
SUIVANTES :

544. $\frac{2}{3} : 0,16 = \frac{2}{3} \times \frac{100}{16} = \frac{25}{6} = 4,166$

545. $1 \frac{5}{7} : 0,96 = \frac{12}{7} \times \frac{100}{96} = \frac{25}{14} = 1,785$

546. $1,96 : 1 \frac{6}{7} = \frac{1,96 \times 7}{13} = \frac{13.72}{13} = 1,055$

547. $3,45 : 5 \frac{5}{11} = \frac{3,45 \times 11}{60} = \frac{2,53}{4} = 0,632$

548. $2,425454\ldots : 0,272727\ldots = \frac{24012}{9900} \times \frac{99}{27} = \frac{26,68}{3} = 8,893.$

DÉMONTRER, SANS LES RÉDUIRE AU MÊME DÉNOMINATEUR, QUE LES
FRACTIONS SUIVANTES SONT ÉQUIVALENTES :

549. 1° $\dfrac{5}{9}$

$$\frac{55}{99} = \frac{5 \times 11}{9 \times 11} = \frac{5}{9}$$

$$\frac{555}{999} = \frac{5 \times 111}{9 \times 111} = \frac{5}{9}$$

$$\frac{5555}{9999} = \frac{5 \times 1111}{9 \times 1111} = \frac{5}{9}$$

2° $\dfrac{8}{37}$

$$\frac{808}{3737} = \frac{8 \times 101}{37 \times 101} = \frac{8}{37}$$

$$\frac{80808}{373737} = \frac{8 \times 10101}{37 \times 10101} = \frac{8}{37}$$

3° $\dfrac{160}{999}$

$$\frac{160160}{999999} = \frac{160 \times 1001}{999 \times 1001} = \frac{160}{999}$$

4° $\dfrac{3}{11}$

$$\frac{303}{1111} = \frac{3 \times 101}{11 \times 101} = \frac{3}{11}$$

$$\frac{30303}{111111} = \frac{3 \times 10101}{11 \times 10101} = \frac{3}{11}$$

§ II. — PROBLÈMES

(Les problèmes marqués d'un astérisque pourront être résolus mentalement.)

* **550.** *Quel est le nombre dont les 3/4 font 33 ?*

Le quart du nombre cherché vaut $\dfrac{33}{3} = 11$.

Rép. Le nombre est $11 \times 4 = 44$.

* **551.** *Quel est le nombre dont les 7/5 font 42 ?*

Un cinquième du nombre vaut $\dfrac{42}{7} = 6$.

Rép. Le nombre demandé est $6 \times 5 = 30$.

552. *Quel est le nombre que l'on diminue de 12 en le multipliant par 3/5 ?*

Quand on multiplie un nombre par $\dfrac{3}{5}$, on ne prend que les $\dfrac{3}{5}$

de ce nombre, c'est-à-dire $\dfrac{2}{5}$ de moins que le nombre.

Donc $\dfrac{2}{5}$ du nombre égalent 12.

Le $\dfrac{1}{5}$ du nombre sera $\dfrac{12}{2} = 6$.

Rép. Le nombre demandé est $6 \times 5 = 30$.

* **553.** *Quel est le nombre que l'on augmente de 16 en le multipliant par 5/4 ?*

Multiplier un nombre par $\frac{5}{3}$ ou $1 + \frac{2}{3}$, c'est prendre le nombre, plus les $\frac{2}{3}$ du nombre; c'est l'augmenter de ses $\frac{2}{3}$.

Donc $\frac{1}{3}$ du nombre vaut $\frac{16}{2} = 8$.

Rép. Le nombre est $8 \times 3 = 24$.

* 554. *Quel est le nombre que l'on augmente de son douzième en y ajoutant 6?*

Rép. Le $\frac{1}{12}$ du nombre étant 6, le nombre sera $6 \times 12 = 72$.

* 555. *Quel est le nombre que l'on diminue de son septième en retranchant 6 de ce nombre?*

Le $\frac{1}{7}$ du nombre est 6.

Rép. Le nombre demandé est $6 \times 7 = 42$.

* 556. *Quel est le nombre que l'on diminue de 35 en le divisant par 6?*

Diviser un nombre par 6 c'est en prendre le sixième, c'est-à-dire le diminuer de ses $\frac{5}{6}$. Les $\frac{5}{6}$ du nombre cherché sont ici 35.

Le $\frac{1}{6}$ de ce nombre sera $\frac{35}{5} = 7$.

Rép. Le nombre est $7 \times 6 = 42$.

* 557. *Par quelle fraction faut-il multiplier 12 pour obtenir $0/_7$?*

La fraction $\frac{6}{7}$ est un produit et 12 est un des facteurs.

L'autre facteur sera $\frac{6}{7} : 12 = \frac{1}{14}$ **Rép.** $\frac{1}{14}$.

* 558. *Par quel nombre faut-il diviser 12 pour obtenir $3/_4$?*

Le dividende 12 est le produit du diviseur cherché par $\frac{3}{4}$.

L'autre facteur est $12 : \frac{3}{4} = \frac{12 \times 4}{3} = 16.$ **Rép.** 16.

* 559. *Par quelle fraction faut-il multiplier 9 pour obtenir le même résultat que si l'on retranchait 3 de ce nombre?*

C'est demander par quelle fraction il faut multiplier 9 pour obtenir 6 au produit.

Rép. Le facteur cherché est $6 : 9$ ou $\frac{2}{3}$. (Probl. 557.)

*** 560.** *Par quelle fraction faut-il diviser 9 pour obtenir le même résultat que si l'on ajoutait 3 à ce nombre?*

Le dividende 9 est le produit du diviseur cherché par le quotient $9 + 3$ ou 12.

Le facteur cherché est $9 : 12$ ou $\frac{3}{4}$. **Rép.** $\frac{3}{4}$.

561. *Par quel nombre faut-il diviser 4 ⅛ pour obtenir 5?*

Rép. Le facteur cherché est $\frac{21}{5} : 5$ ou $\frac{21}{25}$. (Probl. 560.)

562. *Par quelle fraction faut-il multiplier 9 ⅘ pour obtenir 15 ⅗?*

Le facteur cherché est $15\frac{3}{5} : 9\frac{3}{4} = \frac{78}{5} \times \frac{4}{39} = \frac{8}{5} = 1\frac{3}{5}$.

(Probl. 557.) **Rép.** $\frac{8}{5}$.

563. *Par quelle fraction faut-il diviser 9 ⅘ pour obtenir 15 ⅗?*

Le facteur cherché est $\frac{39}{4} : \frac{78}{5} = \frac{39}{4} \times \frac{5}{78} = \frac{5}{8}$. (Problème 561.) **Rép.** $\frac{5}{8}$.

Remarque. Ce problème est l'inverse du problème 562; ce sont les mêmes nombres qui changent de rôle, le produit devient facteur et le facteur devient produit. La réponse de ce problème doit donc être l'inverse de celle du problème 562.

564. *Par quel nombre multiplie-t-on ⅗ lorsqu'on ajoute 5 à chacun de ses termes?*

La fraction $\frac{3}{5}$ est un facteur du produit $\frac{3+5}{5+5}$ ou $\frac{8}{10}$.

Rép. L'autre facteur est $\frac{8}{10} : \frac{3}{5} = \frac{8}{10} \times \frac{5}{3} = \frac{4}{3} = 1\frac{1}{3}$.

565. *Par quelle fraction multiplie-t-on ¹⁰/₁₁ quand on retranche 5 de chacun de ses termes?*

La fraction $\frac{10}{11}$ est un facteur du produit $\frac{10-5}{11-5}$ ou $\frac{5}{6}$.

Rép. Le facteur cherché est $\frac{5}{6} : \frac{10}{11} = \frac{5}{6} \times \frac{11}{10} = \frac{11}{12}$.

566. *Par quelle fraction divise-t-on ¹⁸/₁₃ quand on retranche 9 de chacun de ses termes?*

La fraction $\frac{18}{13}$ est un produit, $\frac{18-9}{13-9}$ ou $\frac{9}{4}$ est l'un des facteurs.

Le facteur cherché est $\frac{18}{13} : \frac{9}{4} = \frac{18}{13} \times \frac{4}{9} = \frac{8}{13}$. **Rép.** $\frac{8}{13}$.

567. *Par quelle fraction divise-t-on ⁵/₇ lorsqu'on ajoute 5 à chacun de ses termes?*

La fraction $\frac{5}{7}$ est un produit, $\frac{5+5}{7+5}$ ou $\frac{10}{12}$ est l'un des facteurs.

L'autre facteur sera $\frac{5}{7} : \frac{10}{12} = \frac{5}{7} \times \frac{12}{10} = \frac{6}{7}$. **Rép.** $\frac{6}{7}$.

568. *On a ajouté 2 au numérateur de la fraction ⁵/₈. Par quel nombre aurait-il fallu 1° multiplier, 2° diviser cette fraction pour obtenir le même résultat ?*

1° La fraction $\frac{5}{8}$ est un facteur du produit $\frac{5+2}{8}$ ou $\frac{7}{8}$.

L'autre facteur est $\frac{7}{8} : \frac{5}{8} = \frac{7}{8} \times \frac{8}{5} = \frac{7}{5}$.   **Rép.** $\frac{7}{5}$.

2° (Probl. 563. Remarque.)   **Rép.** $\frac{5}{7}$.

569. *On a ajouté 3 au dénominateur de la fraction ³/₅. Par quel nombre aurait-il fallu 1° multiplier, 2° diviser cette fraction pour obtenir le même résultat ?*

1° La fraction $\frac{3}{5}$ est un facteur du produit $\frac{3}{5+3}$ ou $\frac{3}{8}$.

L'autre facteur est $\frac{3}{8} : \frac{3}{5} = \frac{5}{8}$.   **Rép.** $\frac{5}{8}$.

2° (Probl. 563. Remarque.)   **Rép.** $\frac{8}{5}$.

570. *On a retranché 3 du numérateur de la fraction ⁵/₆. Par quel nombre aurait-il fallu 1° multiplier, 2° diviser cette fraction pour obtenir le même résultat ?*

1° Le facteur cherché est $\frac{2}{6} : \frac{5}{6} = \frac{2}{5}$.   **Rép.** $\frac{2}{5}$.

2° Le facteur cherché est $\frac{5}{6} : \frac{2}{6} = \frac{5}{2}$.   **Rép.** $\frac{5}{2}$.

571. *On a retranché 4 du dénominateur de la fraction ⁷/₁₂. Par quel nombre aurait-il fallu 1° multiplier, 2° diviser cette fraction pour obtenir le même résultat ?*

1° Le facteur cherché est $\frac{7}{8} : \frac{7}{12} = \frac{3}{2}$.   **Rép.** $\frac{3}{2}$.

2° Le facteur cherché est   **Rép.** $\frac{2}{3}$.

572. *Au lieu d'écrire 45 ³/₄ on a écrit 54 ³/₄. Par quel nombre 45 ³/₄ a-t-il été multiplié ?*

Le nombre $54\frac{3}{4}$ est un produit, $45\frac{3}{4}$ est un facteur.

Le facteur cherché est $54\frac{3}{4} : 45\frac{3}{4} = \frac{219}{183} = \frac{73}{61}$.

Rép. $\frac{73}{61}$.

*** 573.** *L'avoir total de deux élèves est 14 fr 35 ; celui du premier est les ³/₄ de celui de l'autre. Quel est l'avoir de chacun ?*

Le total des deux parts égale les $\frac{7}{4}$ de la part du second.

Un quart de la part du 2ᵉ élève est de $14,35 : 7 = 2,05$.

Le 2ᵉ élève a donc $2,05 \times 4 = 8$ fr 20 ; le 1ᵉʳ a $2,05 \times 3 = 6$ fr 15.

Rép. 8 fr 20 et 6 fr 15.

* **574.** *Quelle heure est-il lorsque ce qui reste à s'écouler du jour est les 5/7 de ce qui s'est écoulé?*

Représentons par 7 la partie déjà écoulée de la journée; la partie non écoulée sera représentée par 5; le total sera 12.

Ce qui s'est écoulé est donc les $\frac{7}{12}$ de 24 heures, soit 14 heures.

Rép. Il est donc $14 - 12 = 2$ heures du soir.

* **575.** *Combien y a-t-il de jours que l'année est commencée lorsque ce qui s'est écoulé est les 2/3 de ce qui reste?*

Représentons par 3 la partie non écoulée de l'année; la partie écoulée sera 2; l'année entière sera représentée par $2 + 3 = 5$.

La partie écoulée est donc les $\frac{2}{5}$ de 365 jours, soit 146 jours.

Rép. 146 jours.

Remarque Pour une année ordinaire, ceci a lieu le 26e jour de mai.

* **576.** *Aux 2/3 d'une somme on ajoute 15 fr et l'on en a les 7/8. Quelle est cette somme?*

La différence entre les $\frac{2}{3}$ et les $\frac{7}{8}$ de la somme, soit $\frac{5}{24}$, égale 15 fr.

Le $\frac{1}{24}$ sera $\qquad 15 : 5 = 3$ fr.

Rép. La somme est $\quad 3 \times 24 = 72$ fr.

* **577.** *Des 3/4 d'une somme on retranche 39 fr et l'on a 21 fr. Quelle est cette somme?*

La somme 39 fr est le petit nombre, 21 la différence, les $\frac{3}{4}$ de la somme le grand nombre.

Donc (Arith. nº 71), les $\frac{3}{4}$ de la somme valent $39 + 21 = 60$ fr.

Rép. La somme est $\quad \dfrac{60 \times 4}{3} = 80$ fr.

* **578.** *Le quotient de deux nombres est 3/7; leur plus grand commun diviseur est 5. Quels sont ces nombres?*

Le petit nombre divisé par le grand donne une fraction qui, réduite à sa plus simple expression, devient $\frac{3}{7}$. Mais, pour réduire cette fraction à sa plus simple expression, on a divisé numérateur et dénominateur par le p. g. c. d. 5.

Le petit nombre est donc $3 \times 5 = 15$, et le grand $7 \times 5 = 35$.

Rép. 15 et 35.

* **579.** *Le quotient de deux nombres est 2,5; leur plus grand commun diviseur est 20. Quels sont ces deux nombres?*

Le quotient des deux nombres est $2,5$ ou $\dfrac{25}{10} = \dfrac{5}{2}$.

Les deux nombres sont (Probl. 578) $5 \times 20 = 100$ et $2 \times 20 = 40$.

Rép. 100 et 40.

580. *Le quotient de deux nombre est 6,6 ; leur plus grand commun diviseur est 1782. Quel est le produit de ces nombres ?*

Le quotient des deux nombres est 6,6 ou $\dfrac{66}{10} = \dfrac{33}{5}$.

Les nombres sont $33 \times 1782 = 58806$ et $5 \times 1782 = 8910$.

Rép. Le produit demandé est $58806 \times 8910 = 523961460$.

581. *Le quotient de deux nombres est 7 ²/₇ ; leur plus petit commun multiple est 107100. Trouver ces deux nombres et leur plus grand diviseur.*

Le p. p. c. m. de plusieurs nombres est le produit de leur p. g. c. d. par le produit des facteurs non communs à ces nombres. (Probl. 317.)

Le quotient $7\dfrac{2}{7}$ ou $\dfrac{51}{7}$ nous montre que les facteurs non communs aux nombres cherchés sont 51 et 7, dont le produit est 357.

Le p. g. c. d. des nombres est donc $107100 : 357 = 300$.

Le grand nombre est $\qquad 51 \times 300 = 15300$,

et le petit nombre $\qquad 7 \times 300 = 2100$.

Rép. 15300 et 2100. p. g. c. d. 300.

582. *Le quotient de deux nombres est ²²/₄₉ ; leur plus grand commun diviseur est 102. Quel est le plus petit commun multiple de ces deux nombres ?*

Les facteurs non communs aux nombres cherchés sont 22 et 49.

Rép. Le p. p. c. m. est donc $102 \times 22 \times 49 = 109956$.

583. *En 4 h ¹/₂ un ouvrier fait 5 m ³/₈ d'un ouvrage. Combien fait-il de mètres de cet ouvrage en une heure ?*

5 mèt. $\dfrac{3}{8}$ ou $\dfrac{43}{8}$ m est un produit, et 4 h $\dfrac{1}{2}$ ou $\dfrac{9}{2}$ h est un facteur.

L'autre facteur est $\dfrac{43}{8} : \dfrac{9}{2} = \dfrac{43}{36}$ ou 1 m $\dfrac{7}{36}$.

Rép. 1 m $\dfrac{7}{36}$.

584. *Un moulin fournit 525 litres de farine en huit heures ; un autre en produit 275 litres en trois heures. Combien faudra-t-il de temps aux deux moulins pour donner un hectolitre de farine ?*

Les deux moulins donnent ensemble par heure :

$$\dfrac{525}{8} + \dfrac{275}{3} \ \text{ou} \ \dfrac{3775}{24} \ \text{de litre.}$$

Pour fournir 100 litres de farine, il faudra

$$100 : \dfrac{3775}{24} = \dfrac{96}{151} \ \text{d'heure.}$$

Rép. $\dfrac{96}{151}$ d'heure ou 38 m $\dfrac{22}{151}$.

585. *Un paquebot fait 36 km ¹/₃ en 1 h ³/₅. Quel temps mettra-*

t-il pour aller du Havre à New-York, la distance de ces deux villes étant de 5600 kilomètres?

Le paquebot fait $\dfrac{112}{3}$ kilomètres en $\dfrac{8}{5}$ d'heure;

en une heure il fera $\dfrac{112 \times 5}{3 \times 8}$ ou $\dfrac{70}{3}$ kilomètres.

Pour aller du Havre à New-York, il mettra

$$5600 : \dfrac{70}{3} = \dfrac{5600 \times 3}{70} \text{ ou } 240 \text{ heures.}$$

Rép. 240 heures ou 10 jours.

586. *Quatre roues s'engrènent successivement, et chacune d'elles n'a que les* 2/3 *du nombre des dents de la roue qui la précède; la première a 162 dents, combien la plus petite en a-t-elle?*

La 2ᵉ roue a $\qquad 162 \times \dfrac{2}{3} = 108$ dents.

La 3ᵉ » $\qquad 108 \times \dfrac{2}{3} = 72$ »

La 4ᵉ » $\qquad 72 \times \dfrac{2}{3} = 48$ »

Rép. 48 dents.

587. *Une pièce de drap serait vendue 431 fr 20 si elle était plus longue de* 1/6; *le prix du mètre de drap étant 15 fr 40, dites la longueur de la pièce.*

Si la pièce de drap valait 431 fr 20, elle aurait

$$431,20 : 15,40 = 28 \text{ mètres.}$$

Ces 28 mètres sont les $\dfrac{7}{6}$ de la pièce de drap;

elle a donc $\qquad \dfrac{28 \times 6}{7} = 24$ mètres.

Rép. 24 mètres.

588. *On a acheté une pièce d'étoffe à raison de 7 fr les 5 mètres, on la revend à raison de 16 fr les 11 mètres, et l'on gagne 24 fr. Quelle est la longueur de la pièce?*

Un mètre d'étoffe coûte $\dfrac{7}{5}$ de fr, et il est vendu $\dfrac{16}{11}$ de fr.

On gagne par mètre $\dfrac{16}{11} - \dfrac{7}{5} = \dfrac{3}{55}$ de fr.

Le bénéfice total, 24 fr, est le produit du bénéfice fait sur un mètre par le nombre de mètres.

Rép. La pièce contenait donc $24 : \dfrac{3}{55} = 440$ mètres.

589. *Un quincaillier achète 75 limes à 5 fr les 8 limes, et il les revend à 7 fr les 9 limes. Quelle somme a-t-il gagnée?*

Une lime coûte $\dfrac{5}{8}$ fr, on la vend $\dfrac{7}{9}$ fr.

Sur une lime on gagne $\dfrac{7}{9} - \dfrac{5}{8} = \dfrac{11}{72}$.

Sur la vente de 75 limes, on gagne $\frac{11}{72} \times 75$ ou 11 fr 45.

Rép. 11 fr 45.

590. *Un marchand achète à 13 fr les 7 hectolitres du charbon qu'il revend à 19 fr les 9 hectolitres. Combien ce marchand devra-t-il vendre d'hectolitres pour gagner 80 fr?*

Un hectolitre de charbon coûte $\frac{13}{7}$ fr, et on le vend $\frac{19}{9}$ fr.

Sur un hectolitre on gagne $\frac{19}{9} - \frac{13}{7} = \frac{16}{63}$.

Pour gagner 80 fr, il faudra vendre $80 : \frac{16}{63} = 315$ hectol.

Rép. 315 hectolitres.

591. *J'ai reçu 42 fr après avoir dépensé les ²/₅ de ce que j'avais, et j'ai maintenant 2 fr de plus que je possédais d'abord. Combien avais-je?*

La somme $42 - 2 = 40$ fr, représente les $\frac{2}{5}$ de mon avoir.

J'avais donc $40 : \frac{2}{5} = 100$ fr.

Rép. 100 fr.

592. *Un maître auquel on demandait combien il avait d'élèves répondit : Si le nombre de mes élèves était augmenté des ²/₃ et de 15, j'en aurais 165. Combien avait-il d'élèves?*

Les $\frac{5}{3}$ du nombre des élèves plus 15 élèves font 165.

Les $\frac{5}{3}$ valent donc $165 - 15$, soit 150 élèves.

Le nombre des élèves est donc de $150 : \frac{5}{3} = 90$ élèves.

Rép. 90 élèves.

593. *Un morceau de bœuf de 6 kg a été payé à raison de 1 fr 50 le kilog; le poids des os est le ¹/₇ du poids total. On demande à quel prix revient le kilogr de viande.*

Sur un kilog de viande achetée, il n'y a que $\frac{6}{7}$ de kilogr de viande sans os, que l'on paye 1 fr 50.

Le kilogr de viande sans os vaut donc $\frac{1,50 \times 7}{6} = 1$ fr 75.

Rép. 1 fr 75.

594. *Un ouvrier a travaillé pendant 4 journées ²/₃, plus 8 journées ³/₄, plus 3 journées ⁵/₉ et 7 journées ⁷/₁₂ à raison de 3 fr 25 la journée. On demande quelle somme il a reçue.*

L'ouvrier a travaillé pendant

$$4\frac{2}{3} + 8\frac{3}{4} + 3\frac{5}{9} + 7\frac{7}{12} \quad \text{ou} \quad 24 \text{ j } \frac{5}{9}.$$

Il a reçu 3 fr 25 $\times$ 24 $\cdot\frac{5}{9}$ = 79 fr 80.

Rép. 79 fr 80.

595. *Quel nombre faut-il retrancher de chacun des termes de la fraction* $^{11}/_{16}$ *pour la réduire à* $^1/_2$?

La différence entre le dénominateur et le numérateur est 5, et cette différence restera toujours la même. (Arith., n° 66.) Or, quand la fraction sera équivalente à $\frac{1}{2}$, le numérateur sera la moitié du dénominateur, il égalera la différence des deux termes. Le numérateur sera donc 5.

Il faudra retrancher de chaque terme   11 — 5 = 6.

Vérification : $\frac{11-6}{16-6} = \frac{5}{10} = \frac{1}{2}$.

Rép. 6.

596. *Quel nombre faut-il ajouter à chacun des termes de la fraction* $^3/_{11}$ *pour la rendre équivalente à* $^5/_9$?

La différence des deux termes est 8. Quand la fraction vaudra $\frac{5}{9}$, la différence sera $\frac{4}{9}$ du dénominateur.

Donc 8 égale $\frac{4}{9}$ du dénominateur.

Le dénominateur sera $\frac{8\times9}{4} = 18$.

Il faudra ajouter à chaque terme   18 — 11 = 7.

Rép. 7.

597. *Quel nombre faut-il ajouter à chacun des termes de la fraction* $^3/_{11}$ *pour la rendre équivalente à* $^1/_2$?

La différence des termes est 8. Cette différence (Probl. 603) égale le numérateur de la fraction cherchée. Il faudra donc ajouter à chaque terme   8 — 3 = 5.

Rép. 5.

598. *Partager* 90 *en deux parties, de manière que le* $^1/_4$ *de l'une égale le* $^1/_5$ *de l'autre.*

Si l'une des parties était 4, l'autre serait 5, et le total 9.
Mais 90 égale 10 fois 9.
La 1re partie sera donc 10 fois 4 ou 40, et la 2e 50.

Rép. 40 et 50.

599. *Partager* 90 *en deux parties, de manière que leur quotient soit* 3 $^1/_2$.

Le nombre 90 est la somme du dividende et du diviseur; 3$\frac{1}{2}$ est le quotient. Il faut donc diviser 90 par 3$\frac{1}{2}$ + 1 ou 4$\frac{1}{2}$. (Probl. 81.)

Le petit nombre égale $90 : \dfrac{9}{2} = 20$, et le grand $90 - 20$ ou 70.

Rép. 20 et 70.

600. *Si des ³/₄ d'une somme on retranche 39 fr, on a les ³/₇ de cette somme plus 6 fr. Quelle est cette somme?*

Si des $\dfrac{3}{4}$ de la somme on retranchait $39 + 6$ ou 45 fr, il en resterait les $\dfrac{3}{7}$.

La différence $\dfrac{3}{4} - \dfrac{3}{7}$ ou $\dfrac{9}{28}$ est donc 45 fr.

La somme égale $\dfrac{45 \times 28}{9} = 140$ fr.

Rép. 140 fr.

601. *Si l'on retranchait 13 ans ¹/₃ du double de mon âge en 1900, on en aurait les ³/₄ plus les ⁵/₆. En quelle année suis-je né?*

Treize ans $\dfrac{1}{3}$ est la différence entre le double de l'âge et les $\dfrac{3}{4} +$ les $\dfrac{5}{6}$ ou les $\dfrac{19}{12}$ de l'âge.

Donc les $\dfrac{24}{12} - \dfrac{19}{12}$ ou les $\dfrac{5}{12}$ de l'âge égalent 13 ans $\dfrac{1}{3}$ ou $\dfrac{40}{3}$ d'année.

L'âge demandé est $\dfrac{40 \times 12}{3 \times 5} = 32$ ans.

L'année de la naissance est $1900 - 32 = 1868$.

Rép. En 1868.

602. *Si aux ³/₇ de l'âge d'une personne on ajoute les ²/₅ de son âge plus 15 ans, on obtient l'âge que cette personne aura dans 6 ans. Quel est son âge actuel?*

Si aux $\dfrac{3}{7} + \dfrac{2}{5}$ ou $\dfrac{29}{35}$ on n'ajoutait que $15 - 6$ ou 9 ans, on aurait l'âge actuel de cette personne.

Donc les $\dfrac{35 - 29}{35}$ ou les $\dfrac{6}{35}$ de l'âge valent 9 ans.

La personne a $\dfrac{9 \times 35}{6}$ ou 52 ans $\dfrac{1}{2}$.

Rép. 52 ans $\dfrac{1}{2}$.

603. *Quelle est la longueur d'une pièce de drap dont les ²/₅, plus les ⁵/₉, valent 430 fr, si les ⁴/₅ d'un mètre valent 0 fr 50 de moins que les ⁵/₆?*

$\dfrac{2}{5} + \dfrac{5}{9}$ font $\dfrac{43}{45}$.

La pièce entière vaut $\dfrac{430 \times 45}{43} = 450$ fr.

La différence $\dfrac{5}{6} - \dfrac{4}{5}$ ou $\dfrac{1}{30}$ de mètre valant 0 fr 50, le mètre vaut 15 fr.

La pièce contient donc 450 : 15 ou 30 mètres.

Rép. 30 mètres.

604. *La somme de deux fractions est* $^8/_9$; *leur différence est* $^1/_{36}$. *Quelles sont ces deux fractions ?*

On a (Probl. 20 et 22)
$$g = \frac{s}{2} + \frac{d}{2} = \frac{4}{9} + \frac{1}{72} = \frac{11}{24},$$

et
$$p = \frac{s}{2} - \frac{d}{2} = \frac{4}{9} - \frac{1}{72} = \frac{31}{72}.$$

Rép. $\dfrac{11}{24}$ et $\dfrac{31}{72}$.

605. *La somme de deux fractions est* $1\,^1/_5$; *leur quotient est* $1\,^4/_7$. *Quelles sont ces deux fractions ?*

On trouvera la petite fraction en divisant la somme $1\dfrac{1}{5}$ ou $\dfrac{6}{5}$ par le quotient augmenté de 1 ou $2\dfrac{4}{7} = \dfrac{18}{7}$. (Probl. 81.)

La petite fraction est $\dfrac{6}{5} : \dfrac{18}{7}$ ou $\dfrac{7}{15}$,

et la grande $\dfrac{18}{15} - \dfrac{7}{15}$ ou $\dfrac{11}{15}$.

Rép. $\dfrac{7}{15}$ et $\dfrac{11}{15}$.

606. *La différence de deux fractions est* $^1/_7$; *leur quotient est* $1\,^4/_9$. *Quelles sont ces deux fractions ?*

On trouvera la petite fraction en divisant la différence $\dfrac{1}{7}$ par le quotient diminué de 1. (Probl. 82.)

La petite fraction est $\dfrac{1}{7} : \dfrac{4}{9}$ ou $\dfrac{9}{28}$,

et la grande $\dfrac{9}{28} + \dfrac{1}{7}$ ou $\dfrac{13}{28}$.

Rép $\dfrac{13}{28}$ et $\dfrac{9}{28}$.

607. *La différence de deux fractions est* $^2/_9$; *leur quotient est* $^{13}/_{27}$. *Quelles sont ces deux fractions ?*

Le quotient étant plus petit que 1, le dividende est plus petit que le diviseur.

Le dividende égale 13 fois la 27ᵉ partie du diviseur.

La différence $\dfrac{2}{9}$ vaut donc $\dfrac{27}{27} - \dfrac{13}{27}$ ou $\dfrac{14}{27}$ du diviseur.

Le diviseur égale $\dfrac{2 \times 27}{9 \times 14}$ ou $\dfrac{3}{7}$,

et le dividende $\dfrac{3}{7} \times \dfrac{13}{27}$ ou $\dfrac{13}{63}$.

Rép. $\dfrac{3}{7}$ et $\dfrac{13}{63}$.

Remarque. Lorsque le diviseur devient dividende, et réciproquement, le quotient se change en son inverse. Dans ce problème, si l'on divise la grande fraction par la petite, le quotient sera $\dfrac{27}{13}$, et l'on retombe dans le problème 617. Le petit nombre sera $\dfrac{2}{9} : \left(\dfrac{27}{13} - 1 \right)$, ou $\dfrac{2}{9} : \dfrac{14}{13} = \dfrac{13}{63}$.

608. *On a échangé 8 m ²/₅ de drap contre 5 stères ²/₃ de bois. Combien aurait-on eu de mètres de drap pour 12 stères ³/₄ de bois?*

Pour 1 stère de bois on a eu $8\,\mathrm{m}\,\dfrac{2}{5} : 5\dfrac{2}{3}$ ou $\dfrac{42 \times 3}{5 \times 17}$ m de drap.

Pour 12 stères $\dfrac{3}{4}$ ou $\dfrac{51}{4}$ de stère, on aura :

$$\dfrac{42 \times 3 \times 51}{5 \times 17 \times 4} \text{ ou } 18\,\mathrm{m}\,9 \text{ de drap.}$$

Rép. 18 mètres 90.

609. *On a échangé 6 m ³/₄ de drap contre 4 stères ²/₅ de bois. Combien aurait-on eu de stères de ce bois pour 8 m ²/₃ de drap?*

Pour 1 mètre de drap. on a eu

$$4\dfrac{2}{5} : 6\dfrac{3}{4} \text{ ou } \dfrac{22 \times 4}{5 \times 27} \text{ stère de bois.}$$

Pour 8 m $\dfrac{2}{3}$ ou $\dfrac{26}{3}$ de mètres de drap, on aura :

$$\dfrac{22 \times 4 \times 26}{5 \times 27 \times 3} = 5 \text{ stères } \dfrac{263}{405} \text{ ou } 5 \text{ stères } 649.$$

Rép. 5 stères 649.

610. *On a échangé 5 stères ⁴/₉ de bois contre 8 m ⁴/₁₁ de drap. Combien vaut le mètre de ce drap si 1 stère de bois et 1 mètre de drap valent ensemble 27 fr 34?*

Un mètre de drap vaut

$$5\dfrac{4}{9} : 8\dfrac{4}{11} \text{ ou } \dfrac{49 \times 11}{9 \times 92} = \dfrac{539}{828} \text{ de stère de bois.}$$

$\dfrac{539}{828} + 1$ stère ou $\dfrac{1367}{828}$ de stère de bois valent donc 27 fr 34.

Un stère de bois vaut $27,34 : \dfrac{1367}{828}$ ou 16 fr 56.

Un mètre de drap vaut $27,34 - 16,56 = 10,78$.

Rép. Le stère vaut 16 fr 56; le mètre, 10 fr 78.

611. *On a fondu ensemble 6 grammes ²/₇ d'argent avec 15 gr ¹/₃* *de cuivre. Quel est le poids de l'argent contenu dans 6 gr ¹/₄ de cet alliage?*

Le poids de l'alliage est de $6\frac{2}{7} + 15\frac{1}{3}$ ou $\frac{454}{21}$ de gramme.

Sur 1 gr d'alliage il y a $\frac{44}{7} : \frac{454}{21}$ ou $\frac{44 \times 21}{7 \times 454}$ gr d'argent.

Et sur 6 gr $\frac{1}{4}$ ou $\frac{25}{4}$ de gr d'alliage il y aura :

$$\frac{44 \times 21 \times 25}{7 \times 454 \times 4} \quad \text{ou} \quad 1 \text{ gr } \frac{371}{454}.$$

Rép. 1 gramme $\frac{371}{454}$.

612. *On fond ensemble 5 grammes ¹/₄ d'or et 3 grammes ²/₃ de cuivre. Combien y a-t-il d'or et de cuivre dans ³/₄ de gramme de cet alliage?*

Le poids de l'alliage est de $5\frac{1}{4} + 3\frac{2}{3}$ ou $\frac{107}{12}$ de gr.

Sur 1 gr d'alliage, il y a $\frac{21}{4} : \frac{107}{12}$ ou $\frac{21 \times 12}{4 \times 107}$ gr d'or

et $\qquad \frac{11}{3} : \frac{107}{12}$ ou $\frac{11 \times 12}{3 \times 107}$ gr de cuivre.

Sur $\frac{3}{4}$ de gr d'alliage il y a $\frac{21 \times 12 \times 3}{4 \times 107 \times 4}$ ou $\frac{189}{428}$ gr d'or

et $\qquad \frac{11 \times 12 \times 3}{3 \times 107 \times 4}$ ou $\frac{33}{107}$ gr de cuivre.

Rép. $\frac{189}{428}$ gr d'or et $\frac{33}{107}$ gr de cuivre.

613. *Une bille tombe d'une hauteur de 80 centimètres sur une table de marbre; chaque fois qu'elle touche la table, elle rebondit et s'élève à une hauteur égale au tiers de celle d'où elle est tombée. A quelle hauteur s'élèvera la bille après avoir touché la table pour la troisième fois?*

Quand la bille a touché la table une première fois, elle s'élève au $\frac{1}{3}$ de 80, soit $\frac{80}{3}$ centimètres.

Quand elle a touché la table la seconde fois, elle s'élève au $\frac{1}{3}$ de $\frac{80}{3}$, soit à $\frac{80}{3 \times 3}$ cm.

Après l'avoir touchée la troisième fois, elle s'élève au $\frac{1}{3}$ de $\frac{80}{3 \times 3}$, soit $\frac{80}{3 \times 3 \times 3}$ ou 2 cm $\frac{26}{27}$.

Rép. 2 cm $\frac{26}{27}$.

614. *Une bille tombe d'une certaine hauteur sur une table de marbre; elle rebondit, retombe et rebondit encore, et ainsi de* *suite. Après avoir touché quatre fois la table, cette bille remonte à 7 centimètres. De quelle hauteur était-elle tombée la première fois, sachant qu'après chaque chute elle s'élevait aux $^2/_3$ de la hauteur d'où elle était partie?*

Sept centimètres sont les $\frac{2}{3}$ de la hauteur à laquelle s'est élevée la bille avant la quatrième chute; cette hauteur est donc $\frac{7 \times 3}{2}$ ou $\frac{21}{2}$ cm.

La hauteur qui a précédé la troisième chute était $\frac{21 \times 3}{2 \times 2}$ ou $\frac{63}{4}$ cm.

Celle qui a précédé la deuxième chute était de $\frac{63 \times 3}{4 \times 2}$ ou $\frac{189}{8}$ cm.

Enfin la hauteur demandée était de $\frac{189 \times 3}{8 \times 2}$, soit 35 cm $\frac{7}{16}$.

Rép. 35 centimètres $\frac{7}{16}$.

Remarque. Pour obtenir 7 cm, on a multiplié successivement la hauteur cherchée 4 fois par $\frac{2}{3}$, ou par $\frac{2}{2} \times \frac{2}{3} \times \frac{2}{3} \times \frac{2}{3}$, soit $\frac{16}{81}$. (Problème 629.) On aura cette hauteur en divisant le produit 7 cm par le facteur $\frac{16}{81}$. La hauteur demandée sera donc $7 : \frac{16}{81} = \frac{7 \times 81}{16} = 35$ cm $\frac{7}{16}$.

615. *En 1898, un père disait à son fils : Mon âge est le quintuple du tien; mais en 1919 mon âge ne sera plus que le double du tien. En quelle année le fils est-il né, et quel sera l'âge du père en 1919?*

De 1898 à 1919, il s'écoulera 21 ans.

En 1898, la différence des âges égalait 4 fois l'âge du fils.

En 1919, la différence des âges, qui est la même qu'en 1898, égalera l'âge du fils en cette même année 1919, ou l'âge qu'il avait en 1898, plus 21 ans.

Donc ces 21 ans valent trois fois l'âge du fils en 1898.

Le fils avait alors 21 : 3 ou 7 ans; il est né en 1898 — 7, soit 1891.

En 1919, le fils aura 7 + 21 ou 28 ans, et le père 28 × 2, ou 56 ans.

Rép. 1° En 1891 ; 2° 56 ans.

616. *En 1873, l'âge d'un père égalait 9 fois l'âge de son fils; en 1878, l'âge du père n'était que le quintuple de celui du fils. Quel sera l'âge du père en 1900?*

De 1873 à 1878, il s'est écoulé 5 ans, et de 1873 à 1900, 27 ans.

En 1873, la différence des âges valait huit fois l'âge du fils.

En 1878, la différence des âges égalait quatre fois l'âge du fils en 1878 ou quatre fois son âge en 1873, plus quatre fois les 5 ans qu'il a de plus ou 20 ans.

La différence des âges n'ayant pas changé, quatre fois l'âge du fils en 1873 est 20 ans.

En 1873 le fils avait $20 : 4$ ou 5 ans, et le père $5 \times 9 = 45$ ans.

En 1900 le père aura $27 + 45 = 72$ ans.

Rép. 72 ans.

617. *Un ouvrage peut être fait en deux jours par un ouvrier et en trois jours par un autre. Combien ces ouvriers travaillant ensemble mettront-ils de temps pour faire cet ouvrage?*

En un jour le premier ouvrier fait $\frac{1}{2}$ de l'ouvrage; le deuxième en fait $\frac{1}{3}$.

Les deux ouvriers font ensemble en un jour

$$\frac{1}{2} + \frac{1}{3} \quad \text{ou} \quad \frac{5}{6} \text{ de l'ouvrage.}$$

Rép. Ils mettront $\frac{6}{5}$ de jour ou 1 j $\frac{1}{5}$.

618. *Un copiste pourrait transcrire un manuscrit en 6 heures; un autre le transcrirait en 8 h $^1/_2$. Si l'on emploie ces deux copistes, quel temps mettront-ils pour faire ce travail?*

En une heure le premier copiste transcrit $\frac{1}{6}$ du manuscrit, et e second $\frac{2}{17}$.

Ensemble, ils transcriront en une heure $\frac{1}{6} + \frac{2}{17}$ ou $\frac{29}{102}$.

Rép. Les deux copistes feront le travail en $\frac{102}{29}$ d'heure

ou 3 h $\frac{15}{29}$ ou 3 h 31 m par défaut.

619. *Un ouvrier ferait un ouvrage en 3 jours; un autre le ferait en 4 jours. Quelle fraction de l'ouvrage feraient-ils ensemble en $^3/_4$ de jours?*

En un jour les deux ouvriers feront $\frac{1}{3} + \frac{1}{4}$ ou $\frac{7}{12}$ de l'ouvrage.

En $\frac{3}{4}$ de jours ils en feront $\frac{7}{12} \times \frac{3}{4} = \frac{7}{16}$.

Rép. $\frac{7}{16}$.

620. *Un ouvrier ferait un ouvrage en 2 h $^1/_2$; un autre le ferait en 3 h $^1/_3$. Quelle fraction de l'ouvrage feraient, en une demi-heure, ces deux ouvriers réunis?*

En une heure le premier ouvrier fait $\dfrac{2}{5}$ de l'ouvrage, et le deuxième $\dfrac{3}{10}$.

Ils feront ensemble en une heure $\dfrac{2}{5} + \dfrac{3}{10} = \dfrac{7}{10}$ de l'ouvrage.

En une demi-heure ils feront les $\dfrac{7}{20}$ de l'ouvrage.

Rép. $\dfrac{7}{20}$.

621. *Un ouvrage peut être fait en 3 heures par un homme, en 4 heures par une femme et en 6 heures par un enfant. Si ces trois personnes travaillent ensemble, quelle fraction de l'ouvrage feront-elles en une heure, et quel temps mettront-elles pour faire l'ouvrage?*

En une heure l'homme fait $\dfrac{1}{3}$ de l'ouvrage, la femme $\dfrac{1}{4}$ l'enfant $\dfrac{1}{6}$.

Ensemble, ces trois ouvriers feront en une heure
$$\dfrac{1}{3} + \dfrac{1}{4} + \dfrac{1}{6} = \dfrac{9}{12} \text{ ou } \dfrac{3}{4} \text{ de l'ouvrage.}$$

Ils feront l'ouvrage en $\dfrac{4}{3}$ d'heure ou une heure $\dfrac{1}{3}$.

Rép. 1° Les $\dfrac{3}{4}$ de l'ouvrage; 2° 1 h 20 m.

622. *Un métier fait 12 m de toile en 2 heures $^1/_2$; un autre en fait 15 m $^3/_4$ en 3 heures $^1/_4$. Quel est celui des deux métiers qui fait le plus d'ouvrage, et dans combien de temps aura-t-il fait 2 m $^2/_5$ de plus que l'autre?*

Le premier métier fait par heure $12 : 2\dfrac{1}{2} = \dfrac{24}{5}$ de mètre.

Le deuxième fait par heure $15\dfrac{3}{4} : 3\dfrac{1}{4}$ ou $\dfrac{63}{13}$ de mètre.

Le deuxième métier fait par heure $\dfrac{63}{13} - \dfrac{24}{5}$ ou $\dfrac{3}{65}$ de mètre de plus que le premier.

Pour faire 2 m $\dfrac{2}{5}$ ou $\dfrac{12}{5}$ de plus que le premier, il lui faudra :
$$\dfrac{12}{5} : \dfrac{3}{65} \text{ ou } 52 \text{ heures.}$$

Rép. 1° Le deuxième métier; 2° 52 heures.

623. *Deux écoliers ont mis 4 h $^3/_4$ pour copier ensemble un manuscrit; l'un deux fait seul une seconde copie en 6 h $^1/_2$. Quel temps l'autre écolier aurait-il mis pour transcrire seul le manuscrit?*

En une heure les deux écoliers copieraient
$$1 : 4\dfrac{3}{4} \text{ ou } \dfrac{4}{19} \text{ du manuscrit.}$$

L'un d'eux en copierait dans le même temps $1 : 6\frac{1}{2}$ ou $\frac{2}{13}$.

L'autre en ferait donc $\frac{4}{19} - \frac{2}{13}$ ou $\frac{14}{247}$.

Il transcrirait seul le manuscrit en $1 : \frac{14}{247}$ ou 17 heures $\frac{9}{14}$.

Rép. 17 heures $\frac{9}{14}$ ou 17 heures 39 minutes par excès.

624. *Une compagnie de paveurs peut paver une rue en 9 jours; une autre ferait ce travail en 8 jours. Si l'on prend les ³/₅ du nombre des ouvriers de la première compagnie et les ²/₃ de la seconde, combien leur faudra-t-il de jours pour paver la rue?*

La première compagnie ferait en un jour $\frac{1}{9}$ de l'ouvrage.

Les $\frac{3}{5}$ de cette compagnie feront $\frac{1}{9} \times \frac{3}{5}$ ou $\frac{1}{15}$ de l'ouvrage chaque jour.

De même les $\frac{2}{3}$ de la seconde compagnie feront $\frac{1}{8} \times \frac{2}{3}$ ou $\frac{1}{12}$ de l'ouvrage chaque jour.

En un jour il se fera donc $\frac{1}{15} + \frac{1}{12}$ ou $\frac{3}{20}$ de l'ouvrage.

Pour paver la rue, il faudra $\frac{20}{3}$ de jour ou 6 jours $\frac{2}{3}$.

Rép. 6 jours $\frac{2}{3}$.

625. *Un homme qui a 7 m ¹/₂ d'ouvrage à faire commence sa journée à 5 h ¹/₂ du matin et fait ⁵/₈ de mètre par heure; il prend 2 h ¹/₄ pour ses repas. A quelle heure aura-t-il fini son travail?*

Pour faire son ouvrage, cet homme mettra $7\frac{1}{2} : \frac{5}{8}$, soit 12 h.

Le travail serait donc terminé à 5 h $\frac{1}{2}$ du soir s'il ne l'interrompait pas.

Il sera fini à $5\frac{1}{2} + 2\frac{1}{4}$ ou à 7 h $\frac{3}{4}$ du soir.

Rép. A 7 heures 45 minutes du soir.

626. *Un ouvrier a fait 9 m ¹/₃ d'ouvrage en un jour, en faisant en moyenne ⁷/₈ de mètre par heure; il a pris deux heures pour ses repas et a cessé de travailler à 6 h ¹/₄. A quelle heure avait-il commencé sa journée?*

L'ouvrier a mis $9\frac{1}{3} : \frac{7}{8}$ ou 10 h $\frac{2}{3}$ pour faire son ouvrage.

Il l'a donc commencé à 10 h $\frac{2}{3} + 2$ h, soit 12 h 40 minutes avant 6 h $\frac{1}{4}$ du soir, c'est-à-dire 40 m avant 6 h $\frac{1}{4}$ du matin, soit à 5 h 35 du matin.

Rép. A 5 heures 35 minutes du matin.

627. *Deux courriers vont à la rencontre l'un de l'autre; le premier fait ¹/₅ de chemin de plus que le second, qui parcourt 8 km à l'heure. A quelle heure se rencontreront-ils, s'ils sont partis à 6 heures du matin de deux villes éloignées de 44 km?*

Quand le second courrier fait 8 km, le premier en fait $8 + \dfrac{8}{5}$.

Pendant une heure ils se rapprochent de

$$8 + 8 + \frac{8}{5} \quad \text{ou} \quad \frac{88}{5} \text{ de km.}$$

Pour se rapprocher de 44 km, ils mettront $\quad 44 : \dfrac{88}{5} = 2\,\text{h}\,\dfrac{1}{2}$.

Il sera donc $\quad 6 + 2\dfrac{1}{2} \quad$ ou $8\,\text{h}\,\dfrac{1}{2}$ du matin.

Rép. $8\,\text{h}\,\dfrac{1}{2}$ du matin.

628. *Un voyageur a parcouru une route en 4 jours; le premier jour il en fait ¹/₄; le deuxième jour il a fait ¹/₃ du reste, le troisième jour ¹/₂ du second reste, et le quatrième jour il a achevé son voyage en faisant 12 kilomètres. On demande : 1° quelle est la longueur de la route; 2° la distance parcourue chaque jour.*

Le voyageur a fait le 1ᵉʳ jour $\dfrac{1}{4}$ de la route; il en reste à faire $\dfrac{3}{4}$.

Le 2ᵉ jour, il a fait $\dfrac{3}{4} \times \dfrac{1}{3}$ ou $\dfrac{1}{4}$; il en reste à faire $\dfrac{1}{2}$.

Le 3ᵉ jour, il fait le $\dfrac{1}{2}$ de $\dfrac{1}{2}$ ou $\dfrac{1}{4}$; il en reste à faire $\dfrac{1}{4}$.

Le 4ᵉ jour, il fait $\dfrac{1}{4}$ de la route ou 12 kilomètres.

La route à parcourir avait $12 \times 4 = 48$ km.
Il a parcouru chaque jour 12 km.

Rép. 1° 48 km; 2° 12 km.

629. *Une diligence parcourt 16 km ¹/₂ par heure, tandis qu'une voiture ne parcourt que 7 km ¹/₄. Elles partent en même temps d'une même ville pour se rendre à une autre ville éloignée de la première de 60 km ³/₄. On demande : 1° combien d'heures la diligence arrivera avant la voiture; 2° à quelle distance la voiture se trouvera de la diligence 2 h 45 m après le départ.*

La diligence met $60\dfrac{3}{4} : 16\dfrac{1}{2}$ ou $\dfrac{81}{22}$ d'h pour faire le voyage,

et la voiture $\quad 60\dfrac{3}{4} : 7\dfrac{1}{4} = \dfrac{243}{29}$ d'heure.

La diligence arrivera

$$\frac{243}{29} - \frac{81}{22} \quad \text{ou} \quad \frac{5346 - 2349}{638} = 4\,\text{h}\,\frac{445}{638} \text{ ou } 4\,\text{h}\,41\,\text{m avant}$$

la voiture.

Par heure, la diligence fait $16\frac{1}{2} - 7\frac{1}{4}$ ou $\frac{37}{4}$ de kilomètre de plus que la voiture.

En $2\,h\,\frac{3}{4}$ elle aura une avance de $\frac{37}{4} \times 2\frac{3}{4} = 25$ km 4375.

Rép. 1º 4 h 41 m; 2º 25 km 437 m 5.

630. *Un courrier qui fait 13 km ¹/₂ à l'heure est parti de Paris à 6 heures du matin; à 10 heures 20 minutes on envoie après lui un autre courrier qui fait 18 km à l'heure. Dans combien de temps atteindra-t-il le premier?*

Quand le second courrier se met en route, le premier a déjà marché pendant $10\frac{1}{3} - 6$ ou $4\,h\,\frac{1}{3}$; il a parcouru pendant ce temps $13\frac{1}{2} \times 4\frac{1}{3}$, soit $\frac{117}{2}$ kilomètres.

Le premier fait de plus que le second $18 - 13\frac{1}{2}$ ou $\frac{9}{2}$ km par heure.

Comme il doit faire $\frac{117}{2}$ km en plus de ce que fera le premier, il mettra $\frac{117}{2} : \frac{9}{2}$ ou 13 heures.

Rép. 13 heures.

631. *Une montre qui marque l'heure véritable le dimanche à midi avance de ²/₃ de minute en une heure. Quelle heure est-il le mardi lorsque cette montre marque 9 h 45 du soir?*

Pendant le temps déterminé, la montre a marqué 57 h 45 m ou 3465 minutes.

Mais quand la montre marque $60 + \frac{2}{3}$ ou $\frac{182}{3}$ de minute, elle avance de $\frac{2}{3}$ de minute.

Quand elle marque une minute, elle avance donc de
$$\frac{2 \times 3}{3 \times 182} \quad \text{ou} \quad \frac{1}{91}.$$
Quand elle marque 3465 minutes, elle avance de
$$\frac{1 \times 3465}{91} \quad \text{ou} \quad 38\,m\,\frac{1}{13}.$$

Il est donc $9\,h\,45\,m - 38\,m\,\frac{1}{13}$ ou $9\,h\,6\,m\,\frac{12}{13}$.

Rép. $9\,h\,6\,m\,\frac{12}{13}$.

632. *Une montre avance de 10 secondes ²/₃ par heure; le di-manche, à 8 heures du matin, on constate une avance de ¹/₂ heure. Quel jour et à quelle heure cette montre avait-elle été réglée?*

Lorsque la montre avance de 10 s $\frac{2}{3}$ ou $\frac{32}{3}$ de seconde, il s'écoule une heure.

L'avance étant de $\frac{1}{2}$ heure ou 1800 secondes, il s'est écoulé

$$1800 : \frac{32}{3} \text{ ou } 168 \text{ h } \frac{3}{4}, \text{ soit } 7 \text{ j } \frac{3}{4} \text{ d'heure.}$$

Rép. La montre avait été mise à l'heure le dimanche précédent à 7 h $\frac{1}{4}$ du matin.

633. *Une montre qui retarde de 2 minutes en 3 heures a été réglée à midi. Quelle heure est-il lorsqu'elle marque 10 heures le lendemain matin?*

La montre a marqué 22 heures.

Mais elle ne marque que 180 — 2 ou 178 minutes quand il s'écoule 3 heures.

Quand elle marquera une minute, il se sera écoulé $\frac{3}{178}$ h.

Et quand elle marquera 22 h ou 60×22 m, il se sera écoulé

$$\frac{3 \times 22 \times 60}{178} = 22 \text{ h } \frac{22}{89} \text{ ou } 22 \text{ h } 14 \text{ m } 49 \text{ s } \frac{79}{89}.$$

Rép. Il est donc 10 h 14 m 50 s par excès.

634. *Quelle heure est-il lorsque les deux aiguilles d'une horloge sont l'une sur l'autre : 1° entre 3 et 4 heures; 2° entre 10 et 11 heures?*

La grande aiguille parcourt 60 divisions pendant que la petite en parcourt 5; elle en parcourt donc 55 de plus que la petite par heure.

Pour gagner une division, il faut à la grande aiguille $\frac{60}{55}$ m ou $\frac{12}{11}$ de minute.

1° A 3 heures la grande aiguille est distante de la petite de 15 divisions; pour gagner ces 15 divisions, il faudra

$$\frac{12}{11} \times 15 \text{ ou } 16 \text{ minutes } \frac{4}{11}.$$

Les aiguilles seront l'une sur l'autre à 3 h 16 m $\frac{4}{11}$.

2° A 10 heures, la grande aiguille est distante de la petite de 50 divisions; pour gagner ces 50 divisions, il faudra

$$\frac{12}{11} \times 50 \text{ ou } 54 \text{ m } \frac{6}{11}.$$

Les aiguilles seront l'une sur l'autre à 10 h 54 m $\frac{6}{11}$.

Rép. 1° 3 h 16 m $\frac{4}{11}$; 2° 10 h 54 m $\frac{6}{11}$.

635. *Quelle heure est-il lorsque les deux aiguilles d'une horloge sont en ligne droite entre 4 et 5 heures?*

A 4 heures la grande aiguille est distante de 50 divisions du point marqué X, où elle serait en ligne droite avec la petite.

Pour gagner ces 50 divisions, il faudra $\frac{12}{11} \times 50$ ou 54 m $\frac{6}{11}$.

Rép. Il sera 4 h 54 m $\frac{6}{11}$.

636. *Les deux aiguilles d'une montre sont l'une sur l'autre; quel temps s'écoulera-t-il jusqu'à leur prochaine rencontre?*

Les deux aiguilles étant l'une sur l'autre en un point quelconque du cadran, il faudra toujours que la grande aiguille fasse un tour complet pour se retrouver sur la petite.

Pour gagner un tour ou 60 divisions, il faut

$$\frac{12}{11} \times 60 \text{ ou } 1 \text{ h } 5 \text{ m } \frac{5}{11}.$$

Rép. Une heure 5 minutes $\frac{5}{11}$.

Remarque. Lorsque les deux aiguilles sont en ligne droite, il s'écoule également 1 h 5 m $\frac{5}{11}$ jusqu'à ce qu'elles se trouvent de nouveau en ligne droite, car la grande aiguille doit faire un tour du cadran de plus que la petite.

637. *Les deux aiguilles d'une horloge sont l'une sur l'autre entre 5 et 6 heures ; quelle heure sera-t-il lorsqu'elles se rencontreront de nouveau?*

C'est demander quelle heure il est lorsque les deux aiguilles sont l'une sur l'autre, entre 6 et 7 heures.

A 6 heures la grande aiguille est distante de la petite de 30 divisions.

Il lui faudra $\frac{12}{11} \times 30$ ou 32 m $\frac{8}{11}$ pour gagner cet espace.

Rép. Il sera 6 h 32 m $\frac{8}{11}$.

Remarque. 1° On aurait pu raisonner ainsi : La rencontre entre 6 et 7 heures est la sixième rencontre depuis midi ; il s'est donc écoulé 6 fois 1 h 5 m $\frac{5}{11}$ (Probl. 647), ou 6 h 32 m $\frac{8}{11}$;

2° En raisonnant ainsi, on trouvera pour le problème 634 :

$$1° \left(1 \text{ h } 5 \text{ m } \frac{5}{11}\right) 3 = 3 \text{ h } 16 \text{ m } \frac{4}{11} ; \quad 2° \left(1 \text{ h } 5 \text{ m } \frac{5}{11}\right) 10 = 10 \text{ h } 54 \text{ m } \frac{6}{11}.$$

638. *Un robinet remplirait un bassin en ³/₄ d'heure; un autre le remplirait en ⁴/₅ d'heure. Quel temps faudra-t-il aux deux robinets pour remplir ensemble le bassin?*

En une heure le premier robinet remplit les $\frac{4}{3}$ du bassin, et l'autre les $\frac{5}{4}$.

Ensemble, ils rempliront $\dfrac{4}{3} + \dfrac{5}{4} = \dfrac{31}{12}$ du bassin en une heure.

Pour remplir le bassin, ils mettront $\dfrac{12}{31}$ d'heure ou 23 m $\dfrac{7}{31}$.

Rép. 23 m $\dfrac{7}{31}$.

639. *Une pompe épuiserait un bassin en 6 h ³/₄; une autre l'épuiserait en 5 h ¹/₂. Quel temps faudra-t-il aux deux pompes, fonctionnant ensemble, pour mettre à sec le bassin rempli aux ³/₁₁?*

En une heure la première pompe épuiserait les $\dfrac{4}{27}$ du bassin, et le deuxième les $\dfrac{2}{11}$.

Ensemble, elles épuiseront en une heure

$$\dfrac{4}{27} + \dfrac{2}{11} \text{ ou } \dfrac{98}{297} \text{ du bassin.}$$

La fraction $\dfrac{3}{11}$ est le produit de la fraction $\dfrac{98}{297}$ par le nombre d'heure cherché.

Pour épuiser le bassin il faudra donc

$$\dfrac{3}{11} : \dfrac{98}{297} \text{ ou } \dfrac{3 \times 297}{11 \times 98} \text{ ou } \dfrac{81}{98}.$$

Rép. $\dfrac{81}{98}$ d'heure ou 49 m $\dfrac{29}{49}$.

640. *Une fontaine verse 8 litres ¹/₂ d'eau en 2 secondes; une autre en verse 12 litres en 3 secondes ¹/₂. Quelle est la plus abondante et combien donne-t-elle de plus que l'autre par minute?*

En une seconde la première fontaine verse $8\dfrac{1}{2} : 2 = \dfrac{17}{4}$ de litre, et la deuxième, $12 : 3\dfrac{1}{2}$ ou $\dfrac{24}{7}$ de litre.

La première verse $\dfrac{17}{4} - \dfrac{24}{7}$ ou $\dfrac{23}{28}$ de plus que la deuxième en une seconde.

En une minute elle donne $\dfrac{23}{28} \times 60$ ou 49 litres $\dfrac{2}{7}$ de plus que la deuxième.

Rép. 1° La première est la plus abondante; 2° 49 litres $\dfrac{2}{7}$.

641. *Pendant qu'une fontaine verse dans un bassin 15 litres ¹/₃ d'eau, un conduit en laisse écouler 9 litres ³/₄. Combien le conduit laisse-t-il écouler d'eau pendant que la fontaine en verse 12 litres ³/₄?*

Pendant que la fontaine donne $\dfrac{46}{3}$ de litre, le conduit en laisse écouler $\dfrac{39}{4}$ de litre.

Pendant que la fontaine versera 1 litre, le conduit laissera écouler $\dfrac{39 \times 3}{4 \times 46}$ de litre.

Et pendant quelle versera $\dfrac{51}{4}$, le conduit en laissera écouler

$$\dfrac{39 \times 3 \times 51}{4 \times 46 \times 4} \text{ ou 8 litres } \dfrac{79}{736}.$$

Rép. 8 litres $\dfrac{79}{736}$.

642. *Trois fontaines coulent dans un bassin : la première seule le remplirait en 1 h $^1/_4$, la deuxième en 2 h $^2/_3$, la troisième en 4 h $^4/_7$; par un robinet inférieur le bassin se viderait en 2 h $^2/_5$. En combien de temps le bassin, rempli au $^7/_{16}$, sera-t-il plein, si l'on ouvre en même temps les fontaines et le robinet?*

En une heure la 1re fontaine remplit $1 : 1\dfrac{1}{4}$ ou $\dfrac{4}{5}$ du bassin;

la 2e en remplit dans le même temps $1 : 2\dfrac{2}{3}$ ou les $\dfrac{3}{8}$; la 3^e, $1 : 4\dfrac{4}{7}$

ou $\dfrac{7}{32}$, et le robinet vide $1 : 2\dfrac{2}{5}$ ou $\dfrac{5}{12}$ du bassin.

Les trois fontaines remplissent en une heure

$$\dfrac{4}{5} + \dfrac{3}{8} + \dfrac{7}{32} \text{ ou } \dfrac{223}{160} \text{ du bassin.}$$

En une heure il restera donc $\dfrac{223}{160} - \dfrac{5}{12}$ ou les $\dfrac{469}{480}$ du bassin.

Mais il ne manque que les $\dfrac{16-7}{16}$ ou $\dfrac{9}{16}$ du bassin.

Pour remplir le bassin, il faudrait $\dfrac{480}{469}$ d'heure.

Pour en remplir les $\dfrac{9}{16}$, il faudra

$$\dfrac{480 \times 9}{469 \times 16} = \dfrac{270}{469} \text{ ou 34 minutes } \dfrac{254}{469}.$$

Rép. $\dfrac{270}{469}$ d'heure ou 34 minutes 32 secondes.

643. *Deux pompes fonctionnant ensemble épuiseraient un fossé en 3 h $^1/_4$; l'une des deux le viderait, à elle seule, en 6 h $^1/_{15}$. Quel temps faudrait-il à l'autre pour vider seule le fossé?*

Les deux pompes fonctionnant ensemble vident en une heure

$$1 : 3\dfrac{1}{4} \text{ ou } \dfrac{4}{13} \text{ du fossé.}$$

L'une d'elles en une heure viderait $1 : 6\dfrac{1}{15}$ ou $\dfrac{15}{91}$.

L'autre dans le même temps viderait

$$\dfrac{4}{13} \cdots \dfrac{15}{91} \text{ ou } \dfrac{1}{7} \text{ du bassin.}$$

Pour vider le bassin, la deuxième pompe mettrait 7 heures.

Rép. 7 heures.

644. *Une cuve est munie de trois robinets. Si on ouvre les trois robinets, elle se vide en 2 heures; si l'on ouvre les deux premiers seulement, elle se vide en 2 h $^1/_6$. En combien de temps le troisième seul viderait-il la cuve?*

En une heure les trois robinets vident $\frac{1}{2}$ de la cuve, et les deux premiers les $\frac{5}{11}$.

Le troisième seul en vide $\frac{1}{2} - \frac{5}{11}$ ou $\frac{1}{22}$ en une heure.

Pour vider seul la cuve, il mettra 22 heures.

Rép. 22 heures.

645. *Une fermière a vendu les $^2/_5$ d'un panier d'œufs; si elle ajoutait 46 œufs à ce qui lui reste, le nombre des œufs qu'elle avait d'abord serait augmenté de $^1/_9$. Quel était ce nombre?*

Les $\frac{2}{5} + \frac{1}{9}$ ou les $\frac{23}{45}$ des œufs du panier valent 46 œufs.

Le panier contenait donc $\frac{46 \times 45}{23} = 90$ œufs.

Rép. 90 œufs.

646. *Une personne achète des pommes, moitié à quatre pour 5 centimes, et moitié à trois pour 5 centimes; elle en revend les $^2/_3$ à deux pour 5 centimes, et le reste à quatre pour 11 centimes. Combien cette personne aura-t-elle gagné lorsqu'elle aura vendu pour 15 fr 50 de pommes?*

Le prix moyen d'achat d'une pomme est de
$$\frac{5}{4} + \frac{5}{3} = \frac{35}{12} \text{ divisé par 2 ou } \frac{35}{24} \text{ c.}$$
Le prix moyen de vente d'une pomme est de
$$5 + \frac{11}{4} = \frac{31}{4} \text{ divisé par 3 ou } \frac{31}{12} \text{ ou } \frac{62}{24} \text{ c.}$$
Le bénéfice est $\frac{62}{24} - \frac{35}{24}$ ou $\frac{27}{24}$ lorsque la vente est $\frac{62}{24}$.

Si sur 62 fr de vente on gagne 27 fr, sur 1 fr on gagnera $\frac{27}{62}$ fr, et sur 15,5 on gagnera $\frac{27 \times 15,5}{62} = 6$ fr 75.

Rép. 6 fr 75.

647. *Une personne achète des pommes, moitié à cinq pour 6 centimes et moitié à six pour 7 centimes; elle en revend les $^9/_{t}$ à trois pour 5 centimes et le reste à quatre pour 7 centimes. Combien aura-t-elle vendu de pommes quand elle aura gagné 9 fr 30?*

On paye une pomme, en moyenne :

$$\text{la } \frac{1}{2} \text{ de } \left(\frac{6}{5} + \frac{7}{6} \right), \text{ c'est-à-dire } \frac{71}{60} \text{ de centime.}$$

Le prix moyen de vente d'une pomme est le $\frac{1}{5}$ de $\left(5 + \frac{7 \times 2}{4} \right)$,

soit $\frac{17}{10}$ de centime ou $\frac{102}{60}$ de centime.

Le bénéfice fait sur une pomme est de $\dfrac{102 - 71}{60} = \dfrac{31}{60}$ de c.

Pour réaliser un bénéfice de 9 fr 30 ou 930 c, il faudra vendre

$$930 : \frac{31}{60} \text{ ou } 1\,800 \text{ pommes.}$$

Rép. 1800 pommes.

648. *La fortune d'un marchand a progressé de la manière suivante : pendant la première année elle s'est augmentée de sa moitié ; pendant la seconde année elle a augmenté du tiers de ce qu'elle était au commencement de cette seconde année. La fortune du marchand étant alors de 180000 fr, quelle était sa fortune au commencement de la première année?*

A la fin de la première année, la fortune du marchand était $1 + \frac{1}{2}$ ou $\frac{3}{2}$ de ce qu'elle était au commencement de cette année ; à la fin de la deuxième année, elle était $1 + \frac{1}{3}$ ou $\frac{4}{3}$ de ce qu'elle était au commencement de la deuxième année ou les $\frac{4}{3}$ des $\frac{3}{2}$, c'est-à-dire $\frac{3}{2} \times \frac{4}{3}$ ou 2 fois la fortune primitive.

Le marchand avait au commencement de la première année
$$180000 : 2 = 90000 \text{ fr.}$$

Rép. 90000 fr.

649. *Une personne a 47 ans, une autre a 32 ans. Combien y a-t-il de temps que l'âge de la première était : 1° le double, le triple, 3° le quadruple de celui de la seconde?*

La différence des âges est de 47 — 32 ou 15 ans.

1° Quand l'âge de la première personne était double de celui de la deuxième, la différence 15 ans égalait l'âge de la plus jeune ; il y a donc 32 — 15 ou 17 ans.

2° Quand il était triple, la différence 15 égalait deux fois l'âge de la plus jeune ; elle avait donc

$$15 : 2 \text{ ou } 7 \text{ ans } \frac{1}{2} \text{ ; il y a } 32 - 7\,\frac{1}{2} \text{ ou } 24 \text{ ans } \frac{1}{2}.$$

3° Quand il était quadruple, la différence égalait trois fois l'âge de la plus jeune ; elle avait alors 15 : 3 = 5 ans ; il y a donc $\qquad$ 32 — 5 = 27 ans.

Rép. Il y a : 1° 17 ans ; 2° 24 ans $\frac{1}{2}$; 3° 27 ans.

650. *Une personne est âgée de 47 ans, une autre a 32 ans. Quel âge avait la seconde : 1° quand l'âge de la première était le double de celui de la seconde; 2° quand il était triple; 3° quand il était quadruple?*

On a trouvé (Probl. 649).

Rép. 1° 15 ans; 2° 7 ans $\frac{1}{2}$; 3° 5 ans.

651. *Une garnison a des vivres pour 121 jours; si l'on augmente de $^1/_3$ le nombre des hommes de cette garnison, de combien devra-t-on réduire la ration pour que les vivres durent aussi longtemps?*

Augmenter la garnison de $\frac{1}{3}$, c'est mettre un homme de plus par 3 hommes. Si l'on veut que les vivres durent aussi longtemps, on servira à 4 hommes la ration de 3, ou $\frac{3}{4}$ de ration à chacun.

Rép. On réduira la ration de $\frac{1}{4}$.

652. *Une garnison qui a des vivres pour 100 jours, en donnant à chaque homme la ration ordinaire, reçoit un nombre d'hommes égal au $^1/_4$ de celui qu'elle comptait déjà. On continue à servir à la garnison ainsi augmentée la ration primitive; mais, au bout de 20 jours, le chef apprend qu'il ne recevra des vivres que dans 90 jours. Quelle fraction de la ration ordinaire devra-t-on donner à chaque soldat pour faire durer les vivres jusqu'au jour indiqué?*

Le nombre d'hommes de la garnison est les $\frac{5}{4}$ de ce qu'il était.

Pour $\frac{1}{4}$ de la garnison, les vivres auraient duré 100×4 ou 400 jours.

Pour $\frac{5}{4}$, ils dureront 5 fois moins ou $\frac{400}{5}$, soit 80 jours.

Vingt jours après, il n'y a plus pour chaque homme que $80 - 20 = 60$ rations journalières pour 90 jours.

Rép. On donnera à chaque homme $\frac{60}{90}$ ou $\frac{2}{3}$ d'une ration.

653. *Une somme a été partagée entre 5 personnes; la première a eu le $^1/_4$ de la somme; la deuxième les $^3/_8$ de la part de la première; la troisième les $^4/_9$ de ce qui restait après avoir servi les deux premières; la quatrième a reçu les $^3/_{10}$ de la somme des trois premières parts; enfin la cinquième a reçu les 1670 fr qui restaient. Quelle était la somme à partager?*

La 1ʳᵉ personne a eu $\frac{1}{4}$ de la somme; il en restait les $\frac{3}{4}$.

La 2ᵉ a eu $\frac{3}{8}$ de $\frac{1}{4}$ ou $\frac{3}{32}$; il en reste $\frac{3}{4} - \frac{3}{32}$ ou $\frac{21}{32}$.

La 3ᵉ a eu les $\frac{4}{9}$ de $\frac{21}{32}$ ou $\frac{21 \times 4}{32 \times 9} = \frac{7}{24}$ de la somme.

Les trois premières parts valent $\frac{1}{4} + \frac{3}{32} + \frac{7}{24}$ ou $\frac{61}{96}$.

La 4ᵉ personne a eu les $\frac{3}{10}$ de $\frac{61}{96}$ ou $\frac{61 \times 3}{96 \times 10} = \frac{61}{320}$.

Les quatre premières personnes ont eu ensemble les

$$\frac{61}{96} + \frac{61}{320} \text{ ou } \frac{793}{960} \text{ de la somme.}$$

La 5ᵉ a eu le reste $\frac{960 - 793}{960} = \frac{167}{960}$, qui vaut 1 670 fr.

La somme était donc de $\frac{1\,670 \times 960}{167} = 9600$ fr.

Rép. 9600 fr.

654. *Un écolier distribue à parts égales un nombre de pommes à trois de ses camarades. Au premier il donne* $\frac{2}{9}$ *du nombre de ses pommes, plus une pomme* $\frac{1}{3}$; *au deuxième les* $\frac{3}{7}$ *du nombre, moins une pomme* $\frac{1}{7}$; *le troisième a eu le reste. Combien cet écolier avait-il de pommes ?*

D'après les données du problème, le premier élève a le $\frac{1}{3}$ du nombre des pommes distribuées.

Donc 3 fois la première part, $\frac{2}{9} \times 3$ ou $\frac{2}{3}$ du nombre des pommes, plus $\frac{4}{3} \times 3$, ou 4 pommes, valent toutes les pommes distribuées.

Ce qui manque aux $\frac{2}{3}$ du nombre, c'est-à-dire $\frac{1}{3}$ du nombre des pommes, vaut 4 pommes.

L'élève a distribué $4 \times 3 = 12$ pommes.

Rép. 12 pommes.

655. *Un élève distribue à trois de ses camarades un certain nombre de noisettes. Au premier il donne les* $\frac{4}{11}$ *de ses noisettes, plus 3 noisettes* $\frac{6}{11}$; *au deuxième les* $\frac{5}{9}$ *du reste, plus* $\frac{7}{9}$ *de noisette ; le troisième a eu les 25 noisettes qui restaient. Quelle a été la part des deux premiers ?*

Après avoir donné $\frac{4}{11}$ de ses noisettes, plus 3 noisettes $\frac{8}{11}$ ou $\frac{41}{11}$ de noisette, il reste à distribuer les $\frac{7}{11}$ des noisettes, moins $\frac{41}{11}$ de noisette.

Le second a $\frac{7 \times 5}{11 \times 9}$ ou $\frac{35}{99}$ des noisettes,

moins $\frac{41 \times 5}{11 \times 9}$ ou $\frac{205}{99}$ de noisette, plus $\frac{7}{9}$ ou $\frac{77}{99}$ de noisette, soit en tout $\dfrac{35}{99}$ des noisettes, moins $\dfrac{205-77}{99}$ ou $\dfrac{128}{99}$ de noisette.

Il a distribué aux deux premiers $\dfrac{4}{11} + \dfrac{35}{99}$ ou $\dfrac{71}{99}$ des noisettes, plus $\dfrac{41}{11} - \dfrac{128}{99}$ ou $\dfrac{241}{99}$ de noisette.

La part du troisième est donc $\dfrac{99-71}{99}$ ou $\dfrac{28}{99}$ des noisettes, moins $\dfrac{241}{99}$ de noisette, ce qui vaut 25 noisettes.

Donc les $\dfrac{28}{99}$ valent $25 + \dfrac{241}{99}$ ou $\dfrac{2716}{99}$ de noisette; $\dfrac{1}{99}$ vaudra 28 fois moins ou $\dfrac{2716}{99 \times 28}$.

Le nombre des noisettes sera $\dfrac{2716 \times 99}{99 \times 28} = 97$ noisettes.

Le premier élève a eu $\dfrac{97 \times 4}{11} + \dfrac{41}{11}$ ou 39 noisettes; il en restait $97 - 39 = 58$.

Le deuxième élève a eu $\dfrac{58 \times 5}{9} + \dfrac{7}{9}$ ou 33 noisettes.

Rép. Premier 39 et deuxième 33 noisettes.

Autre solution. Les 25 noisettes qui restaient, plus $\dfrac{7}{9}$ de noisette, ou $\dfrac{232}{9}$ de noisette, valent $\dfrac{4}{9}$ de ce qui restait après avoir prélevé la part du premier élève. Puisque $\dfrac{4}{9}$ valent $\dfrac{232}{9}$, $\dfrac{1}{9}$ vaudra $\dfrac{232}{9 \times 4}$ ou $\dfrac{58}{9}$, et les $\dfrac{9}{9}$ vaudront $\dfrac{58}{9} \times 9$, ou 58 noisettes. Ces 58 noisettes, plus $8\dfrac{5}{11}$ de noisette, ou $\dfrac{679}{11}$, valent les $\dfrac{7}{11}$ des noisettes.

Puisque $\dfrac{7}{11}$ des noisettes valent $\dfrac{679}{11}$ de noisette, $\dfrac{1}{11}$ vaudra $\dfrac{679}{11 \times 7}$, ou $\dfrac{97}{11}$, et les $\dfrac{11}{11}$ vaudront $\dfrac{97 \times 11}{11}$, ou 97 noisettes.

Le 1er aura $\dfrac{97 \times 4}{11} + \dfrac{41}{11}$, ou 39 noisettes; il en reste $97 - 39 = 58$.

Le 2e aura $\dfrac{58 \times 5}{9} + \dfrac{7}{9}$, ou 33 noisettes; il en reste $58 - 33 = 25$.

656. *Un jeune homme distribue des oranges à trois de ses amis. Au premier il donne les 2/7 du nombre, plus une orange 5/7; au deuxième les 5/9 du nombre, moins 5 oranges 7/9; le troisième a le reste, qui égale les 3/4 de la part du premier. Quelle a été la part de chacun?*

Le troisième élève a eu $\dfrac{2}{7} \times \dfrac{3}{4}$ ou $\dfrac{3}{14}$ des oranges, plus $\dfrac{12}{7} \times \dfrac{3}{4}$ ou $\dfrac{9}{7}$ d'orange.

Le total des trois parts est $\frac{2}{7} + \frac{5}{9} + \frac{3}{14}$ ou $\frac{133}{126}$ des oranges,

plus $1\frac{5}{7} - 5\frac{7}{9} + \frac{9}{7}$ ou moins $\frac{25}{9}$ d'orange.

Les $\frac{133}{126}$ des oranges surpassent de $\frac{7}{126}$ le nombre des oranges.

Ces $\frac{7}{126}$ des oranges égalent $\frac{25}{9}$ d'orange ; $\frac{1}{126}$ vaut $\frac{25}{9 \times 7}$

et $\frac{126}{126}$ ou le nombre, valent $\frac{25 \times 126}{9 \times 7}$ ou 50 oranges.

Le premier a eu $\frac{50 \times 2}{7} + \frac{12}{7}$ ou 16 oranges.

Le deuxième a eu $\frac{50 \times 5}{9} - \frac{52}{9}$ ou 22 oranges.

Le troisième a eu $\frac{16 \times 3}{4}$ ou 12 oranges.

Rép. Premier 16 ; deuxième 22 ; troisième 12 oranges.

657. *Un vase rempli d'eau perd, pendant la première heure, le tiers de sa contenance ; pendant la deuxième heure il perd le tiers du reste, et ainsi de suite. Après 5 heures, il reste 5 litres d'eau dans le vase. Quelle est la contenance du vase ?*

Après chaque heure il reste dans le bassin les $\frac{2}{3}$ de l'eau qui y était au commencement de cette heure. Après 5 heures, il restera donc $\frac{2}{3} \times \frac{2}{3} \times \frac{2}{3} \times \frac{2}{3} \times \frac{2}{3}$ ou $\frac{32}{243}$, c'est-à-dire 5 litres.

La contenance du bassin est donc de $\frac{5 \times 243}{32}$ ou 37 lit 96 875.

Rép. 37 litres 96.

658. *Un vase plein d'eau contient 1 kilogramme de sel en dissolution. On vide $\frac{1}{4}$ du vase, puis on le remplit d'eau ; on vide ensuite $\frac{1}{3}$ du vase, que l'on remplit encore d'eau ; enfin on vide $\frac{1}{2}$ du vase. Après ces trois opérations, quelle quantité de sel y a-t-il en dissolution dans le vase ?*

Après avoir vidé le $\frac{1}{4}$ du vase, il reste $\frac{3}{4}$ de kilogr de sel.

La deuxième fois, on vide le $\frac{1}{3}$ de l'eau du vase, et par suite $\frac{1}{3}$ du sel qu'il contient, c'est-à-dire $\frac{3}{4} \times \frac{1}{3}$ ou $\frac{1}{4}$ de kg ;

il en reste $\frac{3}{4} - \frac{1}{4} = \frac{1}{2}$.

La troisième fois, on verse le $\frac{1}{2}$ du contenu du vase, et par conséquent la moitié du sel qu'il contient, c'est-à-dire

$$\frac{1}{2} \times \frac{1}{2} \text{ ou } \frac{1}{4} \text{ de kg; il en reste } \frac{1}{2} - \frac{1}{4} \text{ ou } \frac{1}{4} \text{ de kilogr.}$$

Rép. $\frac{1}{4}$ de kilogramme ou 250 grammes.

659. *Dans un vase, dont la contenance est de 3 litres, on met 2 litres de vin et l'on achève de remplir le vase avec de l'eau. Après cela on vide le tiers du mélange et l'on remplit le vase avec de l'eau; puis on vide le quart du nouveau mélange et l'on remplit encore le vase avec de l'eau; enfin on vide la moitié de ce dernier mélange et l'on remplit le vase avec de l'eau. Quelle quantité de vin contient un litre du dernier mélange?*

La première fois, on vide le $\frac{1}{3}$ du mélange, et par conséquent le $\frac{1}{3}$ des 2 litres de vin, soit $\frac{2}{3}$ de litre; il en reste $\frac{4}{3}$ de litre.

De même, la deuxième fois, on vide le $\frac{1}{4}$ du vin contenu dans le vase ou $\frac{4}{3} \times \frac{1}{4} = \frac{1}{3}$ de litre; il en reste $\frac{4}{3} - \frac{1}{3} = 1$ litre.

La troisième fois, on vide la moitié du vin qui est alors dans le vase, c'est-à-dire $\frac{1}{2}$ litre; il en reste $\frac{1}{2}$ litre.

Puisque sur 3 litres du dernier mélange il y a $\frac{1}{2}$ litre de vin, sur 1 litre il y en aura 3 fois moins ou $\frac{1}{6}$ de litre.

Rép. $\frac{1}{6}$ de litre.

660. *Deux parcelles de terrain ayant ensemble 8200 mètres carrés de surface ont été payées 14820 fr. Les $^5/_6$ de la première surface égalent les $^7/_8$ de la seconde, et 5 mètres carrés de la première valent autant que 7 mètres carrés de la seconde. Quelle est la contenance de chacune de ces parcelles de terrain, et combien a coûté l'are de chacune d'elles?*

Puisque les $\frac{5}{6}$ de la première surface égalent les $\frac{7}{8}$ de la deuxième, $\frac{1}{6}$ de la première surface égalera cinq fois moins ou $\frac{7}{8 \times 5}$, et la première surface six fois plus ou $\frac{7 \times 6}{8 \times 5} = \frac{42}{40}$ de la seconde.

La surface totale vaut $\frac{42}{40} + 1 = \frac{82}{40}$ de la seconde surface.

Le $\frac{1}{40}$ de la deuxième surface est donc $\frac{8200}{82} = 100$ m carrés ou 1 are, et la deuxième surface a $1 \times 40 = 40$ ares.

La première surface a donc 82 — 40 ou 42 ares.

Mais 5 ares de la première surface valent 7 ares de la deuxième ;
1 are de la première vaut $\frac{7}{5}$ d'are de la seconde, et les 42 ares

de la première valent $\frac{7 \times 42}{5}$ ou 58 ares 8 de la deuxième parcelle.

Les 14820 fr sont le prix de $58,80 + 40 = 98,80$ ares de la
deuxième parcelle ; l'are de cette parcelle vaut donc
$$14\,820 : 98,80 = 150 \text{ fr.}$$

L'are de la première vaut $\frac{150 \times 7}{5}$ ou 210 fr.

Rép. 1° 42 ares et 40 ares ; 2° 210 fr et 150 fr.

Autre solution. Si les $\frac{5}{6}$ de la première surface et les $\frac{7}{8}$ de la seconde

étaient de 1 are, la première surface serait $\frac{1 \times 6}{5}$, et la deuxième $\frac{1 \times 8}{7}$.

La surface totale serait $\frac{6}{5} + \frac{8}{7} = \frac{42 + 40}{35} = \frac{82}{35}$ d'are.

Pour une surface totale de $\frac{82}{35}$ d'are, la première aurait $\frac{6}{5}$; pour

$\frac{1}{35}$ d'are, elle aurait $\frac{6}{5 \times 82}$; pour 1 are, elle aurait $\frac{6 \times 35}{5 \times 82}$, et pour

82 ares, elle aurait $\frac{6 \times 35 \times 82}{5 \times 82}$, ou 42 ares.

La deuxième aurait $82 - 42$, soit 40 ares.

Si la deuxième parcelle valait 100 fr l'are, la première vaudrait
$\frac{700}{5} = 140$ fr.

La valeur de la propriété serait
$$140 \times 42 + 100 \times 40 = 5880 + 4000 = 9880.$$

Mais elle vaut $14\,820 : 9880$, soit 1 fois $\frac{1}{2}$ plus.

La première vaut donc $\frac{140 \times 3}{2} = 210$ fr l'are ;

Et la deuxième, $\frac{100 \times 3}{2}$, ou 150 fr l'are.

RACINES

EXERCICES SUR LA RACINE CARRÉE

§ I. — QUESTIONS ORALES

661. *A quoi est égale la différence des carrés de deux nombres entiers consécutifs?*

Arith. n° 277.

662. *On sait que le carré de 25 est 625; d'après cela dites: 1° quel est le carré de 24; 2° quel est le carré de 26.*

1° Le carré de 24 est égal au carré de 25, diminué de 2 fois 24 plus 1.

Rép. $625 - 49 = 576$. (Arith. n° 277.)

2° Le carré de 26 est égal au carré de 25, augmenté de 2 fois 25 plus 1.

Rép. $625 + 51 = 676$.

663. *Quels sont les carrés des nombres suivants: 19, 21, 29, 31, 99, 101?*

1° $(19)^2 = (20)^2 - 39 = 361$;   4° $(31)^2 = 900 + 61 = 961$;
2° $(21)^2 = (20)^2 + 41 = 441$;   5° $(99)^2 = 10000 - 199 = 9801$;
3° $(29)^2 = (30)^2 - 59 = 841$;   6° $(101)^2 = 10000 + 201 = 10201$.

664. *De quoi se compose le carré d'un nombre formé de dizaines et d'unités?*

Il se compose: 1° du carré des dizaines; 2° de 2 fois le produit des dizaines par les unités; 3° du carré des unités.

$$(d + u)^2 = d^2 + 2du + u^2. \quad \text{(Arith. n° 275.)}$$

665. *A quoi est égal le carré: 1° d'une dizaine; 2° d'un centième; 3° d'un dixième; 4° d'une centaine?*

1° Le carré d'une dizaine est une centaine; 2° le carré d'un centième est un dix-millième; 3° le carré d'un dixième est un centième; 4° le carré d'une centaine est une dizaine de mille.

666. *Les nombres terminés par les chiffres 2, 3, 7, 8 peuvent-ils être des carrés? Pourquoi?*

Les nombres terminés par 2, 3, 7, 8 ne peuvent pas être des carrés; car le dernier chiffre d'un carré est toujours le dernier chiffre du carré de ses unités, et les carrés des neuf premiers nombres sont terminés par les chiffres 1, 4, 5, 6, 9.

667. *Un nombre terminé par un nombre impair de zéros peut-il être carré? Pourquoi?*

Non, car le carré d'un nombre terminé par des zéros a un nombre de zéros double de celui de sa racine, c'est-à-dire un nombre pair de zéros.

Donc un nombre terminé par un nombre impair de zéros n'est pas un carré.

668. *Un nombre dont la partie décimale n'a pas un nombre pair de chiffres significatifs peut-il être un carré? Pourquoi?*

Non, car le carré d'un nombre ayant des dizièmes donne des centièmes; celui d'un nombre ayant des centièmes donne des dix-millièmes; celui d'un nombre ayant des millièmes donne des millionièmes, etc. Le carré d'un nombre décimal a toujours un nombre pair de chiffres décimaux.

669. *Quand un nombre terminé par 5 peut-il être un carré? Pourquoi?*

Un nombre terminé par 5 peut être un carré quand le chiffre des dizaines est 2. En effet, le carré d'un nombre composé de dizaines et d'unités est $d^2 + 2\,du + u^2$. Or le carré de dizaines donne des centaines; le double produit des dizaines par 5 unités donne aussi des centaines, $2 \times d \times 5 = 10\,d$; le nombre formé par les deux derniers chiffres est donc toujours le carré de 5 ou 25.

670. *Combien de nombres entiers de deux chiffres sont des carrés parfaits?*

Six nombres entiers de deux chiffres sont des carrés.
Ce sont les nombres 16, 25, 36, 49, 64, 81;
Carrés des nombres   4, 5, 6, 7, 8, 9.

671. *Combien de nombres entiers de trois chiffres sont des carrés parfaits?*

Il y a 22 nombres entiers de trois chiffres qui sont des carrés; ce sont les carrés des nombres entiers 10, 11, 12, 13.......31.

On trouve le premier de ces nombres en prenant la racine carrée du plus petit nombre de trois chiffres, 100, et le dernier en prenant, à une unité près, la racine carrée du plus grand nombre de trois chiffres, 999.

672. *Dans l'extraction de la racine carrée d'un nombre, quelle est la plus grande valeur que puisse avoir le reste? Pourquoi?*

Arith. n° 286.

673. *A quoi est égale la différence des carrés de deux nombres qui diffèrent entre eux de deux unités ? Exemples : 25 et 27.*

La différence des carrés de deux nombres qui diffèrent de deux unités est égale à quatre fois le petit nombre plus 4.

Ainsi la différence des carrés $(25)^2$ et 27^2 est égale à :
$$25 \times 4 + 4 = 104$$
En effet
$$(a + 2)^2 - a^2 = 4a + 4.$$

674. *Lorsqu'on cherche la racine carrée d'un nombre à moins d'une demi-unité, dans quel cas peut-on ajouter une unité à la racine approchée à moins d'une unité ?*

C'est lorsque, après avoir trouvé la racine à une unité près, le reste est plus grand que la racine trouvée. On a alors la racine à une demi-unité par excès.

675. *Comment fait-on la preuve de la racine carrée ?*

Arith. n° 287.

676. *Comment trouve-t-on la racine carrée du produit de plusieurs carrés parfaits ? Application : $\sqrt{25 \times 16 \times 64}$.*

Arith. n° 289.
$$\sqrt{25 \times 16 \times 64} = \sqrt{25} \times \sqrt{16} \times \sqrt{64} = 5 \times 4 \times 8 = 160.$$

677. *Comment fait-on pour extraire la racine carrée d'une fraction ?*

Arith. n° 296.

678. *Que faut-il faire pour avoir la racine carrée d'une fraction dont le dénominateur n'est pas un carré parfait ?*

Arith. n° 297.

§ II. — PROBLÈMES *

679. *Quels sont les carrés des quantités suivantes : 1° 346 ; 2° 5,25 ; 3° 0,38 ; 4° 0,015 ; 5° 5/12 ; 6° 3 4/7 ?*

1° 119716 ;	3° 0,1444 ;	5° $\dfrac{25}{144} = 0,1736$;
2° 27,5625 ;	4° 0,000225 ;	6° $12 \dfrac{37}{49} = 12,7551$.

680. *Trouver la racine carrée de chacun des nombres suivants : 1° 196 ; 2° 729 ; 3° 15876 ; 4° 283024 ; 5° 4460544 ; 6° 4422609.*

1° 14 ;	3° 126 ;	5° 2112 ;
2° 27 ;	4° 532 ;	6° 2103.

681. *Quelle est la racine carrée de chacun des nombres suivants : 1° 2,0164 ; 2° 0,0361 ; 3° 16,5649 ; 4° 0,005929 ; 5° 0,416025 ; 6° 6278,9776 ?*

1° 1,42 ;	3° 4,07 ;	5° 0,645 ;
2° 0,19 ;	4° 0,077 ;	6° 79,24.

---

* Nous donnons la réponse la plus approchée, soit par excès, soit par défaut.

682. *Quelle est la racine carrée de chacune des valeurs suivantes :*

$$1° \ \frac{121}{144} ; \quad 2° \ \frac{625}{1681} ; \quad 3° \ \frac{324}{9604} ; \quad 4° \ \frac{3249}{131044} ; \quad 5° \ \frac{225 \times 121}{64 \times 49} ;$$

$$6° \ \frac{250 \times 72 \times 80}{27 \times 507 \times 256} ?$$

$$1° \ \frac{11}{12} = 0,91666 ; \quad 3° \ \frac{18}{98} = \frac{9}{49} = 0,1836 ; \quad 5° \ \frac{165}{56} = 2\frac{53}{56} = 2,9464 ;$$

$$2° \ \frac{25}{41} = 0,6097 ; \quad 4° \ \frac{57}{362} = 0,1574 ; \quad 6° \ \frac{1200}{1872} = \frac{25}{39} = 0,6410.$$

683. *Quelle est, à moins d'un dixième, la racine carrée de chacune des quantités suivantes :* 1° 345 ; 2° 45689 ; 3° 945,8 ; 4° 12560,5 ; 5° $\frac{17424}{76}$; 6° $223\,^{69}/_{75}$?

$$1° \ 18,6 ; \qquad 3° \ 30,8 ; \qquad 5° \ 15,1 ;$$
$$2° \ 213,7 ; \qquad 4° \ 112,1 ; \qquad 6° \ 15.$$

684. *Quelle est, à moins de 0,01, la racine carrée de chacune des quantités suivantes :* 1° 496 ; 2° 52,743 ; 3° 7,25 ; 4° 811,394 ; 5° 0,036 ; 6° $^{54}/_{32}$?

$$1° \ 22,27 ; \qquad 3° \ 2,69 ; \qquad 5° \ 0,19 ;$$
$$2° \ 7,26 ; \qquad 4° \ 28,48 ; \qquad 6° \ 1,30.$$

685. *Quelle est, à moins de 0,01, la racine carrée des quantités suivantes :* 1° 23,5 ; 2° 1,45327 ; 3° 0,0323541 ; 4° $^3/_5$; 5° $^7/_9$; 6° $^5/_{11}$?

$$1° \ 4,85 ; \qquad 3° \ 0,18 ; \qquad 5° \ 0,88 ;$$
$$2° \ 1,21 ; \qquad 4° \ 0,78 ; \qquad 6° \ 0,67.$$

686. *Trouver, à moins de 0,0001, la racine carrée des quantités suivantes :* 1° 2 ; 2° 3 ; 3° 5 ; 4° 8 ; 5° $^1/_5$; 6° $^1/_{11}$.

$$1° \ 1,4142 ; \qquad 3° \ 2,2361 ; \qquad 5° \ 0,4472 ;$$
$$2° \ 1,7321 ; \qquad 4° \ 2,8284 ; \qquad 6° \ 0,3015.$$

687. *Trouver, à moins de ¹/₂ unité, la racine carrée des nombres suivants :* 1° 1899 ; 2° 3540 ; 3° 5050 ; 4° 7915 ; 5° 219492 ; 6° 752843.

On a (Arith. n° 291) :

1° 44 par excès ; 3° 71 par défaut ; 5° 468 par défaut ;
2° 59 par défaut ; 4° 89 par excès ; 6° 868 par excès.

688. *Trouver, à ¹/₅ près, la racine carrée des quantités suivantes :* 1° 48 ; 2° 325 ; 3° 834 ; 4° 65,4 ; 5° 0,524 ; 6° $^9/_{11}$.

$$\text{Rép. } 1° \ \frac{35}{5} = 7 \text{ par excès} ; \qquad 4° \ \frac{40}{5} = 8 \text{ par défaut} ;$$

$$2° \ \frac{90}{5} = 18 \text{ par défaut} ; \qquad 5° \ \frac{4}{5} \text{ par excès} ;$$

$$3° \ \frac{145}{5} = 29 \text{ par excès} ; \qquad 6° \ \frac{5}{5} \text{ ou } 1 \text{ par excès}.$$

689. *Trouver, à ²/₃ d'unité près, la racine carrée des nombres suivants : 1° 56; 2° 87; 3° 92; 4° 220; 5° 911; 6° 845.*

Rép. 1° 8 par excès;   3° 10 par excès;   5° 30 par défaut;
2° 9 par défaut;   4° 15 par excès;   6° 30 par excès.

690. *Quels sont les deux nombres consécutifs qui ont pour différence de leurs carrés : 1° 49; 2° 85; 3° 439; 4° 723?*

La différence des carrés de deux nombres consécutifs étant égale à deux fois le petit nombre plus 1, on trouvera le petit nombre en divisant par 2 la différence des carrés diminuée de 1.

Rép. 1° 24 et 25;   2° 42 et 43;   3° 219 et 220;   4° 361 et 362.

691. *Quels sont les deux nombres pairs consécutifs dont la différence des carrés est : 1° 36; 2° 52; 3° 412; 4° 2084?*

La différence des carrés de deux nombres pairs consécutifs étant égale à quatre fois le petit nombre plus 4, on trouvera le petit nombre en prenant le $\frac{1}{4}$ de la différence des carrés diminuée de 4.

Rép. 1° 8 et 10;   2° 12 et 14;   3° 102 et 104;   4° 520 et 522.

692. *La somme des carrés de deux nombres est 1625, le plus grand de ces nombres est 40; quel est le petit?*

Rép. Le petit nombre égale $\sqrt{1625-1600} = \sqrt{25} = 5$.

693. *Un jardin qui a 90 mètres de long et 40 mètres de large doit être échangé contre un autre de même valeur et de forme carrée; quelles sont les dimensions de ce dernier?*

La surface du jardin rectangulaire est de $90 \times 40 = 3600$.

Le jardin carré aura $\sqrt{3600} = 60$ mètres de côté.

Rép. 60 mètres.

694. *Quelles sont les dimensions d'un rectangle de 9408 mètres carrés de superficie, sachant qu'il est 3 fois plus long que large?*

Si l'on partage la base en trois parties égales et si l'on élève des perpendiculaires, on obtient trois carrés égaux ayant pour côté la petite dimension.

Le carré du petit côté est donc $9408 : 3 = 3136$.

Le petit côté du rectangle a $\sqrt{3136} = 56$ mètres,
et le grand $56 \times 3 = 168$ mètres.

Rép. 56 m et 168 m.

695. *Si l'on retranche 12 d'un nombre entier, on obtient le plus grand carré que contient ce nombre, et si l'on ajoute 77 on a le carré immédiatement supérieur à ce nombre. Trouver le nombre.*

Les carrés dont il est ici question sont les carrés de deux nombres consécutifs; la différence de ces carrés est $12 + 77 = 89$.

La racine du petit carré égale $\dfrac{89-1}{2} = 44$.

Le nombre demandé est $(44)^2 + 12$, ou $45^2 - 77 = 1948$.

Rép. 1948.

696. *Un terrain rectangulaire a 625 mètres de longueur sur 400 de largeur; on demande de combien il faudrait diminuer la longueur et augmenter la largeur pour que le terrain fût un carré ayant la même superficie que le rectangle.*

La surface du terrain est $625 \times 400 = 250\,000$ m q.

Le carré équivalent aura $\sqrt{250\,000}$ ou 500 m de côté.

Rép. Il faudrait diminuer la longueur de $625 - 500 = 125$ m, et augmenter la largeur de $500 - 400 = 100$ mètres.

697. *On veut planter d'arbres, également espacés, un terrain carré. Combien faut-il placer d'arbres sur chaque côté du terrain pour qu'il en contienne 15129?*

Il faudra planter sur chaque côté du terrain

$$\sqrt{15129} = 123 \text{ arbres.}$$

698. *Un pépiniériste veut planter de petits arbres, également espacés, un terrain carré de 234 mètres de côté. S'il plantait ses arbres à 1 m 20 de distance il lui en manquerait 3000. Combien le pépiniériste a-t-il de ces petits arbres, et combien en aurait-il de reste s'il les plantait à la distance de 1 m 30?*

Si la distance entre les arbres était de 1 m 20, sur chaque côté il y en aurait $\qquad 234 : 1,2 = 195$.

La plantation en contiendrait $(195)^2 = 38025$.

Le pépiniériste a donc $38025 - 3000 = 35025$ arbres.

Si la distance entre les arbres était de 1,30, sur chaque côté il y en aurait $\qquad 234 : 1,30 = 180$.

La plantation en contiendrait $(180)^2 = 32400$.

Il resterait au pépiniériste $35025 - 32400 = 2625$ arbres.

Rép. Le pépiniériste a 35025 arbres; il lui en resterait 2625.

699. *Un général a un certain nombre de soldats qu'il veut ranger en carré. S'il forme un carré à centre plein, il a 96 hommes de reste; mais en faisant un carré à centre vide, il peut mettre 3 hommes de plus dans le rang extérieur et tous ses hommes sont employés. Combien ce général a-t-il d'hommes, sachant qu'il lui faudrait 225 hommes pour remplir le vide du carré à centre vide?*

Les 96 hommes qu'il y a de trop pour faire un premier carré, plus les 225 hommes qui manquent pour faire le deuxième carré, soit 321 hommes, sont la différence des carrés de deux nombres qui diffèrent de trois unités, c'est-à-dire six fois le petit nombre, plus 9, car $(a + 3)^2 - a^2 = 6a + 9$

Le côté du petit carré est donc $\dfrac{321 - 9}{6} = 52$.

Le général a $(52)^2 + 96 = 2800$ hommes.

Rép. 2800 hommes.

700. *Le produit de deux nombres est 3645; l'un de ces nombres est les 5/9 de l'autre Quels sont ces deux nombres?*

Si chacun des nombres était égal à la 9e partie du grand nombre, leur produit serait le carré de cette 9e partie. L'un des nombres devenant 9 fois plus grand, l'autre restant le même, le produit serait égal à 9 fois le carré précédent. Si l'autre nombre devient à son tour 5 fois plus grand, le produit sera aussi 5 fois plus grand, c'est-à-dire qu'il contiendra 9×5, soit 45 fois le carré du 9e du grand nombre.

Le carré de cette 9e partie sera $3645 : 45 = 81$.

La 9e partie du grand nombre est $\sqrt{81} = 9$,
et le grand nombre $9 \times 9 = 81$.

Le petit nombre est $9 \times 5 = 45$.

Rép. 81 et 45.

Dans la figure ci-dessous, on voit que le rectangle ABCD contient, en effet, 45 fois le carré de ED.

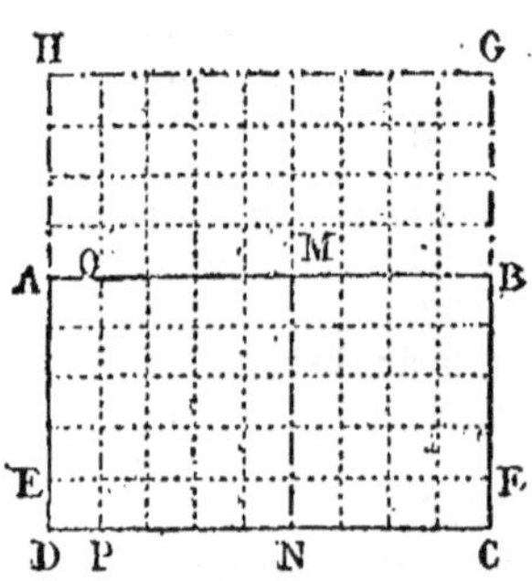

Autres solutions. 1° Le produit de deux nombres est appelé rectangle. Le carré DHGC, construit sur DC, contient 9 fois le petit rectangle EFCD, et le rectangle ABCD, c'est-à-dire le produit des deux nombres, n'en contient que 5. Le produit des deux nombres demandés est donc égal aux $\dfrac{5}{9}$ du carré du grand nombre, et le carré du grand nombre est les $\dfrac{9}{5}$ du produit des deux nombres.

Le grand nombre est donc

$$\sqrt{\frac{3\,645 \times 9}{5}} = 81.$$

Le petit nombre est $3\,645 : 81 = 45$.

2° On aurait pu dire : Le carré AMND du petit nombre contient 5 rectangles égaux au rectangle AOPD, et le produit ABCD des deux nombres en contient 9. Le carré du petit nombre est donc les $\dfrac{5}{9}$ du produit 3645,

soit $\dfrac{3\,645 \times 5}{9} = 2\,025$, et le petit nombre $\sqrt{2\,025} = 45$.

Applications. I. Le produit de deux nombres est 2673; l'un de ces nombres est les $\dfrac{3}{11}$ de l'autre. Quels sont ces nombres ?

Rép. 27 et 99.

II. Le produit de deux nombres est 5292; l'un de ces nombres est les $\dfrac{7}{21}$ de l'autre. Quels sont ces deux nombres ?

Rép. 42 et 126.

III. Le produit de deux nombres est 35972; le grand nombre égale 4 fois $\dfrac{1}{4}$ le petit. Quels sont ces deux nombres ?

Rép. 92 et 391.

701. *La surface d'un rectangle est 405 mètres carrés 6; l'un des côtés de ce rectangle est les $^5/_{12}$ de l'autre. Quelles sont les dimensions de ce rectangle?*

La surface du rectangle est les $\dfrac{5}{12}$ de la surface du carré du grand côté. (Probl. n° 700.)

Le carré du grand côté est donc $\dfrac{405,6 \times 12}{5} = 973,44$.

La grande dimension du rectangle égale $\sqrt{973,44} = 31$ m 2,

et la petite $\dfrac{31,2 \times 5}{12} = 13$ m.

Rép. 31 m 20 et 13 m.

702. *Trouver 1° un nombre qui, étant augmenté de son carré, donne 272; 2° un nombre qui, étant retranché de son carré, donne 600; 3° un nombre dont le carré et le double font 195363.*

1° C'est la racine carrée du plus grand carré contenu dans 272 ou 16.

2° C'est la racine carrée du carré immédiatement supérieur à 600 ou $\sqrt{625} = 25$.

3° C'est la racine carrée du plus grand carré contenu dans 195363 ou 441.

EXERCICES SUR LA RACINE CUBIQUE

---

§ I. — QUESTIONS ORALES

703. *A quoi est égale la différence des cubes de deux nombres consécutifs ?*

La différence des cubes de deux nombres consécutifs égale 3 fois le carré du petit nombre, plus 3 fois le petit nombre, plus 1. (Arith. n° 312.)

704. *Comment obtient-on la racine cubique à une approximation donnée : 1° par une fraction ayant 1 pour numérateur; 2° par une fraction quelconque?*

1° Arith. n° 312 ; 2° Arith. n° 318.

705. *Quand un nombre terminé par des zéros peut-il être un cube ?*

Un nombre entier terminé par des zéros ne peut être un cube que lorsque le nombre des zéros qui le termine est divisible par 3; car le cube d'un nombre terminé par des zéros a un nombre de zéros triple de celui de sa racine.

706. *Pourquoi un nombre dont la partie décimale n'a pas un nombre de chiffres significatifs divisible par 3, ne peut-il pas être un cube?*

Parce que le cube d'un nombre décimal a toujours un nombre de chiffres décimaux triple de celui de sa racine.

§ II. — PROBLÈMES

707. *Quels sont les cubes des quantités suivantes: 1° 19; 2° 138; 3° 1,50; 4° 0,185; 5° $^2/_7$; 6° $^{11}/_{17}$?*

$$1° \; 6859; \qquad 3° \; 3,375; \qquad\qquad 5° \; \frac{8}{343};$$

$$2° \; 2628072; \quad 4° \; 0,006331625; \qquad 6° \; \frac{1331}{4913}.$$

708. *Quelle est la racine cubique de chacun des nombres suivants : 1° 185193; 2° 1367631 ; 3° 96071912 ; 4° 300763000; 5° 47637,3541; 6° 736,314927.*

$$1° \; 57; \qquad 3° \; 458; \qquad 5° \; 36,250;$$
$$2° \; 111; \qquad 4° \; 670; \qquad 6° \; 9,030.$$

709. *Quelle est, à 0,001 près, la racine cubique de chacun des nombres suivants : 1° 0,518; 2° 0,12965; 3° 5616 millionièmes; 4° 5; 5° 7; 6° 11?*

$$1° \; 0,803 \text{ par défaut}; \qquad 3° \; 0,178; \qquad 5° \; 1,913;$$
$$2° \; 0,506; \qquad\qquad 4° \; 1,710; \qquad 6° \; 2,224.$$

710. *On demande quelle est, à moins d'un millième, la racine cubique de chacune des fractions suivantes : 1° $^{64}/_{125}$; 2° $^{2979}/_{42875}$; à $^1/_5$ près, la racine cubique des nombres suivants : 1° 3456; 2° 2549; 3° 47625; 4° 217?*

$$\text{A } 0,001 \text{ près : } 1° \; \sqrt[3]{\frac{64}{125}} = \frac{\sqrt[3]{64}}{\sqrt[3]{125}} = \frac{4}{5} = 0,800;$$

$$2° \; \sqrt[3]{\frac{2979}{42875}} = \frac{\sqrt[3]{2979}}{\sqrt[3]{42875}} = \frac{14,388}{35} = 0,411.$$

$$\text{A } \frac{1}{5} \text{ près} \quad 1° \; 15; \quad 2° \; 13\frac{3}{5}; \quad 3° \; 36\frac{1}{5}; \quad 4° \; 6.$$

711. *Trouver 1° un nombre dont le cube et le carré font 252; 2° un nombre dont le cube moins le carré égale 448 ; 3° un nombre dont le cube, le triple carré et le triple font 39303.*

1° C'est la racine cubique du plus grand cube contenu dans 252 ou 6.

2° C'est la racine cubique du cube immédiatement supérieur au nombre 448 ou 8.

3° C'est la racine cubique du plus grand cube contenu dans 39303 ou 33.

Rép. 1° 6; 2° 8; 3° 33.

SYSTÈME MÉTRIQUE

EXERCICES SUR LE SYSTÈME MÉTRIQUE

§ I. — QUESTIONS ORALES

713. *Quelle serait, en mètres, la longueur du fil qui joindrait les deux pôles en suivant le contour de la terre?*

Rép. 20000000 mètres.

714. *Quelle serait, en kilomètres, la longueur du fil qui ferait le tour de la terre en passant par les pôles?*

Rép. 40000 kilomètres.

715. *Combien le mètre serait-il de fois plus grand si on l'avait pris égal à la dix-millionième partie : 1º du demi-méridien ; 2º du méridien?*

Il serait : 1º deux fois plus grand ; 2º quatre fois plus grand.

716 *Combien le mètre serait-il de fois plus grand si on l'avait pris égal : 1º à la millième partie du quart du méridien ; 2º à la cent millième partie du méridien?*

Il serait : 1º 10000 fois plus grand ; 2º 400 fois plus grand.

717. *Quelle partie du méridien a-t-on mesurée pour déterminer le mètre?*

Arith. nº 327.

748. *Quelles sont les unités principales du système métrique?*

Arith. nº 328.

719. *Quelles sont les mesures qui n'ont pas été assujetties à la loi décimale?*

Rép. Arith. nº 329.

720 *Pourquoi notre système des poids et mesures est-il appelé 1º métrique; 2º légal; 3º décimal?*

Arith. nºˢ 330 et 334.

721. *Queis inconvénients offraient les anciennes mesures ?*
(Arith. page 134, premier et deuxième alinéa.)

1° Les anciennes mesures étaient trop nombreuses.

2° Les mesures portant le même nom différaient de valeur d'une province à une autre, et quelquefois d'une ville à une autre, ce qui rendait les relations commerciales difficiles et donnait lieu à des contestations.

3° Le système de décomposition des unités n'était pas décimal, par suite les calculs étaient longs et compliqués.

La livre, par exemple, valait 2 marcs, le marc 8 onces, l'once 8 gros, le gros 3 deniers, le denier 24 grains et le grain 3 carats $\frac{7}{8}$.

722. *Quels sont les avantages du système métrique ?*

1° Les mesures sont les mêmes par toute la France. Il a déjà été adopté par la Suisse, l'Italie, l'Espagne, la Grèce, le grand duché de Luxembourg, la Hollande, la Belgique, la plupart des États de l'Amérique du sud.

2° Les calculs sont faciles.

3° Les mesures sont fixes. Un étalon de chacune est déposé dans les bureaux des vérificateurs; le type est au Conservatoire des arts et métiers, à Paris.

723. *Quelles sont les mesures effectives de longueur?*
Arith. n° 341.

724. *Quelle est la longueur moyenne d'un degré du méridien et comment trouve-t-on cette longueur?*

Rép. 111111 mètres. (Arith. n° 342.)

725. *Combien la lieue terrestre vaut-elle de kilomètres?*

Rép. 4 km 444. (Arith. n° 342.)

726. *Quelle est la longueur de la lieue marine?*

Rép. 5 km 555 m. (Arith. n° 342.)

727. *Quelle est la longueur du mille anglais? du mille marin?*

Le mille anglais a 1 600 mètres de longueur, et le mille marin 1 852 m. (Arith. n° 342.)

728. *Quelle est la longueur du nœud marin?*

Le nœud vaut 15 m 43. (Arith. n° 342.)

729. *Quelle est l'unité des mesures de surface?*
C'est le mètre carré. (Arith. n° 346.)

730. *A quel rang se placent : 1° les décamètres carrés; 2° les hectomètres carrés; 3° les dixièmes du centimètre carré; 4° les dizaines du décimètre carré?*

Le mètre étant pris pour unité :

1° Les décamètres carrés se placent au rang des centaines; 2° les hectomètres carrés, au rang des dizaines de mille; 3° les dixièmes de centimètre carré, au rang des cent-millièmes; 4° les dizaines du décimètre carré, au rang des dixièmes.

731. *Par rapport au décamètre carré, que sont : 1° les dixièmes de l'hectomètre carré ; 2° les dizaines du kilomètre carré ; 3° les dizaines du décimètre carré ?*

1° Les dixièmes de l'hectomètre carré sont les dizaines du décamètre carré ; 2° une dizaine de kilomètre carré vaut cent mille décamètres carrés ; 3° les dizaines de décimètre carré sont la millième partie du décamètre carré.

732. *Quelle fraction de l'hectomètre carré représentent : 1° 1250 mètres carrés ; 2° 75 décamètres carrés ; 3° 50 décimètres carrés ?*

1° 1250 mq valent $\dfrac{1}{8}$ d'hectomètre carré ; 2° 75 décamètres carrés valent $\dfrac{3}{4}$ d'hectomètre carré ; 3° 50 décimètres carrés valent

$$\dfrac{1}{20000} \text{ d'hectomètre carré.}$$

733. *Dans le nombre 5,803246179, le kilomètre carré étant pris pour unité, que représente chacun des chiffres suivants : le 7, le 9, le 6, le 2 ?*

Le 7 représente des décimètres carrés, le 9 des dixièmes de décimètre carré ou des dizaines de centimètre carré, le 6 des mètres carrés, le 2 des décamètres carrés.

Remarque. On peut changer le nom de l'unité et demander aux élèves ce que représente tel ou tel chiffre. Cet exercice est très utile.

734. *Quelle est l'unité des mesures agraires ? A quel multiple du mètre carré équivaut-elle ?*

L'unité des mesures agraires est l'are, qui vaut le décamètre carré.

735. *A quels multiples du mètre carré équivalent : 1° l'hectare ; 2° le centiare ?*

L'hectare équivaut à l'hectomètre carré, et le centiare au mètre carré.

736. *Quelle fraction de l'hectare représentent : 1° 1250 mètres carrés ; 2° 25 décimètres carrés ; 3° 1/10 de mètre carré ?*

1° 1250 mq valent $\dfrac{1}{8}$ de l'hectare ; 2° 25 dmq valent $\dfrac{1}{40000}$ de l'hectare ; 3° $\dfrac{1}{10}$ de mq vaut $\dfrac{1}{100000}$ ou 0,00001 d'hectare.

737. *Quelle fraction du décamètre carré représentent : 1° 50 ares ; 2° 0 a 005 ; 3° 20 centimètres carrés ?*

1° 50 ares valent 50 décamètres carrés ; 2° 0 are 005 valent $\dfrac{5}{1000}$ ou $\dfrac{1}{200}$ du décamètre carré ; 3° 20 centimètres carrés valent $\dfrac{20}{1000000}$ ou $\dfrac{1}{50000}$ du décamètre carré.

738. *De quelles mesures effectives se sert-on pour mesurer les surfaces?*

On se sert des mesures effectives de longueur. (Arith. n° 345.)

739. *Quelle est l'unité des mesures de volume?*

L'unité des mesures de volume est le mètre cube. (Arith. n° 360.)

740. *Par rapport au mètre cube, que sont les décimètres cubes, les centimètres cubes, les millimètres cubes?*

Les décimètres cubes sont la millième partie du mètre cube; les centimètres cubes, la millionième partie, et les millimètres cubes, la billionième partie.

741. *Quelle fraction du mètre cube représentent :* 1° 2 cmc 5; 2° 0 dmc 5; 3° 125 mmc; 4° 400 dmc?

1° 2 cmc 5 valent 0,0000025 ou $\dfrac{1}{400000}$ de mètre cube; 2° 0 dmc 5 valent 0,0005 ou $\dfrac{1}{2000}$ de mètre cube; 3° 125 mmc valent 0,000000125 ou $\dfrac{1}{8000000}$ de mètre cube; 4° 400 dmc valent 0,4 ou $\dfrac{2}{5}$ de mètre cube.

742. *De quelles mesures effectives se sert-on pour évaluer les volumes?*

On se sert des mesures effectives de longueur. (Arith. n° 366.)

743. *Quel est le poids d'une tonne?*

C'est 1000 kg. (Arith. n° 387.)

744. *Quelle est l'unité des mesures pour le bois de chauffage?*

L'unité des mesures pour le bois de chauffage est le stère.

745. *Qu'est le décastère :* 1° par rapport au mètre cube; 2° par rapport au décimètre cube?

Le décastère vaut 10 mètres cubes et 10000 décimètres cubes.

746. *Qu'est le décistère :* 1° par rapport au décimètre cube; 2° par rapport au mètre cube?

Le décistère vaut 100 décimètres cubes, et il est la dixième partie du mètre cube.

747. *Quelles sont les mesures effectives pour le bois de chauffage?*

Le demi-décastère, le double stère et le stère. (Arith. n° 371.)

748. *Quel est l'écartement des montants dans chacune des mesures effectives pour le bois de chauffage?*

L'écartement des montants est de 3 mètres pour le demi-décastère, de 2 mètres pour le double stère et de 1 mètre pour le stère. (Arith. n° 372.)

749. *Quelle est l'unité des mesures de contenance?*

L'unité des mesures de contenance est le litre.

750. *Par rapport au mètre cube, qu'est chacun des multiples et des sous-multiples du litre?*

Le décalitre est la centième partie du mètre cube, l'hectolitre en est la dixième partie, le décilitre la dix-millième partie, le centilitre la cent-millième partie.

751. *Quelles sont les mesures effectives de contenance? Quelle est leur forme? Quel est leur usage?*

Arith. nº 377 à 383.

752. *Quelle est l'unité des mesures de poids?*

L'unité des mesures de poids est le gramme.

753. *Quelle est l'unité usuelle de poids?*

Dans le commerce on prend ordinairement pour unité le kilogramme.

754. *Quelle est la plus grande unité de poids et combien pèse-t-elle?*

La plus grande unité de poids est la tonne; c'est un poids de 1 000 kg.

755. *De quel volume d'eau pure chacun des multiples et des sous-multiples du gramme est-il le poids?*

Le décagramme est le poids de 10 centimètres cubes d'eau pure; l'hectogramme est le poids de 100 centimètres cubes d'eau pure; le kilogramme, le poids d'un décimètre cube; le myriagramme, le poids de 10 décimètres cubes; le décigramme, de 100 millimètres cubes; le centigramme, de 10 millimètres cubes; le milligramme, d'un millimètre cube.

756. *Quelles sont les mesures effectives de poids? Quelle est leur forme? Quel est leur usage?*

Arith. nº 388 à 393.

757. *Quel volume d'eau pure pèse : 1º un quintal métrique; 2º une tonne?*

1º Un hectolitre d'eau pure pèse un quintal métrique; 2º un mètre cube d'eau pure pèse une tonne.

758. *Qu'appelle-t-on densité d'un corps?*

La densité d'un corps est le rapport du poids de ce corps au poids d'un égal volume d'eau.

La densité représente le poids de l'unité de volume de ce corps; on prend l'unité de poids qui correspond à l'unité de volume choisie ou donnée.

La densité du fer étant 7,79, un décimètre cube de fer pèse 7 kg 79, un centimètre cube pèse 7 gr 79.

La densité de l'alcool étant 0,792, un hectolitre d'alcool pèse 0 quintal métrique 792, un litre d'alcool pèse 0 kg 792, etc.

759. *Comment trouve-t-on la densité d'un corps, le volume et le poids de ce corps étant connus?*

On divise le poids de ce corps par son volume $D = \dfrac{P}{V}$. (Arith. n° 397.)

760. *Comment trouve-t-on le poids d'un corps, le volume et la densité de ce corps étant donnés?*

On multiplie le volume de ce corps par sa densité $P = VD$. (Arith. n° 395.)

761. *Comment trouve-t-on le volume d'un corps, la densité et le poids de ce corps étant donnés?*

On obtient le volume d'un corps en divisant le poids de ce corps par sa densité $V = \dfrac{P}{D}$. (Arith. n° 395.)

762. *Quelle est l'unité des mesures monétaires?*

L'unité des mesures monétaires est le franc.

763. *Qu'est-ce que le titre dans les monnaies?*

C'est le rapport (ou quotient) du poids du métal précieux au poids total.

Le titre représente la quantité de métal précieux que contient l'unité de poids. Dire que le titre d'un objet d'orfèvrerie est 0,750, c'est dire que 1 gramme du lingot contient 0 gr 750 de matière précieuse, que 1 kgr du lingot en contient 0 kgr 750, que 1 hgr en contient 0 hgr 750, etc.

764. *Quelles sont nos monnaies effectives?*

Nos monnaies effectives sont :

1° En or, les pièces de 100 fr, de 50 fr, de 20 fr, de 10 fr et de 5 fr.

2° En argent, les pièces de 5 fr, de 2 fr, de 1 fr, de 0 fr 50 c de 0 fr 20.

3° En bronze, les pièces de 10 centimes, de 5 centimes, de 2 centimes et de 1 centime.

765. *Quels sont les titres des monnaies françaises?*

Toutes les pièces d'or et les pièces de 5 fr en argent sont au titre de 0,9; les pièces d'argent de 2 fr, de 1 fr, de 0,50, et de 0,20 sont au titre de 0,835. Les monnaies de bronze se composent, en poids, de 95 parties de cuivre, de 4 parties d'étain et de une partie de zinc.

766. *Qu'appelle-t-on tolérance sur le poids des pièces de monnaie?*

Arith. n° 406.

767. *Quel est le poids de chacune de nos pièces de monnaie?*

(Voir le tableau de la page 166 de l'Arithmétique.)

768. *A valeur égale : 1° combien la monnaie d'argent pèse-t-elle de fois plus que la monnaie d'or; 2° combien la monnaie de bronze pèse-t-elle de fois plus que la monnaie d'or? combien de fois plus que la monnaie d'argent?*

A valeur égale, 1° la monnaie d'argent pèse 15 fois $\frac{1}{2}$ plus que la monnaie d'or.

2° La monnaie de bronze pèse 310 fois plus que la monnaie d'or et 20 fois plus que la monnaie d'argent. (Arith. n° 409.)

769. *Combien une somme en or vaut-elle de fois : 1° une somme en argent d'un poids égal au sien; 2° une somme en monnaie de bronze d'un poids égal au sien?*

Une somme en or vaut 1° 15 fois $\frac{1}{2}$ plus qu'une somme en argent de même poids.

2° Elle vaut 310 fois une somme en monnaie de bronze d'un poids égal au sien.

§ II. — PROBLÈMES

1° Mesures de longueur.

770. *Trois militaires ont 72 myriamètres à faire pour se rendre à leur destination; le premier fait 16 kilomètres par jour, le second 18 et le troisième 20. A combien de jours d'intervalle doivent-ils partir pour arriver ensemble?*

Pour faire le voyage, le 1ᵉʳ militaire met 720 : 16 = 45 jours.
Le 2° met 720 : 18 = 40 jours et le 3° 720 : 20 = 36 jours.

Rép. Le deuxième doit partir 45 — 40 = 5 jours après le premier, et le troisième 40 — 36 = 4 jours après le deuxième et 45 — 36, ou 9 jours après le premier.

771. *On a mesuré la distance de deux villages avec un décamètre à roulette qui est trop long de 52 millimètres, et l'on a trouvé 4350 mètres. Quelle est la vraie distance de ces deux villages?*

En mesurant la distance des villages, on a trouvé **435 décamètres.**
Le décamètre dont on s'est servi avait 10 m 052.
La vraie distance des villages est donc
$$10,052 \times 435 = 4372 \text{ m } 62.$$
Rép. 4372 m 62.

772. *Une pièce d'étoffe a été mesurée avec un mètre qui n'avait que 98 centimètres; la longueur trouvée est de 94 m 50. Quelle est la perte éprouvée par l'acheteur si cette étoffe lui a été cédée à raison de 19 fr le mètre?*

Il manquait à chaque mètre 1 — 0,98 = 0 m 02.
Il manquait à la pièce 0,02 × 94,5 = 1 m 89.
La perte éprouvée est donc de 19 × 1,89 = 35 fr 91.

773. *Les roues d'une locomotive ont 5 m 65 de circonférence; celles des wagons ont 2 m 60. Combien chacune des roues fera-t-elle de tours en allant de Paris à Dijon, la distance de ces deux villes étant de 315 kilomètres?*

Les roues de la locomotive feront

$$315\,000 : 5,65 = 55\,752 \text{ tours } \frac{24}{113}.$$

Les roues des wagons feront

$$315\,000 : 2,6 = 121\,153 \text{ tours } \frac{11}{13}.$$

Rép. 55753 tours, 121154 tours.

774. *Combien faut-il placer de pièces de 5 centimes les unes à la suite des autres et en ligne droite pour former la longueur du mètre?*

Le diamètre d'une pièce de 5 centimes est 25 mm. (Arith. p. 155.) Il faut placer $1\,000 : 25 = 40$ pièces.

Rép. 40 pièces.

775. *On veut former la longueur du mètre avec des pièces de 0 fr 10 et de 0 fr 02, placées les unes à la suite des autres et en ligne droite, en en prenant autant des unes que des autres. Quelle somme faudra-t-il employer?*

Une pièce de 10 centimes et une de 2 centimes font une longueur de $30 + 20 = 50$ mm.

Il faudra pour faire la longueur du mètre $1\,000 : 50 = 20$ pièces de chaque espèce.

La valeur de ces pièces est de $(0,10 + 0,02) \times 20 = 2$ fr 40.

Rép. 2 fr 40.

776. *Un piéton a marché pendant 15 minutes au pas gymnastique et pendant 45 minutes au pas ordinaire. On demande quel chemin il a fait, sachant que le pas gymnastique a 0 m 80 et le pas ordinaire 0 m 75; on sait, d'ailleurs, qu'on fait par minute environ 170 pas gymnastiques ou 115 pas ordinaires.*

En marchant au pas gymnastique, le piéton a fait

$$0,8 \times 170 \times 15 = 2040 \text{ m.}$$

En marchant au pas ordinaire, il a fait

$$0,75 \times 115 \times 45 = 3881 \text{ m } 25.$$

Le piéton a parcouru $2040 + 3881,25 = 5921$ m. **25.**

Rép. 5921 m 25.

2° Mesures de surface.

777. *On a acheté une propriété de 5 hectares 7 centiares pour 18800 fr. A combien revient le mètre carré?*

Un mètre carré de ce terrain revient à $18\,800 : 50007 = 0$ fr 375.

778. *Les ⁵/₇ d'un hectare de terrain coûtent 2300 fr. Combien coûteraient 28 ares 6 centiares ?*

Un hectare de ce terrain coûte $\dfrac{2300 \times 7}{5} = 3220$ fr.

Et 2806 centiares coûteront $3220 \times 0{,}2806 = 903$ fr 532.

Rép. 903 fr 532.

779. *Un terrain de 5 hectares 75 centiares qui a été vendu à raison de 0 fr 80 le mètre carré, avait coûté 7635 fr l'hectare. Quel bénéfice a-t-on réalisé ?*

Sur un hectare on a fait un bénéfice de $8000 - 7635 = 365$ fr.
Le bénéfice réalisé est donc $365 \times 5{,}0075 = 1827$ fr 7375.

Rép. 1827 fr 7375.

780. *Une pièce de terrain en friche de 12 ares 39 a été béchée en 10 jours par un ouvrier qui travaillait 12 heures par jour et que l'on payait 0 fr 40 l'heure. Dans ces conditions, combien aurait-on payé pour faire bécher un demi-hectare de ce terrain ?*

Le travail a coûté $0{,}40 \times 12 \times 10 = 48$ fr.

Pour un are on aurait payé $\dfrac{48}{12{,}39}$.

Et pour 50 ares on payerait $\dfrac{48 \times 50}{12{,}39} = 193{,}70$.

Rép. 193 fr 70.

781. *On trace un sentier de 450 mètres de long sur 0 m 40 de large dans un terrain estimé 40 fr l'are. Quelle est la valeur de ce sentier ?*

La surface du sentier est $450 \times 0{,}4 = 180$ m ou 1 are 8.
La valeur du sentier est de $40 \times 1{,}80$ ou 72 fr.

Rép. 72 francs.

782. *Un sentier de 0 m 50 de large, tracé dans un terrain estimé 35 fr l'are, a été payé 75 fr 60. Quelle est la longueur de ce sentier ?*

Pour 75 fr 60, on a eu $75{,}6 : 35 = 2$ ares 16 ou 216 mèt carrés
La longueur du sentier est de $216 : 0{,}50 = 432$ mètres.

Rép. 432 mètres.

783. *Un terrain à bâtir a été payé 45000 fr, à raison de 20 fr le mètre carré. Un des côtés de ce terrain rectangulaire a 72 m. Quelle est l'autre dimension ?*

La surface du terrain acheté est de $45000 : 20 = 2250$ m. carrés.
La dimension demandée a $2250 : 72 = 31$ m 25.

Rép. 31 m 25.

784. *Les murs et le plafond d'une salle rectangulaire de 9 m 5* *de long sur 7 m 80 de large et 4 m de hauteur ont été badigeonnées à raison de 0 fr 35 le mètre carré. Combien payera-t-on pour ce travail?*

Deux des murs ont ensemble une surface de
$$9,5 \times 4 \times 2 = 76 \text{ mètres carrés.}$$
Les deux autres ensemble ont $7,8 \times 4 \times 2 = 62$ m carrés 40 de surface.

Le plafond mesure $9,5 \times 7,8$ ou 74 m carrés 10.

La surface à badigeonner est de
$$76 + 62,40 + 74,10 = 212 \text{ m carrés 5.}$$
On devra payer ce travail
$$0,35 \times 212,5 = 74 \text{ fr } 375, \text{ soit } 74 \text{ fr } 40.$$

Rép. 74 fr 40.

785. *Les $^5/_7$ d'un champ de 2 hectares 22 ares 6 centiares doivent être labourés à la charrue; le reste doit être bêché par un homme qui fait en moyenne 2 ares 16 centiares en 6 heures. Combien de temps durera ce dernier travail?*

En une heure l'ouvrier bêche $2,16 : 6 = 0$ are 36 centiares.

La surface à bêcher est $\dfrac{222,06 \times 2}{7}$ ares.

Le travail durera $\dfrac{222,06 \times 2}{7 \times 0,36}$ ou 176 h $\dfrac{5}{21}$ ou 176 h 14 m $\dfrac{2}{7}$.

Rép. 176 h $\dfrac{1}{4}$ par excès.

786. *On a peint à l'huile les quatre murs d'une salle, dont la hauteur est de 3 m 80 et la largeur 5 m 6. On a donné 172 fr 35 pour ce travail, payé à raison de 1 fr 20 le mètre carré. Quelle est la longueur de cette salle?*

La surface peinte est de $172,35 : 1,20 = 143$ m carrés 625.

Les deux petits murs ont une surface de
$$3,80 \times 5,6 \times 2 = 42 \text{ m q } 56.$$
Il reste pour chacun des deux autres
$$\frac{143,625 - 42,56}{2} = \frac{101,065}{2}.$$

La longueur de la salle est de
$$\frac{101,065}{2 \times 3,8} = 13 \text{ m } 29, \text{ soit } 13 \text{ m } 3.$$

Rép. 13 m 30.

Autre solution. La surface peinte est de $172,35 : 1,20 = 143$ mq 625.
La longueur totale des 4 murs est de $143,625 : 3,8 = 37$ m 79 cent.
Deux de ces murs ayant une longueur de $5,6 \times 2 = 11,2$, la longueur de chacun des autres sera $\dfrac{37,79 - 11,2}{2} = 13,29$, soit 13 m 3.

787. *Un champ mesuré avec une chaîne d'arpenteur qui n'avait que 9 m 96 a été trouvé de 3 hectares 16 ares 20 centiares. Quelle est l'étendue réelle du champ ?*

Un are mesuré avec cette chaîne n'a que
$$9,96 \times 9,96 = 99 \text{ m q } 2016 \text{ de surface.}$$
Les 316 ares 20 représentent une surface de
$$99,2016 \times 316,2 = 31\,367 \text{ m q } 54.$$

Rép. 3 hectares, 13 ares 67 centiares.

788. *On admet qu'un hectare de terrain donne en moyenne 25 hectolitres de blé par an, qu'un hectolitre de blé fournit 75 kilog de farine, que 100 kilog de farine donnent 133 kilogr de pain et qu'il faut en moyenne 800 grammes de pain par personne et par jour. D'après cela, quelle étendue de terrain faut-il cultiver en blé pour alimenter la France, dont la population est de 37 500 000 habitants ?*

La France consomme par jour
$$0,8 \times 37\,500\,000 = 30\,000\,000 \text{ kg de pain.}$$
La consommation annuelle est de
$$30\,000\,000 \times 365 = 10\,950\,000\,000 \text{ kg de pain.}$$
Il faudra pour faire ce pain $\dfrac{10\,950\,000\,000 \times 100}{133}$ kg de farine.

On emploiera $\dfrac{1\,095\,000\,000\,000}{133 \times 75}$ hectol de blé.

Il faudra $\dfrac{1\,095\,000\,000\,000}{133 \times 75 \times 25} = 4\,390\,977$ hectares 44 ares.

Rép. 4 390 977 hectares 44 ares.

789. *Une prairie de la contenance de 2 hectares 50 ares a donné 18360 kilog de foin qui valent 1 762 fr 55. Sachant que la botte de foin pèse 5 kilog, on demande : 1° le prix des 100 bottes ; 2° le nombre de bottes fournies par chaque hectare.*

La prairie a fourni $18\,360 : 5 = 3672$ bottes de foin.
Cent bottes valent $1762,55 : 36,72 = 47$ fr 99, soit 48 fr.
Un hectare a fourni $3672 : 2,5 = 1468$ bottes 8.

Rép. 1° 48 fr et 2° 1468,8 bottes.

790. *Les cinq grands lacs du Canada ont les superficies suivantes : le lac Supérieur, 32 000 milles carrés ; le lac Michigan, 23 000 milles carrés ; le lac Huron, 24 000 milles carrés ; le lac Érié, 7800 milles carrés, et le lac Ontario, 6 900 milles carrés. On demande de combien de kilomètres carrés la superficie de la mer Caspienne surpasse celle des cinq grands lacs, sachant que le mille carré vaut 259 hectares et que la mer Caspienne a 400000 kilomètres carrés de superficie.*

La superficie des lacs est de
$$32000 + 23000 + 24000 + 7800 + 6900 = 93\,700 \text{ milles carrés.}$$
En kilomètres carrés elle est de $2,59 \times 93700 = 242\,683$ km q.
La mer Caspienne a $400000 - 242683 = 157\,317$ km q de plus

Rép. 157 317 kilomètres carrés.

791. *Une personne consomme annuellement environ 167 litres de blé, et la production moyenne d'un hectare est évaluée à 12 hectolitres 45 litres. Quelle est, en mètres carrés, l'étendue du terrain qu'il faut cultiver pour nourrir une famille de 18 personnes, et combien faut-il de litres de blé pour ensemencer ce terrain à raison de 2 litres par are?*

La consommation annuelle de 18 personnes est de
$$1,67 \times 18 = 30 \text{ hectolitres } 06.$$
Pour nourrir cette famille, il faudra cultiver
$$30,06 : 12,45 = 2 \text{ hectares } 4144.$$
L'ensemencement exige $2 \times 241,44 = 482,88$ litres.

Rép. 1° 24144 mètres carrés 45 ; 2° 482 litres 88.

3° Mesures de volume.

792. *A quelle hauteur s'élèveront les bûches d'une pile de bois pour former un stère, si les bûches ont 1 m 33 de longueur? On sait que l'écartement des montants est de 1 mètre.*

Le volume de la pile de bois s'obtient en faisant le produit des trois dimensions $\quad 1,33 \times 1 \times h = 1$ stère.

Pour avoir le facteur h, il faut diviser le produit 1 par le produit des facteurs connus. On aura $h = \dfrac{1}{1,33 \times 1} = 0 \text{ m } 752.$

Rép. 0 mètre 752.

793. *Une pile de bois de 5 mètres de longueur est évaluée à 5 stères ; les bûches ayant 1 m 33 de longueur, on demande quelle est la hauteur de cette pile de bois.*

On aura (Probl. 792.) $\quad 5 \times 1,33 \times h = 5$ stères.

D'où $\qquad h = \dfrac{5}{5 \times 1,33} = \dfrac{1}{1,33} = 0 \text{ m } 752.$

Rép. 0 mètre 752.

794. *Une pile de bois de 1 m 33 de largeur et de hauteur, et dont les bûches ont 1 m 33 de longueur, a été payée 22 fr. Combien payerait-on 1 stère de ce bois?*

Le volume de cette pile est de $1,33 \times 1,33 \times 1,33 = 2,352637.$
Le stère vaut $\quad 22 : 2,352637 = 9 \text{ fr } 35.$

Rép. 9 fr 35.

795. *Quelle somme recevra-t-on pour la vente de 128 demi-décastères de bois à raison de 19 fr 25 le stère, si l'on accorde un centime par franc de rabais?*

A raison de 19 fr 25 le stère, on aurait payé
$$19,25 \times 128 \times 5 = 12320 \text{ fr.}$$
Le rabais sera de 12320 centimes ou 123 fr 20.
On payera donc $12320 - 123,2 = 12196$ fr 80.

Rép. 12196 fr 80.

796. *On peut charrier par journée de travail et par attelage 10 mètres cubes de marne. Quel volume de marne transportera-t-on en 35 jours avec huit attelages, et pour quelle somme? Le mètre cube de marne pèse 1595 kilog et le quintal vaut 2 fr 15.*

En 35 jours, avec 8 attelages, on transportera
$$10 \times 35 \times 8 = 2800 \text{ m c de marne.}$$
Cette marne pèsera
$$2800 \times 1595 = 4466000 \text{ kilog ou } 44660 \text{ quintaux.}$$
Elle vaudra $\quad 2,15 \times 44660 = 96019 \text{ fr.}$

Rép. 2800 mc et 96019 fr.

797. *Un charpentier achète 250 pieds d'arbres à raison de 5000 fr les 100 pieds. Il paye 3 fr par arbre pour les abattre, 300 journées à 2 fr 50 pour les ébrancher et équarrir les troncs, 500 fr de transport et 250 fr d'entrée. Il en retire 290 stères de bois de charpente, 70 stères de bois de chauffage à 15 fr le stère, 50 bourrées à 0 fr 50 pièce et pour 70 fr de copeaux. Combien a-t-il vendu le stère de bois de charpente, sachant qu'il a gagné 8195 fr?*

Le prix d'achat des arbres est de $2,50 \times 5000 = 12500$ fr.
L'abatage coûte $\quad\quad 3 \times 250 = 750$ fr.
La main-d'œuvre $\quad\quad 2,5 \times 300 = 750$ fr.
Le transport et l'entrée $500 + 250 = 750$ fr.
Il vendra le tout $12500 + 750 + 750 + 750 + 8195 = 22945$ fr.
Il retire du bois de chauffage pour $15 \times 70 = 1050$ fr; des bourrées pour $\quad\quad 0,50 \times 50 = 25$ fr, et 70 fr de copeaux.
Soit $\quad\quad 1050 + 25 + 70 = 1145$ fr.
Il reste pour le bois de charpente $22945 - 1145 = 21800$ fr.
Le stère de bois de charpente a été vendu $21800 : 290 = 75$ fr 17.

Rép. 75 fr 17.

798. *Une poutre en chêne, dont le volume est de 108 décimètres cubes, a coûté 15 fr; à combien revient le mètre cube?*

Le mètre cube revient à $15 : 0,108$ ou $\dfrac{15 \times 1000}{108} = 138$ fr 888.

Rép. 138 fr 888, soit 138 fr 90.

799. *On fond ensemble 75 kg de cuivre et 37,5 kg de zinc, et l'on demande le volume du lingot obtenu, sachant que la densité du cuivre est 8,85 et celle du zinc 7,19.*

Le décimètre cube de cuivre pèse 8 kg 85 et le décimètre cube de zinc 7 kg 19. (Probl. 758.)
Le volume du cuivre est donc $75 : 8,85 = 8$ dc 474.
Le volume du zinc est de $37,5 : 7,19 = 5$ dc 215.
Le volume du lingot obtenu, si l'on ne tient pas compte de la contraction, est de $8,474 + 5,215 = 13$ dc 689.

Rép. 13 décimètres cubes 690.

800. *Que coûteront 21 mètres cubes 17 décimètres cubes de mortier destiné à la maçonnerie d'un égout, si, pour faire 1 mètre*

*cube de mortier, il faut 333 décimètres cubes de chaux hydrau-
lique à 20 fr le mètre cube, et 1 mètre cube 02 de sable de rivière
à 5 fr 25 le mètre cube, et si la main-d'œuvre coûte 2 fr 25 le
mètre cube?*

Pour 1 m c de mortier, il faut de la chaux pour $20 \times 0,333 = 6$ fr 66,
du sable pour $\qquad 5,25 \times 1,02 = 5$ fr 355.

Le m c de mortier revient à $6,66 + 5,355 + 2,25 = 14$ fr 265.

Les 21 m c 017 coûteront $14,265 \times 21,017 = 299$ fr 80.

Rép. 299 fr 80.

801. *Pour construire un mur de 683 m c 595 on emploie des
briques qui, les joints compris, ont 1 022 centimètres cubes. Combien en faut-il de milliers, et quelle sera la dépense si le cent
coûte 1 fr 85?*

On emploiera $683595000 : 1022 = 668880$ briques par excès.

La dépense sera de $6688,8 \times 1,85 = 12374$ fr 28.

Rép. 668880 briques, 12374 fr 28.

802. *Une pièce de bois de 1 m 40 de long sur 1 m 10 de large
et 0 m 60 d'épaisseur est placée dans l'eau suivant une de ses
grandes faces, et s'y enfonce de 57 centimètres. On demande :
1° le poids de cette pièce; 2° la densité du bois. On sait que tout
corps placé dans un fluide déplace un volume de ce fluide dont
le poids est égal au sien. (Principe d'Archimède.)*

La poutre déplace $1,4 \times 1,1 \times 0,57 = 0$ m c 8778 d'eau, dont le
poids est 877 kg 8; c'est le poids de la poutre.

Le volume de la poutre est de
$$1,4 \times 1,1 \times 0,60 = 0 \text{ m c } 924 \text{ ou } 924 \text{ dc.}$$

La densité du bois est $D = \dfrac{P}{V} = \dfrac{877,8}{924} = 0,95.$

Rép. 1° 877 kg 8; 2° 0,95.

803. *Un bloc cubique de glace a 1 m 20 de côté : quel est le
poids qu'il faudrait mettre sur ce bloc pour que sa surface supérieure vînt affleurer l'eau, la densité de la glace étant 0,92?*

Le volume du bloc est $1,20 \times 1,20 \times 1,20 = 1$ m c 728.

Ce bloc pèse $1728 \times 0,92 = 1589$ kg 76.

Si la surface supérieure affleurait l'eau, le bloc déplacerait
1 728 dc d'eau, dont le poids serait 1 728 kg.

Pour que le poids du bloc soit égal au poids de l'eau déplacée, il faut ajouter $1728 - 1589,76 = 138$ kg 24.

Rép. 138 kilog 24.

804. *Quel est le volume de la pièce de 5 fr, la densité de l'argent monnayé étant 10,12 environ?*

La pièce d'argent de 5 fr pèse 25 grammes.

Le centimètre cube d'argent monnayé pesant 10 gr 12, le volume de la pièce de 5 fr est de $25 : 10,12 = 2$ cm c 47.

Rép. 2 centimètres cubes 47.

805. *Quel est le volume de la pièce de 100 fr, la densité de l'or monnayé étant 17,3 environ?*

La pièce de 100 fr pèse $\dfrac{100 \times 5}{15,5} = \dfrac{100}{3,1}$ gr.

Le volume est de $\dfrac{100}{3,1 \times 17,3} = 1$ cmc 8646.

Rép. 1 centimètre cube 8646.

806. *Quelle est la densité de l'argent monnayé au titre de 0,835, sachant que la densité de l'argent est 10,47 et celle du cuivre 8,85?*

Sur 1 kg d'argent monnayé, il y a 835 gr d'argent pur, dont le volume est $835 : 10,47 = 79$ cmc 751; et 165 gr de cuivre, dont le volume est $165 : 8,85 = 18$ cm.c 644.

Le volume de 1 kilog d'argent monnayé est donc
$$79,751 + 18,644 = 98 \text{ cmc } 395.$$

La densité est $D = \dfrac{P}{V} = \dfrac{1\,000}{98,395} = 10,16.$

Rép. 10,16.

807. *On mêle ensemble 18 litres d'eau de mer avec 16 litres d'eau distillée. Quelle est la densité du mélange obtenu, sachant que la densité de l'eau de mer est de 1,026?*

Le poids de l'eau de mer est de $1,026 \times 18 = 18$ kg 468.
Le poids du mélange est de $18,468 + 16 = 34$ kg 468.

La densité est donc $D = \dfrac{P}{V} = \dfrac{34,468}{34} = 1,0137.$

Rép. 1,0137.

808. *Un vase en fer a une capacité intérieure de 4 litres 5 et pèse 3900 grammes. Quel volume de mercure faut-il mettre dans ce vase pour qu'il puisse s'enfoncer dans l'eau, la densité du fer étant 7,8 et celle du mercure 13,596?* (Voir le n° 802.)

Le volume du fer qui forme le vase est de $3900 : 7,8 = 500$ cmc.
Le volume d'eau que déplacera le vase est de
$$4500 + 500 = 5000 \text{ cm c.}$$
Il faudra que le vase et son contenu pèsent 5000 gr.
On devra ajouter $5000 - 3900 = 1100$ gr de mercure.
Le volume de ce mercure est $1100 : 13,596 = 80$ cmc 9.

Rép. 80 cmc 9 soit 81 cmc par excès.

4° Mesures de capacité.

809. *Un vase plein d'huile pèse 17 kilog 250, vide il pèse 2 kilog 610. Quelle est la capacité de ce vase? La densité de l'huile est 0,915.*

L'huile que renferme le vase pèse $17,250 - 2,610 = 14$ kg 640.

Le volume de cette huile est de $V = \dfrac{P}{D} = \dfrac{14,640}{0,915} = 16$ dmc.

Rép. 16 décimètres cubes.

810. *Un vase, dont la capacité est de 45 décimètres cubes et qui pèse vide 2 kilog 800, avait été rempli de lait pur; mais quelqu'un ayant enlevé une certaine quantité de lait qu'il a remplacée par de l'eau, le vase et son contenu ne pèsent plus que 49 kilog 100 grammes. Quelle quantité de lait a-t-on remplacée par de l'eau? La densité du lait est 1,03.*

Le lait pèse $\qquad$ $1,03 \times 45 = 46$ kg 35.

Le vase plein de lait pèse $46,35 + 2,800 = 49$ kg 15.

Après la substitution, le vase pèse

$$49,15 - 49,100 = 0 \text{ kg } 050 \text{ gr de moins.}$$

Pour chaque litre d'eau que l'on met à la place d'un litre de lait, il y a une diminution de poids de $1,03 - 1 = 0$ kg 03 ou 30 gr.

Autant de fois la diminution totale contiendra la diminution partielle, autant on aura enlevé de litres de lait,

soit $\qquad$ $50 : 30 = 1$ litre $\dfrac{2}{3}$.

Rép. 1 litre $\dfrac{2}{3}$.

811. *Une barrique contient 21 décalitres 8 litres d'huile d'olive estimée 244 fr les 100 kilog. Quelle est la valeur de cette huile, son poids étant les 0,915 de celui de l'eau?*

Les 218 litres d'huile pèsent $0,915 \times 218 = 199$ kg 47.

Cette huile vaut $\qquad$ $2,44 \times 199,47 = 486$ fr 70.

Rép. 486 fr 70.

812. *Que vaudra la récolte en froment de 12 hectares 48ᵃ de terre, si chaque hectare a fourni 35 hectolitres de grain, pesant chacun 76 kilog, vendus à raison de 24 fr 50 les 120 kilog? Quel sera le bénéfice du cultivateur si les frais s'élèvent à 171 fr par hectare?*

On a récolté $35 \times 12,48 = 436$ hectol 80 de froment.

Le poids de ce froment est de $76 \times 436,80 = 33196$ kg 8.

La récolte vaut $\qquad$ $\dfrac{24,5 \times 33196,8}{120} = 6777$ fr 68.

Les frais s'élèvent à $171 \times 12,48 = 2134$ fr 08.

Le bénéfice du cultivateur est $6777,68 - 2134,08 = 4643,60$.

Rép. 4643 fr 60.

813. *Un are donne 13 litres 75 de graine de lin; le décalitre de cette graine pèse 6 kg 4 et fournit 21 hectogr d'huile estimée à 0 fr 85 le kilog. Quelle est la valeur de l'huile que donne la récolte d'un champ de 14 hectares 7 ares 55 centiares?*

La récolte a fourni $1,375 \times 1407,55 = 1935$ décal 38125.

On obtiendra $2,1 \times 1935,38125 = 4064$ kg 300 d'huile.

Cette huile vaut $0,85 \times 4064,3 = 3454$ fr 65.

Rép. 3454 fr 65.

814. *Un bec de gaz consomme un hectolitre de gaz par heure. Si le mètre cube de gaz coûte 0 fr 30, quelle sera la dépense annuelle de 3 becs allumés, en moyenne, 4 heures par jour?*

En un jour, il se brûlera $1 \times 3 \times 4 = 12$ hectol de gaz ou 1 m c 2, qui valent $\qquad 0,3 \times 1,2 = 0$ fr 36.

La dépense annuelle sera de $0,36 \times 365 = 131$ fr 40.

Rép. 131 fr 40.

815. *Un bec de gaz a consommé, en 86 heures, 270 hectolitres de gaz, qui ont coûté 8 fr 15. On demande : 1° combien ce bec brûle de gaz en une soirée de 5 heures* $\frac{1}{2}$; *2° ce que coûte l'éclairage par heure; 3° quel est le prix d'un mètre cube de gaz.*

En une heure le bec consomme $\dfrac{270}{86}$ hectolitres.

En 5 h $\dfrac{1}{2}$ ou $\dfrac{11}{2}$ h, il en brûlera $\dfrac{270 \times 11}{86 \times 2} = 17$ hl 27 par excès.

L'éclairage coûte $\quad 8,15 : 86 = 0$ fr 095 par excès, par heure.
Un mètre cube de gaz vaut $8,15 : 27 = 0$ fr 30.

Rép. 1° 17 hl 27 par excès; 2° 0 fr 095 par excès; 3° 0 fr 30.

816. *La densité du pétrole est de 0,847. Quelle est la capacité d'une bonbonne qui, pleine de cette huile, pèse 40 kilog 840, et, vide, 9 kg 300?*

Le poids du pétrole est $40,840 - 9,300 = 31$ kg 54.
Le volume de cette huile est $31,54 : 0,847 = 37$ lit 237.

Rép. 37 litres 237.

817. *Lorsqu'un litre d'alcool du commerce vaut 3 fr 80, combien vaut le kilog, si la densité de l'alcool est 0,84?*

Un litre d'alcool pesant 0 kg 84 et valant 3 fr 80, le kilog d'alcool vaudra $\qquad 3,8 : 0,84 = 4$ fr 52.

Rép. 4 fr 52.

818. *Un kilog d'huile d'olive coûte 1 fr 95. Combien doit-on vendre le litre pour gagner 15 centimes par kilog? La densité de l'huile d'olive est 0,915.*

On doit revendre l'huile $1,95 + 0,15 = 2$ fr 10 le kilog.
On vendra le litre ou les 0 kg 915 gr $2,10 \times 0,915 = 1$ fr 9215.

Rép. 1 fr 9215.

5° Mesures de poids.

819. *Quel est le poids de l'air contenu dans une classe longue de 8 m 10, large de 6 m 90 et haute de 4 m, sachant qu'un litre d'air pèse 1 gramme 293.*

Le volume de la classe est $8,10 \times 6,9 \times 4 = 223$ m c 56.
Le poids de l'air contenu dans cette classe est
$\qquad 1,293 \times 223560 = 289063$ gr 08.

Rép. 289 kilog 063.

820. *Un vase exactement rempli contient 6 kg 1182 de mercure, 3 kg 8475 d'eau de mer et 3 kg 572 d'huile de lin. Quel est le poids du lait que peut contenir ce vase? Les densités de ces liquides sont les suivantes : mercure 13,596, eau de mer 1,026, huile de lin 0,94, lait 1,03.*

Le volume du mercure est $6,1182 : 13,596 = 0$ lit 45.
Le volume de l'eau de mer est $3,8475 : 1.026 = 3$ lit 75.
Le volume de l'huile est $3,572 : 0,94 = 3,80$.
Le volume du vase est donc $0,45 + 3,75 + 3,80 = 8$ lit.
Ce vase peut contenir $1,03 \times 8 = 8$ kg 240 de lait.

Rép. 8 kilog 240 de lait.

821. *Un morceau de fonte plongé dans un vase plein d'eau en a fait sortir 2 litres 35 centilitres. Quel est le poids de ce morceau de fonte? La densité de la fonte est 7,2.*

Le volume du morceau de fonte est le même que le volume de l'eau sortie du vase, c'est-à-dire 2 lit 35.
Le poids de cette fonte est $7,2 \times 2,35 = 16$ kg 92.

Rép. 16 kilog 92.

822. *Quel est le poids d'un bloc de glace de 12 m c 640, la densité de la glace étant 0,92?*

Le poids de ce bloc de glace est $0,92 \times 12,64 = 11$ tonnes 6288
ou   11 628 kg 8.

Rép. 11 628 kilog 8.

823. *Un plateau de chêne a 682 décimètres cubes. Quel est son poids, si la densité du chêne est 0,872?*

Ce plateau pèse $0,872 \times 682 = 594$ kg 704.

Rép. 594 kg 704.

824. *On a laissé tomber un morceau de plomb dans un vase plein d'eau pure. Le poids de l'eau sortie du vase est de 650 gr. Le vase et son contenu pèsent maintenant 6 kg 7288 de plus que précédemment. Quelle est la densité du plomb?*

Le volume du plomb égale le volume de l'eau sortie du vase, c'est–à–dire   650 centimètres cubes.
Le poids de ce plomb est $6728,8 + 650 = 7378$ gr 8.
La densité du plomb est donc $D = \dfrac{P}{V} = \dfrac{7378,8}{650} = 11,35$.

Rép. 11,35.

825. *La pression exercée par l'atmosphère est d'environ 1 kg 33 grammes par centimètre carré. Quelle est la pression exercée par l'atmosphère sur un homme dont la surface est évaluée à 1 mètre carré 70?*

La pression exercée est $1,033 \times 17\,000 = 17\,561$ kg.

Rép. 17561 kilog.

826. *Le sang d'un homme contient en moyenne environ 2 gr 40* *de fer. Calculer le poids de fer contenu dans le sang des habitants d'une ville de 250000 âmes.*

Le poids du fer contenu dans le sang de 250000 hommes est $2,40 \times 250000 = 600000$ gr ou 600 kg.

Rép. 600 kilog.

827. *Le poids d'un cocon de ver à soie débarrassé de sa chrysalide pèse environ 15 centigrammes, et le fil de ce cocon a environ 500 mètres de long. Quel serait le poids du fil de soie qui entourerait la terre en passant par les pôles?*

Pour entourer la terre, il faudra le fil de
$$40000000 : 500 = 80000 \text{ cocons.}$$
Le poids de ce fil est $15 \times 80000 = 1200000$ centigr, soit 12 kg.

Rép. 12 kilogrammes.

828. *Un particulier vend 1958 kilog de pommes de terre à raison de 4 fr 50 le quintal métrique. Combien recevra-t-il?*

A 4 fr 50 le quintal, les pommes de terre valent
$$4,5 \times 19,58 = 88 \text{ fr } 11.$$

Rép. 88 fr 11.

829. *On sait que l'air pèse 770 fois moins que l'eau, et que la densité de l'oxygène égale 1,1057 fois celle de l'air. Quel est le poids d'un litre d'oxygène?*

Le poids d'un litre d'air est, en grammes, $\dfrac{1000}{770}$.

Le poids d'un litre d'oxygène sera $\dfrac{1000}{770} \times 1,1057 = 1$ gr 435.

Rép. 1 gramme 435.

830. *Une récolte en froment a été vendue 27 fr 50 les 100 kg et a produit 2941 fr 40. Sachant que l'étendue des terres ensemencées est 9 hectares 55 ares, on demande le poids du froment produit par 1 hectare.*

La récolte a produit $2941,4 : 0,275 = 10696$ kg.
Pour 1 hectare, on aurait obtenu $10696 : 9,55 = 1120$ kg.

Rép. 1120 kilog.

831. *Dans une usine, on a brûlé en un an pour 52380 fr de coke à 1 fr 25 le quintal, et l'on a produit 2328 tonneaux métriques de fonte. Combien de kilog de coke a-t-on consommé pour un quintal de fonte?*

On a brûlé $52380 : 1,25 = 41904$ quintaux ou 4190400 kg de coke.

Pour un quintal de fonte, on a brûlé
$$4190400 : 23280 = 180 \text{ kg de coke.}$$

Rép. 180 kilog de coke.

832. *Un kilog de colza donne 4 hectog d'huile et 6 hectog de tourteaux. Quelle est la quantité d'huile et de tourteaux fournie par 785 hectolitres 48 litres de colza, si l'hectolitre de cette*

graine pèse 70 kilog, et quelle est la valeur de l'hectolitre à 1 fr 45 le kilog?

Les 785 hectol 48 de colza pèsent $70 \times 785,48 = 54983$ kg 6.

Ce colza fournira $0,4 \times 54983,6 = 21993$ kg 44 d'huile,

et $0,6 \times 54983,6 = 32990$ kg 16 de tourteaux.

L'hectolitre de colza vaut $1,45 \times 70 = 101$ fr 50.

Rép. 21993 kilog 44 d'huile; 32990 kilog 16 de tourteaux; 101 fr 50 l'hectolitre.

833. *Un voiturier prend 0 fr 15 par tonne et par kilomètre pour transporter des marchandises à 20 myriamètres. Il met 16 jours pour faire un voyage et transporte chaque fois 560 quintaux métriques. Dites son bénéfice sur 25 voyages, s'il dépense 35 fr par jour pour l'équipage, les autres frais s'élevant à 330 fr par voyage.*

On lui paye par voyage $0,15 \times 56 \times 200 = 1680$ fr.

Il dépense 35×16 ou 560 fr, plus 330 fr, soit 890 fr par voyage.

Le bénéfice sur un voyage est de $1680 - 890 = 790$ fr.

Le bénéfice sur 25 voyages sera de $790 \times 25 = 19750$ fr.

Rép. 19750 fr.

6° Mesures monétaires.

834. *Combien faut-il ajouter de grammes de cuivre à 200 grammes d'argent pur pour former un alliage au titre légal des pièces de 5 fr?*

L'argent pur est les $\frac{9}{10}$ du poids; le cuivre est le $\frac{1}{10}$ du poids total ou $\frac{1}{9}$ de l'argent pur, soit $200 : 9 = 22$ gr 222 ou 22 gr $\frac{2}{9}$.

Rép. 22 gr $\frac{2}{9}$.

835. *Combien faut-il ajouter de grammes de cuivre à 200 grammes d'argent pur pour former un alliage au titre légal des pièces de 0 fr 50?*

Avec 0 gr 835 d'argent pur, il faudra mettre 0 gr 165 de cuivre pour avoir un alliage au titre de 0,835.

Avec un gramme d'argent pur on mettra $\frac{0,165}{0,835}$ de cuivre; avec 200 gr d'argent pur, il faudra $\frac{0,165 \times 200}{0,835} = 39$ gr 52.

Rép. 39 gr 52.

836. *Quelle quantité d'argent pur faut-il employer pour faire 1° 250 pièces de 5 fr; 2° 500 pièces de 2 fr?*

1° 250 pièces de 5 fr pèsent $25 \times 250 = 6250$ gr.

L'argent pur en est les $\frac{9}{10}$, soit $625 \times 9 = 5625$ gr.

2° 500 pièces de 2 fr pèsent $10 \times 500 = 5000$ gr.

L'argent pur est les 0,835 de ce poids,
soit $5000 \times 0,835 = 4175$ gr.

Rép. 1° 5 kg 625; 2° 4 kg 175.

837. *Quel est le poids de l'argent pur contenu dans une somme composée de 3 sacs de pièces de 5 fr, de 8 rouleaux de pièces de 1 fr et de 3 rouleaux de pièces de 0 fr 50? On sait que les sacs de pièces de 5 fr contiennent 200 pièces, et que les rouleaux de 1 fr et de 0 fr 50 contiennent chacun 50 pièces.*

Les pièces de 5 fr pèsent $200 \times 3 \times 25 = 15000$ gr.
Elles contiennent $15000 \times 0,9 = 13500$ gr d'argent pur.
Les pièces de 1 fr pèsent $50 \times 8 \times 5 = 2000$ gr.
Les pièces de 0 fr 50 pèsent $50 \times 3 \times 2,5 = 375$ gr.
Les pièces de 1 fr et de 0.50 contiennent
        $2375 \times 0,835 = 1983$ gr 125.

Le poids de l'argent pur de la somme est
        $13500 + 1983,125 = 15483$ gr 125.

Rép. 15483 gr 125.

838. *On a fabriqué en France, depuis 1795 jusqu'en 1895, pour 9000247460 fr de pièces d'or et pour 5546675130 fr de pièces d'argent. Quel est en tonnes le poids de toutes ces pièces?*

Les pièces d'or pèsent $\dfrac{9000247460 \times 5}{15,5} = 2903305632$ gr. 26.

Les pièces d'argent pèsent $5546675130 \times 5 = 27733375650$ gr.

Le poids total est
        2903 t. $305632 + 27733$ t. $375650 = 30636$ tonnes 681282.

Rép. 30636 tonnes 681282.

839. *En 1878 on a fabriqué, à Bordeaux, pour 1815650 fr de pièces de 5 fr en argent. On demande: 1° le poids du cuivre qui entre dans ces pièces; 2° le prix de fabrication de ces pièces.*

Le poids de cette somme est
        $1815650 \times 5 = 9078250$ gr ou 9078 kg 25.

Le cuivre qui est entré dans la fabrication de ces pièces
pèse $9078,25 \times 0,1 = 907$ kg 825.

La fabrication a coûté $9078,25 \times 1,5 = 13617$ fr 375.

Rép. 1° 907 kg 825; 2° 13617 fr 375.

840. *Quel est le titre d'un alliage formé de 11 grammes 2/3 d'or et de 2 grammes 5/7 de cuivre?*

Le poids du lingot est $\dfrac{35}{3} + \dfrac{19}{7} = \dfrac{302}{21}$.

Le titre est $T = \dfrac{p}{P} = \dfrac{35}{3} : \dfrac{302}{21} = \dfrac{35}{3} \times \dfrac{21}{302} = \dfrac{245}{302}$ ou 0,811.

Rép. 0,811.

841. *Combien de pièces de 10 fr peut-on faire avec un objet en or du poids de 36 grammes, au titre de 0,920, et combien faut-il ajouter de cuivre ?*

L'or pur de ce lingot égale $36 \times 0,920 = 33$ gr 12.

Cet or pur est les $\frac{9}{10}$ du lingot monnayé, dont le poids sera $\dfrac{33,12 \times 10}{9} = 36$ gr 8.

La pièce de 10 fr en or pèse $\dfrac{10 \times 5}{15,5} = \dfrac{10}{3,1}$.

On fera donc $36,8 : \dfrac{10}{3,10} = \dfrac{36,8 \times 3,10}{10} = 11$ pièces; il reste 1 gramme 316.

On devra ajouter $36,8 - 36 = 0$ gr 8.

Rép. 11 pièces; 0 gr 8 de cuivre.

842. *Quel serait le poids d'une somme en argent valant autant que 1 165 406 fr 93 en bronze ? Cette somme est celle qui a été fabriquée en France, depuis 1852 jusqu'en 1878, en pièces de 1 centime ?*

On sait que 1 centime en monnaie de bronze pèse 1 gr, et qu'à valeur égale la monnaie d'argent pèse 20 fois moins que la monnaie de bronze.

La somme en argent pèserait donc

$$116540693 : 20 = 5827034 \text{ gr } 65.$$

Rép. 5827 kg 034 gr 65.

843. *Quel serait en quintaux métriques le poids d'une somme en or valant autant que 33 271 014 fr 20 en bronze ? Cette somme est celle qui a été fabriquée en France, depuis 1852 jusqu'en 1878, en pièces de 10 centimes.*

La somme en or pèserait $3327101420 : 310 = 10732585$ gr 225.

Rép. 107 quintaux 32 kilog $\frac{1}{2}$.

844. *Quelle est la valeur d'un lingot d'or au titre des monnaies, dans lequel il est entré 12 grammes de cuivre ?*

Le lingot pèse $12 \times 10 = 120$ gr.

S'il était en argent, ce lingot vaudrait $120 : 5 = 24$ fr.

En or, il vaut 15,5 fois plus ou $24 \times 15,5 = 372$ fr.

Rép. 372 fr.

845. *Combien faut-il ajouter d'argent pur à un lingot au titre de 0,800 et qui pèse autant qu'un sac de 20 fr en pièces de 0 fr 10 : 1° si l'on veut faire des pièces de 5 fr; 2° si l'on veut faire des pièces divisionnaires (2 fr, 1 fr, 0 fr 50, 0 fr 20) ? Quelle somme obtiendra-t-on dans les deux cas ?*

Un sac de 20 fr en monnaie de bronze pèse 2000 gr.

Le cuivre du lingot pèse $2000 \times 0,2 = 400$ gr.

Le cuivre des deux lingots sera le même; c'est sur cette quantité fixe qu'il faut agir.

Le lingot d'argent monnayé au titre de 0,9 qui contiendra 400 grammes de cuivre, pèsera $400 \times 10 = 4000$ gr; on obtiendra $4000 : 5 = 800$ fr.

Le lingot d'argent monnayé au titre de 0,835 qui contiendra 400 grammes de cuivre pèsera $\dfrac{400 \times 1000}{165} = 2424$ gr 24; on obtiendra $2424,24 : 5 = 484$ fr 80.

Pour faire des pièces de 5 fr, on ajoute
$$4000 - 2000 = 2000 \text{ gr ou } 2 \text{ kg d'argent pur.}$$

Pour faire des pièces divisionnaires, on ajoute
$$2424,24 - 2000 = 424 \text{ gr } 24 \text{ d'argent pur.}$$

Rép. 1° 2 kg, 800 fr; 2° 424 gr 24, 484 fr 80.

846. *Avec 1 kg 305 gr d'argent pur, quelle somme peut-on fabriquer : 1° en pièces de 5 fr; 2° en pièces de 1 fr ?*

1° Si l'on fait des pièces de 5 francs, le lingot monnayé pèsera
$$\frac{1305 \times 10}{9} = 1450 \text{ gr.}$$

On fabriquera $1450 : 25 = 58$ pièces de 5 fr, soit 290 fr.

2° Si l'on fait des pièces de 1 fr, le lingot pèsera
$$\frac{1305 \times 1000}{835} = 1562 \text{ gr } 87.$$

On fabriquera $1562,8 : 5 = 312$ pièces; il restera 2 gr 87.

Rép. 1° 290 fr; 2° 312 fr.

847. *Quelle est la valeur du double Frédéric de Prusse (or), dont le poids légal est de 12 grammes 364, et le titre 0,903?*

L'or pur de cette pièce pèse $12,364 \times 0,903 = 11$ gr. 165.
Un kilogramme d'or pur vaut 3437 fr. (Arith. n° 416.)
Le double Frédéric vaut donc $3437 \times 11,165 = 38$ fr. 40.

Rép. 38 fr. 40.

Si l'on ne tenait pas compte du prix de fabrication, il vaudrait $3,444 \times 11,165 = 38$ fr. 45.

848. *En 1748, on a trouvé dans les mines de Schneeberg, en Saxe, une masse d'argent pur du poids de 10 000 kilog. On demande : 1° combien cette masse aurait permis de fabriquer de pièces de 5 fr; 2° combien elle aurait fourni de pièces de 2 fr; 3° combien aurait été payé ce lingot à l'hôtel des monnaies.*

1° Avec cette masse d'argent pur, on pouvait fabriquer
$$\frac{10\,000\,000 \times 10}{9 \times 25} = 444\,444 \text{ pièces de 5 fr.}$$

2° Elle aurait fourni $\dfrac{10\,000\,000 \times 1000}{835 \times 10} = 1\,197\,604$ pièces de 2 fr.

3° L'hôtel des monnaies aurait payé ce lingot
$$220 \text{ fr } 5555 \times 10000 = 2\,205\,555 \text{ fr.}$$

Rép. 1° 444 444 pièces de 5 fr; 2° 1 197 604 pièces de 2 fr; 3° 2 205 555 fr.

849. *On voit au cabinet de minéralogie du jardin des Plantes, à Paris, le fac-simile, en plâtre doré, d'une pépite d'or du poids de 95 kilog, trouvée en Australie. On demande : 1° la valeur de cette pépite à l'hôtel des monnaies; 2° combien cette pépite permettrait de fabriquer de pièces de 20 fr.*

A l'hôtel des monnaies, cette pépite vaut (Arith. n° 416)
$$3437 \times 95 = 326515 \text{ fr.}$$

Cet or étant monnayé, le lingot pèsera $\dfrac{95000 \times 10}{9} = \dfrac{950000}{9}$ gr.

Une pièce de 20 fr pèse $\dfrac{20 \times 5}{15,5} = \dfrac{20}{3,1}$ gr.

On aurait donc pu fabriquer $\dfrac{950000}{9} : \dfrac{20}{3,1} = 16361$ pièces de 20 francs.

Rép. 1° 326515 fr; 2° 16361 pièces.

850. *Quelle est la valeur de la couronne d'argent, monnaie d'Angleterre, dont le poids est 28 grammes 250 et le titre 0,925?*

Dans cette pièce, il y a $28,25 \times 0,925 = 26$ gr 13125 d'argent pur.

Au prix du change, à l'hôtel des monnaies, cette pièce vaut
$$0,22056 \times 26,132 = 5 \text{ fr } 763.$$

Rép. 5 fr 75.

851. *Une chaîne en or pèse 250 grammes et renferme 40 gr de cuivre. Quel est son titre et quelle est sa valeur au prix de l'or monnayé?*

Cette chaîne contient $250 - 40 = 210$ gr d'or pur.

Son titre est donc $\dfrac{210}{250} = \dfrac{21}{25} = 0,84.$

Elle vaut $3,437 \times 210 = 721$ fr 77, soit 721 fr 75.

Rép. 0,84 et 721 fr 75.

852. *Un vase, dont le poids est de 123 grammes et la contenance 35 centilitres, est rempli d'eau pure. Quelle somme en argent faut-il pour lui faire équilibre?*

Le vase plein d'eau pèse $123 + 350 = 473$ gr.

Il y aura équilibre si l'on met sur l'autre plateau
$$473 : 5 = 94 \text{ fr } 60.$$

Rép. 94 fr 60.

853. *Quel bénéfice réaliserait-on en convertissant 1000 pièces de 5 fr en pièces divisionnaires au titre de 0,835?*

Mille pièces de 5 fr contiennent $25000 \times 0,9 = 22500$ gr d'argent pur.

Avec 22500 gr d'argent pur on ferait un lingot au titre de 0,835, qui pèserait $\dfrac{22500 \times 1000}{835}$, soit 26946 gr 10,

et qui vaudrait $26946,10 : 5 = 5389$ fr 20.

La fabrication coûtera $26,9461 \times 1,5 = 40$ fr 40.

On retirera donc $5389,20 - 40,40 = 5348$ fr 80.

Le bénéfice sera de $5348,80 - 5000 = 348$ fr 80.

Rép. 348 fr 80.

854. *Combien recevra-t-on au trésor pour un service en argent du poids de 130 grammes au titre de 0,950?*

Ce lingot contient 130 × 0,95 = 123 gr 5 d'argent pur.

Il vaut 0,22056 × 123,5 = 27,239, soit 27 fr 25.

Rép. 27 fr 25.

855. *Quelle perte éprouve-t-on en recevant 50 fr en pièces de 1 fr au lieu de 50 fr en or?*

Cinquante francs en pièces de 1 fr pèsent 50 × 5 = 250 gr.

Cette somme contient 250 × 0,835 = 208 gr 75 d'argent pur.

La somme en pièces de 1 fr vaut donc

$$0,2222 \times 208,75 = 46 \text{ fr } 387, \text{ soit } 46 \text{ fr } 40.$$

La perte est de 50 — 46,40 = 3 fr 60.

Rép. 3 fr 60.

856. *Un service en argent au titre de 0,950 pèse 115 grammes. Combien de grammes de cuivre faudra-t-il fondre avec ce service pour obtenir un alliage au titre des pièces de 5 fr?*

L'argent pur de ce lingot pèse 115 × 0,95 = 109 gr 25.

Avec 109 grammes 25 d'argent pur, on fera un lingot de

$$\frac{109,25 \times 10}{9} = 121 \text{ gr } 39, \text{ par excès, au titre de } 0,9.$$

On a dû ajouter 121,39 — 115 = 6 gr 39.

Rép. 6 gr 39.

857. *Combien faut-il fondre de pièces de 1 fr avec 2600 gr d'argent pur pour obtenir un lingot au titre de 0,900?*

Dans une pièce de 1 fr, il y a 0,165 × 5 = 0 gr 825 de cuivre.

L'alliage au titre de 0,9, qui contient 0 gr 825 de cuivre, pèse

$$0,825 \times 10 = 8 \text{ gr } 250.$$

Avec une pièce de 1 fr, il faut donc mettre 8,25 — 5 = 3 gr 25 d'argent pur.

Autant de fois 2600 gr contiendront 3 gr 25, autant il faudra de pièces de 1 fr, soit   2600 : 3,25 = 800.

Rép. 800 pièces.

858. *Combien faut-il fondre de pièces de 5 fr en argent avec 325 gr de cuivre pour obtenir un lingot au titre de 0,835?*

Dans une pièce de 5 fr, il y a 25 × 0,9 = 22 gr 5 d'argent pur.

Avec ces 22 gr 50 on ferait un lingot de $\dfrac{22,5 \times 1000}{835} = \dfrac{4500}{167}$ gr au titre de 0,835.

On doit donc ajouter avec une pièce de 5 francs

$$\frac{4500}{167} - 25 = \frac{4500 - 4175}{167} = \frac{325}{167} \text{ gr de cuivre.}$$

Autant de fois 325 gr contiendront $\dfrac{325}{167}$, autant il faudra de pièces de 5 fr, soit $325 : \dfrac{325}{167} = 167$ pièces.

Rép. 167 pièces de 5 fr.

859. *On fond ensemble une pièce de 5 fr, une de 2fr, une de 1 fr, une de 0 fr 50 et une de 0 fr 20 en argent. Quel est le titre du lingot obtenu?*

La pièce de 5 fr pèse 25 gr, et elle contient $25 \times 0,9 = 22$ gr 5 d'argent pur.

Les autres pièces, qui sont au même titre, pèsent ensemble
$$10 + 5 + 2,5 + 1 = 18 \text{ gr } 5.$$
Elles contiennent $18,5 \times 0,835 = 15$ gr 4475.

Le lingot obtenu contient $22,5 + 15,4475 = 37$ gr 9475 d'argent pur; il pèse $25 + 18,5 = 43$ gr 5.

Le titre de ce lingot est $\dfrac{37,9475}{43,5} = 0,872$ par défaut.

Rép. 0,872.

860. *On a fondu ensemble 100 piastres d'Espagne et 100 thalers de Prusse. La piastre, monnaie d'argent au titre de 0,900, pèse 26 gr 291. Le thaler de Prusse pèse 22 gr 271, et il est au titre de 0,750. Quel est le titre du lingot obtenu?*

Les piastres pèsent 2629 grammes 1, et contiennent
$$2629,1 \times 0,9 = 2366 \text{ gr } 19 \text{ d'argent pur.}$$

Les thalers pèsent 2227 grammes 10, et contiennent
$$2227,1 \times 0,75 = 1670 \text{ gr } 325 \text{ d'argent pur.}$$

Le titre du lingot obtenu est $\dfrac{2366,19 + 1670,325}{2629,1 + 2227,1} = 0,831$ par défaut.

Rép. 0,831.

861. *Quel poids faudrait-il donner à la pièce de 2 fr de notre monnaie, si l'on voulait que sa valeur intrinsèque égalât sa valeur nominale?*

Pour que la pièce de 2 fr valût 2 fr, il faudrait qu'elle contînt l'argent pur d'une pièce de 2 fr au titre de 0,9, soit $10 \times 0,9 = 9$ gr d'argent pur.

La pièce qui contiendrait 9 gr d'argent pur au titre de 0,835, pèserait $\dfrac{9 \times 1000}{835} = 10$ gr 778 par défaut.

Rép. 10 gr 778.

862. *Les pièces d'or de 20 fr se mettent par rouleaux de 1000 fr. Si l'on voulait vérifier un rouleau de ces pièces, quel poids faudrait-il mettre sur l'autre plateau de la balance?*

Mille francs en argent pèsent $5 \times 1000 = 5000$ gr.

Mille francs en or pèsent 15 fois $\dfrac{1}{2}$ moins,

ou $5000 : 15,5 = 322$ gr 58.

Rép. 322 gr 58.

863 *Un rouleau de pièces d'or de 10 fr pèse autant que 16 pièces* *de 0 fr 10, plus une pièce de 1 centime. Quelle est la valeur de ce rouleau?*

Les 16 pièces de 10 centimes et la pièce de 1 centime ou 161 centimes pèsent 161 grammes.

La somme en monnaie d'argent qui pèse 161 grammes vaut
$$161 : 5 = 32 \text{ fr } 20.$$

La somme en or vaut $15\frac{1}{2}$ fois plus ou $32,2 \times 15,5 = 499$ fr 10, c'est-à-dire 500 fr.

Rép. 500 fr.

864. *Quels seraient le poids et la valeur d'une somme composée de 500 de chacune des pièces de notre monnaie?*

			Poids.	Valeur.
500 pièces	de	100 francs.	16 kg 129	50 000 francs.
—	—	50	8 kg 0645	25 000 fr.
—	—	20	3 kg 2258	10 000 fr.
—	—	10	1 kg 6129	5 000 fr.
—	—	5	0 kg 80645	2 500 fr.
—	—	5	12 kg 500	2 500 fr.
—	—	2	5 kg...	1 000 fr.
—	—	1	2 kg 500	500 fr.
—	—	0,50	1 kg 250	250 fr.
—	—	0,20	0 kg 500	100 fr.
—	—	0,10	5 kg	50 fr.
—	—	0,05	2 kg 500	25 fr.
—	—	0,02	1 kg	10 fr.
—	—	0,01	0 kg 500	5 fr.
			60 kg. 58865	96 940 fr.

PROBLÈMES SUR LES NOMBRES COMPLEXES

865. *Une personne est née le 6 novembre 1859. Quel était son âge le 30 juillet 1881 ?*

Le 30 juillet 1881, il s'était écoulé   1880 ans   6 m 29 j
et le 6 novembre 1859,   1858 ans 10 m   5 j.

Rép. Le 30 juillet 1881, la personne avait   21 ans   8 m 24 j.

866. *Un ouvrier a travaillé une première fois pendant 5 heures 45 minutes; une autre fois il a travaillé pendant 2 heures 35 minutes. Combien lui doit-on, s'il est payé à raison de 0 fr 60 par heure ?*

L'ouvrier a travaillé pendant 5 h 45 m $+$ 2 h 35 m $=$ 8 h 20 m

ou $\qquad\qquad\qquad$ 8 heures $\frac{1}{3}$.

On lui doit $\qquad$ $0,60 \times 8\frac{1}{3} = $ **5 fr.**

Rép. 5 francs.

867. *Quelle est la somme des deux angles suivants : 27° 35′ 44″ et 19° 50′ 28″ ?*

$$27° \quad 35′ \quad 44″$$
$$19° \quad 50′ \quad 28″$$

Rép. $\qquad\qquad$ 47° 26′ 12″.

868. *Deux angles valent ensemble 90°; l'un d'eux vaut 18° ½. Quelle est la valeur de l'autre ?*

$$90° - 18°\frac{1}{2} = 71°\frac{1}{2} \text{ ou } 71° 30'$$

Rép. $\qquad$ 71° 30′.

869. *La longitude de Brest est de 6° 49′ 42″ ouest; celle de Nice est de 4° 56′ 32″ est. De combien diffèrent les longitudes de ces deux villes ?*

$$6° \quad 49′ \quad 42″$$
$$4° \quad 56′ \quad 32″$$

Rép. $\qquad$ 11° 46′ 14″.

870. *La latitude de Paris est de 48° 50′ 49″, celle de Lyon est de 45° 45′ 45″. Quelle est la différence des latitudes de ces deux villes ?*

$$48° \quad 50′ \quad 49″$$
$$45° \quad 45′ \quad 45″$$

Rép. $\qquad$ 3° 5′ 4″.

871. *Quel est le nombre des degrés de 7 angles formés autour d'un point, s'ils ont chacun 27° 15′ 18″ ?*

27° 15′ 18″

$\underline{\qquad 7 \qquad}$ (27° 15′ 18″) $\times$ 7 $=$ 190° 47′ 6″. (Arith. n° 431.)

190° 47′ 6″

Rép. 190° 47′ 6″.

872. *La somme de 12 angles égaux est 295° 4′ 18″. Quel est le nombre des degrés de chaque angle?*

$$(295° \ 4′ \ 18″) : 12 = 24° \ 35′ \ 21″ \ \frac{1}{2}. \quad \text{(Arith. n° 433.)}$$

Rép. $24° \ 35′ \ 21″ \ \frac{1}{2}$.

873. *Si 14 angles égaux ont ensemble 867° 17′ 45″, quelle est la valeur d'un seul?*

$$(867° \ 17′ \ 45″) : 14 = 61° \ 56′ \ 58″ \ \frac{13}{14}. \quad \text{(Arith. n° 433.)}$$

Rép. $61° \ 56′ \ 58″ \ \frac{13}{14}$.

874. *La somme de 5 angles formés autour d'un point est de 360°; 4 de ces angles ont chacun 56° 6′ 21″. Quelle est la grandeur du 5e?*

Les 4 angles égaux valent $(56° \ 6′ \ 21″) \times 4 = 224° \ 25′ \ 24″$.
Le 5e angle vaut donc $360° - (224° \ 25′ \ 24″) = 135° \ 34′ \ 36″$.

Rép. $135° \ 34′ \ 36″$.

875. *Un ouvrier fait 3 m 47 centimètres de toile par heure. Combien ferait-il de mètres de cette toile en 2 heures 17 minutes 14 secondes ½?*

La minute est le $\frac{1}{60}$ de l'heure; la seconde en est le $\frac{1}{3600}$. Les 17 minutes valent donc $\frac{17}{60}$ d'une heure et 14 s $\frac{1}{2}$ ou $\frac{29}{2}$ secondes valent $\frac{1}{3600} \times \frac{29}{2}$ ou $\frac{29}{7200}$ d'heure.

L'ouvrier ferait

$$3,47 \times 2 + 3,47 \times \frac{17}{60} + 3,47 \times \frac{29}{7200} = 7 \text{ m } 93714.$$

Rép. 7 mètres 94 centimètres par excès.

Remarque. On aurait pu réduire les heures et les minutes en secondes.

$$2 \text{ h} + 17 \text{ m} + 14 \text{ s} \ \frac{1}{2} = \frac{16469}{2} \text{ s, ou } \frac{16469}{2 \times 3600} \text{ d'heure.}$$

L'ouvrier fera $\qquad 3,47 \times \frac{16469}{7200} = 7 \text{ m } 93714$.

876. *Un voyageur fait 6 km à l'heure, un autre n'en fait que 5. S'ils partent en même temps, à quelle distance seront-ils l'un de l'autre après avoir marché 2 heures 35 minutes 20 secondes?*

Pendant une heure le premier voyageur fait $6 - 5 = 1$ km de plus que le deuxième.

Après 2 h 35 m 20 s, les deux voyageurs seront à la distance de (Probl. n° 875) $2 \text{ km} + \frac{35}{60} + \frac{20}{3600} = 2 \text{ km } 588 \text{ m } 88$.

Rép. 2 kilom 588 mètres 88,

877. *On a divisé la circonférence en 17 parties égales. Quelle est, en secondes, la valeur de chacune de ces parties?*

$$360^\circ : 17 = 21^\circ\ 10'\ 35''\ \frac{5}{17}.$$

Rép. $21^\circ\ 10'\ 35''\ \dfrac{5}{17}$ ou $76235''\ \dfrac{5}{17}$.

878. *La ville de Paris est située sous le 48° 50' 49" de latitude nord; Carcassonne est sous le 43° 12' 54". Quelle est la distance de ces deux villes, placées l'une et l'autre sur le même méridien?*

La différence des latitudes est de

$$48^\circ\ 50'\ 49'' - 43^\circ\ 12'\ 54'' = 5^\circ\ 37'\ 55''.$$

La longueur d'un degré de latitude est de $\dfrac{40\,000}{360} = \dfrac{1\,000}{9}$ km.

De Paris à Carcassonne, il y a

$$\left(\frac{1\,000}{9} \times 5\right) + \left(\frac{1\,000}{9} \times \frac{37}{60}\right) + \left(\frac{1\,000}{9} \times \frac{55}{3600}\right)$$

ou $\dfrac{180\,000 + 22\,200 + 550}{324} = 625$ km 771 m.

Rép. 625 kilomètres 771 mètres.

879. *Quelle heure est-il à Lyon quand il est midi à Paris? Lyon est à 2° 29' 10" longitude est.*

Le soleil met 24 heures pour faire le tour de la terre, c'est-à-dire pour parcourir 360° de longitude. Pour parcourir un degré, il met $\dfrac{24}{360} = \dfrac{4}{60}$ d'heure ou 4 minutes.

Pour parcourir une minute, il met soixante fois moins

ou $\dfrac{4\ \mathrm{m}}{60} = 4$ secondes.

Pour parcourir une seconde, il met soixante fois moins

ou $\dfrac{4\ \mathrm{s}}{60} = 4$ tierces.

Pour parcourir 2° 29' 10", il faudra

$$4\,\mathrm{m} \times 2 + 4\,\mathrm{s} \times 29 + 4\,\mathrm{t} \times 10 = 8\,\mathrm{m} + 116\,\mathrm{s} + 40\,\mathrm{t}\ \text{ou}\ 9\,\mathrm{m}\,56\,\mathrm{s}\,40\,\mathrm{t}.$$

Le soleil va de l'est à l'ouest; par conséquent les heures des pays situés à l'est sont en avance sur celles des pays situés à l'ouest.

Lyon étant à l'est de Paris, il est midi $+ 9\,\mathrm{m}\,56\,\mathrm{s}\,40\,\mathrm{t}$ à Lyon quand il est midi à Paris.

Rép. Midi 9 minutes 56 secondes 40 tierces.

880. *Quand il est 7 heures 30 minutes du matin à Paris, quelle heure est-il à Nantes, qui est à 3° 53' 18" longitude ouest?*

La différence des longitudes de ces deux villes étant 3° 53' 18", la différence des heures sera

$$4\,\mathrm{m} \times 3 + 4\,\mathrm{s} \times 53 + 4\,\mathrm{t} \times 18 = 15\,\mathrm{m}\,33\,\mathrm{s}\,12\,\mathrm{t}.$$

Quand il sera 7 heures 30 minutes à Paris, il sera

$$7\,\mathrm{h}\ 30\,\mathrm{m} - 15\,\mathrm{m}\,33\,\mathrm{s}\,12\,\mathrm{t},\ \text{soit}\ 7\,\mathrm{h}\ 14\,\mathrm{m}\,26\,\mathrm{s}\,48\,\mathrm{t}\ \text{à Nantes.}$$

Rép. 7 heures 14 minutes 26 secondes $\dfrac{4}{5}$ du matin.

881. *L'année solaire est de 365 jours 5 heures 48 minutes 47 secondes; la durée d'une lunaison est de 29 jours 12 heures 44 mi-*

nutes 3 secondes. Combien y a-t-il de lunaisons dans 18 ans et 11 jours? (Période de Saros.)

Il faut réduire les deux nombres complexes en unités de la plus petite subdivision, en secondes.

Dans l'année solaire, il y a 365 j 5 h 48 m 47 s ou 31 556 927 s.

Dans 18 ans et 11 jours, il y a

$$31\,556\,927\,s \times 18 + 24 \times 3600 \times 11 = 568\,024\,686\,s + 950\,400\,s,$$

soit 568 975 086 secondes.

Une lunaison dure 29 j 12 h 44 m 3 s ou 2 551 443 secondes.

Dans la période de Saros, il y a 568 975 086 : 2 551 443 = 223 lunaisons à $\frac{1}{2}$ centième près.

Rép. 223 lunaisons.

882. *On sait que les gares des chemins de fer français ont l'heure de Paris. Quelle heure est-il à la gare de Quimper quand il est 8 heures à la ville? Quimper est à 6° 26' longitude ouest.*

La différence d'heure est 4 m × 6 + 4 s × 26 = 25 m 44 s.

Rép. Il est à Quimper 8 heures 25 m 44 secondes.

883. *New-York est à 76° 18' de longitude ouest. Brest est à 6° 50' de longitude ouest. On passe une dépêche de Brest à New-York à 4 heures du soir; quelle heure sera-t-il à New-York quand la dépêche sera remise au destinataire, si l'on admet qu'il s'écoule 1 heure 1/2 entre l'expédition de la dépêche et sa remise au destinataire?*

La différence de longitude est 76° 18' — 6° 50' = 69° 28'.

La différence d'heure est 4 m × 69 + 4 s × 28 = 4 h 37 m 52 s.

Quand la dépêche a été lancée, il était à New-York
$$4\,h - 4\,h\,37\,m\,52\,s = 11\,h\,22\,m\,8\,s.$$

La dépêche sera remise au destinataire à 11 h 22 m 8 s + 1 h 30 m soit à midi 52 m 8 s.

Rép. Midi 52 minutes 8 secondes.

884. *Dans les conditions énoncées au problème précédent, à quelle heure arriverait à Brest une dépêche expédiée de New-York à 9 heures 45 du matin?*

Quand la dépêche est expédiée de New-York, il est à Brest 9 h 45 m + 4 h 37 m 52 s, soit 2 h 22 m 52 s. (Probl. n° 883.)

Le destinataire recevra la dépêche à
$$2\,h\,22\,m\,52\,s + 1\,h\,30\,m \text{ ou } 3\,h\,52\,m\,52\,s.$$

Rép. 3 heures 52 minutes 52 secondes du soir.

885. *Un voyageur part de Lyon pour Bordeaux, après avoir mis sa montre à l'heure de la ville. On demande : 1° quelle heure marqueront les horloges de Bordeaux quand il sera une heure à sa montre; 2° quelle heure marquera sa montre quand il sera 4 heures à Bordeaux. Lyon est situé sous le 2° 29' de longitude est; Bordeaux sous le 2° 55' de longitude ouest.*

La différence des longitudes de ces deux villes est de
$$2° 55' + 2° 29' = 5° 24'.$$

La différence d'heure est de 4 m × 5 + 4 s × 24 = 21 m 36 s.

1° Il sera à Bordeaux 1 h — 21 m 36 s ou midi 38 m 24 s.

2° Quand il sera 4 heures à Bordeaux, sa montre marquera 4 h 21 m 36 s.

Rép. 1° Midi 38 m 24 s; 2° 4 h 21 m 36 s.

886. *Méchain a mesuré la partie du méridien comprise entre Rodez et Barcelone; Delambre a mesuré la partie comprise entre Rodez et Dunkerque. Combien chacun d'eux dut-il trouver de toises? On sait que la toise valait à peu près 1 mètre 949, et que la latitude nord de Barcelone est de 41° 21' 46", celle de Rodez de 44° 21' 55" et celle de Dunkerque de 51° 2' 11". On suppose que les degrés du méridien sont tous égaux.*

De Rodez à Barcelone, il y a $44° 21' 55'' - 41° 21' 46'' = 3° 9''$

ou $\qquad 10809''$ ou $\dfrac{10809}{3600}$ de degré.

De Rodez à Dunkerque, il y a $51° 2' 11'' - 44° 21' 55'' = 6° 40' 16''$

ou $\qquad 24016''$ ou $\dfrac{24016}{3600}$ de degré.

Un degré vaut $\dfrac{40000000}{360 \times 1,949}$ toises.

Méchain a trouvé $\dfrac{40000000}{360 \times 1,949} \times \dfrac{10809}{3600} = 171170$ toises 4.

Delambre a trouvé $\dfrac{40000000}{360 \times 1,949} \times \dfrac{24016}{3600} = 380315$ toises 32.

Rép. Méchain, 171170 toises; Delambre, 380315 toises.

887. *Naples et New-York sont sensiblement sous la même latitude, et à cette distance du pôle la longueur du parallèle est de 30332 km environ. Quelle est la distance de ces deux villes, sachant que New-York est à 76° 18' de longitude ouest et Naples à 11° 54' 57" de longitude est?*

La différence des longitudes de ces deux villes est de $76° 18' + 11° 54' 57'' = 88° 12' 57''$ ou $317577''$ ou $\dfrac{317577}{3600}$ de degré.

A cette latitude le degré vaut $\dfrac{30332}{360}$ km.

La distance de ces deux villes est donc de
$$\dfrac{30332}{360} \times \dfrac{317577}{3600} = 7432 \text{ km } 674 \text{ m.}$$

Rép. 7432 kilomètres 674 mètres.

888. *Quelle heure est-il à Naples et à New-York lorsqu'il est midi à Paris? (Pour la longitude de Naples et celle de New-York, voir le problème 887.)*

Entre Paris et New-York la différence d'heure est $4 m \times (76° 18')$ ou 5 h 5 m 12 s.

Entre Paris et Naples elle est de $4 m \times (11° 54' 57'')$ ou 47 m 39 s 48 t.

Quand il est midi à Paris, il est midi + 47 m 39 s 48 t ou midi 47 m 39 s 48 t à Naples,

et midi — 5 h 5 m 12 s ou 6 h 54 m 48 s du matin à New-York.

Rép. A Naples, midi 47 m 39 s 48 t; à New-York, 6 h 54 m 48 s du matin.

889. *Quelle heure est-il à Paris et à Naples quand il est midi à New-York ?*

A Paris, il est midi + 5 h 5 m 12 s, soit 5 h 5 m 12 s du soir. (Probl. n° 888.)

A Naples, il est midi + 5 h 5 m 12 s + 47 m 39 s 48 t ou 5 h 52 m 51 s $\frac{4}{5}$ du soir.

Rép. A Paris, 5 h 5 m 12 s du soir; à Naples, 5 h 52 m 51 s $\frac{4}{5}$ du soir.

890. *Quelle heure est-il à New-York lorsqu'il est 11 heures du soir à Naples ?*

A New-York, il est 11 h — (5 h 5 m 12 s + 47 m 39 s 48 t) ou 5 h 7 m 8 s 12 t. (Probl. 888.)

Rép. 5 heures 7 minutes 8 secondes 12 tierces du soir.

891. *Il est midi à Saint-Étienne. Quelle heure est-il aux horloges qui marquent l'heure de Paris ? La longitude de Saint-Étienne est 2° 3′ 20″ est.*

La différence d'heure entre ces villes est
$$4 m \times 2 + 4 s \times 3 + 4 t \times 20 = 8 m\ 13 s\ 20 t.$$
Aux horloges qui marquent l'heure de Paris, il est
$$12 h — 8 m\ 13 s\ 20 t \text{ ou } 11 h\ 51 m\ 46 s\ 40 t.$$
Rép. 11 heures 51 m 46 secondes 40 tierces.

892. *Une pendule qui avance de 28 secondes par heure avait été mise à l'heure à midi. Quelle heure est-il lorsqu'elle marque 7 heures 15 minutes le lendemain matin ?*

Une heure vaut 3600 secondes; pendant ce temps l'horloge marque 3628 secondes.

Dans le temps considéré l'horloge a marqué 12 h + 7 h 15 m ou 69300 secondes.

Lorsque l'horloge marque 3628 s, il s'écoule 3600 s; pendant que l'horloge marquera une seconde, il s'écoulera $\frac{3600}{3628}$, et pendant qu'elle marquera 69300 secondes, il s'écoulera
$$\frac{3600 \times 69300}{3628} = 68765 s \text{ ou } 19 h\ 6 m\ 5 s.$$
Rép. Il est 7 heures 6 minutes 5 secondes du matin.

893. *La France est située entre les 42° 20′ et 51° 5′ de latitude nord. Combien cet intervalle comprend-il de kilomètres comptés sur un méridien ?*

La France comprend 51° 5′ — 42° 20′ = 8° 45′ ou 525′ ou $\frac{525}{60}$ de degré.

Ces $\frac{525}{60}$ de degré valent $\frac{40000}{360} \times \frac{525}{60} = 972$ km 222..

Rép. 972 kilomètres 222.

PROBLÈMES SUR LA RÈGLE DE TROIS

894. *Lorsque 15 mètres d'étoffe coûtent 180 fr, combien coûteront 25 mètres?*

Un mètre d'étoffe coûte $\dfrac{180}{15}$ ou 12 fr.

Les 25 mètres coûteront $12 \times 25 = 300$ fr.

Rép. 300 francs.

895. *J'ai acheté 4951 bûches de bois, à condition que sur 100 bûches on m'en donnerait 6 en plus. Combien de bûches recevrai-je?*

Lorsque je paye 100 bûches, j'en reçois 106.

Lorsque j'en payerai 4951 ou 49,51 fois 100 bûches, j'en recevrai $106 \times 49,51 = 5248,06$.

Rép. 5248 bûches.

896. *En moyenne, 100 parties de lait donnent 15 parties de crème, et la crème donne 21 pour 100 de beurre. Combien faut-il de litres de lait pour obtenir 540 kilog de beurre? (Le litre de lait pèse 1030 grammes.)*

La crème est les 0,15 du lait, et le beurre les 0,21 de la crème.

Un litre de lait donne $1,03 \times 0,15 \times 0,21$ de beurre.

Il faudra $\dfrac{540}{1,03 \times 0,15 \times 0,21} = 16643$ litres 55 de lait.

Rép. 16643 litres 55 de lait.

897. *Un négociant donne 12 francs aux pauvres toutes les fois qu'il gagne 141 fr. Combien aurait-il donné aux pauvres s'il avait gagné 58656 fr?*

Le négociant donne aux pauvres les $\dfrac{12}{141}$ de son gain.

Quand il aura gagné 58656 fr, il leur donnera $58656 \times \dfrac{12}{141}$, soit 4992 fr.

Rép. 4992 francs.

898. *Un négociant, voulant faire une bonne œuvre, se propose d'y employer 3 fr toutes les fois qu'il en gagnera 58. A combien se montera son bénéfice s'il peut disposer de 8100 fr pour la bonne œuvre?*

Le négociant donne $\dfrac{3}{58}$ de son bénéfice.

Les $\dfrac{3}{58}$ du bénéfice valant 8100 francs, le bénéfice sera

$$8100 \times \dfrac{58}{3} = 156600 \text{ fr.}$$

Rép. 156600 francs.

899. *L'ombre d'un peuplier est de 14 m 25, tandis que celle d'un bâton de 0 m 90 de longueur est de 0 m 42. Quelle est la hauteur du peuplier ?*

Le bâton a 90 cm et l'ombre 42 cm, c'est-à-dire que le bâton est les $\frac{90}{42}$ de l'ombre.

Le peuplier aura aussi une hauteur égale aux $\frac{90}{42}$ de son ombre,

soit $\qquad\qquad 14{,}25 \times \frac{90}{42} = 30$ m 535.

Rép. 30 mètres 535.

900. *Combien le thermomètre Réaumur marque-t-il de degrés lorsque le thermomètre centigrade marque 35°? On sait que 80° Réaumur valent 100° centigrades.*

Le degré centigrade vaut les $\frac{80}{100}$ ou les $\frac{4}{5}$ d'un degré Réaumur.

Les 35° centigrades valent donc $\frac{4}{5} \times 35$, soit 28° Réaumur.

Rép. 28° Réaumur.

901. *Combien le thermomètre centigrade marque-t-il de degrés lorsque le thermomètre Réaumur marque 18°?*

Un degré Réaumur vaut les $\frac{100}{80}$ ou les $\frac{5}{4}$ d'un degré centigrade.

Les 18° Réaumur valent $\frac{5}{4} \times 18 = 22° \frac{1}{2}$ centigrade.

Rép. 22° $\frac{1}{2}$.

902. *Sur 879 enfants de 10 ans, 774 environ arrivent à 25 ans. D'après ces données, sur une classe de 40 élèves ayant en moyenne 10 ans, combien arriveront à leur 25° année ?*

Les $\frac{774}{879}$ des enfants de 10 ans arrivent à 25 ans.

Sur les 40 élèves de la classe, $40 \times \frac{774}{879} = 35{,}2$, soit 35 élèves arriveront à 25 ans.

Rép. 35 élèves.

903. *Sur 40 enfants de 12 ans, combien arriveront à 50 ans, sachant que sur 866 enfants de cet âge, 580 atteignent leur 50° année ?*

Les $\frac{580}{866}$ des enfants de 12 ans atteignent leur 50° année.

Sur 40 élèves de 12 ans, $40 \times \frac{580}{866} = 26{,}7$, soit 27 élèves atteindront leur 50° année.

Rép. 27 élèves environ.

904. *Pour le lambris d'une salle de 12 m 50 de long sur 9 m de large, on a payé 2807 fr. Quelle somme faudrait-il pour lambrisser une autre salle de même hauteur, qui a 1 mètre de plus sur la longueur et 50 centimètres de plus sur la largeur?*

Le périmètre de la salle a $12,5 \times 2 + 9 \times 2 = 43$ mètres.

Le périmètre de la nouvelle salle a $1 \times 2 + 0,5 \times 2 = 3$ mètres de plus, soit $43 + 3 = 46$ mètres.

Le mètre linéaire de lambris vaut $\dfrac{2807}{43}$ fr.

Pour lambrisser l'autre salle on payera $\dfrac{2807}{43} \times 46$ ou 3002 fr 85.

Rép. 3002 fr 85.

905. *On sait que 15 hommes ont fait un certain ouvrage en 24 jours. Combien faudrait-il de jours à 10 hommes pour faire le même ouvrage?*

1° Un homme mettrait 24×15 ou 360 jours pour faire l'ouvrage.

Les 10 hommes mettront $360 : 10 = 36$ jours.

Disposition des données.

15 h	24 j
10	x

2° Le premier rapport est inverse; car plus il y a d'ouvriers, moins il faudra de temps pour faire l'ouvrage.

On aura donc (Arith. n° 464) $x = 24 \times \dfrac{15}{10} = 36$ jours.

Rép. 36 jours.

906. *Combien faudra-t-il d'hommes pour faire autant d'ouvrage en 9 jours que 36 hommes en font en 20 jours?*

1° Pour faire l'ouvrage en un jour, il faudrait 36×20 ou 720 ouvriers.

Pour le faire en 9 jours, il faudra $720 : 9 = 80$ ouvriers.

Disposition des données.

x h	9 j
36 h	20 j.

2° Le deuxième rapport est inverse. Donc (Arith. n° 464)

$$x = 36 \times \dfrac{20}{9} = 80 \text{ hommes.}$$

Rép. 80 hommes.

907. *Pour transporter 450 kilog à la distance de 450 kilomètres, on a pris 180 fr. A combien de kilomètres fera-t-on transporter 2250 kilog pour la même somme?*

Pour 180 fr, on transporterait 1 kg à la distance de 450×450 km.

Pour cette même somme on transportera 2250 kg à une distance 2250 fois moindre ou $\dfrac{450 \times 450}{2250} = 90$ km.

Rép. 90 kilomètres.

908. *Vingt-quatre hommes ont fait 1575 mètres d'ouvrage en 15 jours. Combien auraient-ils mis de jours s'ils n'avaient été que 16 hommes?*

Pour faire l'ouvrage, un homme aurait mis 15×24 jours.

Les 16 hommes mettront 16 fois moins de temps,

soit $$\frac{15 \times 24}{16} = 22 \text{ jours } \frac{1}{2}.$$

Rép. 22 jours $\frac{1}{2}$.

909. *En 6 jours, 16 ouvriers ont élevé un mur de 18 mètres de longueur, 6 de hauteur et 95 centimètres d'épaisseur. Combien auraient-ils mis de jours s'ils n'avaient été que 12 ouvriers ?*

Un seul ouvrier aurait mis 6×16 jours pour faire le mur.

A 12 ouvriers, il faudra 12 fois moins de temps,

soit $$\frac{6 \times 16}{12} = 8 \text{ jours.}$$

Rép. 8 jours.

910. *Un ouvrier a fait 86 m $^1/_2$ de toile en 10 jours $^1/_4$. Combien cet ouvrier mettra-t-il de temps pour faire 50 mètres de cette toile ?*

Pour faire 86 m 5 de toile, il faut $10 \text{ j} \frac{1}{4}$ ou $\frac{41}{4}$ de jour.

Pour en faire 1 m, il faudra $\dfrac{41}{4 \times 86,5}$, et pour en faire 50 m,

il faudra $\dfrac{41 \times 50}{4 \times 86,5}$ ou $5 \text{ j} \dfrac{160}{173}$, soit 6 jours par excès.

Rép. 6 jours par excès.

911. *Un ouvrier a fait 69 m $^{11}/_{15}$ de toile en 9 jours $^2/_3$. Combien mettra-t-il de temps pour faire 52 m $^1/_5$ de cette toile ?*

$$69 \text{ m } \frac{11}{15} = \frac{1046}{15} \text{ de mètre; } 9 \text{ j} \frac{2}{3} = \frac{29}{3} \text{ de jour;}$$

$$52 \text{ m } \frac{1}{5} = \frac{261}{5} \text{ de mètre.}$$

Pour faire 1 mètre de toile, il faut

$$\frac{29}{3} : \frac{1046}{15} \text{ ou } \frac{29 \times 15}{3 \times 1046} \text{ de jour.}$$

Pour faire $\frac{261}{5}$ de mètre, il faudra

$$\frac{29 \times 15}{3 \times 1046} \times \frac{261}{5} \text{ ou } 7 \text{ j} \frac{247}{1046} \text{ ou } 7 \text{ j} \frac{1}{4} \text{ environ.}$$

Rép. 7 j $\dfrac{247}{1046}$ environ.

912. *Un tisserand a fait 41 m $^5/_{24}$ de toile en 5 jours $^3/_4$. Quelle est la longueur de la pièce, sachant qu'il faut 9 jours $^1/_4$ au tisserand pour achever le tissage de toute la pièce de toile ?*

$$41 \frac{5}{24} = \frac{989}{24}; \quad 5 \frac{3}{4} = \frac{23}{4}; \quad 9 \frac{1}{4} = \frac{37}{4}.$$

Pour tisser toute la pièce, il faut $5 \dfrac{3}{4} + 9 \dfrac{1}{4}$ ou 15 jours.

En un jour, on tisse $\dfrac{989}{24} : \dfrac{23}{4}$ ou $\dfrac{989 \times 4}{24 \times 23}$ mètres.

En 15 jours, on tissera 15 fois plus de toile,

soit $\dfrac{989 \times 4 \times 15}{24 \times 23} = 107 \text{ m } 5.$

Rép. 107 mètres 50.

913. *Lorsque 55 kilog de savon coûtent 82 fr 50, combien reti-rera-t-on de la vente de 130 kilog de savon si l'on veut y gagner le prix d'achat de 12 kilog ?*

On retirera de la vente de 130 kg, le prix de $130 + 12$ ou 142 kg.
Un kg de savon coûte $82,5 : 55$ ou 1 fr 50.
Pour 142 kg, on aurait payé $1,5 \times 142 = 213$ fr.

Rép. 213 francs.

914. *L'habileté de deux ouvriers est dans le rapport de 7 à 12. Combien le second peut-il faire de mètres d'ouvrage pendant que le premier en fait 175 mètres ?*

Quand le deuxième ouvrier fait 12 mètres, le premier fait

7 m d'ouvrage, c'est-à-dire que le deuxième ouvrier fait les $\dfrac{12}{7}$

du travail du premier.

Quand le premier ouvrier fait 175 mètres, le deuxième fait

$$\dfrac{175 \times 12}{7} = 300 \text{ m.}$$

Rép. 300 mètres.

915. *Avec 144000 fr on peut entretenir 500 hommes pendant 6 mois, en donnant à chacun 1 fr 60 par jour. A combien fau-drait-il réduire la paye si l'on voulait faire durer les fonds 2 mois de plus ?*

Si l'on devait dépenser la somme en un mois, on donnerait par jour à chaque soldat 6 fois 1,6 ou $1,6 \times 6$.

Les fonds devant durer $6 + 2 = 8$ mois, on donnera à chaque

soldat $\dfrac{1,6 \times 6}{8} = 1 \text{ fr } 20.$

Rép. 1 franc 20.

916. *Une place forte est gardée par 3500 hommes qui ont des vivres pour 8 mois ; le commandant reçoit l'ordre de faire sortir un nombre d'hommes tel que les vivres puissent durer 4 mois de plus en donnant la même ration. Combien doit-il faire sortir d'hommes ?*

Si les vivres ne devaient durer qu'un mois, on pourrait nourrir $3500 \times 8 = 28000$ h ; mais ils doivent durer 12 mois, on pourra nourrir pendant ce temps $28000 : 12$ ou 2333 h par défaut.

Rép. Il faudra faire sortir $3500 - 2333 = 1167$ hommes.

917. *Une somme est composée de deux parties, qui sont entre* *elles comme 6 est à 30; la plus petite est 1836. Quelle est la plus grande ?*

1° **Solution.** La petite partie est les $\frac{6}{30}$ de l'autre.

Puisque $\frac{6}{30}$ de la grande partie valent 1836, la grande partie vaut
$$\frac{1836 \times 30}{6} = 9180.$$

2° **Solution.** Proportion $\frac{1836}{x} = \frac{6}{30};$

d'où
$$x = \frac{1836 \times 30}{6} = 9180.$$

Rép. 9180.

918. *La somme de deux nombres est 490; leur rapport est* ³/₇. *Quels sont ces deux nombres ?*

Le rapport des nombres cherchés est $\frac{3}{7}$, c'est-à-dire que lorsque l'un est 3, l'autre est 7 et leur somme est $7 + 3 = 10$. Le petit nombre est donc les $\frac{3}{10}$ de la somme, et le grand en est les $\frac{7}{10}$.

Le petit nombre est $490 \times \frac{3}{10} = 147$; le grand $490 \times \frac{7}{10} = 343$.

Rép. 147 et 343.

919. *Deux nombres sont dans le rapport de 2 à 5; si l'on ajoutait 175 à l'un de ces nombres, et 115 à l'autre, les deux nombres seraient égaux. Quels sont ces deux nombres ?*

Si le petit nombre était 2, le grand serait 5, et la différence $5 - 2 = 3$.

Le petit nombre est donc les $\frac{2}{3}$ de la différence; le grand en est les $\frac{5}{3}$.

Or la différence des nombres cherchés est $175 - 115 = 60$, puisqu'il faut ajouter à l'un de ces nombres 60 de plus qu'à l'autre pour les rendre égaux.

Le petit nombre est donc $60 \times \frac{2}{3} = 40;$

le grand est
$$60 \times \frac{5}{3} \times 100.$$

Rép. 40 et 100.

920. *Deux nombres sont dans le rapport de 4 à 9; leur différence est 1205. Quels sont ces deux nombres ?*

Si le petit nombre est 4, le grand est 9 et la différence 5.

Le petit nombre est les $\frac{4}{5}$ de la différence, et le grand les $\frac{9}{5}$.

Donc le petit nombre est $1205 \times \frac{4}{5} = 964;$

le grand
$$1205 \times \frac{9}{5} = 2169.$$

Rép. 964 et 2169.

921. *On a fait dissoudre 250 grammes de sucre dans 5 litres d'eau. Combien faudra-t-il ajouter de litres d'eau à ce mélange pour que le litre du nouveau mélange ne contienne que 8 gr de sucre ?*

Puisqu'il faut un litre d'eau par 8 gr de sucre, le nouveau mélange sera de $250 : 8 = 31$ litres 25.

Rép. Il faudra ajouter $31,25 - 5 = 26$ litres 25 d'eau.

922. *Dans un vase, contenant 8 litres d'eau, on a fait dissoudre 750 grammes de sucre. Quelle quantité d'eau se sera évaporée quand chaque litre du liquide restant contiendra 220 gr de sucre ?*

Il y a en dissolution dans le vase $750 : 220$; soit 3,40 fois 220 gr de sucre.

Le volume du liquide restant est donc 3 litres 40.

Rép. Il s'est évaporé $8 - 3,4 = 4$ litres 6 d'eau.

923. *On sait, d'après la loi de Mariotte, qu'à une même température les volumes occupés par les gaz sont en raison inverse des pressions qu'ils supportent. D'après cela, quel sera le volume occupé par une masse d'air sous la pression barométrique de 742 millimètres, sachant que le volume est de 4 litres ½ sous la pression de 760 millimètres * ?*

Disposition des données.

4 lit 5	760 mm
x	742 mm.

1° Si la pression était 1 mm, le volume de l'air serait 760 fois plus grand ou $4,5 \times 760$.

Pour la pression de 742 mm, il sera 742 fois moindre

ou $$\frac{4,5 \times 760}{742} = 4 \text{ lit } 60 \text{ par défaut.}$$

2° Le deuxième rapport étant inverse, on a

$$x = 4,5 \times \frac{760}{742} = 4 \text{ lit } 60.$$

Rép. 4 litres 60.

924. *Un volume d'acide carbonique (gaz qui pétille dans la limonade, la bière, l'eau gazeuse) est de 576 centimètres cubes sous la pression de 763 millimètres. Quelle sera la pression si le volume devient 756 centimètres cubes ?*

Disposition des données.

576 cc	763 mm
756 cc	x.

1° Si le volume était 1 cc, la pression serait 576 fois plus grande ou 763×576.

Le volume étant 756 fois plus grand, la pression sera 756 fois moindre ou $$\frac{763 \times 576}{756} = 581 \text{ mm } 33.$$

---

* Dire que la pression atmosphérique est de 742 millimètres, c'est dire que le mercure s'élève de 742 millimètres dans le baromètre.

2° Le premier rapport étant inverse, on a

$$x = 763 \times \frac{576}{756} = 581 \text{ mm } 33.$$

Rép. 581 millimètres $\frac{1}{3}$.

925. *En travaillant 12 heures par jour, 6 hommes ont fait 136 mètres de drap en 12 jours. Combien 9 hommes feront-ils de mètres de ce drap s'ils travaillent 9 heures par jour pendant 10 jours ?*

Disposition des données.

6 h^{mes} 12 j 12 h^{res} 136^m
9 h^{mes} 10 j 9 h^{res} x.

1° Les rapports étant directs, on a :

$$x = 136 \times \frac{9}{12} \times \frac{10}{12} \times \frac{9}{6} = 127 \text{ m } 5.$$

2° Un homme fera $\frac{136}{6}$ et 9 hommes $\frac{136 \times 9}{6}$ en 12 jours.

En 1 j, ils feraient $\frac{136 \times 9}{6 \times 12}$, et en 10 j $\frac{136 \times 9 \times 10}{6 \times 12}$ en travaillant 12 h par jour; s'ils travaillaient une heure, ils feraient $\frac{136 \times 9 \times 10}{6 \times 12 \times 12}$, et en 9 h $\frac{136 \times 9 \times 10 \times 9}{6 \times 12 \times 12} = 127 \text{ m } 5.$

Rép. 127 mètres 5.

926. *Un maître menuisier a employé 6 ouvriers pendant 36 jours et 13 heures par jour pour poser 450 mètres de boiserie. Dans les mêmes conditions, combien 18 ouvriers auraient-ils posé de mètres de boiserie en travaillant 12 jours et 11 heures par jour ?*

Disposition des données. Les rapports sont directs.

6 o 36 j 13 h 450 m
18 o 12 j 11 h x.

$$x = 450 \times \frac{11}{13} \times \frac{12}{36} \times \frac{18}{6} = 380 \text{ m } 769.$$

Rép. 380 mètres 77 par excès.

927. *Pour faire un ouvrage ayant 16 mètres de longueur et 9 de largeur il a fallu employer, pendant 18 jours, 14 ouvriers travaillant 8 heures par jour. Combien feraient de mètres de ce même ouvrage 36 ouvriers travaillant 7 heures par jour pendant 14 jours ?*

Disposition des données. Les rapports sont directs; donc

18 j 14 o 8 h 16×9 m q
14 j 36 o 7 h x.

$$x = 16 \times 9 \times \frac{7}{8} \times \frac{36}{14} \times \frac{14}{18} = 252 \text{ m q.}$$

Rép. 252 mètres carrés, ou 28 mètres de long.

928. *En marchant 14 heures par jour, un voyageur a fait 1 500 kilom en 20 jours. Combien ce même voyageur, marchant avec la même vitesse, ferait-il de kilomètres en 14 jours, s'il marchait pendant 12 heures chaque jour ?*

Disposition des données. Les rapports sont directs;

20 j 14 h 1 500 km
14 j 12 h x.

$$\text{donc } x = 1\,500 \times \frac{12}{14} \times \frac{14}{20} = 900 \text{ km.}$$

Rép. 900 kilomètres.

929. *Pour solder 18 ouvriers, qui ont travaillé pendant 25 jours et 12 heures par jour, on a vendu 150 mètres de drap à 18 fr le mètre. Combien payera-t-on 8 ouvriers qui ont travaillé pendant 39 jours et 10 heures par jour?*

Disposition des données.

18 o 25 j 12 h 150 × 18 fr
8 o 39 j 10 h   x.

Les rapports sont directs; donc

$$x = 150 \times 18 \times \frac{10}{12} \times \frac{39}{25} \times \frac{8}{18} = 1560 \text{ fr.}$$

Rép. 1560 francs.

930. *Pour creuser un puits, 10 hommes ont travaillé pendant 84 jours et 13 heures par jour. Combien faudrait-il de jours à 15 hommes pour faire le même ouvrage, s'ils travaillaient 12 heures par jour?*

Disposition des données.

10 o   84 j   13 h
15 o   x   12 h.

1° Le premier et le troisième rapport sont inverses du 2°;

donc $x = 84 \times \dfrac{10}{15} \times \dfrac{13}{12} = 60 \text{ j } \dfrac{2}{3}$.

2° Si l'on n'employait qu'un homme, il devrait travailler 84×10 jours, à 15 hommes il faudra 15 fois moins de jours ou

$$\frac{84 \times 10}{15}.$$

Si au lieu de 13 heures ces ouvriers ne travaillaient qu'une heure par jour, il leur faudrait treize fois plus de jours ou $\dfrac{84 \times 10 \times 13}{15}$; mais ils travaillent 12 heures, il leur faudra

donc 12 fois moins de jours ou $\dfrac{84 \times 10 \times 13}{15 \times 12} = 60 \text{ j } \dfrac{2}{3}$.

Rép. 60 jours $\dfrac{2}{3}$ ou 60 j 8 h, puisqu'ils travaillent 12 heures par jour.

931. *Quatre chevaux, dont la force de chacun est représentée par 150 kilog, conduisent une voiture pesant 1640 kilog. Combien faudrait-il de chevaux pour conduire la même voiture, si leur force n'était représentée que par 100 kilog?*

Disposition des données.

4 chevaux   150 kg
x ch   100.

Le 2° rapport est inverse;

donc $x = 4 \times \dfrac{150}{100} = 6$ ch.

Rép. 6 chevaux.

932. *Pour faire 540 mètres d'ouvrage, 27 ouvriers ont travaillé pendant 16 jours et 12 heures par jour. Combien faudrait-il de jours à 18 ouvriers pour faire 450 mètres du même ouvrage, s'ils travaillaient seulement 10 heures par jour?*

Disposition des données.

540 m 27 o 16 j 12 h
450 m 18 o   x   10 h.

Le second et le quatrième rapport sont inverses; le premier est direct;

donc $x = 16 \times \dfrac{450}{540} \times \dfrac{27}{18} \times \dfrac{12}{10} = 24$ j.

Rép. 24 jours.

933. *On demande combien il faudrait d'hommes travaillant 11 heures par jour, pour faire 900 mètres d'ouvrage en 18 jours, sachant qu'il a fallu 15 jours à 22 ouvriers, lesquels travaillaient 12 heures par jour, pour faire 360 mètres du même ouvrage.*

Disposition des données.

x 11 h 900 m 18 j
22 o 12 h 360 m 15 j.

Le 2ᵉ et le 4ᵉ rapport sont inverses; le 3ᵉ est direct; donc

$$x = 22 \times \frac{12}{11} \times \frac{900}{360} \times \frac{15}{18} = 50 \text{ ouvriers.}$$

Rép. 50 hommes.

934. *Pour faire 150 mètres d'un ouvrage on a employé, pendant 12 jours, 7 hommes qui travaillaient 10 heures par jour. Combien faudra-t-il que 25 hommes travaillent d'heures par jour, pendant 14 jours, pour faire 450 mètres du même ouvrage?*

Disposition des données.

150 m 12 j 7 o 10 h
450 m 14 j 25 o x.

Le 2ᵉ et le 3ᵉ rapport sont inverses;

$$\text{donc, } x = 10 \times \frac{450}{150} \times \frac{12}{14} \times \frac{7}{25} = 7 \text{ h } \frac{1}{5}$$

Rép. 7 h $\frac{1}{5}$ ou 7 heures 12 minutes.

935. *Lorsque 50 ouvriers gagnent 1800 fr en 8 jours, en travaillant 11 heures par jour, combien faudra-t-il que 34 ouvriers travaillent d'heures par jour, pendant 18 jours, pour gagner 2937 fr 60?*

Disposition des données.

50 o 1800 fr   8 j 11 h
34 o 2937 fr 6 18 j x.

Le 1ᵉʳ et le 3ᵉ rapport sont inverses; le 2ᵉ est direct.

$$x = 11 \times \frac{50}{34} \times \frac{2937,6}{1800} \times \frac{8}{18} = 11 \text{ h } \frac{11}{15}.$$

Rép. 11 heures $\frac{11}{15}$ ou 11 heures 44 minutes.

936. *Un mur de 60 mètres de longueur, 6 de hauteur et 75 centimètres d'épaisseur, a été fait en 12 jours par 9 hommes qui travaillaient 12 heures par jour. On demande quelle sera la hauteur d'un autre mur qui doit être fait en 18 jours par 16 hommes qui travailleront 13 heures par jour, ce mur devant avoir 65 m de longueur et 1 mètre d'épaisseur.*

Disposition des données.

60ᵐ 6ᵐ 0ᵐ 75 12 j   9 o 12 h
65ᵐ x 1   18 j 16 o 13 h.

Le 1ᵉʳ et le 3ᵉ rapport sont inverses; les trois derniers sont directs.

$$x = 6 \times \frac{60}{65} \times \frac{0,75}{1} \times \frac{18}{12} \times \frac{16}{9} \times \frac{13}{12} = 12^{\text{m}}.$$

Rép. 12 mètres.

937. *On sait qu'en 12 jours 11 ouvriers, travaillant 10 h ½ par jour, ont fait 152 mètres 46 centimètres; comme il restait encore 80 mètres 85 centimètres, 4 ouvriers les ont faits en 15 jours, travaillant 12 heures ¼ par jour. Quels ont été les ouvriers les plus habiles?*

Le problème revient à savoir si 4 des premiers ouvriers travaillant dans les mêmes conditions que les autres feraient plus ou moins de 80 mètres 85 d'ouvrage.

Disposition des données.

12j 11o 10h 5 152^{m}46
15j 4o 12h 25 x.

Les rapports sont tous directs; donc

$$x = 152,46 \times \frac{12,25}{10,5} \times \frac{4}{11} \times \frac{15}{12} = 80^m 85.$$

Rép. Les ouvriers sont également habiles.

938. *Deux ouvriers travaillant ensemble ont gagné 352 fr; le premier, qui a travaillé pendant 30 jours et 12 heures par jour, a reçu 132 fr. Combien le second a-t-il dû employer de journées de 9 heures $^1/_2$ pour gagner le reste?*

Le deuxième ouvrier a gagné $352 - 132 = 220$ fr.

Disposition des données.

xj   9h 5   220
30j   12h   132.

Le second rapport est inverse.

$$x = 30 \times \frac{12}{9,5} \times \frac{220}{132} = 63j\frac{3}{19} \text{ ou } 63j1h\frac{1}{2}.$$

Rép. 63 jours 1 heure $\frac{1}{2}$.

939. *Un ouvrier doit faire deux ouvrages; la difficulté du premier est à celle du second comme 11 est à 15. On demande combien il fera de mètres du second en 495 heures, sachant qu'il a fait 510 mètres du premier en 18 journées de 11 heures.*

Disposition des données.

11   510 m   18×11 h
15   x 495 h.

Le premier rapport est inverse;

$$\text{donc } x = 510 \times \frac{11}{15} \times \frac{495}{18 \times 11} = 935 \text{ m.}$$

Rép. 935 mètres.

940. *Si l'on admet que la grande muraille de la Chine ait eu 2600 km de longueur, 6 m 5 de largeur et 6 m de hauteur, quelle serait l'épaisseur du mur que l'on pourrait construire avec ces matériaux autour de la terre, si la hauteur du mur avait 2 mètres 50?*

Disposition des données.

2600 km   6 m 5   6m
40000 km x 2,5.

1° Le 1er et le 3° rapport sont inverses.

$$x = 6,5 \times \frac{2600}{40000} \times \frac{6}{2,5} = 1 \text{ m } 014.$$

2° Le volume de la grande muraille de la Chine est

$$2600000 \times 6,5 \times 6 \text{ mc.}$$

La surface de la base du mur que l'on construirait est

$$40000000 \times 2,5 \text{ mq.}$$

L'épaisseur du mur sera donc $\dfrac{2600000 \times 6,5 \times 6}{40000000 \times 2,5} = 1 \text{ m } 014.$

Rép. 1 mètre 014 millimètres.

PROBLÈMES SUR LA RÈGLE D'INTÉRÊT

911. *Calculer les intérêts de 9756 fr placés à 5 p % par an pendant 4 ans.*

Un franc rapporte $\dfrac{5}{100}$ ou 0 fr 05 par an.

En quatre ans, il rapportera 4 fois plus ou $\dfrac{5 \times 4}{100} = 0{,}05 \times 4$.

Les 9756 fr rapporteront 9756 fois plus

$$\frac{5 \times 4 \times 9756}{100} \text{ ou } 0{,}05 \times 4 \times 9756 = 1951 \text{ fr } 20.$$

Rép. 1951 fr 20.

Remarques. A. Si l'on appelle a le capital,

      »   » t le temps en années ou fraction d'année,

      »   »   R le taux,

      »   »   et i l'intérêt, le problème 941 nous

conduit à la formule suivante (*Arith.*, n° 475) :

$$i = \frac{aRt}{100}, \text{ ou } \frac{a}{100} \times Rt. \quad (1)$$

De cette formule on tire :
$$a = \frac{100\,i}{Rt} \quad (2)$$

$$R = \frac{100\,i}{at} \quad (3)$$

$$t = \frac{100\,i}{aR} \quad (4)$$

B. Si l'on appelle r le revenu annuel de 1 fr, la formule (1) devient :
$$i = art. \quad (5)$$

Donc *pour trouver l'intérêt d'une somme, il suffit de multiplier le capital par le centième du taux et le produit par le temps.*

De la formule (5) on tire :
$$a = \frac{i}{rt} \quad (6)$$

$$r = \frac{i}{at} \quad (7)$$

$$t = \frac{i}{ar} \quad (8)$$

C. Si, aux deux membres de la formule $i = art$, on ajoute le capital a,
on a $\qquad a + i = a + art = a\,(1 + rt).$

Appelons A le capital augmenté de son intérêt,
nous aurons : $\qquad A = a\,(1 + rt), \qquad (9)$

d'où $\qquad a = \dfrac{A}{1 + rt}. \qquad (10)$

942. *Quels sont les intérêts que produisent les sommes suivantes placées à 6 p % par an pendant 5 ans : 1° 31192 fr; 2° 4567 fr; 3° 3945 fr 35; 4° 20000 francs?*

On peut raisonner comme au problème n° 941 ou appliquer immédiatement la formule $i = art$; on trouve :

1° $i = 31192 \times 0{,}06 \times 5 = 9357 \text{ fr } 60.$

2° $i = 4567 \times 0{,}06 \times 5 = 1370 \text{ fr } 10.$

3° $i = 3945{,}35 \times 0{,}06 \times 5 = 1183 \text{ fr } 605.$

4° $i = 20000 \times 0{,}06 \times 5 = 6000 \text{ fr.}$

943. *Combien rapportent 3548 fr placés à 5 fr 5 p % par an pendant 4 ans 3 mois?*

Les 4 ans 3 mois valent $\frac{51}{12}$ d'année; donc... (Probl. 941.)

Rép. $i = 3548 \times 0,055 \times \frac{51}{12} = 829$ fr 345.

944. *Quels sont les intérêts de 15 460 fr placés à 4 p % pendant 3 ans 5 mois 17 jours?*

Les 3 a 5 m 17 j valent 1 247 j ou $\frac{1247}{360}$ d'année.

Rép. $i = 15460 \times 0,04 \times \frac{1247}{360} = 2142,068$; soit 2142 fr 05.

945. *Le 1er juillet, un négociant dépose chez son banquier la somme de 12 380 fr. Comme le négociant veut pouvoir retirer son argent le jour où il en aura besoin, le banquier ne lui paye que 2 1/2 p % par an. Si le négociant retire son argent le 25 octobre suivant, quelle somme recevra-t-il?*

Du 1er juillet au 25 octobre, il y a $31 + 31 + 30 + 24 = 116$ jours ou $\frac{116}{360}$ d'année.

$$i = 12380 \times 0,025 \times \frac{116}{360} = 99,727; \text{ soit } 99 \text{ fr } 75.$$

Rép. Le négociant recevra $12380 + 99,75 = 12479$ fr 75.

946. *Quelle somme faut-il placer à 6 p % pour avoir un revenu annuel de 1 200 francs?*

Pour avoir 6 fr d'intérêt on place 100 fr.

Pour avoir 1 fr, il faudrait placer $\frac{100}{6}$,

et pour avoir 1 200 fr, il faut placer $\frac{100}{6} \times 1200 = 20000$ fr.

Rép. 20 000 fr.

Remarque. La formule (6) (Prob. 941) $a = \frac{i}{rt}$, donne immédiatement

$$a = \frac{1200}{0,06} = 20000 \text{ fr.}$$

947. *Quel est le capital qui, placé à 4 fr 75 p %, a produit 475 fr 35 pendant 3 ans 5 mois?*

Les 3 ans 5 mois valent $\frac{41}{12}$ d'année.

En raisonnant comme au problème précédent ou en se servant de la formule $a = \frac{i}{rt}$, on obtient :

$$a = \frac{475,35}{0,0475 \times \frac{41}{12}} = \frac{475,35 \times 12}{0,0475 \times 41} = 2928 \text{ fr } 98.$$

Rép. 2929 fr.

948. *Quelle somme faut-il placer à 5 fr 25 p %, pour obtenir 200 fr d'intérêts après 132 jours?*

$$a = \frac{200}{0,0525 \times \frac{132}{360}} = \frac{200 \times 360}{0,0525 \times 132} = 10389 \text{ fr } 61.$$

Rép. 10389 fr 60.

949. *Une somme placée à 3 fr 25 p %, a produit 76 fr 05 du 22 février au 26 juillet suivant. Quelle est cette somme?*

Du 22 février au 26 juillet il y a
$$7 + 31 + 30 + 31 + 30 + 25 = 154 \text{ jours.}$$

$$a = \frac{76,05}{0,0325 \times \frac{154}{360}} = \frac{76,05 \times 360}{0,0325 \times 154} = 5470 \text{ fr } 129 \text{; soit } 5470 \text{ fr } 15.$$

Rép. 5470 fr 15.

950. *On a placé une somme à 4 ½ p %; et, en 10 ans, elle a donné 2250 fr d'intérêts. Quelle était cette somme?*

$$\textbf{Rép. } a = \frac{2250}{0,045 \times 10} = 5000 \text{ fr.}$$

951. *Quel capital produirait 1354 fr 20 en 2 ans 5 mois 10 jours au taux de 6 p %?*

$$2 \text{ a } 5 \text{ m } 10 \text{ j} = 880 \text{ j} = \frac{880}{360} \text{ d'année.}$$

$$a = \frac{1354,20}{0,06 \times \frac{880}{360}} = \frac{1354,20 \times 360}{0,06 \times 880} = 9233 \text{ fr } 18 \text{; soit } 9233 \text{ fr } 20.$$

Rép. 9233 fr 20.

952. *Un particulier a acheté une maison et un jardin qui lui ont coûté 45000 fr; il a donné un acompte de 12500 fr. On demande quelle somme il devrait placer à 5 p %, afin de payer les intérêts de ce qu'il doit encore, le vendeur n'exigeant que 4 %, d'intérêt par an.*

Le particulier doit encore 45000 — 12500 = 32500.

Le problème revient à chercher quelle somme produirait autant à 5 % que 32500 fr à 4 %. Cette somme égale

$$32500 \times \frac{4}{5} = 26000 \text{ fr.}$$

Rép. 26000 fr.

953. *Une propriété pour laquelle on paye chaque année un impôt de 49 fr a été achetée 18600 fr. Combien rapporte-t-elle pour 100, sachant qu'elle est louée 700 fr par an?*

Le revenu net de la propriété est 700 — 49 = 651 fr.

Puisque 18600 francs rapportent 651 fr, 1 fr rapporte $\frac{651}{18600}$,

et 100 fr, 100 fois plus ou $\frac{651 \times 100}{18600} = 3,5$

Rép. 3,5 p %.

Remarque. La formule (3) $R = \dfrac{100\,i}{at}$ (Prob. 941) donne immédia-

tement
$$R = \frac{100 \times 651}{18\,600} = 3,5.$$

954. *La somme de 2560 fr a rapporté 454 fr 40 en 5 ans. A quel taux était-elle placée ?*

$$R = \frac{100 \times 454,4}{2560 \times 5} = 3,55. \quad (3) \text{ Probl. 941.}$$

Rép. 3,55 p %.

955. *A quel taux faut-il placer 3567 fr 40 pour avoir 637,5 d'intérêts en 3 ans 7 mois ?*

$$3 \text{ ans } 7 \text{ mois} = \frac{43}{12} \text{ d'année.}$$

On a (Probl. n° 941)
$$R = \frac{63\,750}{3567,4 \times \dfrac{43}{12}} = \frac{63\,750 \times 12}{3567,4 \times 43} = 4,98.$$

Rép. 4,98 p %.

956. *En 189 jours 4560 fr ont produit 130 fr 25 d'intérêts. A quel taux cette somme était-elle placée ?*

$$R = \frac{13\,025}{4560 \times \dfrac{189}{360}} = \frac{13\,025 \times 360}{4560 \times 189} = 5,44.$$

Rép. 5,44 p %.

957. *Pierre prête à Louis 25 fr ; au bout de 15 jours Louis remet à Pierre 25 fr 25. A quel taux l'argent de Pierre a-t-il été placé ?*

$$R = \frac{25}{25 \times \dfrac{15}{360}} = \frac{25 \times 360}{25 \times 15} = 24.$$

Rép. 24 p %.

958. *Un particulier a placé 5800 fr pour 4 ans ; à cette époque il devra recevoir, pour le capital et les intérêts simples, 6278 fr. A quel taux cet argent est-il placé ?*

Les intérêts s'élèvent à $6278 - 5800 = 478$.
$$R = \frac{47\,800}{5800 \times 4} = 2,06.$$

Rép. 2,06 p %.

959. *Un marchand revend, à raison de 0 fr 60 le litre, une pièce de vin de 218 litres qui lui revient, tous frais payés, à 102 fr 50. A combien p % son argent a-t-il été placé ?*

Le prix de vente du vin est de $0,6 \times 218 = 130$ fr 80.
Le bénéfice net est de $130,8 - 102,50 = 28$ fr 30.
$$\text{Taux} = \frac{2830}{102,5} = 27,6.$$

Rép. 27,6 p %.

960. *Lorsqu'on revend 2 fr 60 un volume qui revient à 2 fr 20, combien gagne-t-on p %: 1° sur le prix d'achat; 2° sur le prix de vente ?*

Le bénéfice est de $2,6 - 2,2 = 0$ fr 4.

On gagne : 1° sur le prix d'achat $\dfrac{40}{2,2} = 18,18$.

2° sur le prix de vente $\dfrac{40}{2,6} = 15,38$.

Rép. 1° 18,18 p %; 2° 15,38 p %.

961. *Lorsqu'on gagne 0 fr 15 sur un objet vendu 1 fr 50, combien gagne-t-on p % sur le prix d'achat ?*

L'objet coûte $1,5 - 0,15 = 1$ fr 35.

Sur le prix d'achat, on gagne $\dfrac{15}{1,35} = 11,11$.

Rép. 11,11 p %.

962. *Un particulier place son capital à 4 p % et le laisse pendant 3 ans; au bout de ce temps il retire le capital et les intérêts, place le tout à 5 p % et reçoit un revenu annuel de 720 fr. Quel était son capital primitif ?*

Cherchons d'abord le capital qui produit annuellement 720 fr à 5 p %.

Probl. 941. (6) $a = \dfrac{i}{rt} = \dfrac{720}{0,05} = 14400$ fr.

Cette somme est le capital cherché, augmenté de ses intérêts à 4 p % pendant 3 ans.

Or 100 fr rapportent 12 fr pendant 3 ans et deviennent 112 fr.

Pour avoir 1 fr au bout de trois ans, il faudrait placer 112 fois moins ou $\dfrac{100}{112}$, et pour avoir 14400 francs, il a fallu placer

$$\frac{100 \times 14400}{112} = 12857 \text{ fr } 14.$$

Rép. 12857 fr 15.

Remarque. On aurait pu procéder comme ci-dessous :

100 fr deviennent, au bout de 3 ans, 112 fr; le revenu annuel de cette somme est $112 \times 0,05 = 5$ fr 60.

Si l'on avait obtenu un revenu annuel de 5,60, on aurait placé 100 fr dans les conditions du problème.

Pour obtenir 1 fr, on avait dû placer $\dfrac{100}{5,6}$, et pour obtenir 720 fr, il a fallu placer $\dfrac{100}{5,6} \times 720 = 12857$ fr 14.

963. *Une personne a placé une certaine somme à 3,5 p %. Après 8 ans 3 mois elle retire cette somme et la place avec les intérêts produits à 5,50 p %. Quelle somme cette personne avait-elle placée à 3,5 p %, sachant qu'elle reçoit maintenant un revenu annuel de 1 000 francs ?*

100 fr rapportent en 8 ans 3 m ou 99 m $\dfrac{3,5 \times 99}{12} = 28$ fr 875.

Ils deviennent après ce temps 128 fr 875.

Cette somme rapporte annuellement à 5,5 %

$$128,875 \times 0,055 = 7 \text{ fr } 088125.$$

Pour avoir 1 000 francs de revenu annuel, il a fallu placer

$$\frac{100 \times 1\,000}{7,088125} = 14108 \text{ fr } 10.$$

Rép. 14108 fr 10.

964. *Un rentier place le ¹/₃ de son capital à 6 p %₀ et le rest* *à 4 p %₀. Dans quel rapport sont les intérêts annuels produits par les deux sommes placées ?*

Pour un capital de 300 fr, le $\frac{1}{3}$ produirait un intérêt annuel

de 6 fr et les $\frac{2}{3}$ un intérêt de 8 fr.

Rép. Les intérêts annuels sont dans le rapport de 6 à 8 ou de 3 à 4.

965. *Pendant combien de temps la somme de 4000 fr devra- t-elle être placée à 4,5 p %₀ pour rapporter 1260 fr ?*

1° A 100 fr pour rapporter 4 fr 50, il faut 1 an ;

A 100 francs pour rapporter 1 fr, il faudra $\frac{1}{4,5}$, et pour rapporter 1260 fr,

il faudra $\dfrac{1 \times 1\,260}{4,5}$;

Disposition des données.

| 100 fr | 4,5 | 1 an |
| 4000 fr | 1 260 fr | x. |

A 1 fr, il faudra 100 fois plus de temps ou $\dfrac{1 \times 1\,260 \times 100}{4,5}$;

A 4000 fr, il faudra 4000 fois moins de temps qu'à 1 franc ;

soit $\dfrac{1 \times 1\,260 \times 100}{4,5 \times 4\,000} = 7$ ans

2° Le premier rapport est inverse et le 2ᵉ est direct ; donc

$$x = 1 \times \frac{100}{4\,000} \times \frac{1\,260}{4,5} = 7 \text{ ans.}$$

Rép. 7 ans.

Remarque. La formule (8) $t = \dfrac{i}{ar}$ (Prob. 941),

donne $t = \dfrac{1\,260}{4\,000 \times 0,045} = 7$ ans.

966. *Placée à 6 p %₀, la somme de 4326 fr devient 5472 fr 40 avec les intérêts simples qu'elle a produits pendant un certain temps. Dites quel est ce temps.*

Les intérêts simples de cette somme s'élèvent à

$$5472,4 - 4326 = 1\,146 \text{ fr } 40 ;$$

d'où   (8) $t = \dfrac{1\,146,4}{4\,326 \times 0,06} = 4$ ans 5 mois.

Rép. 4 ans 5 mois.

967. *Quel temps faut-il à 12000 fr placés à 5 p %₀ pour rapporter 2365 fr 20?*

$$t = \frac{2365,2}{12000 \times 0,05} = 3 \text{ ans } 11 \text{ m } 9 \text{ j par défaut.}$$

Rép. 3 ans 11 mois 9 jours.

968. *On a prêté 1910 fr à 6 p %₀. On demande dans combien de temps l'emprunteur devra 2826 fr 80 en tout.*

Les intérêts de 1910 fr s'élèvent à 2826,8 — 1910 = 916 fr 80.

$$t = \frac{916,8}{1910 \times 0,06} = 8 \text{ ans.}$$

Rép. 8 ans.

969. *Un particulier emprunte 3500 fr au taux de 5,25 p %₀. Dans combien de temps devra-t-il 5050 fr?*

Les intérêts s'élèvent à 5050 — 3500 = 1550 fr.

$$t = \frac{1550}{3500 \times 0,0525} = 8 \text{ ans } 5 \text{ mois } 6 \text{ jours.}$$

Rép. 8 ans 5 mois 6 jours.

970. *La somme de 8700 fr placée à 5 p %₀ est devenue 13050 fr à l'époque de son remboursement. Pendant combien de temps a-t-elle été placée?*

Les intérêts de cette somme s'élèvent à 13050 — 8700 = 4350 fr

$$t = \frac{4350}{8700 \times 0,05} = 10 \text{ ans.}$$

Rép. 10 ans.

971. *Je dois les intérêts de 5000 fr pour 6 mois à 5 p %₀. Pendant combien de temps dois-je prêter 4600 fr à 4 p %₀ pour compenser les intérêts que je dois?*

Les intérêts que je dois s'élèvent à $i = 5000 \times 0,05 \times \frac{1}{2} = 125$ fr.

Pour avoir 125 fr d'intérêt, il faudra placer 4600 fr pendant

$$t = \frac{125}{4600 \times 0,04} = 8 \text{ m } 4 \text{ j } \frac{13}{23}.$$

Rép. 8 mois 5 jours par excès.

972. *Une personne avait prêté une certaine somme à 4 p %₀ par an; si le remboursement du capital et des intérêts n'avait été effectué qu'au bout de 3 ans, elle aurait reçu 40320 fr. On demande quel était ce capital.*

On aurait remboursé 112 fr, pour 100 fr prêtés.

Si l'on avait remboursé 1 fr, le prêt aurait été de $\frac{100}{112}$.

Puisqu'on a remboursé 40320, la somme prêtée était de

$$\frac{100}{112} \times 40320 = 36000 \text{ fr.}$$

Rép. 36000 francs.

Remarque. La formule (10) $a = \dfrac{A}{1 + rt}$ (Prob. 941) donne immédiatement

$$a = \frac{40\,320}{1 + (0,04 \times 3)} = \frac{40\,320}{1,12} = 36\,000 \text{ fr.}$$

973. *Après 4 mois de placement, une personne reçoit, tant pour le capital que pour les intérêts à 5 p % par an, une somme de 25010 fr. Quel est ce capital?*

Dans 4 mois 100 fr rapportent $5 \times \dfrac{4}{12} = \dfrac{5}{3}$ de franc.

Après 4 mois, on rembourserait $100 + \dfrac{5}{3} = \dfrac{305}{3}$ de franc pour 100 fr prêtés.

Si l'on remboursait 1 fr, la somme prêtée serait

$$100 : \frac{305}{3} = \frac{100 \times 3}{305}\,.$$

Puisqu'on a remboursé 25010 fr, la somme prêtée est

$$\frac{100 \times 3}{305} \times 25010 = 24600 \text{ fr.}$$

Rép. 24600 francs.

974. *Un négociant, qui avait placé une certaine somme chez son banquier, reçoit 2873 fr 50 pour le capital et les intérêts à 3,5 p % pendant 9 mois. Quel était le capital placé?*

$$a = \frac{2873,5}{1 + 0,035 \times \dfrac{3}{4}} = \frac{2873,5 \times 4}{4 + 0,035 \times 3} = \frac{11494}{4,105} = 2800 \text{ francs.}$$

ou

$$a = \frac{2873,5}{1 + 0,035 \times \dfrac{3}{4}} = \frac{2873,5}{1,02625} = 2800 \text{ fr.}$$

(Probl. n° 972. Remarque.)

Rép. 2800 francs.

975. *Le 5 mars, un négociant dépose une certaine somme chez son banquier; le 12 juin suivant il retire son argent et reçoit 4322 fr 25 pour le capital et les intérêts à 3,50 p %. Quelle somme avait-il placée?*

Du 5 mars au 12 juin, il y a 99 jours.

$$a = \frac{4322,25}{1 + 0,035 \times \dfrac{99}{360}} = \frac{4322,25}{1,009625} = 4281 \text{ fr } 04.$$

Rép. 4281 fr 05.

976. *Une personne place les $\frac{4}{5}$ de ses fonds disponibles à 4 p %, et le reste à 5 p %. Chaque année elle recevra en tout 4220 fr d'intérêts. Quelle est la somme placée à chacun de ces taux?*

Prenons un capital de 500 fr; les $\dfrac{4}{5}$ ou 400 fr rapportent annuellement 16 fr; le reste rapporte 5 fr.

Pour avoir un revenu de $16 + 5 = 21$ fr, il faut placer 400 fr à 4 %.

Pour avoir 1 fr d'intérêt, il faudra placer $\dfrac{400}{21}$

et pour avoir 4220 fr, il faudra placer $\dfrac{400 \times 4220}{21}$;

soit   80380 fr 95 à 4 %.

et à 5 % $\dfrac{400}{21} \times 4220 = 20095$ fr 23.

Rép. 80380 fr 95 à 4 %, et 20095 fr 25 à 5 %.

Remarques. I. On aurait pu agir sur tout autre capital que 500 fr. Il est généralement plus commode de prendre pour capital le dénominateur, ou le p. g. c. d. des dénominateurs, suivi de deux zéros ; dans ce cas, chaque partie de la somme est représentée par un nombre exact de centaines de francs.

II. En opérant comme au problème 964, on trouve que les revenus sont entre eux comme 16 est à 5, c'est-à-dire que les intérêts de la partie placée à 4 % sont les $^{16}/_{21}$ du revenu total , ou $\dfrac{4220 \times 16}{21} = 3215$ fr 23.

Ceux de la deuxième partie en sont les $^{5}/_{21}$, ou $4220 \times \dfrac{5}{21} = 1004$ fr 76.

On en déduit aisément les capitaux.

977. *Un particulier a placé* $^1/_3$ *de sa fortune à* 4,25 *p* %, *les* $^2/_5$ *à* 5,50 *p* % *et le reste à* 6 *p* %. *Les intérêts de ces sommes s'élèvent à* 1100 *fr par trimestre. Quelle est la somme placée à chacun de ces taux?*

$$\frac{1}{3} + \frac{2}{5} = \frac{5}{15} + \frac{6}{15} = \frac{11}{15}; \text{ reste } \frac{4}{15}.$$

Si le capital était 1500 francs, il y aurait $1500 \times \dfrac{5}{15}$ ou 500 fr placés à 4,25 %, 600 à 5,5 % et 400 fr à 6 %.

Le revenu total serait $4,25 \times 5 + 5,5 \times 6 + 6 \times 4 = 78$ fr 25.

Quand la somme des intérêts est 78 fr 25, il y a 500 francs placés à 4,25.

Si la somme des intérêts était 1 fr, il y aurait $\dfrac{500}{78,25}$ à 4,25 %.

Les intérêts annuels étant 1100×4 ou 4400 fr, il y aura

$$\frac{500 \times 4400}{78,25} = 28115 \text{ fr à } 4,25 \text{ p } \%.$$

$$\frac{600 \times 4400}{78,25} \text{ ou } 33738 \text{ fr à } 5,5 \text{ p } \%.$$

$$\frac{400 \times 4400}{78,25} \text{ ou } 22492 \text{ fr à } 6 \text{ p } \%.$$

Rép. 28115 à 4,25 %; 33738 à 5,5 %, et 22492 à 6 %.

978. *La fortune d'une personne est divisée en deux parties :* *la première part, qui équivaut aux* $^2/_3$ *de la fortune, rapporte* 4,75 *p* %; *la seconde part rapporte* 1800 *fr. Le revenu annuel de* *cette personne étant de* 6000 *fr, on demande :* 1° *combien la se* *conde part rapporte p* %; 2° *quelle est la fortune de cette personne.*

La 1re partie de la fortune rapporte $6000 - 1800 = 4200$ fr.

La 1re partie vaut $a = \dfrac{4200}{0,0475} = 88421$ fr 05.

La 2e partie, qui est la moitié de la 1re, vaut 44210 fr 526

Elle rapporte $\dfrac{1800 \times 100}{44210,526} = 4,07$ p %.

La fortune s'élève à $44210,526 \times 3 = 132631$ fr 578.

Rép. 4,07 p %; 132631 fr 60.

979. *Une personne place le* ¹/₅ *de son capital à 5 p %, les* ²/₃ *du reste à 4,5 p % et le reste à 6 p %. Les intérêts annuels s'élèvent à 4538 fr 6. Quel est le capital total et quelle est la valeur de chacun des placements?*

Première part $\dfrac{1}{5}$, 2e part $\dfrac{4}{5} \times \dfrac{2}{3} = \dfrac{8}{15}$, 3e part $\dfrac{4}{15}$.

Pour un capital total de 1500 francs, la 1re part serait 300 fr, la 2e 800 fr, la 3e 400 fr.

Les intérêts annuels s'élèveraient à
$$5 \times 3 + 4,5 \times 8 + 6 \times 4 = 75 \text{ fr.}$$

Le capital total est (Probl. n° 977) $\dfrac{1500 \times 4538,6}{75} = 90772$ fr.

Le 1er placement est de $90772 : 5 = 18154$ fr 4.

Le 2e   »   » $90772 \times \dfrac{8}{15} = 48411$ fr 733.

Le 3e   »   » $90772 \times \dfrac{4}{15} = 24205$ fr 866.

Rép. Capital 90772 fr; 1re part 18154 fr 40; 2e part 48411 fr 75; 3e part 24205 fr 85.

980. *Les* ³/₇ *d'un capital sont placés à 4 p %, les* ³/₅ *du reste à 5 p % et le reste à 5,5 p %. Après quatre ans on retire, pour le capital et les intérêts simples, 9836 fr 45. Quel est le capital et quelles sont les sommes placées à chacun des taux?*

Première part $\dfrac{3}{7}$, 2e part $\dfrac{4}{7} \times \dfrac{3}{5} = \dfrac{12}{35}$; 3e part $\dfrac{4}{7} \times \dfrac{2}{5} = \dfrac{8}{35}$.

Pour un capital de 3500 fr, il y aurait 1500 fr placés à 4 %, 1200 fr à 5 % et 800 fr à 5,5 %.

Ces sommes jointes à leurs intérêts pendant 4 ans s'élèveraient à $1760 + 1440 + 976 = 4156$.

Si on retirait 1 fr après 4 ans, le capital placé serait $\dfrac{3500}{4156}$.

Comme on retire 9836 fr 45, le capital placé est
$$\dfrac{3500}{4156} \times 9836,45, \text{ ou } 8283 \text{ fr 85.}$$

La partie placée à 4 % vaut $8283,85 \times \dfrac{3}{7}$ ou 3550 fr 2.

La   »   »   à 5 %   » $8283,85 \times \dfrac{12}{35}$ ou 2840 fr 19.

La   »   »   à 5,5 %   » $8283,85 \times \dfrac{8}{35}$ ou 1893 fr 46.

Rép. Capital = 8283 fr 85; 1re p 3550 fr 20; 2e p 2840 fr 19; 3e p 1893 fr 46.

981. *Un capital placé à un certain taux pendant 1 an 5 mois deviendrait 4497 fr 50, capital et intérêts simples. Après 3 ans 2 mois de placement, le capital et les intérêts réunis seraient de 4865 fr. On demande quel est le capital et à quel taux il a été placé.*

Un an 5 m valent 17 m; 3 a 2 m $=$ 38 m.

La différence des sommes 4865 — 4497,5 ou 367,5 est l'intérêt du capital cherché pendant 3 a 2 m — 1 a 5 m ou 21 mois.

Pendant 17 mois, ce capital produirait donc

$$\frac{367,5 \times 17}{21} = 297,5.$$

Puisque 4497,5 — 297,5 ou 4200 fr rapportent 297 fr 50 en 17 m, 100 fr rapporteront 42 fois moins ou $\dfrac{297,5}{42}$ pendant 17 m.

Pendant 12 mois, ils rapporteront les $\dfrac{12}{17}$ de cette somme

ou $\qquad \dfrac{297,5}{42} \times \dfrac{12}{17} = 5$ fr.

Rép. Capital placé 4200 fr; taux 5 %.

982. *Un capital a été placé pendant 9 ans 8 mois 12 jours, et l'on a reçu 198814 fr pour le remboursement du capital et des ³/₄ de l'intérêt simple. Si ce capital avait été placé pendant 1 an 5 mois 19 jours, le rapport du capital à l'intérêt aurait été de 51 à 3. On demande quel est le capital et à quel taux il a été placé. On comptera l'année de 360 jours et le mois de 30 jours.*

Un an 5 m 19 j $=$ 529 jours; 9 a 8 m 12 j $=$ 3492 jours.

Puisque 51 fr rapportent 3 fr en 529 j, 100 fr rapporteront en 1 an

$$\frac{3 \times 100 \times 360}{51 \times 529} = 4 \text{ fr.}$$

Cent francs produisent en 3492 jours $\dfrac{4 \times 3492}{360} = 38$ fr 80,

dont les $\dfrac{3}{4}$ valent $38,8 \times \dfrac{3}{4} = 29,1.$

Si l'on avait placé 100 fr, on aurait reçu 129 fr 10.

Disposition des données.

129,1	100
198814	x.

On a donc placé

$$\frac{100}{129,1} \times 198814 = 154000 \text{ fr.}$$

Rép. Taux 4 %; capital 154000 fr.

983. *La différence des fortunes de deux personnes est de 5909 fr 10. L'une a placé son capital à 5,5 p %, l'autre a acheté un fonds de commerce qui lui rapporte net 12 p %. Les revenus des deux personnes sont égaux. Quelle est la fortune de chacune de ces personnes ?*

Pour avoir 1 fr de revenu, il faut à la première personne un capital de $\qquad \dfrac{100}{5,5} = \dfrac{200}{11}$ de franc.

Pour avoir 1 fr de revenu, il faut à la deuxième un capital de $\dfrac{100}{12} = \dfrac{25}{3}$ de franc.

La différence des sommes est de $\dfrac{200}{11} - \dfrac{25}{3} = \dfrac{600}{33} - \dfrac{275}{33} = \dfrac{325}{33}$.

Disposition des données.

$\dfrac{325}{33}$ $\dfrac{600}{33}$

5909,1 x.

Lorsque la différence des capitaux est $\dfrac{325}{33}$, le capital de la 1re est $\dfrac{600}{33}$; lorsque la différence des capitaux est 1, le capital de la première sera $\dfrac{325}{33}$ fois moins ou $\dfrac{600}{33} : \dfrac{325}{33}$ ou $\dfrac{600}{325}$, et lorsque la différence sera 5909 fr 1, le capital de la première sera 5909,1 fois plus ou $\dfrac{600}{325} \times 5909,1 = 10909$ fr 10 ; celui de la deuxième est $\dfrac{275}{325} \times 5909,1 = 5000$ fr.

Rép. 10909 fr 10 et 5000 francs.

Remarque. Si, au lieu de 1 fr de revenu, on avait pris un multiple de 5,5 et de 12, soit $5,5 \times 12 = 66$, on aurait évité les dénominateurs.

Pour avoir 66 fr de revenu il faut, à la première $\dfrac{100 \times 66}{5,5} = 1200$ fr.

—   —   — à la deuxième $\dfrac{100 \times 66}{12} = 550$ fr.

La différence de ces capitaux est de $1200 - 550 = 650$ fr.

Disposition des données.

650   $\begin{cases} 550 \\ 1200 \end{cases}$

5909,1 x

Le capital de la 1re est $\dfrac{550 \times 5909,1}{650} = 10909$ fr 10

Le capital de la 2e est $\dfrac{1200 \times 5909,1}{650} = 5000$ fr.

PROBLÈMES SUR L'ESCOMPTE

984. *Quelle diminution subira un billet de 780 fr, escompté à 5 p % pour 2 ans?*

La diminution demandée est l'intérêt de 780 fr à 5 % pendant 2 ans ; soit $780 \times 0,05 \times 2 = 78$ fr.

Rép. 78 francs.

985. *Un effet de 1200 fr, payable dans 45 jours, a été escompté à 6 p %. A quelle somme a-t-il été réduit ?*

L'escompte de l'effet est de $1200 \times 0,06 \times \dfrac{45}{360} = 9$ fr.

L'effet a été réduit à $1200 - 9$, soit 1191 fr.

Rép. 1191 francs.

986. *On remet à un banquier deux billets: l'un de 1000 fr, payable dans 60 jours; l'autre de 1500 fr, payable dans 36 jours;*

le banquier escompte les deux billets au taux de 6 p %₀ et retient
en outre ¹/₁₀ p %₀ de commission sur la somme portée sur chaque
billet. Que doit-il remettre au porteur des deux billets?

L'escompte du 1ᵉʳ billet s'élève à $1000 \times 0,06 \times \frac{60}{360} = 10$ fr.

L'escompte du 2° billet s'élève à $1500 \times 0,06 \times \frac{36}{360} = 9$ fr.

La commission prélevée sur $1000 + 1500$ ou 2500 fr est de

$$25 \times \frac{1}{10} = 2 \text{ fr } 50.$$

La retenue faite par le banquier est de $10 + 9 + 2,50 = 21$ fr 50.
Le banquier remettra $2500 - 21,50 = 2478$ fr 50.

Rép. 2478 fr 50.

987. *Un particulier reçoit d'un banquier 1773 fr, représentant*
la valeur escomptée d'un billet payable dans 90 jours. On de-
mande quelle était la somme portée sur le billet, sachant que
l'escompte a été fait à 6 p %₀.

L'escompte de 100 fr est de $100 \times 0,06 \times \frac{90}{360} = 1,50.$

La valeur escomptée est donc $100 - 1,5 = 98,5.$

Si la valeur escomptée était 1 fr, le billet serait de $\frac{100}{98,5}$.

La valeur escomptée étant de 1773 fr, le billet sera de

$$\frac{100}{98,5} \times 1773 = 1800 \text{ fr.}$$

Rép. 1800 francs.

988. *Un négociant reçoit pour valeur d'un billet de 1600 fr,*
payable dans 63 jours, une somme de 1583 fr 20. A quel taux
le banquier a-t-il calculé l'escompte?

L'escompte a été de $1600 - 1583$ fr $20 = 16$ fr 80 pour 63 jours.

Pour un jour l'escompte de 1600 francs sera $\frac{16,8}{63}$,

et pour un an $\frac{16,8 \times 360}{63}$.

L'escompte pour 100 francs sera 16 fois moindre

ou $\frac{16,80 \times 360}{63 \times 16} = 6$ fr.

Rép. 6 %₀.

989. *Je fais escompter à 6 p %₀ un billet de 2400 fr, payable*
dans 18 jours. Que me rendra le banquier s'il retient ¹/₁₀ p %₀ de
commission et ¹/₄ p %₀ de change de place?

L'escompte du billet s'élèvera à $2400 \times 0,06 \times \frac{18}{360} = 7$ fr 20.

Les autres frais s'élèvent à $\frac{1}{10} + \frac{1}{4} = \frac{7}{20}$ %₀ ou $\frac{24 \times 7}{20} = 8$ fr 40

Le banquier retiendra $7,20 + 8,40 = 15,60,$
et il rendra $2400 - 15,60$ ou 2384 fr 40.

Rép. 2384 fr 40.

990. *Quel était le montant d'un billet qui, escompté à 6 p %*
pour un an, s'est trouvé réduit à 2360 fr?

On rend 94 fr sur un billet de 100 fr; le montant du billet est
donc les $\frac{100}{94}$ de la valeur escomptée.

Le montant du billet est de $\frac{2360 \times 100}{94} = 2510$ francs 638;
soit 2510 fr 65.

     Rép. 2510 fr 65.

991. *J'ai acheté 96 m de drap à raison de 15 fr 50 le mètre,*
et 48 m de velours soie à 24 fr le mètre. Combien payerai-je si
j'obtiens 4 p % d'escompte?

La facture se monte à la somme de $15,5 \times 96 + 24 \times 48 = 2640$ fr.
L'escompte s'élève à $26,40 \times 4 = 105$ fr 60.
On devra payer $2640 - 105,6 = 2534$ fr 40.

     Rép. 2534 fr 40.

992. *Une facture s'élève à 2640 fr; on accorde 5 ½ p % d'es-*
compte au comptant. Quel est le net à payer de cette facture?
L'escompte s'élève à $2640 \times 0,055 = 145$ fr 20.
Le net à payer est $2640 - 145,20 = 2494$ fr 80.

     Rép. 2494 fr 80.

993. *Quelle sera la remise faite sur 1869 fr 75, payés 11 mois*
avant le terme convenu, si l'on obtient ½ p % par mois d'es-
compte?

La remise s'élève à $1869,75 \times 0,005 \times 11 = 102$ fr 83625;
soit 102 fr 85.

     Rép. 102 fr 85.

994. *Je dois 1560 fr, payables dans 15 mois; mais, pouvant*
payer comptant, j'obtiens 5 p % d'escompte par an. Combien
payerai-je?

L'escompte de 1560, à 5 % pour 15 mois, est de
$$1560 \times 0,05 \times \frac{15}{12} \text{ ou } 97 \text{ fr } 50.$$

     Rép. Je payerai $1560 - 97,5 = 1462$ fr 50.

995. *Un épicier achète 250 pains de sucre, pesant chacun*
15 kilog 450 grammes, à 140 fr les 100 kilog; on lui accorde
20 p % d'escompte sur le montant de la facture. Que doit-il payer
au comptant?

Le montant de la facture est $1,4 \times 15,45 \times 250 = 5407$ fr 50.
La remise est de $5407,5 \times 0,2 = 1081,50$.
Il doit payer $\quad 5407,5 - 1081,50 = 4326$ fr.

     Rép. 4326 francs.

996. *Je dois la somme de 2571 fr 10, savoir : 800 fr payables*
dans 10 mois, 616 fr dans 9 mois, et le reste dans 12 mois;

si j'obtiens de payer comptant avec escompte de 4 p %₀ par an,
combien payerai-je ?

La 3ᵉ somme égale $2571,10 - (800 + 616) = 1155,10$.

L'escompte de la 1ʳᵉ somme est de $800 \times 0,04 \times \dfrac{10}{12} = 26,666$.

   »   2ᵉ   » $616 \times 0,04 \times \dfrac{9}{12} = 18,48$.

   »   3ᵉ   » $1155,10 \times 0,04 = 46,204$.

La remise totale est de $26,666 + 18,48 + 46,204 = 91,35$.
Je dois payer $2571,10 - 91,35 = 2479$ fr 75.

Rép. 2479 fr 75.

997. *Un piano vaut 1820 fr net; deux amateurs se présentent:*
l'un en donne 2000 fr, à condition d'avoir 12 p %₀ d'escompte;
l'autre 1940 et demande 8 p %₀ d'escompte. Quelle offre est la plus
avantageuse, et quel sera dans les deux cas le bénéfice ou la perte ?

Le premier acheteur payerait le piano $\dfrac{88 \times 2000}{100} = 1760$ fr.

Dans ce cas, on perdrait $1820 - 1760 = 60$ fr.

Le deuxième acheteur le payerait $\dfrac{92 \times 1940}{100} = 1784$ fr 80.

On perdrait $1820 - 1784,8 = 35$ fr 20.

Rép. Avec le 1ᵉʳ, on perdrait 60 fr; avec le 2ᵉ, 35 fr 20.

998. *Un marchand a vendu 600 mètres de drap à 25 fr le mètre;*
il a accordé 9 p %₀ d'escompte, tandis qu'il n'avait obtenu que
5 p %₀ sur le prix d'achat et que le mètre ne lui a coûté que 24 fr.
Quel est le bénéfice ou quelle est la perte ?

Un mètre de drap coûtait au marchand $24 - 24 \times 0,05$ ou 22 fr 80.
Il a revendu le mètre de ce drap $25 - 25 \times 0,09 = 22$ fr 75.
Sur un mètre, il a perdu $22,80 - 22,75 = 0$ fr 05.
Sur 600 mètres, il a perdu $600 \times 0,05 = 30$ fr.

Rép. Perte, 30 francs.

999. *Escompter le 10 mai, à 6 p %₀ par an, un billet de 2400 fr,*
payable le 15 novembre de la même année.

Du 10 mai au 15 novembre, il y a 189 jours.

L'escompte est de $2400 \times 0,06 \times \dfrac{189}{360} = 75$ fr 60.

Le billet sera payé $2400 - 75,6 = 2324$ fr 40.

Rép. 2324 fr 40.

1000. *Quel sera le bénéfice d'un marchand qui a acheté 16 pièces*
de drap contenant chacune 48 mètres, à 12 fr 75 le mètre, s'il les
revend 15 fr 70 le mètre, et si, en outre, il a obtenu 9 p %₀ d'es-
compte tandis qu'il n'accorde que 6 p %₀ ?

On vend le drap $15,70 - 15,7 \times 0,06 = 14$ fr 758 le mètre.
Il coûtait $12,75 - 12,75 \times 0,09 = 11$ fr 6025 le mètre.
Le bénéfice par mètre est de $14,758 - 11,6025 = 3$ fr 1555
Le marchand a gagné $3,1555 \times 48 \times 16 = 2423$ fr 424.

Rép. 2423 fr 40.

1001. *On a fait une remise de 6 p %₀ sur le montant d'une facture payée comptant. Quel était le montant de cette facture si la remise totale a été de 17 fr 20?*

La remise est de 6 fr sur 100 fr ou 0,06 par franc.
La facture s'élevait donc à 17,20 : 0,06 = 286 fr 66.

Rép. 286 fr 65.

1002. *Un petit marchand achète, à 6 mois de crédit, une certaine quantité de marchandises; s'il payait comptant il obtiendrait un escompte de 6 p %₀ par an et il payerait 25 fr 35 de moins. Quel est le montant de la facture?*

L'escompte pour 6 mois est de 3 fr pour 100 fr, ou 0,03 par franc.
La facture s'élevait à 25,35 : 0,03 = 845 fr.

Rép. 845 francs.

1003. *Sur la somme de 598 fr 50 je n'ai payé que 570 fr. De combien p %₀ était l'escompte?*

La retenue est de 598,5 — 570 = 28 fr 5.

Sur 1 fr, on a retenu $\dfrac{28,5}{598,5}$, et sur 100 fr $\dfrac{28,5 \times 100}{598,5} = 4$ fr 76.

Rép. 4,76 %₀.

1004. *On a fourni et posé 12 cheminées en marbre, à 32 fr 50 chacune; mais le propriétaire, en s'acquittant, a retenu 23 fr 40 d'escompte. A quel taux l'escompte a-t-il été calculé?*

Les 12 cheminées valent 32,5 × 12 = 390 fr.

Sur 1 fr, on a retenu $\dfrac{23,4}{390}$.

Sur 100 fr,   « $\dfrac{23,4 \times 100}{390} = 6$ fr.

Rép. 6 %₀.

1005. *Une facture, montant à 3600 fr, escomptée pour 5 mois, a été réduite à 3525 fr. Quel a été le taux de l'escompte?*

L'escompte a été de 3600 — 3525 = 75 fr pour 5 mois.

Pour un mois l'escompte aurait été de $\dfrac{75}{5} = 15$ fr.

Pour un an l'escompte de 3600 fr aurait été de 15 × 12 = 180 fr.
L'escompte de 100 francs pour un an sera 36 fois moindre
ou   180 : 36 = 5 fr.

Rép. 5 p %₀.

1006. *Louis a acheté des marchandises pour 1640 fr 52, à 20 mois de crédit. A quelle époque a-t-il payé, sachant qu'il a obtenu ⅔ p %₀ d'escompte par mois et qu'il n'a déboursé que 1519 fr?*

L'escompte a été de 1640,52 — 1519 = 121 fr 52.
Il reste à trouver pour quel temps il faut escompter 1640 fr 52
à ⅔ p %₀ par mois pour que la retenue soit de 121 fr 52.

Disposition des données.

1 640,52	121,52	x.
100	$\dfrac{2}{3}$	1 m

$$x = \frac{1 \times 3 \times 121,52 \times 100}{2 \times 1 640,52} = 11\,\text{m}\ 3\,\text{j}\ \frac{1}{3}.$$

Rép. Il a payé 11 mois 3 jours avant l'époque fixée, ou 8 m 27 j après l'achat.

1007. *J'ai acheté pour 218 568 fr de drap à 15 mois de crédit; mais, si je paye avant le temps, j'obtiendrai 5 p % d'escompte par an. A quelle époque dois-je payer pour ne débourser que 208 160 fr?*

L'escompte doit être de 218 568 — 208 160 = 10 408.

Pour que l'escompte soit de 10 408 fr, il faut (Probl. 1006)

$$\frac{1 \times 10 408 \times 100}{5 \times 218 568} = 11\ \text{mois } 12\ \text{jours par défaut.}$$

Rép. 11 m 12 j avant l'échéance, ou 3 m 18 j après l'achat.

1008. *Sur une facture de 91 fr 65, on fait une remise de 1 fr 65. A combien p % équivaut la remise faite?*

La remise faite pour 100 fr équivaut à $\dfrac{1,65 \times 100}{91,65} = 1,80.$

Rép. 1,80 p %.

1009. *Une facture se monte à 7 fr 55; en la soldant on ne paye pas les centimes. A combien s'élèverait la remise que devrait faire le marchand sur une facture de 345 fr 75, s'il accordait autant p % que sur la facture précédente?*

Disposition des données.

7,55	0,55
345,75	x.

Sur 1 franc, on remettra $\dfrac{0,55}{7,55}$,

et sur 345 fr 75,

$$\frac{0,55 \times 345,75}{7,55} = 25,187.$$

Rép. 25 fr 187.

1010. *Un banquier escompte à 6 p %, pour 3 mois, un billet de 780 fr; il retient, outre l'escompte, $\frac{1}{10}$ p % de commission et $\frac{1}{8}$ p % pour change de place. A quel taux réel a été fait l'escompte?*

L'escompte s'élève à $6 \times \dfrac{3}{12} = 1$ fr 50 pour 100 fr.

La retenue totale sera $1,5 + \dfrac{1}{10} + \dfrac{1}{8} = 1,725$ pour 100 francs et pour 3 mois.

Pour 12 mois, on retiendra 4 fois plus, ou $1,725 \times 4 = 6$ fr 90.

Rép. 6 fr 90 %.

1011. *J'ai payé 95 fr pour 5 mètres de drap. Combien me coûtait le mètre, sachant que j'ai obtenu l'escompte de 5 p %?*

L'escompte étant de 5 %, on paye 95 fr pour une facture de 100 fr.

Le mètre de drap coûtait donc 100 : 5 = 20 fr.

Rép. 20 francs.

1012. *Je paye 925 fr pour une facture que je devais. Quel était le montant de cette facture, sachant qu'on m'a accordé 5 ½ p %* *d'escompte ?*

On paye 100 — 5,5 ou 94 fr 50 pour une facture de 100 fr.

Lorsqu'on payera 1 fr, la facture sera de $\dfrac{100}{94,5}$.

Comme on a payé 925 fr, la facture était de
$$\frac{100 \times 925}{94,5} = 978 \text{ fr } 83.$$

Rép. 978 fr 85.

1013. *Quelle quantité de marchandises faudrait-il acheter, à raison de 2 fr 50 le kilog et à 22 mois de crédit, afin que, diminution faite de 7 p %* d'escompte par an, on payât comptant* *1 019 fr 85 ?*

L'escompte de 2 fr 50 pour 22 mois s'élève à
$$\frac{7 \times 22 \times 2,5}{12 \times 100} = \frac{77}{240} \text{ de franc.}$$

Pour 1 kilog de marchandise, on payerait donc
$$2,5 - \frac{77}{240} = \frac{600 - 77}{240} = \frac{523}{240} \text{ de franc.}$$

Autant de fois 1 019 fr 85 contiendront le prix du kilog de marchandise, autant il faudra acheter de kilog;

soit $\qquad 1019,85 : \dfrac{523}{240} = \dfrac{1\,019,85 \times 240}{523} = 468 \text{ kg.}$

Rép. 468 kilog.

1014. *Un marchand achète du savon à 108 fr les 100 kilog. Combien doit-il revendre le kilogramme au détail pour réaliser un bénéfice de 19 p %* sur sa vente ?*

Ce qu'il vend 100 fr lui coûte 100 — 19 = 81 fr.

Le prix de vente est donc les $\dfrac{100}{81}$ du prix d'achat.

Il vendra le kilog de savon $1,08 \times \dfrac{100}{81} = \dfrac{4}{3}$ de franc.

Rép. $\dfrac{4}{3}$ de franc, ou 1 fr 33...

1015. *Un verrier, qui avait fourni 240 m q de verre, a reçu pour son payement 814 fr 80, déduction faite d'un escompte de 3 p %* . Quel était le prix du mètre carré de verre ?*

Disposition des données.

Les 240 m q de verre valent

97	100
814,8	*x.*

$\dfrac{100 \times 814,8}{97}$ ou 840 fr.

Le mètre carré a été vendu
$$840 : 240 = 3 \text{ fr } 50.$$

Rép. 3 fr 50 le mètre carré.

1016. *Quelle est la somme qui, escomptée pour 7 mois 9 jours, à 6 ¼ p %* par an, a produit un escompte avec lequel on a pu payer 9 mètres de drap à 9 fr.*

Les 9 mètres de drap valent $9 \times 9 = 81$ fr.

Pour 7 mois 9 jours ou 219 j, l'escompte est de 81 fr; pour une année, il aurait été de $\dfrac{81 \times 360}{219}$.

L'escompte de 1 fr étant 0,0625 par an, la somme demandée est
$$\frac{81 \times 360}{219 \times 0,0625} = 2130 \text{ fr } 41.$$

Rép. 2130 fr 40.

1017. *La pension d'un élève se monte à 880 fr; pour la solder, son père donne un billet de 920 fr, payable dans 45 jours. Combien doit-on lui remettre sur ce billet, si le taux de l'escompte est 5 p %?*

L'escompte du billet est de $920 \times 0,05 \times \dfrac{45}{360} = 5$ fr 75.

Le billet vaut $920 - 5,75 = 914$ fr 25.
On doit remettre $914,25 - 880 = 34$ fr 25.

Rép. 34 fr 25.

1018. *A combien revient à un fabricant une montre marquée 400 fr, sachant qu'en faisant sur ce prix une remise de 10 p % le fabricant gagne encore 20 p % sur le prix de revient?*

La montre est payée par l'acheteur $400 - 40 = 360$ fr.

Le fabricant gagne encore 20 % sur le prix de revient, c'est-à-dire qu'on lui paye 120 fr pour ce qui lui revient à 100 fr.

Ce qu'on lui payera 1 fr revient donc à $\dfrac{100}{120}$, et ce qu'on lui paye 360 fr revient à $\dfrac{100 \times 360}{120} = 300$ fr.

Rép. 300 francs.

1019. *Un marchand achète un meuble 600 fr; de quel prix doit-il le marquer pour que, le revendant en faisant une remise de 8 p % sur ce prix, il gagne cependant 15 p % sur le prix d'achat.*

Le marchand veut gagner $15 \times 6 = 90$ fr.
Le meuble doit être payé 690 fr.

Il doit être marqué $\dfrac{100}{92} \times 690 = 750$ fr.

Rép. 750 francs.

1020. *Quelle est la valeur actuelle d'un billet de 1100 fr payable dans un an, sachant que cette valeur, placée aujourd'hui à intérêts, deviendra au bout d'un an 1100 fr, le taux de l'escompte étant 6 p %?*

Cent francs valent après un an $100 + 6 = 106$ fr.

Disposition des données.

100	106
x	1100 fr.

Un billet de 106 fr, payable dans un an, vaut aujourd'hui 100 fr.

Un billet de 1 fr vaut aujourd'hui $\dfrac{100}{106}$,

et un billet de 1100 fr, $\dfrac{100}{106} \times 1100 = 1037$ fr 735.

Rép. 1037 fr 75.

Remarques. 1. Dans les questions d'escompte en dedans, le montant du billet est un capital joint à ses intérêts; la valeur actuelle est un capital simple. La valeur nominale est donc ce que nous avons appelé A dans les questions d'intérêt, et la valeur actuelle, ce que nous avons appelé a. (Prob. 941.)

La formule (10) $a = \dfrac{A}{1 + rt}$ donne immédiatement la réponse du problème 1020 $\qquad a = \dfrac{1\,100}{1,06} = 1\,037 \text{ fr } 735.$

II. L'escompte en dehors d'un billet A est Art, puisque cet escompte se calcule comme l'intérêt; mais l'escompte en dedans se prend sur la valeur actuelle a ou $\dfrac{A}{1 + rt}$. Donc l'escompte en dedans s'obtient en multipliant la valeur actuelle a ou $\dfrac{A}{1 + rt}$ par rt, intérêt de 1 fr pendant le temps donné, soit $\quad c = art$ ou $\dfrac{A}{1 + rt} \times rt = \dfrac{Art}{1 + rt}$ suivant que l'on a la valeur actuelle ou la valeur nominale du billet. On voit que *l'escompte en dedans est le quotient de l'escompte en dehors, Art, par 1 fr augmenté de son intérêt pendant le temps donné.*

1021. *Quel est l'escompte en dedans et à 6 p % d'un billet de 4580 fr, payable dans 48 jours?*

Sur 100 francs de valeur actuelle, on retiendrait $\dfrac{6 \times 48}{360} = 0 \text{ fr } 80.$

La valeur nominale d'un billet dont la valeur actuelle est 100 fr, sera $100 + 0,8 = 100 \text{ fr } 80.$

Disposition des données.

$$\begin{array}{cc} 100,8 & 0,8 \\ 4580 & x, \end{array}$$

Sur 100 fr 80 on retient 0,8.

Sur 1 fr on retiendra $\dfrac{0,8}{100,80}$,

et sur 4580 fr on retiendra
$$\dfrac{0,80 \times 4580}{100,8} = 36 \text{ fr } 349.$$

Rép. 36 fr 35.

Remarques. I. En employant la formule du Probl. 1020, R. II, on a successivement $\quad rt = 0,06 \times \dfrac{48}{360} = 0,008$, et $c = \dfrac{4580 \times 0,008}{1,008} = 36,340.$

II. Dans les questions d'escompte en dedans, on a deux opérations successives à faire, savoir : 1º trouver l'intérêt ou l'escompte de 100 fr pour le temps donné; 2º trouver la réponse à la question proposée.

1022. *Le 16 avril, on fait escompter à 6 p % et en dedans un billet de 3800 fr, payable fin juin. Quelle somme recevra-t-on?*

Du 16 avril au 30 juin, il y a 75 jours.

L'escompte de 100 fr pour 75 jours est de $\dfrac{6 \times 75}{360} = 1 \text{ fr } 25.$

Pour 101 fr 25 on recevrait 100 fr.

Disposition des données.

$$\begin{array}{cc} 101,25 & 100 \\ 3800 & x. \end{array}$$

Pour 1 fr on recevrait $\dfrac{100}{101,25}$.

Pour 3800 fr on recevra
$$\dfrac{100 \times 3800}{101,25} = 3753,08.$$

Rép. 3753 fr 10.

En employant la formule (10) Probl. 941 on a

$$rt = 0,0125 \quad \text{et} \quad a = \frac{A}{1+rt} = \frac{3\,800}{1,0125} = 3\,753\,\text{fr}\,08.$$

1023. *En tenant compte de l'escompte en dedans et à 6 p %, quelle est la valeur actuelle d'un billet de 1 600 fr, payable dans 112 jours ?*

1re Solution. 100 fr rapportent en 112 j $\dfrac{6 \times 112}{360} = \dfrac{28}{15}$.

Disposition des données.

$$100 + \frac{28}{15} \qquad 100$$
$$1\,600 \qquad\qquad x.$$

La valeur actuelle du billet est
$$\frac{100 \times 15 \times 1\,600}{1\,528} = 1\,570\,\text{fr}\,68.$$

2e Solution.
$$rt = 0,06 \times \frac{112}{360} = \frac{7}{375}$$

et
$$a = \frac{1\,600}{1 + \dfrac{7}{375}} = \frac{1\,600 \times 375}{382} = 1\,570\,\text{fr}\,68.$$

Rép. 1 570 fr 70.

1024. *Un banquier remet 1 245 fr 60 en échange d'un billet qu'il a escompté en dedans et à 4,5 p % pour 90 jours. Quel était le montant du billet ?*

1re Solution. Sur 100 fr de valeur actuelle le banquier a retenu
$$4,5 \times \frac{90}{360} = 1\,\text{fr}\,125.$$

Disposition des données.

$$100 \quad 101,125$$
$$1\,245,6 \quad\quad x.$$

Il remet 100 fr pour un billet de 101 fr 125.

Il remettrait 1 fr pour un billet de $\dfrac{101,125}{100} = 1,01125.$

Il remet 1 245 fr 60 pour un billet de $1,01125 \times 1\,245,6 = 1\,259,613.$

2e Solution.
$$rt = 0,01125$$
$$A = a\,(1+rt) = 1\,245,6 \times 1,01125 = 1\,259\,\text{fr}\,613.$$

Rép. 1 259 fr 60.

1025. *Si l'on escomptait en dedans et à 1/2 p % par mois un billet payable dans 7 mois, la retenue serait de 23 fr 30. Quelle est la valeur nominale de ce billet ?*

L'intérêt de 100 fr pour 7 mois est $\dfrac{1}{2} \times 7 = 3\,\text{fr}\,5.$

Disposition des données.

$$103,5 \quad 3,5$$
$$x \quad\quad 23,3.$$

La valeur nominale sera
$$\frac{103,5 \times 23,3}{3,5} = 689,01.$$

Rép. 689 fr.

1026. *Quelle est la différence entre l'escompte en dedans et l'es-*

compte en dehors d'un billet de 2540 fr payable dans 180 jours ?
Le taux de l'escompte est 6 p %?

Escompte en dehors $Art = 2540 \times 0,06 \times \dfrac{180}{360} = 76$ fr 20.

Escompte en dedans $\dfrac{Art}{1 + rt} = \dfrac{2540 \times 0,03}{1,03} = 73$ fr 98.

Différence $76,20 - 73,98 = 2$ fr 22.

Rép. 2 fr 20.

1027. *Deux billets escomptés, l'un en dedans et l'autre en dehors, pour 78 jours et à 6 p %, ont été réduits à la même somme 1964 fr 40. Quel était le montant de chacun de ces billets ?*

L'intérêt de 100 francs pour 78 jours égale $6 \times \dfrac{78}{360} = 1,30$.

Disposition des données.

1° En dehors $\begin{cases} 98,7 & 100 \\ 1\,964,4 & x. \end{cases}$
Le montant du billet était de
$\dfrac{100 \times 1\,964,4}{98,7} = 1\,990$ fr 27.

2° En dedans $\begin{cases} 100 & 101,3 \\ 1\,964,4 & x. \end{cases}$
Le montant du billet était de
$\dfrac{101,3 \times 1\,964,4}{100} = 1\,989$ fr 935.

Rép. 1990 fr 25 et 1989 fr 95.

1028. *On escompte en dehors un billet de 2560 fr, pour 154 jours, à 6 p %. Pour quel temps aurait-il fallu l'escompter en dedans pour que le billet se réduisît à la même somme ?*

L'escompte en dehors égale $2560 \times 0,06 \times \dfrac{154}{360} = 65$ fr 70.

Le billet a été réduit à $2560 - 65,70 = 2494$ fr 30.

Disposition des données.
$\begin{array}{ccc} 100 & 6 & 360\ j \\ 2494,30 & 65,70 & x. \end{array}$
Il faut escompter le billet en dedans,
pour $\dfrac{360 \times 65,7 \times 100}{6 \times 2494,30} = 158\ j$ par défaut.

Rép. 158 jours.

1029. *La différence entre l'escompte en dedans et l'escompte en dehors d'un billet escompté pour 180 jours, à 6 p %, est de 5 fr 40. Quelle est la valeur nominale du billet ?*

Pour un billet qui vaudrait 100 fr, on retiendrait pour 180 jours

$$6 \times \dfrac{180}{360} = 3 \text{ fr escompte en dedans.}$$

La valeur nominale de ce billet serait $100 + 3 = 103$ fr.

L'escompte en dehors de ce billet est de $103 \times 0,03 = 3$ fr 09.

La différence des deux escomptes égale $3,09 - 3 = 0$ fr 09 pour un billet de 103 fr.

Si la différence était de 1 centime, la valeur nominale serait $\dfrac{103}{9}$.

Pour une différence de 540 centimes, la valeur nominale sera

$$\dfrac{103}{9} \times 540 = 6180 \text{ fr.}$$

Rép. 6180 fr.

1030. *La différence entre l'escompte en dedans et l'escompte en dehors d'un billet escompté pour 200 jours, à 6 p %, est de 9 fr 80. Quelle est la valeur actuelle de ce billet ?*

L'escompte de 100 fr pour 200 jours est $6 \times \dfrac{200}{360} = \dfrac{10}{3}$.

La valeur nominale d'un billet valant 100 fr est de $100 + \dfrac{10}{3} = \dfrac{310}{3}$.

L'escompte en dehors de $\dfrac{310}{3}$ fr pour 200 j est $\dfrac{310}{3} \times \dfrac{10}{300} = \dfrac{31}{9}$.

La différence des escomptes égale $\dfrac{31}{9} - \dfrac{10}{3} = \dfrac{31-30}{9} = \dfrac{1}{9}$ pour une valeur actuelle de 100 fr.

Si la différence était de 1 fr, la valeur actuelle serait $100 \times 9 = 900$.
La différence étant 9 fr 8, la valeur actuelle sera
$$900 \times 9,8 = 8820 \text{ fr.}$$

Rép. 8820 fr. ou 8829 fr 80.

PROBLÈMES SUR LA RÈGLE DE RÉPARTITION
PROPORTIONNELLE

1031. *Partager 984 fr en parties proportionnelles à 3 et à 5.*
La somme des parties proportionnelles est $3 + 5 = 8$.
La 1re partie est les $\dfrac{3}{8}$ de la somme (Arith. nº 504).

ou $$984 \times \dfrac{3}{8} = 369 \text{ fr.}$$

La 2e partie est les $\dfrac{5}{8}$ de la somme ou $984 \times \dfrac{5}{8} = 615$ fr.

Rép. 369 fr et 615 fr.

1032. *Partager 3029 fr en parties proportionnelles aux nombres 2, 7, 8 et 9.*

La somme des parties proportionnelles est $2 + 7 + 8 + 9 = 26$.
Les parties proportionnelles sont (Probl. 1031).

$$1^{re} \ 3029 \times \dfrac{2}{26} = 233 \text{ fr} ; \quad 2^e \ 3029 \times \dfrac{7}{26} = 815 \text{ fr } 5 ;$$

$$3^e \ 3029 \times \dfrac{8}{26} = 932 \text{ fr} ; \quad 4^e \ 3029 \times \dfrac{9}{26} = 1048 \text{ fr } 5.$$

Rép. 233 fr ; 815 fr 50 ; 932 fr ; 1048 fr 50.

1033. *Cinq individus veulent se partager la somme de 4500 fr en parties proportionnelles à 4, 5, 7, 9 et 11. Combien chacun doit-il avoir ?*

La somme des parties proportionnelles égale
$$4 + 5 + 7 + 9 + 11 = 36.$$

Les parts seront (Probl. 1031), 1re $4500 \times \dfrac{4}{36} = 500$ fr;

2° $4500 \times \dfrac{5}{36} = 625$ fr; 3° $4500 \times \dfrac{7}{36} = 875$ fr;

4° $4500 \times \dfrac{9}{36} = 1125$ fr; 5° $4500 \times \dfrac{11}{36} = 1375$ fr.

Rép. 500 fr; 625 fr; 875 fr; 1125 fr, et 1375 fr.

Remarque. On aurait pu diviser 4500 par 36 et multiplier chacune des parties proportionnelles par le quotient 125.

1034. *Partager 481 fr en parties proportionnelles aux fractions* ²/₈ *et* ³/₁₁.

Les fractions réduites au même dénominateur deviennent
$$\frac{22}{55} \text{ et } \frac{15}{55}.$$
On aura (Arith. n° 505) $22 + 15 = 37$.
$$1^{re} \; 481 \times \frac{22}{37} = 286 \text{ fr; et } 2^e \, 481 \times \frac{15}{37} = 195 \text{ fr.}$$

Rép. 286 fr et 195 fr.

1035. *Partager 3912 fr en parties proportionnelles aux fractions* ¹/₂, ³/₅, ²/₇, ¹/₆.

On a successivement $\dfrac{1}{2}$, $\dfrac{3}{5}$, $\dfrac{2}{7}$, $\dfrac{1}{6}$.
$$\frac{105}{210}, \frac{126}{210}, \frac{60}{210}, \frac{35}{210}$$
$$105 + 126 + 60 + 35 = 326.$$
La 1re part sera $\dfrac{3912 \times 105}{326}$ ou $12 \times 105 = 1260$ fr;

La 2° sera $12 \times 126 = 1512$ fr; la 3° $12 \times 60 = 720$ fr;
$$\text{et la 4° } 12 \times 35 = 420.$$

Rép. 1260 fr; 1512 fr; 720 fr, et 420 fr.

1036. *Quatre négociants veulent former le capital nécessaire à l'acquisition de 45 quintaux métriques d'huile épurée à 3 fr 90 le kilog. Le premier veut y être pour 0 fr 35 par franc, le second pour 0 fr 30, le troisième pour 0 fr 15 et le quatrième pour 0 fr 20. Combien chacun doit-il mettre?*

La somme à dépenser égale $390 \times 45 = 17550$ fr.
La somme des parties proportionnelles égale
$$0,35 + 0,30 + 0,15 + 0,20 = 1.$$
Les sommes à verser seront 1re $17550 \times 0,35 = 6142$ fr 50;

2° $17550 \times 0,30 = 5265$ fr; 3° $17550 \times 0,15 = 2632$ fr 50;
$$4° \; 17550 \times 0,2 = 3510 \text{ fr.}$$

Rép. 6142 fr 50; 5265 fr; 2632 fr 50, et 3510 fr.

1037. *290 hectolitres 25 litres de vin doivent être divisés en trois* parts, dont la plus petite et la moyenne sont respectivement les $^7/_8$ et les $^{15}/_{16}$ de la plus forte. Calculer chacune d'elles en litres.

Les parties proportionnelles sont 1, $\dfrac{15}{16}$ et $\dfrac{7}{8}$ ou $\dfrac{16}{16}$, $\dfrac{15}{16}$ et $\dfrac{14}{16}$.

La somme des parties proportionnelles sera $16 + 15 + 14 = 45$.

Les parts seront 1re $29025 \times \dfrac{16}{45} = 10320$ lit.;

2e $29025 \times \dfrac{15}{45} = 9675$ lit.; 3e $29025 \times \dfrac{14}{45} = 9030$ lit.

Rép. 10320 litres; 9675 litres, et 9030 litres.

1038. *Une personne donne 12 fr à 5 pauvres en disant : le premier en aura $^1/_2$, le second $^1/_3$, le troisième $^1/_4$, le quatrième $^1/_5$ et le cinquième $^1/_6$. Comment faut-il faire ce partage pour remplir les intentions de la donatrice ?*

Les parties proportionnelles sont $\dfrac{1}{2}$, $\dfrac{1}{3}$, $\dfrac{1}{4}$, $\dfrac{1}{5}$, $\dfrac{1}{6}$

ou $\dfrac{30}{60}$, $\dfrac{20}{60}$, $\dfrac{15}{60}$, $\dfrac{12}{60}$, $\dfrac{10}{60}$, ou 30, 20, 15, 12 et 10 dont la somme est 87.

Les parts seront 1re $\dfrac{12 \times 30}{87} = 4$ fr 13; 2e $\dfrac{12 \times 20}{87} = 2$ fr 75;

3e $\dfrac{12 \times 15}{87} = 2$ fr 06; 4e $\dfrac{12 \times 12}{87} = 1$ fr 65; 5e $\dfrac{12 \times 10}{87} = 1$ fr 39.

Rép. 4 fr 15; 2 fr 75; 2 fr 05; 1 fr 65; 1 fr 40.

1039. *Quatre marchands ont acheté 180 tonneaux de vin à 90 fr le tonneau, et on leur a diminué 1 $^1/_4$ p $^0/_0$ en raison de ce qu'ils ont payé comptant. Le premier prend $^1/_3$ du marché, le second $^1/_6$, le troisième $^3/_8$ et le quatrième prend le reste. Combien chacun doit-il payer ?*

Le vin était estimé $180 \times 90 = 16200$ fr.
La remise a été de $162 \times 1,25 = 202$ fr 50.
La somme à payer est de $16200 - 202,5 = 15997$ fr 50.

Le 1er en payera le $\dfrac{1}{3}$, soit $15997,5 : 3 = 5332$ fr 50.

Le 2e   »   le $\dfrac{1}{6}$ ou $\dfrac{1}{2}$ de la somme du 1er, soit 2666 fr 25.

Le 3e   »   les $\dfrac{3}{8}$, soit $15997,5 \times \dfrac{3}{8} = 5999$ fr 06.

Le 4e   »   le reste ou le $\dfrac{1}{8}$, soit $15997,5 \times \dfrac{1}{8} = 1999$ fr 68.

Rép. 5332 fr 50; 2666 fr 25; 5999 fr 05 et 1999 fr 70.

1040. *Un négociant a un passif de 212800 fr, son actif est de 116300 fr; les frais de justice s'élèvent à 4650 fr. On propose d'établir les comptes de 2 créanciers, sachant qu'il était dû 42000 fr au premier et 28000 fr au second.*

La somme à répartir égale $116300 - 4650 = 111650$ fr.

On donnera $\dfrac{111650}{212800}$ pour un franc.

Le 1er créancier aura $\dfrac{111\,650 \times 42\,000}{212\,800} = 22\,036$ fr 18.

Le 2e   »   aura $\dfrac{111\,650 \times 28\,000}{212\,800} = 14\,690$ fr 78.

Rép. 1re 22 036 fr 20 ; 2e 14 690 fr 80.

1041. *L'actif d'un failli n'est que 32 p % de son passif, lequel s'élève à 62 800 fr. Un créancier est intéressé pour 17 048 fr, un second pour 8 960 fr et un troisième pour 11 240 fr. Combien revient-il à chacun, si les frais de justice s'élèvent à 6 ¼ p % du passif, et combien p % chacun recevra-t-il?*

L'actif net est $32 - 6,25 = 25,75$ % du passif.

Le 1er créancier recevra $170,48 \times 25,75 = 4389$ fr 86.

Le 2e   »   » $89,60 \times 25,75 = 2307$ fr 20.

Le 3e   »   » $112,40 \times 25,75 = 2894$ fr 30.

Rép. 1er 4389 fr 85 ; 2e 2307 fr 20 ; 3e 2894 fr 30 ; 25,75 %.

1042. *Il a été émis en France, depuis 1852, pour 62 791 224 fr 90 de monnaie de bronze. On demande le poids du cuivre, celui de l'étain et celui du zinc qui entrent dans la composition de cette somme.*

Le poids de cette somme en monnaie de bronze
égale 6 279 122 490 gr.
Le poids du cuivre en égale les 0,95 (Arith. n° 394),
soit 5 965 166 kg 3655.
Le poids de l'étain les 0,04, soit 251 164 kg 8996.
Le poids du zinc le 0,01, soit 62 791 kg 2249.

Rép. Cuivre 5 965 166 kg 3655 ; étain 251 164 kg 8996 ;
zinc 62 791 kg 2249.

1043. *Un riche négociant laisse 4880 fr à 3 neveux. On demande quelle part chacun doit avoir, sachant que l'aîné a 18 ans, le cadet 16 et le dernier 12, et que le partage doit se faire en raison inverse de leur âge.*

Partager une somme en raison inverse de l'âge de plusieurs personnes, c'est partager cette somme en parties directement proportionnelles aux inverses des âges.

L'inverse des âges est $\dfrac{1}{18}$, $\dfrac{1}{16}$, $\dfrac{1}{12}$.

Les parties proportionnelles deviennent $\dfrac{8}{144}$, $\dfrac{9}{144}$, $\dfrac{12}{144}$ ou 8, 9, 12.

La somme de ces parties égale 29.

Le 1er aura $4880 \times \dfrac{8}{29} = 1346$ fr 20.

Le 2e   » $4880 \times \dfrac{9}{29} = 1514$ fr 50 par excès.

Le 3e   » $4880 \times \dfrac{12}{29} = 2019$ fr 30 par défaut.

Rép. Aîné 1346 fr 20 ; cadet 1514 fr 50 ; dernier 2019 fr 30.

Remarque. On aurait pu raisonner ainsi : Si l'un des neveux avait 1 an, il aurait une certaine part; celui qui a 18 ans aurait 18 fois moins, ou $\dfrac{1}{18}$; de même celui qui a 16 ans aurait $\dfrac{1}{16}$, l'autre aurait $\dfrac{1}{12}$. Le reste comme ci-dessus.

1044. *Partager 390 fr en parties inversement proportionnelles aux fractions* ²/₃, ³/₈ *et* ⁴/₉.

Les inverses des fractions données sont $\dfrac{3}{2}$, $\dfrac{8}{3}$, $\dfrac{9}{4}$ (Arith. nº 501).

Ces nombres deviennent $\dfrac{18}{12}$, $\dfrac{32}{12}$, $\dfrac{27}{12}$ ou 18, 32, 27.

La somme de ces parties égale $18 + 32 + 27 = 77$.

Les parts seront 1º $390 \times \dfrac{18}{77} = 91$ fr 16; 2º $390 \times \dfrac{32}{77} = 162$ fr 077;

$$3º \ 390 \times \dfrac{27}{77} = 136 \text{ fr } 75.$$

Rép. 91 fr 15; 162 fr 10; 136 fr 75.

1045. *Partager 2540 fr en parties inversement proportionnelles aux nombres* 4 ³/₅ *et* 5 ⁷/₈.

$$4\dfrac{3}{5} = \dfrac{23}{5} \ ; \ 5\dfrac{7}{8} = \dfrac{47}{8}.$$

Les inverses de ces nombres sont $\dfrac{5}{23}$ et $\dfrac{8}{47}$ ou $\dfrac{235}{1081}$ et $\dfrac{184}{1081}$;

La somme des parties proportionnelles égale $235 + 184 = 419$.

Les parts sont : $2540 \times \dfrac{235}{419} = 1424,58$ et $2540 \times \dfrac{184}{419} = 1115,41$.

Rép. 1 424 fr 60 et 1 115 fr 40.

1046. *Partager 4000 fr en parties inversement proportionnelles aux fractions décimales* 0,15, 0,25 *et* 0,08.

Les inverses de ces fractions sont $\dfrac{100}{15}$, $\dfrac{100}{25}$, $\dfrac{100}{8}$.

Ces nombres proportionnels deviennent $\dfrac{40}{6}$, $\dfrac{24}{6}$, $\dfrac{75}{6}$ ou 40, 24, 75.

Leur somme égale $40 + 24 + 75 = 139$.

Les parts seront 1ʳᵉ $\dfrac{4000 \times 40}{139} = 1151$ fr 079;

$$2º \ \dfrac{4000 \times 24}{139} = 690 \text{ fr } 64; \ 3º \ \dfrac{4000 \times 75}{139} = 2158 \text{ fr } 27.$$

Rép. 1 151 fr 10; 690 fr 65 2 158 fr 25.

1047. *Un prince, voulant gratifier trois vieux officiers, leur destine annuellement 6300 fr. Combien auront-ils chacun, proportionnellement à leur âge, le premier ayant 64 ans, le deuxième 68 ans et le troisième 78 ans ?*

La somme des âges égale $64 + 68 + 78 = 210$.

Le 1ᵉʳ aura $\dfrac{6300}{210} \times 64 = 30 \times 64 = 1920$.

Le 2º » $30 \times 68 = 2040$, et le 3º $30 \times 78 = 2340$.

Rép. 1 920 fr; 2 040 fr, et 2 340 fr.

1048. *On veut accorder une gratification de 110 fr à 4 ouvriers, proportionnellement à leur assiduité. Sur 300 jours de travail, le premier a une absence, le deuxième 4, le troisième 6 et le quatrième 8. Combien auront-ils chacun?*

Le 1er ouvrier a travaillé 299 jours, le 2e 296 jours, le 3e 294 jours et le 4e 292 jours.

La somme de ces parties proportionnelles égale

$$200 + 296 + 294 + 292 = 1181.$$

Le 1er aura $\dfrac{110 \times 299}{1181} = 27$ fr 84.

Le 2e » $\dfrac{110 \times 296}{1181} = 27$ fr 56.

Le 3e » $\dfrac{110 \times 294}{1181} = 27$ fr 19.

Le 4e » $\dfrac{110 \times 292}{1181} = 27$ fr 38.

Rép. 1er 27 fr 85; 2e 27 fr 55; 3e 27 fr 20; 4e 27 fr 40.

Remarque. Dans ce problème, si l'on n'avait pas fait mention des jours de travail, on aurait dû partager 110 fr en parties inversement proportionnelles aux absences.

Les nombres proportionnels auraient été $1, \dfrac{1}{4}, \dfrac{1}{6}, \dfrac{1}{8}$;

Ces nombres deviennent $\dfrac{24}{24}, \dfrac{6}{24}, \dfrac{4}{24}, \dfrac{3}{24}$, ou 24, 6, 4, 3.

La somme de ces nombres égale $24 + 6 + 4 + 3 = 37$.

Le 1er aura $\dfrac{110 \times 24}{37} = 71$ fr 35; le 2e $\dfrac{110 \times 6}{37} = 17$ fr 83;

Le 3e $\dfrac{110 \times 4}{37} = 11$ fr 89; et le 4e $\dfrac{110 \times 3}{37} = 8$ fr 91.

Rép. 71 fr 85; 17 fr 85; 11 fr 90, et 8 fr 90.

1049. *Un professeur veut donner 75 bons points à 4 élèves pour une composition; le premier a fait une faute, le second en a fait 2, le troisième 3, et le quatrième en a fait 4. Combien chacun aura-t-il de bons points, proportionnellement à son mérite?*

Les points doivent être partagés en parties inversement proportionnelles aux fautes.

On aura successivement $1, \dfrac{1}{2}, \dfrac{1}{3}, \dfrac{1}{4}$; 12, 6, 4, 3.

Somme des parties proportionnelles $12 + 6 + 4 + 3 = 25$.

Les parts seront

$$\dfrac{75}{25} \times 12 = 3 \times 12 = 36; \quad 3 \times 6 = 18; \quad 3 \times 4 = 12; \quad 3 \times 3 = 9.$$

Rép. 36; 18; 12; 9.

1050. *Une marne argileuse contient en poids 32 p % de calcaire et 68 p % d'argile; une marne sableuse contient 37 p % de calcaire et 63 p % de sable; on mêle 62 kilog de la première* *et 84 kg de la deuxième. On demande la teneur du mélange en calcaire, en sable et en argile.*

Le poids du mélange égale $62 + 84 = 146$ kg.

Les 62 kg de marne argileuse contiennent $62 \times 0,32 = 19$ kg 840 de calcaire, et $62 \times 0,68 = 42$ kg 160 d'argile.

Les 84 kg. de marne sableuse contiennent $84 \times 0,37 = 31$ kg 080 de calcaire, et $84 \times 0,63 = 52$ kg 92 de sable.

Le mélange contient $19,840 + 34,08$ ou 50 kg 92 de calcaire.

$$\text{Rép.} \begin{cases} \text{Calcaire} & 50 \text{ kg } 92; \text{ soit } \dfrac{50,92 \times 100}{146} = 34,87 \text{ }\%. \\ \text{Argile} & 42 \text{ kg } 16; \text{ soit } 4216 : 146 = 28,87 \text{ }\%. \\ \text{Sable} & 52 \text{ kg } 92; \text{ soit } 5292 : 146 = 36,24 \text{ }\%. \end{cases}$$

1051. *Partager 55500 fr entre 2 neveux, 3 nièces et 5 cousins, sachant que la part d'un cousin est les ³/₄ de celle d'une nièce, et que celle d'une nièce ne vaut que les ⁴/₅ de celle d'un neveu. On dira ce qui revient à chaque partageant.*

Les neveux ont chacun une part, ensemble ils ont deux parts.

Une nièce a les $\frac{4}{5}$ d'une part de neveu; les 3 nièces auront ensemble $\frac{4}{5} \times 3$ ou $\frac{12}{5}$ d'une part de neveu.

Un cousin a les $\frac{3}{4}$ d'une part de nièce ou $\frac{4}{5} \times \frac{3}{4} = \frac{3}{5}$ d'une d'une part de neveu; les 5 cousins auront ensemble $\frac{3}{5} \times 5 = 3$ parts de neveu.

Il faut donc partager 55500 fr en parties proportionnelles aux nombres 2, $\frac{12}{5}$ et 3 ou aux nombres 10, 12 et 15, dont la somme est 37.

Les 2 neveux auront $\dfrac{55500 \times 10}{37} = 15000$ fr.

Les 3 nièces auront $\dfrac{55500 \times 12}{37} = 18000$ fr.

Les 5 cousins auront $\dfrac{55500 \times 15}{37} = 22500$ fr.

Rép. Chaque neveu aura 7500 fr; chaque nièce 6000 fr, et chaque cousin 4500 francs.

1052. *Partager 150 en trois parts, de manière que la première soit à la deuxième comme 5 est à 4, et la première à la troisième comme 7 est à 3.*

On a

	1ʳᵉ	2ᵉ	3ᵉ
1ᵉʳ rapport	5	4	
2ᵉ rapport	7		3.

Multiplions les 2 termes du premier rapport par 7 et les 2 termes du deuxième par 5; ces rapports ne changeront pas et nous aurons

$$35 \qquad 28$$
$$35 \qquad\qquad 15.$$

Les parties proportionnelles sont 35, 28 et 15, dont la somme est 78.

Les parts seront : $1^{re} \dfrac{150 \times 35}{78} = 67\,\text{fr}\,30$; $2^e \dfrac{150 \times 28}{78} = 53\,\text{fr}\,84$;

$$3^e \dfrac{150 \times 15}{78} = 28\,\text{fr}\,84.$$

Rép. 67 fr 30; 53 fr 85; 28 fr 85.

Remarque. On aurait pu raisonner ainsi :

La 2e part est les $\dfrac{4}{5}$ de la 1re, et la 3e en est les $\dfrac{3}{7}$.

Les parties proportionnelles sont donc $1, \dfrac{4}{5}$ et $\dfrac{3}{7}$ ou 35, 28 et 15, etc.

1053. *Un particulier partage 17010 fr en quatre parts, de manière que la première soit à la troisième comme 5 est à 7; la deuxième à la troisième comme 3 est à 8, et la troisième à la quatrième comme 4 est à 9. Quelle sera chaque part?*

	1re	2^e	3^e	4^e
1er rapport	5		7	
2e rapport		3	8	
3e rapport			4	9.

Multiplions les termes du 3e rapport par 2, nous aurons

$$5 \qquad\qquad 7$$
$$3 \qquad 8 \qquad 18.$$

Multiplions par 8 les termes du rapport 5 : 7 et par 7 ceux de l'autre rapport, nous obtiendrons les nombres proportionnels

$$40 \qquad 21 \qquad 56 \qquad 126$$

dont la somme est 243.

Les parts seront $1^{re} \dfrac{17010}{243} \times 40 = 70 \times 40 = 2800\,\text{fr}$;

$2^e\ 70 \times 21 = 1470$; $3^e\ 70 \times 56 = 3920$; $4^e\ 70 \times 126 = 8820$.

Rép. 1re 2800 fr; 2e 1470 fr; 3e 3920 fr; 4e 8820 fr.

Autre solution. La 3e part est les $\dfrac{7}{5}$ de la 1re;

La 2e égale les $\dfrac{3}{8}$ de la 3e ou $\dfrac{7}{5} \times \dfrac{3}{8} = \dfrac{21}{40}$ de la 1re;

La 4e égale les $\dfrac{9}{4}$ de la 3e ou $\dfrac{7}{5} \times \dfrac{9}{4} = \dfrac{63}{20}$ de la 1re.

Les parties proportionnelles sont $1, \dfrac{21}{40}, \dfrac{7}{5}, \dfrac{63}{20}$ ou 40, 21, 56 et 126.

La suite comme ci-dessus.

1054. *Dans une fabrique on emploie des hommes, des femmes et des enfants; on a payé 132 fr pour 25 journées d'homme,*

21 journées de femme et 26 journées d'enfant. Les prix sont tels, que 9 journées de femme coûtent autant que 16 journées d'enfant, et 8 journées d'homme autant que 15 de femme. Quels sont les prix de chaque journée d'homme, de femme et d'enfant ?

Une journée de femme vaut les $\dfrac{16}{9}$ d'une journée d'enfant.

Une journée d'homme vaut $\dfrac{15}{8}$ d'une journée de femme ou

les $\dfrac{16}{9} \times \dfrac{15}{8} = \dfrac{30}{9}$ d'une journée d'enfant.

Les prix des journées sont donc proportionnels aux nombres 30, 16 et 9.

Les 25 journées d'homme vaudront $25 \times 30 = 750$;
les 21 journées de femme » $16 \times 21 = 336$,
et les 26 journées d'enfant » $9 \times 26 = 234$.

La somme de ces nombres égale $750 + 336 + 234 = 1\,320$.

La journée d'un homme est payée $\dfrac{132}{1320} \times 30 = 0,1 \times 30 = 3$ fr.

La journée d'une femme $0,10 \times 16 = 1$ fr 60.
La journée d'un enfant $0,10 \times 9 = 0$ fr 90.

Rép. 3 fr ; 1 fr 60, et 0 fr 90.

1055. *La poudre de chasse française contient 78 p °/₀ de salpêtre, 12 p °/₀ de charbon et 10 p °/₀ de soufre. Combien faudra-t-il de chacune de ces substances pour faire 25 litres de poudre de chasse ? Le litre de poudre de chasse pèse 904 grammes.*

La poudre que l'on veut faire pèsera $25 \times 0,904 = 22$ kg 600.

Rép. $\begin{cases} \text{Le salpêtre pèsera} & 22,6 \times 0,78 = 17 \text{ kg } 628. \\ \text{Le charbon} \quad » & 22,6 \times 0,12 = 2 \text{ kg } 712. \\ \text{Le soufre} \quad » & 22,6 \times 0,10 = 2 \text{ kg } 260. \end{cases}$

1056. *Deux ouvriers veulent se partager la somme de 450 fr, qu'ils ont gagnée. On demande la part de chacun, sachant que le premier a travaillé 12 heures par jour pendant 15 jours, et le second 11 heures par jour pendant 20 jours.*

Le premier ouvrier a travaillé pendant $12 \times 15 = 180$ heures.
Le deuxième ouvrier a travaillé pendant $11 \times 20 = 220$ h.
On a payé 450 fr pour $180 + 220 = 400$ heures de travail.
Pour une heure, on a payé $450 : 400 = 1$ fr 125.
Le premier ouvrier aura $1,125 \times 180 = 202$ fr 50.
Le deuxième ouvrier aura $1,125 \times 220 = 247$ fr 50.

Rép. 202 fr 50 et 247 fr 50.

1057. *Deux marchands de bœufs ont loué une prairie pour la somme de 520 fr ; le premier y met 150 bœufs pendant 180 jours et 10 heures par jour, et le second 160 pendant 130 jours et 8 heures par jour. Combien chacun doit-il payer ?*

Le 1ᵉʳ a joui de la prairie pendant $150 \times 180 \times 10 = 270\,000$ h.
Le 2ᵉ en a joui pendant $160 \times 130 \times 8 = 166\,400$ heures.

Pour 270 000 + 166 400 ou 436 400 heures, on a payé 520 fr.

Le 1er marchand payera $\dfrac{520}{436\,400} \times 270\,000 = 321$ fr 723.

Le 2e payera $\dfrac{520}{436\,400} \times 166\,400 = 198$ fr 276.

Rép. 321 fr 70 et 198 fr 30.

1058. *Trois compagnies d'ouvriers ont été employées à creuser un canal, dont la dépense s'est élevée à 229 500 fr. On demande combien chaque compagnie doit recevoir, sachant que la première était composée de 50 hommes, qui ont travaillé pendant 150 jours et 12 heures par jour; la deuxième de 60 hommes, qui ont travaillé pendant 240 jours et 10 heures par jour, et la troisième de 80 hommes, qui ont travaillé pendant 300 jours et 8 heures ¹/₂ par jour.*

La 1re compagnie a travaillé pendant $50 \times 150 \times 12 = 90\,000$ h.
La 2e » » » $60 \times 240 \times 10 = 144\,000$ h.
La 3e » » » $80 \times 300 \times 8\frac{1}{2} = 204\,000$ h.

Pour faire le travail, il a fallu

$$90\,000 + 144\,000 + 204\,000 = 438\,000 \text{ heures.}$$

La 1re compagnie recevra $\dfrac{229\,500}{438\,000} \times 90\,000 = 47\,157$ fr 53.

La 2e » » $\dfrac{229\,500}{438\,000} \times 144\,000 = 75\,452$ fr 05.

La 3e » » $\dfrac{229\,500}{438\,000} \times 204\,000 = 106\,890$ fr 41.

Rép. 47 157 fr 55; 75 452 fr 05; 106 890 fr 40.

1059. *Deux cultivateurs se sont associés pour l'achat d'une machine à battre, qui leur a coûté 660 fr. Or, chaque année, le premier se sert de la machine pendant 24 jours de 9 heures de travail, et le deuxième pendant 21 jours de 12 heures de travail. Pour quelle somme chacun doit-il contribuer au payement de la machine?*

Les nombres proportionnels sont $24 \times 9 = 216$, et $21 \times 12 = 252$.

Le 1er payera $\dfrac{660}{468} \times 216 = 304$ fr 61.

Le 2e » $\dfrac{660}{468} \times 252 = 355$ fr 38.

Rép. 304 fr 60 et 355 fr 40.

1060. *Un rentier partage son capital en deux parties, qui sont entre elles comme 3 est à 4; la première est placée à 5 p %₀ et la seconde à 4 fr 50; le revenu annuel est de 1650 fr. Quel est le capital et quelles sont les parties?*

Pour un capital de $3 + 4$ francs, le revenu annuel serait

$$0,05 \times 3 + 0,045 \times 4 = 0 \text{ fr } 33.$$

Si le revenu était 1 centime, le capital serait $\dfrac{7}{33}$.

Le revenu étant 165000 centimes, le capital sera

$$\frac{7}{33} \times 165000 = 35000 \text{ fr.}$$

La 1re partie égale $\dfrac{35000 \times 3}{7} = 15000$ fr,

et la 2e   » $\dfrac{35000 \times 4}{7} = 20000$ fr.

Rép. 35000 fr; 15000 et 20000 fr.

1061. *Un particulier partage son capital en trois parties, qui sont entre elles comme les nombres 2, 5 et 8; la première partie est placée à 6 p %, la deuxième à 5 p % et la troisième à 4 p %; il retire pour cette dernière partie 2400 fr d'intérêt annuel. Quel est le capital?*

La 3e partie placée à 4 % donne 2400 fr de revenu; elle égale
donc $\dfrac{2400 \times 100}{4}$ ou 60000 fr.   60000 fr.

Or elle est représentée par 8; la 2e, re-
présentée par 5, égale $\dfrac{60000 \times 5}{8}$ ou 37500 fr.

la 3e, représentée par 2, égale $\dfrac{60000 \times 2}{8} = 15000$ fr.

Rép. Le capital est   112500 fr.

1062. *Un banquier place les* $^2/_5$ *d'un capital à 5 p % et les laisse pendant 18 mois; il place le reste à 4 fr 50 p % et le laisse pendant 20 mois; les deux sommes lui ont rapporté 2250 fr. Quel est le capital total?*

Pour un capital total de 5 fr, la première partie rapporterait

$$2 \times 0{,}05 \times \frac{3}{2} = 0 \text{ fr } 15.$$

et la deuxième $3 \times 0{,}045 \times \dfrac{20}{12} = 0$ fr 225.

Le revenu total serait $0{,}15 + 0{,}225 = 0$ fr 375.

Le capital total égale $\dfrac{5 \times 2250}{0{,}375} = 30000$ fr.

Rép. 30000 francs.

PROBLÈMES SUR LA RÈGLE DE SOCIÉTÉ

1063. *Trois personnes se sont associées pour un commerce; la première a mis 7000 fr, la deuxième 6500 fr et la troisième 5800 fr. Au bout de la première année le bénéfice net est de 2700 fr. Quelle part de gain chacun des associés recevra-t-il?*

La somme des mises égale $7000 + 6500 + 5800 = 19300$ fr.

Rép.
$$\text{Le } 1^{er} \text{ aura } \frac{2700}{19300} \times 7000 ; \text{ soit } 979 \text{ fr } 25.$$
$$\text{Le } 2^e \quad » \quad \frac{27}{193} \times 6500 ; \text{ soit } 909 \text{ fr } 30.$$
$$\text{Le } 3^e \quad » \quad \frac{27}{193} \times 5800 ; \text{ soit } 811 \text{ fr } 40.$$

1064. *Quatre hommes ayant fait un fonds commun ont gagné 2400 fr; le premier a reçu 800 fr pour son gain, le second 600 fr, le troisième 590 fr; et le quatrième, qui avait placé 1640 fr, a reçu le reste du gain. On demande la mise de chacun.*

Les trois premiers ont reçu $800 + 600 + 590 = 1990$ fr.

Le gain du quatrième égale $2400 - 1990 = 410$ fr.

Les mises égalent $\dfrac{1640}{410}$ ou quatre fois les gains.

Les mises sont donc 1re $800 \times 4 = 3200$ fr; 2^e $600 \times 4 = 2400$ fr; 3^e $590 \times 4 = 2360$ fr.

Rép. 3200 fr; 2400 fr; 2360 fr, et 1640 fr.

1065. *Quatre personnes ont acheté une propriété : la première a contribué à cet achat pour 12550 fr, la seconde pour 8550 fr, la troisième pour 7400 fr et la quatrième pour 6000 fr. Si l'on y récolte 1153 décalitres de blé, combien chaque personne aura-t-elle?*

La somme des mises égale
$$12550 + 8550 + 7400 + 6000 = 34500 \text{ fr.}$$

Rép.
$$\text{La } 1^{re} \text{ aura } \frac{1153}{34500} \times 12550 = 419 \text{ décal } 42.$$
$$\text{La } 2^e \quad » \quad \frac{1153}{34500} \times 8550 = 285 \text{ décal } 74.$$
$$\text{La } 3^e \quad » \quad \frac{1153}{34500} \times 7400 = 247 \text{ décal } 31.$$
$$\text{La } 4^e \quad » \quad \frac{1153}{34500} \times 6000 = 200 \text{ décal } 52.$$

1066. *Trois épiciers firent un fonds de 26395 fr; l'ayant fait valoir, ils gagnèrent 4518 fr; le premier eut 1540 fr, le second 1979 fr et le troisième le reste. On demande pour combien chacun avait contribué au fonds.*

Le bénéfice du troisième égale $4518 - (1540 + 1979) = 999$ fr.

Les mises sont les $\dfrac{26395}{4518}$ des bénéfices.

$$\text{Rép.}\begin{cases}\text{Le 1}^{er}\text{ avait mis } 1540 \times \dfrac{26395}{4518}\ ;\ \text{soit } 8996 \text{ fr } 95.\\[2mm] \text{Le 2}^{e}\quad\text{»}\quad 1979 \times \dfrac{26395}{4518}\ ;\ \text{soit } 11561 \text{ fr } 70.\\[2mm] \text{Le 3}^{e}\quad\text{»}\quad 999 \times \dfrac{26395}{4518}\ ;\ \text{soit } 5836 \text{ fr } 35.\end{cases}$$

1067. *Trois actionnaires, ayant acheté une maison, y ont fait pour 65650 fr de réparations et l'ont ensuite revendue de manière qu'ils ont gagné 10000 fr. On demande à combien se montait la dépense de chacun, sachant que le premier a reçu du gain 4000 fr, le deuxième 3420 fr et le troisième le reste.*

Les actionnaires ont dû consacrer la même somme à l'achat de la maison.

Le bénéfice du 3e est de 10000 — (4000 + 3420) ou 2580 fr.

$$\text{Rép.}\begin{cases}\text{Le 1}^{er}\text{ avait dépensé } 65650 \times \dfrac{4}{10} = 26260 \text{ fr.}\\[2mm] \text{Le 2}^{e}\qquad\text{»}\qquad 65650 \times \dfrac{342}{1000} = 22452 \text{ fr } 30.\\[2mm] \text{Le 3}^{e}\qquad\text{»}\qquad 65650 \times \dfrac{258}{1000} = 16937 \text{ fr } 70.\end{cases}$$

1068. *Trois négociants font un commerce et y consacrent 32000 fr. On demande la mise de chacun, sachant que le premier a eu 3000 fr sur le bénéfice, le deuxième 1900 fr et le troisième 1500 fr.*

Le bénéfice réalisé égale 3000 + 1900 + 1500 = 6400 fr.

$$\text{Rép.}\begin{cases}\text{La mise du 1}^{er}\text{ égale } \dfrac{32000 \times 3000}{6400} = 5 \times 3000 = 15000 \text{ fr.}\\[2mm] \text{La}\quad\text{»}\quad 2^{e}\quad\text{»}\qquad\qquad\qquad 5 \times 1900 = 9500 \text{ fr.}\\[2mm] \text{La}\quad\text{»}\quad 3^{e}\quad\text{»}\qquad\qquad\qquad 5 \times 1500 = 7500 \text{ fr.}\end{cases}$$

1069. *Une entreprise faite par trois personnes a produit 915 fr de bénéfice net. L'une d'elles a eu pour sa part des bénéfices 345 fr; les deux autres ont reçu, tant pour leur mise de fonds que pour leur part des bénéfices, l'une 2365 fr, l'autre 3905 fr. Quelle a été la mise de fonds de chaque personne?*

Le bénéfice des deux dernières égale 915 — 345 = 570 fr.
Elles ont retiré ensemble 2365 + 3905 = 6270 fr.
La somme de leurs mises égale 6270 — 570 = 5700 fr.

$$\text{La mise de la 1}^{re}\text{ égale } \dfrac{5700 \times 345}{570} = 3450 \text{ fr.}$$

$$\text{La}\quad\text{»}\quad 2^{e}\quad\text{»}\quad \dfrac{5700 \times 2365}{6270} = 2150 \text{ fr.}$$

$$\text{La}\quad\text{»}\quad 3^{e}\quad\text{»}\quad \dfrac{5700 \times 3905}{6270} = 3550 \text{ fr.}$$

Rép. 1re 3450 fr; 2e 2150 fr; 3e 3550 fr.

1070. *Le bénéfice net pour une année, réalisé dans l'exploitation d'une industrie, est de 59800 fr. La mise de fonds a été faite* *par trois particuliers qui ont versé respectivement 80 000 fr, 75 000 fr et 45 000 fr; un autre apporte un brevet qui, d'après les conventions, lui donne droit à $\frac{1}{4}$ des bénéfices nets. En outre, un commis voyageur doit avoir 2 p % des bénéfices nets. Combien revient-il à chacun des quatre associés?*

Le commis voyageur a reçu $598 \times 2 = 1196$ fr.

L'associé muni du brevet retire $59800 : 4$; soit 14950 fr.

Il reste $59800 - (14950 + 1196) = 43654$ fr.

La somme des mises égale $80000 + 75000 + 45000 = 200000$ **fr.**

Le 1er associé recevra $43654 \times \dfrac{8}{20} = 17461$ fr 60.

Le 2e   » $43654 \times \dfrac{75}{200} = 16370$ fr 25.

Le 3e   » $43654 \times \dfrac{45}{200} = 9822$ fr 15.

Rép. 17461 fr 60; 16370 fr 25; 9822 fr 15, et 14950 fr.

1071. *Trois négociants ont fait un fonds de 13300 fr : le premier a mis 3800 fr pour 8 mois, le second 4500 fr pour 15 mois, le troisième 4000 fr pour 6 mois et le reste pour 12 mois. On demande quelle part chacun doit avoir sur le gain, montant à 1500 fr.*

Le reste égale $13300 - (3800 + 4500 + 4000) = 1000$ fr.

Les parties proportionnelles sont : 1re $3800 \times 8 = 30400$; 2e $4500 \times 15 = 67500$; 3e $4000 \times 6 + 1000 \times 12 = 36000$, dont la somme égale 133900.

Le 1er aura $1500 \times \dfrac{304}{1339}$; soit 340 fr 55.

Le 2e   » $1500 \times \dfrac{675}{1339}$; soit 756 fr 15.

Le 3e   » $1500 \times \dfrac{360}{1339}$; soit 403 fr 30.

Rép. 1er 340 fr 55; 2e 756 fr 15; 3e 403 fr 30

1072. *Deux personnes ont contribué à faire un fonds; la première a mis 4600 fr pour 2 ans et la seconde 3000 fr pour 18 mois. Dites quelle part chacune doit avoir sur le gain, montant à la somme de 1800 fr.*

La 1re a laissé 4600 pendant deux ans ou $4600 \times 2 = 9200$ fr pendant un an.

La seconde a laissé $3000 \times \dfrac{3}{2} = 4500$ fr pendant un an.

La somme de ces mises est $9200 + 4500 = 13700$ fr.

La 1re aura $1800 \times \dfrac{92}{137}$; soit 1208 fr 75.

La 2e   » $1800 \times \dfrac{45}{137}$; soit 591 fr 25.

Rép. 1er 1208 fr 75; 2e 591 fr 25.

1073. *Trois négociants firent un fonds commun : le premier, qui eut 800 fr de bénéfice, avait mis 2400 fr pour 8 mois; le second avait mis 2400 fr pour 10 mois, et le troisième 2520 fr pour 7 mois On demande quel fut le gain total de la société et celui des deux derniers associés.*

Le 1er a laissé en société $2400 \times 8 = 19200$ fr pendant 1 mois.

Le 2e $2400 \times 10 = 24000$ fr, et le 3e $2520 \times 7 = 17640$ fr.

La mise totale équivaut à une mise de

$19200 + 24000 + 17640 = 60840$ francs pendant un mois.

Le bénéfice est les $\dfrac{800}{19200} = \dfrac{1}{24}$ de la mise totale.

Le bénéfice total est de $60840 : 24 = 2535$ fr.

Le bénéfice du 2e égale $24000 : 24 = 1000$ fr.

Le bénéfice du 3e est de $17640 : 24 = 735$ fr.

Rép. 1o Gain total 2535 fr; 2o 1000 fr; 3o 735 fr.

1074. *Quatre personnes firent société pour 3 ans : la première mit au commencement 350 fr, et 5 mois après 2400 fr; la seconde mit d'abord 8000 fr, et, au bout de 20 mois, elle en retira la moitié, et 5 mois après 2400 fr; la troisième mit 1500 fr au commencement et 5000 fr au bout de 2 ans; la quatrième mit d'abord 600 fr, et tous les 6 mois elle augmentait sa mise d'une pareille somme. Dites ce que chacune doit avoir du gain, montant à 80000 francs.*

Le 1er a laissé $350 \times 36 + 2400 \times 31 = 87000$ fr pendant 1 mois.

Le 2e   » $8000 \times 36 - (4000 \times 16 + 2400 \times 11) = 197600$ fr pendant 1 mois,

Le 3e   » $1500 \times 36 + 5000 \times 12 = 114000$ fr pendant 1 m.

Le 4e a laissé

$600 \times 36 + 600 \times 30 + 600 \times 24 + 600 \times 18 + 600 \times 12 + 600 \times 6 = 75600$ fr

Le total des mises égale

$87000 + 197600 + 114000 + 75600 = 474200$ fr.

Le gain du 1er égale $\dfrac{80000}{474200} \times 87000$; soit 14677 fr 35.

Le   »   2e   » $\dfrac{80000}{474200} \times 197600$; soit 33336 fr 15.

Le   »   3e   » $\dfrac{80000}{474200} \times 114000$; soit 19232 fr 40.

Le   »   4e   » $\dfrac{80000}{474200} \times 75600$; soit 12754 fr 10.

Rép. 1e 14677 fr 35; 2o 33336 fr 15; 3e 19232 fr 40; 4e 12754 fr 10.

1075. *Deux négociants se sont associés pour acheter en Amérique 1450 balles de coton, pesant chacune 80 kilog, à 2 fr 40 le kilog, et ils l'ont revendu à raison de 3 fr. Le premier avait mis deux fois autant que le deuxième et 18400 fr de plus. Combien chacun doit-il avoir sur le bénéfice, sachant qu'ils ont dû* *payer pour l'assurance 3 fr 50 pour 1 000 fr, et de plus 1 200 fr pour le port?*

Le prix d'achat du coton égale $1\,450 \times 80 \times 2,40 = 278\,400$ fr.

L'assurance a coûté $278,4 \times 3,5 = 974$ fr 40.

La dépense totale égale $278\,400 + 974,40 + 1\,200 = 280\,574$ fr 40.

Le bénéfice égale $1\,450 \times 80 \times 0,6 = 69\,600$ fr.

Les deux mises valent ensemble trois fois la 2ᵉ, plus 18 400 fr.

Le 2ᵉ avait mis $\dfrac{280\,574,4 - 18\,400}{3}$; soit 87 391 fr 45 par défaut.

Le 1ᵉʳ avait mis $280\,574,4 - 87\,391,45 = 193\,182$ fr 95.

Le bénéfice du 1ᵉʳ sera $\dfrac{69\,600 \times 193\,182,95}{280\,574,4} = 47\,921$ fr 45.

Le second aura $\dfrac{69\,600 \times 87\,391,45}{280\,574,4} = 21\,678$ fr 54.

Rép. 1ᵉʳ 47 921 fr 45 ; 2ᵉ 21 678 fr 55.

1076. *Deux associés ont mis dans le commerce l'un 25 000 fr, l'autre 21 000 fr ; ils font valoir l'un et l'autre la moitié de la mise totale, chacun dans une entreprise séparée : le premier gagne 3 400 fr et le second 2 600 fr. Combien chacun aura-t-il sur le bénéfice, sachant qu'avant de partager le bénéfice total, proportionnellement aux mises, chaque associé doit prélever 12 p % du bénéfice qu'il a réalisé ?*

Le 1ᵉʳ prélève $34 \times 12 = 408$ fr et le 2ᵉ $26 \times 12 = 312$ fr.

Il reste $(3\,400 + 2\,600) - (408 + 312)$ ou 5 280 fr à partager proportionnellement aux mises 25 000 et 21 000 ou 25 et 21.

Le 1ᵉʳ aura $\dfrac{5\,280}{46} \times 25 = 2\,869,55$ et le 2ᵉ $\dfrac{5\,280 \times 21}{46} = 2\,410$ fr 45.

Le bénéfice du 1ᵉʳ est $2\,869,55 + 408 = 3\,277$ fr 55.

Le   »   2ᵉ est $2\,410,45 + 312 = 2\,722$ fr 45.

Rép. 1ᵉʳ 3 277 fr 55 ; 2ᵉ 2 722 fr 45.

1077. *Trois personnes ont formé une association pour une entreprise, et ont constitué un fonds social de 32 456 fr ; la mise de la première surpasse celle de la deuxième de 1 533 fr, et cette deuxième mise surpasse la troisième de 2 548 fr. La première mise est restée 3 ans 7 mois, la deuxième 4 ans 5 mois, la troisième 5 ans 2 mois dans la société. On fait un bénéfice de 4 560 fr. Dites ce qui revient à chaque associé, et s'il eût eu plus ou moins d'avantage à placer son capital à 4 p %.*

Si nous appelons x la mise de la 3ᵉ, la somme des mises sera $x + (x + 2\,548) + (x + 2\,548 + 1\,533) = 3x + 6\,629$, c'est-à-dire trois fois la mise de la 3ᵉ personne, plus 6 629 fr.

La mise de la 3ᵉ personne égale $\dfrac{32\,456 - 6\,629}{3}$ ou 8 609.

La   »   2ᵉ   » $8\,609 + 2\,548 = 11\,157$.

La   »   1ʳᵉ   » $11\,157 + 1\,533 = 12\,690$.

Les nombres proportionnels sont : 1er $12690 \times 43 = 545670$; 2^e $11157 \times 53 = 591321$; 3^e $8609 \times 62 = 533758$.

La somme des nombres proportionnels est

$$545670 + 591321 + 533758 = 1670749.$$

La 1re aura $\dfrac{4560 \times 545670}{1670749} = 1489$ fr 30.

La 2e » $\dfrac{4560 \times 591321}{1670749} = 1613$ fr 90.

La 3e » $\dfrac{4560 \times 533758}{1670749} = 1456$ fr 80.

Pendant 43 mois, les 12690 fr de la 1re auraient rapporté à 4 %

$$\frac{4 \times 12690 \times 43}{100 \times 12} = 1818 \text{ fr } 90.$$

Il eût été préférable de placer l'argent à 4 %.

Rép. 1re 1489 fr 30 ; 2e 1613 fr 90 ; 3e 1456 fr 80 ; il y aurait eu avantage à placer à 4 %.

1078. *Trois personnes se sont associées pour une entreprise : la première a donné un immeuble d'un prix déterminé ; la deuxième a versé 15670 fr et la troisième 12348 fr ; cette dernière aura droit en outre à 2/17 des bénéfices de l'association pour les soins qu'elle donnera à l'entreprise. A la fin de l'année, le premier associé reçoit pour sa part dans les bénéfices 2326 fr 75 et le deuxième 1954 fr 95. Trouver : 1° ce qui revient à la troisième pour sa mise et pour ses soins ; 2° le bénéfice total de la société ; 3° le prix de l'immeuble donné par la première.*

La 2e a un bénéfice de 1954,95 pour une mise de 15670 fr.

Le bénéfice de la 1re étant de 2326 fr 75, son immeuble vaut

$$\frac{15670 \times 2326,75}{1954,95} = 18650 \text{ fr } 20.$$

Pour sa mise, la 3e aura $\dfrac{1954,95 \times 12348}{15670} = 1540$ fr 50.

La somme des bénéfices donnés pour les mises de fonds est égale à $2326,75 + 1954,95 + 1540$ fr $50 = 5822$ fr 20.

Cette somme est les $\dfrac{15}{17}$ du bénéfice total.

Le bénéfice total égale $\dfrac{5822,2 \times 17}{15} = 6598$ fr 50.

Les $\dfrac{2}{17}$ valent $\dfrac{6598,5 \times 2}{17} = 776$ fr 30.

Rép. $\left\{\begin{array}{l} 1° \text{ La } 3^e \text{ aura donc } 1540,5 + 776,3 = 2316 \text{ fr } 80. \\ 2° \text{ Le bénéfice de la société est } \quad 6598 \text{ fr } 50. \\ 3° \text{ L'immeuble vaut } \quad 18650 \text{ fr } 20. \end{array}\right.$

1079. *Une entreprise qui a duré cinq ans a produit un bénéfice de 6430 fr. Le capital fourni par les 5 associés étant de 80000 fr, faire connaître la mise et le gain de chaque associé, sachant que la mise du premier est à celle du deuxième comme 3 est à 1 ; celle du deuxième est à celle du troisième comme 2/3 est à 3/5 ;*

*celle du troisième est à celle du quatrième comme ⁵/₆ est à 2 ¹/₂;
et enfin celle du premier est à celle du cinquième comme 3 est
à 5 ⁵/₆.*

La première part étant 3, la 2ᵉ est 1, la 3ᵉ $\dfrac{3 \times 3}{5 \times 2} = \dfrac{9}{10}$,
la 4ᵉ $\dfrac{5 \times 6 \times 9}{2 \times 5 \times 10} = \dfrac{27}{10}$ et la 5ᵉ $\dfrac{35}{6}$; en multipliant le tout
par 30, on a 90, 30, 27, 81, 175.

La somme de ces nombres égale $90 + 30 + 27 + 81 + 175 = 403$

$$\text{Rép.} \begin{cases} 1^{er} \text{ associé.} \begin{cases} \text{Mise} & 80000 \times \dfrac{90}{403} = 17866 \text{ fr.} \\ \text{Bénéfice} & 6430 \times \dfrac{90}{403} = 1435 \text{ fr } 95. \end{cases} \\ 2^e \text{ associé.} \begin{cases} \text{Mise} & 80000 \times \dfrac{30}{403} = 5955 \text{ fr } 35. \\ \text{Bénéfice} & 6430 \times \dfrac{30}{403} = 478 \text{ fr } 65. \end{cases} \\ 3^e \text{ associé.} \begin{cases} \text{Mise} & 80000 \times \dfrac{27}{403} = 5359 \text{ fr } 80. \\ \text{Bénéfice} & 6430 \times \dfrac{27}{403} = 430 \text{ fr } 80. \end{cases} \\ 4^e \text{ associé.} \begin{cases} \text{Mise} & 80000 \times \dfrac{81}{403} = 16079 \text{ fr } 40. \\ \text{Bénéfice} & 6430 \times \dfrac{81}{403} = 1292 \text{ fr } 40. \end{cases} \\ 5^e \text{ associé.} \begin{cases} \text{Mise} & 80000 \times \dfrac{175}{403} = 34739 \text{ fr } 45. \\ \text{Bénéfice} & 6430 \times \dfrac{175}{403} = 2792 \text{ fr } 20. \end{cases} \end{cases}$$

1080. *Quatre personnes ont hérité d'une fortune qui leur a été
répartie de la manière suivante : l'une d'elles doit avoir les ⁵/₇
de la fortune, une autre les ²/₃ du reste, et les deux autres se
partageront le dernier reste. La fortune entière est engagée
dans une entreprise dont le bénéfice net est de 4582 fr 70. On
demande quelle est la part d'héritage de chaque personne et sa
part des bénéfices de l'entreprise, sachant que la première reçoit
en tout 18152 fr 50.*

La 1ʳᵉ personne a les $\dfrac{5}{7}$ de l'héritage, la 2ᵉ les $\dfrac{2}{7} \times \dfrac{2}{3} = \dfrac{4}{21}$,
la 3ᵉ et la 4ᵉ chacune $\dfrac{2}{21} : 2 = \dfrac{1}{21}$.

Les parts des bénéfices sont 1ʳᵉ $\dfrac{4582,70 \times 15}{21} = 3273 \text{ fr } 35.$

2ᵉ $\dfrac{4582,7 \times 4}{21} = 872,90$; 3ᵉ et 4ᵉ $= \dfrac{4582,70}{21} = 218 \text{ fr } 20.$

La 1re personne a hérité de $18152,5 - 3273,35 = 14879$ fr 15.

La 2e a hérité des $\frac{4}{15}$ de cette somme, soit $\frac{14879,15 \times 4}{15} = 3967$ fr 75.

La 3e et la 4e, de $\frac{1}{4}$ de 3967 fr 75, soit 991 fr 95.

Rép. $\left\{ \begin{array}{l} \text{Héritage: 1er 14879 fr 15; 2e 3967 fr 75; 3e et 4e 991 fr 95.} \\ \text{Bénéfices: 1er 3273 fr 35; 2e 872 fr 90; 3e et 4e 218 fr 20.} \end{array} \right.$

1081. *Deux négociants ont formé une société et ont fait chacun une mise de fonds différente; l'un d'eux, qui dirige les travaux, doit prélever d'abord 18 p %, sur les bénéfices nets, le reste devant être réparti proportionnellement aux mises. Les bénéfices de l'entreprise ont été de 6650 fr. L'associé qui dirige les travaux ayant reçu en tout 13753 fr 25, on demande quelle somme chaque associé avait mise, et combien p % a rapporté le capital commercial, sachant que le capital placé par l'associé dirigeant est à celui de l'autre associé comme 7 est à 12.*

L'associé dirigeant a prélevé d'abord $66,5 \times 18 = 1197$ fr.

Il reste $6650 - 1197 = 5453$ fr de bénéfice à répartir.

Les bénéfices sont entre eux comme les mises, c'est-à-dire comme 7 est à 12.

Le 1er aura donc encore $\frac{5453 \times 7}{19} = 2009$ fr.

Le bénéfice du 2e sera $5453 - 2009 = 3444$ fr.

Le bénéfice du 1er est de $1197 + 2009 = 3206$ fr.

Sa mise était donc de $13753,25 - 3206 = 10547$ fr 25.

La mise du 2e était de $\frac{10547,25 \times 12}{7} = 18081$ fr.

Pour 100 fr de capital on a eu $\frac{3444 \times 100}{18081} = 19$ fr 04.

Rép. 1er 10547 fr 25; 2e 18081 fr; 3e 19,04 p %.

1082. *Le $\frac{1}{4}$ de l'avoir d'un particulier est constitué par une vigne qui rapporte chaque année 5 p %; le $\frac{1}{3}$ est un champ qui produit 4,5 p %, et le reste est une maison qui donne un revenu de 4 p %. On demande ce que rapporte chaque partie, sachant que le revenu total est annuellement de 1590 fr.*

La maison égale $1 - \left(\frac{1}{4} + \frac{1}{3} \right) = \frac{5}{12}$ de l'avoir.

Si l'avoir était 1200 fr, la 1re partie serait 300 fr, la 2e 400 fr et la 3e 500 fr.

Les revenus respectifs seraient 1re 15 fr, 2e 18 fr, 3e 20 fr.

Le revenu total serait $15 + 18 + 20 = 53$ fr.

Le revenu de la vigne est donc $1590 \times \frac{15}{53} = 450$ **fr.**

Le revenu du champ égale $1590 \times \frac{18}{53} = 540$ fr.

Le revenu de la maison égale $1590 \times \frac{20}{53} = 600$ fr.

Rép. Vigne 450 fr; champ 540 fr; maison 600 fr.

1083. *Trois négociants ont acheté la cargaison d'un navire et ont déboursé : le premier 42000 fr, le second 68000 fr et le troisième 80000 fr ; ils ont payé pour frais de voyage 12000 fr et une prime d'assurance dont le taux est de 7,50 pour 1000 fr ; ils vendent le tout 246000 fr. Que revient-il à chacun sur le bénéfice net ?*

La cargaison du navire a coûté
$$42000 + 68000 + 80000 = 190000 \text{ fr}$$
La prime d'assurance a été de $7,5 \times 190 = 1425$ fr.

La dépense totale s'est élevée à
$$190000 + 1425 + 12000 = 203425 \text{ fr.}$$
Le bénéfice net est de $246000 - 203425 = 42575$ fr.

Le 1er aura : $\dfrac{42575 \times 42}{190} = 9411$ fr 31 de bénéfice.

Le bénéfice du 2e sera $\dfrac{42575 \times 68}{190} = 15237$ fr 378.

Le bénéfice du 3e sera $\dfrac{42575 \times 80}{190} = 17926$ fr 31.

Rép. 1er 9411 fr 30 ; 2e 15237 fr 40 ; 3e 17926 fr 30.

1084. *Deux associés ont acheté une maison 12000 fr et l'ont meublée pour une somme de 18000 fr ; la mise du premier est double de celle du second. Que revient-il à chacun sur le revenu, sachant que les locataires payent 3400 fr par semestre ? On sait d'ailleurs que les propriétaires ont à leur charge : 1° les impôts, s'élevant à 150 fr ; 2° le prix de l'assurance contre l'incendie, estimé au taux de 1 fr 60 pour 1000 sur le bâtiment et 0 fr 90 pour 1000 sur le mobilier.*

L'assurance coûte $1,6 \times 12 + 0,9 \times 18 = 35$ fr 40.
Les dépenses s'élèvent à $150 + 35,40 = 185$ fr 40.
Le bénéfice net est de $3400 \times 2 - 185,40 = 6014$ fr 60.

Le 1er associé en a le double du 2e, soit les $\dfrac{2}{3}$ du bénéfice total.

ou $\quad \dfrac{6014,6 \times 2}{3} = 4009$ fr 73.

Le 2e associé en a le $\dfrac{1}{3}$ ou $6014,6 : 3 = 2004$ fr 86.

Rép. 1er 4009 fr 75 ; 2e 2004 fr 85.

1085. *Trois négociants ont acheté à Odessa 4800 sacs de blé à 18 fr le sac ; le premier a donné 20000 fr, le second 30000 fr et le dernier le reste. A Marseille ils vendent le blé 21 fr 50 le sac. Combien chacun aura-t-il sur le bénéfice, sachant que le port a été de 2400 fr, les frais de débarquement et de remise 520 fr, et qu'ils ont dû payer une prime d'assurance au taux de 3 fr 60 pour 1000 fr ?*

Le prix d'achat du blé égale $18 \times 4800 = 86400$ fr.
La mise du 3e négociant est donc de $86400 - 50000 = 36400$ fr.
Le bénéfice brut égale $(21,50 - 18) \times 4800 = 16800$ fr.

Les frais s'élèvent à $2400 + 520 + (3,6 \times 86,4) = 3231$ fr 05.

Le bénéfice net est donc $16800 - 3231,05 = 13568$ fr 95.

Les parts du bénéfice seront

$$1^{er} \quad \frac{13568,95 \times 200}{864} = 3140 \text{ fr } 95.$$

$$2^e \quad \frac{13568,95 \times 300}{864} = 4711 \text{ fr } 45.$$

$$3^e \quad \frac{13568,95 \times 364}{864} = 5716 \text{ fr } 55.$$

Rép. 1re 3140 fr 95 ; 2e 4711 fr 45 ; 3e 5716 fr 55.

PROBLÈMES SUR L'ÉCHÉANCE MOYENNE

1086. *Un débiteur doit payer 600 fr dans 2 mois, 800 fr dans 8 mois et 900 fr dans un an. Il demande à ne faire qu'un seul payement, le créancier y consent. A quelle époque devra se faire ce payement unique ?*

Le débiteur doit jouir des intérêts de

$(600 \times 2) + (800 \times 8) + (900 \times 12) = 18400$ fr pendant 1 mois,

ou de $600 + 800 + 900 = 2300$ fr pendant $\frac{18400}{2300} = 8$ mois.

(Arith n° 513.)

Rép. 8 mois.

1087. *Un marchand doit payer 380 fr dans 4 mois et 800 fr dans 7 mois. S'il ne veut faire qu'un seul payement, dans combien de temps devra-t-il l'effectuer pour qu'il n'y ait ni gain ni perte ?*

Le marchand doit jouir de $(380 \times 4) + (800 \times 7) = 7120$ fr pendant 1 mois,

ou de $380 + 800 = 1180$ fr pendant $\frac{7120}{1180} = 6$ mois 1 jour.

Rép. 6 mois 1 jour.

1088. *Dans combien de temps faudrait-il payer 1560 fr, au lieu de payer la moitié de cette somme dans 8 mois et le reste dans 10 mois, pour que la perte compensât le gain ?*

On doit jouir de $(780 \times 8) + (780 \times 10) = 14040$ fr pendant 1 mois,

ou de 1560 fr pendant $\frac{14040}{1560} = 9$ mois.

Rép. 9 mois.

1089. *Un négociant doit les sommes suivantes : 7420 fr payables comptant, 2600 fr dans 8 mois, 2600 fr dans 12 mois ; comme il ne peut effectuer le premier payement, il propose à son créan-*

cier de n'en faire qu'un seul pour toutes ces sommes. Quand doit-il le faire pour qu'ils ne perdent ni l'un ni l'autre?

Le négociant doit jouir de $(2600 \times 8) + (2600 \times 12) = 52000$ fr pendant 1 mois.

Il jouira de $7420 + 2600 + 2600 = 12620$ fr pendant $\dfrac{52000}{12620} = 4\text{m}3\text{j}$.

Rép. 4 mois 3 jours.

1090. *Un négociant a souscrit deux billets : l'un de 1812 fr payable dans 25 jours, l'autre de 1500 fr payable dans 190 jours ; il désire remplacer ces deux billets par un seul dont le montant soit égal à la somme des deux autres. Dans combien de jours ce billet devra-t-il être payable?*

Le négociant doit jouir de $(1812 \times 25) + (1500 \times 190) = 330300$ fr pendant 1 jour.

Il jouira de 3312 fr pendant $\dfrac{330300}{3312} = 99$ jours $\dfrac{67}{92}$.

Rép. 99 jours par défaut.

1091. *Un marchand fait un achat de drap pour 18000 fr, dont il devrait payer ¼ dans 6 mois, ⅓ dans 8 mois et le reste dans 10 mois ; mais il désire ne faire qu'un seul payement. Quand doit-il le faire?*

Le marchand doit jouir de
$(4500 \times 6) + (3600 \times 8) + (9900 \times 10) = 154800$ fr pendant 1 mois.
Il jouira de 18000 fr pendant $154800 : 18000$ ou 8 mois 18 jours.

Rép. 8 mois 18 jours.

1092. *J'ai acheté pour 6800 fr de marchandises payables dans 9 mois, à condition que si j'avançais 3000 fr, je pourrais garder le reste 12 mois. A quelle époque devrai-je faire cette avance?*

Je dois jouir de $6800 \times 9 = 61200$ fr pendant 1 mois.
J'ai joui de $3800 \times 12 = 45600$ fr pendant 1 mois.
Il me reste à jouir de $61200 - 45600 = 15600$ fr pendant 1 mois, ou de 3000 fr pendant $15600 : 3000 = 5$ mois 6 jours.

Rép. 5 mois 6 jours.

1093. *Un fabricant ayant vendu pour 8600 fr de drap à 12 mois de crédit n'a reçu le quart de cette somme qu'au bout de 15 mois. A quelle époque en avait-il reçu les ¾?*

L'acheteur devait jouir de $8600 \times 12 = 103200$ fr pendant 1 mois.
Il jouit de $2150 \times 15 = 32250$ fr pendant 1 mois.
Il lui reste à jouir de $103200 - 32250 = 70950$ fr pendant 1 mois.
ou de $\dfrac{8600 \times 3}{4} = 6450$ fr pendant $\dfrac{70950}{6450} = 11$ mois.

Rép. 11 mois après la vente.

1094. *Un entrepreneur a fait construire une maison estimée 10000 fr payables dans un an ; mais, comme il a besoin de fonds, le propriétaire veut bien lui avancer 4000 fr de 7 mois. Combien* *de temps ce propriétaire doit-il garder le reste pour compenser l'avance qu'il a faite?*

Le propriétaire devait jouir de $10\,000 \times 12 = 120\,000$ fr pendant 1 m

Il jouit de $4\,000 \times 5 = 20\,000$ fr pendant 1 mois.

Il doit encore jouir de 6 000 pendant $\dfrac{120\,000 - 20\,000}{6\,000} = 16$ mois $\dfrac{2}{3}$.

Rép. 16 mois 40 jours, ou 11 mois 40 jours après l'avance.

1095. *Un marchand a acheté du drap pour 7 200 fr à 15 mois de crédit; mais, ayant payé une partie de la somme, il garde 2 400 fr pendant 3 ans 9 mois pour compenser l'avance qu'il avait faite. On demande à quelle époque il avait donné les 4 800 fr.*

Le marchand doit jouir de $7\,200 \times 15 = 108\,000$ fr pendant 1 mois.

Il jouit de 2 400 fr pendant 45 mois, ou de

$$2\,400 \times 45 = 108\,000 \text{ fr pendant 1 mois.}$$

Rép. Les 4 800 fr ont été payés comptant.

1096. *Je devais 3 600 fr à un an de crédit, j'en ai payé les ²/₃ avant l'échéance, de manière à pouvoir garder le reste 2 ans sans faire tort à mon créancier. Quand ai-je payé les ²/₃?*

Je devais jouir de $3\,600 \times 12 = 43\,200$ fr pendant 1 mois.

Je veux jouir de $1\,200 \times 24 = 28\,800$ fr pendant 1 mois.

Il me reste à jouir de 2 400 fr pendant $\dfrac{43\,200 - 28\,800}{2\,400} = 6$ mois.

Rép. 6 mois après avoir contracté la dette.

1097. *Un négociant devait 3 600 fr payables dans 6 mois, 4 000 fr dans 8 mois et 9 500 fr dans 10 mois. Or il paye 12 800 fr au bout de 4 mois. Combien de temps peut-il garder le reste?*

Le négociant devait jouir de

$3\,600 \times 6 + 4\,000 \times 8 + 9\,500 \times 10 = 148\,600$ fr pendant 1 mois.

Il a joui de $12\,800 \times 4 = 51\,200$ fr pendant 1 mois.

Il doit encore jouir de $3\,600 + 4\,000 + 9\,500 - 12\,800$ ou 4 300 fr

pendant $\dfrac{148\,600 - 51\,200}{4\,300} = \dfrac{974}{43} = 22$ mois $\dfrac{28}{43}$ ou 22 mois 19 jours.

Rép. 22 mois 19 jours.

1098. *Un négociant donne à son créancier deux billets: l'un de 650 fr payable dans 65 jours, l'autre de 725 fr payable dans 220 jours; 40 jours plus tard, il offre de remplacer ses deux billets par un seul payable dans un an. Le créancier accepte, mais à la condition que le billet sera de 1 426 fr. A quel taux celui-ci prête-il son argent?*

Après 40 jours, le négociant doit jouir de

$(650 \times 25) + (725 \times 180) = 146\,750$ fr pendant 1 jour,

ou de $650 + 725 = 1\,375$ fr pendant $\dfrac{146\,750}{1\,375} = 106$ j $\dfrac{1\,000}{1\,375}$ soit 107 j.

Disposition des données.

1 375	51	253
109	*x*	360

Il donne $1\,426 - 1\,375 = 51$ fr de plus pour garder la somme $360 - 107 = 253$ j de plus.

Le taux est de $\dfrac{51 \times 100 \times 360}{1\,375 \times 253} = 5{,}27$.

Rép. 5,27 %.

1099. *Un petit marchand achète, le 15 mars, pour 125 fr de marchandises payables dans 90 jours, et le 1er mai pour 180 fr à 90 jours; 20 jours plus tard il donne un acompte de 100 fr et il prie son créancier de ne faire qu'une seule traite de 205 fr. Quelle doit être l'échéance de cette traite?*

Du 15 mars au 21 mai, il y a 67 jours.

Le 21 mai, le marchand devait encore jouir de 125 fr pendant 90 — 67 ou 23 j, et de 180 fr pendant 70 j, soit de $125 \times 23 + 180 \times 70$ ou 15475 fr pendant 1 jour.

Pour compenser ces intérêts, il gardera   125 + 180 — 100

ou   205 fr pendant $15475 : 205 = 75$ jours $\frac{20}{41}$, soit 76 jours.

    Rép. La traite sera payable le 5 août.

1100. *Un marchand achète, le 5 janvier, pour 230 fr de marchandises payables dans 90 jours; le 18 mars il achète encore pour 300 fr de marchandises payables dans 90 jours. Le 30 mars il donne un acompte de 200 fr et prie son créancier de ne faire qu'une seule traite payable le 1er juin. Quel sera le montant de cette traite, le taux de l'escompte étant 6 %?*

Du 5 janvier au 30 mars, il y a 84 j, et du 18 au 30 mars, 12 j.

Le 30 mars, le marchand doit jouir des intérêts de 230 fr pendant 90 — 84 ou 6 jours, et des intérêts de 300 fr pendant 90 — 12 ou 78 jours, soit de $230 \times 6 + 300 \times 78$ ou 24780 fr pendant 1 jour.

Mais il donne 200 fr, il doit encore 230 + 300 — 200 ou 330 fr.

Il devrait garder cette somme pendant $\frac{24780}{330} = 75$ j $\frac{1}{11}$, soit 75 j.

S'il payait aujourd'hui, il obtiendrait un escompte de

$$\frac{6 \times 75 \times 330}{360 \times 100} = 4 \text{ fr } 125, \text{ soit } 4 \text{ fr } 15.$$

Il donnerait 330 — 4,15 ou 325 fr 85.

Cette somme est aussi la valeur escomptée de la traite payable le 1er juin, c'est-à-dire dans 63 jours.

Pour 63 jours, l'escompte de 100 fr est $\frac{6 \times 63}{360} = 1$ fr 05.

Si l'on devait aujourd'hui 98 fr 95, la traite serait de 100 fr.

Si l'on devait 1 fr, la traite serait de $\frac{100}{98,95}$.

Comme on doit 325 fr 85, la traite sera de $\frac{100 \times 325,85}{98,95} = 329$ fr 30.

Disposition des données.

98,95	100.
325,85	x.

    Rép. 329 fr 30.

PROBLÈMES SUR LES RENTES

Dans les calculs on tiendra compte du courtage et du timbre
(Arith., n° 533.)

Dans tous les problèmes sur les rentes et autres valeurs mobilières, le courtage a été calculé à $\frac{1}{10}$ ou 0 fr 10 %, en conformité du décret du 29 juin 1898. Le timbre, dans les rentes, étant de 0 fr 0125 par mille francs et fraction de mille francs, a toujours été forcé pour avoir un multiple de *cinq centimes*. Ainsi, pour 0,0125, 0,0250, 0,0375, on a mis 0,05 ; pour 0,0625, 0,0750, 0,0-75, on a pris 0,10 ; pour 0,3125, 0 fr 35 ; pour 1,0625, 1 fr 10 et ainsi de suite.

1101. *Que coûteront 1200 fr de rentes 3 p % au cours de 82 fr 50 ?*

Le prix d'achat de la rente est de $\dfrac{82,5 \times 1200}{3} = 33000$ fr.

Le courtage vaut 33000 : 1000 = 33 fr.

Le timbre compté pour 34000 francs vaut 0,0125 × 34, soit 0,45.

Les 1200 fr de rentes coûteront 33000 + 33 + 0,45 = 33033 fr 45.

   Rép. 33033 fr 45.

1102. *Que coûteront 200 fr de rentes 3,5 % au cours de 106 fr 10 ?*

Le prix d'achat de la rente égale $\dfrac{106,10 \times 200}{3,5} = 6062$ fr 85.

Le courtage s'élève à 6062,85 : 1000, soit 6 fr 05.

Le timbre pour 7000 fr est de 0,0875, soit 0,10.

Les 200 fr de rentes coûteront 6062,85 + 6,05 + 0,10 = 6069 fr.

   Rép. 6069 fr.

1103. *Un particulier veut se faire une rente qui lui permette de dépenser 7 fr par jour. Quelle somme doit-il y consacrer, s'il achète du 3 % au cours de 102 fr 45 ?*

La rente annuelle nécessaire à ce particulier est de
$$7 \times 365 = 2555 \text{ fr.}$$

Le prix d'achat de 2555 fr de rentes est de
$$\frac{102,45 \times 2555}{3} = 87253 \text{ fr 25.}$$

Le courtage s'élève à 87253,25 : 1000 = 87 fr 25.

Le timbre pour 88000 fr est 0,0125 × 88 = 1 fr 10.

Le particulier devra donc débourser
$$87253,25 + 87,25 + 1,10 = 87341 \text{ fr 60.}$$

   Rép. 87341 fr 60.

1104. *Un propriétaire vend une maison et reçoit pour prix un titre de rentes 3,50 % de 2625 fr. Le jour de la vente, le cours de la rente est de 105 fr 80. On demande : 1° combien sa maison lui a été payée ; combien elle a coûté à l'acheteur, sachant que celui-ci a dû débourser 1850 fr pour les frais de vente et d'enregistrement.*

Le prix de vente de la maison est le prix que le propriétaire retirerait du titre qui lui est remis.

Or le prix de vente de ce titre serait

$$\frac{105,80 \times 2625}{3,5} = 79350 \text{ fr.}$$

Le courtage s'élèverait à $79350 : 1000 = 79 \text{ fr } 35$.

Le timbre à $0,0125 \times 80 = 1 \text{ fr}$.

Le propriétaire retirerait donc du titre

$$79350 - (79,35 + 1) = 79269 \text{ fr } 65.$$

La maison a coûté à l'acheteur :

    Achat du titre $79350 + 80,35 = 79430 \text{ fr } 35$

    Frais 1850

                           Total : $81280 \text{ fr } 35.$

Rép. 1° $79269 \text{ fr } 65$; 2° $81280 \text{ fr } 35$.

1105. *A quel taux place-t-on son argent quand on achète des rentes 3 %, au cours de 102 fr 30, et à quel taux le plaçait-on quand le cours était 78 fr 50?*

         $102 \text{ fr } 30$ rapportent 3 fr.

1 fr rapporte $\dfrac{3}{102,3}$ et 100 fr $\dfrac{300}{102,3} = 2,93.$

Au cours de $78,50$, 100 fr rapporteraient

$$\frac{300}{78,5} = 3,82.$$

Rép. 1° $2 \text{ fr } 93$; 2° $3 \text{ fr } 82$.

Remarque. Dans ce problème on peut négliger le timbre, puisqu'il n'est que d'un centime $^1/_4$ jusqu'à 1000 fr; mais on pourrait tenir compte du courtage; ainsi les résultats précédents deviendraient :

$$\frac{300}{102,3 + 0,1023} = 2 \text{ fr } 9296, \quad \text{et} \quad \frac{300}{78,5 + 0,0785} = 3 \text{ fr } 8178.$$

1106. *Quel devrait être le cours de la rente 3 % pour qu'en achetant de cette rente : 1° on plaçât son argent à 3,5 %; 2° on le plaçât réellement à 3 %?*

Pour avoir 3 fr 50 d'intérêt il faut placer 100 fr, pour avoir 3 fr il faudra placer $\dfrac{100 \times 3}{3,5} = 85 \text{ fr } 714.$

En ne tenant pas compte du courtage, le cours de la rente 3 % devrait être 85 fr 714.

Le courtage étant $^1/_{1000}$ du capital, les 85 fr 714, ou mieux $\dfrac{100 \times 3}{3,5}$ représentent les $\dfrac{1001}{1000}$ du capital ou du cours demandé.

Le cours sera donc

$$\frac{100 \times 3 \times 1000}{3,5 \times 1001} = 85 \text{ fr } 6286.$$

De même, pour placer son argent à 3 % le cours doit être

$$\frac{100 \times 1000}{1001} = 99 \text{ fr } 90.$$

Rép. 1° $85 \text{ fr } 6286$; 2° $99 \text{ fr } 90$.

Remarques. I. On aurait pu, sans erreur appréciable, prendre le courtage sur 85,714 et sur 100 et le soustraire de ces sommes. Mais si l'opération portait sur des capitaux importants, l'erreur deviendrait sensible.

II. Il n'a pas été tenu compte du timbre, à cause de son peu de valeur.

1107. *Un particulier peut disposer de 80 000 fr. Quelle rente se fera-t-il en achetant du 3 %, au cours de 103 fr 20?*

Le courtage sera environ 800 : 10 = 80 fr.

Le timbre 0,0125 × 80 = 1 fr.

La somme disponible pour l'achat des rentes sera

$$80\,000 - 81 = 79\,919 \text{ fr.}$$

Ces rentes s'élèveront donc à

$$\frac{3 \times 79\,919}{103,20} \quad 2\,323 \text{ fr.}$$

Rép. 2 323 fr de rentes; reliquat, 7 fr 90.

Remarque. Pour trouver le reliquat, il faut chercher ce que l'on a déboursé pour l'achat de la rente, et retrancher cette somme de 80 000 fr.

Prix d'achat de 2 323 fr de rentes :

$$\frac{103\,20 \times 2\,323}{3} = 79\,911 \text{ fr } 20$$

Courtage 79 911,2 : 1 000 = 79 fr 90, soit   79 fr 90

Timbre 0,0125 × 80 mille =   1 fr

____

79 992 fr 10

Reliquat, 80 000 — 79 992,10 = 7 fr 90.

1108. *Quelle serait la différence des rentes que l'on obtiendrait en achetant du 3 %, amortissable au cours de 101 fr 124, ou du 3,5 % au cours de 105 fr 98, si l'on pouvait disposer de 45 500 fr?*

Le courtage sera d'environ 45 500 : 1 000 =   45 fr 50.

Le timbre, 0,0125 × 46 - 0,575, soit   0 fr 60.

Il restera pour l'achat des rentes :

$$45\,500 - 46,10 = 45\,453 \text{ fr } 9.$$

En 3,5 % on obtiendra

$$\frac{3,5 \times 45\,453,9}{105,98} = 1\,501 \text{ fr } 119.$$

En 3 % on obtiendra

$$\frac{3 \times 45\,453,9}{101,124} : 1\,348 \text{ fr } 460$$

Différence :   152 fr 659.

Rép. La rente du 3,5 % surpasserait de 152 fr 659 celle du 3 %.

1109. *Un spéculateur achète pour 30 000 fr de rentes 3,5 % au cours de 106 fr 40. Quelque temps après il revend ses rentes au cours de 107 fr 40. Quel bénéfice a-t-il réalisé?*

Le courtage sera 30 fr, et le timbre 0,40.

Le capital consacré à l'achat des rentes est

$$30\,000 - 30,40 = 29\,969 \text{ fr } 60.$$

Ce capital donnera

$$\frac{3,50 \times 29\,969,60}{106,40} : 985 \text{ fr.}$$

Cette rente a coûté

$$\frac{985 \times 106,40}{3,50} : 29\,944 \text{ fr}$$

Courtage et timbre   30 fr 40

____

29 974 fr 40.

En revendant cette rente il retire :
$$\frac{985 \times 107,10}{3,50} = 30444 \text{ fr}$$

Courtage et timbre   30 fr 55
                                        ─────────────
                                        30410 fr 45.

Le bénéfice est donc 30410,45 — 29974,40 = 136 fr 05.

Rép. Il a réalisé 136 fr 05 de bénéfice.

1110. *Un spéculateur achète pour 30000 fr de rentes 3,5 %, au cours de 108 fr 715. Quelques jours après, le cours ayant monté à 108 fr 55, il s'empresse de les revendre. On demande le résultat de cette opération.*

Pour 30000 fr on a (Probl. 1109) $\dfrac{3,5 \times 29969,60}{108,50}$, soit 966 fr de rentes.

Ces rentes coûtent $\dfrac{108,5 \times 966}{3,5} = 29946$ fr

Courtage et timbre   30 fr 35
                                        ─────────────
                                        29976 fr 35.

En la revendant, on en retire :
$$\frac{108,715 \times 966}{3,5} = 30005 \text{ fr } 35$$

A déduire, courtage et timbre   30 fr 40
                                        ─────────────
                                        29674 fr 95.

On a perdu 29976,35 — 29974,95 = 1 fr 40.

Rép. On a perdu 1 fr 40.

1111. *Un spéculateur avait acheté 8700 fr de rentes 3 %, au cours de 78 fr 80. Deux jours après, le cours s'éleva à 79 fr 40; le spéculateur voulut attendre encore, mais il fut obligé de vendre ses rentes au cours de 79 fr. On demande : 1° quel bénéfice réalisa le spéculateur; 2° combien il aurait gagné en plus s'il eût vendu ses rentes au cours de 79 fr 40.*

Les rentes avaient coûté :

Achat, $\dfrac{78,8 \times 8700}{3}$;   soit   228520 fr.   ⎫
                                                                    ⎬ 228751 fr 40.
Courtage et timbre   ⎭
2285,2 : 10 + 0,0125 × 229; soit   231,40.

Elles sont vendues
$\dfrac{79 \times 8700}{3}$;   soit   229400 fr. ⎫
                                                                    ⎬ 228868 fr.
Courtage et timbre à déduire   232,30.   ⎭

Au cours de 79,40 on aurait retiré
$\dfrac{79,4 \times 8,700}{3}$;   soit   230260 fr. ⎫
                                                                    ⎬ 229926 fr 85.
Courtage et timbre à déduire   233 fr. 15   ⎭

Le spéculateur a gagné 228868 — 228751,40; soit 106 fr 60.
Il aurait gagné en plus 229926,85 — 228268; soit 1058 fr 85.

Rép. 1° 106 fr 60; 2° 1058 fr 85.

Remarque. Quoique le cours de la rente française ne descende pas souvent au-dessous de 100 fr, on a tenu, pour montrer combien est grand le crédit financier en France, à conserver dans les problèmes 1111, 1112 et 1116 les anciens cours de la rente 3 %, qui variaient entre 70 et 80 fr.

1112. *Un particulier veut disposer de 80600 fr pour acheter du 3 %. Le cours étant de 77 fr 35, il attend quelques jours, et le cours s'élève alors à 79 fr 10. Dites : 1° quelle rente il a perdue; 2° quelle rente il aurait gagnée si le cours était tombé à 76 fr 25.*

Pour l'achat de la rente on peut disposer de

$$80600 - (80,60 + 1,05) = 80518 \text{ fr } 35.$$

Au cours de 77 fr 35, on aurait eu

$$\frac{3 \times 80518,35}{77,35} \; ; \text{ soit } 3122 \text{ fr de rente; reliquat, } 22 \text{ fr } 90.$$

Au cours de 79 fr 10, on aurait eu

$$\frac{3 \times 80518,35}{79,10} \; ; \text{ soit } 3053 \text{ fr de rente; reliquat, } 21 \text{ fr } 05.$$

Au cours de 76 fr 25, on aurait eu

$$\frac{3 \times 80518,35}{76,25} \; ; \text{ soit } 3167 \text{ fr de rente; reliquat, } 23 \text{ fr } 85.$$

Rép. 1° On a perdu 3122 — 3053 ou 69 fr; 2° on aurait gagné 3167 — 3122 ou 45 fr.

1113. *Lorsque le 3,5 % est au cours de 109 fr 20, quel devrait être le cours du 3 % pour qu'il fût indifférent d'acheter de l'une ou de l'autre rente?*

Pour 3 fr 50 de rente 3 % on paye 109 fr 20.

Pour 1 fr on payerait $\dfrac{109,20}{3,5}$ ou 31 fr 20.

Et pour 3 fr on devrait payer

$$31,20 \times 3 \text{ ou } 93 \text{ fr } 60.$$

Rép. Le cours du 3 % devrait être 93 fr 60.

1114. *On suppose que le 3 % et le 3,5 % sont à des cours tels, qu'il est indifférent d'acheter de l'une ou de l'autre rente. Si le 3 % est en hausse de 1 fr 65, quelle devra être la hausse pour le 3,50?*

La hausse du 3,50 devra être $\dfrac{1,65 \times 3,5}{3}$ 1 fr 925.

Rép. 1 fr 925.

1115. *Combien 1 fr de rente 3 % au cours de 102 fr 60 coûte-t-il de plus que 1 fr de rente 3,5 % au cours de 108 fr 50? (On ne tiendra pas compte du courtage ni du timbre.)*

Un fr de rente 3 % coûte 102,6 : 3 = 34 fr 20.

Un fr de rente 3,5 % coûte 108,5 : 3,5 = 31 fr.

Un fr de rente 3 % coûte 34,2 — 31 = 3 fr 20 de plus.

Rép. 3 fr 20.

1116. *Le 12 décembre, un particulier achète pour 6000 fr de rentes 3 % au cours de 78 fr 65. Le 20 mars, après avoir détaché le coupon payable le 1er avril, il vend ses rentes au cours de 78 fr 58. À quel taux son argent a-t-il été placé?*

On peut disposer de $6000 - (6 + 0,10)$; soit 5993 fr 90 pour l'achat des rentes.

On aura $\dfrac{3 \times 5993,90}{78,65}$; soit 228 fr de rentes, reliquat 16 fr 50.

Ces rentes ont coûté $6000 - 16,5 = 5983$ fr 50.

Ces rentes sont vendues $\dfrac{78,58 \times 228}{3}$; soit 5972 fr 10.

A déduire courtage et timbre $(6 + 0,1)$ 6 fr 10

Produit net de la vente   5966 fr.

Le coupon valait $228 : 4$ ou 57 fr.

Le bénéfice net $(5966 + 57) - 5983,5$ ou 39 fr 50.

Du 12 décembre au 20 mars il y a 98 jours.

Le capital qui a rapporté 39 fr 50 en 98 jours est 5983 fr 50.

100 fr rapporteront en 360 jours $\dfrac{39,5 \times 360 \times 100}{98 \times 5983,50}$; soit 2 fr 425.

Rép. Son argent a été placé à 2 fr 425 %.

1117. *Un spéculateur achète, le 18 avril, 2500 fr de rentes 3,5 % au cours de 108 fr 50; le 25 avril, il revend ses rentes au cours de 108 fr 98. A quel taux son argent a-t-il été placé?*

Les rentes coûtent $\dfrac{108,5 \times 2500}{3,5}$ ou   77500 fr

Courtage et timbre $(77,50 + 1)$ 78 fr 50

Total   77578 fr 50

On en retire $\dfrac{108,98 \times 2500}{3,5}$; soit   77842 fr 85

A déduire courtage et timbre $(77,85 + 1)$ 78 fr 85

77764 fr

Bénéfice net de 77578 fr 50 pendant 7 jours:
$$77764 - 77578,50 = 185 \text{ fr } 50.$$

En 360 jours 100 fr rapporteront $\dfrac{185,50 \times 360 \times 100}{7 \times 77578,50}$ ou 12 fr 297.

Rép. Il a placé son argent à 12 fr 297 %.

1118. *Un capitaliste a déboursé 46149 fr 20 pour avoir 1350 fr de rentes 3 %. Quel était le cours de la rente?*

Pour 1350 fr de rente on a payé 46149 fr $20 - (0,0125 \times 47$, soit 0 fr 60$) = 46148$ fr 60, le courtage y compris.

Pour 3 fr on payera, achat et courtage:
$$\frac{46148,60 \times 3}{1350} = 102 \text{ fr } 5524.$$

Le courtage est $\dfrac{1}{1001}$ de cette somme, ou
$$102,578 : 1001 = 0,1024.$$

Le cours de la rente était donc de
$$102,5524 - 0,1024 = 102 \text{ fr } 45.$$

Rép. Le cours était 102 fr 45.

1119. *Un capitaliste a déboursé 31 331 fr 70 pour acheter deux coupures de 500 fr de rentes 3,5 %. Quel était le cours de la rente?*

L'achat de la rente et le courtage valent

$$31\,331 \text{ fr } 70 - (0,0125 \times 32 \text{ ou } 0,40) = 31\,331 \text{ fr } 30.$$

Le courtage est $\dfrac{1}{1001}$ de cette somme, ou

$$31\,331,15 : 1\,001 = 31 \text{ fr } 30.$$

Le prix d'achat des 1 000 fr de rentes est donc de

$$31\,331,30 - 31,30 = 31\,300 \text{ fr.}$$

Pour 3 fr 50 de rente on a payé

$$\frac{31\,300 \times 3,50}{1\,000} = 109 \text{ fr } 55.$$

Rép. Le cours de la rente était 109 fr 55.

1120. *Un particulier échange une coupure de 300 fr de rentes 3 % contre un titre égal de rentes 3,5 %. Le 3 % étant à 102 fr 15 et le 3,5 à 108 fr 85, quelle perte éprouve-t-il en supposant qu'il vende immédiatement le titre qu'il reçoit?*

Le prix de vente du premier titre aurait été

$$\frac{102,15 \times 300}{3} \quad \text{ou} \quad 10215 \text{ fr}$$

A déduire, courtage et timbre	10 fr 35
Net	10204 fr 65.

La vente du 2ᵉ titre donnera

$$\frac{108,85 \times 300}{3,5} = 9330 \text{ fr}$$

A déduire, courtage et timbre	9 fr 50
Net	9320 fr 50
La perte est de	884 fr 15.

Rép. Perte 884 fr 15.

1121. *Un particulier veut échanger une coupure de 1500 fr de rentes 3 % contre 3 coupures de 500 fr en rentes 3,5 %; il profite d'un moment où le cours du 3 % est 103 fr 80 et celui du 3,5 % 107 fr 10. Quel reliquat devra lui remettre l'agent de change chargé de cette double opération?*

La vente des 1500 fr de rentes 3 % donnera

$$\frac{103,80 \times 1500}{3} = 51900 \text{ fr}$$

Courtage et timbre à déduire	52 fr 55
Net	51847 fr 45.

L'achat des 1500 fr de rentes 3,5 % demandera un capital de

$$\frac{107,10 \times 1500}{3,5} = 45900 \text{ fr}$$

Courtage 45,90, timbre 0,60	46 fr 50
Total	45946 fr 50.

Le reliquat sera de
$$51\,847,45 - 45\,946,50 = 5\,900\ \text{fr}\ 95.$$
Rép. Reliquat, 5 900 fr 95.

PROBLÈMES SUR LES ACTIONS ET LES OBLIGATIONS

1122. *Un actionnaire d'une compagnie minière a 48 actions qui lui ont coûté chacune 420 fr; il reçoit en moyenne 11 fr par action et par semestre. Trouver le revenu annuel de cet actionnaire.*

Chaque action rapporte $11 \times 2 = 22$ fr par an.

Les 48 actions rapporteront $22 \times 48 = 1\,056$ fr.

    Rép. 1 056 fr.

1123. *A quel taux place-t-on son argent lorsqu'on achète, au cours de 390 fr, une obligation de chemin de fer de 500 fr portant 15 fr d'intérêt annuel?*

Puisque 390 fr rapportent 15 fr,

100 fr rapportent $15 : 3,9 = 3$ fr 846.

    Rép. 3 fr 85 par excès.

1124. *Combien aurait-on de rente pour 1540 fr en obligations de 500 fr, portant 15 fr d'intérêt, les obligations étant cédées à 385 fr?*

Pour 1540 fr on aura $\dfrac{15 \times 1540}{385} = 60$ fr de rentes.

    Rép. 60 fr.

1125. *Quelle somme faut-il pour acheter 750 fr de rentes en obligations du chemin de fer de l'Ouest de 500 fr, portant 15 fr d'intérêt, le cours de ces obligations étant de 390 fr 25?*

Le prix d'achat de 750 fr de rentes est de
$$\frac{390,25 \times 750}{15} = 19\,512\ \text{fr}\ 50.$$

Le courtage égale $195,12 : 10 = 19$ fr 50; timbre $0,05 \times 20 = 1$.

Les rentes coûteront $19\,512,50 + 19,50 + 1 = 19\,533$ fr.

    Rép. 19 533 fr.

Remarque. Le timbre est de 0,05 par 1 000 fr et fraction de 1 000 fr.

1126. *Une action du chemin de fer d'Orléans, achetée 1 292 fr, donne un intérêt fixe de 15 fr. Le dividende ayant été de 40 fr, quel taux représente le revenu de cette action?*

L'action rapporte $15 + 40 = 55$ fr.

Cent francs donnent un bénéfice de $55 : 12,92 = 4$ fr 25.

    Rép. 4,25 p %.

1127. *Une action du chemin de fer du Nord, achetée 1 650 fr, a donné un revenu annuel de 68 fr. Quel taux représente ce revenu?*

Cent francs rapportent $68 : 16,5 = 4$ fr 12.

    Rép. 4,12 p %.

1128. *Un particulier avait deux obligations qui lui coûtaient chacune 310 fr, et dont la valeur nominale était de 500 fr. Le revenu annuel de chaque obligation était de 15 fr; or, après un an, ses deux obligations lui sont remboursées au taux de 500 fr. On demande ce que lui a rapporté son capital et à combien pour % son argent a été placé.*

Pour chaque obligation on a retiré $500 - 310 = 190$ fr de plus.

Le revenu de 310 fr est donc $190 + 15 = 205$ fr.

Le capital de 620 fr a rapporté $205 \times 2 = 410$ fr.

Cent francs ont rapporté $410 : 6,2 = 66$ fr 12.

Rép. 410 fr, et 66,12 p %.

1129. *A combien p % place-t-on son argent quand on achète, au cours de 1 425 fr, des actions du chemin de fer Paris - Lyon de 500 fr, si le dividende pour cette année est de 55 fr?*

Puisque 1 425 fr rapportent 55 fr,

100 fr rapportent $55 : 14,25 = 3$ fr 86.

Rép. 3,86 p %.

1130. *Lorsque les actions de 500 fr sont au cours de 1 418 fr, quel doit être le dividende pour que ces actions rapportent 5 p %?*

Pour que 100 fr rapportent 5 fr, il faut que 1 418 fr rapportent
$$0,05 \times 1 418 = 70 \text{ fr } 90.$$

Rép. 70 fr 90.

1131. *Lequel est le plus avantageux d'acheter du 3 % au cours de 102 fr 45, ou bien d'acheter des obligations de 500 fr rapportant 3 % d'intérêt au cours de 332 fr 20? Quelle serait la différence des capitaux employés dans les deux cas, si l'on voulait acheter 300 fr de rentes?*

Pour 300 fr de rentes 3 % on payera :

1° $\dfrac{102,45 \times 300}{3} =$ 10245 fr

2° Courtage $102,45 : 10 =$ 10 fr 25

3° Timbre $0,0125 \times 11$; soit   0 fr 15

                             10255 fr 40

Pour 300 fr de rentes en obligations, on payera :

1° $\dfrac{332,2 \times 300}{15} =$ 6644 fr

2° Courtage $66,44 : 10 =$ 6 fr 65

3° Timbre $0,05 \times 7 =$ 0 fr 35

                             6651 fr.

Rép. L'achat en obligations est plus avantageux; on gagne
$$10255,45 - 6651 = 3604 \text{ fr } 45.$$

1132. *Une entreprise industrielle a été créée au moyen de 500 actions; chacune d'elles égale les $\frac{5}{8}$ de 312 fr. Dans une année, cette entreprise a donné 63647 fr 35 de bénéfice; sur cette somme, on a prélevé 2 ½ p % pour le gérant, puis 7400 fr* *pour gratifications aux ouvriers ; et le reste a été réparti entre les actionnaires. On demande, à un centime près, le taux auquel ces derniers ont placé leur argent.*

Les actions sont de $\dfrac{312 \times 5}{8} = 195$ fr.

Le capital engagé dans l'entreprise est de
$$195 \times 500 = 97500 \text{ fr.}$$

Le gérant a reçu $636,4735 \times 2,5 = 1591$ fr 20.

Le bénéfice réparti entre les actionnaires égale
$$63647,35 - (1591,20 + 7400) = 54656 \text{ fr } 15.$$

100 fr rapportent $\dfrac{54656,15 \times 100}{97500} = 56$ fr 05.

Rép. 56,05 p %.

1133. *Un particulier avait 5 obligations de 500 fr, qui lui rapportaient 15 fr d'intérêt annuel et qu'il avait achetées à raison de 390 fr l'une. Il les échange contre 4 actions de 500 fr, qui reçoivent un dividende semestriel de 8 fr 75. A-t-il gagné à ce marché et combien ?*

L'énoncé ne contenant pas le cours des actions reçues en échange, la question semble ne demander que la différence entre les revenus.

Les 5 obligations rapportent par an $15 \times 5 = 75$ francs.

Les actions rapportent par an $8,75 \times 2 \times 4 = 70$ francs.

Rép. Il perd un revenu annuel de $75 - 70 = 5$ francs.

1134. *Une société industrielle a été constituée au moyen de 4000 actions de 500 fr. Or elle peut donner chaque semestre un dividende de 12 fr 80 par action. On demande quel a été le bénéfice net de la société, si la somme consacrée à servir le dividende aux actionnaires n'est que les* $^{48}/_{100}$ *du bénéfice.*

Chaque action reçoit $12,8 \times 2$ par an.

Le bénéfice distribué égale $12,8 \times 2 \times 4000$.

Le bénéfice total est donc
$$\frac{12,8 \times 2 \times 4000 \times 100}{48} = 213333 \text{ fr } 35.$$

Rép. 213333 fr 35.

PROBLÈMES SUR LA CAISSE D'ÉPARGNE

1135. *Un ouvrier verse 8 fr chaque semaine à la caisse d'épargne. Combien aura-t-il à la fin de l'année ? — après 2 ans ? — après 3 ans ?*

Les intérêts s'élèveront au bout d'un an (Arith., n° 559) à
$$\frac{8 \times 0,035}{52} \times 1326 = 7 \text{ fr } 14.$$

1° Après un an l'ouvrier aura :
$$8 \times 52 + 7,14 = 416 + 7,14 = 423 \text{ fr } 14.$$

2° Pendant l'année suivante cette somme rapporte :
$$0,035 \times 423,14 = 14 \text{ fr } 80.$$

Après 2 ans l'ouvrier aura :
$$423,14 + 14,80 + 423,14 = 861 \text{ fr } 08.$$

3° Cette somme rapporte pendant la 3ᵉ année :
$$0,035 \times 861,08 = 30 \text{ fr } 13.$$

A la fin de la 3ᵉ année, l'ouvrier aura :
$$861,08 + 30,13 + 423,14 = 1314 \text{ fr } 35.$$

Rép. 1° 423 fr 14 ; 2° 861 fr 08 ; 3° 1314 fr 35.

1136. *Un déposant verse 100 fr à la caisse d'épargne au commencement de chaque trimestre. Quel sera son avoir à la fin de la deuxième année?*

La première somme rapportera $\dfrac{3,5 \times 51}{52}$; la 2ᵉ $\dfrac{3,5 \times 38}{52}$;

la 3ᵉ $\dfrac{3,5 \times 25}{52}$; la 4ᵉ $\dfrac{3,5 \times 12}{52}$.

La somme de ces intérêts égale :
$$\frac{3,5}{52}(51 + 38 + 25 + 12) = \frac{3,5}{52} \times 126 ; \text{ soit } 8 \text{ fr } 45.$$

Au bout de la première année son avoir sera de 408 fr 45 ; ces 408 fr rapporteront intérêt pendant la seconde année et deviendront $408,45 + \dfrac{408 \times 3,5}{100}$; soit 422 fr 70.

Les placements de la 2ᵉ année deviendront à leur tour 408 fr 45.

L'avoir total du déposant sera donc : $422,70 + 408,45 = 831 \text{ fr } 15.$

Rép. 831 fr 15.

1137. *Un jeune homme reçoit de son parrain 500 fr pour ses étrennes, et les place, le premier dimanche de l'année, à la caisse d'épargne; trois semaines après il place encore 300 fr; mais, au premier dimanche de l'année suivante, il retire 200 fr. Quel sera son avoir à la fin de la troisième année?*

Les 500 fr rapporteront pendant l'année :
$$\frac{500 \times 0,035 \times 51}{52} = 17 \text{ fr } 15.$$

Les 300 fr rapporteront pendant l'année :
$$\frac{300 \times 0,035 \times 48}{52} = 9 \text{ fr } 70.$$

A la fin de la première année son avoir était de
$$500 + 300 + 17,15 + 9,70 = 826 \text{ fr } 85.$$

Comme il retire 200 fr, il lui reste $826,85 - 200 = 626 \text{ fr } 85.$

A la fin de la deuxième année son avoir sera de
$$0,035 \times 626,85 + 626,85 = 648 \text{ fr } 80.$$

A la fin de la troisième année son avoir sera de
$$0,035 \times 648,80 + 648,80 = 671 \text{ fr } 50.$$

Rép. 671 fr 50.

1138. *Un élève de 15 ans a reçu à la distribution des prix, en 1891, un livret de 300 fr, avec jouissance à partir de la tren-*

*tième semaine de l'année. Quelle somme a-t-il touchée à sa
majorité, qui est arrivée la 44ᵉ semaine de l'année 1897?*

À la fin de 1891 le livret valait $3,5 \times 3 \times \dfrac{22}{52} + 300 = 304$ fr 45.

Cette somme est devenue successivement :

Capital	304,45	A la fin de 1894	537,55
Intérêt	10,65	Intérêt	11,80
A la fin de 1892	315,10	A la fin de 1895	349,35
Intérêt	11,05	Intérêt	12,20
A la fin de 1893	326,15	A la fin de 1896	361,55
Intérêt	11,40	Intérêt de 44 semaines	10,70
A la fin de 1894	537,55		372 fr 25

La formule $A = a(1 + r)^n$ (Arith., n° 710) donne immédiatement : $A = 304,45 \times (1,035)^5 = 361$ fr 55.

Rép. 372 fr 25.

1139. *Un déposant avait 900 fr à la caisse d'épargne de Paris
au 31 décembre 1897. Quelle somme pourra-t-il toucher au
31 décembre 1905, sachant qu'on lui a acheté, au temps voulu,
10 fr de rentes 3 % au cours de 102 fr 60?*

Les intérêts de 1898 sont $2,75 \times 12,80 = 35$ fr 20

Au 31 décembre 1898	1 315,20
Intérêts	36,15
Au 31 décembre 1899	1 351,35
Intérêts	37,15
Au 31 décembre 1900	1 388,50
Intérêts	38,15
Au 31 décembre 1901	1 426,65
Intérêts	39,20
Au 31 décembre 1902	1 465,85
Intérêts	40,30
Au 31 décembre 1903	1 506,15
Intérêts de trois mois	10,40
	1 516,55

Les 10 fr de rentes coûtent :

1° $\dfrac{102,6 \times 10}{3} = 342$ fr; 2° $3,47 : 10$, soit 0,50; 3° timbre 0,05;

soit 342 fr 55; il reste $1\,516,55 - 342,55$ ou 1 174 fr.

Nous supposons que le titre de rente est remis au déposant.

Au 1ᵉʳ avril 1904	1 174,00
Intérêts de 9 mois	24,20
Au 31 décembre 1904	1 198,20
Intérêts	32,95
Au 31 décembre 1905	1 231,15

Rép. Le déposant touchera 1 231 fr 15.

PROBLÈMES SUR LES MÉLANGES ET LES ALLIAGES

1140. *On a mélangé 140 litres de vin à 0 fr 40 et 250 litres à 0 fr 50. Combien vaut un litre de ce mélange?*

Le vin à 0 fr 40 vaut 0,40 × 140 = 56 fr.

Le vin à 0 fr 50 vaut 0,50 × 250 = 125 fr.

Les 140 + 250 ou 390 litres valent 56 + 125 = 181 fr.

Un litre du mélange vaut 181 : 390 = 0 fr 464.

Rép. 0 fr 46 par défaut.

1141. *Un marchand a acheté 80 hectol de blé à 24 fr et 49 hectol à 21 fr. S'il mélange le tout, quel sera le prix moyen de l'hecto-litre et quel sera le bénéfice du marchand s'il revend son blé à 4 fr 90 le double décalitre?*

Les 80 + 49 ou 129 hl ont coûté 24 × 80 + 21 × 49 = 2949 fr.

Le prix moyen de l'hectolitre est de 2949 : 129 = 22 fr 86.

Le blé a été vendu 4,90 × 5 × 129 = 3160 fr 50.

Le marchand a gagné 3160,5 - 2949 = 211 fr 50.

Rép. 22 fr 86; 211 fr 50.

1142. *Un marchand a 60 hectol de grain à 9 fr l'hectolitre, 70 hectol à 10 fr, 80 hectol à 11 fr et 90 hectol à 11 fr 50. Combien doit-il vendre le double décalitre du mélange de ces grains, s'il veut gagner 160 fr sur le tout?*

60 hectolitres	à	9 fr	valent	9 × 60 =	540 fr
70 »	à	10 fr	»	10 × 70 =	700 fr
80 »	à	11 fr	»	11 × 80 =	880 fr
90 »	à	11 fr 50	»	11,5 × 90 =	1035 fr

300 hectolitres   valent   3155 fr.

Pour gagner 160 francs, il faudra vendre les 300 hectolitres ou 300 × 5 = 1500 doubles décalitres 3155 + 160 = 3315 fr.

On vendra le double décalitre du mélange 3315 : 1500 = 2 fr 21.

Rép. 2 fr 21.

1143. *Un particulier ayant tiré les 4/5 d'une pièce de vin, conte-nant 228 litres, l'a remplie avec du vin à 0 fr 45. A combien revient le litre du mélange, sachant que le premier vin était de 0 fr 60 le litre?*

Sur 5 litres de mélange il y en a 4 à 0 fr 45 le litre et 1 à 0 fr 60.

Cinq litres de mélange coûtent (0,45 × 4) + 0,60 ou 2 fr 40.

Le prix moyen sera 2,40 : 5 = 0 fr 48.

Rép. 0 fr 48.

1144. *Quelqu'un achète 48 litres de deux sortes de vin, dont le prix moyen est 0 fr 60; 30 litres sont d'une première qualité et coûtent 0 fr 75 le litre. On demande quel est le prix du litre de l'autre qualité.*

On a payé pour les 48 litres de vin 0,60 × 48 = 28 fr 80.

Les 30 litres de première qualité ont coûté 0,75 × 30 = 22 fr 50.

Les 18 litres de l'autre vin ont coûté 28,8 - 22,5 = 6 fr 30.

Le prix du litre était de 6,3 : 18 = 0 fr 35.

Rép. 0 fr 35.

1145. *Un particulier achète 3 pièces de vin pour son usage. La première contient 250 litres à 0 fr 35 le litre, la seconde 228 litres et coûte 90 fr, et la troisième 195 litres à 0 fr 45 le litre. S'il mélangeait ces vins et qu'il y mît 40 litres d'eau, à combien lui reviendrait le litre du mélange ?*

$$
\begin{array}{llll}
250 \text{ litres à} & 0,35 \text{ valent} & 0,35 \times 250 = & 87 \text{ fr } 50 \\
228 \quad » & » & . & 90 \text{ fr} \\
195 \quad » \text{ à } 0,45 & » & 0,45 \times 195 = & 87 \text{ fr } 75 \\
40 \qquad \text{d'eau} & » & & 0 \\
\end{array}
$$

713 litres reviennent à   265 fr 25

Un litre revient   à   265,25 : 713 = 0 fr 372.

Rép. 0 fr 372.

1146. *Un marchand a vendu 70 hectolitres de blé à 22 fr l'hectolitre ; on sait qu'il avait fait un mélange dans lequel étaient entrés 40 hectolitres à 23 fr 50 l'hectolitre. On demande le prix de l'hectolitre de la seconde qualité de blé que le marchand avait fait entrer dans ce mélange.*

Les 70 hect. vendus à 22 fr ont donné une somme de

$$70 \times 22 = \quad 1\,540 \text{ fr}$$

Les 40 hect à 23,50 ont produit   940 fr

Différence   600 fr.

Cette différence est le prix total des 70 — 40 = 30 hectolitres de la seconde qualité de blé.

Si 30 hect. ont dû produire 600 fr, un hect valait

$$\frac{600}{30} = 20 \text{ fr.}$$

Rép. Prix de la 2e qualité de blé : 20 fr l'hect.

1147. *On a mélangé 80 kilogrammes de farine de froment avec 32 kgr de farine de maïs. Combien faudrait-il ajouter de kilogrammes de farine de froment pour que le rapport de celle-ci à celle de maïs fût* $^{13}/_4$ *?*

Puisqu'il n'est question que d'ajouter de la farine de froment, les 32 kg. de farine de maïs représentent les $\dfrac{4}{17}$ (13 + 4 = 17) du poids total du nouveau mélange ou les $\dfrac{4}{13}$ du poids de la farine de froment.

Il entrera donc dans ce nouveau mélange . $\dfrac{32 \times 13}{4} = 104$ kg de farine de froment ; il aura fallu en ajouter 104 — 80 = 24 kilogr.

Rép. Il faut ajouter 24 kgr de farine de froment.

1148. *Un débitant achète deux pièces de vin de 220 litres chacune, à 0 fr 45 le litre, et 180 litres d'un autre vin qui lui revient* à 0 fr 38 le litre; il mélange le tout. Combien doit-il vendre le litre du mélange pour gagner 25 p % sur le prix d'achat?

Le vin a coûté $0,45 \times 220 \times 2 + 0,38 \times 180 = 266$ fr 40.

Il veut gagner $0,25 \times 266,4 = 66$ fr 60.

Les $220 \times 2 + 180$, soit 620 litres, seront vendus
$$266,4 + 66,6 = 333 \text{ fr.}$$

On vendra le vin $333 : 620 = 0$ fr 537.

Rép. 0 fr 537.

1149. *Un débitant mélange 325 litres d'un vin qui lui revient à 0 fr 35 le litre, et 118 litres d'un autre vin qui lui revient à 0 fr 48 le litre. Combien doit-il vendre le litre du mélange pour gagner 25 p % sur le prix de vente?*

Les $325 + 118 = 443$ litres de mélange ont coûté
$$0,35 \times 325 + 0,48 \times 118 = 170 \text{ fr } 39.$$

Puisqu'il gagne 25 fr sur 100 fr de vente ou le $\frac{1}{4}$ de la vente, le

prix d'achat en est les $\frac{3}{4}$.

Les 443 litres seront vendus $\dfrac{170,39 \times 4}{3}$; soit 227 fr 20.

On vendra le litre du mélange $227,20 : 443 = 0$ fr 513 par excès.

Rép. 0 fr 513 par excès.

1150. *A 215 litres d'un vin qui revient à 0 fr 40 le litre, on ajoute 5 litres d'alcool, revenant à 2 fr 50 le litre. Combien doit-on vendre le litre du mélange pour gagner 20 p % sur le prix d'achat?*

Les 215 litres de vin ont coûté $0,4 \times 215 = 86$ fr.

Les 5 litres d'alcool reviennent à $2,5 \times 5 = 12$ fr 5.

Les 220 litres de mélange reviennent à $86 + 12,5 = 98$ fr 50.

On veut gagner 20 p % ou $\frac{1}{5}$; soit $98,5 : 5 = 19$ fr 7.

Les 220 litres devront être vendus $98,5 + 19,7 = 118$ fr **2**.

On vendra le litre $118,2 : 220 = 0$ fr 537.

Rép. 0 fr 537.

1151. *Pour faire de l'eau-de-vie avec du trois-six, il faut mélanger un nombre égal de litres d'eau et de trois-six. Combien faudra-t-il vendre le litre de cette eau-de-vie, si le trois-six vaut 1 fr 80 le litre et si l'on veut gagner 15 %?*

Deux litres d'eau-de-vie reviennent à 1 fr 80.

On veut gagner 0,15 par franc; soit $0,15 \times 1,8 = 0$ fr 27.

Le prix de vente du litre d'eau-de-vie est $\dfrac{1,8 + 0,27}{2} = 1$ fr 035.

Rép. 1 fr 035.

1152. *Avec du trois-six qui revenait à 1 fr 85 le litre, on a fait de l'eau-de-vie que l'on vend 1 fr 10 le litre. Combien gagne-t-on p %? (Voir le n° 1151.)*

Pour deux litres d'eau-de-vie qui valent 2 fr 2, on a employé un litre de trois-six.

On a gagné $2,2 - 1,85 = 0$ fr 35 sur 1 fr 85.

Sur 100 fr, on aurait gagné $\dfrac{0,35 \times 100}{1,85} = 18$ fr 91 par défaut.

Rép. 18 fr 91.

1153. *Avec du trois-six qui revenait à 1 fr 60 le litre, on a fait de l'eau-de-vie que l'on vend avec un bénéfice de 18,5 p %. Combien vend-on le litre de cette eau-de-vie ?* (Voir le n° 1151.)

Le litre d'eau-de-vie revient à $1,6 : 2 = 0,8$.

On veut gagner $0,185 \times 0,8 = 0$ fr 148.

On vendra le litre d'eau-de-vie $0,80 + 0,148 = 0$ fr 948.

Rép. 0 fr 948.

1154. *On vend à raison de 1 fr le litre de l'eau-de-vie faite avec du trois-six. Combien vaut le litre de trois-six, si l'on fait un bénéfice de 15 p %?* (Voir le n° 1151.)

Ce que l'on vend 115 fr a coûté 100 fr.

Le litre d'eau-de-vie revient donc à $\dfrac{100}{115}$ fr.

Deux litres d'eau-de-vie, ou 1 litre de trois-six, valent
$$\dfrac{200}{115} = 1 \text{ fr } 739.$$

Rép. 1 fr 739.

1155. *Dans quelle proportion faut-il acheter des liquides à 25 fr et à 19 fr l'hectol pour qu'ils reviennent à 23 fr l'hectolitre ?*

On a 25   2 fr, | 4 hectol; perte $2 \times 4 = 8$ fr.

        23

     19   4 fr, | 2 hectol; gain $4 \times 2 = 8$ fr.

En vendant 23 fr ce qui coûte 25 fr, on perd 2 fr; en vendant 23 fr ce qui coûte 19 fr, on gagne 4 fr. Donc, si l'on prend 4 hectol à 25 fr et 2 hectolitres à 19 fr, le gain sera égal à la perte, car $2 \times 4 = 4 \times 2$. Les quantités à prendre de chaque qualité sont donc entre elles comme 4 est à 2, ou comme 2 est à 1.

Rép. Le mélange devra se faire dans la proportion de 2 à 1.

1156. *Un particulier a 560 litres de vin à 0 fr 50. Combien doit-il en ajouter 0 fr 70 pour que le mélange revienne à 0 fr 65?*

On a 0,50   0,15 | 5 litres; gain $0,15 \times 5 = 0,75$.

       0,65

    0,70   0,05 | 15 litres; perte $0,05 \times 15 = 0,75$.

On voit que pour 5 litres à 0 fr 50, il en faut 15 à 0 fr 70; pour 1 litre à 0 fr 50, il faudra $\dfrac{15}{5}$ ou 3 litres à 0 fr 70; pour 560 litres à 0 fr 50, il en faudra 560×3, soit 1680 litres à 0 fr 70.

Rép. 1680 litres.

1157. *On a 225 litres d'eau-de-vie à 2 fr 50 le litre. Combien en faut-il à 1 fr 90 pour que le litre revienne à 2 fr 10 ?*

On a   2,50   0,40 | 2 litres à 2 fr 50.
                 2,10
        1,90   0,20 | 4 litres à 1 fr 90.

On voit qu'il faut prendre 4 litres à 1 fr 90 pour 2 litres à 2 fr 50, c'est-à-dire le double.

Rép. Il faudra $225 \times 2 = 450$ litres à 1 fr 90.

1158. *On a 150 hectol de blé à 21 fr et 140 à 26 fr. Combien faut-il en mettre de chaque prix pour avoir 250 hectol au prix moyen de 23 fr ?*

On a   21   2 | 3 hectolitres à 21 fr.
                 23
        26   3 | 2   »   à 26 fr.
                                  5   »   à 23 fr.

On prendra 3 hectolitres sur 5 ou $\dfrac{3}{5}$ du mélange à 21 francs ;

soit $\dfrac{250 \times 3}{5} = 150$ hectolitres,

et $\dfrac{2}{5}$ du mélange à 26 fr, soit $\dfrac{250 \times 2}{5} = 100$ hectolitres.

Rép. 150 hectol à 21 fr. et 100 hectol à 26 fr.

1159. *Un consommateur demande quelle quantité d'eau il doit mettre dans un litre de vin à 0 fr 70 pour que ce vin lui revienne à 0 fr 65 le litre ?*

On a   0,70   0,05 | 65 litres à 0 fr 70
                 0,65
        0   0,65 | 5 litres d'eau.

Avec 65 litres de vin, il faut mettre 5 litres d'eau ; avec 1 litre de vin on mettra $\dfrac{5}{65}$ ou $\dfrac{1}{13}$ de litre d'eau.

Rép. $\dfrac{1}{13}$ de litre ou 0 litre 077 par excès.

1160. *Combien faut-il ajouter de litres de vin à 0 fr 50 le litre à 200 litres à 0 fr 60 le litre, si l'on veut que le litre du mélange revienne à 0 fr 55 ?*

On a   0,50   0,05 | 5 litres à 0 fr 50.
                 0,55
        0,60   0,05 | 5   »   à 0 fr 60.

On voit immédiatement qu'il faut autant de vin d'une qualité que de l'autre.

Rép. 200 litres à 0 fr 50.

1161. *On a du vin à 0 fr 45 le litre et à 0 fr 53. Combien faut-il de litres de chaque qualité pour remplir une pièce de 228 litres, au prix moyen de 0 fr 50 le litre?*

On aura

$$
\begin{array}{ll}
0,45 & \quad 0,05 \quad \mid \quad 3 \text{ litres à } 0 \text{ fr } 45. \\
\qquad 0,50 & \\
0,53 & \quad 0,03 \quad \mid \quad 5 \quad \text{»} \quad \text{à } 0 \text{ fr } 53. \\
\hline
& \qquad\qquad\qquad 8 \text{ litres de mélange.}
\end{array}
$$

On prendra **3** litres sur 8 ou les $\dfrac{3}{8}$ du mélange à 0 fr 45;

soit $\qquad \dfrac{228 \times 3}{8} = 85 \text{ lit } 50,$

et les $\dfrac{5}{8}$ du mélange à 0 fr 53; soit $\dfrac{228 \times 5}{8} = 142 \text{ lit } 50.$

Rép. 85 lit 50 à 0 fr 45, et 142 lit 50 à 0 fr 53.

1162. *J'ai acheté deux pièces d'eau-de-vie contenant : l'une 228 litres et l'autre 450; la première coûte 456 fr et la seconde 1170 fr. Trouvant l'occasion d'en vendre 450 litres, à raison de 2 fr 40, je désire savoir combien il faut livrer de litres de chaque prix pour gagner 0 fr 05 par litre.*

L'eau-de-vie coûte : la première pièce $\dfrac{456}{228} = 2 \text{ fr le litre;}$

la deuxième $\dfrac{1170}{450} = 2 \text{ fr } 60 \text{ le litre.}$

Si l'on veut gagner 0 fr 05 par litre, il faut que le litre revienne à 2 fr 35.

On a donc

$$
\begin{array}{ll}
2 & \quad 0,35 \quad \mid \quad 25 \text{ litres à } 2 \text{ fr.} \\
\qquad 2,35 & \\
2,60 & \quad 0,25 \quad \mid \quad 35 \quad \text{»} \quad \text{à } 2 \text{ fr } 60. \\
\hline
& \qquad\qquad\qquad 60 \text{ lit de mélange.}
\end{array}
$$

On prendra 35 litres sur 60 ou $\dfrac{35}{60} = \dfrac{7}{12}$ à 2 fr 60,

soit $\qquad \dfrac{450 \times 7}{12} = 262 \text{ lit } 5;$

et les $\dfrac{25}{60} = \dfrac{5}{12}$ du mélange à 2 fr, soit $\dfrac{450 \times 5}{12} = 187 \text{ lit } 5$

Rép. 187 lit 5 à 2 fr et 262 lit 5 à 2 fr 60.

1163. *J'ai acheté deux pièces de vin qui coûtent ensemble 228 fr; la première coûte 28 fr de plus que la seconde; elles contiennent chacune 250 litres; je trouve à en vendre 350 litres à raison de 0 fr 45. Combien dois-je en prendre de chaque pièce?*

L'une des pièces de vin vaut $\dfrac{228 + 28}{2} = 128 \text{ fr;}$ le litre de ce vin vaut 128 : 250 = 0 fr 512.

L'autre pièce vaut 228 — 128 = 100 fr; le litre vaut $\qquad$ 100 : 250 = 0 fr 40.

On a   0,40   0,050 | 62 litres à 0 fr 40.

0,45

0,512   0,062 | 50   »   à 0 fr 512.
                                   ‾‾‾‾‾
                                    112

On devra prendre les $\frac{62}{112}$ du mélange à 0 fr 40,

soit $\frac{350 \times 62}{112} = 193$ lit 75;

et les $\frac{50}{112}$ à 0 fr 512, soit $\frac{350 \times 50}{112} = 156$ lit 25.

Rép. 193 lit 75 à 0 fr 40, et 156 lit 25 à 0 fr 512.

Remarques. I. Si l'on avait voulu gagner 0 fr 05 par litre, le prix de revient aurait dû être 0 fr 40.

On aurait eu   0,40   0 | 112 lit à 0,40

0,40

0,512   112 | 0 id. à 0 fr 512
                                  ‾‾‾‾‾‾‾‾‾‾‾‾‾‾
                                   112 id. de mélange.

On aurait dû prendre les $\frac{112}{112}$, c'est-à-dire tout le mélange à 0 fr 40.

En effet, si l'on ajoutait du vin à 0 fr 512 le litre, le prix de revient serait plus de 0 fr 40, ce qui ne doit pas être.

II. Si l'on avait voulu gagner 0 fr 03 par litre, le prix de revient aurait dû être de 0 fr 42.

On aurait eu   0,40   0,020 | 92 litres à 0 fr 40

0,42

0,512   0,092 | 20 id. à 0 fr 512
                                    ‾‾‾‾‾‾‾‾‾‾‾‾‾‾
                                    112 id. de mélange.

On aurait dû prendre $\frac{350 \times 92}{112} = 287$ lit 5 à 0 fr 40;

et $\frac{350 \times 20}{112} = 62$ lit 5 à 0 fr 512.

1104. *On a acheté, au prix de 0 fr 80 le litre, du vin à 0 fr 55 et à 0 fr 85 le litre. Combien en a-t-il fallu de chaque sorte pour former la contenance de 6 pièces de 228 litres chacune?*

On a   0,55   0,25 | 5 litres à 0 fr 55.

0,80

0,85   0,05 | 25   »   à 0 fr 85.
                                   ‾‾‾‾‾‾‾‾‾‾‾‾‾‾
                                   30 lit de mélange.

On prendra les $\frac{5}{30}$ ou le $\frac{1}{6}$ du mélange à 0 fr 55, soit une

pièce, et les $\frac{25}{30}$ ou les $\frac{5}{6}$ à 0 fr 85, soit 5 pièces.

Rép. Une pièce ou 228 lit à 0 fr 55, et 5 pièces ou 1 140 lit
à 0 fr 85.

1105. *On veut acheter du café à 2 fr 40, à 2 fr 50 et à 3 fr le* *kilog. Combien en faut-il prendre de chaque prix pour en avoir 880 kilog au prix moyen de 2 fr 90 le kilog?*

On a   2,4   0,5   ⎫   1 kg à 2 fr 40.
                                      ⎬ 0,9
         2,5   0,4   ⎭   1 kg à 2 fr 50.
                    2,9
         3   0,1   9 kg à 3 fr.
                                       ─────────────────
                                       11 kg de mélange.

Il y aura compensation si l'on prend 1 kg de café à 2 fr 40, 1 kg à 2 fr 50 et 9 kg à 3 fr; car l'on gagnera $0,5 \times 1 + 0,4 \times 1$, soit 0 fr 90, et l'on perdra $0,1 \times 9 = 0$ fr 90.

On prendra donc 1 kg sur 11 ou le $\frac{1}{11}$ du mélange à 2 fr 40

et autant à 2 fr 50, soit $\frac{880}{11} = 80$ kg,

et les $\frac{9}{11}$ à 3 fr le kg, soit $80 \times 9 = 720$ kg.

Rép. 80 kg à 2 fr 40; 80 kg à 2 fr 50, et 720 kg à 3 fr.

1166. *Un épicier a de l'huile à 0 fr 95, à 0 fr 85, à 0 fr 75 et à 0 fr 65 le litre; il voudrait gagner en moyenne 0 fr 10 par litre. Combien doit-il prendre de litres de chaque sorte d'huile pour former un mélange de 240 litres au prix moyen de 0 fr 80?*

Le prix de revient d'un litre d'huile doit être de 0 fr 70.

On a   0,95   0,25 ⎫   5 litres à 0 fr 95.
         0,85   0,15 ⎬ 0,45   5   »   à 0 fr 85.
         0,75   0,05 ⎭   5   »   à 0 fr 75.
                    0,70
         0,65   0,05   45   »   à 0 fr 65.
                                       ─────────────────
                                       60 lit de mélange.

Rép. On prendra (Probl. 1165) $\frac{240 \times 5}{60} = 20$ lit d'huile à 0 fr 95.

                              »   20   »   à 0 fr 85.
                              »   20   »   à 0 fr 75.
              $\frac{240 \times 45}{60} = 180$ »   à 0 fr 65.

Remarque. On voit que, en prenant autant d'huile à 0 fr 75 qu'à 0 fr 65, on obtient un mélange dans les conditions données. On aurait pu prendre un nombre quelconque de litres d'huile à 0 fr 75, et le même nombre de litres à 0 fr 65, et composer ensuite l'huile à 0 fr 95 et à 0 fr 85 avec l'huile à 0 fr 65. On peut avoir ainsi un très grand nombre de solutions. (Arith., n° 675.)

1167. *Un marchand a du grain à 6 fr, à 8 fr, à 12 fr, à 15 fr et à 18 fr la mesure; il veut en vendre 640 mesures au prix*

*moyen de 10 fr, de manière qu'il ne perde ni ne gagne. Combien
doit-il mélanger de mesures de chaque espèce de grains ?*

```
On a    6          4 }       15 mesures à  6 fr
        8          2 } 6     15    »      à  8 fr.
            10
       12          2 }        6 mesures à 12 fr.
       15          5 } 15     6    »      à 15 fr.
       18          8 }        6    »      à 18 fr.
                          ――――――――――――――――――――
                           48 mesures de mélange.
```

$$\text{On devra prendre} \quad \begin{cases} 640 \times \dfrac{15}{48} = 200 \text{ mesures à } 6 \text{ fr.} \\ \qquad\qquad »\qquad 200 \quad » \quad \text{à } 8 \text{ fr.} \\ 640 \times \dfrac{6}{48} = \quad 80 \quad » \quad \text{à } 12 \text{ fr.} \\ \qquad\qquad »\qquad 80 \quad » \quad \text{à } 15 \text{ fr.} \\ \qquad\qquad »\qquad 80 \quad » \quad \text{à } 18 \text{ fr.} \end{cases}$$

Rép.

Remarque. On aurait pu opérer autrement et obtenir d'autres solutions. Par exemple, si l'on mélange le grain à 6 fr avec le grain à 12 fr,
et les autres grains ensemble ; on prendrait une partie de 640 mesures
à 6 fr et à 12 fr, et le reste aux autres prix. On pourrait encore mélanger
le grain à 6 fr avec le grain à 15 fr, ou avec le grain à 18 fr, etc. Dans
chacun de ces cas on obtiendrait des solutions différentes. (Arith., n° 675.)

1168. *On a 150 décalitres de blé estimé 2 fr 50 le décalitre. Combien faudrait-il y joindre d'hectolitres de blé à 20 fr, à 21 fr et
à 19 fr pour que le décalitre du mélange revint à 2 fr 20 ?*

```
On a   25          3          6 décalitres à 2 fr 50 le décal.
            22
       21          1 }         3   »       à 21 fr l'hectol.
       20          2 } 6       3   »       à 20 fr     »
       19          3 }         3   »       à 19 fr     »
```

On voit que la quantité à prendre à 21 fr, à 20 fr et à 19 fr
l'hectolitre est la $\frac{1}{2}$ de la quantité à 25 fr l'hectol.

Rép. 7 hectol 5 à 21 fr, à 20 fr et à 19 fr l'hectol.

1169. *On veut acheter 646 litres de quatre sortes de vin ; la première se vend 0 fr 70, la seconde 1 fr 20, la troisième 1 fr 30, la
quatrième 1 fr 50 le litre. Combien faut-il acheter de chaque
sorte de vin, si le litre doit revenir à 1 fr ?*

```
On a   0,7        0,3          1 litre à 0 fr 70.
             1
       1,2        0,2 }        0 litre 3 à 1 fr 20.
       1,3        0,3 } 1      0 litre 3 à 1 fr 30.
       1,5        0,5 }        0 litre 3 à 1 fr 50.
                          ――――――――――――――――――――
                           1 lit 90 de mélange.
```

On prendra

$$646 \times \frac{1}{1,9} = 340 \text{ litres à } 0 \text{ fr } 70.$$

Rép.

$$646 \times \frac{0,3}{1,9} = 102 \quad \text{»} \quad \text{à } 1 \text{ fr } 20.$$

$$\text{»} \quad 102 \quad \text{»} \quad \text{à } 1 \text{ fr } 30.$$

$$\text{»} \quad 102 \quad \text{»} \quad \text{à } 1 \text{ fr } 50.$$

1170. *On veut acheter 350 kilog de différentes sortes de café; la première vaut 3 fr le kilog, la seconde 3 fr 50, la troisième 4 fr 50 et la quatrième 5 fr 50. Combien faudra-t-il prendre de kilog de chaque prix si le mélange doit revenir à 4 fr, et si l'on en veut 40 kilog de la deuxième sorte, ainsi que de la troisième ?*

On a 3   1 | On voit que le gain que l'on
      3,5   0,5 | fera en vendant 4 fr le kilog de
          4 | café qui coûte 3 fr 50, est égal
      4,5   0,5 | à la perte que l'on fera en ven-
      5,5   1,5 | dant 4 fr le kg de café qui coûte

4 fr 50. Donc en prenant 40 kg de café de chacune de ces deux qualités le prix de revient sera 4 fr. Il reste à prendre 350 — 80, soit 270 kg de café à 3 fr et à 5 fr 50.

3   1 | 1 kg 5 à 3 fr; soit $270 \times \dfrac{1,5}{2,5} = 162$ kg.

     4

5,5   1,5 | $\dfrac{1\,\text{kg}}{2\,\text{kg}\,5}$ à 5 fr 50; soit $270 \times \dfrac{1}{2,5} = 108$ kg.

Rép. 162 kg à 3 fr et 108 kg à 5 fr 50.

1171. *Un marchand a du cognac à 3 fr 50, à 4 fr, à 4 fr 50 et à 5 fr 50 le litre; il veut en faire un mélange qu'il puisse vendre 5 fr le litre et gagner 0 fr 70 par litre. Combien en prendra-t-il de chaque qualité pour un mélange de 1 litre ?*

Le mélange doit revenir à 5 — 0,70 = 4 fr 30.

On a 3,5   8 décimes } 11 | 14 litres à 3 fr 50.
      4   3   »   } | 14   » à 4 fr.
          4,3
      4,5   2   »   } 14 | 11   » à 4 fr 50.
      5,5   12   » | 11   » à 5 fr 50.

                                      50 lit de mélange.

On prendra

$$\frac{14}{50} \text{ ou } 0 \text{ litre } 28 \text{ à } 3 \text{ fr } 50.$$

Rép.

$$\text{»} \quad 0 \quad \text{»} \quad 28 \text{ à } 4.$$

$$\frac{11}{50} \text{ ou } 0 \quad \text{»} \quad 22 \text{ à } 4 \text{ fr } 50.$$

$$\text{»} \quad 0 \quad \text{»} \quad 22 \text{ à } 5 \text{ fr } 50.$$

1172. *Un marchand a du vin à 0 fr 40, à 0 fr 52, à 0 fr 58 et à 0 fr 70 le litre; il veut faire un mélange de 910 litres, qu'il puisse vendre 69 fr l'hectol en gagnant 15 p %, et il veut y em-*

ployer les 150 litres qui lui restent de vin à 0 fr 40. Combien prendra-t-il de litres de chaque qualité de vin pour former ce mélange?

Le marchand vendra 115 francs ce qui lui coûte 100 francs;

Ce qu'il vendra 1 fr lui aura coûté $\dfrac{100}{115}$.

Ce qu'il vendra 69 fr lui aura coûté $\dfrac{100 \times 69}{115}$ ou 60 fr.

Mélangeons d'abord les 150 litres de vin à 0 fr 40 avec le vin à 0 fr 70.

Nous aurons   0,4   2 | 1 litre à 0 fr 40.
                        0,6
               0,7   1 | 2   »   à 0 fr 70.

On prendra 2 litres à 0 fr 70 pour 1 litre à 0 fr 40;

soit $150 \times 2 = 300$ litres.

Il manque encore $910 - (150 + 300)$ ou 460 litres de mélange.

    0,52   8 } 10 | 10 litres à 0 fr 52.
    0,58   2 } | 10   »   à 0 fr 58.
              0,6
    0,70   10 | 10   »   à 0 fr 70.

On prendra donc le $\dfrac{1}{3}$ de 460 litres, soit $153\,\dfrac{1}{3}$ de chacun des prix.

Rép.   153 litres $\dfrac{1}{3}$ à 0 fr 52; 153 lit $\dfrac{1}{3}$ à 0 fr 58, et 153 lit $\dfrac{1}{3}$ à 0 fr 70.

Remarque. On aurait pu raisonner ainsi :

    0,4   0,20) $10 \times 15 = 150$ lit à 0 fr 40
    0,52   0,08 } 0,30   Id.   150 lit à 0 fr 52
    0,58   0,02)   Id.   150 lit à 0 fr 58
            0,6
    0,70   0,10 $30 \times 15 = 450$ lit à 0 fr 70
                                          900 lit de mélange.

On voit que, en prenant 10 litres à chacun des prix inférieurs et 20 litres à 0 fr 70, on forme un mélange dans les conditions posées. Comme on doit prendre 15 fois 10 litres, ou 150 litres de vin à 0 fr 40, on prendra aussi 150 litres à 0 fr 52 et à 0 fr 58, et 450 litres à 0 fr 70. Il manque encore 10 litres de mélange. On peut prendre : 1° du vin à 0 fr 52, et à 0 fr 70; ou bien 2° du vin à 0 fr 58 et à 0 fr 70; ou enfin 3° du vin à 0 fr 52, à 0 fr 58 et à 0 fr 70.

Dans le 1er cas il faudrait prendre 5 lit $\dfrac{5}{9}$ à 0 fr 52 et 4 lit $\dfrac{4}{9}$ à 0 fr 70.

    2e   »   »   8 lit $\dfrac{1}{3}$ à 0 fr 58 et 1 lit $\dfrac{2}{3}$ à 0 fr 70.

    3e   »   »   3 lit $\dfrac{1}{3}$ de chacun.

$$
\text{Rép.}\ \left\{
\begin{array}{llll}
\text{à 0 fr 40} & 150\ \text{litres}; & 150\ \text{litres}; & 150\ \text{litres} \\
\text{à 0 fr 52} & 155\ \tfrac{5}{9}\ ; & 150\ \text{id.}\ ; & 153\ \tfrac{1}{3} \\
\text{à 0 fr 58} & 150\ ; & 158\ \tfrac{1}{3}\ ; & 153\ \tfrac{1}{3} \\
\text{à 0 fr 70} & 454\ \tfrac{4}{9}\ ; & 451\ \tfrac{2}{3}\ ; & 453\ \tfrac{1}{3} \\
\hline
\text{Total.} & 910 & 910 & 910
\end{array}
\right.
$$

1173. *On a deux lingots d'argent; l'un est au titre de 0,920 et l'autre au titre de 0,840. Si l'on fond ensemble un même poids de chacun de ces lingots, quel sera le titre du nouvel alliage?*

Le titre moyen sera $\dfrac{0,920 + 0,840}{2} = \dfrac{1,760}{2} = 0,880.$

Rép. 0,880.

1174. *On fond ensemble deux lingots d'argent; l'un, de 27 kg 500, est au litre de 0,940; l'autre pèse 8 kg 750, et il est au titre de 0,870. Quel est le titre du nouveau lingot?*

1er ling. poids 27 kg 500; arg. pur $27,500 \times 0,940 = 25$ kg 85.
2e »   8 kg 750;   » $8,750 \times 0,870 = 7$ kg 6125.
nouv. ling. »   36 kg 250;   »   33 kg 4625.

Rép. Le titre égale $\dfrac{33,4625}{36,25} = 0,9231.$

1175. *On fond ensemble 3 kg 200 d'argent pur et 5 kg d'un alliage qui est au litre de 0,650. Quel est le titre du nouvel alliage?*

L'alliage contient $0,65 \times 5 = 3$ kg 25 d'argent pur.
Le nouveau lingot pèse $3,200 + 5 = 8$ kg 20;
il contient $3,20 + 3,25 = 6$ kg 45 d'argent pur.

Rép. Le titre est $\dfrac{6,45}{8,20} = 0,7865.$

1176. *On fond ensemble 3 lingots d'argent, dont les titres sont 0,750, 0,840, 0,950, et les poids sont respectivement 5 kg, 3 kg 800 et 3 kg 500. Quel est le titre de l'alliage ainsi obtenu?*

On a: poids 5 kg   ; argent pur $0,75 \times 5 = 3$ kg 75.
»   3 kg 800   » $0,84 \times 3,8 = 3$ kg 192.
»   3 kg 50   » $0,95 \times 3,5 = 3$ kg 325.
    12 kg 3   »   10 kg 267.

Rép. Titre $\dfrac{10,267}{12,3} = 0,834.$

1177. *Un laiton se compose de 2 kilog de zinc à 1 fr le kilog, et de 4 kg 320 de cuivre à 2 fr 25 le kilog. Quel est le prix d'un kilog de ce laiton?*

Les $2 + 4,320 = 6$ kg 32 de laiton valent $2 + 2,25 \times 4,32 = 11$ fr 72.

Rép. Un kilog de laiton vaut $\dfrac{11,72}{6,32} = 1$ fr 854.

1178. *L'alliage des plombiers est formé d'un kilogramme d'étain et de 2 kilog. de plomb. A quel prix reviendront 175 kilog de cet alliage, si l'étain vaut 2 fr 95 le kilog, et le plomb 0 fr 70?*

Un alliage de 3 kg vaut $2,95 + 0,70 \times 2 = 4$ fr 35.

Rép. Les 175 kg d'alliage reviennent à $\dfrac{4,35}{3} \times 175 = 253$ fr 75.

1179. *Le chrysocale est composé de 92 parties de cuivre, 6 de zinc et 6 d'étain; il sert à la fabrication des bijoux en faux. Un lingot contient 56 kg de cuivre, 18 kg d'étain et 15 kg de zinc. Que faut-il faire pour le convertir en chrysocale, en y faisant entrer les 18 kg d'étain?*

Le nouveau lingot contiendra 18 kg d'étain et $\dfrac{92 \times 18}{6} = 276$ kg de cuivre.

Il faudra ajouter $276 - 56 = 220$ kg de cuivre, et $18 - 15 = 3$ kg de zinc.

Rép. Il faut ajouter 220 kg de cuivre; 3 kg de zinc.

1180. *Le maillechort est formé de 8 parties de cuivre, de 6 de nickel et de 3 ½ de zinc. On demande ce qu'il faut faire pour l'obtenir avec un alliage contenant 40 kg de cuivre, 4 kg de nickel et 10 kg de zinc, en faisant entrer dans la composition les 4 kg de nickel contenus dans l'alliage donné.*

Avec 1 kg de nickel, il faut $\dfrac{8}{6} = \dfrac{4}{3}$ kg de cuivre et $\dfrac{7}{2 \times 6} = \dfrac{7}{12}$ kg de zinc.

Avec 4 kg de nickel, il faudra $\dfrac{4}{3} \times 4 = 5 \, \text{kg} \, \dfrac{1}{3}$ de cuivre

et $\dfrac{7}{12} \times 4 = 2 \, \text{kg} \, \dfrac{1}{3}$ de zinc.

Il faudra retrancher $40 - 5\dfrac{1}{3} = 34 \, \text{kg} \, \dfrac{2}{3}$ de cuivre,

et $10 - 2\dfrac{1}{3} = 7 \, \text{kg} \, \dfrac{2}{3}$ de zinc.

Rép. Il faut retrancher $34 \, \text{kg} \, \dfrac{2}{3}$ de cuivre, et $7 \, \text{kg} \, \dfrac{2}{3}$ de zinc.

1181. *Pour les caractères d'imprimerie, on emploie trois sortes d'alliages : le premier se compose de 2 parties d'antimoine et 8 de plomb; le deuxième alliage, plus dur que le premier, se compose de 6 parties d'étain, 19 d'antimoine et 75 de plomb; le troisième se compose d'une partie de cuivre, 9 parties d'étain, 16 d'antimoine et 74 de plomb. Le cuivre valant 3 fr 10 le kilog, l'étain 3 fr 25, le plomb 0 fr 60 et l'antimoine 1 fr 30, on demande* *la valeur du métal qui entre dans 840 kilog de caractères de chacun de ces trois alliages.*

1er alliage.

POIDS	VALEUR	
Antim., $840 \times \dfrac{2}{10} = 168$ kg	$1,90 \times 168 = 319$ fr 2	
Plomb, $840 \times \dfrac{8}{10} = 672$ kg	$0,6 \times 672 = 403$ fr 2	722 fr 4

2e alliage

POIDS	VALEUR	
Antim., $840 \times \dfrac{19}{100} = 159$ kg 6	$1,90 \times 159,6 = 303$ fr 24	
Plomb, $840 \times \dfrac{75}{100} = 630$ kg	$0,60 \times 630 = 378$ fr	845 fr 04
Étain, $840 \times \dfrac{6}{100} = 50$ kg 4	$3,25 \times 50,4 = 163$ fr 8	

3e alliage.

POIDS	VALEUR	
Antim., $840 \times \dfrac{16}{100} = 134$ kg 4	$1,90 \times 134,4 = 255$ fr 36	
Plomb, $840 \times \dfrac{74}{100} = 621$ kg 6	$0,6 \times 621,6 = 372$ fr 96	900 fr 06
Étain, $840 \times \dfrac{9}{100} = 75$ kg 6	$3,25 \times 75,6 = 245$ fr 70	
Cuivre, $840 \times \dfrac{1}{100} = 8$ kg 4	$3,10 \times 8,4 = 26$ fr 04	

Rép. On payera pour les trois alliages   2467 fr 50

1182. *On fond ensemble 220 thalers, monnaie d'argent pesant 22 gr 271, au titre de 0,750, et 500 de nos pièces de 5 fr. On demande ce qu'il faut ajouter à cet alliage pour qu'il soit au titre de 0,835 et quel est le poids du lingot obtenu.*

POIDS	ARGENT PUR
Thalers $22^{gr}271 \times 220 = 4899^{gr}62$;	$4899,62 \times 0,750 = 3674^{gr}715.$
Pièces de 5^{fr}, $25 \times 500 = 12500$	$12500 \times 0,9 = 11250$
$\overline{17399^{gr}62\,;}$	$\overline{14924^{gr}715.}$

Le titre du lingot serait $\dfrac{14924,715}{17399,62} = 0,857.$

Pour amener ce lingot au titre de 0,835, il faudra ajouter du cuivre.

Le poids total du lingot à 0,835 sera $\dfrac{14924,715 \times 1\,000}{835} = 17873^{gr}91.$

Il faudra ajouter $17873,91 - 17399,62 = 474$ gr 29 de cuivre.

    Rép. 1° 474 gr 29 de cuivre ; 2° 17873 gr 91.

1183. *Un lingot d'argent pèse 1 kilog et est au titre de 0,875. Que faut-il ajouter pour l'amener : 1° au titre de 0,900, et 2° au titre de 0,835 ?*

Le lingot contient 875 gr d'argent pur et 125 gr de cuivre.

Pour élever le titre de ce lingot à 0,900, il faut ajouter de l'argent pur, et pour abaisser le titre à 0,835, il faut ajouter du cuivre.

Dans le 1er cas, le nouveau lingot pèsera $125 \times 10 = 1\,250$ gr

Dans le 2e cas, il pèsera $\dfrac{875 \times 1\,000}{835} = 1\,047$ gr 904.

Rép. On ajoutera : 1° 250 gr d'argent; 2° 47 gr 904 de cuivre pur.

1184. *Un orfèvre a deux lingots d'or de 95 décagrammes chacun, l'un au titre de 0,920 et l'autre au titre de 0,750. Combien doit-il ajouter de grammes du deuxième lingot au premier pour abaisser son titre à 0,840 ?*

On a	0,920	0,08		9 grammes au titre de 0,920.
	0,840			
	0,750	0,09		8 grammes au titre de 0,750.

Si l'on prend 9 grammes du 1er lingot on aura $0,08 \times 9 = 0$ gr 72 d'argent pur de plus que ne l'indique le titre moyen; en prenant 8 gr du deuxième lingot on aura $0,09 \times 8$, soit 0 gr 72 de moins que ne l'indique le titre moyen; il y a donc compensation.

On ajoutera au 1er lingot $\dfrac{950 \times 8}{9} = 844$ gr $\dfrac{4}{9}$ du 2e lingot.

Rép. 844 gr $\dfrac{4}{9}$, ou 844 gr 444.

1185. *Combien faut-il ajouter de cuivre à un lingot d'argent de 635 gr au titre de 0,920 pour obtenir un alliage au titre de 0,835 ?*

Ce lingot contient $635 \times 0,92 = 584$ gr 2 d'argent pur.

Le nouveau lingot au titre de 0,835 pèsera
$$\dfrac{584,2 \times 1\,000}{835} = 699 \text{ gr } 64.$$

Il faudra ajouter $699,64 - 635 = 64$ gr 64 de cuivre.

Rép. 64 gr 64.

1186. *Combien faut-il ajouter d'or pur à un lingot d'or de 548 grammes au titre de 0,840 pour obtenir un lingot au titre de 0,900 ?*

Ce lingot contient $548 \times (1 - 0,84) = 87$ gr 68 de cuivre.

Le nouveau lingot au titre de 0,9 pèsera 876 gr 8.

Il faudra ajouter $876,8 - 548 = 328$ gr 8 d'or pur.

Rép. 328 gr 8.

1187. *Dans quelles proportions faut-il mélanger de l'or aux trois*

titres de 0,920, 0,840 et 0,750 pour avoir un alliage monétaire ?

0,920   2 ; 21 gr   On prendra les $\dfrac{21}{25}$ de l'alliage moné-

    0,900   taire au titre de 0,920,

0,840   6) ; 2 gr   et les $\dfrac{2}{25}$ à chacun des titres 0,840

              21)   et 0,750.

0,750   15) ; 2 gr

              ─────

              25 gr

Rép. $\dfrac{21}{25}$ à 0,920, $\dfrac{2}{25}$ à 0,840 et $\dfrac{2}{25}$ à 0,750.

1188. *Dans quelles proportions faut-il mélanger des lingots d'argent aux titres de 0,950 et 0,800: 1° pour avoir un alliage au titre des pièces de 5 francs; 2° pour avoir un alliage au titre des pièces divisionnaires ?*

1° 0,950   5 ; 10 gr   On mélangera les lingots dans la pro-

    0,900   portion de 10 à 5 ou de 2 à 1.

0,800   10 ; 5 gr   On prendra les $\dfrac{2}{3}$ de l'alliage au titre

              ──────

              15 gr

                           de 0,950 et le $\dfrac{1}{3}$ au titre de 0,800.

2° 0,950   115; 35 gr   On mélangera les lingots dans la pro-

    0,835   portion de 35 à 115 ou de 7 à 23.

0,800   35; 115 gr   On prendra les $\dfrac{7}{30}$ à 0,950 et $\dfrac{23}{30}$ à 0,800.

              ──────

              150 gr

Rép. 1° $\dfrac{2}{3}$ à 0,950 et $\dfrac{1}{3}$ à 0,800; 2° $\dfrac{7}{30}$ à 0,950 et $\dfrac{23}{30}$ à 0,800.

ou 1° 2 gr à 0,950 pour 1 à 0,800; 2° 7 gr à 0,950 pour 23 à 0,800;

1189. *On a deux lingots d'argent, l'un au titre de 0,800 e l'autre au titre de 0,950. Quel poids de chaque lingot faut-il mé langer pour faire 225 pièces de 5 francs ?*

0,800   10   Les 225 pièces pèsent $25 \times 225 = 5625$ gr

    0,900   Il faudra prendre :

0,950 $\dfrac{5}{15}$ **Rép.** $\begin{cases} 5625 \times \dfrac{5}{15} = 1875 \text{ gr à } 0,800 \\ 5625 \times \dfrac{10}{15} = 3750 \text{ gr à } 0,950. \end{cases}$

1190. *On veut fabriquer un objet d'orfèvrerie en or du poids de 278 grammes, au titre de 0,780, et l'on a deux lingots aux titres de 0,750 et 0,840. Quel poids de chacun des deux lin gots faudra-t-il jeter dans le creuset?*

0,750   3   On prendra :

    0,780

0,840 $\dfrac{6}{9}$ **Rép.** $\begin{cases} 278 \times \dfrac{6}{9} = 185 \text{ gr } \dfrac{1}{3} \text{ au titre de } 0,750. \\ 278 \times \dfrac{3}{9} = 92 \text{ gr } \dfrac{2}{3} \text{ au titre de } 0,840. \end{cases}$

1191. *Combien faudrait-il d'argent aux titres de 0,920, 0,850, 0,740 et 0,720 pour obtenir 4 kg 65 d'alliage au titre de 0,800?*

On prendra :

$$
\begin{array}{ll}
0,92 \quad 12\,| \\
0,85 \quad 5\,| \end{array}17\times 2 = 34 \qquad\qquad
\begin{cases}
4650\times\dfrac{14}{62} = 1050 \text{ gr au tit. de } 0,920. \\[4pt]
\qquad\text{id.} \qquad 1050 \text{ gr} \qquad \text{id.} \qquad 0,850. \\[4pt]
4650\times\dfrac{17}{62} = 1275 \text{ gr} \qquad \text{id.} \qquad 0,740. \\[4pt]
\qquad\text{id.} \qquad 1275 \text{ gr} \qquad \text{id.} \qquad 0,720.
\end{cases}
$$

$$0,80$$

$$
\begin{array}{ll}
0,74 \quad 6\,| \\
0,72 \quad 8\,| \end{array}14\times 2 = \dfrac{28}{62} \qquad \textbf{Rép.}
$$

1192. *On demande quel poids d'un lingot d'or au titre de 0,920 il faut fondre avec un lingot du poids de 1800 grammes, au titre de 0,840, pour faire un alliage au titre de 0,900.*

$$
\begin{array}{ll}
0,92 & 2 \\
\quad 0,90 & \\
0,84 & 6
\end{array}
$$

On doit prendre 6 grammes du lingot du titre de 0,920 pour 2 gr au titre de 0,840, c'est-à-dire trois fois plus ou $1800\times 3 = 5400$ gr.

Rép. 5400 gr au titre de 0,920.

1193. *Un lingot d'argent, du poids de 6 kg 24, est au titre de 0,95 ; un autre, du poids de 5 kg 785, est au titre de 0,842 ; un troisième, du poids de 10 kg 5, est au titre de 0,74 ; un quatrième, au titre de 0,548, est du poids de 8 kg 45. On fond ces lingots en un seul et l'on demande 1° quel sera le titre du nouvel alliage ; 2° ce qu'il faut y ajouter pour l'amener d'abord au titre de 0,950, puis au titre de 0,800.*

$$
\begin{array}{llllll}
1^{\text{er}} \text{ lingot, poids} & 6^{\text{kg}}24 \;; & \text{argent pur} & 0,95\times 6,24 & = & 5^{\text{kg}}928 \\
2^{\text{e}} \quad \text{»} & \text{»} \quad 5,785 ; & \text{»} & 0,842\times 5,785 & = & 4,87097 \\
3^{\text{e}} \quad \text{»} & \text{»} \quad 10,5 \;; & \text{»} & 0,74\times 10,5 & = & 7,77 \\
4^{\text{e}} \quad \text{»} & \text{»} \quad 8,45 \;; & \text{»} & 0,548\times 8,45 & = & 4,6306 \\
& \text{»} \quad \overline{30,975} & & & & \overline{23,19957}
\end{array}
$$

Titre du nouveau lingot $\dfrac{23,19957}{30,975} = 0,7489.$

Ce lingot contient $30,975 - 23,19957 = 7$ kg 77543 de cuivre.

Avec ce cuivre on ferait, au titre de 0,950, un lingot de

$$\frac{7,77543 \times 100}{5} = 155 \text{ kg } 5086.$$

Il faudrait donc ajouter $155,5086 - 30,975 = 124$ kg 5336 d'argent pur.

On ferait au titre de 0,800 un lingot qui pèserait

$$\frac{7,77543 \times 10}{2} = 38 \text{ kg } 87715.$$

Il faudrait ajouter $38,87715 - 30,975 = 7$ kg 90215 d'argent pur.

Rép. 1° 0,7489 ; 2° il faut ajouter 124 kg 5336 d'argent pur pour le titre de 0,950, et 7 kg 90215 d'argent pur pour le titre de 0,800.

EXERCICES

Équations à une inconnue.

1194.	$3x + 8 = 7x - 8$	Rép. $x = 4$
1195.	$8x - 11 = 3x + 14$	Rép. $x = 5$
1196.	$41 - 3x = 3x - 1$	Rép. $x = 7$
1197.	$100 - 9x = 5x - 26$	Rép. $x = 9$
1198.	$9x + 1 = 15x - 65$	Rép. $x = 11$
1199.	$8x + 15 = 10x + 14$	Rép. $x = \dfrac{1}{2}$
1200.	$6x - 11 = 33 - 2x$	Rép. $x = 5\dfrac{1}{2}$
1201.	$3x + 47 = 99x + 15$	Rép. $x = \dfrac{1}{3}$
1202.	$3x + 10 = 40x - 27$	Rép. $x = 1$
1203.	$4x + 51 = 1 + 12x$	Rép. $x = 6\dfrac{1}{4}$
1204.	$21x - 11 = 77x - 27$	Rép. $x = \dfrac{2}{7}$
1205.	$5x + 99 = 17x - 405$	Rép. $x = 47$
1206.	$9x + 79 = 85 - 45x$	Rép. $x = \dfrac{1}{9}$
1207.	$4x - 1 = 3x + 1,50$	Rép. $x = 2,5$
1208.	$\dfrac{x}{5} + \dfrac{2x}{9} + x = 64$	Rép. $x = 45$
1209.	$2x + \dfrac{3x}{4} = \dfrac{x}{7} + 73$	Rép. $x = 28$
1210.	$43 - 2x = \dfrac{5x}{6} + \dfrac{3x}{4}$	Rép. $x = 12$
1211.	$\dfrac{x}{3} - x = -12 - \dfrac{2x}{9}$	Rép. $x = 27$
1212.	$\dfrac{2a}{3} + \dfrac{5x}{12} = \dfrac{3x}{4} + 16$	Rép. $x = 48$
1213.	$\dfrac{x}{4} + \dfrac{5x}{6} + \dfrac{x}{2} = 84$	Rép. $x = 53\dfrac{1}{19}$

1214. $\dfrac{x}{6} + 41 = \dfrac{5\,x}{7} - 5$ Rép. $x = 84$

1215. $\dfrac{10\,x}{13} - 17 = \dfrac{3\,x}{5} - 6$ Rép. $x = 65$

1216. $\dfrac{5\,x}{6} - \dfrac{3\,x}{14} = x - 16.$ Rép. $x = 42$

1217. $\dfrac{5\,x}{6} - \dfrac{2\,x}{3} = \dfrac{9\,x}{2} - 26$ Rép. $x = 6$

1218. $\dfrac{x}{2} - \dfrac{2\,x}{3} + \dfrac{x}{8} = -4$ Rép. $x = 96$

1219. $\dfrac{3\,x}{8} + \dfrac{x}{4} - \dfrac{2\,x}{3} = 2$ Rép. $x = -48$

1220. $x + \dfrac{10\,x}{9} = \dfrac{7\,x - 6}{3}$ Rép. $x = 9$

1221. $\dfrac{3}{4} = \dfrac{x}{4} - \left(\dfrac{3\,x + 19}{19}\right)$ Rép. $x = 19$

1222. $5\left(\dfrac{2\,x - 1}{2}\right) = 4\,x + \dfrac{15}{2}$ Rép. $x = 10$

1223. $\dfrac{13\,x}{12} + 11 = \dfrac{3\,(x + 4)}{2}$ Rép. $x = 12$

1224. $7 - \dfrac{2}{3}\,(3 - x) = \dfrac{3\,x}{2}$ Rép. $x = 6$

1225. $\dfrac{1}{6}\left(\dfrac{7\,x}{4} + x\right) = x - \dfrac{13}{2}$ Rép. $x = 12$

1226. $\dfrac{x}{12} - x\left(\dfrac{3}{5} + \dfrac{11}{12}\right) = 86$ Rép. $x = -60$

1227. $8 - \left(\dfrac{4\,x}{9} - \dfrac{3\,x}{7}\right) = \dfrac{x}{3} - 14$ Rép. $x = 63$

Équations à deux inconnues.

1228. $\begin{aligned} x + y &= 8 \\ 5\,x - 2\,y &= 5 \end{aligned}$ Rép. $\begin{cases} x = 3 \\ y = 5 \end{cases}$

1229. $\begin{aligned} y - x &= 2 \\ 12\,x + y &= 67 \end{aligned}$ Rép. $\begin{cases} x = 5 \\ y = 7 \end{cases}$

1230. $\begin{aligned} 2\,x - y &= 1 \\ 2\,y - 10 &= x \end{aligned}$ Rép. $\begin{cases} x = 4 \\ y = 7 \end{cases}$

1231. $\begin{aligned} 10\,x + 9\,y &= 199 \\ 5\,x - 4\,y &= 6 \end{aligned}$ Rép. $\begin{cases} x = 10 \\ y = 11 \end{cases}$

1232. $\begin{aligned} 7\,x - 2\,y &= -8 \\ 5\,x - 3\,y &= 49 \end{aligned}$ Rép. $\begin{cases} x = -11\dfrac{1}{11} \\ y = -34\dfrac{9}{11} \end{cases}$

1233.
$$9x = 7y$$
$$2x - 1 = y + 4$$
Rép. $\begin{cases} x = 7 \\ y = 9 \end{cases}$

1234.
$$12x - 5y = 131$$
$$2x + 3y = 41$$
Rép. $\begin{cases} x = 13 \\ y = 5 \end{cases}$

1235.
$$3x + 4y = 92$$
$$12x - 5y = 74$$
Rép. $\begin{cases} x = 12 \\ y = 14 \end{cases}$

1236.
$$4x - 5 = 3y + 6$$
$$5y + 6 = 4x + 1$$
Rép. $\begin{cases} x = 5 \\ y = 3 \end{cases}$

1237.
$$3x - 40 = y - 1$$
$$15y + 1 = 4x - 10$$
Rép. $\begin{cases} x = 14 \\ y = 3 \end{cases}$

1238.
$$3x + 2y = 7$$
$$5y - 9x = 9 + y$$
Rép. $\begin{cases} x = \dfrac{1}{3} \\ y = 3 \end{cases}$

1239.
$$5x - 12y = -7$$
$$15x + 4y = 90x - 27$$
Rép. $\begin{cases} x = \dfrac{2}{5} \\ y = \dfrac{3}{4} \end{cases}$

1240.
$$x - (y - 9) = 89$$
$$40x + 19y = 250$$
Rép. $\begin{cases} x = +30 \\ y = -50 \end{cases}$

1241.
$$x + 2y = 14$$
$$2y - (3x - 2) = 80$$
Rép. $\begin{cases} x = -16 \\ y = 15 \end{cases}$

1242.
$$33x = 101 - y$$
$$5y - 1900 = 333x$$
Rép. $\begin{cases} x = -3 \\ y = 200 \end{cases}$

1243.
$$4x - 99y = 499$$
$$75y + 2x = 125$$
Rép. $\begin{cases} x = 100 \\ y = -1 \end{cases}$

1244.
$$3x + 4y = 6$$
$$3y - \dfrac{x}{4} = 2$$
Rép. $\begin{cases} x = 1 \\ y = \dfrac{3}{4} \end{cases}$

1245.
$$5x - 6y = 0$$
$$\dfrac{x}{3} + y = 7$$
Rép. $\begin{cases} x = 6 \\ y = 5 \end{cases}$

1246.
$$2x - 5y = -44$$
$$3y - 8x = 23$$
Rép. $\begin{cases} x = \dfrac{1}{2} \\ y = 9 \end{cases}$

1247.
$$5x - 21y = 33$$
$$\dfrac{x}{4} - 3y = 1$$
Rép. $\begin{cases} x = 8 \\ y = \dfrac{1}{3} \end{cases}$

1248.
$$\dfrac{3x}{10} - \dfrac{3y}{9} = 9$$
$$\dfrac{x}{4} + \dfrac{y}{3} = 13$$
Rép. $\begin{cases} x = 40 \\ y = 9 \end{cases}$

1249.
$$\dfrac{x}{5} + 12 = \dfrac{y}{3} + 10$$
$$\dfrac{2x}{3} - 2 = \dfrac{3y}{5} - 4$$
Rép. $\begin{cases} x = 5\dfrac{5}{23} \\ y = 9\dfrac{3}{23} \end{cases}$

1250.
$$\frac{5\,y}{16} = x - 2$$
$$\frac{2\,x}{7} + 8 = \frac{15\,y}{16} - 5$$
Rép. $\begin{cases} x = 7 \\ y = 16 \end{cases}$

1251.
$$7\,x + 3\,y = 119$$
$$y - \frac{5\,x}{8} = 16$$
Rép. $\begin{cases} x = 8 \\ y = 21 \end{cases}$

1252.
$$\frac{3\,x}{10} - \frac{3\,y}{9} = 9$$
$$3\,x + 4\,y = 156$$
Rép. $\begin{cases} x = 40 \\ y = 9 \end{cases}$

1253.
$$8\,x + 3\,y = 8$$
$$4\,x + 3\,y = 5$$
Rép. $\begin{cases} x = \dfrac{3}{4} \\ y = \dfrac{2}{3} \end{cases}$

1254.
$$15\,x - 16\,y = 1820$$
$$\frac{x}{10} + \frac{5\,y}{4} = -15$$
Rép. $\begin{cases} x = 100 \\ y = -20 \end{cases}$

1255.
$$\frac{5\,x}{12} - 1 = \frac{y}{9} + 13$$
$$\frac{7\,x}{9} + 6 = 12\,y - 74$$
Rép. $\begin{cases} x = 36 \\ y = 9 \end{cases}$

1256.
$$\frac{x}{5} - \frac{y}{10} = 2$$
$$\frac{7\,y}{5} + 9 = -x$$
Rép. $\begin{cases} x = 5 \\ y = -10 \end{cases}$

1257.
$$x - 12 = \frac{3\,y}{4} - \frac{3}{4}$$
$$\frac{3\,x}{5} + \frac{4}{5} = 5\,y + 3$$
Rép. $\begin{cases} x = 12 \\ y = 1 \end{cases}$

Équations à trois inconnues.

1258.
$$x + y - z = 14$$
$$x + z - y = 6$$
$$y + z - x = -4$$
Rép. $\begin{cases} x = 10 \\ y = 5 \\ z = 1 \end{cases}$

1259.
$$x + y - 2\,z = 20$$
$$x - y - z = 5$$
$$2\,y + 2\,z - x = 10$$
Rép. $\begin{cases} x = 20 \\ y = 10 \\ z = 5 \end{cases}$

1260.
$$x + y + z = 18$$
$$2\,x - y + z = 9$$
$$5\,x - 2\,y + z = 12$$
Rép. $\begin{cases} x = 3 \\ y = 6 \\ z = 9 \end{cases}$

1261.
$$4\,x + 5\,y + z = 12$$
$$y - 8\,x + 6\,z = 19$$
$$20\,x + 4\,y - 5\,z = -1$$
Rép. $\begin{cases} x = \dfrac{3}{4} \\ y = 1 \\ z = 4 \end{cases}$

1262.　$\begin{aligned} 5x + 10y - z &= 2 \\ 20y - x + 2z &= 9 \\ 3x - 100y + 5z &= 13 \end{aligned}$　　Rép. $\begin{cases} x = 1 \\ y = \dfrac{1}{10} \\ z = 4 \end{cases}$

1263.　$\begin{aligned} x + 2y - z &= 4 \\ 2x - 4y + z &= 1 \\ 8y - 2x - 5z &= 5 \end{aligned}$　　Rép. $\begin{cases} x = 2 \\ y = \dfrac{1}{2} \\ z = -1 \end{cases}$

Équations complètes du second degré.

1264. $x^2 - 10x = -16$ — Rép. $x' = 8$ — $x'' = 2$

1265. $x^2 - 6x = -5$ — Rép. $x' = 5$ — $x'' = 1$

1266. $x^2 - 11x = -28$ — Rép. $x' = 7$ — $x'' = 4$

1267. $x^2 - 3x = 28$ — Rép. $x' = 7$ — $x'' = -4$

1268. $x^2 + 2x = 48$ — Rép. $x' = 6$ — $x'' = -8$

1269. $x^2 - 6x = 240$ — Rép. $x' = 18,78$ — $x'' = -12,78$

1270. $x^2 - 6x = 7$ — Rép. $x' = 7$ — $x'' = -1$

1271. $x^2 + 4x - 21 = 8x$ — Rép. $x' = 7$ — $x'' = -3$

1272. $x^2 - 52x = 35 - 50x$ — Rép. $x' = 7$ — $x'' = -5$

1273. $x^2 - 24x = 5(3 + 2x)$ — Rép. $x' = 34,43$ — $x'' = -0,43$

1274. $(x + 1)^2 = 3 + x$ — Rép. $x' = 1$ — $x'' = -2$

1275. $x(x - 1) = 120 + x$ — Rép. $x = 12$ — $x'' = -10$

1276. $x(x - 10) = 10x - 99$ — Rép. $x' = 11$ — $x'' = 9$

1277. $x(x - 18) = 2(x - 18)$ — Rép. $x' = 18$ — $x'' = 2$

1278. $x(2x - 92) = x^2 + 800$ — Rép. $x'' = 100$ — $x'' = -8$

1279. $x^2 + x = 20$ — Rép. $x = 4$ — $x'' = -5$

1280. $x^2 - 30x + 200 = 0$ — Rép. $x' = 20$ — $x'' = 10$

1281. $x^2 - 71x = -1050$ — Rép. $x' = 50$ — $x'' = 21$

1282. $2x(x + 5) = 75 + x^2$ — Rép. $x' = 5$ — $x'' = -15$

1283. $(x + 6)(x - 6) = 9 - 4x$ — Rép. $x' = 5$ — $x'' = -9$

1284. $(x - 4)^2 = 16(4 - x)$ — Rép. $x' = 4$ — $x'' = -12$

1285. $3x^2 + x = 2$ — Rép. $x' = \dfrac{2}{3}$ — $x'' = -1$

1286. $4x^2 + 4 = 17x$ — Rép. $x' = 4$ — $x'' = \dfrac{1}{4}$

1287. $5x^2 + 10 = 27x$ — Rép. $x' = 5$ — $x'' = 0,4$

1288. $24x^2 + 5x = 3x + 1$ — Rép. $x' = \dfrac{1}{6}$ — $x'' = -\dfrac{1}{4}$

1289. $2x^2 + \dfrac{6}{5} = x\left(x + \dfrac{31}{5}\right)$ — Rép. $x' = 6$ — $x'' = 0,2$

1290.
$$x + y = 14$$
$$x y = 45$$

On a
$$y = 14 - x.$$
$$xy = x(14 - x) = 14x - x^2 = 45;$$
d'où
$$x^2 - 14x + 45 = 0,$$
et (Arith., n° 657) $x = 7 \pm \sqrt{49 - 45} = 7 \pm 2.$
$$x' = 9; \quad x'' = 5.$$

En remplaçant x par sa valeur, on trouve
$$y' = 5; \quad y'' = 9.$$

Rép. $x' = 9$ et $y' = 5$ ou $x'' = 5$ et $y'' = 9.$

1291.
$$x - y = 5$$
$$x y = 300$$

On trouve (Probl. 1290).

Rép. $x' = 20$ et $y' = 15$ ou $x'' = -15$ et $y'' = -20.$

1292.
$$2x + y = 11$$
$$x^2 + y^2 = 26$$

On a $y = 11 - 2x$ et $y^2 = (11 - 2x)^2 = 121 - 44x + 4x^2;$
d'où
$$x^2 + y^2 = x^2 + 121 - 44x + 4x^2 = 26.$$
$$5x^2 - 44x + 95 = 0.$$
$$x = \frac{22 \pm \sqrt{484 - 475}}{5} = \frac{22 \pm 3}{5} \quad \text{(Arith., n° 657.)}$$
$$x' = 5 \quad \text{et} \quad x'' = 3,8.$$

En remplaçant x par sa valeur, on trouve $y' = 1$ et $y'' = 3,4.$

Rép. $x' = 5$ et $y' = 1$ ou $x'' = 3,8$ et $y'' = 3,4.$

1293.
$$3x - y = 5$$
$$x^2 + y^2 = 5$$

On a $y = 3x - 5$ et $y^2 = (3x - 5)^2 = 9x^2 - 30x + 25.$
$$x^2 + y^2 = x^2 + 9x^2 - 30x + 25 = 5.$$
$$10x^2 - 30x + 20 = 0 \quad \text{ou} \quad x^2 - 3x + 2 = 0$$
$$x = \frac{3 \pm \sqrt{9 - 8}}{2} = \frac{3 \pm 1}{2}$$
$$x' = 2 \quad \text{et} \quad x'' = 1.$$

En remplaçant x par sa valeur, on trouve $y' = 1$ et $y'' = -2.$

Rép. $x' = 2$ et $y' = 1$ ou $x'' = 1$ et $y'' = -2.$

PROBLÈMES

1294. *Partager 158 fr entre trois personnes, de manière que la seconde ait 14 fr de plus que la première, et que la troisième ait 4 fr de plus que la seconde.*

Appelons la part de la première $\qquad$ x
       la seconde aura $\qquad$ $x + 14$
       et la troisième $\qquad$ $x + 14 + 4.$

Les trois parts réunies sont 158 fr. L'équation sera donc :
$$x + x + 14 + x + 14 + 4 = 158.$$
$$3x + 32 = 158.$$
$$x = \frac{158 - 32}{3} = \frac{126}{3} = 42$$

Rép. La 1re aura 42 fr, la 2e 56 fr, la 3e 60 fr.

1295. *Partager 97 fr entre trois personnes, de manière que la seconde ait 7 fr de plus que la première et 8 fr de moins que la troisième.*

Appelons la part de la première $\qquad$ x
       la seconde aura $\qquad$ $x + 7$
       et la troisième $\qquad$ $x + 7 + 8.$
On aura $\qquad$ $x + x + 7 + x + 7 + 8 = 97$
$$x = 25$$

Rép. La 1re aura 25 fr, la 2e 32 fr, la 3e 40 fr.

1296. *Une mère et ses deux enfants ont ensemble 60 ans. Trouver les trois âges respectifs, sachant que l'aîné des enfants a deux fois l'âge de son frère, et que la mère a quatre fois la somme des âges de ses enfants.*

Appelons l'âge du plus jeune des enfants $\qquad$ x
       l'aîné aura $\qquad$ $2x$
       l'âge de la mère sera $\qquad$ $4(x + 2x).$
On aura $\qquad$ $x + 2x + 4(x + 2x) = 60$
$$x = 4$$

Rép. Les âges respectifs sont : 4 ans, 8 ans et 48 ans.

1297. *Quel est le nombre dont les deux tiers diminués de 8 égalent le quart augmenté de 7?*

Soit x ce nombre; l'équation sera $\dfrac{2x}{3} - 8 = \dfrac{x}{4} + 7.$

Rép. $x = 36.$

1298. *Quel est le nombre dont le tiers, les trois quarts et le double ont pour somme 129,50?*

Soit x le nombre cherché.

On aura $\qquad$ $\dfrac{x}{3} + \dfrac{3x}{4} + 2x = 129,50.$

Rép. $x = 42.$

1299. *La différence entre le prix des $^5/_6$ et celui des $^3/_4$ d'une pièce de toile est 12 fr 60. Quelle est la longueur de la pièce, si le mètre vaut 1 fr 80?*

Soit x la longueur de la pièce.

Puisque le mètre de toile vaut 1 fr 80, pour 12 fr 60 on en aura

$$\frac{12,6}{1,8} = 7 \text{ mètres.}$$

On a donc

$$\frac{5x}{6} - \frac{3x}{4} = 7.$$

Rép. $x = 84$ mètres.

1300. *Deux marchands de grains ont acheté : le premier les $^2/_7$, le second le $^1/_3$ du chargement d'un navire; l'un d'eux a reçu 110 hectolitres de plus que l'autre. Quel était le chargement du navire?*

Appelons x le nombre d'hectolitres du chargement.

On aura

$$\frac{x}{3} = \frac{2x}{7} + 110.$$

Rép. $x = 2310$ hectol.

1301. *Trouver deux nombres dont la somme soit 98, et qui soient entre eux comme 3 est à 4.*

Appelons l'un de ces nombres x;
l'autre sera $98 - x.$

On aura

$$\frac{x}{98 - x} = \frac{3}{4}; \text{ d'où } x = 42.$$

Rép. Les nombres sont 42 et 56.

1302. *Trouver deux nombres dont la différence soit 12, et qui soient entre eux comme 10 est à 11.*

Appelons le petit nombre x;
l'autre sera $x + 12.$

On aura

$$\frac{x}{x + 12} = \frac{10}{11}; \text{ d'où } x = 120.$$

Rép. Les nombres sont 120 et 132.

1303. *On a de l'or aux titres de 0,950 et de 0,680; on veut en faire un lingot au titre de 0,800 et pesant 2 kilog. Quel poids doit-on prendre des deux premiers titres?*

Soit x le poids à prendre du lingot au titre de 0,950.

On en prendra 2 kg $- x$ au titre de 0,680.

L'or pur contenu dans ces deux portions de lingot égale l'or pur du lingot résultant.

On a donc $0,95 x + (2 - x) 0,68 = 0,8 \times 2.$

$$x = \frac{8}{9} \text{ de kilogr.}$$

Rép. On prendra $\frac{8}{9}$ de kilogr. au titre de 0,950,

et 1 kg $\frac{1}{9}$ au titre de 0,68.

1304. *Une marchande de pommes vend les $^5/_{19}$ de son panier, plus 25 pommes; si elle ajoutait 69 pommes à celles qui lui restent, la contenance primitive du panier serait augmentée de $^1/_5$. Quelle était la contenance du panier?*

Soit x la contenance primitive du panier.

La marchande a vendu $\quad \dfrac{5\,x}{19} + 25$.

Il lui reste $\quad \dfrac{14\,x}{19} - 25$.

On aura $\quad \dfrac{14\,x}{19} - 25 + 69 = \dfrac{6\,x}{5}$

Rép. $x = 95$ pommes.

1305. *Un particulier place les $^3/_4$ de son capital à 4 p $^0/_0$ et le reste à 6 p $^0/_0$; il retire annuellement 1 400 fr d'intérêts de moins pour la seconde partie que pour la première. Quel est le montant de ce capital?*

Soit x le capital.

Pour la 1re partie, il retire $\quad \dfrac{3\,x \times 4}{4 \times 100} = \dfrac{3\,x}{100}$

Pour la 2e partie $\quad \dfrac{x \times 6}{4 \times 100} = \dfrac{3\,x}{200}$

On aura $\quad \dfrac{3\,x}{100} = \dfrac{3\,x}{200} + 1\,400$.

Rép. $x = 93\,333$ fr 33.

1306. *Un rentier place le $^1/_4$ de son capital à 5 p $^0/_0$, la $^1/_2$ du reste à 4,50 p $^0/_0$ et le reste à 4 p $^0/_0$; il retire en tout 5325 fr. Quel est son capital?*

Soit x le capital.

La somme placée à 5 p $^0/_0$ est $\dfrac{x}{4}$; il reste $\dfrac{3x}{4}$.

La somme placée à 4,50 p $^0/_0$ est $\dfrac{3x}{4 \times 2}$ ou $\dfrac{3x}{8}$.

La somme placée à 4 p $^0/_0$ est aussi $\dfrac{3x}{8}$.

On aura $\quad \dfrac{x}{4} \times \dfrac{5}{100} + \dfrac{3x}{8} \times \dfrac{4,5}{100} + \dfrac{3x}{8} \times \dfrac{4}{100} = 5325$ fr.

Rép. $x = 120000$ fr.

1307. *Un banquier escompte au même taux, pour un an, deux billets: l'un de 15000 fr, l'autre de 12000 fr; il retient 120 fr de plus pour le premier que pour le second. Trouver le taux de l'escompte.*

Soit x le taux de l'escompte.

Pour le 1er billet on retiendra $\quad 150x$, et pour le 2^e $120x$;

Donc $\quad 150x - 120x = 120$.

Rép. $x = 4$ p $^0/_0$.

1308. *Un banquier escompte au même taux deux billets : l'un de 9000 fr payable dans 4 mois, l'autre de 8000 fr payable dans 6 mois; il remet pour le premier 1 000 fr de plus que pour le second. Quel a été le taux de l'escompte?*

Soit x le taux de l'escompte.

Pour le 1er billet, on retient $\dfrac{4x}{12} \times 90 = 30x$ et l'on remet,
$$9000 - 30x.$$

Pour le 2e, on retient $\dfrac{6x}{12} \times 80 = 40x$ et l'on remet $8000 - 40x$.

On aura $\quad 9000 - 30x - (8000 - 40x) = 1060.$

Rép. $x = 6$ p %.

1309. *Trouver trois nombres impairs consécutifs dont la somme soit 459.*

Appelons le nombre moyen $\qquad\qquad x$;
le plus grand sera $\qquad\qquad x + 2,$
et le plus petit $\qquad\qquad x - 2.$
On aura $\qquad\qquad x + x + 2 + x - 2 = 459.$
$$x = 153.$$

Rép. Les nombres sont : 155, 153 et 151.

1310. *Trouver cinq nombres impairs consécutifs dont la somme soit 485.*

Appelons x le nombre moyen ;
Les 5 nombres seront $x + 4,\ x + 2,\ x,\ x - 2,\ x - 4$;
d'où $\qquad x + 4 + x + 2 + x + x - 2 + x - 4 = 485$;
$\qquad\qquad$ d'où $\qquad x = 97.$

Rép. Les nombres sont : 101, 99, 97, 95, 93.

1311. *Décomposer le nombre 560 en deux parties telles que la première soit les 3/4 de la seconde.*

Appelons x la seconde part; la première sera $\dfrac{3x}{4}$.

On aura $\qquad\qquad \dfrac{3x}{4} + x = 560$;

$\qquad\qquad$ d'où $\qquad x = 320.$

Rép. Les nombres sont : 240 et 320.

1312. *Trouver deux nombres dont la différence soit 10 et qui soient entre eux comme 8 est à 9.*

Soit x le petit nombre; le grand sera $x + 10.$

On aura $\qquad\qquad \dfrac{x + 10}{x} = \dfrac{9}{8}$;

$\qquad\qquad$ d'où $\qquad x = 80.$

Rép. Les nombres sont : 90 et 80.

1313. *Trouver deux nombres tels que leur différence soit 12, et que le quotient du plus grand par le plus petit diminué de la différence soit 5.*

Soit x le petit nombre; le grand sera $x + 12.$

Le problème peut être interprété de deux manières :

1° La différence est retranchée du petit nombre;

On a $\dfrac{x+12}{x-12}=5$; d'où $x=18$.

Rép. 18 et 30.

2° La différence est retranchée du quotient des deux nombres;

On a $\dfrac{x+12}{x}-12=5$; d'où $x=\dfrac{3}{4}$ ou 0,75.

Rép. 0,75 ou 12,75.

1314. *Partager le nombre 500 en deux parties telles qu'en divisant la première par 5 et la seconde par 4 la différence des quotients soit 10.*

1° Si la grande est divisée par 5 et l'autre par 4,

on aura $\dfrac{500-x}{5}-\dfrac{x}{4}=10$; d'où $x=200$.

Les parties sont 300 et 200.

2° Si la grande est divisée par 4 et l'autre par 5,

on aura $\dfrac{500-x}{4}-\dfrac{x}{5}=10$; d'où $x=\dfrac{2300}{9}=255\,\dfrac{5}{9}$.

Rép. Les nombres sont 300 et 200, ou $255\,\dfrac{5}{9}$ et $244\,\dfrac{4}{9}$.

1315. *Un père a 45 ans, alors que son fils en a 17. Dans combien d'années l'âge du fils sera-t-il la moitié de celui de son père?*

Soit x le nombre d'années cherché.

L'âge du père sera $45+x$, et celui du fils $17+x$.

On aura $\dfrac{45+x}{2}=17+x$.

Rép. $x=11$ ans.

1316. *Un père a 28 ans, alors que son fils en a 3. Dans combien de temps l'âge du père ne sera-t-il plus que 5 fois celui du fils?*

Dans x années le père aura $28+x$, et le fils $3+x$.

On aura alors $\dfrac{28+x}{5}=3+x$.

Rép. $x=3$ ans $\dfrac{1}{4}=3$ ans 3 mois.

1317. *Trouver une fraction telle qu'en la multipliant par 9 on augmente sa valeur de six entiers.*

Soit x la fraction.

On doit avoir $9x=x+6$.

Rép. $x=\dfrac{3}{4}$.

1318. *Quel est le nombre qu'on diminue de 1,50 en le multipliant par $^2/_3$?*

Soit x le nombre cherché.

On doit avoir $\dfrac{2x}{3}=x-1,5$.

Rép. $x=4,5$.

1319. *Quel nombre faut-il ajouter aux deux termes de la fraction $^{22}/_{43}$ pour qu'elle devienne égale à $^{10}/_{17}$?*

Soit x la quantité qu'il faut ajouter.

On doit avoir
$$\frac{22+x}{43+x} = \frac{10}{17}.$$

Rép. $x = 8$.

1320. *Quel nombre faut-il retrancher des deux termes de la fraction $^{13}/_{40}$ pour qu'elle devienne égale à $^1/_{10}$?*

Soit x le nombre à retrancher.

On aura
$$\frac{13-x}{40-x} = \frac{1}{10}.$$

Rép. $x = 10$.

1321. *Un élève partage des pêches de la manière suivante : il donne à un de ses condisciples $^1/_4$ du nombre total moins $^1/_4$ de pêche; à un autre il donne le $^1/_7$ du nombre total plus $^3/_7$ de pêche; à un troisième le $^1/_6$ du nombre total moins $^1/_6$ de pêche; alors il lui reste 11 pêches. Combien avait-il de pêches avant le partage, et combien chaque élève en a-t-il eu, sachant qu'aucune pêche n'a été coupée?*

Soit x le nombre de pêches.

On aura
$$\frac{x}{4} - \frac{1}{4} + \frac{x}{7} + \frac{3}{7} + \frac{x}{6} - \frac{1}{6} + 11 = x;$$

d'où $x = 25$.

Le 1er élève a eu
$$\frac{25}{4} - \frac{1}{4} = 6 \text{ pêches};$$

Le 2e   „   „
$$\frac{25}{7} + \frac{3}{7} = 4 \quad „$$

Le 3e   „   „
$$\frac{25}{6} - \frac{1}{6} = 4 \quad „$$

Rép. 25 pêches; le 1er 6, le 2e 4, le 3e 4.

1322. *Un officier laisse à un poste la moitié de son monde plus la moitié d'un homme; à un second poste il laisse la moitié de ce qui lui reste plus la moitié d'un homme; alors il a encore 7 hommes. Combien en avait-il d'abord?*

Soit x le nombre de soldats.

Au 1er poste l'officier laisse $\frac{x}{2} + \frac{1}{2}$; il lui reste $\frac{x}{2} - \frac{1}{2}$.

Au 2e poste il laisse $\left(\frac{x}{2} - \frac{1}{2}\right) \times \frac{1}{2} + \frac{1}{2}$; il lui reste
$$\left(\frac{x}{2} - \frac{1}{2}\right) \times \frac{1}{2} - \frac{1}{2}.$$

C'est ce reste qui égale 7 hommes;

donc
$$\left(\frac{x}{2} - \frac{1}{2}\right) \times \frac{1}{2} - \frac{1}{2} = 7.$$

Rép. $x = 31$ hommes.

1323. *En 3 jours une fonderie a fourni 30500 obus. On demande quelle a été la fourniture journalière, sachant que chaque fois on livrait les $\frac{4}{5}$ de ce qu'on avait livré la veille.*

Soit x le nombre des obus fournis le premier jour.

Le 2ᵉ jour on en a fourni $\frac{4x}{5}$, et le 3ᵉ $\frac{4x}{5} \times \frac{4}{5} = \frac{16x}{25}$.

On aura donc $x + \frac{4x}{5} + \frac{16x}{25} = 30500$.

d'où $x = 12500$.

Rép. 1ᵉʳ jour, 12500 obus; 2ᵉ jour, 10000; 3ᵉ jour, 8000.

1324. *Un maître propose 18 problèmes à un élève et lui promet 10 points pour chacun des problèmes qu'il réussira, à condition que l'élève lui remette 6 points pour chacun de ceux qu'il ne réussira pas; or il arrive que le maître doit 68 points à l'élève. Combien celui-ci a-t-il réussi de problèmes ?*

Soit x le nombre des problèmes réussis; $18 - x$ représentera le nombre des problèmes manqués.

On aura $10x - (18 - x) 6 = 68$.

Rép. $x = 11$.

1325. *Un ouvrier n'a plus que 3 fr lorsqu'on lui paye 6 journées de travail; alors il achète un petit meuble qui lui coûte les $\frac{5}{6}$ de son avoir; mais, après 5 jours de travail, il reçoit sa paye et se trouve possesseur de 33 fr 50. Quel est le prix de sa journée?*

Soit x le prix d'une journée de travail.

On aura $3 + 6x - \frac{(3 + 6x)5}{6} + 5x = 33$ fr 50.

Rép. $x = 5$ fr 50.

1326. *Deux houillères, A et B, sont distantes de 218 kilom; en A on vend la tonne de houille 28 fr et en B 24 fr. Ces deux houillères sont reliées par un chemin de fer; on demande à quel point du parcours il faudrait installer une usine, si l'on voulait que le charbon coûtât le même prix, qu'il vînt de A ou de B. On sait que le transport coûte 8 fr par tonne et par 100 kilom.*

Soit x la distance de A au point où il faut établir l'usine; la distance de B à l'usine sera $218 - x$.

On aura $28 + \frac{8 \times x}{100} = 24 + \frac{8 \times (218 - x)}{100}$.

d'où $x = 84$.

Rép. A 84 kilom. de A et à 134 kilom. de B.

1327. *Un alliage de plomb et d'étain pèse 68 kilog. Quand on le pèse dans l'eau, son poids n'est plus que de 61 kilog. On demande les poids respectifs des deux métaux, sachant que la densité du plomb est 11,40 et celle de l'étain 7,30 environ. On sait aussi que tout corps plongé dans un liquide perd une* *partie de son poids égale au poids du liquide déplacé. (Principe d'Archimède.)*

Soit x le poids du plomb; $68 - x$ sera le poids de l'étain.

Le volume du plomb sera $\dfrac{x}{11,4}$, et celui de l'étain $\dfrac{68 - x}{7,3}$.

Le volume total est donc $\dfrac{x}{11,4} + \dfrac{68 - x}{7,3}$.

Le volume de l'eau déplacée représente, en kilog., la perte de poids 68-61 ou 7 kilog.

On aura donc
$$\dfrac{x}{11,4} + \dfrac{68 - x}{7,3} = 7.$$

$$x = 46,99 \text{ soit } 47.$$

Rép. L'alliage est formé de 47 kilog. de plomb et de 21 kilog. d'étain.

1328. *Un marchand achète de la toile à raison de 7 fr les 5 mètres; il la revend comme il suit : les $^2/_7$ à raison de 17 fr les 9 mètres, les $^5/_9$ à raison de 13 fr les 7 mètres, et le reste il le donne pour 16 fr. A ce marché il gagne 46 fr; quelle était la longueur de la toile?*

Appelons x la longueur de la toile.

La toile a coûté $\dfrac{7x}{5}$.

Les $^2/_7$ ont été vendus $\dfrac{17}{9} \times \dfrac{2x}{7} = \dfrac{34x}{63}$.

Les $^5/_8$ »   » $\dfrac{13}{7} \times \dfrac{5x}{9} = \dfrac{65x}{63}$.

On aura donc $\dfrac{7x}{5} + 46 = \dfrac{34x}{63} + \dfrac{65x}{63} + 16.$

Rép. $x = 175$ mètres.

1329. *On ajoute 5 à un nombre, puis on en fait le carré; on retranche 5 du même nombre et l'on en fait encore le carré; la différence des deux carrés est 500. Quel est ce nombre?*

Soit x ce nombre.

On aura $(x + 5)^2 - (x - 5)^2 = 500.$

On sait que la différence des carrés de deux nombres égale le produit de la somme de ces nombres par leur différence : somme $2x$, différence 10.

On a donc $20x = 500.$

Rép. $x = 25.$

1330. *Un porte-monnaie ne contient que les $^4/_5$ de ce que renferme une bourse; on met 10 fr dans le porte-monnaie et l'on retire 20 fr de la bourse : alors le porte-monnaie renferme* les $\frac{3}{4}$ de ce que contient la bourse. Que contenait le porte-monnaie?

Soit x le nombre de francs du porte-monnaie; la bourse contenait $\dfrac{5x}{4}$.

On aura
$$\left(\frac{5x}{4} - 20\right) \times \frac{9}{8} = x + 10.$$

Rép. $x = 80$ fr.

1331. *Un alliage d'or et d'argent, du poids de 9 kilog, perd 500 grammes lorsqu'on le pèse dans l'eau. On demande quel est le poids de chacun des deux métaux qui forment l'alliage, la densité de l'or étant 19,26 et celle de l'argent 10,47.*

Soit x le poids de l'or; le poids de l'argent sera $9 - x$.

On aura (Probl. 1327) $\dfrac{x}{19,26} + \dfrac{9 - x}{10,47} = 0,5.$

$x = 8$ kilog. 2495; soit 8,25 par excès.

Rép. Or, 8 kg. 25; argent, 0 kilog 75.

1332. *Un oncle partage son bien entre ses neveux de la manière suivante : au premier il donne 1000 fr plus le $\frac{1}{6}$ du reste; au deuxième 2000 fr plus le $\frac{1}{6}$ du reste; au troisième 3000 fr plus le $\frac{1}{6}$ du reste, et ainsi de suite. On demande la valeur du bien à partager, le nombre des neveux et ce que chacun a eu, sachant que les parts ont été égales.*

Soit x la fortune.

Le 1ᵉʳ neveu aura $1\,000 + \dfrac{x - 1\,000}{6}$ ou $\dfrac{x + 5\,000}{6}$.

Le 2ᵉ aura $2\,000 + \left(x - \dfrac{x + 5\,000}{6} - 2\,000\right) \times \dfrac{1}{6} = \dfrac{5x + 55\,000}{36}$.

Les parts étant égales on aura $\dfrac{x + 5\,000}{6} = \dfrac{5x + 55\,000}{36}$.

d'où $x = 25\,000.$

Chaque neveu aura $\dfrac{25\,000 + 5\,000}{6} = 5\,000.$

Le nombre des héritiers est de $25\,000 : 5\,000 = 5$.

Rép. Fortune, 25000 fr; parts, 5000 fr; 5 neveux.

1333. *Après une journée de travail, il a fallu 66 fr pour payer 8 hommes, 4 femmes et 6 enfants. Combien gagnaient les uns et les autres, sachant que les enfants ne recevaient que les $\frac{2}{5}$ de ce que recevait un homme, et qu'une femme touchait la moitié de ce qu'on donnait à un homme et à un enfant?*

Soit x le prix de la journée d'un homme; un enfant recevra $\dfrac{2x}{5}$, et une femme $\left(x + \dfrac{2x}{5}\right)\dfrac{1}{2} = \dfrac{7x}{10}$.

On aura donc $8x + \dfrac{7x}{10} \times 4 + \dfrac{2x}{5} \times 6 = 66$;

d'où $x = 5$

Rép. Hommes, 5 fr; femmes, 3 fr 50; enfants, **2 fr.**

1334. *On veut faire la longueur du mètre avec 30 pièces de monnaie, les unes de 5 fr, les autres de 2 fr. Combien y en aura-t-il de chaque sorte, les diamètres respectifs étant 37 et 27 millimètres ?*

Soit x le nombre de pièces de 5 fr; on prendra $30 - x$ pièces de 2 francs.

Donc
$$37x + (30 - x)\,27 = 1000;$$
d'où
$$x = 19.$$

Rép. 19 pièces de 5 fr et 11 pièces de 2 fr.

1335. *Quelle est la fraction qui devient $^3/_4$ quand on ajoute 3 à chacun de ses termes, et qui devient $^2/_3$ quand on retranche 4 de chacun de ses termes ?*

Soit $\dfrac{x}{y}$ la fraction cherchée;

On aura
$$\frac{x+3}{y+3} = \frac{3}{4} \quad \text{et} \quad \frac{x-4}{y-4} = \frac{2}{3}.$$
d'où l'on tire $\quad 4x - 3y = -3 \quad$ et $\quad 3x - 2y = 4,$
et enfin
$$x = 18 \quad \text{et} \quad y = 25.$$

Rép. $\dfrac{18}{25}$.

1336. *Deux personnes doivent ensemble 180 fr; la première pourrait payer cette somme si elle ajoutait à ce qu'elle a les $^2/_5$ de ce que possède l'autre; et celle ci pourrait payer cette somme si elle avait en plus le $^1/_4$ de ce qu'a la première. Quel est l'avoir de chacune de ces personnes ?*

Soient x l'avoir de la 1re personne et y celui de la seconde.

On aura
$$x + \frac{2y}{5} = 180 \quad \text{ou} \quad 5x + 2y = 900$$
et
$$y + \frac{x}{4} = 180 \quad \text{ou} \quad x + 4y = 720;$$
d'où l'on tire
$$x = 120 \quad \text{et} \quad y = 150.$$

Rép. 1re 120 fr; 2e 150 fr.

1337. *Deux régiments étaient entre eux comme 7 est à 6; après un engagement, où le premier perd 400 hommes et le second 300 ils sont entre eux comme 8 est à 7. De combien d'hommes se composait chacun de ces régiments ?*

Soient x le nombre d'hommes du 1er régiment et y celui du second.

On aura
$$\frac{x}{y} = \frac{7}{6} \quad \text{ou} \quad 6x - 7y = 0.$$
et
$$\frac{x-400}{y-300} = \frac{8}{7} \quad \text{ou} \quad 7x - 8y = 400:$$
d'où l'on tire
$$x = 2800 \quad \text{et} \quad y = 2400.$$

Rép. 1o 2800 hommes; 2o 2400 hommes.

1338. *On a du grain de deux qualités : quand on les mélange* *dans le rapport de 3 à 2, l'hectolitre vaut 33 fr 80; et quand on les mélange dans le rapport de 1 à 3, l'hectolitre vaut 32 fr 75. Trouver les prix respectifs.*

Soient x le prix de l'hectolitre de la 1re qualité et y celui de l'hectolitre de la seconde.

On aura $\qquad 3x + 2y = 33,8 \times 5$

et $\qquad x + 3y = 32,75 \times 4;$

d'où $\qquad x = 35$ et $y = 32.$

Rép. 1re 35 fr l'hectol.; 2e 32 fr l'hectol.

1339. *Un tailleur achète 5 mètres de drap bleu, 4 mètres de drap noir, et paye 150 fr; quelques jours plus tard, il achète 3 mètres de drap bleu et 7 mètres de drap noir; cette fois il débourse 9 fr de plus que la première fois. Quel est le prix de ces deux qualités de drap?*

Soient x le prix du mètre de drap bleu, et y le prix du mètre de drap noir.

On aura $\qquad 5x + 4y = 150$

et $\qquad 3x + 7y = 159$

d'où $\qquad x = 18$ et $y = 15.$

Rép. 18 fr le mètre et 15 fr le mètre.

1340. *La différence des carrés de deux nombres est 100; la somme de ces nombres est 50. Quels sont ces deux nombres?*

Soit x le plus grand de ces nombres; l'autre sera $50 - x.$

On aura $\qquad x^2 - (50 - x)^2 = 100;$

d'où $\qquad x = 26.$

Rép. 26 et 24.

1341. *La différence des carrés de deux nombres est 621; la différence de ces nombres est 9. Quels sont ces deux nombres?*

Soit x le petit nombre; le grand sera $x + 9.$

On aura $\qquad (x + 9)^2 - x^2 = 621;$

d'où $\qquad x = 30.$

Rép. 39 et 30.

1342. *Les âges de deux personnes sont actuellement comme 5 est à 11, et il y a 4 ans ils étaient comme 2 est à 5. Quels sont les âges de ces personnes?*

Soient x l'âge de la plus jeune et y celui de l'autre.

On aura $\qquad \dfrac{x}{y} = \dfrac{5}{11}$ ou $x = \dfrac{5y}{11},$

et $\qquad \dfrac{x - 4}{y - 4} = \dfrac{2}{5}$ ou $5x - 2y = 12,$

et enfin $\qquad y = 44$ et $x = 20.$

Rép. 44 ans et 20 ans.

1343. *Louis dit à Paul : Si tu me donnais 5 de tes points j'en aurais 5 fois plus qu'il ne t'en resterait. Paul lui répond : Donne-m'en 7 des tiens et alors nous en aurons autant l'un que l'autre. Combien avaient-ils de points chacun?*

Soient x le nombre des points de Louis et y celui des points de Paul.

On a
$$x + 5 = 5(y - 5)$$
et
$$y + 7 = x - 7$$
d'où
$$x = 25 \text{ et } y = 11$$

Rép. Louis avait 25 points, et Paul 11.

1344. *Un nombre est formé de deux chiffres; celui des dizaines surpasse de 3 celui des unités; quand on renverse les chiffres, le nombre formé est 10 fois plus petit que le nombre primitif. Quel est ce nombre?*

Soit x le chiffre des dizaines; celui des unités sera $x - 3$.

Le nombre égale $10x + x - 3$ ou $11x - 3$.

Le nombre renversé égale $10(x - 3) + x$ ou $11x - 30$.

Donc
$$(11x - 30) \times 10 = 11x - 3$$
d'où
$$x = 3$$

Rép. Le nombre est 30.

1345. *Un nombre est formé de deux chiffres, dont la somme des valeurs absolues est 9; quand on le renverse, on obtient un nouveau nombre qui n'est que les ³/₈ du premier. Quel est ce nombre?*

Soit x le chiffre des dizaines; celui des unités sera $9 - x$.

On aura (Probl. 1344), $(10x + 9 - x) \times \dfrac{3}{8} = 10(9 - x) + x$;
d'où
$$x = 7$$

Rép. Le nombre est 72.

1346. *Un patron veut distribuer une gratification à ses ouvriers : s'il donne à chacun d'eux 3 fr, il lui reste 4 fr; mais s'il veut donner 3 fr 50 à chacun, il lui manque 4 fr 50. Combien avait-il d'ouvriers et quelle gratification leur destinait-il?*

Soit x le nombre d'ouvriers.

On a
$$3x + 4 = 3,5x - 4,5$$
d'où
$$x = 17$$

La gratification sera $3 \times 17 + 4$ ou 55 fr.

Rép. 17 ouvriers; gratification 55 fr.

1347. *Un négociant a 2 billets payables dans un an; s'il fait escompter le plus fort à 5 p %/₀ et le plus faible à 6 p %/₀, on lui retient 49 fr; mais s'il fait escompter le plus fort à 6 p %/₀ et le plus faible à 5 p %/₀, on lui retient 50 fr. Quelle est la valeur de chacun des deux billets?*

Soient x la valeur du plus fort billet et y celle de l'autre.

On aura
$$x \times 0,05 + y \times 0,06 = 49$$
et
$$x \times 0,06 + y \times 0,05 = 50$$
d'où **Rép.** $x = 500$ fr et $y = 400$ fr.

1348. *Quel est le nombre qui, multiplié par ses $3/4$, donne 3072?*

Soit x le nombre.

On a
$$x \times \frac{3x}{4} = 3072 \quad \text{ou} \quad \frac{3x^2}{4} = 3072$$

d'où
$$x' = 64, \ x'' = -64$$

Rép. $x = 64$.

Remarque. Dans ce problème et dans les suivants, nous négligerons les solutions négatives.

1349. *Quel est le nombre dont les $2/5$ multipliés par les $3/7$ donnent 840?*

Soit x le nombre;

On a
$$\frac{2x}{5} \times \frac{3x}{7} = 840$$

Rép. $x = 70$.

1350. *Un nombre augmenté de 7, multiplié par ce même nombre diminué de 7, donne 8600 pour produit. Quel est ce nombre?*

Soit x le nombre.

On aura
$$(x + 7)(x - 7) = 8600$$

Rép. $x = 93$.

1351. *Trouver les deux dimensions d'un rectangle, sachant que sa surface est de 211932 mètres carrés, et que sa hauteur n'est que les $7/9$ de la base.*

Soit x le $\frac{1}{9}$ de la base; les dimensions seront $h = 7x$; $b = 9x$

On aura
$$7x \times 9x = 211932$$
$$x = 58$$

Rép. $b = 522$ mètres; $h = 406$ mètres.

1352. *Quel est le côté d'un carré, sachant que si l'on ajoute 2 mètres à sa base et 3 mètres à sa hauteur, le rectangle obtenu a 366 mètres de plus que le carré?*

Soit x le côté du carré.

On a
$$(x + 2)(x + 3) = x^2 + 366$$

Rép. $x = 72$ mètres.

1353. *Trouver trois nombres entiers consécutifs tels que leur produit égale 21 fois leur somme.*

Soit x le plus petit de ces nombres.

La somme sera $x + 2 + x + 1 + x$ ou $(x + 1)3$
Le produit sera $x \times (x + 1) \times (x + 2)$
On aura donc $x(x + 1)(x + 2) = 63(x + 1)$
Supprimant la solution $x + 1 = 0$ ou $x = -1$ en divisant les deux membres par $(x + 1)$, on a $x(x + 2) = 63$
ou
$$x^2 + 2x - 63 = 0$$
d'où $x = -1 \pm \sqrt{1 + 64}$; $x = 7$

Rép. 7, 8, 9.

1354. *Quel est le nombre dont le carré, diminué de 36, égale 16 fois ce nombre?*

Soit x le nombre.

On a
$$x^2 - 36 = 16x$$
ou
$$x^2 - 16x - 36 = 0$$
$$x = 8 \pm \sqrt{64 + 36} = 8 \pm 10$$

Rép. $x = 18$.

1355. *Quel est le nombre dont le carré, le double et le triple font 66?*

Soit x le nombre.

On aura
$$x^2 + 2x + 3x = 66$$
ou
$$x^2 + 5x - 66 = 0$$
$$x = \frac{-5 \pm \sqrt{25 + 264}}{2}$$

Rép. $x = 6$.

1356. *Quel est le nombre dont le carré, la moitié et le double font 231?*

Soit x le nombre.

On a
$$x^2 + \frac{x}{2} + 2x = 231$$
$$2x^2 + 5x - 462 = 0$$
$$x = \frac{-5 \pm \sqrt{25 + 3696}}{4}$$

Rép. $x = 14$.

1357. *Trouver deux nombres entiers consécutifs dont le produit soit 650.*

Soit x le petit de ces nombres; le grand sera $x + 1$

On aura
$$x (x + 1) = 650$$
$$x^2 + x - 650 = 0$$
$$x = \frac{-1 \pm \sqrt{1 + 2600}}{2}$$
$$x = 25$$

Rép. 25 et 26.

1358. *Trouver deux nombres entiers consécutifs tels que la somme de leurs carrés soit 481.*

Soit x le petit; le grand sera $x + 1$

On a
$$x^2 + (x + 1)^2 = 481$$
$$2x^2 + 2x - 480 = 0$$
$$x = \frac{-1 \pm \sqrt{1 + 960}}{2}$$
$$x = 15$$

Rép. 15 et 16.

1359. *Trouver deux nombres qui diffèrent de 2, et tels que leur produit soit 399.*

Soit x le petit de ces nombres ; le grand sera $x + 2$

On aura
$$x (x + 2) = 399$$
$$x^2 + 2x - 399 = 0$$
$$x = -1 \pm \sqrt{1 + 399}$$
$$x = 19$$

Rép. 19 et 21.

1360. *La somme de deux nombres est 17, leur produit est 72. Quels sont ces deux nombres ?*

L'un des nombres est x, et l'autre $17 - x$

On a
$$x (17 - x) = 72$$
$$x^2 - 17x + 72 = 0 \qquad\qquad (1)$$
$$x = \frac{17 \pm \sqrt{289 - 288}}{2}$$
$$x' = 9 \text{ et } x'' = 8$$

Rép. Les nombres sont 8 et 9.

Remarque. Dans l'équation (1) on voit que la somme des deux nombres égale le coefficient pris en signe contraire, de x dans le second terme, et que le produit 72 est le 3e terme. On aurait pu écrire immédiatement
$$X^2 - 17 X + 72 = 0.$$

Applications. 1° Trouver deux nombres dont la somme soit 11 et le produit 28.
$$x^2 - 11 x + 28 = 0 \qquad\qquad \textbf{Rép.} \text{ 7 et 4.}$$

2° Id. somme 38 ; produit 297.
$$x^2 - 38 x + 297 = 0 \qquad\qquad \textbf{Rép.} \text{ 11 et 27.}$$

3° Id. somme — 6 ; produit — 91.
$$x^2 + 6 x - 91 = 0 \qquad\qquad \textbf{Rép.} \text{ 7 et — 15.}$$

1361. *La différence de deux nombres est 8 et leur produit 105. Quels sont ces nombres ?*

Soient x et $x + 8$ les deux nombres.

On a
$$x (x + 8) = 105$$
$$x^2 + 8x - 105 = 0$$
$$x = -4 \pm \sqrt{16 + 105}$$
$$x = 7$$

Rép. 7 et 15.

1362. *Quel est le nombre qui surpasse de 72 sa racine carrée ?*

Soit x la racine carrée du nombre.

On a
$$x + 72 = x^2$$
$$x^2 - x - 72 = 0$$
$$x = \frac{1 \pm \sqrt{1 + 288}}{2}$$
$$x' = 9 \text{ et } x'' = -8$$

Rép. 81 (et 64 en prenant la racine négative).

1363. *Trouver deux nombres, sachant que leur différence est 16 et la somme de leurs carrés 328.*

Soient x et $x + 16$ les deux nombres.

On a
$$x^2 + (x + 16)^2 = 328$$
$$2x^2 + 32x - 72 = 0$$
$$x = -8 \pm \sqrt{64 + 36}$$
$$x = 2$$

Rép. 2 et 18.

1364. *Trouver les deux dimensions d'un rectangle dont la superficie est de 8100 mètres carrés, sachant que son périmètre est de 362 mètres.*

Soient x la base et y la hauteur de ce rectangle.

On aura $\qquad 2x + 2y = 362$, ou $x + y = 181$

et $\qquad\qquad xy = 8100$

On a (Probl. 1360, Rem.), $\quad x^2 - 181x + 8100 = 0$
$$x = \frac{181 \pm \sqrt{32761 - 32400}}{2}; \quad \text{d'où} \quad x = 100.$$

Rép. 100 mètres et 81 mètres.

1365. *Quelles sont les dimensions d'un rectangle dont la superficie est de 2646 mètres carrés, sachant que l'une a 21 mètres de plus que l'autre?*

Soient x et $x + 21$ les dimensions du rectangle.

On a
$$x(x + 21) = 2646$$
$$x^2 + 21x - 2646 = 0$$
$$x = \frac{-21 \pm \sqrt{441 + 10584}}{2}$$

d'où $\qquad\qquad x = 42$

Rép. 42 mètres et 63 mètres.

1366. *La surface d'un triangle est de 3724 mètres carrés. Quelles sont sa base et sa hauteur, sachant que la première a 22 mètres de moins que l'autre?*

Soient x la hauteur du triangle; la base sera $x - 22$

On a
$$\frac{x(x - 22)}{2} = 3724$$
$$x^2 - 22x - 7448 = 0$$
$$x = 11 \pm \sqrt{121 + 7448}$$

d'où $\qquad\qquad x = 98$

Rép. Base 76 mètres; hauteur 98 mètres.

1367. *Quel est le prix d'achat d'un meuble, sachant qu'on a* *vendu ce meuble 56 fr, et qu'à ce marché on a gagné autant pour cent que le meuble avait coûté ?*

Soit x le prix d'achat; le gain sera $\dfrac{x}{100} \times x = \dfrac{x^2}{100}$.

On aura
$$x + \frac{x^2}{100} = 56$$
$$x^2 + 100x - 5600 = 0$$
$$x = -50 \pm \sqrt{2500 + 5600}$$

Rép. $x = 40$ francs.

1368. *On a à partager 540 fr entre un certain nombre de personnes; mais au moment du partage, deux se retirent, de telle sorte que les autres reçoivent chacune 3 fr de plus qu'elles n'attendaient. Combien y a-t-il eu de partageants ?*

Soit x le nombre des partageants.

Chacun d'eux a eu $\dfrac{540}{x}$

D'abord chacun devait avoir $\dfrac{540}{x+2}$

On a donc
$$\frac{540}{x+2} = \frac{540}{x} - 3$$
$$x^2 + 2x - 360 = 0$$
$$x = -1 \pm \sqrt{1 + 360}$$

Rép. $x = 18$ personnes.

PROBLÈMES SUR LES PROGRESSIONS

1369. *Quel est le 54ᵉ terme de la progression $\div 5.7.9.11...$?*
La raison est 2. On aura (Arith., nᵒ 680).

Rép. 54ᵉ terme, $5 + 53 \times 2 = 111$.

1370. *Quel est le 51ᵉ terme de la progression $\div 200.196.192...$*
La raison est — 4.

Rép. 51ᵉ terme, $200 + (50 \times - 4) = 0$.

1371. *Quel est le 118ᵉ terme de la progression $\div 5. 5\frac{1}{3}. 5\frac{2}{3}. 6...$?*

La raison est $\frac{1}{3}$.

Rép. 118ᵉ terme, $5 + 117 \times \frac{1}{3} = 44$.

1372. *Insérer entre 5 et 20 cinq moyens différentiels, et écrire la progression.*
On aura (Arith., nᵒ 688), $r = \dfrac{20 - 5}{5 + 1} = \dfrac{15}{6} = \dfrac{5}{2}$.

Rép. $5 . 7,5 . 10 . 12,5 . 15 . 17,5 . 20$.

1373. *Insérer 4 moyens différentiels entre 91 et 5, et écrire la progression.*
$$r = \frac{91 - 5}{5} = \frac{86}{5} = 17,2$$
Rép. $91 . 73,8 . 56,6 . 39,4 . 22,2 . 5$.

1374. *Trouver la somme des termes de la progression $\div 1. 5. 9....$ composée de 41 termes.*
La somme des termes de la progression égale le produit du terme du milieu par le nombre de termes. (Arith., nᵒ 683.)
Le 21ᵉ terme $= 1 + 20 \times 4 = 81$.

Rép. La somme égale $81 \times 41 = 3321$.

1375. *Trouver la somme des termes de la progression $\div 3. 2\frac{2}{3}. 2\frac{1}{3} ...$, composée de 24 termes.*
La raison est $-\frac{1}{3}$; le 24ᵉ terme égale $3 - 23 \times \frac{1}{3}$ ou $-4\frac{2}{3}$.

Rép. La somme égale $\left(3 - \frac{14}{3}\right) \times \frac{24}{2}$ ou -20.

1376. *Trouver 5 nombres en progression arithmétique, connaissant leur somme 115 et le dernier terme 39.*

On a (Arith., n° 684) $s = \dfrac{(a+l)n}{2}$.

En remplaçant s, l, n par leurs valeurs, on trouve

$$115 = \dfrac{a + 39}{2} \times 5 ; \text{ d'où } a = \dfrac{115 \times 2}{5} - 39 = 7$$

La formule C (Arith., n° 688) nous donne

$$r = \dfrac{39 - 7}{4} = 8$$

Rép. $\div$ 7 . 15 . 23 . 31 . 39.

1377. *Quelle est la somme des 1000 premiers nombres 1. 2. 3. 4. 5. 6.....?*

La suite des nombres est une progression arithmétique dont la raison est 1; on aura

$$\text{Rép. } s = \dfrac{(1 + 1000)}{2} \times 1000 = 500500.$$

1378. *Une personne charitable a donné 0 fr 25 à un pauvre, 0 fr 35 à un autre, 0 fr 45 à un troisième, et ainsi de suite en augmentant chaque fois son aumône de 0 fr 10. Combien a-t-elle assisté de pauvres, sachant que le dernier a reçu 2 fr 15 ?*

La somme 2 fr 15 est le dernier terme d'une progression, arithmétique, dont la raison est 0 fr 10. On a (Arith., n° 680)

$$2,15 = 0,25 + 0,10 \times (n-1) ; \text{ d'où } n = \dfrac{2,15 - 0,25}{0,10} + 1 = 20.$$

Rép. 20 pauvres.

1379. *Le terme du milieu d'une progression est 18. Combien de termes compte cette progression, si la somme des termes est 126?*

On a (Probl. 1374), $126 = 18 \times n$; d'où $n = 7$.

Rép. 7 termes.

1380. *Une progression compte 9 termes, celui du milieu est 27 : trouver la somme des termes.*

On aura (Probl. 1374), $s = 27 \times 9 = 243$.

Rép. $s = 243$.

1381. *Un cantonnier doit arroser 82 arbres, distants les uns des autres de 8 mètres; chaque arbre doit recevoir un arrosoir d'eau. Combien ce cantonnier aura-t-il fait de chemin, sachant qu'il n'a qu'un arrosoir à sa disposition et que le bassin où il puise l'eau est à 5 mètres du premier arbre?*

Il fait le même chemin pour aller du bassin à chaque arbre et pour en revenir.

Pour aller, il parcourt un chemin égal à la somme des termes d'une progression par différence dont le premier est 5, la raison 8, le nombre de termes 82.

Le 82ᵉ terme égale $5 + 8 \times 81$ ou 653.

La somme des termes égale $(5 + 653) \times \dfrac{82}{2}$ ou 26 978 m.

Le cantonnier fait deux fois le chemin, soit $26\,978 \times 2 = 53\,956$ m.

Rép. 53 kilomètres 956 mètres.

1382. *On a fait creuser un puits artésien; on a donné à l'entrepreneur 1 fr pour le premier mètre, 1 fr 60 pour le deuxième, 2 fr 20 pour le troisième, et ainsi de suite en augmentant toujours de 0 fr 60. Quelle somme aura coûté le travail si le puits a 581 mètres de profondeur?*

Les prix forment une progression par différence dont la raison est 0 fr 60.

Pour le mètre du milieu, ou le 291ᵉ mètre,
on payera $\qquad 1 + 0,6 \times 290 = 175$ fr.

Pour les 581 mètres, on payera 175×581 ou 101 675 fr.

Rép. 101 675 fr.

1383. *Trois nombres en progression par différence ont pour produit 7500, le plus petit est 15. Quels sont les deux autres?*

Soit x la raison.

On a $\qquad 15 \times (15 + x)(15 + 2x) = 7500$

d'où $\qquad 30\,x^2 + 675x - 4125 = 0$

$$x = \frac{-675 + \sqrt{455\,625 + 495\,000}}{60} \; ; \quad x = 5$$

Rép. 15 . 20 . 25.

1384. *Un voyageur a 400 kilomètres à parcourir; le premier jour il parcourt 8 km, et chacun des jours suivants il augmente son parcours, sur celui de la veille, d'un même nombre de kilomètres; après 8 jours de voyage il arrive à destination. On demande le nombre de kilomètres parcourus chaque jour.*

En appelant x le nombre de kilomètres dont ce voyageur augmente son parcours chaque jour, son premier parcours est de 8 km, celui du second jour est de 8 km $+ x$, celui du troisième jour 8 km $+ 2x$... On voit que le parcours de chaque jour forme une progression arithmétique dont le premier terme est 8, la raison x et le nombre de termes 8. En faisant la somme de tous les termes de cette progression, on a, d'après la formule

$$S = \frac{(a + l)n}{2} :$$

$$S = \frac{(8 + l)8}{2}.$$

Or $\qquad l = a + (n - 1)x = 8 + 7x;$

d'où $\qquad S = \frac{(16 + 7x)8}{2} = 400.$

On aura donc : $56x = 800 - 128 = 672$;

$$x = \frac{672}{56} = 12.$$

Rép. Le nombre de kilomètres parcourus chaque jour est donné par chacun des termes de la progression

$$\div 8 : 20 : 32 : 44 : 56 : 68 : 80 : 92.$$

§ II. — PROGRESSIONS GÉOMÉTRIQUES

1385. *Quel est le 15e terme de la progression $\div 2 : 4 : 8 : 16...$?*
Rép. 15e terme $= 2 \times 2^{14} = 32768$.

1386. *Quel est le 12e terme de la progression $\div 81 : 27 : 9 : 3..$?*
Rép. 12e terme $= 81 \times \left(\frac{1}{3}\right)^{11} = 3^4 \times \frac{1}{3^{11}} = \frac{1}{3^7} = \frac{1}{2187}$.

1387. *Insérer entre 45 et 1215 deux moyens géométriques.*
Cherchons la raison ; on a (Arith., nº 702) :

$$q = \sqrt[3]{\frac{1215}{45}} = \sqrt[3]{27} = 3.$$

Rép. $45 : 135 : 405 : 1215$.

1388. *Insérer entre 896 et 14 cinq moyens géométriques.*

On a (Arith., nº 702) : $q = \sqrt[6]{\frac{14}{896}} = \sqrt[6]{\frac{1}{64}} = \frac{1}{2}$.

Rép. $896 : 448 : 224 : 112 : 56 : 28 : 14$.

1389. *Trouver la somme des termes de la progression $\div 3 : 12 : 48...$, composée de 15 termes.*

On a (Arith., nº 696) : $s = \dfrac{3(4^{15} - 1)}{4 - 1} = 4^{15} - 1 = 1073741823$.

Rép. $s = 1073741823$.

1390. *Le tabac est une plante annuelle qui peut fournir en moyenne 20 000 graines. On suppose qu'on sème aujourd'hui une graine de cette plante et que les années suivantes on sème toutes les graines produites ; et l'on demande quel serait, en kilomètres cubes, le volume de la récolte faite la huitième année qui suivra la mise en terre de la première graine. On admettra que 10 graines de tabac font un millimètre cube.*

Les nombres de graines récoltées chaque année forment une progression géométrique dont la raison est 20 000, le premier terme 1, et le nombre de termes 9.

On aura (Arith., nº 693) : 9e terme $= 1 \times 20\,000^8 = 20\,000^8$ ou 256 suivi de 32 zéros.

9e terme :

$20\,000^8 = 25\,600\,000\,000\,000\,000\,000\,000\,000\,000\,000\,000$ graines
Rép. 2 560 000 000 000 000 kilomètres cubes.

C'est plus de 2 360 fois le volume de la terre.

1391. *Trouver la somme des termes de la progression ÷ 27 : 9 : 3...,* composée de 12 termes.

On a (Arith., n° 698) : $s = \dfrac{27\left[1-\left(\frac{1}{3}\right)^{12}\right]}{1-\frac{1}{3}} = 40\,\dfrac{6560}{13122}$.

Rép. $40\,\dfrac{6560}{13122}$ ou 40,5.

1392. *Combien manque-t-il à la somme des 12 premiers termes de la progression ÷ $\frac{1}{2}$: $\frac{1}{4}$: $\frac{1}{8}$... pour valoir 1 ?*

On a (Arith., n° 698) : $s = \dfrac{\frac{1}{2}\left[1-\left(\frac{1}{2}\right)^{12}\right]}{1-\frac{1}{2}} = 1-\left(\frac{1}{2}\right)^{12}$.

Il manque $\left(\dfrac{1}{2}\right)^{12}$ ou $\dfrac{1}{4096}$ pour valoir 1, puisque pour avoir la somme des 12 premiers termes, il faut retrancher $\dfrac{1}{4096}$ de 1.

Rép. $\dfrac{1}{4096}$.

1393. *La mise d'un joueur est 2 fr; il joue 10 parties en dou-blant chaque fois sa mise, perd les 9 premières et gagne la dixième. Combien a-t-il gagné ou perdu?*

Les mises forment une progression géométrique dont le 1ᵉʳ terme est 2 et la raison 2.

Le joueur a perdu une somme égale à la somme des 9 premiers termes de la progression, soit (Arith., n° 696) :

$$s = \dfrac{2(2^9-1)}{2-1} = 1022 \text{ fr.}$$

$$10^e\ t = 2 \times 2^9 = 2^{10} = 1024.$$

Rép. Il a gagné 2 fr.

1394. *Un commerçant a commencé son négoce avec 75 000 fr; or, chaque année son capital s'augmente des $\frac{2}{5}$ de ce qu'il était au commencement de l'année. Quelle est la valeur de ce capital après 10 ans de commerce?*

La valeur cherchée est le 11ᵉ terme d'une progression dont le 1ᵉʳ terme est 75 000 et la raison $1+\dfrac{2}{5} = \dfrac{7}{5}$.

On aura

$$11^e\,\text{terme} = 75\,000 \times \left(\dfrac{7}{5}\right)^{10} = \dfrac{24 \times 5^5 \times 7^{10}}{5^{10}} = \dfrac{24 \times 7^{10}}{5^5} = 2169409\,\text{fr}\,91$$

Rép. 2169409 fr 90.

1395. *Quelle est la raison d'une progression dont le dernier* terme est 1280, *le premier terme* 5 *et le nombre des termes* 9?

On a (Arith., n° 693) : $1280 = 5 \times q^8$;

$$d'où \quad q = \sqrt[8]{\frac{1280}{5}} = \sqrt[8]{256} = 2.$$

Rép. 2.

1396. *Une progression géométrique a* 10 *termes; la raison est égale au tiers du premier terme et la somme des deux premiers termes est* 18. *Quels sont les* 10 *termes?*

Soit x le 1er terme; la raison sera $\frac{x}{3}$ et le 2e terme $x \times \frac{x}{3} = \frac{x^2}{3}$.

On aura :
$$x + \frac{x^2}{3} = 18 ;$$
$$x^2 + 3x - 54 = 0 ;$$
$$x = \frac{-3 \pm \sqrt{9 + 216}}{2} ;$$
$$x = 6 ; \text{ par suite la raison est } 2.$$

Rép. 6 : 12 : 24 : 48 : 96 : 192 : 384 : 768 : 1536 : 3072.

1397. *Une progression géométrique a* 6 *termes; la raison est les* $^2/_3$ *du premier et la différence des deux premiers termes est* 45. *Quels sont les* 6 *termes?*

Soit x le 1er terme; la raison sera $\frac{2x}{3}$ et le 2e terme $\frac{x \times 2x}{3} = \frac{2x^2}{3}$.

On aura :
$$\frac{2x^2}{3} - x = 45 ;$$
$$2x^2 - 3x - 135 = 0 ;$$
$$x = \frac{3 \pm \sqrt{9 + 1080}}{4} ;$$
$$x = 9 ; \text{ la raison est } 6.$$

Rép. 9 : 54 : 324 : 1944 : 11664 : 69984.

1398. *Partager le nombre* 93 *en trois parties qui forment une progression géométrique, telle que le troisième terme surpasse le premier de* 72?

Soit x le premier terme et q la raison.

On aura : $x + qx + q^2 x = 93$, ou $x(1 + q + q^2) = 93$ (1),

et $q^2 x - x = 72$ ou $x(q^2 - 1) = 72$ (2).

De l'équation (1) on tire $x = \dfrac{93}{1 + q + q^2}$.

Cette valeur mise dans l'équation (2) donne :
$$\frac{93(q^2 - 1)}{1 + q + q^2} = 72 ;$$

d'où,
$$7q^2 - 24q - 55 = 0.$$
$$q = \frac{12 \pm \sqrt{144 + 385}}{7} = 5 ;$$

par suite :
$$x = \frac{93}{1 + 5 + 25} = 3.$$

Rép. 3 . 15 . 75.

INTÉRÊTS COMPOSÉS ET ANNUITÉS

PROBLÈMES

1399. *Que devient une somme de 1 800 fr placée à intérêts composés à 5 p %₀ pendant 16 ans?*

On a (Arith., n° 726, A) : $A = 1800 (1,05)^{16}$,
ou $\qquad 1800 \times 2,1828746 = 3929$ fr 15.

$$\text{Log.} \quad 1,05 = 0,02119.$$

$$16 \text{ log. } 1,05 = 0,33904.$$
$$\text{Log.} \quad 1800 = 3,25527.$$
$$\overline{\text{Log. A} \qquad = 3,59431.}$$

Rép. $A = 3929$ fr 25.

1400. *Un élève âgé de 13 ans reçoit un livret de 200 fr sur la caisse d'épargne. Quelle somme touchera-t-il à sa majorité 21 ans, si le taux de l'intérêt est de 3 fr 50 p %₀ par an?*

On aura (Arith., n° 726, A), $A = 200 (1,035)^8$.
$$\text{Log.} \quad 1,035 = 0,01494.$$

$$8 \text{ log. } 1,035 = 0,11952.$$
$$\text{Log.} \quad 200 \quad = 2,30103.$$

$$\text{Log. A} \qquad = 2,42055.$$

Rép. $A = 263$ fr 35.

1401. *Une ville ayant vendu un terrain communal 16 000 fr, place cette somme à intérêts composés et à 4 fr 50 p %₀. Dans combien d'années aura-t-elle 25 000 fr?*

On a (Arith., n° 726, D) : $n = \dfrac{\log. 25000 - \log. 16000}{\log. 1,045}$.

Log. $25000 = 4,39794$
Log. $16000 = 4,20412$ log. $1,045 = 0,01912.$

Dif.   0,19382 $n = \dfrac{0,19382}{0,01912} = 10$ ans 1 m. 19 j.

Rép. 10 ans 1 mois 19 jours.

Remarque. Si la ville voulait avoir 250 000 fr, il lui faudrait 62 ans 5 mois.

1402. *Quel est le capital qui, placé à intérêts composés et à 5 p %₀ pendant 10 ans, est devenu 12 640 fr?*

On a (Arith., n° 726, B) : $a = \dfrac{12640}{1,05^{10}}$, ou $a = \dfrac{12640}{1,6288946} = 7759$ fr 85.

Log. $12640 = 4,10175$; log. $1,05 = 0,02119.$
$10 \text{ log. } 1,05 \quad = 0,2119.$

Log. $a \qquad = 3,88985.$

Rép. $a = 7759$ fr 85.

1403. *Une somme de 40000 fr placée à intérêts composés à 4,5 p %₀ est devenue 67835 fr 70. Pendant combien d'années a-t-elle été placée?*

On a (Arith., n° 726,D): $n = \dfrac{\log. 67835,70 - \log. 40000}{\log. 1,045}$

Log. 67835,7 = 4,83146 ; log. 1,045 = 0,01912.

Log. 40000 = 4,60206 ; $n = \dfrac{0,2294}{0,01912} = 12$ ans par excès.

$\overline{\quad\quad 0,22940.\quad\quad}$

Rép. $n = 12$ ans.

1403¹. *A quel taux a été placée une somme de 10000 fr, sachant qu'après 15 ans de placement elle est devenue 20360 fr?*

On a (Arith., n° 726, C): $r = \sqrt[15]{\dfrac{20360}{10000}} - 1.$

Log. 2,036 = 0,30878.

$\dfrac{1}{15}$ log. 2,036 = 0,020585.

$\sqrt[15]{2,036} = 1,0485$; $r = 0,0485.$

Rép. Le taux est 4 fr 85.

1403². *Combien faut-il de temps pour qu'une somme, placée à intérêts composés et à 4 p %, soit : 1° doublée; 2° triplée; 3° quadruplée?*

Dans la formule $A = a(1 + r)^n$ (Arith., n° 726, A), remplaçons A par 2a, 3a, 4a; nous aurons :

$$1° \quad 2a = a(1,04)^n, \quad \text{ou} \quad 2 = (1,04)^n ;$$
$$2° \quad 3a = a(1,04)^n, \quad \text{ou} \quad 3 = (1,04)^n ;$$
$$3° \quad 4a = a(1,04)^n, \quad \text{ou} \quad 4 = (1,04)^n .$$

On aura successivement :

Log. $2 = n$ log. 1,04; $\quad n = \dfrac{\log. 2}{\log. 1,04} = 17$ ans 8 mois 3 jours.

Log. $3 = n$ log. 1,04; $\quad n = \dfrac{\log 3}{\log. 1,04} = 28$ ans 5 jours.

Log. $4 = n$ log. 1,04 ; $\quad n = \dfrac{\log. 4}{\log. 1,04} = 35$ ans 4 mois 7 jours.

1403³. *On place à intérêts composés et à 4 p %₀ une somme de 5000 fr et on la laisse 35 ans. Pendant combien d'années faudra-t-il laisser cette même somme, placée à intérêts simples et à 5 p %₀ pour qu'elle éprouve la même augmentation que dans le premier cas?*

1° On a A = 5000 (1,04)²⁵ ; | ou 5000 × 2,6658363 = 13329 fr 18.

Log. 5000 = 3,69897 ; | $\dfrac{8329,20}{250} = 33$ ans 3 mois 24 j.

25 log. 1,04 = 0,42575; |

Log. A = 4,12472. A = 13326 fr 65.

L'augmentation est donc de 8326 fr 65.

2° 5000 fr à 5 p % rapportent en 1 an 250 fr.

Il faudra $\dfrac{8326,65}{250} = 33$ ans 3 mois 20 jours.

Rép. 33 ans 3 mois 20 jours.

1403⁴. *Quelle annuité faudra-t-il payer pour amortir en 12 ans un emprunt de 25 000 fr à 5 p %?*

On aura (Arith., n° 735, A) : $a = \dfrac{25\,000 \times 0{,}05 \times (1{,}05)^{12}}{(1{,}05)^{12} - 1}$.

On a pour le numérateur

$$\text{Log.} \quad 25\,000 = 4{,}39704.$$
$$\text{Log.} \quad 0{,}05 = \overline{2}{,}69897.$$
$$12\,\text{log.} \quad 1{,}05 = 0{,}25428.$$
$$\text{Log. du numérateur} = 3{,}35119.$$

Pour le dénominateur on a :

$$12\,\text{log. } 1{,}05 = 0{,}25428, \text{ d'où } (1{,}05)^{12} = 1{,}7958,$$
$$\text{et } (1{,}05)^{12} - 1 = 0{,}7958.$$
$$\text{Log. } 0{,}7958 = \overline{1}{,}90080.$$

Retranchant ce logarithme de celui du numérateur, on a :

$$\text{Log. } a = 3{,}45039; \quad a = 2820 \text{ fr } 95.$$

Rép. 2820 fr. 95.

Remarque. Si l'on fait usage de la table (p. 320), on trouvera 2 820 fr 65.

1403⁵. *Quel capital faut-il débourser immédiatement pour remplacer 8 annuités de 2400 fr chacune, le taux de l'intérêt étant de 4 p %?*

On a (Arith., n° 735, B) : $A = \dfrac{2400\,[(1{,}04)^8 - 1]}{0{,}04\,(1{,}04)^8}$.

$8\,\text{log. } 1{,}04 = 0{,}13624$, par suite $(1{,}04)^8 = 1{,}36853$,

et $(1{,}04)^8 - 1 = 0{,}36853.$

Pour le numérateur, on a :

$$\begin{array}{ll}
\text{Log. } 2400 = 3{,}38021 ; & \text{Log. } 0{,}04 = \overline{2}{,}60206. \\
\text{Log. } 0{,}36853 = \overline{1}{,}56648 ; & 8\,\text{log. } (1{,}04) = 0{,}13624. \\
\text{Log. du numérat.} = 2{,}94669 ; & \text{Log. du dénomin.} = \overline{2}{,}73830. \\
\text{Log. du dénom.} = \overline{2}{,}73830 & \\
\text{Log. } A = 4{,}20839. &
\end{array}$$

Rép. A = 16158 fr.

En se servant de la table (Arith., p. 320), on trouve 16158 fr 60.

1403⁶. *Une ville emprunte 1 200 000 fr au taux de 5 p %. Quelle annuité devra-t-elle servir si elle veut amortir sa dette en 50 ans?*

On a (Arith., n° 735, A) : $a = \dfrac{1\,200\,000 \times 0{,}05 \times (1{,}05)^{50}}{(1{,}05)^{50} - 1}$.

$$\text{Log. } 60000 = 4,77815; \qquad (1,05)^{50} = 11,468241.$$
$$50 \log. \; 1,05 = 1,05950; \qquad (1,05)^{50} - 1 = 10,468241.$$

$$\text{Log. du numérat.} = 5,83865; \qquad \text{Log. } (1,05)^{50} - 1 = 1,019876.$$
$$\text{Log. du dénomin.} = 1,019876;$$

$$\text{Log. } a = 4,817774.$$

Rép. $a = 65732$ francs.

14037. *Une commune qui aura pendant 30 ans un excédent de recettes évalué à 4800 fr désire contracter un emprunt. Quelle sera la valeur de cet emprunt si le taux est de 4,5 %?*

On a (Arith. n° 735, B) : $A = \dfrac{4800\,[(1,045)^{30} - 1]}{0,045\,(1,045)^{30}}$.

$30 \log. 1,045 = 0,5736$, par suite $(1,045)^{30} = 3,74627$,

$$\text{et } (1,045)^{30} - 1 = 2,74627.$$

$$\text{Log. } 4800 = 3,68124; \qquad \text{Log. } 0,045 = \overline{2},65321.$$
$$\text{Log. } (1,045)^{30} - 1 = 0,43874; \qquad \text{Log. } (1,045)^{30} = 0,57360.$$

$$\text{Log. du numérat. } 4,11998; \quad \text{Log. du dénom. } \overline{1},22681.$$
$$\text{Log. du dénom. } \overline{1},22681.$$

$$\text{Log. } A = 4,89317.$$

Rép. $A = 78193$ fr 35.

Au moyen de la table (Arith., p. 320), on trouve 78392 fr 60.

14038. *Un particulier a servi une annuité de 3679 fr 17 pour payer un emprunt de 50000 fr fait au taux de 4 p %. Pour combien de temps l'emprunt a-t-il été fait?*

On a (Arith., n° 735, C) :

$$n = \frac{\log. 3679,17 - \log. [3679,17 - (50000 \times 0,04)]}{\log. 1,04} .$$

$$\text{Log. } 3679,17 = 3,56575.$$
$$\text{Log. } 1679,17 = 3,22509 \qquad\qquad \text{Log. } 1,04 = 0,01703.$$
$$\text{Différence} = 0,34066.$$

Rép. $n = \dfrac{0,34066}{0,01703} = 20$ ans.

PROBLÈMES DE RÉCAPITULATION

PROPOSÉS A DIVERS EXAMENS

---

§ I. — OPÉRATIONS FONDAMENTALES

1404. *Le rayon de la terre est égal à 6366 kilomètres; trouver la distance de la terre au soleil, sachant qu'elle vaut 24000 rayons terrestres. Exprimer cette distance en lieues.*

De la terre au soleil il y a 6366×24000 km.

soit $\dfrac{6366 \times 24000}{4}$ ou 38196000 lieues.

Rép. 38196000 lieues.

1405. *Deux associés se partagent le bénéfice d'une affaire. La part du premier, qui vaut 7 fois la part du second, la surpasse de 75234 fr. Quelle est la part de chaque associé?*

La différence des deux parts vaut 6 fois la part du second.
Le second aura donc 75234 : 6, soit 12539 fr.
Le 1er aura $12539 \times 7 = 87773$ fr.

Rép. 1er 87773 fr; 2e 12539 fr.

1406. *Un marchand de grains a vendu 9000 fr 50 du blé qu'il avait acheté 8045 fr. Combien avait-il d'hectolitres, sachant qu'il a gagné 3 fr 25 par 100 kilog et que l'hectol de ce blé pesait 75 kilog?*

Le bénéfice total du marchand est de 9000,5 — 8045 ou 955 fr 5.

Il a gagné $\dfrac{3,25}{100}$ par kilog, ou $\dfrac{3,25 \times 75}{100} = 2$ fr 4375 par hectol.

Il avait 955,5 : 2,4375 = 392 hectol.

Rép. 392 hectolitres.

1407. *Un marchand a un tonneau de 2 hectol, et un autre dont il ignore la contenance. Il les remplit tous deux de vin à 0 fr 60, qu'il revend 0 fr 75 le litre; il gagne ainsi 54 fr. Combien le deuxième tonneau contient-il de litres?*

Sur chaque litre le marchand gagne 0,75 — 0,60 = 0 fr 15.
Sur le tonneau de 2 hectol, il gagne $0,15 \times 200 = 30$ fr.
Sur l'autre tonneau il gagne 54 — 30 = 24 fr.
Le 2e tonneau contient 24 : 0,15, soit 160 litres.

Rép. 160 litres.

1408. *On a payé 2 800 fr pour 138 mètres de drap. Combien, pour cette somme, pourrait-on avoir de mètres de drap d'une qualité supérieure, si 3 mètres de première qualité coûtent autant que 5 mètres de seconde qualité?*

Pour 1 mètre de drap de 2ᵉ qualité, on aurait $\dfrac{3}{5}$ de mètre de 1ʳᵉ qualité.

Pour 138 mètres de 2ᵉ qualité, on aura $\dfrac{3}{5} \times 138$, soit 82 m 8 de 1ʳᵉ qualité.

Rép. 82 m 80 de drap de première qualité.

1409. *Une personne achète 25 mètres de toile à 2 fr 50 le mètre. Le mètre avec lequel on a mesuré était trop court de 12 millimètres. On demande quelle perte cette personne a subie en étoffe et en argent.*

Sur chaque mètre cette personne a perdu 0 m 012.
Elle a perdu $0,012 \times 25$, soit 0 m 30 de toile, et $2,5 \times 0,3 = 0$ fr 75.

Rép. Perte, en étoffe, 0 m 30 ; en argent, 0 fr 75.

1410. *Une coquetière avait acheté, à raison de 0 fr 80 la douzaine, trois paniers d'œufs, contenant chacun 26 douzaines. Elle a cassé 27 œufs dans le transport. Sachant qu'elle a revendu 0 fr 06 la pièce ceux qui lui restaient, on demande combien elle a gagné ou perdu.*

Les œufs ont coûté $0,8 \times 26 \times 3$, soit 62 fr 40.
On en a vendu $(12 \times 26 \times 3) - 27$, soit 909.
On en a retiré $0,06 \times 909 = 54$ fr 54.
La perte a été de $62,40 - 54,54$ ou 7 fr 86.

Rép. Perte 7 fr 86.

1411. *Une femme tricote des bas de laine qu'elle vend 3 fr 25 la paire; le kilog de laine lui coûte 3 fr 69, et 17 paires de bas pèsent 2 kilog 657. On demande ce qu'elle gagne par paire de bas, et ce qu'elle aura gagné dans 3 ans ¹/₂, sachant qu'elle tricote 9 paires de bas en 2 semaines.*

En 3 ans $\dfrac{1}{2}$ il y a 182 semaines.

La femme tricotera pendant ce temps $\dfrac{9 \times 182}{2}$ ou 819 paires de bas.

Elle vendra ces bas $3,25 \times 819 = 2\,661$ fr 75.

La laine a coûté $3,69 \times \dfrac{2,657}{17} \times 819 = 472$ fr 338.

En 3 ans $\dfrac{1}{2}$ elle gagne $2\,661,75 - 472,35 = 2\,189$ fr 40.

Sur une paire de bas elle gagne $2\,189,40 : 819$, soit 2 fr 67.

Rép. Gain 2 fr 67 par paire; 2 189 fr 40 en 3 ans $\dfrac{1}{2}$.

1412. *Pour confectionner 6 douzaines de chemises on a employé 252 mètres de toile à 2 fr 10 le mètre, pour 14 fr 40 de boutons, pour 7 fr 20 de fil, et il a fallu 96 journées d'ouvrières à 1 fr 50 la journée. 1° Combien faudra-t-il vendre ces chemises pour gagner 12 fr par douzaine; 2° combien entre-t-il de toile dans une chemise?*

La toile a coûté 2,10 × 252 = 529 fr 20;

la main-d'œuvre 1,5 × 96 = 144 fr

Pour gagner 12 fr par douzaine ou 12 × 6 = 72, on vendra les 6 douzaines de chemises 529,20 + 14,4 + 7,20 + 144 + 72 ou 766 fr 80, soit   766,8 : 72 = 10 fr 65 l'une.

Pour une chemise on emploie 252 : 72, soit 3 m 5 de toile.

Rép. 1° 10 fr 65 l'une; 2° 3 m 5 de toile.

1413. *Une marchande fait confectionner 5 douzaines ¹/₂ de chemises avec de la toile estimée 3 fr 25 le mètre. Il faut 7 mètres 20 de cette toile pour faire 4 chemises, et l'on paye l'ouvrière 12 fr 60 pour 6 jours de travail. Cette ouvrière fait 9 chemises en 7 jours. On demande ce que coûtent les 5 douzaines ¹/₂ de chemises, et ce qu'elles devraient être vendues pour que la marchande pût réaliser un bénéfice de 50 fr 80 sur le tout.*

5 douzaines $\dfrac{1}{2}$ = 66 chemises.

Pour faire ces chemises, il faudra $\dfrac{7,2 \times 66}{4} = 118$ m 8 de toile; cette toile vaut 3,25 × 118,8 = 386 fr 10.

L'ouvrière travaille pendant $\dfrac{7 \times 66}{9}$ journées.

La main-d'œuvre coûte $\dfrac{12,6}{6} \times \dfrac{7 \times 66}{9}$, soit 107 fr 80.

Les 5 douzaines $\dfrac{1}{2}$ de chemises coûtent 386,10 + 107 fr 80

ou   493 fr 90.

Pour gagner 50 fr 80, il faut les vendre 493,90 + 50,80 ou 544 fr 70.

Rép. 1° 493 fr 90; 2° 544 fr 70.

1414. *Un marchand achète 7 barriques de vin au prix de 400 fr la barrique; à tout ce vin, il ajoute 114 litres d'eau, et vend le mélange à raison de 1 fr 10 les 75 centilitres. Il fait ainsi un bénéfice de 447 fr 20. Quelle est la contenance de chaque barrique?*

Le vin coûte 400 × 7 = 2800 fr.

Le prix de vente est 2800 + 447,20 ou 3247 fr 20.

A raison de 1 fr 10 les 75 centilitres, le vin est vendu $\dfrac{1,10}{75} \times 100 = \dfrac{110}{75}$ de fr le litre.

Pour retirer 3247 fr 20, il a fallu vendre $3247,2 : \dfrac{110}{75}$

ou $\dfrac{3247,20 \times 75}{110} = 2214$ litres.

Il y avait donc $2214 - 114$ ou 2100 litres de vin.

Rép. Chaque barrique contient $2100 : 7 = 300$ litres.

1415. *Une personne achète des étoffes de deux qualités diffé rentes pour faire une robe et un peignoir; elle paye ces étoffes 3 fr 50 le mètre pour la robe et 2 fr le mètre pour le peignoir. Elle a acheté 3 mètres d'étoffe de plus pour la robe que pour le peignoir, et elle a déboursé en tout 76 fr 50. On demande : 1° le nombre de mètres achetés pour la robe; 2° le nombre de mètres destinés au peignoir.*

L'étoffe achetée en plus pour la robe coûte $3,5 \times 3 = 10$ fr 5.
Pour un égal nombre de mètres de chaque qualité, il reste
$76,5 - 10,5$ ou 66 fr.
Un mètre d'étoffe de chaque qualité coûte $3,5 + 2$ ou 5 fr 5.
Pour 66 fr on aura $66 : 5,5 = 12$ m de chaque qualité.

Rép. 1° 15 m pour la robe; 2° 12 m pour le peignoir.

1416. *J'ai acheté un fût de vin qui contient 204 litres pour 182 fr 07. Je mets ce vin dans des bouteilles contenant chacune ²/₃ de litre, qui coûtent 16 fr le cent. Combien de bouteilles de vin aurai-je? Quel sera le prix d'une bouteille, verre et vin compris?*

Avec 204 litres on remplira $204 : \dfrac{2}{3} = \dfrac{204 \times 3}{2} = 306$ bouteilles.

Le vin d'une bouteille revient à $182,07 : 306$ ou 0 fr 595.
Une bouteille, verre et vin compris, revient à $0,595 + 0,16 = 0$ fr 755.

Rép. 306 bouteilles; 0 fr 755.

1417. *Un confiseur a employé pour faire des confitures 49 kilog 500 gr de groseilles à 0 fr 45 le kilog, et 43 kilog de sucre à 1 fr 50 le kilog : il compte le combustible pour 2 fr. Il a obtenu 59 kilog 250 gr de confitures. A combien lui revient le kilog de confitures, et combien doit-il revendre le pot de 0 kilog 25 pour gagner 25 centimes sur chacun? Les pots lui reviennent à 11 fr 50 le cent.*

Les groseilles coûtent	$0,45 \times 49,5 =$	22 fr 275
Le sucre »	$1,5 \times 43 =$	64 fr 50
Le combustible »		2

Prix de revient des confitures   88 fr 775.

Un kg de confitures revient à $88,775 : 59,250$ ou 1 fr 498, soit 1 fr 50.

Il doit revendre le pot $\dfrac{1,5}{4} + 0,25 + 0,115$, soit 0 fr 74.

Rép. 1° 1 fr 50 le kg; 2° 0 fr 74 le pot.

1418. *Un négociant a payé 5761 fr 75 pour l'achat de 78 hectol 60 d'une première qualité de vin, et de 104 hectol 50 de vin d'une deuxième qualité. On sait que l'hectol de la deuxième qualité coûte 5 fr 20 de plus que l'hectol de la première. On demande : 1° le prix de l'hectol de chaque qualité ; 2° le bénéfice que réalise le négociant en revendant le tout au prix de 35 fr l'hectol.*

Si les 104 hectol 5 avaient été de la 1re qualité, on aurait payé 5,20 × 104,5 ou 543 fr 4 de moins.

Pour 78,60 + 104,50 ou 183 hectol 1 de la 1re qualité, on aurait payé 5761,75 — 543,4 = 5218 fr 35.

Un hectol de la 1re qualité coûte 5218,35 : 183,1 ou 28 fr 5.

L'hectol de la 2e qualité coûte 28,5 + 5,2 ou 33 fr 70.

Le vin est vendu 35 × 183,10 ou 6408 fr 50.

Le négociant gagne 6408,5 — 5761,75, soit 646 fr 75.

Rép. 1° Prix 28 fr 5 et 33 fr 70 l'hectol ; 2° bénéfice 646 fr 75.

1419. *On a acheté 7 barils d'huile d'olive contenant chacun 122 litres, au prix de 318 fr les 100 kilog. On revend cette huile à raison de 4 fr 25 le kilog, mais il y a un déchet de 5 litres ³/₄ par baril. Quel sera le bénéfice réalisé, sachant que le litre d'huile pèse 915 grammes ?*

L'huile des 7 barils pèse 0,915 × 122 × 7, soit 781 kg 410 gr.

Elle a coûté 3,18 × 781,41 = 2484 fr 883, soit 2484 fr 90.

Le déchet est de 5,75 × 7 × 0,915, soit 36 kg 82875.

Il reste à vendre 781,410 — 36,82875 ou 744 kg 58125 d'huile.

Le prix de vente de cette huile est 4,25 × 744,58125 ou 3164 fr 45.

On a gagné 3164 fr 45 — 2484 fr 90, soit 679 fr 55.

Rép. Bénéfice réalisé 679 fr 55.

1420. *Un ouvrier a travaillé pendant 30 jours chez deux patrons ; le premier lui a donné 5 fr 50 par jour, et le deuxième 6 fr 30 ; il a gagné en tout 174 fr 60. Combien a-t-il travaillé de jours chez chaque patron ?*

Si l'ouvrier avait travaillé 30 jours à 5 fr 50,
    il aurait gagné 5,5 × 30 = 165 fr.

Il a gagné 174,6 — 165 = 9 fr 6 de plus.

Chaque journée qu'il emploie chez le deuxième patron,
    il gagne 6,3 — 5,5 ou 0 fr 8 de plus.

Pour gagner 9,6 de plus, il a dû travailler 9,6 : 0,8
    soit 12 jours à 6 fr 3 par jour.

Chez le premier patron, il a travaillé 30 — 12 ou 18 jours.

Rép. 18 jours à 5 fr 5, et 12 jours à 6 fr 30.

Alg. Soit x le nombre de journées à 5 fr 50, 30 — x sera le nombre de journées à 6 fr 30, et l'on aura
    $5,5x + (30 — x)6,3 = 174,60$; d'où $x = 18$.

1421. *Un ouvrier, sa femme et son fils ont reçu 183 fr 96 pour 25 journées du père, 18 de la femme et 21 du fils. Le prix de la journée de la femme vaut les 0,75 de la journée de l'ouvrier, et* *la journée du fils vaut les 0,80 de la journée de la mère. Quel est le prix de la journée pour chacun d'eux?*

Les 18 journées de la femme valent $0,75 \times 18$ ou 13 j 5 de l'ouvrier.

Les 21 journées du fils valent $0,75 \times 0,8 \times 21$ ou 12 j 6 de l'ouvrier.

Les 183 fr 96 sont le salaire de $25 + 13,5 + 12,6$ ou 51 j 1 de l'ouvrier.

Le prix de la journée de l'ouvrier est de $183,96 : 51,1$ ou 3 fr 60.

La femme gagne $3,6 \times 0,75$ ou 2 fr 70 par jour.

Le fils gagne $2,7 \times 0,8$ ou 2 fr 16 par jour.

Rép. Homme 3 fr 60, femme 2 fr 70, enfant 2 fr 16 par jour.

1422. *Un ouvrier s'engage à travailler chez un tailleur pendant le mois de janvier. Il est convenu que, pour chaque jour de travail, il recevra un salaire de 5 fr 40, mais que pour chaque jour de chômage volontaire de sa part, il payera au contraire à son patron la somme de 3 fr. Le compte réglé, il lui revient 103 fr 80. Sachant que le mois de janvier a renfermé quatre dimanches, on demande combien l'ouvrier a fourni de journées de travail.*

Si l'ouvrier n'avait pas chômé, il aurait reçu
$$5,4 \times 27 \text{ ou } 145 \text{ fr } 80.$$

Il a reçu en moins $145,8 - 103,8$; soit 42 fr.

Chaque jour de chômage, il perdait $5,4 + 3$ ou 8 fr 40.

Il a donc chômé $42 : 8,4$ ou 5 jours.

Il a fourni $27 - 5$ ou 22 journées de travail.

Rép. 22 journées.

1423. *Dans une école payante, il y a deux catégories d'élèves. Les uns payent 2 fr 50 et les autres 1 fr 25. Le nombre des élèves de la deuxième catégorie surpasse de 11 celui de la première; de plus, la somme perçue par l'instituteur est de 115 fr. On demande le nombre total d'élèves.*

Pour les 11 élèves en plus de 2⁰ catégorie, l'instituteur a reçu
$$1,25 \times 11 = 13 \text{ fr } 75.$$

Pour un nombre égal d'élèves de chaque catégorie, il a reçu
$$115 - 13,75 \text{ ou } 101 \text{ fr } 25.$$

Pour 1 élève de chaque catégorie, il reçoit $2,5 + 1,25 = 3$ fr 75.

Il y avait donc $101,25 : 3,75$; soit 27 élèves de 1ʳᵉ catégorie, et $27 + 11$ ou 38 élèves de 2⁰ catégorie; soit en tout
$$27 + 38 = 65 \text{ élèves.}$$

Rép. 65 élèves.

Soit x le nombre d'élèves de la 1ʳᵉ catégorie, on aura
$$2,5\,x + (x + 11)\,1,25 = 115; \quad \text{d'où} \quad x = 27, \text{ etc.}$$

1424. *On met en souscription un meuble valant 1700 fr. On demande : 1⁰ le nombre des billets émis; 2⁰ la valeur de chacun*

d'eux, sachant qu'en mettant le billet à 3 fr 50 on perdrait au-
tant qu'on gagnerait en le mettant à 5 francs.

Pour ne rien perdre ni rien gagner, il faut que le prix du bil-
let soit aussi distant de 3 fr 50 que de 5 fr ; soit $\dfrac{3,5+5}{2} = 4$ fr 25.

Le nombre de billets émis est de 1 700 : 4,25 ou 400 billets.

Rép. 1° 400 billets ; 2° 4 fr 25 l'un.

1425. *Une institution, où la durée des cours est de 11 mois*
chaque année, a eu 120 élèves pendant la dernière année scolaire ;
2 de ces élèves ont fréquenté l'établissement pendant 2 mois seu-
lement, 20 pendant 6 mois, et les autres y sont restés 11 mois.
Sachant que le montant total des recettes a été de 68 880 fr, on
demande quel était le prix de la pension annuelle (11 mois).

<pre>
    2 élèves ont payé la pension de 2 × 2 ou   4 mois.
   20   "   "   de 6 × 20 ou   120   "
   98   "   "   de 11 × 98 ou 1 078   "
   ────   ─────
Les 120 élèves "   "   de   1 202 mois,
</pre>

La pension d'un mois est de $\dfrac{68\,880}{1\,202}$ fr.

La pension annuelle est donc de $\dfrac{68\,880 \times 11}{1\,202}$; soit 630 fr 35.

Rép. 630 fr 35.

1426. *Deux ouvrières ont ourlé en un jour, sur deux côtés*
seulement, trois douzaines de mouchoirs carrés de 0 m 55 de côté,
et elles ont reçu chacune 2 fr. Si on les avait payées proportion-
nellement au travail fait, l'une aurait reçu 2 fr 25, et l'autre
1 fr 75. Cela posé, on demande combien chaque ouvrière a fait
de points et le prix payé pour 1 000 points, sachant qu'il y a
84 points dans 0 m 12 d'ourlet.

La longueur totale ourlée est 0,55 × 2 × 36 ou 39 m 60.

Les ouvrières ont fait $\dfrac{84 \times 39,60}{0,12}$ ou 27 720 points ; elles ont
reçu 4 fr.

Pour 1 fr elles ont fait 27 720 : 4 ou 6 930 points.

La 1ʳᵉ a fait 6 930 × 2,25 ou 15 592 points $\frac{1}{2}$.

La 2ᵉ a fait 6 930 × 1,75 ou 12 127 points $\frac{1}{2}$.

Pour 1 000 points on a payé 4 : 27,72 ; soit 0 fr 1443.

Rép. 1ʳᵉ 15 592 points 5, 2ᵉ 12 127 points 5 ; 0 fr 1443 pour
          1 000 points.

1427. *Un Arabe voulait vendre 16 moutons au marché voisin.*
Ayant appris qu'il gagnerait 0 fr 25 de plus par tête à un mar-
ché plus éloigné, il y conduit son troupeau. Mais, en route, trois
de ses moutons ayant souffert de la fatigue, il perd le quart de

leur valeur sur le dernier marché, et reçoit 274 fr 50 pour le tout. On demande ce qu'il a perdu à changer de marché.

L'Arabe perd les $\frac{3}{4}$ du prix d'un mouton sur le 2e marché; il reçoit donc 15 fois $\frac{1}{4}$ le prix d'un mouton.

Sur le 2e marché un mouton valait
$$274,5 : 15\frac{1}{4} = \frac{274,5 \times 4}{61} \text{ ou } 18 \text{ fr.}$$

Sur le 1er marché, il valait 18 — 0,25 = 17 fr 75.

Sur le 1er marché, l'Arabe aurait reçu 17,75 × 16 ou 284 fr.

Il a perdu 284 — 274,5 ou 9 fr 50.

Rép. 9 fr 50.

1428. *Un cultivateur conduit au marché 10 hectolitres de blé, 8 hectolitres d'orge, et il vend le tout 198 fr. S'il avait vendu deux fois plus de blé et deux fois moins d'orge, il aurait reçu 324 fr. Trouver le prix de l'hectolitre de blé et de l'hectolitre d'orge.*

	Blé,	orge,	valeur.
Première vente	10 hl	+ 8 hl =	198 fr.
Deuxième vente	20 hl	+ 4 hl =	324 fr.

Pour résoudre ce problème, il faut trouver deux égalités dans lesquelles il y ait une même quantité de blé ou d'orge; car en retranchant membre à membre ces deux égalités, il ne restera qu'une même espèce de grain.

Si nous divisons par 2 chaque membre de la première égalité, et si nous retranchons cette nouvelle égalité de la deuxième, nous aurons

2e vente	20 hl + 4 hl =	324 fr.
$\frac{1}{2}$ de la 1re vente	5 hl + 4 hl =	99 fr.
	15 hl	= 225 fr.

L'hectolitre de blé vaut 225 : 15 ou 15 fr.

10 hl valent 150 fr, et 8 hl d'orge, 198 — 150 ou 48 fr.

L'hectolitre d'orge vaut 48 : 8 ou 6 fr.

Rép. Blé 15 fr; orge 6 fr.

Remarque. On aurait pu multiplier les deux membres de la 1re égalité par 2, on aurait eu

Double de la 1re vente	20 hl + 16 hl =	396
2e vente	20 hl + 4 hl =	324
Diff.	12 hl =	72 fr.

L'hectolitre d'orge vaut donc 72 : 12 ou 6 fr, etc.

1429. *Une personne a acheté une première fois 15 kilogrammes de café et 12 kilogr de sucre; elle a payé pour cet achat 69 fr. Une autre fois, elle a acheté aux mêmes prix 17 kilogr de café et*

14 *kilogr de sucre, qu'elle a payés 79 fr. On demande le prix du kilogramme de café et celui du kilogramme de sucre.*

	Café,	sucré,	valeur.
Premier achat	15 kg	+ 12 kg	= 69 fr.
Deuxième achat	17 kg	+ 14 kg	= 79 fr.

Les nombres 12 et 14, qui représentent les kg de sucre, ont pour p. p. c. m. 84; multiplions les deux membres de la première égalité par $\frac{84}{12}$ ou 7 et ceux de la seconde par $\frac{84}{14}$ ou 6, et nous aurons (Probl. 1428)

Sept fois le premier achat	105 kg	+ 84 kg	= 483 fr.
Six fois le deuxième achat	102 kg	+ 84 kg	= 474 fr.
Différence :	3 kg		= 9 fr.

Le kg de café vaut $9 : 3 = 3$ fr.

Le kg de sucre vaut $\frac{69 - 45}{12} = 2$ fr.

Rép. Café 3 fr, sucre 2 fr.

1430. *Trois bourses contiennent de l'argent; dans les deux premières il y a 795 fr, dans la première et la troisième 851 fr, enfin dans la deuxième et la troisième 1012 fr; combien y a-t-il dans chaque bourse séparément?*

Nous avons

$1^{re} + 2^e =$	795 fr.	(1)
$1^{re} + 3^e =$	851 fr.	(2)
$2^e + 3^e =$	1012 fr.	(3)

Somme : 2 fois $(1^{re} + 2^e + 3^e) = 2658$ fr;

d'où $1^{re} + 2^e + 3^e = 2658 : 2$ ou 1329 fr.   (4)

De l'égalité (4) retranchons (1) $1^{er} + 2^e =$ 795 fr,

nous aurons $3^e =$ 534 fr.

De la même égalité (4), retranchons (2), nous aurons $2^e = 478$ fr.

Si nous en retranchons (3), nous aurons $1^{re} = 317$ fr.

Rép. 1re bourse 317 fr, 2e 478 fr, 3e 534 fr.

1431. *Un industriel emploie deux ouvriers, dont le premier reçoit pour sa journée un salaire double de celui que reçoit l'autre. Pour 12 journées de travail, on donne au premier 40 fr et 10 litres de vin; pour 9 journées, on donne au second 16 fr 40 et 2 litres de vin. Quel est le prix d'un litre de ce vin?*

Pour 12 journées, on donne au 1er ouvrier 40 fr et 10 litres de vin.

Pour 12 journées, le second aurait la moitié de ce salaire ou 20 fr et 5 litres de vin.

Pour 9 journées, il recevrait les $\frac{9}{12}$ ou les $\frac{3}{4}$ de ce qu'il recevrait pour 12 journées;

soit $(20$ fr $+ 5$ lit$) \frac{3}{4}$ ou 15 fr et 3 lit 75 de vin.

Mais il reçoit 16 fr 40 et 2 litres, c'est-à-dire 1 fr 40 de plus et 1 lit 75 de moins; donc 1 lit 75 de vin vaut 1 fr 40.

Le litre de vin vaut 1,4 : 1,75 ou 0 fr 80.

Rép. 0 fr 80 le litre.

1432. *Pour porter 66 kilogrammes d'eau à l'ébullition, il faut brûler un kilogr de coke, tandis qu'un kilogr de tourbe ne peut faire bouillir que 30 kilogr d'eau; d'autre part, la tourbe coûte 15 fr les 1 000 kilogr, et le coke 3 fr les 40 kilogr. Quel est le plus économique de ces deux combustibles ?*

Le coke que l'on brûle pour porter 66 kilogrammes d'eau à l'ébullition coûte $\dfrac{3}{40}$ ou 0 fr 075.

Pour porter 66 kilogr d'eau à l'ébullition, il faut brûler $\dfrac{1 \times 66}{30}$ ou 2 kgr 2 de tourbe, qui coûtent 0,015 × 2,2 ou 0 fr 033.

Rép. La tourbe est plus économique; on gagne 0,075 — 0,033 ou 0 fr 042 par 66 kgr d'eau.

1433. *Un particulier qui fait venir du vin à Paris, le paye sur les lieux à raison de 110 fr la feuillette de 134 litres. Outre le prix d'achat, il débourse : 1° pour le transport de 4 feuillettes et leur mise en cave, 14 fr; 2° pour les droits d'entrée, 23 fr 90 par hectolitre. Enfin, il constate, sur 4 feuillettes, un manque total de 15 litres. On demande de calculer, à un demi-centime près, le prix de revient de l'hectolitre de vin.*

Prix d'achat des 134 × 4 ou 536 lit de vin, 110 × 4 ou 440 fr

Transport	14 fr
Entrée 23,90 × 5,36	128 fr 104

Prix de revient des 536 — 15 ou 521 litres .... 582 fr 104

Le prix de revient de l'hectol est de 582,104 : 5,21 ou 111 fr 728.

Rép. 111 fr 73 l'hectolitre à 1 demi-centime près.

1434. *Une machine à vapeur qui fonctionne nuit et jour a consommé en 103 jours de travail 851 050 kilogrammes de charbon; un perfectionnement apporté à sa construction permet, en obtenant la même force, de ne brûler que 2860 kilogr en 37 heures. Trouver l'économie annuelle de charbon due à ce perfectionnement, en supposant 330 jours de travail par an, et le prix du charbon de 3 fr 75 les 100 kilogr.*

La machine consommait

$$\frac{851\,050 \times 330}{103}$$ ou 2 726 665 kg 048 de charbon.

La machine perfectionnée en consomme

$$\frac{2860 \times 24 \times 330}{37}$$ ou 612 194 kg 594.

Le perfectionnement économise

2 726 665 — 612 195 ou 2 114 470 kg de charbon.

L'économie annuelle est de 3,75 × 21 144,70 ou 79 292 fr 625.

Rép. 79 292 fr 65.

1435. *Un fabricant de bronzes veut faire un bénéfice de 5000 fr sur un certain nombre d'exemplaires d'une statuette. Le modèle lui a coûté 2500 fr; la confection du moule 500 fr; chaque sujet sera vendu 10 fr, et pèsera 1200 gr. Le prix du bronze employé est de 7 fr 50 par kilogr; la main-d'œuvre et les frais accessoires sont estimés à 463 fr. Combien le fabricant devra-t-il fondre de statuettes pour obtenir le bénéfice indiqué?*

Les dépenses générales et le bénéfice s'élèvent à
$$5000 + 2500 + 500 + 463 = 8463 \text{ fr.}$$
Le bronze d'une statuette vaut $7,5 \times 1,200$ ou 9 fr.

Sur chaque statuette, il y a $10 - 9 = 1$ fr pour le bénéfice et les frais généraux.

Pour gagner 5000 fr net, il faudra donc vendre 8463 statuettes.

Rép. 8463 statuettes.

1436. *Un livre doit se composer de 32 feuilles; l'éditeur donne 42 fr par feuille pour le compositeur; le papier coûte 14 fr 25 la rame de 500 feuilles; le cartonnage revient à 0 fr 61 par exemplaire; on paye 8 fr pour la correction des épreuves, et les annonces ont coûté 131 fr. Combien faut-il tirer d'exemplaires pour que l'éditeur puisse gagner 1800 fr, chaque exemplaire se vendant 5 fr 35?*

Les dépenses générales et le bénéfice s'élèvent à
$$(42 \times 32) + 8 + 131 + 1800 = 3283 \text{ fr.}$$
Pour chaque livre, on dépense pour le papier
$$\frac{14,25 \times 32}{500} = 0,912;$$ et pour la reliure 0 fr 61 ;
soit en tout $\qquad 0,912 + 0,61 = 1$ fr 522.

Il reste $5,35 - 1,522$ ou 3 fr 828 pour les frais généraux et le bénéfice.

Pour gagner 1800 fr, il faut vendre
$$3283 : 3,828 \text{ ou } 857,6; \text{ soit } \textbf{858 exemplaires.}$$
Rép. 858 livres.

1437. *Une fermière a destiné 3600 kilogr de foin à la nourriture de 27 têtes de bétail pendant 168 jours d'hiver; après 42 jours de consommation, son bétail augmente de 3 têtes. Combien devra-t-elle acheter de foin si elle ne veut pas diminuer la ration? Quel sera le prix de ce supplément de fourrage, à raison de 8 fr 75 les 100 kilogr?*

Une tête de bétail consomme par jour
$$\frac{3600}{27 \times 168} \text{ kg de fourrage.}$$
En $168 - 42$ ou 126 jours, les 3 nouvelles têtes consommeront
$$\frac{3600 \times 3 \times 126}{27 \times 168} \text{ ou } 300 \text{ kg.}$$
Ce fourrage vaut $8,75 \times 3$ ou 26 fr 25.

Rép. 1° 300 kg; 2° 26 fr 25.

1438. *Six propriétaires riverains d'un fleuve s'associent pour construire un canal devant servir à immerger leurs vignes atteintes par le phylloxéra. Le premier paye la moitié de la dépense; le second, moitié moins que le premier; le troisième, moitié moins que le second, et ainsi de suite jusqu'au cinquième. Le sixième paye le reste, s'élevant à la somme de 4500 fr. On demande la surface totale des vignes à immerger et la dépense de chaque propriétaire, le devis fixant la dépense à 900 fr par hectare.*

Les cinq premières parts seront représentées par les fractions

$$\frac{1}{2}, \frac{1}{4}, \frac{1}{8}, \frac{1}{16}, \frac{1}{32} \quad \text{ou} \quad \frac{16}{32}, \frac{8}{32}, \frac{4}{32}, \frac{2}{32}, \frac{1}{32},$$

dont la somme est $\frac{31}{32}$; le sixième paye le $\frac{1}{32}$ ou 4500 fr.

La dépense totale égale 4500×32 ou 144000 fr.

La surface à immerger est de $144000 : 900$ ou 160 hectares.

Les dépenses respectives sont 1ᵉʳ 72000 fr; 2ᵉ 36000 fr; 3ᵉ 18000 fr; 4ᵉ 9000 fr, et 5ᵉ 4500 fr.

Rép. 1° Surface 160 hectares; 2° 72000 fr, 36000 fr, 18000 fr, 9000 fr, 4500 fr.

1439. *Un train porte des voyageurs de 1ʳᵉ et de 3ᵉ classe. Le prix d'une place en 3ᵉ est, par kilomètre, 0 fr 06, et en 1ʳᵉ 0 fr 18; sachant que le train a fait 102 kilom, que la recette a été de 1040 fr 40, qu'il y avait en tout 80 voyageurs, on demande combien il y avait de voyageurs de chaque classe.*

Un voyageur en 3ᵉ classe paye

$0,06 \times 102$ ou 6 fr 12, et en 1ʳᵉ $0,18 \times 102$ ou 18 fr 36.

Pour 80 voyageurs en 3ᵉ, la recette aurait été de

$$6,12 \times 80 \quad \text{ou} \quad 489 \text{ fr } 60.$$

On a reçu $1040,40 - 489,6$ ou 550 fr 80 de plus.

Pour un voyageur de 1ʳᵉ, au lieu d'un voyageur de 3ᵉ on reçoit en plus $18,36 - 6,12$ ou 12 fr 24.

Il y avait $550,8 : 12,24$ ou 45 voyageurs de première classe, et $80 - 45$ ou 35 voyageurs de troisième.

Rép. 1ʳᵉ cl., 45 voyageurs; 3ᵉ cl., 35 voyageurs.

1440. *Le prix des places en chemin de fer est ainsi réglé par personne et par kilomètre : 1ʳᵉ classe 0 fr 10, 2ᵉ classe 0 fr 075, 3ᵉ classe 0 fr 055. Trois voyageurs partent de la même station, prenant chacun une classe différente; celui de 2ᵉ classe paye 2 fr 10 de moins que celui de 1ʳᵉ pour se rendre à la même destination, et 3 fr de plus que celui de 3ᵉ classe. A quelle distance chacun des voyageurs se rend-il? Combien a-t-il dû payer pour le trajet? A quelle heure précise chacun sera-t-il arrivé à sa destination, si le convoi est parti à 11 heures 25 minutes, et parcourt 40 kilom à l'heure?*

Entre la 1ʳᵉ et la 2ᵉ classe la différence de prix est de $10 - 7,5$ ou 2 cent. 5 pour 1 kilomètre.

Pour que la différence du prix des places soit 2 fr 10, il a fallu que la distance soit 210 : 2,5 ou 84 km.

Le voyageur de 1re classe a payé 0,10 × 84 ou 8 fr 40.

Le voyageur de 2e a payé 0,075×84 ou 6 fr 30.

Le voyageur de 3e a payé 6,3 — 3 ou 3 fr 30; il a fait 3,3 : 0,055 ou 60 km.

Il a fallu aux deux premiers voyageurs $\dfrac{1 \times 84}{40}$ ou 2 h 6 m; ils sont arrivés à 11 h 25 m + 2 h 6 m ou 1 h 31 m.

Il a fallu au voyageur de 3e classe $\dfrac{1 \times 60}{40}$ ou 1 h 30 m; il est arrivé à 11 h 25 m + 1 h 30 m ou midi 55 m.

$$\textbf{Rép.} \begin{cases} \text{1re classe} & 84 \text{ km; } 8 \text{ fr } 40; 1 \text{ h } 31 \text{ m.} \\ \text{2e} \quad \text{»} & 84 \text{ km; } 6 \text{ fr } 30; 1 \text{ h } 31 \text{ m.} \\ \text{3e} \quad \text{»} & 60 \text{ km; } 3 \text{ fr } 30; \text{midi (ou minuit) } 55 \text{ m.} \end{cases}$$

1441. Une vache a donné dans une année assez de lait pour faire 65 kilogr de beurre, dont le prix moyen a été de 2 fr 20 le kilogr; le prix du lait non écrémé a été de 0 fr 20 le litre; le prix du lait écrémé a été de 0 fr 15. On sait, d'autre part, qu'avec 100 litres de lait, on fabrique 4 kilog 125 de beurre. Cela posé, on demande : 1° s'il est plus avantageux, pour le propriétaire de cette vache, de vendre directement son lait ou d'en faire du beurre; 2° quel devrait être le prix du kilogramme de beurre pour qu'il fût indifférent de vendre le lait directement ou de le convertir en beurre.

Pour faire 65 kg de beurre, il a fallu

$$\frac{100 \times 65}{4,125} \text{ ou } 1575 \text{ lit } 75 \text{ de lait.}$$

Le beurre vaut 2,20 × 65 ou 143 fr.

On vend le lait écrémé (0,20 — 0,15) × 1575,75 ou 78 fr 787 de moins que le lait non écrémé.

En faisant le beurre on a 143 — 78,80 = 64 fr 20 pour la peine.

Pour qu'il soit indifférent de vendre le lait non écrémé ou de faire le beurre, il faut que le beurre vaille 78 fr 80; soit 78,8 : 65 = 1 fr 21 le kg.

Rép. 1° Il est préférable de faire le beurre; 2° 1 fr 21 le kg.

1442. On a deux pièces de toile de qualités et de longueurs différentes; 3 mètres de l'une valent 2 mètres de l'autre. La pièce de qualité inférieure a la plus grande longueur, et l'on sait qu'avec l'excédent de sa longueur sur celle de l'autre, on a pu faire quatre chemises, comprenant chacune 3m 20, et valant ensemble 19 fr 20, sans compter les frais de confection. La pièce de première qualité ayant coûté 135 fr, on demande la longueur de chaque pièce et le prix de la pièce de deuxième qualité.

La 2e pièce a 3,20 × 4 ou 12 m 8 de plus que la 1re.

Le mètre de la 2e pièce vaut 19,20 : 12,8 ou 1 fr 50.

Le mètre de la 1re pièce vaut $\dfrac{1,5 \times 3}{2}$ ou 2 fr 25.

Le 1re pièce a une longueur de 135 : 2,25 ou 60 mètres.
La 2e   »   »   de 60 + 12,8 ou 72 m 80.
La 2e pièce vaut 1,5 × 72,8 ou 109 fr 20.

Rép. 1° 60 mètres et 72 m 8; 2° 109 fr 20.

1443. *On offre à un cultivateur d'acheter son blé à 23 fr 75 l'hectolitre. Il préfère le vendre à raison de 32 fr les 100 kilogr, parce qu'il gagne ainsi 12 fr 50. L'hectolitre de ce blé pesant 75 kilogr, on demande le nombre de doubles décalitres vendus par le cultivateur, et quel aurait dû être le prix du double décalitre pour que la vente au poids n'eût donné aucun bénéfice.*

Au poids, l'hectolitre se vend 0,32 × 75 ou 24 fr.
Le bénéfice par hectolitre est donc 24 — 23,75 ou 0 fr 25.
Pour gagner 12 fr 50, le cultivateur a dû vendre
12,5 : 0,25 ou 50 hectol; soit 500 : 2 = 250 doubles décalitres.
Pour que la vente au poids ne donnât pas de bénéfice, il aurait fallu que l'hectolitre se vendît 24 francs, ou le double décalitre
$$24 : 5 = 4 \text{ fr } 80.$$

Rép. 1° 250 doubles décalitres; 2° 4 fr 80.

§ II. — FRACTIONS

1444. *La somme de deux fractions est égale à ²/₃; leur différence est égale à ¹/₇. Quelles sont ces deux fractions?*

La plus grande des deux fractions égale (Probl. 20)
$$\frac{1}{2}\left(\frac{2}{3} + \frac{1}{7}\right) \text{ ou } \frac{17}{42}.$$

La petite fraction égale $\frac{1}{2}\left(\frac{2}{3} - \frac{1}{7}\right)$ ou $\frac{11}{42}$.

Rép. $\frac{17}{42}$ et $\frac{11}{42}$.

1445. *Trouver deux nombres dont la différence soit 4 ¹/₉, et le quotient ³/₇.*

Le quotient $\frac{3}{7}$ indique que le dividende égale les $\frac{3}{7}$ du diviseur.

Leur différence $4\frac{1}{9}$ égalera donc les $\frac{4}{7}$ du diviseur.

Le diviseur sera $\dfrac{37 \times 7}{9 \times 4} = 7\frac{7}{36}$,

et le dividende $\dfrac{37 \times 7 \times 3}{9 \times 4 \times 7} = 3\frac{1}{12}$.

Rép. $7\frac{7}{36}$ et $3\frac{1}{12}$.

1446. *Une pièce d'étoffe avait 50 mètres; on en a vendu le quart, puis les deux cinquièmes du reste. Combien en reste-t-il?*

Après la 1re vente, il reste les $\frac{3}{4}$ de la pièce ou $\frac{50 \times 3}{4}$.

Puisque l'on vend les $\frac{2}{5}$ de ce reste, il en reste les $\frac{3}{5}$

ou $\qquad \frac{50 \times 3 \times 3}{4 \times 5} = 22 \text{ m } 5.$

Rép. 22 mètres 5.

1447. *Le lait de bonne qualité contient environ les $4/25$ de son poids de crème. Combien retirera-t-on de crème de 8 kilogr $7/16$ de lait?*

On retirera $8 \frac{7}{16} \times \frac{4}{25} = \frac{135 \times 4}{16 \times 25} = \frac{27}{20} = 1 \text{ kg } 350 \text{ gr.}$

Rép. 1 kilogr 350 gr.

1448. *Les populations du Doubs et du Jura sont égales. Celle de la Haute-Saône surpasse chacune des précédentes de 20000 habitants. Si la population de la Haute-Saône est les $8/23$ de la Franche-Comté totale, quelle est la population de chacun des trois départements?*

Les populations du Doubs et du Jura sont les $\frac{23-8}{23}$ ou $\frac{15}{23}$

de la population totale; chacune en est les $\frac{15}{23 \times 2} = \frac{15}{46}$.

La population de la Haute-Saône surpasse chacune d'elles de

$$\frac{8}{23} - \frac{15}{46} = \frac{1}{46}.$$

Par suite $\frac{1}{46}$ de la Franche-Comté égale 20000 habitants.

Le Doubs et le Jura ont chacun 20000×15 ou 300000 hab.
La Haute-Saône a 320000 hab.

Rép. Doubs et Jura 300000 hab; Haute-Saône 320000 hab.

1449. *Une marchande achète des aiguilles à 0fr15 la douzaine, et les revend à raison de 2 pour 0 fr 05. Combien doit-elle en revendre pour gagner 54 fr 50?*

Une aiguille coûte $\frac{15}{12}$ ou $\frac{5}{4}$ de centime; elle est revendue $\frac{5}{2}$ de centime.

Sur une aiguille la marchande gagne

$$\frac{5}{2} - \frac{5}{4} \text{ ou } \frac{5}{4} \text{ de centime.}$$

Pour gagner 5450 centimes, elle devra vendre

$$5450 : \frac{5}{4} \text{ ou } 4360 \text{ aiguilles.}$$

Rép. 4360 aiguilles ou 363 douzaines $\frac{1}{3}$.

1450. *On a vendu à une personne les $^2/_5$ d'un tonneau de vin; à une deuxième personne les $^2/_{13}$ du même tonneau, et le reste du tonneau à une troisième personne, qui a payé 147 fr. Combien chacune des deux premières a-t-elle dû payer?*

Les deux premières ventes valent

$$\frac{2}{5} + \frac{2}{13} = \frac{26 + 10}{65} \quad \text{ou} \quad \frac{36}{65} \text{ du tonneau.}$$

Pour 147 fr, la 3e a eu $\dfrac{65 - 36}{65}$ ou $\dfrac{29}{65}$ du tonneau.

La 1re a payé $\qquad \dfrac{147 \times 26}{29} = 131$ fr 79.

La 2e a payé $\qquad \dfrac{147 \times 10}{29} = 50$ fr 68.

Rép. 1re 131 fr 79; 2e 50 fr 68.

1451. *On a une voiture disposée de manière à faire connaître le nombre de tours de roue fait dans un temps déterminé. Sachant que le compteur marque 7820 tours de roue, et que la circonférence de la roue a 6 m $^{17}/_{20}$, calculer la distance parcourue.*

La distance parcourue égale

$$6 \frac{17}{20} \times 7820 = \frac{137 \times 7820}{20} = 53567 \text{ mètres.}$$

Rép. 53 kilom 567 mètres

1452. *Une famille économise annuellement une somme de 1537 fr 20; or on sait qu'elle dépense en nourriture les $^3/_8$ de son revenu, pour son logement $^1/_8$, pour ses vêtements $^1/_{12}$ et en autres menus frais $^1/_{15}$. Quel est le revenu total et quelle est la dépense de cette famille?*

Les dépenses s'élèvent aux $\dfrac{3}{8} + \dfrac{1}{8} + \dfrac{1}{12} + \dfrac{1}{15} = \dfrac{39}{60}$ du revenu.

La famille économise $\qquad \dfrac{60 - 39}{60} = \dfrac{21}{60}$.

Revenu $\qquad \dfrac{1537,20 \times 60}{21} = 4392$ fr.

Dépense $\qquad \dfrac{4392 \times 39}{60} = 2854$ fr 80.

Rép. Revenu 4392 fr; dépense 2854 fr 80.

1453. *Une personne veut revendre, avec 500 fr de bénéfice, 342 m 55 de drap qu'elle a payé à raison de 18 fr 25 le mètre; les $^7/_9$ de l'achat ont été vendus à raison de 19 fr 40 le mètre. A quel prix doit-elle vendre le mètre du reste de ce drap pour réaliser le bénéfice indiqué?*

Le drap a coûté $18,25 \times 342,55$ ou 6251 fr 5375; soit 6251 fr 55.
Le prix de vente du drap est de $6251,55 + 500 = 6751$ fr 55.
De ce qui est déjà vendu, on a retiré

$$\frac{342,55 \times 7 \times 19,4}{9} = 5168 \text{ fr } 68; \text{ soit } 5168 \text{ fr } 70.$$

Le reste, $\dfrac{342,55 \times 2}{9} = 76$ m 12, doit être vendu

$$6751,55 - 5168,70 \text{ ou } 1582 \text{ fr } 85.$$

Il faudra vendre le mètre

$$1582,85 : 76,12 \text{ ou } 20 \text{ fr } 79; \text{ soit } 20 \text{ fr } 80.$$

Rép. 20 fr 80.

1454. *Quatre joueurs se sont associés; le premier a gagné 35 fr; le deuxième, le $^1/_9$ du gain total; le troisième, les $^3/_8$, et le quatrième, les $^5/_{12}$. Combien chaque joueur a-t-il gagné?*

Le 2ᵉ, le 3ᵉ et le 4ᵉ joueur ont gagné ensemble $\dfrac{1}{9} + \dfrac{3}{8} + \dfrac{5}{12} = \dfrac{65}{72}$ du gain total; le 1ᵉʳ en a donc gagné les $\dfrac{72-65}{72}$ ou les $\dfrac{7}{72}$.

Le gain total est $\dfrac{35 \times 72}{7}$ ou 360 fr.

Le 2ᵉ a gagné $360 : 9 = 45$ fr; le 3ᵉ, $360 \times \dfrac{3}{8} = 135$ fr et le 4ᵉ, $\dfrac{360 \times 5}{12} = 150$ fr.

Rép. 1ᵉʳ 35 fr; 2ᵉ 40 fr; 3ᵒ 135 fr; 4ᵉ 150 fr.

1455. *Une personne a acheté 20 kilogr de groseilles pour faire des confitures. On demande combien elle devra employer de sucre, et combien elle obtiendra de confitures, sachant : 1ᵒ qu'il faut 850 gr de sucre par litre de jus; 2ᵒ que 7 kilogr de groseilles rendent 5 litres de jus; 3ᵒ qu'un litre de jus pèse 970 gr et perd $^1/_8$ de son poids par la cuisson.*

On obtiendra $\dfrac{5 \times 20}{7} = \dfrac{100}{7}$ litres de jus.

Le jus pèsera $0,97 \times \dfrac{100}{7} = 13$ kg 857,

Le poids total sera $13,857 + 12,125 = 25$ kg 982,

Il se réduira à ses $\dfrac{7}{8}$, soit à $\dfrac{25,982 \times 7}{8} = 22$ kg 73425.

Rép. 1ᵒ 12 kg 143 de sucre; 2ᵒ 22 kg 734 de confitures.

1456. *Deux ouvriers travaillent ensemble; le premier gagne par jour $^1/_3$ de plus que le second. Au bout d'un certain temps, le premier, qui a travaillé cinq jours de plus que le second, a reçu 100 fr, tandis que l'autre n'a reçu que 60 fr. Combien chacun gagnait-il par jour?*

Si le premier ouvrier avait travaillé le même nombre de jours que le second, il aurait reçu les $\dfrac{4}{3}$ de 60 fr, ou $\dfrac{60 \times 4}{3} = 80$ fr.

Il a reçu 100 — 80 ou 20 francs de plus pour cinq journées ; soit $20 : 5 = 4$ fr pour une journée.

Le deuxième gagnait $4 : \dfrac{4}{3}$ ou 3 fr par jour.

Rép. 4 fr et 3 fr.

1457. *Deux lingères économisent l'une le tiers, l'autre le quart de leurs gains journaliers. Au bout de l'année, leurs économies réunies se montent à 400 fr. Combien chacune d'elles a-t-elle gagné dans l'année, sachant que leurs gains réunis s'élèvent à 1350 fr ?*

Le $\dfrac{1}{3}$ du gain de la 1re et le $\dfrac{1}{3}$ du gain de la seconde valent

$$1350 : 3 = 450 \text{ fr.}$$

Mais le $\dfrac{1}{3}$ du gain de la 1re et le $\dfrac{1}{4}$ du gain de la seconde valent 400 fr.

La différence entre le $\dfrac{1}{3}$ et le $\dfrac{1}{4}$ ou $\dfrac{4-3}{12} = \dfrac{1}{12}$ du gain de la seconde vaut $450 - 400 = 50$ fr.

La seconde gagne 50×12 ou 600 fr et la 1re $1350 - 600$ ou 750 fr.

Rép. Première 750 fr ; deuxième 600 fr.

1458. *Deux personnes ont le même revenu. La première économise chaque année $\frac{1}{5}$ de son revenu ; la seconde dépense 800 fr de plus que l'autre. Il en résulte que, au bout de 3 ans, la seconde a 852 fr de dettes. Quel est leur revenu ?*

Au bout d'une année, la seconde a $852 : 3$ ou 284 fr de dettes.

La première économise donc $800 - 284$ ou 516 fr.

Le revenu de ces personnes est de $516 \times 5 = 2580$ fr.

Rép. 2580 francs.

1459. *Deux personnes employées dans une usine reçoivent des salaires différents, dont la somme s'élève à 4400 fr. La première personne ne dépense chaque année que les $\frac{2}{3}$ du salaire qu'elle reçoit ; la seconde personne dépense, dans le même temps, les $\frac{3}{4}$ du sien ; la somme de leurs économies s'élève chaque année à 1310 fr. On demande quel est le salaire annuel de chaque personne.*

La 1re personne économise le $\dfrac{1}{3}$ de son salaire, et la 2e le $\dfrac{1}{4}$.

Trois fois leurs économies réunies, $\dfrac{3}{3}$ ou le salaire de la 1re,

plus $\dfrac{3}{4}$ du salaire de la seconde valent $1310 \times 3 = 3930$ fr.

Le $\dfrac{1}{4}$ du salaire de la seconde vaut donc $4400 - 3930$ ou 470 fr.

La 2e gagne 470×4 ou 1880 fr.

La 1re gagne $4400 - 1880$ ou 2520 fr.

Rép. Première 2520 fr, deuxième 1880 fr.

Soient x le salaire de la 1re et y celui de la 2e, on a

$$x + y = 4400; \quad \text{et} \quad \frac{x}{3} + \frac{y}{4} = 1310$$

d'où
$$x = 2520, \quad y = 1880.$$

1460. *Deux barriques sont pleines d'un vin qui vaut 0 fr 75 le litre et sont vendues à des prix qui diffèrent de 45 fr. On sait que les ⁵/₇ de la capacité de la première barrique valent les ¹¹/₁₃ de la capacité de la seconde. On demande, à un décilitre près, la capacité des deux barriques.*

La plus grande barrique contient 45 : 0,75 ou 60 litres de plus que l'autre.

Le $\frac{1}{7}$ de la 1re vaut $\dfrac{11}{13 \times 5}$ de la 2e, et la 1re vaut $\dfrac{11 \times 7}{13 \times 5}$ ou $\dfrac{77}{65}$ de la 2e.

Leur différence égale $\dfrac{77 - 65}{65}$ ou les $\dfrac{12}{65}$ de la 2e.

La petite barrique contient $\dfrac{60 \times 65}{12} = 325$ litres.

La grande contient $325 + 60 = 385$ litres.

Rép. Première 385 litres, deuxième 325 litres.

1461. *L'économe d'un établissement reconnaît que la viande qui vient d'être livrée à la maison renferme une trop forte proportion d'os. Elle est, en effet, de ¹/₅, tandis que, d'après les conditions du marché, elle ne devrait pas dépasser ¹/₆. Il refuse donc la livraison. Le boucher ajoute alors à la viande déjà fournie 15 kilogr 500 de viande sans os, et la proportion d'os se trouve réduite exactement à ¹/₆. 1° Quel était le poids total de la première fourniture; 2° combien y a-t-il maintenant de viande nette?*

A la première fourniture, sur 5 kg de viande, il y a 1 kg d'os.

Dans les conditions du marché, quand il y a 1 kg d'os, il faut que la fourniture soit de 6 kg; le boucher devrait donc ajouter 1 kg de viande sans os.

Lorsqu'on ajoute 1 kg de viande sans os, la première fourniture est 5 kilog.

Quand on ajoute 15 kg 5, le poids de la première fourniture est
$$5 \times 15,5 = 77 \text{ kg } 5.$$

Il y a maintenant $(77,5 + 15,5) \times \dfrac{5}{6} = 77$ kg 5.

Rép. 1° 77 kg 5; 2° 77 kg 5.

Soit x le poids de la 1re fourniture de viande, on aura
$$\frac{x}{5} + 15,5 = (x + 15,5) \times \frac{5}{6}; \quad \text{d'où} \quad x = 77,5.$$

1462. *Un épicier a vendu 5 douzaines d'oranges, les unes à* *raison de 0 fr 15 pièce, et les autres à raison de deux pour 0 fr 25. Combien en a-t-il vendu à 0 fr 15 pièce, s'il a reçu 8 fr 35?*

Si toutes les oranges avaient été vendues 0 fr 15, on aurait reçu $0,15 \times 60 = 9$ fr.

Pour une orange que l'on vend $\dfrac{0,25}{2} = 0$ fr 125,

on reçoit $0,15 - 0,125$ ou 0 fr 025 de moins.

On a reçu $9 - 8,35$ ou 0 fr 65 de moins; on a donc vendu $0,65 : 0,025$ ou 26 oranges, à 2 pour 25; et $60 - 26$ ou 34 à 0 fr 15 l'une.

Rép. 34 oranges à 0 fr 15.

Soit x le nombre d'oranges vendues à 0 fr 15, on aura

$$0,15\,x + \frac{60 - x}{2} \times 0,25 = 8,35$$

d'où $\qquad x = 34.$

1463. *Un marchand achète à la campagne des œufs à 0 fr 05 la pièce, et les revend en ville 0 fr 90 la douzaine. Il a gagné 15 fr sur son marché. On demande combien il a vendu d'œufs, sachant que les frais de transport sont la moitié des droits d'entrée en ville, et ces droits $1/15$ du prix d'achat.*

Une douzaine d'œufs coûte 5×12 ou 60 centimes.

Les droits d'entrée s'élèvent par douzaine à $60 \times \dfrac{1}{15}$ ou 4 centimes, et les frais de transport à 2 centimes.

Une douzaine d'œufs revient à $60 + 4 + 2$ ou 66 centimes.

On gagne $90 - 66$ ou 24 centimes par douzaine, ou 2 centimes par œuf.

Pour gagner 15 fr, il a fallu vendre $15 : 0,02$ ou 750 œufs.

Rép. 750 œufs.

1464. *Une marchande achète des œufs à 8 fr le cent; elle en revend une moitié à raison de 0 fr 10 la pièce, et la seconde moitié à raison de trois pour 0 fr 20. De cette manière elle gagne 8 fr 80. Combien avait-elle acheté d'œufs?*

Un œuf coûte 8 centimes; on le vend en moyenne

$$\left(10 + \frac{20}{3}\right) \times \frac{1}{2} \text{ ou } \frac{25}{3} \text{ de centimes.}$$

Sur un œuf on gagne $\dfrac{25}{3} - 8$ ou $\dfrac{1}{3}$ de centime.

Pour gagner 8 fr 80, il a fallu vendre $880 : \dfrac{1}{3} = 880 \times 3$ ou 2640.

Rép. 2640 œufs.

Soit x le nombre d'œufs, on a

$$0,08\,x + 8,80 = \frac{x}{2} \times 0,10 + \frac{x}{3} \times \frac{0,20}{2}.$$

d'où $\qquad x = 2\,640$

1465. *Une personne de la campagne porte au marché un certain nombre d'œufs. Elle en vend les* 2/3 *des* 6/9 *à raison de 0 fr. 05 l'un, et reçoit 1 fr 40. On demande: 1° combien elle a porté d'œufs; 2° quelle est sa recette totale, en supposant qu'elle les ait tous vendus au même prix.*

Pour recevoir 1 fr 40, il a fallu vendre 1,40 : 0,05 ou 28 œufs à 0 fr 05.

La marchande a vendu les $\frac{2}{3}$ des $\frac{6}{9}$ ou les $\frac{6 \times 2}{9 \times 3} = \frac{4}{9}$ de ses œufs.

Elle a porté au marché $\frac{28 \times 9}{4}$ ou 63 œufs.

La recette totale égale 0,05 × 63 = 3 fr 15.

Rép. 1° 63 œufs; 2° 3 fr 15.

1466. *Un marchand a vendu les* 3/4 *d'une pièce d'étoffe à un premier acheteur, puis les* 2/3 *du reste à un second. Le coupon restant a une longueur de 2 mètres 45, et il a été vendu 35 fr. Dire quelle était la longueur de la pièce et combien elle a été vendue, au prix du coupon.*

Après la première vente il reste le $\frac{1}{4}$ de la pièce.

Après la seconde, il reste le $\frac{1}{3}$ du 1er reste ou $\frac{1}{4} \times \frac{1}{3} = \frac{1}{12}$ de la pièce.

La pièce d'étoffe avait 2,45 × 12 ou 29 m 40.
L'étoffe a été vendue 35 × 12 ou 420 fr.

Rép. 29 m 40 et 420 fr.

1467. *On partage un héritage de la manière suivante : la première personne en a le* 1/3; *cette part prélevée, la seconde personne a le* 1/4 *du reste; ces deux parts étant servies, on donne à la troisième personne le* 1/5 *de ce qui reste; enfin, la quatrième a 30 000 fr. Quelles sont les parts de chacun des héritiers?*

La 1re part étant prélevée, il reste les $\frac{2}{3}$ de l'héritage.

La 2e part prélevée, il reste les $\frac{3}{4}$ du 1er reste ou $\frac{2}{3} \times \frac{3}{4} = \frac{1}{2}$ de l'héritage.

La 3e part prélevée, il reste les $\frac{4}{5}$ du 2e reste ou $\frac{1}{2} \times \frac{4}{5} = \frac{2}{5}$ de l'héritage.

L'héritage se montait à $\frac{30\,000 \times 5}{2} = 75\,000$ fr.

La 1re personne a eu 75 000 : 3 ou 25 000 fr; il restait 50 000 fr.
La 2e a eu 50 000 : 4 ou 12 500 fr;
     il restait 50 000 — 12 500 = 37 500 fr.
La 3e a eu 37 500 : 5 ou 7 500 fr;
     il reste 37 500 — 7 500 ou 30 000 fr.

Rép. 1re 25 000; 2e 12 500 fr; 3e 7 500 fr.

1468. *Une dame a acheté trois sortes d'étoffes à raison de 3 fr 50, 4 fr 20 et 2 fr 75 le mètre. La dépense totale a été de 559 fr 90. Le nombre de mètres de la première étoffe est les $^2/_7$ du nombre total des mètres qu'elle a achetés ; celui de la deuxième est les $^3/_8$ de ce même nombre. Trouver combien elle a eu de mètres de chaque espèce.*

Le nombre de mètres de la 3ᵉ étoffe est $1 - \left(\dfrac{2}{7} + \dfrac{3}{8} \right) = \dfrac{19}{56}$ du nombre total des mètres.

Si l'on avait acheté 56 mètres d'étoffe, on aurait eu :

1ʳ étoffe $\quad \dfrac{56 \times 2}{7} = 16$ m ; $\quad 3,5 \times 16 = 56$ fr .

2ᵉ étoffe $\quad \dfrac{56 \times 3}{8} = 21$ m ; $\quad 4,2 \times 21 = 88$ fr 20.

3ᵉ étoffe $\quad \dfrac{56 \times 19}{56} = 19$ m ; $\quad 2,75 \times 19 = \underline{52\ \text{fr}\ 25.}$

$$\text{Total}\ldots \overline{196\ \text{fr}\ 45.}$$

On a eu $\dfrac{16 \times 559,9}{196,45} = 45$ m 60 d'étoffe à 3 fr 5 le mètre.

» $\quad \dfrac{21 \times 559,9}{196,45} = 59$ m 85 d'étoffe à 4 fr 2 le mètre.

» $\quad \dfrac{19 \times 559,9}{196,45} = 54$ m 15 d'étoffe à 2 fr 75 le mètre.

Rép. 45 m 6 ; 59 m 85 ; 54 m 15.

1469. *Une étoffe se réduit, après avoir été mouillée, de $^1/_{15}$ de sa longueur et de $^1/_{16}$ de sa largeur. Quelle longueur d'étoffe neuve faut-il employer pour avoir 100 mètres carrés d'étoffe après le lavage ? Cette étoffe, avant d'être mouillée, a 0 m 80 de largeur.*

Après avoir été mouillée, l'étoffe a $\dfrac{0,80 \times 15}{16} = 0$ m 75 de large.

Pour 100 m carrés d'étoffe mouillée, il en faut $\dfrac{100}{0,75}$ ou $\dfrac{400}{3}$ de long.

L'étoffe se réduit par le mouillage, aux $\dfrac{14}{15}$ de la longueur.

Pour avoir $\dfrac{400}{3}$ de mètres d'étoffe mouillée, il faut prendre $\dfrac{400 \times 15}{3 \times 14} = 142$ m 857 d'étoffe non mouillée.

Rép. 142 m $\dfrac{6}{7}$ ou 142 m 857.

1470. *Lorsque le vin valait 23 fr l'hectolitre, un ménage en consommait par année 6 hectol 2. Le prix s'est élevé à 38 fr l'hectol ; on a diminué la consommation, et cependant la dé-*

pense s'est accrue d'un huitième. De combien de litres la consommation annuelle a-t-elle été diminuée?

Le ménage dépensait, pour le vin, $23 \times 6,2 = 142$ fr 6 par an.

Il dépense $\frac{1}{8}$ en plus, ou $142,6 \times \frac{9}{8} = 160$ fr 425.

Pour cette somme on a $160,425 : 38 = 4$ hectol 224 de vin.

La consommation annuelle a été diminuée de $620 - 422$ ou 198 litres.

Rép. 198 litres.

1471. *Un particulier a acheté un lot de pommes de terre; il en cède* ¹/₄ *à une première personne,* ¹/₃ *à une deuxième personne,* ¹/₆ *à une troisième personne, et il lui en reste 2 hectol* ¹/₅. *Il a payé l'hectol à raison de 30 fr. Il a gagné sur la partie cédée 0 fr 15 par décalitre. On demande : 1° quelle est, en hectolitres, la part cédée à chaque personne; 2° quelle est la somme déboursée; 3° quelle est la somme payée par chaque personne; 4° quel est le bénéfice total de ce particulier.*

Le particulier a cédé $\frac{1}{4} + \frac{1}{3} + \frac{1}{6} = \frac{3+4+2}{12} = \frac{9}{12} = \frac{3}{4}$ de ses pommes de terre.

Le lot comprenait $2,2 \times 4 = 8$ hl 8 de pommes de terre.

La 1ʳᵉ en a eu $\frac{8,8}{4} = 2$ hl 2; la 2ᵉ $\frac{8,8}{3} = 2$ hl 93 $\frac{1}{3}$;

la 3ᵉ $\frac{8,8}{6} = 1$ hl 46 $\frac{2}{3}$.

Le marchand a déboursé $30 \times 8,8 = 264$ fr.

L'hectolitre de pommes de terre est vendu $30 + 1,5 = 31$ fr 5.

La première personne payera $31,5 \times 2,2 = 69$ fr 30;

la 2ᵉ $\frac{31,5 \times 8,8}{3} = 92$ fr 40; la 3ᵉ $\frac{31,5 \times 8,8}{6} = 46$ fr 20.

Le bénéfice total est $(88 - 22) \times 0,15 = 9$ fr 90.

Rép. $\begin{cases} 1° \ 1^{re} \ 2 \text{ hl } 2; \ 2^e \ 2 \text{ hl } 93 \frac{1}{3}; \ 3^e \ 1 \text{ hl } 46 \frac{2}{3}; \\ 2° \ 264 \text{ fr.} \\ 3° \ 1^{re} \ 69 \text{ fr } 30; \ 2^e \ 92 \text{ fr } 4; \ 4^e \ 46 \text{ fr } 20. \\ 4° \ 9 \text{ fr } 90. \end{cases}$

1472. *Une ménagère achète 5 kilog 320 gr de groseilles pour faire des confitures. Ces groseilles fournissent* ⁴/₇ *de leur poids de jus, et ce jus est mêlé à un poids égal de sucre à l'état de sirop. Le mélange est ensuite chauffé et clarifié, ce qui lui fait perdre* ³/₁₅₂ *de son poids. L'opération terminée, la confiture est mise dans des pots de 0 litre 149 de capacité. On demande combien on pourra remplir de pots, sachant que le litre de confiture pèse autant que 1 litre 25 d'eau.*

Les 5 kg 320 de groseilles donneront $\frac{5,320 \times 4}{7} = 3$ kg 04 de jus.

Le sucre et le jus pèseront 2 fois autant ou $3,04 \times 2 = 6\,\text{kg}\,08$.

Il restera $\dfrac{152 - 3}{152}$ ou $\dfrac{149}{152}$ de ce poids de confiture,

$$\text{soit} \qquad \dfrac{6,08 \times 149}{152} \text{ kg.}$$

Un pot contient $1\,\text{kg}\,25 \times 0,149$ kg de confiture.

On pourra donc remplir $\dfrac{5,320 \times 4 \times 2 \times 149}{7 \times 152 \times 1,25 \times 0,149}$ ou 32 pots.

    Rép. 32 pots.

1473. *Une fermière vient à la ville; elle achète de l'étoffe pour faire des robes à elle et à ses trois filles, et du drap pour faire un pantalon à son mari et un à son fils. Pour chaque robe il faut 6 m ³/₄ d'étoffe à 1 fr 80 le mètre, et pour chaque pantalon il faut 1 m ¹/₄ de drap à 10 fr 50 le mètre. On demande : 1° à combien se monte la dépense; 2° combien elle doit encore, après avoir donné à compte 15 décalitres de froment à 2 fr 50 le décalitre; 3° combien, pour payer entièrement, elle doit céder de litres de vin à 0 fr 45 le litre.*

Dépense $(1,8 \times 6,75 \times 4) + (10,5 \times 1,25 \times 2) = 74$ fr 85.
La fermière doit encore $74,85 - (2,5 \times 15) = 37$ fr 35.
Elle doit céder $37,35 : 0,45$, soit 83 litres de vin.

    Rép. 1° 74 fr 85; 2° 37 fr 35; 3° 83 litres.

1474. *On a employé, pour faire un certain ouvrage, 25 hommes, 12 femmes et 30 enfants. Le salaire d'une femme est les ²/₃ de celui d'un homme, et le salaire d'un enfant est les ³/₄ de celui d'une femme. Le prix total du travail s'élevant à 403 fr 20, comment devra-t-on faire la répartition?*

Les 12 femmes gagneront autant que $12 \times \dfrac{2}{3}$ ou 8 hommes.

Un enfant gagne les $\dfrac{3}{4}$ du salaire d'une femme

ou les $\dfrac{2}{3} \times \dfrac{3}{4} = \dfrac{1}{2}$ de celui d'un homme.

Les 30 enfants gagneront autant que $30 \times \dfrac{1}{2}$ ou 15 hommes.

Le prix du travail est donc le salaire de $25 + 8 + 15$ ou 48 hommes.
Chaque homme recevra $403,20 : 48$ ou 8 fr 40.

Chaque femme recevra $8,4 \times \dfrac{2}{3}$ ou 5 fr 60; et chaque enfant $8,4 : 2 = 4$ fr 20.

    Rép. Hommes 8 fr 40; femmes 5 fr 6; enfants 4 fr 20 chacun.

1475. *Un marchand a acheté 3 pièces de drap de même qualité, d'une longueur de 125 mètres 50 chacune. Après en avoir vendu les ²/₅ au prix de 13 fr 40 le mètre, il a échangé le reste contre du velours, sur le pied de 5 mètres de drap pour 3 mètres* *de velours, qu'il a vendu 25 fr 50 le mètre. On demande : 1° le nombre de mètres de velours qu'il a pris en échange; 2° quel a été le prix d'achat du drap, sachant que cette opération commerciale lui a rapporté un bénéfice de 737 fr 94.*

Le marchand a acheté $125,5 \times 3$ ou 376 m 5 de drap.

Des $\frac{3}{5}$ ou $\frac{376,5 \times 3}{5} = 225$ m 9, il a retiré $13,4 \times 225,9$ ou 3 027 fr 06.

Pour le reste, $376,5 - 225,9 = 150$ m 6, il a eu $\frac{3 \times 150,6}{5}$ ou 90 m 36 de velours.

La vente de ce velours a produit $25,5 \times 90,36$ ou 2 304 fr 18.

Le prix d'achat du drap est $(3\,027,06 + 2\,304,18) - 737,94$
ou   4 593 fr 30.

Le mètre de drap a coûté $4\,593,30 : 376,5$ ou 12 fr 20.

Rép. 1° 90 m 36 ; 2° 12 fr 20.

1476. *Deux barriques sont pleines d'un vin qui vaut 0 fr 85 le litre; elles sont vendues à des prix qui diffèrent de 36 fr. On sait que les 5/6 de la capacité de la première barrique valent les 12/13 de la capacité de la seconde. Quelle est la capacité de chacune de ces barriques à un décilitre près?*

La 1ʳᵉ barrique vaut les $\frac{12 \times 6}{13 \times 5} = \frac{72}{65}$ de la 2ᵉ.

Leur différence, c'est-à-dire les $\frac{72 - 65}{65} = \frac{7}{65}$ de la 2ᵉ,

égale $\frac{36}{0,85}$ litres.

La 1ʳᵉ barrique contient $\frac{36 \times 72}{0,85 \times 7}$ ou 435 lit 63.

La 2ᵉ barrique   » $\frac{36 \times 65}{0,85 \times 7}$ ou 393 lit 27.

Rép. 1ʳᵉ 435 lit 63; 2ᵉ 393 lit 27.

1477. *Une pompe peut épuiser un bassin en 7 heures ¹/₂; une autre l'épuiserait en 5 heures. Si on les fait fonctionner en même temps, combien faudra-t-il d'heures pour épuiser le bassin?*

$7\frac{1}{2} = \frac{15}{2}$; en $\frac{1}{2}$ heure, la 1ʳᵉ pompe vide le $\frac{1}{15}$ du bassin.

En 1 heure la 1ʳᵉ pompe vide les $\frac{2}{15}$ du bassin;

la 2ᵉ en vide $\frac{1}{5}$.

Ensemble elles vident $\frac{2}{15} + \frac{1}{5}$ ou $\frac{1}{3}$ du bassin en 1 heure.

Pour vider le bassin elles mettront 3 fois plus de temps ou 3 heures.

Rép. 3 heures.

1478. *Un ouvrage serait fait en 2 heures ⁶/₇ par une personne, et en 1 heure ⁶/₁₁ par une autre. On demande le temps que mettraient les deux personnes travaillant ensemble pour faire un ouvrage treize fois plus difficile que le premier.*

$$2\,\frac{6}{7} = \frac{20}{7}\ ;\ 1\,\frac{6}{11} = \frac{17}{11}.$$

Le 1ʳᵉ fait en 1 heure $\frac{7}{20}$ de l'ouvrage; la 2ᵉ $\frac{11}{17}$.

Ensemble elles font en 1 heure $\frac{7}{20} + \frac{11}{17} = \frac{339}{340}$ de l'ouvrage.

L'ouvrage étant 13 fois plus difficile elles en feront $\frac{339}{340 \times 13}$ en 1 heure.

Pour faire l'ouvrage elles mettront $\frac{340 \times 13}{339}$ ou 13 h $\frac{13}{339}$.

Rép. 13 heures $\frac{13}{339}$ ou 13 heures 2 minutes 18 secondes.

1479. *Une fontaine peut remplir un bassin en 7 heures; un robinet peut le vider en 11 heures. Le ¹/₃ du bassin étant déjà plein, on laisse couler la fontaine et on ouvre le robinet. Au bout de combien d'heures les ³/₄ du bassin seront-ils remplis?*

En 1 heure la fontaine remplit le $\frac{1}{7}$ du bassin; le robinet en vide le $\frac{1}{11}$.

Au bout d'une heure il reste $\frac{1}{7} - \frac{1}{11} = \frac{4}{77}$ du bassin.

Pour remplir $\frac{3}{4} - \frac{1}{3}$ ou $\frac{5}{12}$ du bassin,

il faudra $\frac{5}{12} : \frac{4}{77} = \frac{385}{48} = 8$ h $\frac{1}{48}$.

Rép. 8 h $\frac{1}{48}$ ou 8 heures 1 minute 15 secondes.

1480. *Trois ouvrières associées, travaillant ensemble au même ouvrage, reçoivent 8 fr par jour. La première ferait seule tout l'ouvrage en 6 jours, la deuxième le ferait en 9 jours, et la troisième en 15 jours. Combien recevront-elles, et quelle sera la part de chacune, la répartition ayant lieu proportionnellement au travail qu'elles font?*

La 1ʳᵉ fait chaque jour $\frac{1}{6}$ de l'ouvrage; la 2ᵉ en fait $\frac{1}{9}$, et la 3ᵉ $\frac{1}{15}$.

Ensemble elles font $\frac{1}{6} + \frac{1}{9} + \frac{1}{15} = \frac{15}{90} + \frac{10}{90} + \frac{6}{90} = \frac{31}{90}$ de l'ouvrage en 1 jour.

Pour faire l'ouvrage elles mettront $\frac{90}{31}$ jours.

Elles recevront $\dfrac{8 \times 90}{31}$ ou 23 fr 25.

Sur $15 + 10 + 6$ ou 31 parties de l'ouvrage, la 1re en fait 15, la 2e 10, la 3e 6.

La 1re fait donc les $\dfrac{15}{31}$ de l'ouvrage;

elle recevra $\dfrac{23,25 \times 15}{31} = 11$ fr 25.

La 2e fait les $\dfrac{10}{31}$ de l'ouvrage; elle recevra $\dfrac{23,25 \times 10}{31} = 7$ fr 50.

La 3e fait les $\dfrac{6}{31}$ de l'ouvrage; elle recevra $\dfrac{23,25 \times 6}{31} = 4$ fr 50.

Rép. 23 fr 25; 1re 11 fr 25; 2e 7 fr 50; 3e 4 fr 50.

1481. *Deux compagnies d'ouvriers peuvent faire un ouvrage: la première en 90 jours, la deuxième en 120 jours. Si l'on n'emploie que le* $^1/_4$ *des ouvriers de la première compagnie et le* $^1/_6$ *de ceux de la deuxième, en combien de jours l'ouvrage sera-t-il fait? On suppose que tous les ouvriers d'une même compagnie font la même besogne dans le même temps.*

La 1re compagnie fait en 1 jour $\dfrac{1}{90}$ de l'ouvrage; le $\dfrac{1}{4}$ des ouvriers en fera 4 fois moins ou $\dfrac{1}{90 \times 4} = \dfrac{1}{360}$.

De même, le $\dfrac{1}{6}$ des ouvriers de la 2e compagnie

fera, en 1 jour, $\dfrac{1}{120 \times 6} = \dfrac{1}{720}$ de l'ouvrage.

En un jour il se fera $\dfrac{1}{360} + \dfrac{1}{720}$ ou $\dfrac{3}{720} = \dfrac{1}{240}$ de l'ouvrage. Pour faire l'ouvrage, il faudra 240 jours.

Rép. 240 jours.

1482. *Une première fontaine, coulant seule, remplirait un bassin en 3 heures* $^1/_2$; *une deuxième fontaine le remplirait en 2 heures* $^1/_7$, *et une troisième en 4 heures* $^1/_3$. *Quand elles auront rempli le bassin ensemble, quelle fraction de ce bassin chacune d'elles aura-t-elle remplie?*

En 1 heure la 1re remplirait $\dfrac{2}{7}$ du bassin, la 2e $\dfrac{7}{15}$, et la 3e $\dfrac{3}{13}$.

Ensemble elles rempliront en 1 heure $\dfrac{2}{7} + \dfrac{7}{15} + \dfrac{3}{13} = \dfrac{1342}{1365}$ du bassin.

Pour remplir le bassin, il faudra $\dfrac{1365}{1342}$ h $= 1$ h $\dfrac{23}{1342}$.

La 1re a rempli $\dfrac{2}{7} \times \dfrac{1365}{1342}$ ou $\dfrac{195}{671}$; la 2e $\dfrac{7}{15} \times \dfrac{1365}{1342} = \dfrac{637}{1342}$; la 3e $\dfrac{3}{13} \times \dfrac{1365}{1342} = \dfrac{315}{1342}$.

Rép. 1re $\dfrac{195}{671}$; 2e $\dfrac{637}{1342}$; 3e $\dfrac{315}{1342}$.

1483. *Un propriétaire s'adresse à trois entrepreneurs pour faire exécuter un certain ouvrage; les ouvriers du premier feraient l'ouvrage en 10 jours $\frac{5}{12}$; ceux du deuxième en 15 jours; ceux du troisième en 18 jours $\frac{3}{4}$. On emploie la moitié de la première troupe, $\frac{1}{3}$ de la deuxième et $\frac{1}{4}$ de la troisième. Combien, en travaillant ensemble, mettront-ils de temps pour faire l'ouvrage?*

$$10\,\frac{5}{12} = \frac{125}{12}\,;\ 18\,\frac{3}{4} = \frac{75}{4}\,.$$

Les ouvriers du 1er entrepreneur feraient en 1 jour $\frac{12}{125}$ de l'ouvrage; la $\frac{1}{2}$ de cette troupe en fera $\frac{12}{125\times 2}$ ou $\frac{6}{125}$ en 1 j.

De même le $\frac{1}{3}$ de la seconde troupe en fera $\frac{1}{15\times 3}$ ou $\frac{1}{45}$ en 1 j;

et le $\frac{1}{4}$ de la 3° en fera $\frac{4}{75\times 4}$ ou $\frac{1}{75}$.

Il se fera en 1 jour $\frac{6}{125} + \frac{1}{45} + \frac{1}{75}$ ou $\frac{94}{1125}$ de l'ouvrage.

Pour faire l'ouvrage il faudra $\frac{1125}{94}$ ou 11 jours $\frac{91}{94}$.

Rép. 11 jours $\frac{91}{94}$.

1484. *Pour exécuter un travail, on a employé trois compagnies d'ouvriers. La première, composée de 26 hommes, aurait terminé à elle seule le travail en 16 jours $\frac{2}{3}$; la deuxième, de 37 hommes, y aurait mis 12 jours $\frac{1}{2}$; la troisième, de 41 hommes, aurait eu besoin de 11 jours $\frac{1}{4}$ pour faire l'ouvrage à elle seule. On demande: 1° quel temps les trois compagnies, travaillant ensemble, ont mis à exécuter le travail; 2° combien a gagné un ouvrier de chaque compagnie, sachant que le travail a été payé 1752 fr.*

$$16\,\frac{2}{3} = \frac{50}{3}\,;\ 12\,\frac{1}{2} = \frac{25}{2}\,;\ 11\,\frac{1}{4} = \frac{45}{4}\,.$$

En 1 jour la 1re compagnie fait $\frac{3}{50}$, la 2° $\frac{2}{25}$, la 3° $\frac{4}{45}$ de l'ouvrage.

Elles font ensemble en 1 jour $\frac{3}{50} + \frac{2}{25} + \frac{4}{45} = \frac{103}{450}$ de l'ouvrage.

Pour faire le travail, il faudra $\frac{450}{103}$ ou 4 j $\frac{38}{103}$.

La 1re compagnie fera $\frac{3}{50} \times \frac{450}{103} = \frac{27}{103}$ de l'ouvrage; elle recevra $\frac{1752\times 27}{103}$; un homme de cette compagnie aura

$$\frac{1752\times 27}{103\times 26} \quad \text{ou} \quad 17\ \text{fr}\ 65.$$

La 2ᵉ compagnie fait $\dfrac{2}{25} \times \dfrac{450}{103} = \dfrac{36}{103}$;

un homme aura $\qquad \dfrac{1\,752 \times 36}{103 \times 37} \qquad$ ou $\qquad$ 16 fr 55.

La 3ᵉ compagnie fait $\dfrac{4}{45} \times \dfrac{450}{103} = \dfrac{40}{103}$;

un homme aura $\qquad \dfrac{1\,752 \times 40}{103 \times 41} \qquad$ ou $\qquad$ 16 fr 60.

Rép. 1ʳᵉ 17 fr 65 ; 2ᵉ 16 fr 55 ; 3ᵉ 16 fr 60.

1485. *Quatre ouvrières sont chargées de faire un certain travail. La première, la deuxième et la troisième le feraient ensemble en 1 jour 2/3 ; la deuxième, la troisième et la quatrième, en 2 jours 1/7 ; la troisième, la quatrième et la première en 1 jour 14/15 ; la quatrième, la deuxième et la première en 1 jour 9/11. On demande le nombre de jours qu'il faudrait à chaque ouvrière, travaillant seule, pour faire cet ouvrage.*

La 1ʳᵉ, la 2ᵉ et la 3ᵉ feraient en 1 jour $\dfrac{3}{5}$ de l'ouvrage.

La 2ᵉ, la 3ᵉ et la 4ᵉ $\qquad$ » $\qquad \dfrac{7}{15} \qquad$ »

La 3ᵉ, la 4ᵉ et la 1ʳᵉ $\qquad$ » $\qquad \dfrac{15}{29} \qquad$ »

La 4ᵉ, la 2ᵉ et la 1ʳᵉ $\qquad$ » $\qquad \dfrac{11}{20} \qquad$ »

$$\dfrac{3}{5} + \dfrac{7}{15} + \dfrac{15}{29} + \dfrac{11}{20} = \dfrac{3713}{1740}.$$

Remarquons que la somme de ces 4 fractions renferme 3 fois le travail de chacune des ouvrières pendant 1 jour.

Les 4 ouvrières font donc en 1 jour $\dfrac{3713}{1740 \times 3} = \dfrac{3713}{5220}$ de l'ouvrage.

Si du travail des 4 ouvrières nous retranchons le travail des 3 premières réunies, nous aurons le travail de la quatrième en 1 jour, soit $\dfrac{3713}{5220} - \dfrac{3}{5} = \dfrac{581}{5220}$.

Il faudra à la 4ᵉ pour faire le travail $\dfrac{5220}{581}$ ou 8 jours $\dfrac{572}{581}$.

La 1ʳᵉ fait par jour $\dfrac{3713}{5220} - \dfrac{7}{15} = \dfrac{1277}{5220}$;
elle mettra pour faire l'ouvrage $\dfrac{5220}{1277}$ ou 4 jours $\dfrac{112}{1277}$.

La 2ᵉ fait par jour $\dfrac{3713}{5220} - \dfrac{15}{29} = \dfrac{1013}{5220}$;
elle mettra pour faire l'ouvrage $\dfrac{5220}{1013}$ ou 5 jours $\dfrac{155}{1013}$.

La 3ª fait par jour $\dfrac{3713}{5220} - \dfrac{11}{20} = \dfrac{842}{5220}$;

elle mettra pour faire l'ouvrage $\dfrac{5220}{842}$ ou 6 jours $\dfrac{84}{421}$.

Rép. 1ʳᵉ 4 j $\dfrac{112}{1277}$; 2ᵉ 5 j $\dfrac{455}{1013}$; 3ᵉ 6 j $\dfrac{84}{421}$; 4ᵉ 8 j $\dfrac{572}{581}$.

1486. *Un négociant augmente sa fortune de ¹/₃ de sa valeur la première année; au bout de la deuxième année, il l'augmente encore de ¹/₄ de ce qu'elle est devenue au bout d'un an; enfin, après une troisième année, il l'augmente de ¹/₅ de ce qu'elle était après deux ans. Il possède alors 57800 fr. Quelle était sa fortune primitive?*

A la fin de la première année, la fortune du négociant était les $1 + \dfrac{1}{3} = \dfrac{4}{3}$ de la fortune primitive.

A la fin de la 2ᵉ année, elle est les $\dfrac{5}{4}$ de ce qu'elle était à la fin de la 1ʳᵉ année, ou $\dfrac{4}{3} \times \dfrac{5}{4} = \dfrac{5}{3}$ de la fortune primitive.

A la fin de la 3ᵉ année, elle est les $\dfrac{6}{5}$ de ce qu'elle était après 2 ans, soit $\dfrac{5}{3} \times \dfrac{6}{5} = 2$ fois la fortune primitive.

Elle égale donc 57800 : 2 = 28900 fr.

Rép. 28900 fr.

1487. *Un spéculateur a augmenté au bout d'un an sa fortune des ²/₁₇ de sa valeur; l'année suivante, des ⁶/₁₇ de sa nouvelle valeur; enfin, la troisième année, des ⁷/₁₈ de sa nouvelle valeur. Cette fortune est alors de 428687 fr 50. On demande ce qu'elle était auparavant.*

La fortune après 3 années sera (Prob. 1486)

$\dfrac{19}{17} \times \dfrac{23}{17} \times \dfrac{25}{18}$ ou $\dfrac{10925}{5202}$ de la fortune primitive.

La fortune primitive est donc $\dfrac{428687,5 \times 5202}{10925} = 204121$ fr 95.

Rép. 204121 fr 95.

1488. *Un homme laisse par testament une somme à distribuer de la manière suivante : les ²/₃ à son fils, le ¹/₄ à sa fille, les ²/₅ du reste à un neveu, et le reste à un hospice. Quelle est, à un centime près, la part de chaque héritier, si l'hospice, après le décès, recueille 32500 fr.*

Le fils et la fille ont ensemble $\dfrac{2}{3} + \dfrac{1}{4}$ ou $\dfrac{11}{12}$; il reste $\dfrac{1}{12}$ de l'héritage.

Le neveu aura $\dfrac{1}{12} \times \dfrac{2}{5}$ ou $\dfrac{1}{30}$; l'hospice aura $\dfrac{1}{12} \times \dfrac{3}{5} = \dfrac{1}{20}$ de l'héritage.

L'héritage est de 32500 × 20 = 650000 fr.

Le fils a eu $\dfrac{650\,000\times 2}{3}=433\,333$ fr 33; la fille $\dfrac{650\,000}{4}=162\,500$ fr.

Il reste $650\,000-(433\,333,33+162\,500)$ ou $54\,166$ fr 66.

Le neveu aura $\dfrac{54\,166,66\times 2}{5}=21\,666$ fr 66.

Rép. Fils 433 333 fr 35; fille 162 500 fr; neveu 21 666 fr 65.

1489. *On sait que les traitements des instituteurs subissent chaque mois une retenue égale au* $^1/_{20}$ *de leur valeur. On sait de plus qu'en cas d'augmentation, le premier douzième de l'accroissement de traitement reste en entier dans la caisse du receveur municipal. Le traitement d'un instituteur a été augmenté à partir du 1ᵉʳ janvier 1875. Il a subi, fin janvier, une retenue totale de 28 fr 75, tandis que le mois précédent la retenue n'avait été que de 3 fr 75. On demande : 1° quel était son traitement ancien; 2° quel est son traitement nouveau; 3° quelle retenue il subira fin février.*

La retenue ancienne représente le 20ᵉ du traitement mensuel; l'instituteur gagnait, par mois $3,75\times 20$ ou 75 fr,
et par an $\qquad\qquad 75\times 12=900$ fr.

On a retenu en janvier $28,75-3,75$ ou 25 fr de plus; c'est le douzième de l'augmentation.

Le traitement nouveau est $75+25$ ou 100 fr par mois, ou 1 200 fr par an.

La retenue de février sera de $100:20$ ou 5 fr.

Rép. 1° 900 fr; 2° 1 200 fr; 3° 5 fr.

1490. *Un entrepreneur se charge d'un travail sur le montant du devis estimatif duquel il consent un rabais de* $^1/_{15}$*. Pour intéresser ses ouvriers, il leur abandonne, en dehors de leur paye journalière,* $^1/_{20}$ *de ce qui lui est dû après le rabais, et enfin, sur le reste, il prélève* $^1/_{50}$*, qu'il verse à une caisse d'assurances. Tous ces décomptes faits, il lui revient la somme de 29 102 fr. Dire à combien s'élevait le devis estimatif, la somme distribuée aux ouvriers et celle qui a été versée à la caisse d'assurances.*

Il est dû à l'entrepreneur les $\dfrac{14}{15}$ du devis.

Après avoir donné $\dfrac{1}{20}$ aux ouvriers,

il lui reste $\qquad\dfrac{14}{15}\times\dfrac{19}{20}=\dfrac{133}{150}$ du devis.

Après avoir versé $\dfrac{1}{50}$ à la caisse d'assurances,

il lui reste $\qquad\dfrac{133}{150}\times\dfrac{49}{50}$ ou $\dfrac{6517}{7500}$ du devis.

Le devis s'élevait à $\dfrac{29\,102\times 7500}{6517}$ ou 33 491 fr 65.

Les ouvriers auront $\dfrac{14}{15\times20}$ ou $\dfrac{7}{150}$ de cette somme,

soit $\dfrac{33491,65\times7}{150}$ ou 1562 fr 95.

La caisse recevra $\dfrac{133}{150}\times\dfrac{1}{50}$ ou $\dfrac{133}{7500}$ du devis,

ou $\dfrac{33491,65\times133}{7500}$ ou 593 fr 90.

Rép. Devis 33491 fr 65; ouvriers 1562 fr 95; caisse 593 fr 90.

1491. *Un marchand a vendu une certaine quantité de sucre en trois lots; le premier, qui représente les* 2/7 *de cette quantité, a été vendu avec un bénéfice de 6 fr 50; le second, qui représente les* 3/4 *du reste, a été vendu avec un bénéfice de 8 fr 25, et sur le reste, qui pèse 10 kilog, on a perdu 4 fr. Le tout a été vendu 122 fr 75. On demande : 1° le poids total du sucre; 2° le prix d'achat, 3° le gain moyen fait sur chaque kilogramme.*

Après la première vente, il reste $\dfrac{5}{7}$ du sucre;

après la seconde, il en reste $\dfrac{5}{7}\times\dfrac{1}{4}=\dfrac{5}{28}$.

Le poids total du sucre est donc $\dfrac{10\times28}{5}$ ou 56 kg.

Le marchand a gagné $(6,5+8,25)-4$ ou 10 fr 75.
Le sucre a coûté $122,75-10\text{fr}75$ ou 112 fr, ou $112:56=2$ fr le kg.
Sur 1 kg on a gagné en moyenne $10\text{ fr }75:56$ ou 0 fr 19.

Rép. 1° 56 kg; 2° 112 fr; 3° 0 fr 19.

1492. *Un marchand achète 300 mesures* 1/3 *de blé à 27 fr* 2/7 *la mesure, et 501 mesures moins* 1/4 *d'orge à 18 fr moins* 7/12 *la mesure. Il revend les* 3/5 *de son blé avec un bénéfice de 1 fr* 1/3 *par mesure, et les* 4/5 *de son orge avec un bénéfice de 1 fr moins* 1/3 *par mesure. Quelle somme, en francs et centimes, le marchand a-t-il reçue en totalité, et quelle somme représente son bénéfice?*

$300\dfrac{1}{3}=\dfrac{901}{3}$; $27\dfrac{2}{7}=\dfrac{191}{7}$; $501-\dfrac{1}{4}=\dfrac{2003}{4}$; $16-\dfrac{7}{12}=\dfrac{209}{12}$.

Le marchand a vendu $\dfrac{901}{3}\times\dfrac{3}{5}=\dfrac{901}{5}$ de mesures de blé,

il a reçu $\left(\dfrac{191}{7}+\dfrac{4}{3}\right)\times\dfrac{901}{5}$ ou 5457 fr 15;

il a gagné $\dfrac{4}{3}\times\dfrac{901}{5}$ ou 240 fr 25.

Il a vendu $\dfrac{2003}{4}\times\dfrac{4}{5}=\dfrac{2003}{5}$ de mesures d'orge;

il a reçu $\left(\dfrac{209}{12}+\dfrac{2}{3}\right)\dfrac{2003}{5}$ ou 7244 fr 20;

il a gagné $\dfrac{2003}{5}\times\dfrac{2}{3}=267$ fr 05.

Il a reçu en tout 5157,15 + 7244,20 = 12401 fr 35.
Il a gagné 240,25 + 267,05 = 507 fr 30.

Rép. Recette 12401 fr 35; gain 507 fr 30.

1493. *Deux personnes ont hérité ensemble d'une somme de 18300 fr. La première, ayant dépensé les $\frac{2}{5}$ de sa part, et la seconde les $\frac{3}{7}$ de la sienne, il reste à la première deux fois plus qu'à la seconde. Quelles sont les deux parts d'héritage ?*

Il reste à la 1re $\frac{3}{5}$ de sa part et à la 2e les $\frac{4}{7}$ de la sienne.

Les $\frac{3}{5}$ de la part de la 1re valent $\frac{4}{7} \times 2$ ou $\frac{8}{7}$ de la part de la seconde.

La part de la 1re vaut $\frac{8 \times 5}{7 \times 3}$ ou $\frac{40}{21}$ de la part de la seconde.

La somme des parts égale $\frac{40 + 21}{21}$ ou $\frac{61}{21}$ de la part de la seconde.

La part de la 1re est donc $\frac{18300 \times 40}{61}$ ou 12000 fr.

La part de la seconde égale $\frac{18300 \times 21}{61}$ ou 6300 fr.

Rép. 1re 12000 fr; 2e 6300 fr.

1494. *Une balle élastique rebondit à une hauteur qui est les $\frac{2}{9}$ de celle d'où elle est tombée; après avoir rebondi quatre fois, elle s'élève à une hauteur de 1 décimètre. De quelle hauteur est-elle tombée ?*

Le 1er bond sera les $\frac{2}{9}$ de la hauteur primitive; le 2e les $\frac{2}{9} \times \frac{2}{9}$;

le 3e, les $\frac{2}{9} \times \frac{2}{9} \times \frac{2}{9}$, et le 4e, les $\frac{2}{9} \times \frac{2}{9} \times \frac{2}{9} \times \frac{2}{9}$ ou $\frac{16}{6561}$.

La balle est tombée d'une hauteur de $\frac{1 \times 6561}{16}$ ou 410 décimètres.

Rép. 41 mètres.

1495. *De quelle hauteur a-t-on laissé tomber une bille élastique qui, après avoir touché cinq fois le sol, rebondit à une hauteur de 0m 80. On admet qu'après chaque chute la bille se relève aux $\frac{4}{5}$ de la hauteur d'où elle est partie. On fera le calcul à moins d'un millimètre près.*

La bille s'élèvera (Probl. 1494) aux

$$\frac{4}{5} \times \frac{4}{5} \times \frac{4}{5} \times \frac{4}{5} \times \frac{4}{5} = \frac{1024}{3125}$$ de la hauteur initiale.

Cette hauteur initiale est donc $\frac{0,80 \times 3125}{1024}$ ou 2m 441.

Rép. 2 m 441.

1496. *Une mère et sa fille travaillent à une tapisserie; ensemble, elles la termineraient en 15 jours; après y avoir travaillé toutes les deux pendant 6 jours, la fille seule achève la tapis-*

serie en 30 jours. *Combien de temps chacune de ces personnes mettrait-elle pour faire séparément cette tapisserie?*

La mère et la fille font, en 1 jour, $\frac{1}{15}$ de la tapisserie.

Elles **en** ont fait ensemble les $\frac{6}{15}$ ou les $\frac{2}{5}$; il en reste les $\frac{3}{5}$, que la fille fait en 30 jours.

En un jour la fille fait donc $\frac{3}{5 \times 30}$ ou $\frac{1}{50}$ de la tapisserie; elle mettrait 50 jours pour la faire en entier.

La mère en fait $\frac{1}{15} - \frac{1}{50}$ ou $\frac{7}{150}$ en 1 jour; elle mettrait $\frac{150}{7}$ ou 21 j $\frac{3}{7}$ pour la faire en entier.

Rép. Mère, 21 j $\frac{3}{7}$; fille, 50 jours.

1497. *Les deux aiguilles d'une montre marquent midi; à quelle heure se rencontreront-elles pour la première fois et combien de fois dans douze heures?*

La grande aiguille fait le tour du cadran, c'est-à-dire fait 60 m pendant que la petite parcourt 5 divisions; elle en fait donc 55 de plus en 60 minutes.

Or la grande aiguille devra faire le tour du cadran de plus que la petite; il s'écoulera $\frac{60 \times 60}{55}$ ou 1 h 5 m $\frac{5}{11}$.

Dans 12 heures ou 12×60 minutes, elles se rencontreront
$$12 \times 60 : \frac{60 \times 60}{55} \text{ ou 11 fois,}$$
la 11ᵉ rencontre ayant lieu à minuit.

Rép. 1° 1 h 5 m $\frac{5}{11}$; 2° 11 fois.

1498. *Un mobile A et un mobile B sont actuellement en un même point d'une circonférence. Le mobile A la parcourt d'un mouvement uniforme dans 27 jours* $^1/_3$, *et le mobile B, aussi d'un mouvement régulier, en 365 jours* $^1/_4$. *On demande de déterminer au bout de combien de temps les deux mobiles A et B se rencontreront de nouveau : 1° en supposant qu'ils parcourent la circonférence dans le même sens; 2° en supposant qu'ils la parcourent en sens contraire.*

$$27 \frac{1}{3} = \frac{82}{3} \; ; \; 365 \frac{1}{4} = \frac{1461}{4}.$$

Le mobile A parcourt $\frac{3}{82}$ de la circonférence en 1 j, et B $\frac{4}{1461}$.

Le mobile A fait en 1 jour
$$\frac{3}{82} - \frac{4}{1461} = \frac{4383 - 328}{119802} \text{ ou } \frac{4055}{119802} \text{ de plus que B.}$$

1er Cas. Le mobile A doit parcourir la circonférence entière de plus que le mobile B.

Pour faire $\dfrac{4055}{119802}$ de plus, il met 1 jour; pour $\dfrac{1}{119802}$, il met $\dfrac{1}{4055}$, et pour faire le tour en plus, il mettra $\dfrac{119802}{4055}$

ou 29 j $\dfrac{2207}{4055}$; soit 29 j 13 h 3 m 45 s environ.

2e Cas. La somme des parties de la circonférence parcourue par chaque mobile vaut une circonférence.

En 1 jour, ils feront $\dfrac{4383 + 328}{119802}$ ou $\dfrac{4711}{119802}$;

pour parcourir la circonférence, ils mettront

$$\dfrac{119802}{4711} \text{ ou } 25 \text{ j } \dfrac{2027}{4711}.$$

Rép. 1° 29 jours $\dfrac{2207}{4055}$; 2° 25 jours $\dfrac{2027}{4711}$.

1499. *Deux mortiers lancent des bombes sur une ville assiégée. Le premier en a lancé 36 avant que le second ait commencé son feu, et il en envoie 8 dans le même temps que le second en envoie 7; mais le second dépense en 3 coups la même quantité de poudre que le premier en 4 coups. On demande combien de bombes doit lancer le deuxième mortier pour dépenser la même quantité de poudre que le premier.*

En une charge, le second mortier dépense les $\dfrac{4}{3}$ de ce que dépense le premier en une charge.

Pour 7 coups, il dépense $\dfrac{4}{3} \times 7 = \dfrac{28}{3}$ de charge du premier.

Pendant ce temps le premier dépense 8 charges.

Pendant que le deuxième mortier tire 7 coups, il dépense de plus que le premier $\dfrac{28}{3} - 8 = \dfrac{4}{3}$ d'une charge du premier.

Pour dépenser 36 charges de plus, il devra tirer

$$\dfrac{7 \times 3 \times 36}{4} = 189 \text{ coups.}$$

Rép. 189 coups.

1500. *En cinq années, un commerçant a pu mettre de côté 54 000 fr. Sachant que la deuxième année il a mis de côté les $\frac{2}{9}$ en plus de ce qu'il avait mis de côté la première; la troisième année, 12 855 fr; la quatrième année, $\frac{1}{11}$ en moins de ce qu'il avait mis de côté la seconde, et enfin, la cinquième année, autant que la seconde, plus 115 fr, combien a-t-il économisé chaque année?*

La 2e année, le commerçant économise les $\dfrac{11}{9}$ du gain de la 1re année.

La 4ᵉ année, il a gagné $\frac{10}{11}$ de l'économie de la 2ᵉ année,

ou $\frac{11}{9} \times \frac{10}{11} = \frac{10}{9}$ de l'économie de la 1ʳᵉ année.

De la somme des économies retranchons $12855 + 115$ ou 12970, nous obtiendrons $54000 - 12970 = 41030$ fr.

Cette somme représente les $\frac{9}{9} + \frac{11}{9} + \frac{10}{9} + \frac{11}{9}$ ou $\frac{41}{9}$ de l'économie de la 1ʳᵉ année.

Il a économisé la 1ʳᵉ année $\dfrac{41030 \times 9}{41}$ ou 9006 fr 60.

La 2ᵉ année $\dfrac{9006,6 \times 11}{9} = 11008$ fr 05.

La 4ᵉ année $\dfrac{11008,05 \times 10}{9} = 10007$ fr 30.

La 5ᵉ année $11008,05 + 115 = 11123$ fr 05.

Rép. 1ʳᵉ année 9006 fr 60; 2ᵉ 11008 fr 05; 4ᵉ 10007 fr 30; 5ᵉ 11123 fr 05.

Soit x l'économie de la 1ʳᵉ année, nous aurons

$$x + \frac{11x}{9} + 12855 + \frac{11x}{9} \times \frac{10}{11} + \frac{11x}{9} + 115 = 54000 \text{ fr.}$$

ou $\dfrac{41x}{9} + 12970 \text{ fr} = 54000 \text{ fr.}$

$$x = (54000 - 12970) \times \frac{9}{41} = 9006 \text{ fr } 60.$$

1501. *Deux couturières se sont engagées à ourler le même nombre de mouchoirs; la première, qui n'ourle que 5 mouchoirs en 3 heures, en a déjà ourlé 55, quand la deuxième, qui ourle 7 mouchoirs en 2 heures, se met à l'ouvrage. A partir de ce moment, les deux couturières travaillent ensemble, et elles s'arrêtent lorsqu'elles ont ourlé le même nombre de mouchoirs. Ceci établi, on propose de calculer : 1° le temps employé par l'une et l'autre couturière pour faire ce travail; 2° le nombre de mouchoirs ourlés par chacune d'elles; 3° le prix que chaque couturière a reçu pour salaire, sachant que chacune d'elles a reçu une somme de pièces d'argent pesant autant qu'un décilitre d'eau pure.*

La 1ʳᵉ ouvrière ourle $\frac{5}{3}$ de mouchoir par heure, et la 2ᵉ $\frac{7}{2}$.

En une heure, la 2ᵉ ourle $\frac{7}{2} - \frac{5}{3} = \frac{11}{6}$ de mouchoir de plus que la 1ʳᵉ.

Pour en ourler 55 de plus, elle mettra $\dfrac{1 \times 6 \times 55}{11} = 30$ heures;

elle a ourlé $\dfrac{7 \times 30}{2} = 105$ mouchoirs.

La 1ʳᵉ a mis $\dfrac{3 \times 105}{5}$ ou 63 heures

Elles ont reçu chacune $100 : 5 = 20$ fr.

Rép. 1° 1ʳᵉ 63 heures, 2° 30 h; 2° 105 mouchoirs; 3° 20 fr.

1502. *Un fonctionnaire a un traitement annuel de 1 200 fr, soumis à la retenue de $^1/_{20}$ pour la retraite. Il touche 300 francs pour des fonctions accessoires, et il a un revenu de 200 fr. Les $^2/_5$ de ces différentes recettes sont employés pour la dépense de nourriture, les $^3/_8$ du reste pour les dépenses de l'habillement, les $^2/_3$ du nouveau reste pour les menus frais. Le dernier reste est mis en réserve. On demande à quel chiffre s'élève chaque nature de dépense, et quelle somme le fonctionnaire économise annuellement.*

Le traitement se réduit de $\dfrac{1\,200}{20} = 60$ fr;

il reçoit $\qquad 1\,200 - 60 = 1\,140$ fr.

Le fonctionnaire reçoit $1\,140 + 300 + 200 = \mathbf{1\,640}$ **fr.**

Dépense de nourriture $\dfrac{1\,640 \times 2}{5} = 656$;

il reste $\qquad 1\,640 - 656 = 984$ fr.

Habillement $\dfrac{984 \times 3}{8} = 369$ **fr**; il reste $984 - 369 = \mathbf{615}$ **fr.**

Menus frais $\dfrac{615 \times 2}{3} = 410$ **fr**; il reste $615 - 410 = 205$ **fr.**

Rép. Nourriture 656 fr; habillement 369 fr; menus frais 410 fr; économies 205 fr.

1503. *Une barrique est aux $^3/_4$ remplie d'huile. On retire une première fois les $^5/_7$ de cette huile; une deuxième fois, on retire les $^9/_{11}$ de ce qui reste; enfin, ce qui reste au fond de la barrique est vendu pour 3 fr 50. Le litre d'huile pèse 910 gr, et le prix d'un kilogr d'huile est de 1 fr 15. Quelle est la capacité de la barrique?*

La première fois, il reste les $\dfrac{2}{7}$ de l'huile, soit $\dfrac{3}{4} \times \dfrac{2}{7} = \dfrac{3}{14}$ de la barrique.

La deuxième fois, il reste les $\dfrac{2}{11}$ de ce qu'il y avait;

soit $\dfrac{3}{14} \times \dfrac{2}{11} = \dfrac{3}{77}$ de la contenance de la barrique.

L'huile que peut contenir la barrique vaut $\dfrac{3,5 \times 77}{3}$ fr.

Le litre d'huile vaut $1,15 \times 0,91 = 1$ fr 0465.

La capacité de la barrique égale $\dfrac{3,5 \times 77}{3 \times 1,0465}$ ou 85 lit 84.

Rép. 85 lit 84.

1504. *Un père de famille consacre $^1/_5$ de son revenu annuel à son logement, les $^3/_8$ du reste à la nourriture de sa famille, les $^2/_5$ du nouveau reste à ses vêtements, puis les $^2/_3$ de ce qui lui reste* *à l'instruction de ses enfants, et enfin $\frac{1}{4}$ du surplus aux dépenses imprévues. Ses économies au bout de l'année sont de 975 fr; trouver son revenu, et former le budget de ses dépenses.*

Les dépenses de ce père de famille se répartissent ainsi :

logement $\frac{1}{5}$ du revenu annuel; reste $\frac{4}{5}$

nourriture $\frac{4}{5} \times \frac{3}{8} = \frac{3}{10}$ » » reste $\frac{4}{5} \times \frac{5}{8} = \frac{1}{2}$

vêtements $\frac{1}{2} \times \frac{2}{5} = \frac{1}{5}$ » » reste $\frac{1}{2} \times \frac{3}{5} = \frac{3}{10}$

instruction $\frac{3}{10} \times \frac{2}{3} = \frac{1}{5}$ » » reste $\frac{3}{10} \times \frac{1}{3} = \frac{1}{10}$

imprévu $\frac{1}{10} \times \frac{1}{4} = \frac{1}{40}$ » » reste $\frac{1}{10} \times \frac{3}{4} = \frac{3}{40}$

Le revenu est donc $\dfrac{975 \times 40}{3} = 13000$ fr.

Logement, vêtement et instruction $13000 : 5 = 2600$ francs;

nourriture $\dfrac{13000 \times 3}{10} = 3900$ fr;

dépenses imprévues $13000 : 40 = 325$ fr.

Rép. Log, vêt, instr 2600 fr; nourr 3900 fr; imprévu 325 fr.

1505. *On a partagé une somme entre quatre personnes; la première a reçu $\frac{1}{5}$ de la somme totale, la deuxième les $\frac{4}{9}$ du reste, la troisième les $\frac{2}{5}$ du deuxième reste, et la quatrième, qui a eu le dernier reste pour sa part, a reçu 2400 fr. On demande à combien s'élevait la somme à partager, et la part de chaque personne.*

La deuxième a eu $\frac{4}{5} \times \frac{4}{9}$ ou $\frac{16}{45}$ de la somme totale;

reste $\frac{4}{5} \times \frac{5}{9} = \frac{4}{9}$.

La troisième a eu $\frac{4}{9} \times \frac{2}{5} = \frac{8}{45}$ de la somme totale;

reste $\frac{4}{9} \times \frac{3}{5} = \frac{4}{15}$.

La somme à partager égale $\dfrac{2400 \times 15}{4} = 9000$ fr.

La 1re a eu $9000 : 5 = 1800$ fr, la 2e $\dfrac{9000 \times 16}{45} = 3200$ fr

et la 3e $\dfrac{9000 \times 8}{45} = 1600$ fr.

Rép. Somme 9000 fr; 1re 1800 fr, 2e 3200 fr, 3e 1600 fr.

1506. *Trois héritiers se partagent une somme; le premier a $\frac{1}{3}$ de la totalité, le second a les $\frac{2}{3}$ de ce qu'a eu le premier, et le troisième $\frac{1}{4}$ de ce qu'ont eu les deux premiers; le reste sert à* *payer les frais. Sachant que les parts réunies des trois héritiers s'élèvent à 7525 fr, on demande combien a eu chaque héritier.*

Le 2ᵉ héritier a eu $\dfrac{1}{3} \times \dfrac{2}{3}$ ou $\dfrac{2}{9}$ de l'héritage.

Le 3ᵉ a eu $\left(\dfrac{1}{3} + \dfrac{2}{9} \right) \times \dfrac{1}{4} = \dfrac{5}{36}$ de l'héritage.

Ensemble, ils ont eu

$$\dfrac{1}{3} + \dfrac{2}{9} + \dfrac{5}{36} = \dfrac{12 + 8 + 5}{36} = \dfrac{25}{36} \text{ de l'héritage.}$$

Le 1ᵉʳ a eu $\dfrac{7525 \times 12}{25}$ ou 3612 fr; le 2ᵉ $\dfrac{7525 \times 8}{25}$ ou 2408 fr

et le 3ᵉ $\dfrac{7525 \times 5}{25}$ ou 1505 fr.

Rép. 1ᵉʳ 3612 fr, 2ᵉ 2408 fr, 3ᵉ 1505 fr.

1507. *Deux personnes possèdent chacune une somme; celle de la première est double de celle de la deuxième; celle-ci augmente son avoir des ²/₃; elle possède alors 10000 fr. La première, au contraire, perd les ²/₅ de ce qu'elle a. On demande ce que possède actuellement la première, et ce que possédait primitivement la deuxième.*

L'avoir de la 2ᵉ personne augmente de $\dfrac{2}{3}$; il devient donc les $\dfrac{5}{3}$ de ce qu'il était ou 10000 fr.

La 2ᵉ personne avait d'abord $\dfrac{10000 \times 3}{5} = 6000$ francs et la 1ʳᵉ $6000 \times 2 = 12000$ fr.

La 1ʳᵉ personne ne possède plus que les $\dfrac{3}{5}$ de cette somme;

soit $\dfrac{12000 \times 3}{5} = 7200$ fr.

Rép. 1° 7200 fr; 2° 6000 fr.

1508. *On veut planter le long des bords d'une plate-bande rectangulaire un certain nombre de rosiers également espacés, de manière que la distance d'un rosier au suivant soit au moins de 1 mètre, mais moindre que 2 mètres, et qu'il y ait un rosier à chaque coin de la plate-bande. La longueur de celle-ci est de 14m 84 et sa largeur de 10m 60. Combien faut-il avoir de rosiers?*

La distance entre deux rosiers consécutifs doit être un diviseur commun de la longueur et de la largeur de la plate-bande.

$$1484 = 2^2 \times 7 \times 53; \quad 1060 = 2^2 \times 5 \times 53;$$
$$\text{p. g. c. d. } 2^2 \times 53 = 212$$

Les diviseurs de 212 sont 1, 2, 4, 53, 106, 212.

Le diviseur 106 centimètres est le seul qui soit compris entre 1 mètre et 2 mètres. $14,84 : 1,06 = 14$; $10,6 : 1,06 = 10$.

Il faudra $(14 + 10)\, 2 = 48$ arbres.

Rép. 48 rosiers.

Remarque. Il y aura 15 rosiers sur la longueur et 11 sur la largeur, y compris ceux des deux extrémités $(15 + 11) \times 2 = 52$; mais en comptant ainsi, les 4 rosiers des coins ont été comptés 2 fois; $52 - 4 = 48$.

1509. *On place l'une à côté de l'autre trois règles, divisées chacune en parties égales, de manière que les divisions marquées 0 soient en ligne droite. Les divisions de la première valent 0m 008, celles de la deuxième 0m 012, et celles de la troisième 0m 020. Déterminer, en raisonnant la question, les traits de division qui coïncideront sur les trois règles.*

Les distances à 0 des traits qui coïncideront sur les 3 règles seront des multiples communs des nombres 8 mm, 12 mm, 20 mm,

Le p. p. m. c. de 8, 12 et 20 est 120.

$$120 : 8 = 15; \quad 120 : 12 = 10; \quad 120 : 20 = 6.$$

Rép. 1° Coïncidence : 15°, 1°° règle ; 10°, 2° règle ; 6°, 3° règle.

2° Coïncidence : 30°, 1°° règle ; 20°, 2° règle ; 12°, 3° règle, etc.

§ III. — SYSTÈME MÉTRIQUE

1510. *Les villes de Valenciennes et de Cambrai sont reliées par un chemin de fer de 36 kilomètres. Le transport de la houille coûte 0 fr 04 par kilom et par tonne. En supposant que la tonne de houille coûte 19 fr à Valenciennes et 19 fr 50 à Cambrai, on demande en quel point de la route il est indifférent de faire venir le charbon de Valenciennes ou de Cambrai.*

Pour 19,5 — 19 ou 0 fr 50 on transporte une tonne de houille à

$$50 : 4 = 12 \text{ km } 5.$$

Donc à 12 km 5 de Valenciennes, la houille revient à 19 fr 50.

Au milieu du reste de la distance, c'est-à-dire à $\dfrac{36 - 12,5}{2}$,

soit 11 km 75 de Cambrai, la houille reviendra au même prix, ou bien à $11,75 + 12,5 = 24$ km 25 de Valenciennes.

Rép. A 11 km 75 de Cambrai, ou à 24 km 25 de Valenciennes.

Soit x la distance de Valenciennes au point cherché, on aura
$$19 + 0,04 \, x = 19,5 + (36 - x) \, 0,04; \quad \text{d'où} \quad x = 24 \text{ km } 25.$$

1511. *On confectionne des draps de lit en mettant deux lés de largeur, avec une pièce de toile écrue de 36 mètres de longueur et 80 centimètres de largeur. Cette toile se retire, par le blanchissage, de 12 millimètres par mètre sur la longueur, et de 15 millim par mètre sur la largeur. On demande : 1° quelle largeur auront les draps après le blanchissage, si la couture prend 3 millimètres sur chaque lé ; 2° quelle longueur de toile écrue il faut pour un drap, si les ourlets des deux extrémités prennent chacun 8 millim, pour que le drap cousu et blanchi ait juste 2 m 80 ;*

3° *combien on peut confectionner de draps avec la pièce, et combien il reste de toile.*

Avant le blanchissage, les draps ont $(0,8 \times 2) - 0,006 = 1$ m 594 de largeur.

1° Après le blanchissage, la largeur n'est plus que de
$$1,594 \times 0,985 = 1 \text{ m } 5700.9, \text{ soit } 1 \text{ m } 57.$$

2° Les draps avaient avant le blanchissage
$$2,8 : 0,988 = 2 \text{ m } 834.$$

Pour un drap, il faut $(2,834 + 0,016) \times 2 = 5$ m 70 de toile écrue.

3° On pourra faire $36 : 5,7$ ou 6 draps; il restera 1 m 80 de toile.

Rép. 1° 1 m 57; 2° 5 m 70; 3° six draps, il reste 1 m 80.

1512. *La contenance d'une terre est de 3 hectares 5 ares 9 centiares; elle est vendue à raison de 17 fr les 25 m carrés. Quel est son prix?*

La surface de cette terre est de 30509 mètres carrés.

Elle vaut $\dfrac{17 \times 30509}{25} = 20746$ fr 10.

Rép. 20746 fr 10.

1513. *Trois faucheurs ont mis 6 jours pour faucher l'herbe d'un pré de 279 m 04 de long sur 164 m 30 de large, à raison de 18 fr 75 l'hectare. Que revient-il à chacun, et quel est le prix d'une journée?*

La surface du champ est de
$$279,04 \times 164,30 = 45846 \text{ mèt carrés } 272.$$
Le travail sera payé $18,75 \times 4,5846$, soit 85 fr 95.
Chacun des faucheurs a reçu $85,95 : 3 = 28$ fr 65.
La journée était payée $28,65 : 6$ ou 4 fr 775.

Rép. 28 fr 65 à chacun; une journée 4 fr 775.

1514. *Les ³/₅ d'un champ sont ensemencés en froment, ¹/₃ en pommes de terre et le reste en luzerne; la deuxième partie surpasse la troisième de 16 ares 8 centiares. Quelle est l'étendue du champ et celle de chaque partie?*

La luzerne occupe $1 - \left(\dfrac{3}{5} + \dfrac{1}{3} \right) = \dfrac{1}{15}$ du champ.

Les 16 ares 08 représentent $\dfrac{1}{3} - \dfrac{1}{15} = \dfrac{5-1}{15}$ ou les $\dfrac{4}{15}$ du champ.

L'étendue du champ égale $\dfrac{16,08 \times 15}{4} = 60$ ares 30.

Partie ensemencée en froment $\dfrac{60,3 \times 3}{5} = 36$ ares 18.

   »   »   en pommes de terre $60,3 : 3 = 20$ ares 10.

   »   »   en luzerne $20,1 - 16,08 = 4$ ares 02 cⁱᵃˢ.

Rép. Superficie totale 60 a 30; froment 36 a 18; pommes de terre 20 a 10; luzerne 4 a 02 centiares.

1515. *Sept hectares 9 ares de vigne valent 15 hectares 33 ares de prairie, et 28 hectares de prairie valent 62 hectares 65 ares de bois. Quel est le prix d'un hectare de bois, sachant que l'hectare de vigne vaut 5300 fr?*

Un hectare de prairie vaut $\dfrac{5300 \times 7{,}09}{15{,}33}$.

Un hectare de bois vaut autant que $\dfrac{28}{62{,}65}$ hect de prairie.

L'hectare de bois vaut donc $\dfrac{5300 \times 7{,}09 \times 28}{15{,}33 \times 62{,}65}$ ou 1095 fr 50.

    Rép. 1095 fr 50.

1516. *L'hectolitre de pommes de terre pèse environ 80 kilogr, et le demi-quintal vaut 3 fr 25. Calculer la valeur de la récolte d'une terre de 1 hectare 37 ares 83 centiares, ensemencée en pommes de terre, sachant que le rendement a été de 104 litres 65 par are.*

La récolte a été de
$$104{,}65 \times 137{,}83 = 14423 \text{ lit } 9095, \text{ soit } 144 \text{ hl } 239.$$
Elle pèse $80 \times 144{,}239 = 11539$ kg 12 ou 115 quintaux 3912.
Elle vaut $6{,}5 \times 115{,}3912$ ou 750 fr 04, soit 750 fr.

    Rép. 750 fr.

1517. *On veut drainer une pièce de terre de 7 hectares 4 ares 3 centiares avec des tuyaux ayant chacun une longueur de 25 centimètres. On demande quelle dépense exigera cette opération, sachant qu'il faut 2800 mètres de tuyaux pour drainer un champ de 3 hectares ¹/₂, que le mètre de tuyaux coûte 0 fr 35, et que la pose coûte 5 fr par centaine de tuyaux.*

Pour drainer un champ de 7 hectares 0403, il faut
$$\frac{2800 \times 7{,}0403}{3{,}5} = 5632 \text{ m } 24 \text{ de tuyaux.}$$
Ces tuyaux valent $0{,}35 \times 5632{,}24 = 1971$ fr 30.
Il y aura $5632{,}24 : 0{,}25$, soit 22529 tuyaux.
La pose coûtera $5 \times 225{,}29$ ou 1126 fr 45.
La dépense s'élèvera à $1971{,}30 + 1126{,}45 = 3097$ fr 75.

    Rép. 3097 fr 75.

1518. *Combien devrait-on payer pour faire paver, plafonner et tapisser un appartement de 7 mètres de long, 6 m de large et dont les murs ont 3 m 60 d'élévation, sachant que le carreau pour le pavage a 0 m 20 de côté et coûte 92 fr le 1000, que le mètre carré de la tapisserie coûte 4 fr 25 et le mètre carré de plafond 5 fr 60?*

Il faudra $7 : 0{,}2 = 35$ carreaux sur la longueur, et $6 : 0{,}2 = 30$ sur la largeur, c'est-à-dire $35 \times 30 = 1050$ carreaux, qui valent
$$92 \times 1{,}05 \text{ ou } 96 \text{ fr } 60.$$
Le plafond a 7×6 ou 42 m carrés; il vaut $5{,}6 \times 42$ ou 235 fr 20.

La surface des quatre murs égale $(7+6) \times 2 \times 3,6 = 93$ m carr 6.

La tapisserie coûtera $4,25 \times 93,6$ ou 397 fr 80.

La dépense totale s'élèvera à $96,6 + 235,20 + 397,80 = 729$ fr 60.

Rép. 729 fr 60.

1519. *Sur un champ de 45 ares, en luzerne, on a pu faire trois coupes, dont la troisième a donné 540 kilogr de fourrage sec. Sachant que la première coupe a été les* $^3/_5$ *de la deuxième, et la troisième les* $^3/_8$ *de la deuxième, on demande : 1° le produit de ces trois coupes à raison de 6 fr 50 le quintal métrique ; 2° le même produit pour l'étendue d'un hectare.*

La 2° coupe a donné $\dfrac{540 \times 8}{3} = 1\,440$ kg de fourrage.

La 1re coupe en a donné $\dfrac{1\,440 \times 3}{5} = 864$ kg.

Les trois coupes ont donné $864 + 1\,440 + 540 = 2\,844$ kg.

Ce fourrage vaut $6,5 \times 28,44 = 184$ fr 86.

Le fourrage d'un hectare vaudrait $\dfrac{184,86 \times 100}{45} = 410$ fr 80.

Rép. 1° 184 fr 85 ; 2° 410 fr 80.

1520. *En admettant qu'une surface de 7 ares produise 12 décalitres de pommes de terre, que l'hectolitre de pommes de terre pèse 65 kilogr, que la pomme de terre donne les* $^4/_{25}$ *de son poids en fécule, et que la fécule se vende 45 fr les 100 kilogr, on demande quel sera le prix de la fécule des pommes de terre récoltées dans une propriété de forme rectangulaire ayant 208 mètres de longueur sur 75 de largeur.*

La surface de la propriété est de
$$208 \times 75 = 15\,600 \text{ m carrés ou } 156 \text{ ares.}$$

Elle produira $\dfrac{1,20 \times 156}{7}$ hectol de pommes de terre.

Cette récolte pèsera $\dfrac{1,2 \times 156 \times 65}{7}$ kg,

et fournira $\dfrac{1,2 \times 156 \times 65 \times 4}{7 \times 25}$ kg de fécule,

qui vaudront $\dfrac{0,45 \times 1,20 \times 156 \times 65 \times 4}{7 \times 25} = 125$ fr 15.

Rép. 125 fr 15.

1521. *Un champ de forme rectangulaire a 239 m 07 de longueur, et 174 m 08 de largeur. On demande : 1° quelle est la superficie de ce terrain en hectares, ares et centiares ; 2° quelle dépense on aurait à faire pour répandre sur le sol de ce champ trois litres et demi de chaux par mètre carré, sachant que la chaux coûte 8 fr 75 le mètre cube.*

1° Le champ a
$239,07 \times 174,08 = 41\,617$ m q 3056 ou 4 hect 16 ares 17 cen 30.

2° On répandrait $3,5 \times 41\,617,30 = 145\,660$ lit 55 ou 145 mc 66.

On dépenserait $8,75 \times 145,66 = 1\,274$ fr 525, soit 1 274 fr 55.

Rép. 1° 4 hect 16 ares 17 centiares 3056 ; 2° 1 274 fr 55.

1522. *Un propriétaire a réalisé un bénéfice de 7321 fr 35 sur son exploitation agricole, en cultivant les $^3/_7$ de ses terres en blé, les $^3/_8$ en avoine, et le reste, composé de 20 hectares 17 ares 3 centiares, en betteraves. On demande ce qu'il a gagné par hectare sur chaque espèce de récolte, sachant que si l'on représente par 1 le bénéfice donné par hectare de betteraves, les bénéfices produits par hectare de blé et par hectare d'avoine sont représentés respectivement par les nombres $^3/_4$ et $^7/_9$.*

La partie cultivée en betteraves égale

$$1 - \left(\frac{3}{7} + \frac{3}{8}\right) = \frac{56 - (24 + 21)}{56} = \frac{11}{56} \text{ de l'exploitation.}$$

La partie cultivée en blé comprend $\dfrac{20,1703 \times 24}{11}$ hectares.

La partie cultivée en avoine comprend $\dfrac{20,1703 \times 21}{11}$ hectares.

Si l'on gagnait 1 franc par hectare sur la partie cultivée en betteraves, le gain total serait

$$20,1703 + \frac{20,1703 \times 24}{11} \times \frac{3}{4} + \frac{20,1703 \times 21}{11} \times \frac{7}{9} = 83 \text{ fr } 126.$$

Autant de fois cette somme sera contenue dans 7321 fr 35, autant on aura gagné de francs par hectare sur la partie cultivée en betteraves, soit $\dfrac{7321,35}{83,126} = 88$ fr 075.

Sur la partie cultivée en blé, il a gagné $88,075 \times \dfrac{3}{4} = 66$ fr 06.

Sur la partie cultivée en avoine, il a gagné

$$88,075 \times \frac{7}{9} = 68 \text{ fr } 50.$$

Rép. Blé 66 fr 06, avoine 68 fr 50, betteraves 88 fr 075.

1523. *On demande quelle surface de terre il faut ensemencer pour produire le blé nécessaire à la consommation d'un individu pendant une année (non bissextile). On sait qu'il lui faut en moyenne 3 kilogr de pain tous les 5 jours, que 125 kilogr de farine donnent 150 kilogr de pain, que 100 kilogr de blé se réduisent par la mouture à 82 kilogr de farine, qu'un hectolitre de blé pèse 75 kilogr, et qu'enfin on récolte par hectare 25 hectolitres de blé.*

Un homme consomme par an $\dfrac{3 \times 365}{5} = 219$ kg de pain.

Pour avoir 219 kg de pain, il faut

$$\frac{219 \times 125}{150} = 182 \text{ kg } 5 \text{ de farine.}$$

Pour 182 kg 5 de farine, il faut

$$\frac{182,5 \times 100}{82} \text{ kg de blé ou } \frac{182,5 \times 100}{82 \times 75} = 2 \text{ hl } 9674.$$

Pour nourrir une personne, il faut cultiver

$$\frac{2,9674}{25} \text{ ou } 0 \text{ hect } 118696.$$

Rép. 11 ares 8696.

1524. *On sait que la betterave donne un poids de sucre qui est les 0,7 du sien propre, qu'un mètre carré de terrain fournit environ 3 kilogr 125 de betteraves, et que le prix de 1 000 kilogr de betteraves est de 16 fr 50. On demande d'après cela : 1° la superficie du terrain nécessaire pour fournir des betteraves à une fabrique qui produit annuellement 87 500 kilogr de sucre; 2° la valeur de la récolte obtenue sur ce terrain.*

Pour avoir 87 500 kg de sucre, il faut

$$\frac{87\,500 \times 10}{7} = 125\,000 \text{ kg de betteraves.}$$

Il faudra cultiver $\dfrac{125\,000}{3,125} = 40\,000$ m carrés ou 4 hectares en betteraves.

La récolte vaut $16,5 \times 125 = 2\,062$ fr 50.

Rép. 1° 4 hectares; 2° 2 062 fr 50.

1525. *Une personne veut consacrer une somme de 160 fr à l'acquisition d'un tapis de drap de 5 m carrés 29 de superficie non compris une bordure de 0 m 25 de largeur. Ce tapis, de forme carrée, doit être dans sa totalité recouvert d'une doublure. Sachant que 2 mètres de longueur de bordure coûtent autant que 1 mq 5 de drap et que 15 mq de doublure; sachant d'ailleurs que la main-d'œuvre équivaut au prix de 3 mq de doublure, on demande le prix d'acquisition d'un mètre carré de drap.*

Le tapis a $\sqrt{5,29} = 2$ m 3 de côté, non compris la bordure.
Avec la bordure, le tapis a 2 m 8 de côté,
et $\qquad 2,8 \times 2,8$ ou 7 m carrés 84 de surface.
Il faudra donc 5 mq 29 de drap, 7 mq 84 de doublure et $2,8 \times 4 = 11$ m 2 de bordure.

Les 5 mq 29 de drap valent $\dfrac{15 \times 5,29}{1,5}$ ou 52 mq 9 de doublure.

Les 11 m 2 de bordure valent $\dfrac{15 \times 11,2}{2}$ ou 84 mq de doublure.

Les 160 fr sont donc le prix de $84 + 52,9 + 7,84 + 3 = 147,74$ de doublure.

Le mètre carré de doublure vaut $160 : 147,74$ ou 1 fr 0829.

Le mètre carré de drap vaut $\dfrac{15}{1,5} \times 1,0829 = 10$ fr 829, soit 10 fr 80.

Rép. 10 fr 80.

Remarque. Nous avons pris pour la longueur de la bordure 4 fois le côté du carré du tapis, comme on le fait dans la pratique. On coupe les extrémités des 4 morceaux de bordure à 45°. On perd ainsi 8 morceaux de bordure, ce qui fait un mètre carré.

1526. *Pour amender une terre à blé peu fertile, un cultivateur a employé la chaux à raison de 10 m cubes par hectare, et, dès la première année, cette opération a eu pour résultat d'augmenter le rendement net des $\frac{5}{7}$ de sa valeur primitive, laquelle était*

de 14 hectolitres 50 par hectare. Sachant, d'une part, que l'hecto-
litre de blé a une valeur moyenne de 20 fr; d'autre part, que le
transport et l'épandage de la chaux ont coûté 23 fr par hectare,
on demande quel doit être le prix du mètre cube de chaux pour
que la dépense du chaulage soit couverte dès la première année
par l'augmentation du produit de la terre?

Un hectare a rapporté $\dfrac{14{,}50 \times 5}{7}$ hl de plus.

Ce blé vaut $\dfrac{14{,}50 \times 5 \times 20}{7}$, soit 207 fr 14.

Les 10 m c de chaux doivent valoir 207,14—23=184 fr 14.
Le mètre cube doit valoir 18 fr 41, soit 18 fr 40.

   Rép. 18 fr 40.

1527. *On a planté des pommes de terre dans un champ rec-*
tangulaire de 300 mètres de largeur et d'une contenance de 36
hectares 96. Les pieds étaient espacés de 0 m 60 en tout sens. Les
rangées extrêmes étaient à 0 m 30 des bords du champ. Chaque
pied ayant rapporté en moyenne six tubercules, on demande en
hectolitres le rendement de la récolte, en admettant qu'une me-
sure de 50 litres contienne 550 pommes de terre.

Le champ a 369 600 : 300 ou 1 232 mètres de longueur.
Sur la largeur il y aura 300 : 0,6 = 500 rangées.
Sur la longueur il y en aura 1 232 : 0,6 = 2 053.
Le champ contiendra 2 053 × 500 = 1 026 500 pieds de pommes
de terre.
La récolte a donné 6 × 1 026 500 = 6 159 000 tubercules.
Un hectolitre contenant 550 × 2 = 1 100 tubercules, la récolte
a été de $\dfrac{6159000}{1100}$ = 5 599 hl 09.

   Rép. 5 599 hl 09.

Remarque. Si les rangées extrêmes étaient placées sur les bords du
champ, il y aurait, dans chaque sens, autant de rangées plus une qu'il
y a de fois 0 m 6 dans chaque dimension. Les rangées étant placées à 0 m 3
des bords, et 0 m 3 étant la moitié de 0 m 6, il y a autant de rangées que
de fois 0 m 6 dans chaque dimension.

1528. *Une pièce carrée de 100 mètres de côté est plantée en*
vigne; les rangs sont à la distance de 1 m ²/₃, et les ceps de
chaque rang à 2 mètres l'un de l'autre. Un premier traitement
antiphylloxérique a nécessité par cep l'emploi de 30 gr de sulfure
de carbone, répartis également dans trois trous. Dans un
deuxième traitement, on veut couvrir le terrain d'un réseau de
trous, à raison de cinq trous par 2 mètres carrés, et mettre dans
chacun d'eux la même dose que précédemment. Quelle somme
faudra-t-il employer en sulfure de carbone dans les deux cas,
sachant que cette substance se vend 75 fr les 100 kilos?

Dans cette vigne, il y a $100 : \dfrac{5}{3}$ = 60 rangées, et chaque
rangée contient 100 : 2 = 50 ceps; soit 60 × 50 = 3 000 ceps.

Pour le premier traitement on emploie $30 \times 3000 = 90000$ gr ou 90 kg de sulfure qui valent $0,75 \times 90 = 67$ fr 50.

Pour le 2ᵉ traitement on pratique $\dfrac{10000 \times 5}{2} = 25000$ trous dans lesquels on mettra $10 \times 25000 = 250000$ gr ou 250 kg de sulfure de carbone.

Ce dernier traitement coûtera $75 \times 2,5 = 187$ fr 50.

Rép. 1° 67 fr 50; 2° 187 fr 50.

1529. *Le bois à brûler, provenant des démolitions, se vend 35 fr les 1000 kilogr. A combien revient le stère de ce bois, sachant qu'il ne pèse que les neuf dixièmes du poids d'un égal volume d'eau?*

Un stère de ce bois pèse $1000 \times 0,9 = 900$ kg.

Il vaut $0,035 \times 900 = 31$ fr 50.

Rép. 31 fr 50.

1530. *Un marchand vend du bois de chauffage, soit à raison de 23 fr 50 le stère, soit à raison de 2 fr 75 le quintal métrique. De quel côté est l'avantage pour l'acheteur, si le bois pèse les 0,82 de ce que pèse l'eau sous le même volume?*

Un stère de ce bois pèse 820 kilogrammes et vaut, vendu au poids, $2,75 \times 8,2 = 22$ fr 55.

En achetant le bois au poids, on gagne $23,5 - 22,55$, soit 0 fr 95 par stère.

Rép. Il vaut mieux acheter le bois au poids; bénéfice 0 fr 95 par stère.

1531. *Un stère de bois de hêtre coûte 17 fr 85. La densité du hêtre est 0,852. Le vide laissé entre les bûches est égal aux ²/₇ du volume total. On demande à combien devrait revenir le quintal métrique, si l'on achetait le bois au poids.*

Le bois n'occupe que les $\dfrac{5}{7}$ du stère, il ne pèse que les $\dfrac{5}{7}$ du poids de 1000 dm c de hêtre,

soit $\dfrac{852 \times 5}{7} = 608$ kg 5 ou 6 quintaux 085.

Le quintal de bois de hêtre vaut $17,85 : 6,085$ ou 2 fr 933.

Rép. 2 fr 93.

1532. *Le quintal métrique de bois se vend au consommateur 6 fr 25, ce qui correspond à 28 fr 125 le stère. Mais les bûches que l'on empile pour former un stère laissent entre elles un espace vide. Calculer cet espace, la densité du bois étant 0,84.*

Pour 28 fr 125 on a $28,125 : 6,25$ ou 4 quintaux 5 de bois.

Le stère de bois pèse donc 4 q 5; s'il n'y avait pas de vide, il pèserait 8 q 4; les vides occupent donc les $\dfrac{8,4 - 4,5}{8,4} = \dfrac{39}{84}$ ou les $\dfrac{13}{28}$ du volume total.

Rép. $\dfrac{13}{28}$ du volume apparent.

1533. *En admettant : 1° que la chaleur fournie par 1 kilog de bois de hêtre égale les $^{14}/_{19}$ de celle qui est fournie par 1 kilog de houille; 2° que le stère de bois de hêtre coûte 13 fr 50 et pèse 465 kilog, et que l'hectolitre de houille pèse 84 kilog, on demande quel doit être le prix de l'hectolitre de houille pour que les deux modes de chauffage soient aussi avantageux l'un que l'autre.*

Pour donner autant de chaleur que 84 kilog de houille,

il faut $\dfrac{84 \times 19}{14} = 114$ kg de hêtre.

Et pour 114 kg de hêtre on payera $\dfrac{13,5 \times 114}{465}$ ou 3 fr 30.

Rép. 3 fr 30.

1534. *On doit employer 100 fr en achat de bois de chauffage; on demande s'il vaut mieux, pour en avoir la plus grande quantité possible, acheter du bois à 22 fr le stère, ou le même bois à 55 fr les 1 000 kg. On sait que le poids spécifique de ce bois est 0,86, et qu'un stère de bois ne fait que $^5/_{11}$ d'un mètre cube. Donner le résultat en stères, si l'on donne la préférence à l'achat par 1 000 kilog, ou en kilog, si l'on donne la préférence à l'achat par stères.*

Si l'on achète le bois au stère, on aura $100 : 22 = 4$ st 545 de bois.

Au poids, pour 100 fr on aura $\dfrac{1\,000 \times 100}{55} = \dfrac{20\,000}{11}$ de kg de bois,

ou $\dfrac{20\,000}{11 \times 0,86}$ dc de bois.

Ce volume est les $\dfrac{5}{11}$ de celui qu'occupe le bois,

soit $\dfrac{20\,000 \times 11}{11 \times 0,86 \times 5} = 4651$ dc ou 4 st 651.

Rép. Il est préférable d'acheter le bois au poids; on gagne 0 st 106.

1535. *Il est tombé dans une journée 1 millim $^3/_{10}$ de pluie. Combien a-t-on pu en recueillir de litres dans un vase ayant une ouverture carrée de 1 m 25 de côté, et placé horizontalement ?*

La surface du vase égale $1,25 \times 1,25 = 1$ m q 5625 ou 156 dm q 25.

Le volume d'eau tombée $156,25 \times 0,013 = 2$ dm c 03125.

Rép. 2 lit 03.

1536. *La quantité d'eau recueillie par un pluviomètre pendant un orage est de 1 décilitre; la surface de l'ouverture de ce vase est de 2 décimètres carrés $^1/_2$. On demande : 1° l'étendue du terrain sur lequel il est tombé 1 hectolitre d'eau; 2° le volume d'eau tombée sur une superficie de 120 ares.*

Il est tombé $0,1 : 2,5 = 0$ dm 04 ou 4 mm d'eau.

Il est tombé 1 hl d'eau sur une surface de $100 : 0,04$ ou 2 500 dmq ou 25 centiares.

Sur 120 ares il est tombé $12\,000 \times 0,004 = 48$ m c ou 480 hl d'eau.

Rép. 1° 25 centiares; 2° 480 hectolitres.

1537. *Un bassin de forme rectangulaire a les dimensions suivantes : longueur 1 m 85, largeur 0 m 75, profondeur 0 m 58. Il se remplit au moyen d'un robinet qui donne 2 litres d'eau par minute, et se vide par un autre robinet qui donne 1 litre 4 d'eau par minute. Combien de temps faudrait-il pour remplir ce bassin, les deux robinets étant ouverts à la fois?*

Le volume du bassin égale $1,85 \times 0,75 \times 0,58 = 0$ m c 80475.

En 1 minute il reste dans le bassin $2 - 1,4 = 0$ lit 6.

Pour remplir le bassin il faudra $804,75 : 0,6 = 1341$ m $\frac{1}{4}$.

Rép. 22 heures 21 minutes 15 secondes.

1538. *Une personne mange 750 gr de pain par jour; quelle étendue de terrain faut-il pour produire le blé que cette personne consomme dans une année commune, sachant que 112 kilogr de blé donnent 92 kilogr de farine, que 5 kilogr de farine donnent 6 kilogr 5 de pain, et que l'on récolte 7 kilogr 25 de blé sur 40 m carrés de terrain?*

Une personne consomme **chaque** année $0,75 \times 365$ ou 273 kg 75 de pain.

Pour avoir 273 kg 75 de pain, il faut $\dfrac{273,75 \times 5}{6,5} = 210$ kg 577 de farine, et $\dfrac{210,577 \times 112}{92} = 256$ kg 3546 de blé.

Il faudra cultiver $\dfrac{256,3546 \times 40}{7,25} = 1414$ m q 37 de terrain.

Rép. 14 ares 14 centiares 37.

1539. *Un négociant achète 30 barils d'huile d'olive, contenant chacun 122 litres, à raison de 325 fr les 100 kilogr. Combien gagne-t-il sur son achat, s'il revend cette huile à raison de 4 fr 20 le kilogr, sachant qu'il y a 6 litres de perte sur chaque baril, et que l'hectolitre d'huile pèse 91 kilogr 5?*

Le négociant a acheté $122 \times 30 = 3660$ litres d'huile, et il en a vendu $3660 - 180 = 3480$ litres.

Il a payé $36,6 \times 91,5 \times 3,25$ ou 10883 fr 925.
Il a retiré de la vente $34,8 \times 91,5 \times 4,20$ ou 13373 fr 65.
Il a gagné $13373,65 - 10883,95$ ou   2489 fr 70.

Rép. 2489 fr 70.

1540. *Trois charretiers ont entrepris de transporter 4840 m cubes de pierre dure pour la construction d'une caserne. Le transport effectué, il arrive que le premier a transporté $\frac{1}{8}$ de plus que le second, celui-ci $\frac{1}{9}$ de plus que le troisième. Sachant que la pierre dure pèse 2,28 fois plus que l'eau pure, et que le prix du transport est de 0 fr 60 le quintal métrique, on demande: 1° combien de tonnes a transportées chaque charretier, et 2° combien il a reçu pour son travail.*

La pierre à transporter pesait $2,28 \times 4840 = 11035$ t 2.

Le 2ᵉ a transporté les $\dfrac{10}{9}$ de ce qu'a transporté le 3ᵉ.

Le 1ᵉʳ a transporté les $\dfrac{9}{8}$ de ce qu'a transporté le 2ᵉ,

ou les $\dfrac{10}{9} \times \dfrac{9}{8} = \dfrac{5}{4}$ de ce qu'a transporté le 3ᵉ.

Les $\dfrac{5}{4} + \dfrac{10}{9} + 1 = \dfrac{45 + 40 + 36}{36}$ ou les $\dfrac{121}{36}$ de ce qu'a transporté le 3ᵉ pèsent donc 11 035 t 2.

Le 1ᵉʳ a transporté $\dfrac{11\,035,2 \times 45}{121}$ ou 4104 tonnes;

et il a reçu $\qquad 6 \times 4104 = 24\,624$ fr.

Le 2ᵉ a transporté $\dfrac{11\,035,2 \times 40}{121}$ ou 3648 tonnes;

il a reçu $\qquad 6 \times 3648 = 21\,888$ fr.

Le 3ᵉ a transporté $\dfrac{11\,035,2 \times 36}{121} = 3283$ t 2;

il a reçu $\qquad 6 \times 3283,2 = 19\,699$ fr 2.

Rép. 1° 1ᵉʳ 4104 t, 2ᵉ 3648 t, 3ᵉ 3283 t 2;
2° 1ᵉʳ 24 624 fr, 2ᵉ 21 888 fr, 3ᵉ 19 699 fr 2.

1541. *Le gaz d'éclairage pèse, à volume égal, les 0,97 du poids d'un même volume d'air, et 1 litre d'air pèse 1 gramme 293. Dans un magasin, il y a 65 becs, brûlant chacun 123 litres de gaz par heure, et chacun d'eux reste allumé 5 heures par soirée d'hiver. Calculer : 1° le poids de gaz dépensé par mois; 2° la dépense de l'éclairage, sachant que le gaz coûte 0 fr 29 le mètre cube.*

En 1 mois, les 65 becs brûlent $123 \times 5 \times 65 \times 30 = 1\,199\,250$ litres de gaz.

Ce gaz pèse $1,293 \times 1\,199\,250 \times 0,97 = 1\,504\,111$ gr 3425.

Il vaut $0,29 \times 1\,199,25 = 347$ fr 78, soit 347 fr 80.

Rép. 1° 1504 kg 111; 2° 347 fr 80.

1542. *Une usine à gaz est chargée d'alimenter annuellement 2600 becs pendant 1440 heures; on sait qu'un bec consomme 130 litres de gaz par heure, et que la distillation d'un hectolitre de houille donne 18 mètres cubes 548 de gaz. Combien cette usine consomme-t-elle d'hectolitres de houille dans l'année ?*

L'usine doit fournir $130 \times 1\,440 \times 2\,600$ ou 486 720 000 litres de gaz.

Elle consomme annuellement $\dfrac{486\,720}{18,548}$ ou 26 241 hl 10 de houille.

Rép. 26 241 hl 10.

1543. *Un magasin est éclairé par 58 becs de gaz de 5 heures 1/4 du soir à minuit; chaque bec consomme 1 hectol 035 par heure, et 1 m cube de gaz coûte 0 fr 35. On demande quelle serait la dépense d'éclairage pendant le mois de janvier, sachant que le 1ᵉʳ du mois est un vendredi, et que le magasin reste fermé le* *dimanche. On donnera le chiffre de cette dépense à moins d'un demi-centime par excès.*

Le magasin est éclairé pendant $12 - 5\frac{1}{4}$ ou $6\text{ h }\frac{3}{4} = \frac{27}{4}$ d'heure chaque jour.

Dans ce mois de janvier il y a 5 dimanches ; il reste $31 - 5 = 26$ j.

Le magasin consommera

$$1,035 \times \frac{27}{4} \times 26 \times 58 = 10535\,\text{hl}\,265 \text{ ou } 1053\,\text{m c}\,5265 \text{ de gaz.}$$

La dépense sera de $0,35 \times 1053,5265 = 368\,\text{fr}\,734$,

soit $\qquad 368\,\text{fr}\,73$ à $\frac{1}{2}$ cent près par excès.

Rép. 368 fr 73.

1544. *Une institutrice a une étude éclairée 4 heures par jour, et 22 jours par mois le premier semestre de l'année scolaire, c'est-à-dire du commencement d'octobre à la fin de mars ; elle peut employer deux becs de gaz, consommant chacun 140 litres de gaz par heure, ou deux lampes modérateurs, consommant chacune 42 gr d'huile dans le même temps. On demande quel est le système le plus économique, et quelle sera l'économie réalisée; le gaz coûte 0 fr 20 le m cube et l'huile 1 fr 60 le kilogr.*

Un bec dépense $0,2 \times 0,140 = 0\,\text{fr}\,028$ de gaz par heure.

Une lampe dépense pendant le même temps $1,6 \times 0,042 = 0\,\text{fr}\,0672$.

L'emploi du gaz économise $0,0672 - 0,028 = 0\,\text{fr}\,0392$ **par bec et par heure.**

L'éclairage au gaz donne un bénéfice

de $\qquad 0,0392 \times 2 \times 4 \times 22 \times 6 = 41\,\text{fr}\,395$, soit 41 fr 40.

Rép. 41 fr 40.

1545. *Annuellement une famille consomme en moyenne 39 paquets de bougie à ½ kilogr le paquet; la loi du 4 septembre 1873 impose de 0 fr 30 le kilogramme de bougie. Dire: 1° de combien l'impôt de la famille a été augmenté pour l'année 1874; 2° quelle économie il serait possible de réaliser par la substitution de l'huile de pétrole à la bougie, sachant que 1 kilogr 250 gr de cette huile donne autant de lumière que 1 kilogr 850 gr de bougie: l'huile de pétrole coûte 0 fr 95 le kilogr et la bougie 2 fr 60 le kilogr.*

1° L'impôt est augmenté de $\dfrac{0,3 \times 39}{2} = 5\,\text{fr}\,85$.

2° Au lieu de $\dfrac{39}{2}$ kg de bougie, on emploiera $\dfrac{1,25 \times 39}{1,85 \times 2}$ kg d'huile

qui coûteront $\qquad \dfrac{0,95 \times 1,25 \times 39}{1,85 \times 2}$ ou 12 fr 50.

La bougie coûte $1,30 \times 39 = 50\,\text{fr}\,70$.

L'économie que l'on peut réaliser égale $50,70 - 12,50 = 38\,\text{fr}\,20$.

Rép. 1° 5 fr 85; 2° 38 fr 20.

1546. Un négociant en vin a dix feuillettes de vin de Bourgogne qui, tous les frais compris et à condition de rendre les fûts, sont revenues à 1596 fr. Il met ce vin en bouteilles. Les bouteilles ont une capacité de 0 litre 80 chacune. L'achat et la main-d'œuvre lui coûtent 371 fr 80. Il revend le vin à raison de 1 fr 40 la bouteille, et gagne 342 fr 20. On demande la contenance de la feuillette.

Pour gagner 342 fr 20, on a dû vendre le vin

$$1596 + 371,8 + 342,20 = 2310 \text{ fr}$$

Une feuillette contient $\dfrac{0,8 \times 231}{1,4}$ ou 132 litres.

Rép. 132 litres.

1547. Un maître d'hôtel, voulant se procurer 110 hectol de vin de Mâcon, en a demandé à un commerçant de ce pays 44 pièces, ne sachant pas que la contenance du fût le plus usuel dans le Mâconnais n'est que de 228 litres. Il résulte de cette erreur que la facture reçue par lui est inférieure de 735 fr 68 à ce qu'il avait prévu. On demande, d'après cela : 1° ce que coûte le litre de vin ; 2° à combien revient la fourniture réellement faite ; 3° combien de fûts le maître d'hôtel devra redemander pour atteindre à la quantité qu'il avait l'intention de se procurer, en la dépassant le moins possible.

Le maître d'hôtel a reçu $2,28 \times 44 = 100$ hl 32 de vin, soit $110 - 100,32 = 9$ hl 68 de moins que ce qu'il attendait.

1° Le litre de vin coûte $735,68 : 968 = 0$ fr 76.

2° La facture s'élevait à $76 \times 100,32 = 7624$ fr 32.

3° Il devra redemander 5 fûts ; il aura alors $228 \times 5 - 968 = 172$ lit de plus.

     Rép. 1° 0 fr 76 ; 2° 7624 fr 32 ; 3° 5 fûts.

1548. On sait qu'un bec de gaz consomme par heure 140 litres de gaz, que chaque litre de gaz produit en brûlant 1 gr 659 d'acide carbonique, que l'air confiné devient irrespirable lorsqu'il contient $\frac{1}{20}$ de son volume de ce gaz, et que 1 m cube d'acide carbonique pèse 1987 gr. Trouver au bout de combien d'heures une salle, ayant 6 m de longueur, 4 m 50 de largeur et 3 m 75 de hauteur, éclairée par quatre becs de gaz, cessera d'être habitable lorsque ces becs seront allumés.

Le volume de la salle est de $6 \times 4,5 \times 3,75 = 101$ m c 25.

L'air de cette salle sera irrespirable lorsqu'il contiendra

$$\frac{101,25}{20} = 5 \text{ m c } 0625 \text{ d'acide carbonique.}$$

Les 5 m c 0625 d'acide carbonique

pèsent $1987 \times 5,0625 = 10059$ gr 1875.

Les 4 becs fournissent par heure $1,659 \times 140 \times 4$ ou 929 gr 04 d'acide carbonique.

L'air sera irrespirable au bout de $10059,1875 : 929,04$ ou 10 h 49 m 36 s.

     Rép. 10 heures 49 minutes 36 secondes.

1549. *Les ateliers d'une fabrique sont éclairés au gaz par 156 becs, dont chacun brûle 2 litres 2 par minute. Si ces becs sont restés allumés 5 heures $^1/_2$ par jour, pendant les mois de novembre, décembre et janvier, desquels il faut retrancher treize dimanches, pendant lesquels les ateliers sont restés fermés, on demande de calculer : 1º le poids du gaz dépensé pendant ces trois mois, sachant que le gaz d'éclairage pèse les $^{23}/_{24}$ du poids du même volume d'air, et que le mètre cube d'air pèse 770 fois moins que le mètre cube d'eau ; 2º la dépense de l'éclairage pour le même temps, si le gaz coûte 0 fr 031 l'hectolitre.*

Les ateliers ont été éclairés pendant $(30+31+31)-13$ ou 79 j.
On a dépensé $2,2\times60\times5,5\times79\times156$ ou 8947224 litres de gaz.

Ce gaz pèse $\dfrac{8947224}{770}\times\dfrac{23}{24}=11135$ kg 614.

Il coûte $0,031\times89472,24$ ou 2773 fr 639, soit 2773 fr 65.

Rép. 1º 11135 kg 614 ; 2º 2773 fr 65.

1550. *Un marchand achète 650 hectolitres de charbon à 20 fr les 11 hectolitres ; que gagne-t-il en revendant le tout à 23 fr 40 la tonne? L'hectolitre de charbon pèse 85 kilos.*

Le charbon pèse $85\times650=55250$ kg ou 55 t 25.

Il a coûté $\dfrac{20\times650}{11}$ ou 1181 fr 80.

On en retire $23,4\times55,25$ ou 1292 fr 85.
Le bénéfice est de $1292,85-1181,80=111$ fr 05.

Rép. 111 fr 05.

1551. *Un chemin de fer prend pour le transport des houilles 0 fr 097 par tonne et par kilomètre, et, de plus, un droit fixe de 2 fr 10 par wagon contenant 3240 hectolitres. Quel sera le prix de revient de 25920 hectol, achetés au prix de 2 fr 50 l'un, et transportés par chemin de fer à 10 myriamètres? On sait que l'hectolitre de houille pèse 80 kilogr.*

Le charbon coûte $2,5\times25920=64800$ fr d'achat.

On payera pour le droit fixe $\dfrac{2,10\times25920}{3240}=16$ fr 8.

Le charbon pèse $\quad 80\times25920=2073600$ kg ou 2073 t 6.
Le transport coûte $\quad 0,097\times100\times2073,6=20113$ fr 92.
Le charbon revient à $64800+16,8+20113$ fr 90 $=84930$ fr 70.

Rép. 84930 fr 70.

1552. *Un chemin de fer prend pour le transport du charbon 0 fr 97 par tonne et par myriamètre ; on paye, en outre, un droit fixe de 2 fr 12 par wagon contenant 3240 hectol ; l'hectolitre de charbon pèse 82 kilogr. Cela posé, on sait que le chef d'une usine paye annuellement au chemin de fer 2580 fr pour le*

*transport de ses charbons, le parcours étant de 25 kilom ³/₄.
Calculer le nombre d'hectolitres transportés.*

Un wagon de charbon pèse $82 \times 3240 = 265\,680$ kg ou 265 t 68.

On payera par wagon $0,97 \times 2,575 \times 265,68 = 663$ fr 60 222 de transport, et 2 fr 12 de droit, soit en tout 665 fr 72 222.

Pour 2580 fr on fera transporter $\dfrac{3240 \times 2580}{665,72222} = 12556$ hl 58.

Rép. 12556 hl 58.

1553. *Combien dépensera-t-on pour soufrer trois fois une vigne malade, sachant : 1° que le champ a 275 mètres sur 33; 2° qu'il faut chaque fois 10 kilogr de soufre et deux journées de travail par hectare; 3° que le soufre coûte 40 fr 50 le quintal métrique; 4° que le prix de la journée de l'ouvrier est de 2 fr 25.*

Le champ a $275 \times 33 = 9075$ mètres carrés, ou 0 hectare 9075.

Les 10 kg de soufre valent 4 fr 05,
et 2 journées $2,25 \times 2 = 4$ fr 5.

On dépensera chaque fois $(4,05 + 4,5) \times 0,9075$ ou 7 fr 759.

La dépense totale sera donc de $7,759 \times 3 = 23$ fr 277.

Rép. 23 fr 30.

1554. *On vend une récolte de froment de 18 m cubes ³/₇ au prix de 24 fr 30 l'hectolitre, en garantissant à l'hectol un poids de 79 kilogr. On convient de réduire le prix proportionnellement au poids, si ce poids est moindre. On reçoit 4300 fr. On demande le prix et le poids de l'hectolitre.*

On reçoit $4300 : 18\dfrac{3}{7} = \dfrac{4300 \times 7}{129} = 233$ fr 33 par m c ou 23 fr 33 par hectolitre.

L'hectolitre pèse $\dfrac{79 \times 23,33}{24,30} = 75$ kg 846.

Rép. 23 fr 33 et 75 kg 846.

1555. *Dans une association pour la fabrication du fromage de gruyère, on a transformé en fromage, dans le cours d'une année, environ 55000 lit de lait. Les frais généraux se sont élevés à 2350 fr, y compris le combustible; le sel a coûté 0 fr 038 par kilogr de fromage fabriqué. D'autre part, la production a été, en moyenne, de 25 kilogr de fromage pour 190 litres de lait, et on a vendu ce fromage à raison de 167 fr 75 le quintal. Calculer, d'après ces données, la valeur du litre de lait.*

On a fabriqué $\dfrac{25 \times 55000}{190} = 7236$ kg 84.

Ce fromage a été vendu $167,75 \times 72,3684 = 12139$ fr 970, soit 12140 fr.

Le sel a coûté $0,038 \times 7236,84 = 274$ fr 90, soit 275 fr.

Le lait vaut $12140 - (2350 + 275)$ ou 9515 fr.

Un litre de lait vaut $\dfrac{9515}{55000}$ ou 0 fr 173.

Rép. 0 fr 173.

1556. *On emploie dans une exploitation industrielle une machine qui a coûté 4575 fr. et peut durer 15 ans si elle est bien entretenue. La dépense d'entretien est d'environ 0 fr 20 par jour, et l'emploi de cette machine exige 3 ouvriers payés chacun à raison de 875 fr par an. On demande combien elle coûte en réalité par jour, en tenant compte de l'usure, si elle travaille pendant 300 jours.*

La machine peut servir pendant $300 \times 15 = 4500$ jours.

L'usure doit être comptée par jour pour $\dfrac{4575}{4500} = 1$ fr 0166.

Les 3 ouvriers coûtent, par jour, $\dfrac{875 \times 3}{300} = 8$ fr 75.

L'entretien journalier est de $\qquad\qquad$ 0 fr 20.

____

Rép. La machine coûte, par jour, en réalité $\qquad$ 9 fr 9066.

1557. *Sur un hectare de forêt, il croît chaque année 6 stères de bois pesant chacun 450 kilogr; et de 3600 kilogr de bois, on retire 1600 kilogr de charbon. A quel prix reviendra la tonne de charbon à l'industriel, qui paye 400 fr la coupe d'un hectare de bois âgé de 25 ans, sachant qu'il donne, en outre, 50 fr pour frais d'exploitation? Si, pour fabriquer un quintal de fonte, il faut 300 kilogr de minerai et 150 kilogr de charbon, quelle sera l'étendue de forêt à couper pour produire 860 tonnes de fonte?*

Un hectare produit en 25 ans $450 \times 6 \times 25 = 67500$ kg de bois.

On retirera de ce bois $\dfrac{1600 \times 67500}{3600}$ ou 30000 kg ou 30 tonnes de charbon.

1° Une tonne de charbon revient à $\dfrac{450}{30} = 15$ fr.

2° Pour obtenir 860 tonnes de fonte,

il faut $\dfrac{0,150 \times 860}{0,1} = 1290$ tonnes de charbon.

Il faudra couper $\dfrac{1290}{30} = 43$ hectares.

Rép. 1° 15 fr; 2° 43 hectares.

1558. *Un vase contient 1 hectolitre 5 litres 3 décilitres d'un liquide qui coûte 2 fr 35 le kilogr; combien coûte le liquide contenu dans ce vase, sachant qu'un centimètre cube pèse 0 gr 915;*

La capacité du vase est 105300 cm c.
Le liquide pèse $0,915 \times 105300 = 96349$ gr 5.
Il coûte $2,35 \times 96,3495 = 226$ fr. 421, soit 226 fr 40.

Rép. 226 fr 40.

1559. *L'huile d'œillette se vend 135 fr les 91 kilogr. Une per-*

sonne veut faire remplir d'huile une barrique qui contient 228 lit; combien payera-t-elle, sachant que le litre d'huile pèse 925 gr?

L'huile qui remplira la barrique pèsera $0,925 \times 228 = 210 \, kg \, 9$.

Elle vaudra $\dfrac{135 \times 210,9}{91} = 312 \, fr \, 873$, soit 312 fr 90.

Rép. 312 fr 90.

1560. *On pèse un vase une première fois plein d'eau, et une seconde fois plein d'huile; le premier poids surpasse le second de 204 gr. Trouver en litres et fraction de litre la capacité du vase, sachant qu'un décilitre d'huile pèse 91 gr 5.*

Un litre d'eau pèse $1000 - 915 = 85$ gr de plus que 1 lit d'huile.

La capacité du vase est donc de $\dfrac{204}{85}$ ou 2 lit 4.

Rép. 2 lit 4.

1561. *Une barrique vide pèse 27 kilogr 87; remplie d'huile, elle pèse 154 kilogr 37. On demande combien elle contient de litres d'huile, sachant que le poids de cette huile est les $^{11}/_{12}$ du poids de l'eau pure.*

L'huile de la barrique pèse $154,37 - 27,87$ ou 126 kg 50.

L'eau que peut contenir la barrique pèserait $\dfrac{126,5 \times 12}{11}$ ou 138 kg.

Rép. Le volume de la barrique est 138 litres.

1562. *Une bouteille pèse vide 8 hectogrammes, et pleine de mercure 15 kg 638 gr. On demande, en décilitres, ce qu'elle contient de mercure, sachant que le mercure pèse 13,59 fois autant que l'eau.*

Le mercure contenu dans la bouteille
pèse $\qquad 15,638 - 0,8$ ou 14 kg 838.

L'eau pèserait $\dfrac{14,838}{13,59}$ ou 1 kg 091 gr.

Un décilitre d'eau pesant 100 gr, la capacité de la bouteille
est de $\qquad\qquad$ 10 dl 91.

Rép. 10 dl 91.

1563. *Un ballon de verre, plein de mercure, pèse 1 kilogr 594 gr 22; vide, il pèse 56 gr 545. On demande la capacité intérieure de ce ballon, à moins d'un demi-dixième de millimètre cube. On sait que la densité du mercure est 13,596.*

Le mercure pèse $1594220 - 56545 = 1537675$ milligr.

Un millimètre cube de mercure pesant 13 milligr 596,

la capacité du ballon égale $\dfrac{1537675}{13,596} = 113097$ mm c 6.

Rép. 113097 mm c 6.

1564. *Quelle est la capacité d'un vase, sachant que l'huile qui* remplit les $^5/_7$ de ce vase pèse autant que la monnaie d'argent, qui vaut 385 fr 50. L'hectolitre d'huile pèse 90 kilogr.

La somme 385 fr 5 en argent pèse $5 \times 385,5 = 1\,927$ gr 5.

L'huile qui remplirait le vase pèserait $\dfrac{1\,927,5 \times 7}{5} = 2\,698$ gr 5.

La capacité du vase est $\dfrac{2,6985}{0,9}$ ou 2 lit 9983, soit 3 litres.

Rép. 3 litres.

1565. Calculer le volume et le poids d'une poutre de chêne ayant 5 m 40 de longueur et 0 m 63 sur 0 m 59 d'équarrissage. La densité du chêne est 0,93.

Le volume de la poutre égale $0,63 \times 0,59 \times 5,4$ ou 2 m c 00718. La poutre pèse $0,93 \times 2007,18$ ou 1 866 kg 6774.

Rép. 2 m c 00718; 1 866 kg 6774.

1566. Calculer combien de litres d'eau donnera la fusion d'un mètre cube 750 décim cubes de glace, en supposant que l'eau augmente de $^1/_9$ de son volume en passant à l'état de glace.

Le volume de la glace est $1 + \dfrac{1}{9}$ ou les $\dfrac{10}{9}$ du volume de l'eau.

Donc 1 m c 750 de glace donne $\dfrac{1,750 \times 9}{10} = 1$ m c 575 ou 1 575 lit d'eau.

Rép. 1 575 litres.

1567. On a acheté 18 litres de lait. Pour savoir si le marchand y a mis de l'eau on pèse ce liquide; on trouve 18 kilogr 450 pour le poids. Sachant qu'un litre de lait pèse 1 kilogr 03, dire quelle quantité d'eau renferment ces 18 litres de lait.

Les 18 litres de lait doivent peser $1,03 \times 18$ ou 18 kg 54. Ils pèsent $18,54 - 18,45$ ou 0 kg 09 ou 90 gr de moins. Pour chaque litre de lait que l'on remplace par 1 litre d'eau, le poids total diminue de $1\,030 - 1\,000 = 30$ gr.

Le poids ayant diminué de 90 gr, on a remplacé $\dfrac{90}{30} = 3$ litres de lait par autant d'eau.

Rép. 3 litres.

1568. On fait geler 4 litres 25 centilitres d'eau; si l'on suppose que l'eau augmente de $^1/_9$ de son volume en passant à l'état de glace, dites 1° le volume de glace qu'on obtient, et 2° le poids du décimètre cube de glace.

On obtiendra $\dfrac{4,25 \times 10}{9} = 4$ dc 722 de glace qui pèsent 4 kg 250.

Puisque 1 dc d'eau donne $\dfrac{10}{9}$ dc de glace, 1 dc de glace pèse $\dfrac{9}{10}$ kg ou 900 grammes.

Rép. 1° 4 dc 722; 2° 900 grammes.

1569. *Un vase plein d'eau pure à 4° pèse 9 kilogr 68; plein d'un liquide dont le poids est les 0,91 de celui de l'eau, il pèse 9 kilogr 266. On demande : 1° quelle est sa capacité; 2° quel est son poids quand il est vide.*

La différence entre le poids du liquide et celui de l'eau est
$$9680 - 9266 \text{ ou } 414 \text{ gr.}$$

La différence de poids d'un litre d'eau et d'un litre de liquide est
$$1000 - 910 = 90 \text{ gr.}$$

La capacité du vase égale $\dfrac{414}{90} = 4$ lit 60.

Le vase vide pèse $9,68 - 4,60$ ou 5 kg 08.

Rép. 1° 4 lit 60; 2° 5 kg 080.

1570. *On veut convertir 75 kilogr de plomb en feuilles ayant une épaisseur d'un dixième de millimètre. La densité du plomb est 11,3. On demande de calculer la surface que l'on pourrait recouvrir avec les feuilles ainsi obtenues.*

Les 75 kg de plomb représentent un volume de
$$\frac{75}{11,3} = 6 \text{ dc } 637 \text{ ou } 0 \text{ m c } 006637.$$

Avec les feuilles obtenues on couvrira
$$0,006637 : 0,0001 \text{ ou } 66 \text{ m carr } 37.$$

Rép. 66 m carr 37.

1571. *Les mesures de capacité en étain étant rangées par ordre de grandeur, on les remplit alternativement d'eau et d'alcool pur, en commençant par la plus grande. On verse ensuite le tout dans un vase d'une grandeur convenable. On demande le poids de ce mélange, sachant que l'hectolitre d'alcool pèse 79 kilogr 500.*

Les mesures en étain sont les suivantes :
$$2 \text{ lit, } 1 \text{ lit, } 5 \text{ dl, } 2 \text{ dl, } 1 \text{ dl, } 5 \text{ cl, } 2 \text{ cl, } 1 \text{ cl.}$$
On remplit d'eau 2 lit, 5 dl, 1 dl, 2 cl, soit en tout 2 lit 62.
On remplit d'alcool 1 lit, 2 dl, 5 cl, 1 cl, soit en tout 1 lit 26.
L'eau pèse 2 kg 620, et l'alcool $0,795 \times 1,26 = 1$ kg 0017.
Le mélange pèse $2,620 + 1,0017$ ou 3 kg 6217.

Rép. 3 kg 6217.

1572. *Un vase contient une certaine quantité d'eau qui occupe le tiers de sa capacité; on y plonge un morceau de fer dont la moitié seulement du volume est immergée, ce qui fait monter le niveau de l'eau, de façon que le volume du vase compris au-dessous de ce niveau représente les $^5/_8$ de sa capacité. Le poids de ce morceau de fer est de 1 kilogr 716 et sa densité 7,8. On demande la capacité du vase.*

Le volume du morceau de fer est de $\dfrac{1,716}{7,8}$ ou 0 lit 22.

L'augmentation du volume ou la différence entre les $\dfrac{5}{8}$ et le $\dfrac{1}{3}$ du vase, soit $\dfrac{5}{8} - \dfrac{1}{3} = \dfrac{7}{24}$, égale $\dfrac{0,22}{2} = 0$ lit 11.

Le volume du vaso est donc $\dfrac{0{,}11 \times 24}{7} = 0$ lit 377.

Rép. 0 lit 37.

1573. *Un litre d'air pèse 1 gr 29; à volume égal, le poids de la vapeur d'eau est les $^5/_8$ de celui de l'air. On demande quel volume occuperaient, à l'état liquide, 3198 litres de vapeur d'eau. On sait que le poids d'un corps est le même à l'état liquide qu'à l'état de vapeur.*

Un litre de vapeur pèse $\dfrac{1{,}29 \times 5}{8}$,

et 3198 litres pèsent $\dfrac{1{,}29 \times 5 \times 3198}{8} = 2578$ gr 3875.

A l'état liquide cette vapeur occuperait 2 lit 5783875.

Rép. 2 lit 57.

1574. *Avec 492 gr d'acide sulfurique et 345 gr de zinc, on obtient 10 gr d'hydrogène. Calculer combien on emploiera d'acide sulfurique et de zinc pour remplir d'hydrogène un ballon d'une capacité de 100 m cubes; on admet que le décimètre cube d'air pèse 1 gr 3, et que la densité de l'hydrogène, par rapport à l'air, est 0,069.*

Un litre d'hydrogène pèse 1 gr 3 $\times$ 0,069 $= 0$ gr 0897.
L'hydrogène qui remplira le ballon pèsera
$$0{,}0897 \times 100000 \text{ ou } 8970 \text{ gr.}$$
Il faudra $\quad 492 \times 897 = 441\,324$ gr d'acide sulfurique,
et $\qquad 345 \times 897 = 309\,465$ gr de zinc.

Rép. 441 kg 324 d'acide sulfurique et 309 kg 465 de zinc

1575. *On partage une somme entre quatre personnes : la première en a les $^3/_{10}$, la seconde $^1/_4$, la troisième $^1/_3$ et la quatrième le reste, qui égale 4998 fr. Quelle est la somme partagée? On demande, de plus, quel est son poids, sachant que les $^3/_4$ sont composés de pièces d'or et le dernier quart de pièces d'argent.*

Le reste égale $1 - \left(\dfrac{3}{10} + \dfrac{1}{4} + \dfrac{1}{3} \right) = \dfrac{7}{60}$.

La somme à partager est donc $\dfrac{4998 \times 60}{7}$ ou 42840 fr.

Il y a en argent
$$\dfrac{42840}{4} = 10710 \text{ fr, qui pèsent } 10710 \times 5 = 53550 \text{ gr.}$$

Il y a en or
$10710 \times 3 = 32130$ fr, qui pèsent $\dfrac{32130 \times 5}{15{,}5} = 10364$ gr 51.

La somme pèse 53,550 + 10,36451 ou 63 kg 91451.

Rép. 42840 fr, 63 kg 914 gr 51.

Si l'on prend 5 000 fr pour reste au lieu de 4 998, on trouve que la somme à partager égale $\dfrac{5\,000 \times 60}{7}$ ou 42 857 fr 15.

Les $\dfrac{3}{4}$ de cette somme sont $\dfrac{42\,857,15 \times 3}{4} = 32\,142$ fr 85.

On ne peut pas former cette somme en monnaie d'or, mais seulement 32 140 fr; il reste pour la somme en argent 42 857,15 — 32 140 = 10 717 fr 15.

On ne peut pas faire 10 717 fr 15 en argent, mais seulement 10 717 fr.

La somme en or pèse $\dfrac{32\,140 \times 5}{15,5}$ ou 10 367 gr 74.

La somme en argent pèse $10\,717 \times 5 = 53\,585$ gr.

Le poids de la somme est donc 10,367 74 -|- 53,585 = 63 kg 95 274.

Rép. 63 kg 95 274.

1576. *Quelle est la quantité d'argent pur contenue dans 10 pièces de 0 fr 50, au titre de 0,835?*

Les 10 pièces de 0,5 pèsent $2,5 \times 10 = 25$ grammes.

Puisque sur 1 gramme d'argent monnayé il y a 0 gr 835 d'argent pur, sur 25 gr il y aura $0,835 \times 25 = 20$ gr 875.

Rép. 20 gr 875.

1577. *On a une somme de 100 fr en pièces de 1 et de 2 fr. Quel est le poids d'argent pur qu'il faut y ajouter pour obtenir un alliage au titre des pièces de 5 fr, et combien pourra-t-on faire de pièces de 5 fr avec l'alliage obtenu?*

Cette somme pèse 500 gr,
elle contient $(1 - 0,835) \times 500$, soit 82 gr 5 de cuivre.

Le cuivre sera le $\dfrac{1}{10}$ du nouvel alliage.

Cet alliage pèsera donc 825 gr.

Il faudra ajouter $825 - 500 = 325$ gr d'argent pur.

On fera $825 : 25 = 33$ pièces de 5 fr.

Rép. 325 gr d'argent pur; 33 pièces.

Remarque. On aurait pu résoudre ce problème comme ceux de mélange 2° cas, en remarquant que le titre de l'or pur est $\dfrac{p}{P} = \dfrac{1}{1} = 1$.

Disposition des données.		Les pièces pèsent 500 grammes.
0,835	65	Pour 100 gr de monnaie, il faut (Arith., n° 578) 65 gr d'argent pur;
0,900		Pour 500 gr il en faudra 5 fois plus ou
1	100	$65 \times 5 = 325$ gr.

1578. *On met dans un creuset 200 fr en pièces d'argent, au titre de 0,9; chercher quel est le poids du cuivre qu'il faut y ajouter pour abaisser le titre à 0,835.*

Les 200 francs pèsent $5 \times 200 = 1\,000$ grammes,
et contiennent $1\,000 \times 0,9 = 900$ gr d'argent pur.

Dans le nouvel alliage, l'argent pur n'est que les 0,835 du poids total.

Le poids du nouvel alliage sera donc $\dfrac{900 \times 1\,000}{835} = 1\,077$ gr 844.

Il faut ajouter $1\,077,844 - 1\,000 = 77$ gr 844 de cuivre.

Rép. 77 gr 844 de cuivre.

Remarque. Le titre du cuivre peut être considéré comme égal à 0. On aura (Probl. 1577, Rem.) :

Disposition des données.

0,900	65
0,835	
0	835

Les pièces pèsent $200 \times 5 = 1\,000$ gr.
Pour 835 gr de monnaie, il faut 65 gr de cuivre.
Pour 1 000 gr, il faudra
$$\frac{65 \times 1\,000}{835} = 77 \text{ gr } 844 \text{ de cuivre.}$$

1579. *Quel est le nombre de pièces de 1 fr que l'on pourrait fabriquer avec l'argent pur qui est contenu dans 1169 pièces de 5 fr.*

Ces 1169 pièces de 5 fr pèsent $25 \times 1169 = 29\,225$ gr.
Elles contiennent $29\,225 \times 0,9 = 26\,302$ gr 5.
Dans une pièce de 1 fr, il y a $5 \times 0,835 = 4$ gr 175 d'argent pur.

On pourrait faire $\dfrac{26\,302,5}{4,175} = 6\,300$ pièces.

Rép. 6 300 pièces.

1580. *Un lingot d'or pèse 250 gr; si l'on ajoutait à ce lingot 14 gr 528 d'or pur, on aurait un nouveau lingot, au titre de 0,900. Calculer, d'après ces données, le titre et la valeur intrinsèque du premier lingot.*

Le nouveau lingot pèserait $250 + 14,528 = 264$ gr 528.
Il contiendrait $264,528 \times 0,9$ ou 238 gr 0752 d'or pur.
Le 1er contient donc $238,0752 - 14,528 = 223$ gr 5472 d'or pur.

Son titre égale $\dfrac{223,5472}{250} = 0,8941$.

A l'hôtel des monnaies, 1 gr d'or pur valant 3 fr 437 (Arith., no 416), le 1er lingot serait payé $3,437 \times 223,5472 = 768$ fr 33.

Rép. Titre, 0,894; valeur, 768 fr 35.

1581. *Un orfèvre fond ensemble une cuiller d'argent pesant 85 gr, au titre de 0,800, 17 pièces de 5 fr en argent et 14 pièces de 2 fr. Quel est le titre du lingot?*

La cuiller contient $85 \times 0,8 = 68$ gr d'argent pur.
Les pièces de 5 francs pèsent $25 \times 17 = 425$ grammes,
et contiennent $425 \times 0,9 = 382$ gr 5 d'argent pur.
Les pièces de 2 francs pèsent $10 \times 14 = 140$ grammes,
et contiennent $140 \times 0,835 = 116$ gr 90 d'argent pur.
Le lingot contiendra $68 + 382,5 + 116,90 = 567$ gr 40 d'argent pur.
Il pèsera $85 + 425 + 140 = 650$ gr.

Son titre est $\dfrac{567,40}{650} = 0,8729$.

Rép. Titre, 0,8729.

1582. *Un lingot d'argent, au titre de 0,95, pèse 6 kilogr 24; un autre lingot, au titre de 0,74, pèse 5 kilogr 705; on les fond tous les deux avec 1 kilogr d'argent pur. Quel est le titre du nouvel alliage?*

Le 1er lingot contient $6,24 \times 0,95 = 5$ kg 928 d'argent pur.

Le 2e   »   » $5,705 \times 0,74 = 4$ kg 2217   »

Le nouvel alliage contiendra $5,928 + 4,2217 + 1 = 11$ kg 1497 d'argent pur.

Il pèsera $6,24 + 5,705 + 1 = 12$ kg 945.

Son titre est donc $\dfrac{11,1497}{12,945}$ ou 0,8613.

Rép. 0,8613.

1583. *Déterminer le titre d'un lingot d'argent obtenu en faisant fondre ensemble : 1° 100 fr en pièces de 5 fr; 2° 100 fr en pièces au-dessous de 5 fr. On sait que le titre des premières est de 0,900, et que le titre des autres est de 0,835.*

Les pièces de 5 fr pèsent 500 gr, et contiennent $500 \times 0,9 = 450$ gr d'argent pur.

Les autres pièces pèsent 500 grammes, et contiennent
$500 \times 0,835 = 417$ gr 5 d'argent pur.

Le lingot contient $450 + 417,5 = 867$ gr 5 d'argent pur et pèse 1000 gr.

Le titre de ce lingot égale $867,5 : 1000 = 0,8675$.

Rép. 0,8675.

1584. *On a allié 4835 gr d'argent pur et 25 hectogr de cuivre; combien faut-il ajouter d'argent pur à cet alliage, pour qu'on puisse en faire des pièces de 5 fr? Faire connaître le nombre de ces pièces.*

Les 2500 gr de cuivre sont le $\dfrac{1}{9}$ du poids de l'argent pur qui entrera dans l'alliage que l'on veut faire.

Il contiendra donc $2500 \times 9 = 22500$ gr d'argent pur.

L'alliage pèsera $2500 \times 10 = 25000$ gr;

On fera $25000 : 25 = 1000$ pièces de 5 fr.

Il faudra ajouter $22500 - 4835 = 17665$ gr d'argent pur.

Rép. 17 kg 665; 1000 pièces.

1585. *On veut fabriquer des pièces de 5 fr avec un lingot d'argent pur, dont le volume est 4 dmc 225. On le fait fondre pour cela avec un poids convenable de cuivre. On demande le nombre de pièces fabriquées. On sait que les $\frac{5}{6}$ d'un décimètre cube d'argent pèsent 8 kilogr 73.*

Le lingot pèse $\dfrac{8,73 \times 6 \times 4,225}{5} = 44$ kg 2611.

Une pièce de 5 fr contient $25 \times 0,9 = 22$ gr 5 d'argent pur.

On pourra fabriquer $\dfrac{44\,261,1}{22,5} = 1967$ pièces; il reste 3 gr 6 d'argent pur, ou 4 gr d'alliage.

Rép. 1967 pièces.

1586. *Un lingot d'or de 1348 gr contient 147 gr de cuivre. On demande combien de grammes d'or pur il faut y ajouter pour le mettre au titre légal des monnaies françaises, et combien de pièces de 20 fr on pourra fabriquer avec ce nouveau lingot. On demande aussi de trouver le titre du lingot primitif.*

Le lingot au titre légal des monnaies françaises, qui contient 147 gr de cuivre, pèse 1470 gr.

Il faudra ajouter $1470 - 1348 = 122$ gr d'or pur.

Une pièce de 20 fr en or pèse $\dfrac{5 \times 20}{15,5}$ gr.

On pourra fabriquer $\dfrac{1470 \times 15,5}{100}$ ou 227 pièces de 20 fr; reste 5 gr 483 d'alliage.

Le titre du lingot primitif est de $\dfrac{1348 - 147}{1348} = 0,8909$.

Rép. 122 gr d'or pur; 227 pièces de 20 fr; titre 0,8909.

1587. *Quelle est la somme: 1° en monnaie d'or, 2° en monnaie d'argent dont le poids équivaut à celui de 3 lit 25 d'eau, prise dans les conditions adoptées pour la détermination du gramme? Quel est le poids de l'or pur contenu dans la première, et celui de l'argent pur contenu dans la seconde, en supposant la somme d'argent formée en pièces de 2 fr?*

Ces 3 lit 25 d'eau pèsent 3250 gr.

Un gramme d'or vaut $0,20 \times 15,5 = 3,10$.

Donc 3250 gr de monnaie d'or valent $3,1 \times 3250 = 10075$ fr, et 3250 gr de monnaie d'argent valent $3250 : 5 = 650$ fr.

Dans 10075 fr en or, il y a $3250 \times 0,9 = 2925$ gr d'or pur, et dans les 650 fr en pièces divisionnaires, il y a

$$3250 \times 0,835 = 2713 \text{ gr } 75 \text{ d'argent pur.}$$

Rép. 1° 10075 fr, or pur 2925 grammes;
2° 650 fr, argent pur 2713 gr 75.

1588. *On doit transporter une somme de 13528 fr 35; choisir les pièces de manière à avoir le plus petit poids possible; déterminer ensuite le poids de l'or pur et celui de l'argent pur.*

Il faut d'abord prendre des pièces de monnaie d'or le plus possible, puis des pièces d'argent et le reste de la somme en monnaie de billon.

On prendra 13525 fr en pièces d'or, 3 fr 20 en pièces d'argent et 0 fr 15 en bronze.

La somme en or pèse $\dfrac{13525 \times 5}{15,5} = 4362$ gr 9.

La somme pèse $4362,9 + 16 + 15 = 4393$ gr 9.

Elle contient $4362,9 \times 0,9 = 3926$ gr 61 d'or pur,

et $3,20 \times 0,835 = 2$ gr 672 d'argent pur.

Rép.   Or 13525 fr, argent 3 fr 20, bronze 0 fr 15; poids 4393 gr 9; or pur 3926 gr 61, argent pur 2 gr 672.

1589. *Quelle somme en or, ou en argent, ou en bronze faut-il placer dans un des plateaux d'une balance pour faire équilibre à 1 litre 75 centilitres d'eau?*

L'eau pèse 1 kgr 75 ou 1750 gr.

Pour faire équilibre à cette eau, il faut $1750 : 5 = 350$ fr en argent, ou $350 \times 15,5 = 5425$ fr en or, ou $350 : 20 = 17$ fr 50 en bronze.

Rép. Or 5425 fr, argent 350 fr, bronze 17 fr 50.

1590. *On place dans l'un des plateaux d'une balance un vase plein d'eau distillée; pour faire équilibre, il faut mettre dans l'autre plateau 75 pièces de 5 fr, 280 pièces de 2 fr et 378 pièces de 20 fr. On demande, en litres, la capacité du vase, sachant qu'il pèse 275 gr.*

Les pièces de 5 fr pèsent $25 \times 75 = 1875$ gr.

Les pièces de 2 fr pèsent $10 \times 280 = 2800$ gr.

Les pièces de 20 fr pèsent $\dfrac{20 \times 5}{15,5} \times 378 = 2438$ gr 70.

Le vase et son contenu pèsent $1875 + 2800 + 2438,7 = 7113$ gr 7.

L'eau pèse $7113,7 - 275 = 6838$ gr 7.

Rép.   La capacité du vase égale 6 lit 8387.

Si les pièces de 5 fr sont en or, la capacité du vase est de 5 litres 08 centilitres.

1591. *On fond un décimètre cube d'argent avec un volume de cuivre suffisant pour former un alliage au titre de 0,9. Calculer, en centimètres cubes, le volume de ce cuivre, sachant qu'un centimètre cube d'argent pèse 10 gr 47, et 1 centimètre cube de cuivre 8 gr 85.*

L'argent pur pèse $10,47 \times 1000 = 10470$ gr.

Le cuivre nécessaire pèse le $\dfrac{1}{9}$ de l'argent,

ou $\dfrac{10470}{9} = 1163$ gr 33 $\dfrac{1}{3}$.

Le volume de ce cuivre égale $1163,33 \dfrac{1}{3} : 8,85 = 131$ cmc 45.

Rép. 131 cmc 45.

1592. *On a fondu 140 gr d'or, au titre de 0,95, et un nombre inconnu de grammes d'un autre alliage d'or au titre de 0,70;*

on demande de calculer ce nombre, sachant que l'alliage résultant est au titre de 0,77.

Disposition des données.

0,95	18
0,77	
0,70	7

On a dû prendre (Arith., n° 566) 18 gr d'or au titre de 0,70 pour 7 gr au titre de 0,95.

Il a donc fallu $\dfrac{18 \times 140}{7} = 360$ gr d'or, au titre de 0,70.

Rép. 360 grammes.

Soit x le nombre de grammes de la partie employée du métal à 0,70; l'alliage résultant pèsera $140 + x$.

L'or pur du nouvel alliage est égal à l'or pur des deux alliages employés.

On aura $\quad (140 + x)\,0,77 = 140 \times 0,95 + x \times 0,70$

d'où $\quad x = 360.$

1593. *Un laboureur a trouvé dans son champ un pot renfermant 30 anciennes pièces de 6 livres, auxquelles l'usure a fait perdre $^{1}/_{60}$ de leur poids. Sachant que ces pièces sont au titre de $^{11}/_{12}$, et que 80 fr valent 81 livres, on demande : 1° leur poids actuel; 2° la valeur en francs que devait avoir leur ensemble avant la réduction que l'usure leur a fait subir.*

Les pièces valaient avant l'usure $6 \times 30 = 180$ livres.

Elles valent aujourd'hui $180 - \dfrac{180}{60} = 177$ livres.

Ces 177 livres équivalent à $\dfrac{80 \times 177}{81} = 174$ fr 81, c'est-à-dire que dans 177 livres, il y a la même quantité d'argent pur que dans 174 fr 80, au titre de 0,9, soit $174,80 \times 4,5 = 786$ gr 60.

L'argent pur de ces pièces étant les $\dfrac{11}{12}$ du poids total, leur poids égale $\dfrac{786,6 \times 12}{11} = 858$ gr 10.

Ces pièces valaient avant l'usure $\dfrac{80 \times 180}{81} = 177$ fr 777, soit 177 fr 80.

Rép. 1° 858 gr 10; 2° 177 fr 80.

1594. *Quelle est la valeur des pièces de monnaie d'argent, à 0,900 et à 0,835, que l'on peut fabriquer avec un décimètre cube de cuivre pur. Le cuivre pur, à volume égal, pèse 8,7 fois plus que l'eau.*

Un décimètre cube de cuivre pèse 8 kg 7.

Le lingot, au titre de 0,9, qui contiendra 1 dmc de cuivre, pèsera 87 kg.

Au titre de 0,835, il pèsera $\dfrac{8,7 \times 1\,000}{165} = 52$ kg 72727.

Le premier lingot vaut $87\,000 : 5 = 17\,400$ fr.

Le deuxième lingot vaut $52\,727 : 5 = 10\,545$ fr 40.

Rép. 1° 17 400 fr; 2° 10 545 fr 40.

1595. *Un kilogramme d'argent pur vaut 220 fr 56. Le titre d'un objet d'argent est* $^{11}/_{12}$*, et cet objet est estimé 20 fr. Quel doit être son poids ?*

L'objet contient $\dfrac{20}{0,22056}$ gr d'argent pur.

Il pèse $\dfrac{20 \times 12}{0,22056 \times 11} = 98$ gr 921.

Rép. 98 gr 921.

1596. *On veut échanger contre de l'or, au titre de 0,840, un lingot d'argent au titre de 0,900, et pesant 5725 gr. L'argent pur vaut 220 fr 56 le kilogramme et l'or pur 3437 fr. Quel est le poids du lingot d'or que l'on recevra en échange du lingot d'argent ?*

Le lingot d'argent contient $5725 \times 0,9 = 5152$ gr5 d'argent pur.
Il vaut $0,22056 \times 5152,5 = 1136$ fr 4354, soit 1136 fr 45.

Pour cette somme, on aura $\dfrac{1136,45}{3,437} = 330$ gr 65 d'or pur.

Pour avoir 330 gr 65 d'or pur, on prendra
$$\dfrac{330,65}{0,84} = 393 \text{ gr } 63 \text{ d'or au titre de } 0,84.$$

Rép. 393 gr 63.

1597. *On sait que l'or monnayé vaut 15 fois* $^1/_2$ *l'argent monnayé, à poids égal, et que les frais de fabrication de la monnaie d'or sont réglés à 6 fr 70 par kilogramme d'or monnayé, au titre de 0,900. D'après cela, on propose de trouver, en francs, décimes et centimes la valeur d'un décagramme d'or pur.*

Avec 10 gr d'argent pur, on ferait un alliage monétaire qui pèserait $\dfrac{10 \times 10}{9}$ gr et qui vaudrait $\dfrac{100}{9 \times 5}$ fr.

L'or monnayé vaut 15,5 fois plus ou $\dfrac{100 \times 15,5}{9 \times 5} = 34$ fr 444...

Un kilogr d'argent monnayé vaut $1000 : 5 = 200$ fr ; 1 kgr d'or monnayé vaut $200 \times 15,5 = 3100$ fr.

Sur 34 fr 444 ou $\dfrac{100 \times 15,5}{9 \times 5}$, on retiendra
$$\dfrac{6,70}{3100} \times \dfrac{100 \times 15,5}{9 \times 5} = 0,0744...$$

Un décagramme d'or pur vaut donc
$$34 \text{ fr } 444 - 0,07444 = 34 \text{ fr } 37.$$

Rép. 34 fr 37.

1598. *La valeur intrinsèque d'une chaîne d'or pesant 72 gr est de 231 fr 90. Quel en est le titre ?*

Un gramme d'or pur valant 3 fr 437 (Arith., n° 416), pour 231 fr 90, on aura $\dfrac{231,9}{3,437} = 67$ gr 4716 d'or pur.

Le titre de cette chaîne égale 67,4716 : 72 = 0,9371.

Rép. 0,9371.

1599. *Le florin d'Autriche est une pièce d'argent qui pèse 12 gr 345, et dont le titre est* $^{900}/_{1000}$*; le titre du demi-florin n'est que* $^{520}/_{1000}$*. Quel est le poids de cette dernière pièce?*

Le florin contient 12,345 × 0,9 = 11 gr 1105 d'argent pur.

Le $\frac{1}{2}$ florin en contient la moitié ou 5 gr 55525.

L'argent pur n'étant que les $\frac{520}{1000}$ du poids, le $\frac{1}{2}$ florin pèse

$$\frac{5,55525 \times 1000}{520} \text{ ou } 10 \text{ gr } 683.$$

Rép. 10 gr 683.

1600. *Une guinée d'or d'Angleterre pèse 8 gr 38, et est au titre de 0,917. On demande de calculer sa valeur en francs, sachant que le kilogramme d'or pur vaut 3444 fr 44.*

Une guinée contient 8,38 × 0,917 = 7 gr 68446 d'or pur.
Un gramme d'or pur valant 3 fr 4444..., la guinée vaut
$$3,444 \times 7,68446 \text{ ou } 26 \text{ fr } 45.$$

Rép. 26 fr 45.

1601. *Le frédéric de Prusse est une pièce d'or dont le poids est de 6 gr 689, et le titre 0,903. Quelle est la quantité d'or pur contenue dans 1000 frédérics, et quelle est leur valeur au change des monnaies ?*

Mille frédérics contiennent
$$6,689 \times 1000 \times 0,903 = 6040 \text{ gr } 167 \text{ d'or pur.}$$
Ils valent (Arith., n° 416)
$$6040,167 \times 3,437 = 20760 \text{ fr } 05, \text{ soit } 20760 \text{ fr.}$$

Rép. 1° Or pur 6040 gr 167; 2° 20760 fr.

1602. *Sachant que l'argent pur pèse, à volume égal, dix fois et demie plus que l'eau, dire quel est le nombre de pièces de 5 fr que l'on peut fabriquer avec un lingot d'argent pur de 166 centimètres cubes.*

Le lingot d'argent pur pèse 10 gr 5 × 166 = 1743 gr.
Une pièce de 5 fr contient 25 × 0,9 = 22 gr 5 d'argent pur.
On pourra fabriquer 1743 : 22,5 ou 77 pièces; il reste 10 gr 5 d'argent pur.

Rép. 77 pièces.

1603. *Un alliage d'or et de cuivre, du poids de 128 gr, est au titre de 0,915. Combien faut-il y ajouter de cuivre pour abaisser le titre à 0,840? On calculera le poids du cuivre à un demi-milligramme près.*

L'alliage contient 128 × 0,915 = 117 gr 12 d'argent pur.

Le nouvel alliage pèsera $\dfrac{117,12 \times 100}{84} = 139$ gr 429 à $\dfrac{1}{2}$ milli-gramme par excès.

On devra ajouter 139,429 — 128 ou 11 gr 429.

Rép. 11 gr 429.

1604. *On a fondu* 6000 *fr en pièces de* 5 *fr, pour fabriquer des pièces de* 0 *fr* 50 *au titre de* 0,835. *Quelle quantité de cuivre a-t-il fallu ajouter à l'alliage, et combien a-t-on fait de pièces?*

Ces pièces de 5 fr pèsent $5 \times 6000 = 30\,000$ gr.

Elles contiennent $30000 \times 0,9 = 27000$ gr d'argent pur.

L'alliage au titre de 0,835, pèsera $27000 : 0,835 = 32335$ gr 32.

Il a fallu ajouter 32,33532 — 30 = 2 kg 33532 de cuivre.

On a fait 32335,32 : 2,5 ou 12934 pièces; il reste 0 gr 32.

Rép. 2 kg 335; 12934 pièces.

1605. *On a un lingot de* 7 *hectogr au titre de* 0,820. *On demande quelle quantité de cuivre il faut y ajouter pour que le titre de l'alliage ne soit plus que* 0,750?

Le lingot contient $700 \times 0,82 = 574$ gr de matière précieuse.

Le nouvel alliage pèsera $\dfrac{574 \times 100}{75} = 765$ gr $\dfrac{1}{3}$.

Il faut ajouter $765\,\dfrac{1}{3} - 700 = 65$ gr $\dfrac{1}{3}$ de cuivre.

Rép. 65 gr $\dfrac{1}{3}$.

1606. *A volume égal, le poids de l'or s'obtient en multipliant le poids de l'eau par* 19,26, *le poids du cuivre en multipliant celui de l'eau par* 8,85. *On fait fondre* 57 gr 78 *d'or avec le poids de cuivre nécessaire pour constituer un alliage monétaire, et, supposant que le volume de l'alliage résultant de cette fusion est égal à la somme des volumes des éléments fondus ensemble, on demande par quel nombre il faudra multiplier le poids d'un égal volume d'eau pour avoir le poids de l'alliage.*

Le nombre demandé n'est autre que le rapport du poids de l'alliage au poids d'un égal volume d'eau, c'est-à-dire la densité de l'alliage.

Avec 57 gr 78 d'or, il faut $\dfrac{57,78}{9} = 6$ gr 42 de cuivre.

Le volume de l'or égale $\dfrac{57,78}{19,26} = 3$ cm c.

Celui du cuivre égale $\dfrac{6,42}{8,85} = 0$ cm c 7254.

Le volume de l'alliage est 3 cm c 7254.

La densité de l'alliage égale 64,2 : 3,7254 = 17,23.

Rép. 17,23.

1607. *On a fondu pour une valeur de* 7500 *fr de pièces d'argent de* 5 *fr, pour fabriquer de* **la** *monnaie divisionnaire au* *titre de 0,835. Combien pourra-t-on faire de pièces de 0 fr 50 avec cette quantité d'argent, et quelle est la quantité de cuivre qu'il faudra ajouter pour obtenir le titre demandé? Quel sera le bénéfice, sachant que la remise est de 1 fr 50 pour 1 kilogr d'argent monnayé, et que le kilogramme de cuivre vaut 2 fr?*

Les pièces fondues pesaient $5 \times 7500 = 37500$ gr,

Elles contenaient $37500 \times 0,9 = 33750$ gr d'argent pur.

Le nouvel alliage, au titre de 0,835, pèsera

$$33750 : 0,835 \text{ ou } 40419 \text{ gr.}$$

On pourra fabriquer $\dfrac{40419}{2,5}$ ou 16167 pièces de 0 fr 50 et une pièce de 0 fr 20.

On a ajouté $40419 - 37500 = 2919$ gr de cuivre.

Le cuivre a coûté $2 \times 2,919 = 5$ fr 838, soit 5 fr 85.

La fabrication a coûté $1,50 \times 40,419 = 60$ fr 628, soit 60 fr 65.

Les pièces valent $\dfrac{16167}{2} + 0,20 = 8083$ fr 70.

On a retiré $8083,70 - (60,65 + 5,85) = 8017$ fr 20.

Le bénéfice est de $8017,20 - 7500 = 517$ fr 20.

Rép. 16167 pièces de 0 fr 50 et une de 0 fr 20; 2 kg 919 de cuivre; bénéfice 517 fr 20.

1608. *L'État reçoit encore des contribuables des pièces de 2 fr, de 1 fr, de 0 fr 50 et de 0 fr 20, au titre de 0,9, et par conséquent démonétisées. Ayant ainsi reçu pour 53275 fr 60 de ces pièces, il les fait transformer à la Monnaie en pièces du même genre, au titre divisionnaire actuel. On demande : 1° le poids du cuivre qu'on devra employer à cet effet; 2° le bénéfice que l'État recevra de l'opération.*

Les pièces pèsent $5 \times 53275,6 = 266378$ gr.

Elles contiennent $266378 \times 0,9 = 239740$ gr 20 d'argent pur.

Le nouvel alliage pèsera $239740,20 : 0,835 = 287114$ gr.

On a ajouté $287114 - 266378 = 20736$ gr de cuivre.

On fera des pièces pour $0,20 \times 287114 = 57422$ fr 80.

La fabrication a coûté $1,5 \times 287,114$ ou 430 fr 65.

Le bénéfice réalisé est de

$$57422,8 - (53275,6 + 430,65) = 3716 \text{ fr } 55.$$

Rép. 1° 20 kg 736 de cuivre; 2° 3716 fr 55.

1609. *L'État a fait monnayer des lingots d'or et d'argent dont le titre est celui des monnaies, et pesant ensemble 180 kilogr. Il a payé pour cette fabrication 374 fr. On sait que la rétribution accordée par l'État aux entrepreneurs pour la fabrication des monnaies est de 6 fr 70 par kilogramme de monnaie d'or et de 1 fr 50 par kilogr de monnaie d'argent. On demande : 1° la valeur des pièces d'or fabriquées; 2° la valeur des pièces d'argent.*

Si les 180 kg avaient été d'argent, on aurait payé

$$1,5 \times 180 = 270 \text{ fr.}$$

On a payé $374 - 270 = 104$ fr de plus.

Pour chaque kilogr d'or, on paye $6,70 - 1,5 = 5$ fr 20 de plus.

Il y avait donc $104 : 5,20 = 20$ kg d'or,

et $\qquad 180 - 20 = 160$ kg d'argent.

Les 20 kilogr de monnaie d'or valent $\dfrac{20\,000 \times 15,5}{5} = 62\,000$ fr.

Les 160 kilogr de monnaie d'argent valent

$$\frac{160\,000}{5} = 32\,000 \text{ fr.}$$

Rép. 1° 62 000 fr ; 2° 32 000 fr.

1610. *Quel est le poids de 5 milliards de francs en or ? Combien faudrait-il de wagons pour transporter cette somme, en admettant que chaque wagon contienne un poids de 5 tonnes ? Quelle serait la longueur de la ligne droite formée par les pièces de 20 fr, dont se compose cette somme, ces pièces étant placées les unes au contact des autres, de manière que tous leurs centres soient en ligne droite ? On sait que la pièce de 20 fr a un diamètre de 0 m 021.*

Cinq milliards en or pèsent

$$\frac{5\,000\,000\,000 \times 5}{15,5} \quad \text{ou} \quad 1\,612\,903 \text{ kg } 2258.$$

Pour transporter cette somme, il faudrait

$$\frac{1\,612,903}{5} \quad \text{soit } 323 \text{ wagons.}$$

Pour faire cette somme, il faut $\dfrac{5\,000\,000\,000}{20} = 250\,000\,000$ de pièces de 20 fr.

Ces pièces formeraient une longueur de $0 \text{ m } 021 \times 250\,000\,000$ soit 5 250 km.

Rép. 1 612 903 kg $\dfrac{1}{4}$; 323 wagons ; 5 250 km.

1611. *Lorsque l'on revend des monnaies françaises ou étrangères au poids, on les considère comme des lingots, et elles subissent la retenue des frais de fabrication, soit 6 fr 70 pour l'or à 0,900, et 1 fr 50 pour l'argent à 0,900. Cette retenue est proportionnelle au titre. D'après cela, on demande ce qu'on retiendra : 1° sur l'or à 0,850 et sur l'or pur ; 2° sur l'argent à 0,835 et sur l'argent pur.*

Sur l'or à 0,850, on retiendra $\dfrac{6,70 \times 850}{900} = 6$ fr 327 par kg,

et sur l'or pur $\qquad \dfrac{6,7 \times 10}{9} = 7$ fr 444...

Sur l'argent à 0,835, on retiendra $\dfrac{1,5 \times 0,835}{0,9} = 1$ fr 391,

et sur l'argent pur $\qquad \dfrac{1,5 \times 10}{9} = 1$ fr 666...

Rép. 1° 6 fr 327 et 7 fr 44 ; 2° 1 fr 391 et 1 fr 66.

1612. *A poids égal, et au même titre, l'or vaut 15 fois 1/2 autant que l'argent. Il pèse, à volume égal, 19,26 fois plus que l'eau à 4°. On demande de calculer, en décimètres cubes, le volume d'un lingot d'or de la valeur de 500000 fr.*

Le lingot doit être d'or pur, puisque l'on ne donne ni le titre, ni la densité du cuivre.

1° Si nous tenons compte du prix de fabrication, le lingot pèse

$$\frac{500000}{3437} = 145 \text{ kg } 4757.$$

Le volume égale $\dfrac{145,4757}{19,26} = 7$ dc 553.

2° Si l'on ne tient pas compte du prix de fabrication, le lingot pèse

$$\frac{500000}{3444,44} = 145 \text{ kg } 158.$$

Le volume est $\dfrac{145158}{19,26} = 7$ dc 542.

Rép. 7 dc 553 ou 7 dc 542.

1613. *Une personne a vendu un champ de 3 hectares 5, à raison de 0 fr 85 le mètre carré. On lui offre de le payer en pièces de 5 fr au titre de 0,900, ou en pièces de 1 fr au titre de 0,835. Dire si les deux payements sont de même valeur, et, dans le cas contraire, calculer combien on devrait donner en plus de la deuxième monnaie, pour payer intégralement le champ.*

Le champ doit être payé $0,85 \times 35000 = 29750$ fr.

La pièce de 1 fr ne vaut que $5 \times 0,835 \times 0,22056 = 0,920838$.

On devrait donner $29750 : 0,920838 = 32307$ fr 50 en pièces au titre de 0,835, soit $32307,5 - 29750 = 2557$ fr 50 en plus

Rép. 2557 fr 50 en plus.

Si l'on ne tient pas compte du prix de fabrication, on trouve

$$29750 : \left(5 \times 0,835 \times \frac{200}{900} \right) = 32065 \text{ fr } 85.$$

Rép. 32065 fr 85 — 29750 = 2315 fr 85.

1614. *Quelle serait la longueur d'un ruban de 2 centimètres de largeur et de 1 millimètre d'épaisseur, fabriqué avec l'or pur d'une somme de 5 milliards en monnaie d'or? On sait qu'à volume égal l'or pèse 19,26 fois plus que l'eau, et qu'à poids égal la monnaie d'or vaut 15 fois 5 plus que la monnaie d'argent.*

Cinq milliards en monnaie d'or pèsent (Probl. 1610)

$$1612903 \text{ kg } 2258.$$

L'or pur de cette somme pèse

$$1612903,2258 \times 0,9 = 1451612 \text{ kg } 90322.$$

Son volume égale $\dfrac{1451612,90322}{19,26} = 75369$ dc 309.

La longueur du ruban serait $\dfrac{75,369309}{0,02 \times 0,001} = 3768465$ m 45.

Rép. 3768 km 465.

§ IV. — NOMBRES COMPLEXES

1615. *Une année, le printemps a commencé le 21 mars, à 31 minutes du matin, et a fini le 21 juin, à 8 h 56 m du soir. Quelle a été sa durée en jours, heures et minutes?*

Le 21 juin, il y avait   5 m   20 j   20 h   56 m   écoulés de l'année.
Le 21 mars, il y avait   2 m   20 j   10 h   31 m   »   »

Le printemps a duré   3 m   0 j   10 h   25 m.

Les mois de mars et de mai ayant 31 j, on aura 92 j 10 h 25 m.

Rép. 92 jours 10 heures 25 minutes.

1616. *Il arrive quelquefois que la fête de Pâques tombe le 22 avril; quelle est alors la date du mercredi des cendres?*

Du mercredi des cendres à Pâques, il y a 6 semaines et 4 jours, soit 46 jours, c'est-à-dire les 22 jours d'avril et 46 — 22 ou 24 j de mars.

Le mercredi des cendres sera le 31 — 24 ou le 7 mars.

Rép. Le 7 mars.

1617. *La prise de Constantine a eu lieu le 13 octobre 1837; quel jour de la semaine cet événement s'est-il passé (1875)?*

De 1837 à 1875, il s'est écoulé 1875 — 1837 = 38 ans.

Il y a eu pendant ce temps 9 années bissextiles, 1840 étant la première et 1872 la dernière.

L'année ordinaire vaut 52 semaines et 1 jour.

De 1837 à 1875, il y a eu un nombre exact de semaines et

$$38 + 9 = 47 \text{ j ou } \frac{47}{7} = 6 \text{ semaines et 5 jours.}$$

Le 13 octobre 1875 étant un mercredi, le 13 octobre 1837 était cinq jours plus tôt dans la semaine, c'est-à-dire un vendredi.

Rép. Un vendredi.

Le problème ayant été donné en 1875, nous l'avons fait comme ont dû le faire les candidats.

On doit partir de l'année dans laquelle on se trouve. Résolu pour l'année 1882, on trouve :

De 1837 à 1882, il s'est écoulé 45 ans, dont 11 bissextiles.

$$45 + 11 = 56 \text{ jours, exactement 8 semaines.}$$

Le 13 octobre 1837 était donc le même jour de la semaine que le 13 octobre 1882; c'est-à-dire un vendredi.

1618. *Réduire en fraction décimale du jour le nombre 5 heures 17 m 52 s. (On poussera le calcul jusqu'aux cent-millièmes.)*

L'heure est le $\dfrac{1}{24}$ de jour; 5 heures valent $\dfrac{5}{24}$ de jour.

La minute est le $\frac{1}{60}$ de l'heure; les 17 minutes valent

$$\frac{1}{24} \times \frac{17}{60} = \frac{17}{1\,440} \text{ de jour.}$$

La seconde est le $\frac{1}{3\,600}$ de l'heure; les 52 secondes valent

$$\frac{1}{24} \times \frac{52}{3\,600} = \frac{13}{21\,600} \text{ de jour.}$$

Donc 5 h 17 m 52 s valent

$$\frac{5}{24} + \frac{17}{1\,440} + \frac{13}{21\,600} = \frac{4\,768}{21\,600} = 0,22074.$$

Rép. 0 j 22074.

On aurait pu réduire le nombre proposé en secondes.

5 h 17 m 52 s = 19072 s ou $\dfrac{19\,072}{24 \times 60 \times 60} = \dfrac{19\,072}{86\,400}$ j ou 0 j, 22074.

1619. *Prendre les ⁵/₇ de 3 jours 15 heures 19 m, et exprimer le résultat en jours, heures, minutes, secondes et fraction de seconde.*

Trois jours 15 h 19 m valent 5239 minutes.

Les $\frac{5}{7}$ de ce nombre donnent

$$\frac{5\,239 \times 5}{7} = \frac{26\,195}{7} = 2 \text{ j } 14\text{h } 22\text{m } 8\text{ s } \frac{4}{7}.$$

Rép. 2 j 14 h 22 m 8 s $\frac{4}{7}$.

1620. *La descente d'une montagne se fait ordinairement dans les 0,73 du temps employé à l'ascension. Une personne est descendue en 3 heures 57 minutes 12 secondes de l'hospice du mont Saint-Bernard. L'ascension s'est faite en 7 minutes pour 53 mèt. A quelle hauteur est situé cet hospice?*

Trois heures 57 m 12 s valent 14232 secondes.

Pour faire l'ascension, il a fallu $\dfrac{14\,232 \times 100}{73} = 19\,495$ s.

En une seconde on fait à la montée $\dfrac{53}{7 \times 60} = \dfrac{53}{420}$ m.

En 19495 s, on a fait $\dfrac{53 \times 19\,495}{420} = 2\,460$ mètres.

Rép. 2460 mètres.

1621. *Un voyageur fait 5 kilomètres à l'heure, et un second en fait 6 en 80 minutes. Quel est celui qui marche le plus vite, et combien fait-il de chemin de plus que l'autre en 2 heures 30 minutes?*

Le premier voyageur fait $\dfrac{5}{60}$ ou $\dfrac{1}{12}$ de kilom à la minute,

et le deuxième $\dfrac{6}{80} = \dfrac{3}{40}$.

En une minute, le premier fait $\dfrac{1}{12} - \dfrac{3}{40} = \dfrac{1}{120}$ de kilom de plus que le deuxième.

En 2 h 30 m ou 150 m, il fera $\dfrac{1 \times 150}{120}$ ou 1 km 250 de plus que le deuxième.

Rép. Le premier fait 1 km 250 de plus que le deuxième.

1622. *Une locomotive parcourt 1 284 mètres en une minute $\frac{1}{2}$: combien aura-t-elle parcouru de myriamètres et de subdivisions de myriamètre en une heure 35 m 15 s?*

La locomotive parcourt $\dfrac{1\,284 \times 2}{3} = 856$ m à la minute.

En 1 h 35 m $\dfrac{1}{4}$ ou $\dfrac{381}{4}$ de minute, elle parcourt

$$\dfrac{856 \times 381}{4} = 81\,534 \text{ mètres ou } 8 \text{ myriamètres } 1\,534.$$

Rép. 8 myriam 1 534.

1623. *Un train de chemin de fer doit aller de Paris à Lyon (512 kilomètres) avec une vitesse de 32 kilomètres à l'heure. Parvenu aux $\frac{3}{4}$ de sa course, le mécanicien augmente de 5 km par heure la vitesse du train. A quelle heure le train arrivera-t-il à Lyon? Le départ de Paris a eu lieu à 5 heures 30 m du soir.*

Les $\dfrac{3}{4}$ de la route valent $\dfrac{512 \times 3}{4} = 384$ kilomètres; il reste à faire 128 km.

Pour faire les 384 km, il a fallu $\dfrac{384}{32} = 12$ heures.

Pour faire les 128 km, il faudra $\dfrac{128}{37} = 3$ h 27 m $\dfrac{21}{37}$.

On arrive aux $\dfrac{3}{4}$ de la route à 5 h 30 m du matin; le train arrivera à Lyon à 5 h 30 + 3 h 27 $\dfrac{21}{37} = 8$ h 57 m $\dfrac{21}{37}$.

Rép. 8 h 57 m 34 s du matin.

1624. *Un courrier, parcourant 10 kilomètres $\frac{1}{2}$ à l'heure, est parti depuis 3 heures, lorsqu'on envoie à sa poursuite un autre courrier qui parcourt 13 kilom à l'heure. En combien d'heures et de minutes le deuxième atteindra-t-il le premier?*

Le premier courrier a déjà fait $10\,500 \times 3 = 31\,500$ m quand le second se met en route.

Le second fait, par heure, $13\,000 - 10\,500 = 2\,500$ m de plus que le premier.

Pour gagner 31 500 m, il lui faudra $\dfrac{31\,500}{2\,500} = 12$ h 36 m

Rép. 12 heures 36 minutes.

1625. *Deux trains partent de Marseille, l'un à 6 heures du matin et l'autre à 7 heures 16 m du matin. Le premier fait 32 kilomètres à l'heure et l'autre 40 kilomètres, arrêts ordinaires compris. A quelle heure et à quelle distance de Marseille le deuxième train atteindra-t-il le premier ?*

Le 1er train a déjà marché pendant 1 h 16 m ou 76 m quand le 2e se met en route; il a déjà fait $\dfrac{32 \times 76}{60} = \dfrac{608}{15}$ de km.

Le 2e fait par heure $40 - 32 = 8$ km de plus que le 1er.

Pour faire $\dfrac{608}{15}$ de kilom de plus que le 1er, il lui faudra

$$\dfrac{608}{15 \times 8} = \dfrac{76}{15} \text{ d'h ou } 5 \text{ h } 4 \text{ m.}$$

Le 2e train atteindra le 1er à 7 h 16 + 5 h 4 = midi 20 m.

Il aura fait $\dfrac{40 \times 76}{15}$ ou 202 km $\dfrac{2}{3}$.

Rép. 1° Midi 20 m; 2° 202 km $\dfrac{2}{3}$.

1626. *Deux trains de chemin de fer parcourent la même distance, le premier en 6 heures 25 minutes et le second en 7 heures, et le premier fait 3 kilomètres à l'heure de plus que le second. On demande le nombre de kilomètres que chaque train fait à l'heure, et la distance parcourue.*

En 6 h 25 m ou $\dfrac{385}{60}$ d'h. le 1er train a fait $\dfrac{385 \times 3}{60} = 19$ km 25 de plus que le second.

Pour parcourir cette distance, le 2e met $7 - 6$ h 25 ou 35 m.

En une heure, il fait donc $\dfrac{19,25 \times 60}{35}$ ou 33 km.

Le premier fait 36 km à l'heure.

La distance parcourue est $33 \times 7 = 231$ km.

Rép. 36 km et 33 km à l'heure; distance 231 km.

1627. *Un train direct part de Paris pour Marseille à 6 heures 30 m du matin, et passe à Dijon à 2 heures 20 m du soir. Un autre train direct part de Marseille pour Paris à 7 heures 15 m du matin, et passe à Avignon à 10 h 50 m. La distance de Paris à Marseille est de 863 kilom., celle de Paris à Dijon de 315 kilom., celle de Marseille à Avignon de 120 kilomètres. En supposant que chacun de ces trains conserve sa vitesse primitive, à quelle heure et à quelle distance de Paris les deux trains se rencontreront-ils ?*

De 6 h 30 m du matin à 2 h 20 du soir, il y a
$$5 \text{ h } 30 + 2 \text{ h } 20 = 7 \text{ h } 50 \text{ m.}$$

Le train de Paris fait $\dfrac{315}{7 \text{ h } 50} = \dfrac{315 \times 6}{47} = \dfrac{1890}{47}$ km par heure.

A 7 h 15, il a déjà fait $\dfrac{1890}{47} \times \dfrac{45}{60} = \dfrac{2835}{94}$ de km.

La distance qui sépare les deux trains au départ de celui de Marseille est $803 - \dfrac{2833}{94} = \dfrac{78287}{94}$ km.

De 7 h 15 m à 10 h 50 m, il y a 3 h 35 m ou $\dfrac{43}{12}$ d'heure.

Le train parti de Marseille fait $\dfrac{120 \times 12}{43} = \dfrac{1440}{43}$ km par heure.

En une heure les deux trains se rapprochent de
$$\dfrac{1800}{47} + \dfrac{1440}{43} = \dfrac{148950}{2021}.$$

Pour se rapprocher de $\dfrac{78287}{94}$ km, ils mettront
$$\dfrac{78287 \times 2021}{94 \times 148950} = 11 \text{ h } 18 \text{ m}.$$

Les trains se rencontreront à 7 h 15 m $+$ 11 h 18 m ou 6 h 33 m du soir.

Le train de Paris a marché pendant 12 heures 3 m, il a fait
$$\dfrac{1890}{47} \times \dfrac{241}{20} = 484 \text{ km } 563.$$

Rép. 6 h 33 m du soir; à 484 km 563 de Paris.

1628. *Une locomotive part de Paris à 6 heures 37 minutes du matin; elle parcourt 40 kilomètres par heure. A quelle heure une deuxième locomotive doit-elle partir de Marseille avec une vitesse de 39 kilomètres, et à quelle heure une troisième locomotive doit-elle partir de Genève avec une vitesse de 21 kilomètres, pour qu'elles arrivent toutes les trois en même temps à Mâcon?*
La distance de Paris à Mâcon est de 441 kilomètres.

| » | *de Marseille* | » | 422 | » |
| » | *de Genève* | » | 185 | » |

Donner les résultats à moins d'une demi-minute.

Le train de Paris met $\dfrac{441}{40}$ ou 11 h 1 m 30 s pour se rendre à Mâcon.

Le train de Marseille met $\dfrac{422}{39}$ ou 10 h 49 m 13 s pour se rendre à Mâcon.

Le train de Genève met $\dfrac{185}{21}$ ou 8 h 48 m 34 s pour se rendre à Mâcon.

Le train de Paris arrivera à Mâcon à 6 h 37 m $+$ 11 h 1 m 30 s ou à 5 h 38 m 30 s du soir.

Le train de Marseille devra partir à
5 h 38 m 30 s du soir — 10 h 49 m 13 s ou à 6 h 49 m 17 s du matin.

Le train de Genève devra partir à
5 h 38 m 30 s du soir — 8 h 48 m 34 s ou à 8 h 49 m 56 s du matin.

Rép. Le train de Marseille à 6 h 49 m du matin; celui de Genève à 8 h 50 m du matin.

1629. *Deux pendules que l'on avait mises à l'heure véritable quelques jours avant le 3 mars 1898, marquaient à cette dernière date, à 11 heures 48 m du soir, l'une minuit 13 m 16 s 8 et l'autre 11 h 5 m 52 s du soir. Calculer la date et l'heure où elles avaient été mises d'accord, sachant que l'avance de l'une était de 5 m 3/4 en 28 heures 3/4, et que l'autre retardait de 12 m 30 s en 37 heures 1/2.*

La première pendule a avancé de
$$12\,h\ 13\,m\ 16\,s\ 8 - 11\,h\ 48\,m = 25\,m\ 16\,s\ 8.$$

Elle avance de $5\,m\ \dfrac{3}{4} : 28\,h\ \dfrac{3}{4}$ ou $\dfrac{1}{5}$ de minute par heure.

Pour avancer de 25 m 16 s 8, elle a mis $25\,m\ 16\,s\ 8 : \dfrac{1}{5}$

ou $\qquad (25\,m\ 16\,s\ 8)\,5 = 126\,h\ 24\,m$ ou 5 j 6 h 24 m.

Elles avaient été mises à l'heure le 26 février 1898, à 5 h 24 m du soir.

Rép. Le 26 février 1898, à 5 h 24 m du soir.

Remarque. Il était inutile de donner en même temps l'avance d'une pendule et le retard de l'autre; l'une de ces données est suffisante. Si l'on se sert du retard on trouvera également qu'il a fallu 126 h 24 minutes.

1630. *Un train express part de Paris à 7 heures 15 m du soir, et doit arriver à Lyon à 4 h 53 m du matin. Un autre train express part de Lyon à la même heure, 7 heures 15 m du soir, et se dirige sur Paris, où il doit arriver à 5 h 10 m du matin. On demande les vitesses moyennes de ces trains, et à quelle heure et à quelle distance de Paris et de Lyon ils se rencontreront. On sait que la distance de Paris à Lyon est de 512 kilom.*

Le train de Paris met 9 h 38 m pour faire le trajet, celui de Lyon met 9 h 55 m.

Le train parti de Paris fait
$$512 : 9\,h\ 38\,m = \frac{512 \times 30}{289} \text{ ou } 53\,km\ 1\,487 \text{ par heure.}$$

Le train parti de Lyon fait
$$512 : 9\,h\ 55\,m = \frac{512 \times 12}{119} \text{ ou } 51\,km\ 6302 \text{ par heure.}$$

Ils se rencontreront après $\dfrac{512}{53,1487 + 51,6302}$ ou 4 h 53 m de marche, c'est-à-dire à 7 h 15 + 4 h 53 ou à minuit 8.

Le train de Paris aura parcouru
$$53,1487 \times 4\,h\ 53\,m = 259\,km\ 5428.$$

Le train de Lyon $512 - 259,5428 = 252\,km\ 4572.$

Rép. 53 km 148 et 51 km 630, à minuit 8 m; à 259 km 542 de Paris et 252 km 457 de Lyon.

1631. *Le train express qui part de Nancy à 10 heures 20 m du matin arrive à Paris à 5 heures du soir. L'express qui part de Paris à 9 heures 20 m du matin arrive à Nancy à 3 h 52 m du soir. La distance de Paris à Nancy étant de 353 kilomètres, on demande : 1° à quelle heure et à quelle distance de Paris les* *deux trains se rencontreraient s'ils n'avaient point d'arrêt; 2° à quelle distance d'Épernay, qui est à 142 kilomètres de Paris, se trouve l'express de Paris, au moment où celui de Nancy quitte Bar-le-Duc, qui est distant de Nancy de 99 kilomètres. Le train de Paris n'a point d'arrêt avant d'arriver à Épernay, où il stationne 20 minutes, et celui de Nancy s'arrête 5 minutes à Frouard et 6 minutes à Bar-le-Duc.*

1° L'express de Nancy met 1 h 40 m + 5 h = 6 h 40 minutes ou $\frac{20}{3}$ d'heure pour faire le trajet; il fait $\frac{353 \times 3}{20} = 52$ km 95 par heure.

L'express de Paris met 2 h 40 + 3 h 52 = 6 h 32 m ou $\frac{98}{15}$ d'heure; en une heure, il fait $\frac{353 \times 15}{98} = 54$ km 03.

A 10 h 20 m, l'express de Paris a déjà fait 54 km 03; les deux trains sont distants de 353 — 54,03 = 298 km 97.

En une heure, ils se rapprochent de 54,03 + 52,95 = 106 km 98.

Ils se rencontreront dans $\frac{298,97}{106,98}$ ou 2 h 47 m $\frac{2}{3}$, c'est-à-dire à 10 h 20 + 2 h 47 $\frac{2}{3}$ ou à 1 h 7 m $\frac{2}{3}$, soit 1 h 8 m du soir.

Pendant $\frac{29897}{10698}$ d'heure, le train de Paris a fait

$$54,03 \times \frac{29897}{10698} \text{ ou } 150 \text{ km } 994.$$

La rencontre a eu lieu à 54,03 + 150,994 ou 205 km 024 de Paris.

2° Nous supposons que les deux trains s'arrêtent 20 minutes à Épernay, 6 m à Bar-le-Duc et 5 m à Frouard, soit en totalité 20 + 6 + 5 = 31 m, et qu'ils arrivent à destination aux heures indiquées dans le problème.

L'express de Nancy met 6 h 40 — 31 m = 6 h 9 m ou $\frac{369}{60}$ d'h pour faire le trajet.

Pour faire 99 km, il met $\frac{369 \times 99}{60 \times 353}$ ou 1 h 53 m 29 s; il part de Bar-le-Duc à 10 h 20 m + 1 h 53 m + 11 m ou midi 24 m.

L'express de Paris met 6 h 32 m — 31 m = 6 h 1 m ou 361 m; il fait $\frac{353}{361}$ km par minute.

Pour faire 142 km, il met $\frac{142 \times 361}{353}$ ou 2 h 25 m 13 s.

Il part d'Épernay à 9 h 20 + 2 h 25 + 20 m = midi 5 m; il marchera pendant 12 h 24 — 12 h 5 ou 19 m, jusqu'au départ de Bar-le-Duc de l'express de Nancy.

Il fera pendant 19 m $\frac{353 \times 19}{361} = 18$ km 578.

Rép. 1° A 1 h 8 m, 205 km 024 de Paris; 2° à 18 km 578 d'Épernay.

1632. *Deux trains, partant de Lyon et se dirigeant vers Paris, parcourent la distance qui sépare ces deux villes, 512 kilom, l'un en 16 heures 40 minutes, et l'autre en 13 heures 20 minutes. Le premier quitte la gare de Lyon à 5 heures 25 m, et l'autre à 7 heures 10 m du matin. On demande à quelle distance de Lyon et à quelle heure aura lieu leur rencontre.*

Le train de 5 h 25 m fait par heure $512 : 16\frac{2}{3} = 30$ km 72 par heure.

L'autre fait $512 : 13\frac{1}{3} = 38$ km 4, c'est-à-dire $38,4 - 30,72 = 7$ km 68 de plus par heure.

Le premier a déjà fait $30,72 \times 1\frac{3}{4} = 53$ km 76 à 7 h 10 m.

Pour faire 53 km 76 de plus, il faut au 2ᵉ $\dfrac{53,76}{7,68}$ ou 7 heures

Il a fait $38,4 \times 7 = 268$ km 8.

Il est 7 h 10 + 7 h ou 2 h 10 m du soir.

   Rép. A 268 km 8 de Lyon; 2 h 10 m du soir.

1633. *Un homme part à 5 heures 50 m du matin, et parcourt 5800 mètres par heure; il est suivi par un cavalier, qui ne part que 2 h 5 minutes plus tard, et qui parcourt 10020 mètres par heure. A quelle distance du point de départ et à quelle heure le cavalier atteindra-t-il le piéton?*

A 5 h 50 m + 2 h 5 m ou 7 h 55 m le piéton a déjà fait

$$5800 \times 2\frac{1}{12} = \frac{36250}{3} \text{ m.}$$

Le cavalier fait $10020 - 5800 = 4220$ m de plus par heure.

Pour atteindre le piéton, le cavalier mettra

$$\frac{36250}{3} : 4220 = \frac{3625}{1266} = 2\text{ h }51\text{ m }\frac{8}{10}, \text{ soit } 2\text{ h }52\text{ m.}$$

Il aura fait 10020×2 h 52 m $= 28691$ m.

Il sera 7 h 55 m + 2 h 52 = 10 h 47 m.

   Rép. 28 km 691; 10 h 47 m.

1634. *Un marchand de Paris est appelé pour ses affaires à Bordeaux; chaque heure de retard jusqu'à son arrivée lui coûte 2 fr 75. En prenant un train express, il pourra partir à 10 h 45 m du matin, il arrivera à Bordeaux à 10 heures 18 m du soir, et le trajet lui coûtera 71 fr 20. En prenant un train ordinaire, il partira de Paris à 11 heures 45 m du matin, il arrivera à Bordeaux le lendemain à 4 heures 49 m du matin, et le trajet lui coûtera 53 fr 40. Quelle est la voie la plus économique, et à combien s'élèvera la dépense totale?*

Si le voyageur prend l'express, le voyage coûtera

     $71,2 + (2,75 \times 11$ h 33 m) ou 102 fr 95.

S'il prend le train omnibus, il arrivera 6 h 31 m plus tard; le voyage lui coûtera $53,40 + (2,75 \times 18$ h 4 m) ou 103 fr 10.

   Rép. L'express est plus économique; dépense totale 102 fr 95.

1635. *On demande quelle est la distance qui sépare un observateur du point de l'atmosphère où a jailli une étincelle électrique, sachant qu'il s'est écoulé 8 secondes entre l'apparition de l'éclair et l'audition du premier coup de tonnerre, la température étant de 29°. On admet que la vitesse du son dans l'air à la température de 10° est de 337 m 2 par seconde, et qu'elle s'accroît de $^5/_6$ de mètre par chaque augmentation de 1° dans la température.*

L'augmentation de la vitesse égale $\dfrac{5 \times 19}{6} = \dfrac{95}{6}$ m.

A 29°, la vitesse est donc $337,2 + \dfrac{95}{6} = \dfrac{2118,2}{6}$ m.

L'observateur est à $\dfrac{2118,2 \times 8}{6} = 2\,824$ m 26.

Rép. 2 824 m 26.

1636. *Un voyageur a vingt-neuf étapes à faire; chaque étape lui prendra 5 heures 46 minutes 16 secondes. On demande : 1° combien de jours il restera en route, sachant que chaque jour il fait une étape $^5/_9$; 2° pendant combien de temps il a marché, 3° pendant combien de temps il s'est reposé; 4° quelle distance il a parcourue, sachant qu'il a fait, en marchant, en moyenne 5 kilomètres $^3/_4$ à l'heure.*

1° Pour faire 29 étapes, le voyageur mettra

$$29 : 1\frac{5}{9} = 18 \text{ j } \frac{9}{14}\text{ , soit 18 j 5 h 46 m 16 s.}$$

2° Il a marché (5 h 46 m 16 s) $\times$ 29 $=$ 167 h 21 m 44 s.

3° Chaque jour il marchait (5 h 46 m 16 s) $\dfrac{14}{9}$ ou $\dfrac{290\,864}{9}$ s.

Il se reposait chaque jour pendant

$$24 \text{ h} - \frac{290\,864}{9} = \frac{777\,600 - 290\,864}{9} = \frac{486\,736}{9}\text{ s.}$$

Il s'est reposé en tout $\dfrac{486\,736 \times 18}{9}$ ou 270 h 24 m 32 s.

4° Il a parcouru

$$5 \text{ km } 750 \times (167 \text{ h } 21 \text{ m } 44 \text{ s}) = 5,750 \times \frac{602\,504}{3\,600} = 962 \text{ km } 332.$$

Rép. 1° 18 j 5 h 46 m 16 s; 2° 167 h 21 m 44 s; 3° 270 h 24 m 32 s; 4° 962 km 332.

1637. *Une montre est mise à l'heure à midi; elle avance de 11 minutes en 24 heures. Quelle heure sera-t-il quand elle marquera 7 heures le lendemain matin ?*

En une heure la montre avance de $\dfrac{11}{24}$ de minute.

Elle marque $60 + \dfrac{11}{24}$ ou $\dfrac{1\,451}{24}$ de minute par heure.

La montre a marqué sur le cadran $12 + 7$ ou 19 heures.

Elle a avancé de $\dfrac{11 \times 24 \times 60 \times 19}{24 \times 1\,451} = 8$ m 38 s 5.

Il est 7 h $-$ 8 m 38 s 5 ou 6 h 51 m 21 s 5.

Rép. 6 h 51 m 21 s 5.

1638. *Un voyageur demande à la gare de Strasbourg un billet pour Mayence; il donne 25 fr, on lui rend 2 thalers et 8 centimes. Au retour, il donne 5 thalers, on lui rend 1 fr 05. Quelle est la valeur du thaler en francs et centimes?*

Si le billet coûtait 1 franc 05 de plus, il faudrait donner $(25 - 0,08) + 1,05$ ou 25 fr 97, pour qu'il fût rendu 2 thalers; d'autre part, le prix de la place serait 5 thalers.

Les 25 fr 97 sont donc le prix de 7 thalers.

Un thaler vaut $25,97 : 7 = 3$ fr 71.

Rép. 3 fr 71.

Soit x la valeur d'un thaler, on aura
$$5x - 1,05 = 25 - 0,08 - 2x$$
ou
$$7x = 25,97$$
d'où
$$x = 25,97 : 7 = 3 \text{ fr } 71.$$

1639. *La distance de deux villes situées sur le même méridien est de 84 400 mètres. On demande le nombre de degrés, minutes et secondes que comprend l'arc de méridien qui joint ces deux villes.*

On sait que la longueur d'un méridien est de 40 000 km. Le degré, qui est la 360° partie du méridien, vaut :
$$\frac{40\,000}{360} = \frac{1\,000}{9} \text{ km.}$$

Autant de fois la longueur du degré sera contenue dans la distance des deux villes, autant de degrés vaudra l'arc du méridien qui les joint;
$$\text{soit } 84,4 : \frac{1\,000}{9} = \frac{84,4 \times 9}{1\,000} = 0° \, 45' \, 34'' \, 56.$$

Rép. L'arc du méridien a $0° \, 45' \, 34'', 56$.

1640. *Lyon et Clermont sont sensiblement sur le même parallèle. La longitude de Lyon est de $2° \, 29' \, 10''$; celle de Clermont est de $44' \, 57''$, toutes deux à l'est. Quand il est midi à Lyon, quelle heure est-il à Clermont?*

La différence des longitudes est de
$$2° \, 29' \, 10'' - 44' \, 57'' = 1° \, 44' \, 13''.$$
La différence d'heure est (Probl. 879).
$$(1° \, 44' \, 13'') \, 4 \text{ m} = 6 \text{ m } 56 \text{ s } 52 \text{ t.}$$
Il est à Clermont midi $- 6$ m 56 s 52 t $= 11$ h 53 m 3 s 8 t.

Rép. 11 h 53 m 3 s.

1641. *La longitude de Remiremont est de $4° \, 1' \, 18''$ orientale; celle de Quimper est de $6° \, 26' \, 26''$ occidentale. Sur le parallèle de Remiremont à Quimper les degrés sont les 0,744 des degrés de l'équateur. On demande, en kilomètres, la distance de Remiremont à Quimper.*

Différence des longitudes $4° \, 1' \, 18'' + 6° \, 26' \, 26'' = 10° \, 27' \, 44''$.

De Remiremont à Quimper

il y a $\dfrac{40\,000}{360} \times 0,744 \times 10° \, 27' \, 44'' = 864 \text{ km } 876.$

Rép. 864 km 876.

1642. *La longitude de Corte (Corse) est de 6° 49' (est); la longitude de Brest est de 6° 49' 42" (ouest). On demande: 1° quelle heure il est à Brest quand il est midi à Corte; 2° quelle heure il est à Corte quand il est midi à Brest; 3° quelle heure il est à Brest et à Corte quand il est midi à Paris.*

Différence de longitude 6° 49' + 6° 49' 42" = 13° 38' 42".

DIFFÉRENCE D'HEURE

entre   Paris et Brest (6° 49' 42") × 4 = 27 m 18 s 48 t.
entre   Paris et Corte (6° 49') × 4 = 27 m 16 s.
entre   Corte et Brest 27 m 18 s 48 t + 27 m 16 s = 54 m 34 s 48 t.

QUAND IL EST MIDI

1°   à Corte, il est 12 — 54 m 34 s 48 t = 11 h 5 m 25 s 12 t à Brest.
2°   à Brest, il est midi 54 m 34 s 48 t à Corte.
3°   à Paris, il est midi 27 m 16 s à Corte.
»   il est 12 — 27 m 18 s 48 t = 11 h 32 m 41 s 12 t à Brest.

Rép. 1° 11 h 5 m 25 s; 2° midi 54 m 34 s; 3° à Corte midi 27 m 16 s, à Brest 11 h 32 m 41 s.

1643. *Le département de l'Isère est compris entre 44° 43' et 45° 53' 20" de latitude septentrionale, et entre 2° 24' 42" et 4° 1' 15" de longitude orientale. 1° En supposant que les deux points extrêmes en latitude fussent sur le même méridien, quelle serait en kilomètres leur distance, comptée sur ce méridien? 2° Quelle heure est-il au point le plus oriental du département quand il est midi au point le plus occidental? 3° Quelle heure est-il à Paris quand il est midi à Grenoble? (La longitude orientale de Grenoble est 3° 23' 36"; les degrés de longitude sont comptés à partir du méridien de Paris.)*

Différence de latitude 45° 53' 20" — 44° 43' = 1° 10' 20".

1° Distance des points extrêmes en latitude
$$\frac{40\,000}{360} \times (1°\,10'20") = 130\ \text{km}\ 246.$$

Différence de longitude 4° 1' 15" — 2° 24' 42" = 1° 36' 33".
Différence d'heure entre les points extrêmes en longitude
$$(1°\,36'\,33") \times 4\ \text{m} = 6\ \text{m}\ 26\ \text{s}\ 12\ \text{t}.$$

2° Quand il est midi au point le plus occidental, il est midi 6 m 26 s 12 t au point le plus oriental.

3° Différence d'heure entre Paris et Grenoble
$$3°\,23'\,36" \times 4 = 13\ \text{m}\ 34\ \text{s}\ 24\ \text{t}.$$

Il est à Paris 12 h — 13 m 34 s 24 t ou 11 h 46 m 25 s 36 t quand il est midi à Grenoble.

Rép. 1° 130 km 246; 2° midi 6 m 26 s; 3° 11 h 46 m 25 s.

1644. *Un piéton, qui devait franchir une certaine distance en 12 jours, en marchant 8 heures par jour, perd une journée et demie avant de se mettre en route. Afin de compenser le temps* *perdu, il augmente sa vitesse de $^1/_8$ pendant les quatre premiers jours, puis la fatigue l'oblige à ralentir de $^1/_6$ la vitesse précédente. Combien d'heures et de minutes devra-t-il marcher chaque jour pendant le reste du temps, pour arriver au but à l'époque primitivement indiquée.*

Le piéton devait marcher pendant $12 \times 8 = 96$ heures; il aurait fait chaque jour $\dfrac{1}{12}$ de la route.

Sa vitesse sera d'abord les $\dfrac{6}{5}$ de ce qu'elle devait être, c'est-à-dire $\dfrac{1}{12} \times \dfrac{6}{5} = \dfrac{1}{10}$ par jour.

Il fera en 4 jours $\dfrac{1}{10} \times 4 = \dfrac{2}{5}$ de la route;

il lui en reste les $\dfrac{3}{5}$ à faire en $12 - 5\dfrac{1}{2}$ ou 6 j $\dfrac{1}{2}$,

soit $\dfrac{3}{5} : \dfrac{13}{2} = \dfrac{6}{65}$ de la route chaque jour.

La nouvelle vitesse du piéton est les $\dfrac{5}{6}$ de la précédente,

soit $\dfrac{1}{10} \times \dfrac{5}{6} = \dfrac{1}{12}$ par jour de 8 heures ou $\dfrac{1}{12 \times 8} = \dfrac{1}{96}$ par heure.

Pour faire $\dfrac{6}{65}$ par jour, il devra marcher

pendant $\dfrac{6}{65} : \dfrac{1}{96} = \dfrac{6 \times 96}{65}$ ou 8 h 51 m $\dfrac{9}{13}$, soit 8 h 52 m par jour.

Rép. 8 heures 52 minutes par jour.

1645. *On suppose que les deux planètes, Vénus et la terre, sont sur un même rayon, partant du soleil et du même côté, par rapport au soleil, de sorte que Vénus est entre la terre et le soleil, et l'on demande après combien de temps ce phénomène se reproduira sur ce même rayon. On sait que la terre accomplit sa révolution autour du soleil en 365 jours 2563744, tandis que Vénus accomplit la sienne en 224 jours 7007869. On devra exprimer le résultat trouvé en jours, heures, minutes et secondes.*

Le phénomène se reproduira dans un temps qui est le p. p. c. m. des nombres donnés.

Ces nombres n'ont pour commun diviseur que le nombre 9.

Le p. p. c. m. égale $365,2563744 \times \dfrac{224,7007869}{9}$ ou 9119 j 2660831.

Il s'écoulera $\dfrac{9119,2660831}{365,2563744}$ ou 24 ans 353 j 2 h 42 m 51 s.

Rép. 24 ans 353 j 2 h 40 m 42 s.

1646. *On a deux cadrans, l'un décimal, l'autre duodécimal. Quelle heure doit marquer le premier, lorsque le second indique 5 heures 17 minutes 29 secondes? Le cadran décimal est divisé en 10 heures, l'heure en 100 minutes, la minute en 100 secondes;*

11*

le cadran duodécimal est divisé en 12 heures, l'heure en 60 mi-nutes et la minute 60 secondes.

Les 5 heures du système duodécimal valent $\dfrac{10 \times 5}{12} = 4$ h 16 m $\dfrac{2}{3}$ du système décimal.

Les 17 minutes valent $\dfrac{100 \times 17}{60} = 28$ m $\dfrac{1}{3}$.

Les 29 secondes valent $\dfrac{100 \times 29}{60} = 48$ s $\dfrac{1}{3}$.

Les 5 h 17 m 29 s valent donc

$$4 \text{ h } 16 \text{ m } \dfrac{2}{3} + 28 \text{ m } \dfrac{1}{3} + 48 \text{ s } \dfrac{1}{3} \text{ ou } 4 \text{ h } 45 \text{ m } 48 \text{ s } \dfrac{1}{3}.$$

Rép. Le cadran décimal doit marquer 4 h 45 m 48 s $\dfrac{1}{3}$.

1647. *Une montre marque midi et 20 minutes. Quel est l'angle que forment les deux aiguilles?*
Même question pour 5 heures 10 m 20 s.

1° Pendant que la petite aiguille parcourt le $\dfrac{1}{12}$ du cadran ou 30°, la grande parcourt le cadran entier ou 360°; elle fait en plus $360 - 30 = 330°$ en 60 m, soit $\dfrac{330}{60} = \dfrac{11°}{2}$ par minute.

En 20 minutes elle devance la petite de $\dfrac{11}{2} \times 20 = 110°$.

2° A 5 heures les deux aiguilles sont distantes de $360 \times \dfrac{5}{12}$ ou 150°.

En une seconde la grande aiguille fait de plus que la petite $\dfrac{11}{2 \times 60} = \dfrac{11}{120}$ de degré.

En 10 m 20 s ou 620 s, elle fera de plus $\dfrac{11 \times 620}{120} = 56° 50'$.

A 5 h 10 m 20 s l'angle des aiguilles sera de $150° - 56° 50'$ ou 93° 10'.

Rép. 1° 110°; 2° 93° 10'.

1648. *Trouver la plus grande commune mesure entre un arc de 27° 15′ 12″ et la circonférence.*

$$360° = 1\,296\,000''; \quad 27° 15' 12'' = 98112''.$$

Rép. Le p. g. c. d. de ces deux nombres est 192″ ou 3′ 12″.
(Arith., n° 165.)

1649. *La lune décrit en un jour un arc de 13° 10′ 35″ sur son orbite supposé circulaire, tandis que le soleil ne décrit qu'un arc de 53′ 59″ sur son orbite également supposé circulaire; si les deux astres se meuvent dans le même plan, on demande quel temps s'écoulera entre deux passages de ces astres sur une même ligne droite les joignant à la terre.*

C'est le problème de la rencontre des aiguilles. (Probl. 647.)
$$13° 10' 35'' = 47435''; \quad 53' 59'' = 3239''; \quad 360° = 1\,296\,000''.$$

En 1 jour la lune parcourt $47435 - 3539 = 43896''$ de plus que le soleil.

Pour se retrouver dans les conditions données, la lune devra parcourir une circonférence de plus que le soleil.

Il s'écoulera donc $\dfrac{1 \times 1296000}{43896}$ ou 29 j 12 h 35 m 2 s.

Rép. 29 j 12 h 35 m 2 s.

§ V. — RÈGLES DE TROIS

1650. *Avec 13 kilogr 75 de fil, on a fabriqué une pièce de toile ayant 65 mètres de longueur sur 1 mètre 12 de largeur; combien faudra-t-il de kilogrammes de ce même fil pour fabriquer une pièce de toile de 41 m de longueur sur 1 m 24 de largeur?*

Pour $65 \times 1,12$ m carrés de toile, il faut 13 kg 75 de fil.

Pour $41 \times 1,24$ m carrés, il en faudra $\dfrac{13,75 \times 41 \times 1,24}{65 \times 1,12}$ ou 9 kg 602.

Rép. 9 kg 602.

1651. *Le prix d'un diamant est proportionnel au carré de son poids. On sait, d'autre part, qu'un diamant qui pèse 0 gr 2027 vaut 100 fr. Trouver, à 0 gr 001 près, le poids d'un diamant qui vaut 654 fr.*

On aura $\dfrac{654}{100} = \dfrac{x^2}{(0,2027)^2}$, ou $\sqrt{6,54} = \dfrac{x}{0,2027}$.

d'où $x = 0,2027 \times \sqrt{6,54} = 0$ gr 518 par défaut.

Rép. 0 gr 518.

1652. *Un double décalitre de blé pèse 15 kilogr 5. Il rend en farine 75 %. Deux kilogr de farine donnent 4 kilogr 5 de pain. Combien de grammes de pain consomme par jour celui qui consomme annuellement 22 décalitres de blé?*

Les 22 décalitres de blé pèsent $15,5 \times 11 = 170$ kg 5.

Ils donneront $170,5 \times 0,75 = 127$ kg 875 de farine.

et $\dfrac{4,5 \times 127,875}{2} = 287$ kg 71875 de pain.

La consommation journalière sera de $\dfrac{287718,75}{365} = 788$ **gr 27.**

Rép. 788 gr 27.

1653. *Un certain nombre d'ouvriers, travaillant 10 heures par jour pendant 15 jours, ont creusé un bassin mesurant 2 m 50 de hauteur, 4 m 5 de longueur et 3 m de largeur. Combien mettront-ils de jours en travaillant 8 heures par jour pour creuser un second bassin pouvant contenir 27000 litres?*

La contenance du bassin est de $2,5 \times 4,5 \times 3 = 33$ m c 750.

Pour un bassin de 27 mc il aurait fallu $\dfrac{15 \times 27}{33,75}$ jours aux ouvriers en travaillant 10 h par jour.

En travaillant 8 h par jour il leur faudra $\dfrac{15 \times 27 \times 10}{33,75 \times 8}$ ou 15 j.

Rép. 15 jours.

1654. *Trois hectolitres de minerai brut de fer donnent 2 hectol de minerai lavé; le mètre cube de minerai lavé pèse 1 800 kilogr, et fournit les* $^2/_5$ *de son poids de fonte de fer. Combien faut-il de mètres cubes de minerai brut pour alimenter annuellement un haut fourneau, donnant chaque jour 4 tonnes* $^1/_2$ *de fonte de fer? (Ce haut fourneau fonctionne le dimanche.)*

Le mètre cube de minerai lavé donne $1\,800 \times \dfrac{2}{5} = 720$ kg de fonte.

Pour avoir 4 500 kg de fonte, il faut $\dfrac{1 \times 4500}{720} = 6$ mc 25 de minerai lavé, ou $\dfrac{3}{2} \times 6,25 = 9$ mc 375 de minerai brut.

Pour alimenter annuellement le haut fourneau, il faut
$$9\,375 \times 365 = 3\,421 \text{ mc } 875.$$
Rép. 3 421 mc 875.

1655. *L'air pèse 773 fois moins que l'eau, et contient 21 %* *de son poids d'oxygène. Calculer, d'après cela, le poids de l'oxygène contenu dans une salle de 528 m cubes.*

Le litre d'air pèse $\dfrac{1}{773}$ kg et contient $\dfrac{0,21}{773}$ kg d'oxygène.

La salle contient $\dfrac{0,21 \times 528\,000}{773} = 143$ kg 441.

Rép. 143 kg 441.

1656. *Trouver deux nombres qui soient entre eux comme 30 est à 48, et dont le p. g. c. d. soit 21.*

Les nombres cherchés sont entre eux comme 30 est à 48 ou comme 5 est à 8.

Ces nombres sont $5 \times 21 = 105$, et $8 \times 21 = 168$, car ils ont pour p. g. c. d. 21. (Arith., n° 167.)

Et l'on a $\qquad \dfrac{105}{168} = \dfrac{5}{8} = \dfrac{5 \times 6}{8 \times 6}$ ou $\dfrac{30}{48}$.

Rép. 105 et 168.

1657. *Un litre d'eau de mer pèse 1026 gr, et contient 27 gr de sel. On demande à quel volume il faut réduire, par l'évapora-tion, 200 litres d'eau de mer pour que le nouveau liquide ren-ferme 15 p % de son poids de sel. Quelle quantité de houille fau-dra-t-il consommer pour l'évaporation de cette eau, sachant que 1 kilogr de houille donne 7 kilogr de vapeur?*

Les 200 litres d'eau de mer contiennent $27 \times 200 = 5\,400$ gr de sel.

Le nouveau liquide devra peser $\dfrac{5\,400 \times 100}{15} = 36\,000$ gr.

Il pesait $1\,026 \times 200 = 205\,200$ gr.

On devra faire évaporer 205 200 gr — 36 000 = 169 200 gr d'eau pure ou 169 lit 200.

Il reste 200 — 169,20 = 30 lit 80.

Il a fallu consommer $\dfrac{169,20}{7}$ = 24 kg 171 de houille.

Rép. 1° 30 lit 80 ; 2° 24 kg 171.

1658. *La poste se charge des envois d'argent moyennant une rétribution de un centime par franc. Si l'on a versé à la poste une somme de 3176 fr 45, quel est le montant du mandat ?*

On verse 101 centimes pour 1 fr.

Le mandat était donc de 317645 : 101 ou 3145 fr.

Rép. 3145 fr.

1659. *Sachant qu'en brûlant 100 kilogr de bois de chêne, on retire 3 kilogr de cendres, et que 15 kilogr de cendres renferment 1 kilogr de carbonate de potasse, on demande quel poids de carbonate de potasse on pourra retirer de l'incinération de 2540 kg 5 de bois de chêne.*

500 kg de bois donnent 15 kg de cendres d'où l'on retire 1 kg de carbonate.

Les 2540 kg 5 de bois donneront $\dfrac{2540,5}{500}$ = 5 kg 081 de carbonate.

Rép. 5 kg 081.

1660. *On demande combien il faudra d'acide sulfurique et de zinc pour gonfler un ballon de 123 mètres cubes de capacité, sachant : 1° qu'il faut 60 kilogr 75 d'acide sulfurique et 41 kilogr 25 de zinc additionnés d'eau pour obtenir 1 kilogr 25 d'hydrogène ; 2° que le litre d'hydrogène pèse 0 gr 089.*

Les 123 m c d'hydrogène pèseront 0,089 × 123000 = 10947 gr.

Il faudra $\dfrac{10,947 \times 60,75}{1,25}$ ou 532 kg 0242 d'acide sulfurique,

et $\dfrac{10,947 \times 41,25}{1,25}$ ou 361 kg 251 de zinc.

Rép. 532 kg 0242 d'acide sulfurique et 361 kg 251 de zinc.

1661. *Une personne achète une propriété qui lui revient à 40000 francs tout compris. Les droits d'enregistrement s'élèvent à 5,50 p % du prix d'achat, et en plus le double décime ; les honoraires du notaire, à 0,75 p % du prix d'achat. Quels sont : 1° le prix d'achat porté sur le contrat ; 2° les droits d'enregistrement ; 3° les honoraires du notaire ?*

Pour 100 fr on paye 100 + 5,5 + (5,5 × 0,2) + 0,75 = 107 fr 35.

Prix d'achat de la propriété $\dfrac{40000 \times 100}{107,35}$ ou 37261 fr 30.

Droits d'enregistrement 6,6 × 372,613 = 2459 fr 25

Honoraires du notaire 0,75 × 372,613 = 279 fr 45.

Rép. 1° 37261 fr 3 ; 2° 2459 fr 25 ; 3° 279 fr 45.

Remarque. Le double décime est un impôt de 2 décimes, ou 0 fr 2 par franc sur les droits d'enregistrement.

1662. *Cent soixante-cinq kilogr de siliques vides de colza équivalent dans l'alimentation du bétail à 100 kilogr de foin des prairies naturelles ; 100 kilogr de graines de colza sont accompagnés de 80 kilogr environ de siliques vides. A quel poids de foin équivalent les siliques vides d'une récolte de colza qui a produit 1600 kilogr de graines ?*

Les 1600 kg de graines correspondent à $80 \times 16 = 1280$ kg de siliques vides.

Ces siliques équivalent à $\dfrac{100 \times 1280}{165} = 775$ kg 757 de foin.

Rép. 775 kg 757 de foin.

1663. *Un négociant déclaré en faillite ne peut payer que 31 % à ses créanciers ; avec 5000 fr de plus, il pourrait payer les $4/7$ de ce qu'il doit. Quel est son actif ? quel est son passif ?*

Les 5000 fr. sont la différence entre les $\dfrac{4}{7}$ et les $\dfrac{31}{100}$ du passif,

soit $\dfrac{183}{700}$.

Le passif égale $\dfrac{5000 \times 700}{183} = 19125$ fr 68, soit 19125 fr 70.

L'actif est les $\dfrac{31}{100}$ du passif ou $\dfrac{19125,68 \times 31}{100} = 5928$ fr 96.

Rép. Passif 19125 fr 70 ; actif 5928 fr 95.

1664. *On a un vase rempli d'un mélange pesant 7 kilogr, et composé d'eau-de-vie et d'eau distillée. On demande le poids de l'eau distillée qui remplirait ce vase, sachant que le mélange contient quatre fois autant d'eau-de-vie que d'eau, et que le poids de l'eau-de-vie est, à volume égal, les $^{19}/_{30}$ du poids de l'eau pure.*

Un litre d'eau-de-vie pèse $\dfrac{19}{30}$ de kg ;

4 litres pèseront $\dfrac{19 \times 4}{30} = \dfrac{76}{30}$ kg.

Cinq litres du mélange pèseront $1 + \dfrac{76}{30} = \dfrac{106}{30}$ kg.

Le vase contient $\dfrac{5 \times 30 \times 7}{106}$ ou 9 lit 905.

Rép. L'eau qui remplirait ce vase pèserait 9 kg 905.

1665. *Pour faire de la confiture de coings, on met dans un chaudron des coings épluchés, du sucre et de l'eau, dont les poids sont entre eux comme les nombres 5, 4 et 3, puis on fait bouillir jusqu'à ce qu'il se soit évaporé un poids d'eau égal à $^1/_6$ du poids total. Dire combien vaut le kilogramme de cette confiture, sachant que les coings reviennent tout épluchés à 0 fr 75 le kilogramme, que le sucre coûte 1 fr 60 le kilogr et qu'il faut dépenser 0 fr 40 de charbon pour faire évaporer un litre d'eau.*

Cinq kg de coings valent $0,75 \times 5 = 3$ fr 75,

et 4 kg de sucre $1,6 \times 4 = 6$ fr 40.

On fera évaporer $\dfrac{5+4+3}{6} = \dfrac{12}{6} = 2$ kg ou 2 lit d'eau.

Les $12 - 2 = 10$ kg de confiture coûtent
$$3,75 + 6,40 + (0,4 \times 2) \text{ ou } 1 \text{ fr } 095.$$

Rép. Le kilogr de confiture coûte 1 fr 095, soit 10 fr 95.

1666. *Un marchand de toile en gros vient d'acheter une provision de feuilles de papier timbré pour effets de commerce. Il en a pris de deux espèces : 1° de 0 à 100 fr, à 0 fr 05 l'une; 2° de 300 à 400 fr, à 0 fr 20 l'une. On demande le nombre de feuilles de chaque espèce, sachant que ces nombres sont dans le rapport de 2 à 5, et que le coût total est de 26 fr 40.*

Les nombres cherchés sont des équimultiples de 2 et de 5.

Deux feuilles à 0,05 valent 0 fr 1 ; 5 feuilles à 0,2 valent 1 fr.

S'il y avait 2 feuilles à 0 fr 05 et 5 feuilles à 0 fr 2, le coût serait 1 fr 10.

On a payé $\dfrac{26,40}{1,1}$ ou 24 fois plus.

Il y avait $2 \times 24 = 48$ feuilles à 0 fr 05 et $5 \times 24 = 120$ feuilles à 0 fr 20.

Rép. 48 feuilles à 0 fr 05 et 120 à 0 fr 20.

1667. *A 28 mètres au-dessous du sol, à Paris, la température est constante et égale à 11° 7 dixièmes centigrades; à 505 m au-dessous du sol, la température est égale à 27° 33 centièmes. En admettant que l'accroissement de la température soit proportionnel à la quantité dont on s'enfonce au-dessous de la couche invariable, on demande à quelle profondeur la température sera 100°. On devra d'ailleurs chercher quelle serait dans cette hypothèse la température du centre de la terre.*

Pour $505 - 28 = 477$ m la température augmente de $27,33 - 11,70$ ou 15°, 63.

Pour que la température augmente de $100 - 11,7 = 88° 3$, il faut une profondeur de $\dfrac{477 \times 88,3}{15,63}$ ou 2694 m 76.

La température sera 100° à $28 + 2694,76 = 2722$ m 76.

Le rayon de la terre est (Arith., n° 579) $r = \dfrac{40000000}{2 \times 3,1416}$ m,

soit   6366182 m 8.

Le centre de la terre est à $6366182,8 - 28 = 6366154$ m 8 au-dessous de la température constante.

Pour cette profondeur, la température augmenterait

de $\dfrac{15,63 \times 6366154,8}{477} = 208601°,67.$

La température du centre de la terre serait
$$11°7 + 208601°,67 = 208613° 37.$$

Rép. 1° 2722 m 76; 2° 208613° 37.

1668. *Les caves de l'Observatoire de Paris, situées à 27 m 6 au-dessous du sol, ont une température constante de 11° 82; d'autre* part, la température du puits de Grenelle, qui est situé à 548 m au-dessous du sol, est de 27° 7. D'après cela, on demande de quelle profondeur proviendrait, dans un terrain assimilable géologiquement au bassin de Paris, une source d'eau chaude dont la température serait de 42° 8. On admet que l'accroissement de température, à partir de la couche à température constante, est proportionnel à la quantité dont on s'enfonce au-dessous de cette couche.

Pour une profondeur de $548 - 27,60 = 520$ m 4, la température augmente de $27° 7 - 11° 82 = 15° 88$.

Elle augmentera de $42,8 - 11,82 = 30° 98$ pour une profondeur de
$$\frac{520,4 \times 30,98}{15,88} = 1\,015 \text{ m } 23.$$

La source proviendrait de $1\,015,23 + 27,6 = 1\,042$ m 83 de profondeur.

Rép. 1 042 m 83.

1669. *On achète deux coupons de toile de même longueur pour faire trois douzaines de chemises, à raison de 3 m 25 par chemise. Avant de couper la toile, on la met dans l'eau, puis on la fait sécher. On constate alors que les deux coupons n'ont plus que 56 m 70 et 54 m 90. On demande quelle est la perte subie p % sur la longueur, sachant que la toile a coûté 315 fr 90.*

On a acheté $3,25 \times 36 = 117$ m de toile.

Après le mouillage il y en a $56,7 + 54,90 = 111$ m 6.

Il y a eu diminution totale de $117 - 111,6 = 5$ m 4;

et sur 100 m $\dfrac{5,4 \times 100}{117} = 4$ m 61.

Rép. 4 m 61.

Remarque. La toile n'a pas perdu de sa valeur, elle perd seulement de sa longueur. Le prix de la toile est donc inutile.

1670. *On sait que, dans un même lieu, les durées des oscillations du pendule simple sont proportionnelles aux racines carrées des longueurs des pendules. Cela posé, un pendule, dont la longueur est 993 millim 856, fait à Paris une oscillation par seconde : combien faudra-t-il de secondes à un pendule, dont la longueur serait 875 millim 48, pour faire 100 oscillations ?*

Soit x le temps que met le second pendule pour faire une oscillation.

On aura $\dfrac{\sqrt{993,856}}{\sqrt{875,48}} = \dfrac{1}{x}$, ou $x = \sqrt{\dfrac{875,48}{993,856}} = 0$ s 9385.

Rép. Pour faire 100 oscillations ce pendule mettra 93 s 85.

1671. *Un pain de froment ayant un poids de 3 kilogr 760 lorsqu'on l'a tiré du four, n'a pesé que 3 kilogr 730 vingt-quatre heures après. Six jours après avoir été défourné, il ne pesait plus que 3 kilogr 690. 1° Combien ce pain aurait-il dû peser, lorsqu'on l'a tiré du four, pour conserver après vingt-quatre heures un poids de 4 kilogr ? 2° combien le même pain aurait-il pesé six jours après avoir été défourné ?*

Pour avoir 4 kg après 24 heures, le pain devra peser $\dfrac{3,76 \times 4}{3,730}$ ou 4 kg 032 au sortir du four.

Après 6 jours ce pain pèsera $\dfrac{3,69 \times 4}{3,73}$ ou 3 kg 957.

Rép. 1° 4 kg 032 ; 2° 3 kg 957.

1672. *On a payé 10000 fr pour du minerai de cuivre acheté à raison de 16 fr 75 le quintal métrique. Les frais d'extraction s'élèvent à 6 fr 30 par quintal de minerai. Le minerai contient 15 °/₀ de son poids de cuivre, et le traitement du cuivre donne un déchet de 2 ¹/₂ °/₀. A combien revient la tonne de cuivre, et combien vaut tout le cuivre obtenu ?*

On a acheté $\dfrac{10000}{16,75} = 597$ q m 01, soit 597 quintaux métriques de minerai.

Ce minerai contient $59,7 \times 0,15 = 8 \text{ t } 955$ de cuivre.

On retira $8,955 \times 0,975 = 8 \text{ t } 731125$ de cuivre.

Les frais d'extraction s'élèvent à $6,3 \times 597 = 3761$ fr 10.

Le cuivre revient à 13761 fr 10.

La tonne revient à $\dfrac{13761,10}{8,731} = 1576$ fr 10.

Rép. 1576 fr 10 la tonne ; 13761 fr 10 le tout.

1673. *Le minerai employé dans une usine à plomb contient les 0,795 de son poids de métal. L'usine possède quatre fourneaux pouvant traiter chacun 1295 kilogr de minerai en 2 heures 35 minutes. Dans ce traitement, la perte en plomb est de 11 °/₀ du poids du métal contenu dans le minerai. Combien doit-on travailler de jours (de 24 heures) pour obtenir 16000 quintaux métriques de plomb ?*

Un quintal de minerai donne $0,795 \times 0,89 = 0$ q 70755 de plomb.

Pour en obtenir 16000 quintaux,

il faudra traiter $\dfrac{16000}{0,70755} = 22613$ q 24 de minerai.

En 1 jour les 4 fourneaux traitent

$$\dfrac{12,95 \times 60 \times 24 \times 4}{155} = \dfrac{14918,4}{31} \text{ quintaux de minerai.}$$

Il faudra $\dfrac{22613,24 \times 31}{14918,4}$ ou 46 j 23 h 45 m, soit 47 jours.

Rép. 47 jours.

1674. *Une étoffe a 0 m 583 de largeur ; le prix de l'unité de longueur, qui est de 0 m 725, est de 1 fr 86. On demande quelle somme on dépensera pour faire tapisser un appartement qui a*

12 m 75 de longueur sur 2 m 35 de hauteur et 7 m 55 de largeur. On sait d'ailleurs que la perte de l'étoffe en raccords et recouvre - ments est de 3 %, et qu'enfin le prix de la main-d'œuvre est les $^{47}/_{124}$ du prix de l'étoffe réellement employée.

La surface à tapisser égale

$$(12{,}75 + 7{,}55) \times 2 \times 2{,}35 = 95 \text{ m carrés } 41.$$

Il faudra $\dfrac{95{,}41}{0{,}97}$ m carrés d'étoffe ou $\dfrac{95{,}41}{0{,}97 \times 0{,}583} = 168 \text{ m } 715$, soit 169 mètres de longueur.

L'étoffe coûtera $\dfrac{1{,}86 \times 169}{0{,}725}$, soit 433 fr 55.

La main-d'œuvre $\dfrac{433{,}55 \times 47}{124}$, soit 164 fr 35.

Dépense totale $433{,}55 + 164{,}35 = 597$ fr 90.

Rép. 597 fr 90.

Remarque. Le marchand ne vendra pas 168 m 715 d'étoffe; il donnera un nombre exact de mètres ou de $\frac{1}{2}$ mètres. Il faudra donc acheter 169 mètres d'étoffe pour tapisser l'appartement en question.

1675. *En admettant qu'un hectolitre de blé pèse 75 kilogr, que 3 hectolitres 12 de blé fournissent 157 kilogr de farine, et que 157 kilogr de farine donnent 51 pains de 4 kilogr, l'on demande : 1° combien on peut faire de farine et de pain avec 1 kilogr de blé; 2° combien il faut de blé et de farine pour produire 1 kilogr de pain ; 3° combien le blé perd de son poids p % en passant à l'état de farine et à l'état de pain.*

3 hectol 12 de blé pèsent $75 \times 3{,}12 = 234$ kg.

1° Un kg de blé donne $\dfrac{157}{234}$ ou 0 kg 670 de farine,

et $\dfrac{204}{234}$ ou 0 kg 8718 de pain.

2° Pour avoir 1 kg de pain, il faut $\dfrac{234}{204}$ ou 1 kg 1470 de blé

et $\dfrac{157}{204} = 0$ kg 7696 de farine.

3° Le blé perd $\dfrac{234 - 157}{2{,}34} = 32{,}9$ % en passant à l'état de farine,

et $\dfrac{234 - 204}{2{,}34} = 12{,}82$ % en passant à l'état de pain.

Rép. 1° 0 kg 670 de farine et 0 kg 871 de pain; 2° 1 kg 147 de blé et 0 kg 769 de farine; 3° farine 32,9 %, pain 12,82%

1676. *On veut drainer un champ long de 132 m 45 et large de 72 m. Les tuyaux sont espacés de 8 m, et disposés, dans le sens de la longueur, d'un bout à l'autre du champ. La première rangée de chaque côté sera posée à 4 m de la limite du champ. Le cent de tuyaux, longs de 45 centimètres, coûte 5 fr 75, et on perd en* *les emboîtant l'un dans l'autre 10 p %/₀ de la longueur. Calculer le prix des tuyaux nécessaires à ce drainage.*

On posera $72 : 8 = 9$ rangées de tuyaux.

Chaque tuyau placé représente une longueur de
$$0,45 - 0,045 = 0 \text{ m } 405.$$

Pour chaque rangée il faut $132,45 : 0,405$ ou 327 tuyaux.

On emploiera $327 \times 9 = 2943$ tuyaux qui coûteront
$$29,43 \times 5,75 \text{ ou } 169 \text{ fr } 20.$$

Rép. 169 fr 20.

1677. *Une ville consomme par jour 385 m cubes d'eau; la source qui l'alimente est située à 84 m au-dessous du niveau du bassin distributeur; les pompes qui montent l'eau ne rendent en effet utile que les 63 ½ p %/₀ de la force motrice. Quelle doit être en chevaux-vapeur la puissance de la machine qui communique le mouvement à ces pompes, sachant que le cheval-vapeur est le travail nécessaire pour élever 75 kilogr à 1 m de hauteur en une seconde, et que les pompes ne doivent fonctionner que 16 heures par jour?*

Seize heures valent $16 \times 60 \times 60 = 57600$ secondes.

En 57600 secondes, une force de 1 cheval-vapeur devrait élever $75 \times 57600 = 4320000$ kg ou 4320 m c d'eau à 1 m de hauteur.

Elle élèvera $\dfrac{4320 \times 0,635}{84} = \dfrac{228,6}{7}$ m c à 84 m.

Pour élever 385 m c il faudra $385 : \dfrac{228,6}{7} = 11,78$, soit 12 chevaux.

Rép. 12 chevaux-vapeur.

1678. *Les militaires voyageant en chemin de fer ne payent que ¼ de place. On sait d'ailleurs que le tarif de la 1ʳᵉ classe dépasse de 82 %/₀ celui de la 3ᵉ. On demande si un officier, qui se rend en 1ʳᵉ d'Aix-les-Bains à Paris, paye plus ou moins qu'un petit commerçant qui prend les 3ᵉˢ pour aller d'Aix-les-Bains à Tonnerre. La distance d'Aix-les-Bains à Tonnerre est de 386 kilom. La distance de Tonnerre à Paris est de 197 kilom.*

Le prix des 1ʳᵉˢ est les $1 + \dfrac{82}{100}$ ou $\dfrac{182}{100}$ de celui des troisièmes.

Le militaire paye par kilom $\dfrac{182}{100 \times 4} = \dfrac{91}{200}$ de ce que paye le voyageur de 3ᵉ cl. par kilom.

Il paye pour $386 + 197 = 583$ km, $\dfrac{91 \times 583}{200} = 265,265$ fois le prix d'un kilom en 3ᵉ, tandis que l'autre voyageur paye 386 fois ce prix.

Rép. Le militaire paye moins que le commerçant.

1679. *Un épicier a acheté au prix de 138 fr une balle de café vert du poids de 50 k. La torréfaction de ce café lui coûte 7 cent et demi par kgr, et en diminue le poids de ⅛. Combien devra-t-*

il vendre le kgr de café torréfié pour réaliser un bénéfice de 18 p %ₒ ?

La torréfaction de ce café coûte $0,075 \times 50 = 3$ fr 75.

La balle de café revient à $138 \times 3,75 = 141$ fr 75.

Le poids diminue de $1/5$, il en reste donc les $4/5$ ou $\dfrac{50 \times 4}{5} = 40$ kgr.

On veut gagner 18 fr sur 100 fr ou 0 fr 18 par franc.

Sur 141 fr 75 on devra gagner $0,18 \times 141,75 = 25$ fr 515.

On devra vendre les 40 kgr de café $141,75 + 25,515 = 167$ fr 265.

$$\text{soit} \quad \frac{167,265}{40} = 4 \text{ fr } 1816 \text{ le kgr.}$$

Rép. On vendra le kgr de café torréfié 4 fr 18.

1680. *On demande de trouver en kilomètres carrés la surface des terres labourables que l'on doit chaque année ensemencer en blé pour suffire à l'alimentation de la population entière de la France, évaluée à 35 millions d'habitants, sachant : qu'on sème en moyenne 8 doubles décalitres par hectare, et qu'on en récolte 11 pour 1 ; qu'un hectolitre de blé pèse 75 kilogr et produit à la mouture 84 %ₒ de farine; que 120 kilogr de farine fournissent 150 kilogr de pain, et que chaque groupe de cinq habitants consomme 12 kilogr de pain par semaine.*

Avec le blé récolté sur un hectare, on fera

$$\frac{1,6 \times 11 \times 75 \times 0,84 \times 150}{120} = 1386 \text{ kg de pain.}$$

La population de la France consomme annuellement

$$\frac{12 \times 365 \times 35\,000\,000}{5 \times 7} = 4\,380\,000\,000 \text{ kg de pain.}$$

Il faudra cultiver $\dfrac{4\,380\,000\,000}{1386} = 3\,160\,173$ hectares 160.

C'est à peu près les 0,06 de la superficie de la France (528 500 kilom carr).

Rép. 31 601 kilom carr 7 316.

1681. *On veut marner une terre de manière à introduire 2 p %ₒ de calcaire dans la couche de terre arable, laquelle a 0 m 12 d'épaisseur. La marne qu'on a à sa disposition contient 48 p %ₒ de calcaire, et pèse 1 650 kilos au mètre cube; enfin, les tombereaux employés au transport n'en peuvent contenir chacun que 750 kilos. Cela posé, on demande combien il faudra de tombereaux de marne, si la terre a une contenance de 2 hectares 87 centiares; et quelle sera la dépense de cette opération, si le prix du mètre cube de marne est de 2 fr 75, et que le transport, y compris l'épandage, coûte 0 fr 90 par tombereau.*

La couche arable a un volume de $20087 \times 0,12 = 2410$ m c 44.

Les 0,48 de calcaire que contient 1 m c de marne représentent les $\dfrac{2}{100}$ du mélange, qui sera de $\dfrac{0,48 \times 100}{2} = 24$ m c.

Il faut donc 1 m c de marne pour 24 — 1 = 23 m c de terre arable;

soit $\dfrac{2\ 410,44}{23} = 104$ m c 8 de marne.

Pour transporter cette marne, on emploiera

$\dfrac{104,8 \times 1\ 650}{750} = 230,56$; soit 231 tombereaux.

La dépense sera $2,75 \times 104,8 + 0,9 \times 231 = 496$ fr 10.

Rép. 104 m c 8 de marne; dépense 496 fr 10.

1682. *Une coupe peut être abattue par 9 ouvriers en 5 se-maines ½ de 6 jours chacune. Après 11 jours de travail, 3 ou-vriers tombent malades; 3 jours après, un accident empêche un autre ouvrier de continuer. Après 3 autres jours, 4 nouveaux ouvriers se joignent à ceux qui restent; leur travail est à celui des premiers comme 5 : 6. On demande en combien de temps le travail sera terminé, et quel sera le salaire total des premiers ouvriers, auxquels on paye 3 fr 75 par jour, et celui des seconds, qui reçoivent chacun 3 fr par jour.*

Pour faire le travail, il faut $5\frac{1}{2} \times 6 \times 9 = 297$ journées des premiers ouvriers.

Pendant les 11 premiers jours, ils font $9 \times 11 = 99$ journées.
Pendant les 3 jours suivants, ils font $6 \times 3 = 18$ »
»   »   » $5 \times 3 = 15$ »

Ils ont fait $99 + 18 + 15 = 132$ journées; il reste à faire $297 — 132$ ou 165 journées.

Les nouveaux ouvriers font par jour $\dfrac{5 \times 4}{6} = \dfrac{10}{3}$ du travail journalier d'un des premiers.

Il se fera en un jour $5 + \dfrac{10}{3} = \dfrac{25}{3}$ du travail d'une journée.

Il faudra encore $165 : \dfrac{25}{3} = 19$ journées $\frac{4}{5}$ pour achever le travail.

Les premiers ouvriers ont fait $132 + 5 \times 19\frac{4}{5} = 231$ journées; ils recevront $3,75 \times 231 = 866$ fr 25.

Les seconds recevront $3 \times 19\frac{4}{5} \times 4 = 237$ fr 60.

Rép. En 19 j $\frac{4}{5}$; 1ᵉʳˢ ouvriers 866 fr 25; 2ᵉˢ ouvriers 237 fr 60.

1683. *Le minerai d'une usine à plomb contient 23 % de ce métal; le plomb qu'on en retire contient lui-même 3 millièmes d'argent. Les produits divers forment annuellement une valeur de 1 750 000 fr. On demande combien l'usine produit de plomb et d'argent, et quelle est la quantité de minerai traitée; on sait que le prix du plomb est de 55 fr le quintal métrique, et celui de l'argent pur 222 fr 22 le kilogr; on suppose que la perte du plomb est de 9 p %, et celle de l'argent de 1 p %.*

Dans 100 kgr de minerai il y a 0,003 × 23 = 0 kgr 069 d'argent
et   23 — 0,069 = 22 kgr 931 de plomb.

On retire 0,069 × 0,99 = 0 kgr 06831 ou 68 gr 31 d'argent
et   22,931 × 0,41 = 20 kgr 86721 de plomb.

L'argent vaut 0,22222 × 68,31 = 15 fr 18.

Le plomb vaut 0,55 × 20,86721 = 11 fr 4770 par excès.

Les produits d'un quintal de minerai valent
$$15,18 + 11,477 = 26 \text{ fr } 657.$$

L'usine traite 1 750 000 : 26,657 = 65648 quint. 8 de minerai.

Elle produit 20,86721 × 65648,8 = 1 369 907 kgr de plomb.
et   68,31 × 65648,8 = 4 484 469 gr 52 d'argent.

Rép. Plomb 1 369 907 kgr; argent 4 484 469 **gr**
minerai traité 65648 gr 8.

1684. *Il y a en France 312 607 hectares cultivés en betteraves; ils produisent annuellement 97 977 quintaux métriques de racines. La betterave rend 5,50 %, de son poids en sucre. On demande : 1° le rendement d'un hectare en racines; 2° quel est en quintaux, tonnes et kilogrammes, le poids du sucre produit annuellement; 3° la quantité de sucre que pourrait consommer annuellement chaque habitant, abstraction faite de toute importation ou exportation, la population de la France étant de 36 000 000 d'habitants (Paris, 1875).*

Un hectare produit $\dfrac{9\,797\,700}{312\,607} = 31$ kg 341.

L'usine produit annuellement 5,5 × 97 977 = 538 873 kg 5 de sucre.

Chaque habitant pourrait consommer 538 873,5 : 36 000 000, ou 0 kg 015 gr de sucre.

Rép. 1° 31 kg; 2° 538 873 kg 5; 3° 15 gr.

Remarque. La production de betterave par hectare est absurde. Pour atteindre la moyenne il faut que la production annuelle soit de 97 977 000 quintaux ;

On aura alors pour réponse 1° 31 341 kg; 2° 538 873 500 kg; 3° 15 kg.

1685. *L'air, qui est composé de deux gaz, l'oxygène et l'azote, pèse, à volume égal, 770 fois moins que l'eau. L'oxygène et l'azote entrent dans la composition de l'air dans les proportions suivantes :*

	Volume.	Poids.
Oxygène	21	23,13
Azote	79	76,87.

D'après cela, on demande de déterminer, en volume et en poids, les quantités de ces deux gaz contenues dans une chambre, dont les dimensions sont :

Longueur 3 m 95, largeur 3 m 20, hauteur 2 m 95.

Volume de la salle 3,95 × 3,20 × 2,95 = 37 mc 288.

L'air contenu dans cette salle pèse $\dfrac{37288}{770} = 48$ kg 4259;

soit 48426 gr.

Oxygène : volume $37288 \times 0,21 = 7830,48$ litres;

        poids $48426 \times 0,2313 = 11$ kg 20093.

Azote : volume $37288 \times 0,79 = 29457$ lit 52;

        poids $48426 \times 0,7687 = 37$ kg 22506.

Rép.   Ozygène: volume 7830 lit; poids 11 kg 200;

       azote : vol 29457 lit; poids 37 kg 225.

1686. *L'eau est formée d'hydrogène et d'oxygène, combinés dans le rapport de 1 gramme d'hydrogène pour 8 gr d'oxygène. On demande : 1° quels sont les poids de l'hydrogène et de l'oxygène qui forment une quantité d'eau dont le volume serait, à la température de 4° centigrades, 8 centilitres et 1 millilitre; 2° quels sont les volumes de cet hydrogène et de cet oxygène, sachant qu'un litre d'hydrogène pèse 0 gr 0895, et qu'un litre d'oxygène pèse 1 gr 432; 3° quel est le rapport du volume d'hydrogène au volume d'oxygène qui entrent dans la composition de l'eau.*

Les 8 centil 1 millil pèsent 81 gr, et contiennent $81 \times \dfrac{1}{9} = 9$ gr d'hydrogène, et $81 \times \dfrac{8}{9} = 72$ gr d'oxygène.

Ces 9 gr d'hydrogène représentent un volume de

$$\frac{9}{0,0895} = 100 \text{ lit } 55.$$

Et 72 gr d'oxygène représentent un volume de

$$\frac{72}{1,432} = 50 \text{ lit } 27.$$

Le rapport du volume d'hydrogène au volume d'oxygène est

de $\dfrac{100,55}{50,27} = 2.$

Rép.   1° Hydrog 9 gr; oxygène 72 gr; 2° hydrog 100 lit 55, oxygène 50 lit 27; 3° 2.

§ VI. — INTÉRÊTS

1687. *Calculer le revenu journalier d'une personne qui a placé 13490 fr à 4 1/2 %.*

La somme placée rapporte annuellement (Probl. 941.)

       $13490 \times 0,045 = 607$ fr 05.

Le revenu journalier est de $607,05 : 365 = 1$ fr 663.

    Rép. 1 fr 663.

1688. *Une personne, qui devait payer une dette le 10 novembre, ne l'a payée que le 15 janvier suivant, ce qui a augmenté la dette de 42 fr. L'intérêt étant de 5 %, par an, que devait cette personne?*

Du 10 novembre au 15 janvier, il y a 66 jours.

La somme qui a rapporté 42 fr en 66 jours égale, Probl. 941 (6),

$$\frac{42}{0,05 \times \frac{66}{360}} = \frac{42 \times 360}{0,05 \times 66} = 4581 \text{ fr } 80.$$

Rép. 4581 fr 80.

Remarque. Si l'on comptait l'année de 365 jours, on aurait

$$\frac{42 \times 365}{0,05 \times 66} = 4645 \text{ fr } 45.$$

1689. *Une somme de 2800 fr a donné 160 fr d'intérêt au taux de 4 ¼ %. Pendant combien de temps a-t-elle été placée?*

On a, Probl. 941 (8), $t = \dfrac{i}{ar} = \dfrac{160}{2800 \times 0,045} = 1$ a 3 m 7 jours.

Rép. Un an 3 mois 7 jours.

1690. *Un capital de 11280 fr a rapporté du 1ᵉʳ juillet 1874 au 1ᵉʳ mars 1876 un intérêt de 1128 fr; trouver à quel taux il était placé.*

Du 1ᵉʳ juillet 1874 au 1ᵉʳ mars 1876, il y a

$$184 + 365 + 60 = 609 \text{ jours.}$$

On a, Probl. 941 (7),

$$r = \frac{i}{at} = \frac{1128}{11280 \times \frac{203}{120}} = \frac{1128 \times 120}{11280 \times 203} = 0 \text{ fr } 0591.$$

Rép. 5,91 p %.

1691. *Un capital, placé a 4 ½ p %, s'est accru des 2/9 de sa valeur; combien de temps est-il resté placé à intérêts simples?*

Un capital de 9 fr aurait rapporté 2 fr.

On aura (Probl. 941) $t = \dfrac{i}{ar} = \dfrac{2}{9 \times 0,045} = 4$ a 11 m 7 jours.

Rép. 4 ans 11 mois 7 jours.

1692. *Une personne a placé un certain capital à 5 % pendant 1 an 2 mois 12 jours. Au bout de ce temps, les intérêts, joints au capital, ont produit une somme de 27178 fr 40. On demande quel était le capital placé.*

Un an 2 mois 12 jours font 360 + 60 + 12 = 432 jours.

Pendant ce temps 100 fr deviennent $100 + \dfrac{5 \times 432}{360} = 106$ fr.

Le capital placé était de 27178,4 : 1,06 = 25640 fr.

Rép. 25640 fr.

Si l'on prenait l'année de 365 jours, on aurait

100 fr deviennent $100 + \dfrac{5 \times 432}{365} = \dfrac{7737}{73}$;

Le capital placé était $\dfrac{27178,4 \times 7300}{7737} = 25643 \text{ fr } 80.$

1693. *Quelle somme faut-il placer en ce moment pour recevoir, au bout de 3 ans 18 jours, 875 fr, capital et intérêt, le taux étant de 5 % par an?*

Pendant 18 jours 100 fr rapportent $\dfrac{5 \times 18}{360} = 0$ fr 25.

Au bout de 3 ans 18 jours 100 fr valent $100 + 15,25 = 115$ fr 25.
Il faut placer $875 : 1,1525 = 759$ fr 20.

> **Rép.** 759 fr 20.

1694. *En ajoutant à une certaine somme d'argent son propre tiers, on obtient une nouvelle somme qui, placée à intérêt pendant 8 mois à 6 %, devient en tout 1 913 fr 60. Quelle est la première somme?*

Si à 1 fr on ajoute $\dfrac{1}{3}$ de fr, on a $\dfrac{4}{3}$ fr, qui deviendront

$$\frac{4}{3} + \left(\frac{4}{3} \times 0,06 \times \frac{8}{12}\right) = \frac{4,16}{3}$$

La première somme est $1\,913,6 : \dfrac{4,16}{3} = 1\,380$ fr.

> **Rép.** 1 380 fr.

Remarque. On aurait pu prendre pour base des calculs tout autre capital que 1 fr.

100 fr ajouté à son tiers deviendrait $\dfrac{400}{3} + \left(\dfrac{400}{3} \times 0,06 \times \dfrac{8}{12}\right) = \dfrac{416}{3}$

La 1re somme était $191\,360 : \dfrac{416}{3} = 1\,380$ fr.

1695. *On a acheté une propriété de 375 hectares, qui rapporte annuellement 25 000 fr. Calculer le prix d'un hectare, sachant que le revenu annuel représente l'intérêt à 4,58 % du capital consacré à l'achat de la propriété.*

Un hectare rapporte $\dfrac{25\,000}{375} = \dfrac{200}{3}$ fr.

Le capital qui rapporte annuellement $\dfrac{200}{3}$ fr est (Probl. 941)

$$a = \frac{i}{rt} = \frac{200}{3 \times 0,0458} = 1\,455 \text{ fr } 60.$$

> **Rép.** 1 455 fr 60.

1696. *Une personne a placé à intérêts simples, au taux de 3 %, un capital dont les intérêts de 10 ans 5 mois lui ont servi à acheter un pré de 37 ares 8 centiares, à raison de 0 fr 45 le mètre carré. On demande quel est ce capital.*

Le pré a coûté $0,45 \times 3\,708 = 1\,668$ fr 60.

Le capital est $\dfrac{i}{rt} = \dfrac{1\,668,6 \times 12}{0,03 \times 125} = 5\,339$ fr 52.

> **Rép.** 5 339 fr 50.

1697. *Une personne donne le $^1/_{13}$ de sa fortune à ses neveux, et emploie les $^3/_5$ de ce qui lui reste à diverses œuvres de bienfai-*

sance; elle place à 5 % le capital restant, ce qui lui donne un revenu annuel de 11 386 fr 39. A combien s'élevait sa fortune?

La partie placée est les $\dfrac{12}{13} \times \dfrac{2}{5} = \dfrac{24}{65}$ du revenu.

Si la fortune totale était 1 fr, le revenu annuel serait
$$\dfrac{24}{65} \times 0,05 = \dfrac{0,24}{13} .$$

La fortune s'élevait donc à $\dfrac{11\,386,39 \times 13}{0,24}$ ou 616 762 fr 79.

Rép. 616 762 fr 80.

1698. *Un capital produit pendant trois ans et demi intérêt à 4 %; on le retire et on le place, avec les intérêts échus, dans un commerce qui procure 8 %, ce qui donne un revenu de 2 950 fr. Trouver le placement primitif.*

En 3 ans $\dfrac{1}{2}$ 100 fr, placés à 4 %, rapportent $\dfrac{4 \times 7}{2} = 14$.

A 8 %, 114 fr rapportent annuellement $0,08 \times 114 = 9,12$.
Le placement primitif était de $\dfrac{100 \times 2\,950}{9,12} = 32346$ fr 49.

Rép. 32346 fr 50.

1699. *On a placé une certaine somme à 5 %. Au bout de dix mois, cette somme, augmentée de ses intérêts, est devenue 2 000 fr. Quelle était la somme primitive?*

100 fr en 10 mois deviennent $100 + \dfrac{5 \times 10}{12} = \dfrac{1\,250}{12}$.

La somme primitive était $\dfrac{100 \times 12 \times 2\,000}{1\,250} = 1\,920$ fr.

Rép. 1 920 fr.

1700. *Une personne doit 1 825 fr, dont elle paye l'intérêt à 6 %. Pour s'acquitter, elle place 4 000 fr à 5 %. On demande dans combien de temps la dette pourra être remboursée par les intérêts du capital placé (intérêts simples). Trouver le résultat à moins d'un jour.*

L'intérêt annuel de la 1re somme est de $18,25 \times 6 = 109$ fr 50.
L'intérêt de la 2e est de $40 \times 5 = 200$ fr.
L'excès de l'intérêt de la 2e somme sur celui de la 1re est de
$$200 - 109,5 = 90 \text{ fr } 50.$$

Il faudra, pour éteindre la dette, $\dfrac{1\,825}{90,5} = 20$ ans 2 m par excès.

Rép. 20 ans 2 mois.

Remarque. Ce n'est pas ainsi que cela se passe dans la pratique; chaque année, l'excédent des intérêts est employé à rembourser une partie du capital. Si l'on veut trouver le temps qu'il faudra pour éteindre la dette on emploiera la formule (Arith., n° 725)
$$n = \dfrac{\log a - \log (a - Ar)}{\log (1 + r)} = \dfrac{2,30103 - 1,95665}{0,02531} = 13 \text{ ans 7 mois 8 jours.}$$

Dans la pratique, on fera chaque année l'une des opérations suivantes :

Somme due	1 825 fr				
Intérêt 6 %	109	5	Après 10 ans	632 fr 05
Total	1 934	5	Intérêts	37	90
1er acompte	200		Total	669	95
Reste dû après 1 an	1 734	5	11e acompte	200	
Intérêts	104	05	Après 11 ans	469	95
Total	1 838	55	Intérêts	28	20
2e acompte	200		Total	498	15
Reste dû après 2 ans	1 638	55	12e acompte	200	
Intérêts	98	30	Après 12 ans	298	15
Total	1 736	85	Intérêts	17	90
3e acompte	200		Total	316	05
Après 3 ans	1 636	85	13e acompte	200	

Reste dû après 13 ans   116 fr 05

La somme 4 000 fr rapporte par mois $\frac{200}{12} = 16$ fr 66 ; et 116 fr 05, 0 fr 58.

Il reste chaque mois pour éteindre la somme 16,66 — 0,58 = 16,08.

Il faudra $\frac{116,05}{16,08}$ ou 7 mois 6 jours.

Rép. 13 ans 7 mois 6 jours.

1701. *Un spéculateur engage toute sa fortune dans une entreprise, et l'augmente en 4 ans de ses $^5/_{10}$; il se trouve alors possesseur de 125 000 fr. Trouver quel était son avoir primitif, et combien il a gagné pour cent, par an, en moyenne.*

La fortune primitive était $\frac{125\,000 \times 10}{15}$ ou 83 333 fr 35.

Cent francs ont rapporté $\frac{100 \times 5}{10} = 50$ fr en quatre ans,

soit $\frac{50}{4} = 12$ fr 50 par an.

Rép. 1° 83 333 fr 35 ; 2° 12,50 p %.

1702. *Trois sommes, la première de 30 000 fr, la deuxième de 40 000 fr, la troisième de 25 000 fr, ont rapporté en tout 27 876 fr 25. Combien chacune d'elles a-t-elle rapporté, ces trois sommes étant au même taux ? Quelle est la somme qui aurait rapporté 50 000 fr ?*

Le total des sommes placées égale
30 000 + 40 000 + 25 000 = 95 000 fr.

La 1re somme a rapporté 27 876,25 $\times \frac{30}{95}$ ou 8 803 fr 05.

La 2e   »   » 27 876,25 $\times \frac{40}{95}$ ou 11 737 fr 35.

La 3e   »   » 27 876,25 $\times \frac{25}{95}$ ou 7 335 fr 85.

La somme qui aurait rapporté 50000 fr serait

$$\frac{95000 \times 50000}{27876,25} \text{ ou } 170395 \text{ fr } 94.$$

Rép. 1° Premier 8803 fr 05, deuxième 11737 fr 35, troisième 7335 fr 85 ; 2° 170395 fr 95.

1703. *Une personne a un capital qui, placé d'abord à intérêts simples pendant 3 ans $\frac{1}{2}$ à 4 $\%$, puis retiré et placé, avec les intérêts échus, dans une spéculation rapportant 8 $\%$, donne un revenu annuel de 2850 fr. Quel est ce capital?*

Le capital primitif sera (Probl. 1698) $\dfrac{100 \times 2850}{9,12} = 31250$ fr.

Rép. 31250 fr.

1704. *Un négociant a acheté du charbon à 48 fr 65 les 1000 kgr; il paye 4540 fr de transport et 0 fr 18 de droit par hectolitre. En revendant son charbon 5 fr 40 l'hectolitre, il gagne 15 $\%$. En admettant que le mètre cube de charbon pèse 849 kilog, on demande le poids du charbon qui a été acheté.*

L'hectolitre de charbon pèse 84 kg 9.

On vend la tonne de charbon $\dfrac{5,4 \times 1000}{84,9} = 63$ fr 60.

Elle revient à $\dfrac{63,6 \times 100}{115} = 55$ fr 30.

Pour le droit on paye $\dfrac{0,18 \times 1000}{84,9} = 2$ fr 12 par tonne.

Le transport d'une tonne de charbon coûte

$$55,30 - (48,65 + 2,12) = 4 \text{ fr } 53.$$

On a transporté $\dfrac{4540}{4,53} = 1002$ tonnes de charbon.

Rép. 1002 tonnes.

Remarque. Si l'on prend les quotients à 1 dix-millième près, il vient pour réponse 1000^t,4.

1705. *Une substance coûte 865 fr la tonne; les préparations qu'on lui fait subir pour la revendre coûtent 0 fr 18 le kilogr, et occasionnent un déchet de 3,50 p $\%$. On demande combien il faudra revendre le kilogr pour gagner 12 p $\%$ sur le prix de revient.*

Les frais de préparation sont de $0,18 \times 1000 = 180$ fr par tonne.
Une tonne revient à $865 + 180 = 1045$ francs;
il ne reste que $1000 - 35 = 965$ kg.
On veut gagner $10,45 \times 12 = 125$ fr 40.
On revendra le kilogr $\dfrac{1045 + 125,4}{965} = 1$ fr 21.

Rép. 1 fr 21.

Remarque. Si les frais de préparation se prennent sur la substance préparée, ils seront de $0,18 \times 965 = 173$ fr 70.
On trouvera pour réponse 1 fr 20.

1706. *Un kilogr de café vert coûte, acheté en gros, 2 fr 5125. La perte du poids par la torréfaction s'élève à peu près à ¹/₅. Calculer combien gagne p % un marchand qui vend le café brûlé à 2 fr 15 le demi-kilogramme.*

Puisque le kilogr de café vert se réduit à ses $\frac{4}{5}$, le kilogr de café torréfié revient à $\frac{2,5125 \times 5}{4}$ ou 3 fr 140625.

On gagne $4,30 - 3,140625 = 1$ fr 159375 sur 3 fr 140625 d'achat; sur 100 fr, on gagne $\frac{1,159375 \times 100}{3,140625}$ ou 36 fr 915.

Rép. 36,91 p %.

1707. *Un marchand a acheté 350 litres d'huile pour 412 fr; il a vendu 117 kilogr de cette huile pour 156 fr; combien devra-t-il vendre chaque litre de ce qui reste pour faire sur toute la vente un bénéfice de 12 % ? Le poids d'un hectolitre d'huile est 91 kilogr.*

Le marchand veut gagner $12 \times 4,12$ ou 49 fr 45.
Le prix de vente sera $412 + 49,45 = 461$ fr 45.
Il doit vendre le reste de l'huile $461,45 - 156 = 305$ fr 45.

Il lui reste $350 - \frac{117}{0,91}$ ou 221 lit 43.

Il vendra le litre d'huile $\frac{305,45}{221,43}$ ou 1 fr 379, soit 1 fr 38.

Rép. 1 fr 38.

1708. *Sur les marchandises qu'il a vendues, un marchand a gagné 3516 fr 75. S'il eût gagné 83 fr de plus, il aurait gagné 8 ¹/₂ %. Combien les marchandises ont-elles été vendues? Combien ont-elles coûté?*

Le $8\frac{1}{2}$ p % est donc $3516,75 + 83 = 3599$ fr 75.

Ce que le marchand a acheté 100 fr, il l'aurait vendu 108 fr 50, avec un bénéfice de 8 fr 50.

Donc les marchandises ont coûté $\frac{100 \times 3599,75}{8,5} = 42350$ fr.

Elles ont été vendues $42350 + 3516,75 = 45866$ fr 75.

Rép. 1° 45866 fr 75 ; 2° 42350 fr.

1709. *Une personne achète 15 m 20 de drap et les cède ensuite pour 302 fr 10; elle gagne à son marché 6 % du prix d'achat. Combien le mètre de drap lui avait-il coûté?*

Elle vend 106 fr ce qui lui coûte 100 fr.

Les 15 m 20 de drap ont coûté $\frac{100 \times 302,1}{106}$ ou 285 fr.

Le mètre avait coûté $\frac{285}{15,2} = 18$ fr 75.

Rép. 18 fr 75.

1710. *Un hectolitre d'huile pèse 91 kilogr ½, et coûte 118 fr 50, pris sur place; le port, jusqu'à Paris, revient à 65 fr 75 les 1000 kilogr. Combien devra-t-on vendre 500 gr de cette huile pour faire un bénéfice de 18 %*[0]* sur le prix d'acquisition ?*

Le transport par hectolitre coûte $0,06575 \times 91,5$ ou 6 fr.

L'hectolitre revient à $118,5 + 6 = 124$ fr 50.

On veut gagner $1,245 \times 18 = 22$ fr 40.

Les 91 kg $\dfrac{1}{2}$ ou 183 demi-kilog devront être vendus

$$124,5 + 22,4 = 146 \text{ fr } 90.$$

On vendra le $\dfrac{1}{2}$ kilogr $146,9 : 183$ ou 0 fr 80.

Rép. 0 fr 80.

1711. *Un marchand a acheté 31 mètres de drap à 18 fr 75 le m ; il en a vendu 14 m avec 11 %*[0]* de gain sur le prix d'achat, et en vendant le reste, il gagne 29 fr. Combien ce marchand a-t-il gagné p %*[0]* sur la totalité ?*

Les 31 m de drap ont coûté $18,75 \times 31 = 581$ fr 25.

Les 14 m vendus avec 11 %[0] de bénéfice avaient coûté

$$18,75 \times 14 = 262 \text{ fr } 50.$$

Le marchand a gagné sur cette vente $2,625 \times 11 = 28$ fr 875.

Le gain total a été de $29 + 28,875 = 57$ fr 875.

Il a gagné $\dfrac{57,875 \times 100}{581,25} = 9,95$ p %[0].

Rép. 9,95 p %[0].

1712. *La douzaine de paires de bas de coton se vend en magasin 22 fr 60. Dans ces conditions, le détaillant gagne 20 %*[0]* relativement au prix de fabrique. Le fabricant gagne lui-même 20 %*[0]* relativement à son prix de revient. La matière première coûtant 5 fr 50 par douzaine, on demande à quel prix la confection de douze douzaines de paires de bas est payée à l'ouvrière.*

Douze douzaines de paires de bas se vendent

$$22,6 \times 12 = 271 \text{ fr } 20.$$

Le détaillant les paye $\dfrac{100 \times 271,2}{120} = 226$ fr.

Ces bas reviennent au fabricant à $\dfrac{100 \times 226}{120}$ ou 188 fr 33.

L'ouvrière reçoit $188,33 - 5,5 \times 12 = 122$ fr 35.

Rép. 122 fr 35.

1713. *Une institutrice reçoit un traitement annuel de 650 fr; on lui retient 5 %*[0]* sur son traitement mensuel; elle dépense, par trimestre, pour son entretien complet, 116 fr 50, et fait à sa mère une rente de 75 fr par an. Calculer le montant des économies qu'elle réalisera dans l'année.*

La retenue faite sur le traitement est de $6.5 \times 5 = 32$ fr 50.

La dépense pour l'entretien s'élève à $116,5 \times 4 = 466$ fr.

Les économies s'élèveront à $650 - (32,5 + 466 + 75)$ ou 76 fr 50.

Rép. 76 fr 50.

1714. *Une personne achète un dictionnaire 600 fr. Le libraire lui accorde de payer 20 fr par mois. Le premier payement ayant lieu un mois après la livraison de l'ouvrage, trouver la valeur actuelle du livre, si l'on tient compte des intérêts simples à 5 p % par an.*

Il y aura $600 : 20 = 30$ payements.

La personne garde le 1er payement 1 mois, le 2e, 2 mois,... le 30e, 30 mois.

Le dictionnaire vaut maintenant 600 fr, moins la somme des intérêts de 20 fr pendant 1 mois, de 20 fr pendant 2 mois,..... de 20 fr pendant 30 mois.

Un franc rapporte par mois $\dfrac{0,05}{12} = \dfrac{1}{240}$ fr.

On aura donc pour la somme des intérêts

$$i = \frac{20 \times 1}{240} + \frac{20 \times 2}{240} + \frac{20 \times 3}{240} \cdots \frac{20 \times 30}{240}$$

ou $\dfrac{1}{12} \times 1 + \dfrac{1}{12} \times 2 + \dfrac{1}{12} \times 3, \ldots \dfrac{1}{12} \times 30$

ou $i = \dfrac{1}{12} \times (1 + 2 + 3 \ldots + 30)$, c'est-à-dire $\dfrac{1}{12}$ multiplié par la somme des 30 premiers nombres.

Mais (Arith., n° 674)

$$(1 + 2 + 3 \ldots + 30) = \frac{(1 + 30)\,30}{2} = 31 \times 15 = 465;$$

donc $i = \dfrac{1}{12} \times 465 = 38$ fr 75.

L'ouvrage vaut $600 - 38,75 = 561$ fr 25.

Rép. 561 fr 25.

Remarque. La somme de 561 fr 25 est trop faible, parce que l'on a retranché de 600 fr l'escompte en dehors au lieu de l'escompte en dedans.

Pour trouver exactement la valeur demandée, on peut chercher combien le libraire toucherait pour l'ouvrage vendu au jour du dernier payement, s'il plaçait à intérêts, à mesure qu'il les reçoit, les payements successifs de l'acheteur. Cette somme égale la valeur actuelle de l'ouvrage, augmentée de son intérêt pour 30 mois.

Le 1er payement deviendrait, Probl. 941. C. (9) :

$$20 \times \left(1 + \frac{29}{240} \right) = \frac{20 \times 269}{240} \text{ ou } \frac{1}{12} \times 269.$$

Le 2e   — $20 \times \left(1 + \dfrac{28}{240} \right) = \dfrac{20 \times 268}{240}$ ou $\dfrac{1}{12} \times 268$.

Le 3e   — $20 \times \left(1 + \dfrac{27}{240} \right) = \dfrac{20 \times 267}{240}$ ou $\dfrac{1}{12} \times 267$.

. . . .

L'avant-dernier, $20 \times \left(1 + \dfrac{1}{240} \right) = \dfrac{20 \times 241}{240}$ ou $\dfrac{1}{12} \times 241$.

Le dernier $20 \times 1 = \ldots \ldots \dfrac{20 \times 240}{240}$ ou $\dfrac{1}{12} \times 240$.

Pour la somme on a $S = \dfrac{1}{12} (269 + 268 \ldots 241 + 240)$.

La parenthèse renferme la somme des 30 termes d'une progression arithmétique dont la raison est 1.

On aura (Arith., n° 674) :

$$(269 + 268\ldots\ldots 241 + 240) = \frac{269 + 240}{2} \times 30 = 7\,635.$$

La somme sera $\quad \frac{1}{12} \times 7\,635 = 636$ fr 25.

Mais 100 fr, après 30 mois, valent $100 + \frac{5 \times 30}{12} = 112$ fr 50.

La valeur actuelle de l'ouvrage est donc de $\frac{100 \times 636,25}{112,5} = 565$ fr 55.

Rép. 565 fr 55.

1715. *Un libraire de province reçoit d'un éditeur de Paris 78 volumes à 2 fr 50 l'un, et il paye 3 fr de port. Le libraire ne verse le prix de la fourniture qu'au bout de trois mois, et il a, comme remise, le treizième volume par douzaine, plus 25 p $^0/_0$ sur le prix ci-dessus. Un mois après l'envoi de l'éditeur, il vend ses volumes en bloc à 2 fr l'un, mais il n'est payé que quatre mois après cette vente. Combien le libraire a-t-il gagné p $^0/_0$, en tenant compte de l'intérêt de son argent à 6 p $^0/_0$?*

La facture du libraire était de $78 \times \frac{12}{13} \times 2,5 = 180$ fr.

Le libraire a payé à l'éditeur $180 - (180 \times 0,25) = 135$ fr.
Il a déboursé $135 + 3 = 138$ fr.
Il a retiré $2 \times 78 = 156$ fr, 2 mois après avoir payé l'éditeur.
Pendant ces 2 mois son argent aurait rapporté
$$\frac{(0,06 \times 5) \times 3}{12} + \frac{0,06}{6} \times 135 = 1 \text{ fr } 425.$$

Le libraire a gagné $156 - (138 + 1,425) = 16$ fr 575;
soit $\quad \frac{16,575 \times 100}{138} = 12,01$ p $^0/_0$.

Rép. 12,01 p $^0/_0$.

1716. *Un marchand achète 2485 kilogr d'huile, à raison de 180 fr 75 le quintal. Il veut gagner 15 $^0/_0$ sur son acquisition. Combien doit-il faire payer les 500 gr d'huile, et quel bénéfice total fera-t-il sur sa vente, en admettant que le détail occasionne une perte de 6 hectogrammes?*

L'huile a coûté $1,8075 \times 2485$ ou 4491 fr 65.
Le marchand veut gagner $0,15 \times 4491,65$ ou 673 fr 75.
Il vendra seulement $2485 - 0,6 = 2484$ kg 4 d'huile.

Il devra faire payer le $\frac{1}{2}$ kg $\frac{4491,65 + 673,75}{2484,4 \times 2} = 1$ fr 0395.

Rép. 1 fr 0395, soit 1 fr 05.

1717. *Une personne ayant acheté une certaine quantité de marchandises, en a vendu les $^3/_8$ à 20,42 p $^0/_0$ de bénéfice, les $^2/_8$ à 18,35 $^0/_0$ de bénéfice, et le reste à 7 $^0/_0$ de perte. Elle a réalisé* *sur ces marchandises un bénéfice de 2683 fr 25. Quelle somme avait-elle dépensée pour leur achat?*

Le reste égale $1 - \left(\dfrac{3}{8} + \dfrac{2}{5}\right) = \dfrac{40 - (15 + 16)}{40} = \dfrac{9}{40}$ de la marchandise.

Sur la marchandise qui a coûté 400 fr, la personne a gagné
$(150 \times 0,2042 + 160 \times 0,1835) - 90 \times 0,07 = 53$ fr 69.

La marchandise a donc coûté $\dfrac{400 \times 2683,25}{53,69}$ ou 19990 fr 68.

Rép. 19990 fr 70.

1718. *Les adjudications d'immeubles ordonnées par les tribunaux donnent droit au notaire à 1 p %, sur les 10000 premiers francs, à ¹/₂ p %, sur les 40000 fr suivants, à ¹/₄ %, sur les 50000 fr suivants, etc. A quelle somme se monte l'adjudication d'une propriété qui a rapporté au notaire 375 fr d'honoraires?*

Pour les 10000 premiers francs, le notaire a eu 100 francs; il reste 275 fr.

Pour les 40000 fr suivants, il a eu $400 : 2 = 200$ fr ; il reste 75 fr.

Le notaire a eu 75 fr pour $100 \times 4 \times 75 = 30000$ fr.

L'adjudication se monte à $10000 + 40000 + 30000 = 80000$ fr.

Rép. 80000 fr.

1719. *Un agriculteur a du blé à vendre, et on lui en offre 28 fr 50 le quintal métrique. Ayant refusé cette offre, il ne peut s'en défaire que cinq mois plus tard à 26 fr 40; à cette époque, son blé s'étant desséché, a perdu 2 %, de son poids : combien cet agriculteur a-t-il perdu par quintal en refusant la première offre? Tenir compte de l'intérêt de l'argent à 4 %.*

Après 5 mois, le quintal de blé vaut au prix du 1ᵉʳ marché
$$\frac{28,5 \times 100}{98} = \frac{2850}{98} \text{ fr.}$$

Pendant 5 mois cette somme aurait rapporté
$$\frac{0,04 \times 5}{12} \times \frac{2850}{98} = \frac{47,5}{98}.$$

Le quintal de blé vaut donc $\dfrac{2850 + 47,5}{98} = 29$ fr 566.

L'agriculteur perd $29,56 - 26,40 = 3$ fr 16 par quintal de blé avant le dessèchement.

Rép. 3 fr 16.

1720. *Les grains, en se desséchant au grenier, perdent, par année, les ⁹/₂₀₀ environ de leur volume. Si après la récolte on avait acheté du blé au prix de 18 fr 50 l'hectol, à combien reviendrait, après une année, l'hectol de ce même blé, si l'on tient compte de la diminution de volume éprouvée par le grain, et des intérêts à 5 %, de la somme employée à l'achat?*

Après une année, un hectolitre de blé est réduit à
$$\frac{200 - 9}{200} = \frac{191}{200} \text{ d'hectol.}$$

L'hectolitre de blé après un an vaut $\dfrac{18,5 \times 200}{191} = \dfrac{3700}{191}$ fr.

Cette somme aurait rapporté en un an

$$0,05 \times \frac{3700}{191} = \frac{185}{191} \text{ fr.}$$

L'hectolitre de blé reviendrait à $\dfrac{3700 + 185}{191} = 20$ fr 34.

Rép. 20 fr 34.

1721. *Un marchand achète un tonneau d'huile d'olive de 240 litres, à raison de 1 fr 83 le kilogr, et il le revend à raison de 1 fr 83 le litre. Trouver combien il a gagné en tout à ce marché, et combien il a gagné pour cent, sachant qu'un centimètre cube d'huile pèse 915 milligrammes.*

L'huile a coûté $1,83 \times 0,915 \times 240 = 401$ fr 85.

On en retire $1,83 \times 240 = 439$ fr 20.

Le marchand gagne $439,20 - 401,85 = 37$ fr 35,

ou $\dfrac{37,35}{4,0185} = 9$ fr 294, soit 9 fr 30 p %

Rép. 37 fr 35 et 9,30 p %.

1722. *Une terre de 34 hectares 80 centiares était affermée 1080 fr; après un drainage, qui a coûté 281 fr par hectare, la plus-value acquise par la terre est de 317 %. Calculez le nouveau prix auquel la terre devra être affermée par suite de cette plus-value, et au bout de combien de temps le drainage sera payé par l'augmentation du prix de ferme, en ne tenant pas compte des intérêts.*

Ce qui rapportait 100 fr rapporte maintenant 317 fr en plus, soit 417 fr.

La terre doit être affermée $10,80 \times 417 = 4503$ fr 60.

Le drainage a coûté $281 \times 34,008$ ou 9556 fr 25.

La dépense sera payée en $\dfrac{9556,25}{4503,6 - 1080}$ ou en 2 ans 9 mois.

Rép. 4503 fr 60 et 2 ans 9 mois.

1723. *Une prairie rapporte en moyenne 735 kilogr de foin pour 40 ares de superficie, et le regain équivaut au quart de la récolte du foin. Les frais de culture, d'impositions et de fauchage sont évalués à 36 fr 25 par hectare, et le prix du foin est de 35 fr 75 les 1000 kilogr. Quelle doit être l'étendue de cette prairie pour que, en la payant 3700 fr, on ait placé son argent à 5 1/2 p % ?*

La prairie doit rapporter $5,5 \times 37 = 203$ fr 50.

Un hectare rapporte $\dfrac{735 \times 100}{40} = 1837$ kg 5 de foin,

et $\dfrac{1837,5}{4} = 459$ kg 375 de regain,

soit en tout $1837,5 + 459,375 = 2296$ kg 875 de fourrage.

Le fourrage vaut $35,75 \times 2,297$ ou 82 fr 10.

Le bénéfice par hectare est de $82, 10 - 36,25 = 45$ fr 85.

La superficie de la prairie doit être de $\dfrac{203,5}{45,85}$ ou 4 hect. 4383.

Rép. 4 hect 4383.

1724. *Une terre en labour rapporte, année moyenne, 419 fr net. Une prairie de même étendue produit 13464 kilogr de foin, et un regain évalué au quart de la récolte du foin; les frais s'élèvent à 136 fr 45. Combien doit-on vendre les 1000 kilogr de fourrage, pour que le revenu de la prairie soit supérieur à celui de la terre de 8 %?*

La prairie doit rapporter $419 + 4,19 \times 8 = 452$ fr 50.

Le fourrage doit être vendu $452,50 + 136,45 = 588$ fr 95.

Il y a $13464 + \dfrac{13464}{4} = 16830$ kg de fourrage.

On doit vendre les 1000 kg de fourrage $\dfrac{588,95}{16,830} = 34$ fr 99.

Rép. 35 fr.

1725. *On vend à terme une propriété pour le prix de 49786 fr. L'acheteur, en payant à l'expiration du terme, compte une somme de 59591 fr 75 pour le capital et les intérêts simples, à raison de 6 % l'an. On demande le temps qui s'est écoulé entre le jour de la vente et celui du payement.*

Les intérêts se sont élevés à $59591,75 - 49786 = 9805$ fr 75.

On a (Probl. 941) $t = \dfrac{i}{ar} = \dfrac{9805,75}{49786 \times 0,06} = 3$ ans 3 mois 11 j 7.

Rép. 3 ans 3 mois 12 jours par excès.

1726. *Une personne place les $^2/_5$ de son capital à 6 %, ce qui lui procure un revenu annuel de 939 fr 60. Le reste de ce capital est placé à 4 $^1/_2$ p %. Trouver son revenu total, et dire à quel taux unique elle devrait placer tout son capital pour obtenir le même revenu annuel.*

Les $\dfrac{2}{5}$ représentent un capital de $\dfrac{100 \times 939,6}{6} = 15660$ fr.

Les $\dfrac{3}{5}$ représentent un capital de $\dfrac{15660 \times 3}{2} = 23490$ fr.

Cette partie rapporte $4,5 \times 234,9 = 1057$ fr 05.

Le revenu total est donc 939 fr $60 + 1057,05 = 1996$ fr 65.

Pour avoir le même revenu, le taux unique aurait dû être

de $\dfrac{1996,65 \times 100}{15660 + 23490} = 5,1$ p %.

Rép. Revenu 1996 fr 65; taux unique 5,10 p %.

1727. *La fortune d'une personne est partagée en deux parties égales; la première partie, placée à 5 %, rapporte annuellement*

60 *fr de plus que la seconde moitié, placée à* 4 $\frac{1}{2}$ % *. Quelle est la fortune de cette personne?*

Chaque 100 fr placé à 5 p % rapporte $5 - 4,5 = 0$ fr 5 de plus que 100 fr à 4 $\frac{1}{2}$ p %.

Chaque moitié de la fortune est de $\dfrac{100 \times 60}{0,5} = 12000$ fr.

Rép. 24000 fr.

1728. *Deux personnes placent la même somme, l'une à* 5 % *, l'autre à* 3 % *; le revenu de la première surpasse de* 700 *fr celui de la seconde; quelle est la somme placée?*

La somme placée par chaque personne égale (Probl. 1727)
$$\frac{100 \times 700}{5 - 3} = 35000 \text{ fr.}$$

Rép. Chaque personne a placé 35000 fr.

1729. *Deux industriels possèdent chacun un capital qu'ils placent dans l'industrie de la verrerie. Celui du premier produit* 6 % *, et celui du second, qui surpasse de* 9000 *fr celui du premier, produit* 8 % *. Sachant que le second touche annuellement, en intérêts,* 1160 *fr de plus que le premier, on demande le montant des deux capitaux.*

Les 9000 fr produisent annuellement $8 \times 90 = 720$ fr.

Les $1160 - 720 = 440$ fr que le second reçoit en plus pour le même capital que le premier, représentent les $\dfrac{8-6}{100} = \dfrac{2}{100}$ de ce capital.

Capital du 1ᵉʳ $\dfrac{440 \times 100}{2} = 22000$ fr.

Capital du 2ᵉ $22000 + 9000 = 31000$ **fr.**

Rép. 1ᵉʳ 22000 fr; 2ᵉ 31000 fr.

1730. *Une personne ayant fait deux parts d'un capital de* 45000 *fr a placé la première à* 5 $\frac{1}{2}$ % *, et la deuxième à* 4 % *. Elle se fait un revenu annuel de* 2025 *fr. Quelles sont ces deux parts?*

Si tout le capital était placé à 4 % le revenu annuel serait
$$450 \times 4 = 1800 \text{ fr.}$$

Le revenu total est supérieur de $2025 - 1800 = 225$ fr.

Pour chaque 100 fr placés à 5,5 au lieu de 4, le revenu augmente de 1 fr 50.

La somme placée à 5 $\frac{1}{2}$ p % est donc $\dfrac{100 \times 225}{1,5} = 15000$ fr.

La somme placée à 4 p % est $45000 - 15000 = 30000$ fr.

Rép. 15000 fr à 5,5 p %, et 30000 à 4 p %.

Soit x la partie placée à 5,5 p. %; celle placée à 4 p. % sera $45000 - x$

On aura $\quad \dfrac{x}{100} \times 5,5 + \dfrac{(45000 - x) \times 4}{100} = 2025,$

d'où l'on tire $\quad x = 15000.$

1731. *Une personne place les* $^3/_4$ *d'un capital à* 4 *fr* 75 $^0/_0$, *et le reste à* 5 *fr* 50 $^0/_0$; *elle retire ainsi* 493 *fr* 75 *d'intérêts pour* 72 *jours. On demande quel est le capital placé.*

Le capital rapporterait en 1 an $\dfrac{493,75 \times 360}{72} = 2468$ fr 75.

Pour 100 fr de capital elle retire

$$75 \times 0,0475 + 25 \times 0,055 = 4 \text{ fr } 9375 \text{ d'intérêts.}$$

Le capital placé égale $\dfrac{2468,75 \times 100}{4,9375} = 50000$ fr.

Rép. 50000 fr

1732. *Une personne place les* $^2/_3$ *d'un capital à* 4 *fr* 50 $^0/_0$, *et le reste à* 6 $^0/_0$; *elle retire ainsi* 500 *fr d'intérêts pour* 120 *jours. On demande quel est le capital placé.*

Le capital rapporte annuellement $\dfrac{500 \times 360}{120} = 1500$ fr.

Pour 300 fr de capital elle retire $4,5 \times 2 + 6 = 15$ fr d'intérêts.

Le capital placé est $\dfrac{300 \times 1500}{15} = 30000$ fr.

Rép. 30000 fr.

1733. *On a placé les* $^2/_3$ *d'un capital à* 5 $^0/_0$, *et l'autre tiers à* 4 *fr* 50 $^0/_0$. *On a retiré au bout de l'année* 15725 *fr, capital et intérêts réunis. Trouver le capital.*

Pour 300 fr de capital on retirerait $300 + 5 \times 2 + 4,5 = 314$ fr 50.

Le capital placé égale $\dfrac{300 \times 15725}{314,5} = 15000$ fr.

Rép. 15000 fr.

1734. *Une personne place les* $^4/_5$ *de ses fonds à* 3 *fr* 5 $^0/_0$, *et le reste à* 4 $^0/_0$. *Au bout de l'année, elle retire* 15196 *fr, capital et intérêts compris. Quel était le capital ainsi placé?*

Pour 500 fr placés on retire $500 + 3,5 \times 4 + 4 = 518$ fr.

Capital $\dfrac{500 \times 15196}{518} = 14667$ fr 95, soit 14668 fr.

Rép. 14668 fr.

1735. *Une personne a placé, à intérêts simples, un certain capital à* 4,5 $^0/_0$, *et un autre à* 5 $^0/_0$. *Le second capital est égal aux* $^8/_{11}$ *du premier. Les capitaux et les intérêts réunis se sont élevés, au bout de* 12 *ans* 7 *mois, à* 38000 *fr. On demande quels étaient les deux capitaux placés.*

Pour 11 fr du 1er capital,

on retirerait $11 + \dfrac{11 \times 0,045 \times 151}{12} = \dfrac{206,745}{12}$ fr.

Le 2e capital serait 8 fr,

on retirait $8 + \dfrac{8 \times 0,05 \times 151}{12} = \dfrac{156,4}{12}$ fr.

Pour $11 + 8 = 19$ fr,

on retirerait $\dfrac{206,745 + 156,4}{12} = \dfrac{363,145}{12}$ fr.

Le 1er capital était de $\dfrac{11 \times 12 \times 38000}{363,145} = 13812$ fr 65.

Le 2e   »   » $\dfrac{8 \times 12 \times 38000}{363,145} = 10045$ fr 55.

Rép. 13812 fr 65, et 10045 fr 55.

1736. *Un capital de 1500 fr a été divisé en deux sommes iné-*
gales, placées à intérêts simples : la première à 4 ½ p %, pen-
dant 3 ans; la seconde à 5 %, pendant 2 ans 8 mois. L'intérêt
produit par le premier placement est les $^{81}/_{160}$ *de celui que rap-*
porte le second placement. Trouver la valeur de chacune des
sommes placées, et vérifier le résultat.

Le 1er capital rapportera 81 fr quand le second rapportera 160 fr.

Pour rapporter 81 fr en 3 ans, à 4½ p %, il faut $\dfrac{100 \times 81}{4,5 \times 3} = 600$ fr.

Pour rapporter 160 fr en 2 ans 8 mois, à 5 p %,

$$\text{il faut } \frac{100 \times 160 \times 3}{5 \times 8} = 1200 \text{ fr.}$$

On voit que la 2e somme est double de la 1re; elle égale donc

les $\dfrac{2}{3}$ du capital, soit $\dfrac{1500 \times 2}{3} = 1000$ fr.

Rép. 500 fr, 1000 fr.

Vérification. Le 1er capital rapporte $5 \times 4,5 \times 3 = 67$ fr 5 $= \dfrac{675}{10} = \dfrac{135}{2}$

$$\text{Le 2e } \text{»} \qquad \text{»} \quad 10 \times 5 \times \frac{8}{3} = \frac{400}{3}.$$

Les intérêts sont dans le rapport

$$\frac{135}{2} : \frac{400}{3} = \frac{135 \times 3}{2 \times 400} = \frac{27 \times 3}{2 \times 80} = \frac{81}{160}.$$

1737. *Une personne possède un capital qu'elle divise en trois*
parties; elle place la première à 5 %, la seconde à 4 % et la troi-
sième à 3 %, et au bout d'un an elle retire les trois sommes pla-
cées, augmentées de leurs intérêts respectifs; elle touche ainsi
15996 fr 40. On propose de calculer les capitaux placés, sachant
que le premier est les $^8/_5$ *du second, et le troisième la somme des*
deux autres.

Si la 2e part était de 500 fr, la 1re serait 300 fr, et la 3e 800 fr
Le capital serait 1600 fr.
On retirerait au bout d'un an
$$1600 + 5 \times 3 + 4 \times 5 + 3 \times 8 = 1659 \text{ fr.}$$

1er capital $\dfrac{300 \times 15996,4}{1659} = 2892$ fr 65; 2e $\dfrac{2892,65 \times 5}{3} = 4821$ fr 10.

$$\text{3e } 2892,65 + 4821,10 = 7713,75.$$

Rép. 1er 2892 fr 65; 2e 4821 fr 10; 3e 7713 fr 75.

1738. *Quelqu'un a 60000 fr placés, partie à 4 % et partie à 5,*
et lui rapportant en tout 2640 fr d'intérêts. Quelle est la somme
placée à chaque taux?

Si toute la somme était placée à 5 p %, les intérêts seraient $600 \times 5 = 3000$ fr.

La somme placée à 4 % rapporte 3000 — 2640 = 360 fr de moins que si elle était placée à 5 p %.

Elle égale $\dfrac{360}{5-4}$ = 360 fois 100 fr ou 36000 fr.

Il y a 60000 — 36000 = 24000 fr placés à 5 %.

Rép. 24000 fr à 5 p %, et 36000 fr à 4 p %.

1739. *Deux capitaux s'élèvent ensemble à 22970 fr; ils sont placés à des taux différents, et produisent en deux ans 2202 fr 50 d'intérêts. L'un surpasse l'autre de 4070 fr, et rapporte 250 fr 75 de plus par an. A quels taux sont placés ces deux capitaux?*

Le 1ᵉʳ capital égale $g = \dfrac{s+d}{2} = \dfrac{22970+4070}{2} = 13520$ fr,

et le 2ᵉ $p = \dfrac{22970-4070}{2} = 9450$ fr.

Les deux sommes rapportent annuellement 2202,5 : 2 = 1101 fr 25.

Le 1ᵉʳ capital rapporte $\dfrac{s+d}{2} = \dfrac{1101,25+250,75}{2} = 676$ fr,

soit 676 : 135,2 = 5 p %.

Le 2ᵉ capital rapporte $\dfrac{s-d}{2} = \dfrac{1101,25-250,75}{2} = 425$ fr 25,

soit 425,25 : 94,5 = 4,5 p %.

Rép. 1ᵉʳ 5 p %; 2ᵉ 4,5 p %.

1740. *Un capital a fourni trois placements différents : les ⅔ ont été placés à 4 p %; ⅙ à 4 ½ p % et le reste à 5 p %. Au bout de seize mois, on a retiré capital et intérêts, et l'on a touché une somme totale de 38991 fr. On demande : 1° quelle était la valeur du capital primitif; 2° à quel taux il eût fallu le placer tout entier pour avoir le même résultat au bout du même temps.*

Sur 600 fr de capital, le 1ᵉʳ placement est de 400 fr, le 2ᵉ de 100 fr, et le 3ᵉ de 100 fr.

Après 16 mois on retirerait pour 600 fr,

$$600 + \frac{4\times4\times16}{12} + \frac{4,5\times16}{12} + \frac{5\times16}{12}, \text{ soit } 634 \text{ fr.}$$

Le capital primitif était de $\dfrac{600\times38991}{634} = 36900$ fr.

Pour obtenir 38991 — 36900 = 2091 fr d'intérêts, il aurait fallu placer le capital total au taux de $\dfrac{2091\times12}{369\times16} = 4,25$ p %.

Rép. 1° 36900 fr; 2° 4,25 p %.

1741. *Une personne fait valoir sa fortune de la manière suivante : le ⅛ est placé à 5 fr 55 % par an; les ⅔ du reste produisent 7 fr 40 %, et le surplus donne 660 fr d'intérêts, à raison de 2 fr 75 %. D'après ces données, calculer : 1° la fortune totale de cette personne; 2° son revenu annuel; 3° le taux moyen auquel est placé son capital.*

La 2ᵉ part et les $\dfrac{4\times2}{5\times3} = \dfrac{8}{15}$ du capital,

et la 3ᵉ les $\dfrac{4\times1}{5\times3} = \dfrac{4}{15}$ du capital.

Les $\frac{4}{15}$ du capital représentent $\frac{100 \times 660}{2,75} = 24\,000$ fr.

1º Le capital total est donc $\frac{24\,000 \times 15}{4} = 90\,000$ fr.

La 1ʳᵉ partie égale $\frac{90\,000}{5} = 18\,000$ fr; la 2º $24\,000 \times 2 = 48\,000$ fr.

2º Revenu annuel $5,55 \times 180 + 7,40 \times 480 + 660 = 5211$ fr.

3º Taux moyen $\frac{5211}{900} = 5,79$ p %.

Rép. 1º 90 000 fr; 2º 5211 fr; 3º 5,79 p %.

1742. *La fortune d'une personne est placée de la manière suivante : un tiers à 5 ¹/₄ p %, les ²/₅ du reste à 6 ¹/₂ p %, les ³/₄ du surplus à 4 ¹/₂ p %, et le reste à 3 ²/₃ p %. Cette personne jouit d'un revenu de 5460 fr; trouver sa fortune.*

La 2º partie est les $\frac{2}{3} \times \frac{2}{5} = \frac{4}{15}$ de la fortune;

la 3º en est les $\frac{2}{3} \times \frac{3}{5} \times \frac{3}{4} = \frac{3}{10}$, et la 4º, les $\frac{2}{3} \times \frac{3}{5} \times \frac{1}{4} = \frac{1}{10}$.

Sur une fortune de 3000 fr, il y aurait 1000 fr placés à $5\frac{1}{4}$ p %,

800 fr à $6\frac{1}{2}$ p %, 900 fr à $4\frac{1}{2}$ p %, et 300 fr à $3\frac{2}{3}$ p %.

Le revenu serait $52,5 + 6,5 \times 8 + 4,5 \times 9 + \frac{11 \times 3}{3} = 156$ fr.

La fortune de cette personne égale $\frac{3000 \times 5460}{156} = 105\,000$ fr.

Rép. 105 000 fr.

1743. *Une personne a fait de son capital trois parts. La première a été placée à 4 fr 50 p %, pendant 3 ans 8 mois; la seconde, qui est double de la première, a été placée à 5 p %, pendant 3 ans 6 mois; enfin la troisième, qui est triple de la seconde, a été placée à 4 p %, pendant 3 ans 9 mois. Les intérêts de ces divers capitaux se sont élevés à 14150 fr. Calculer les trois parts et le capital entier.*

La 1ʳᵉ part contient autant de fois 100 fr que la 2º contient de fois 200 fr, et la 3º 600 fr.

Pour $100 + 200 + 600 = 900$ fr de capital, les intérêts

seraient $\frac{4,5 \times 44}{12} + \frac{5 \times 2 \times 42}{12} + \frac{4 \times 6 \times 45}{12} = 141$ fr 50.

La 1ʳᵉ part égale $\frac{100 \times 14\,150}{141,5} = 10\,000$ fr, la 2º 20 000 fr, et la 3º 60 000 fr.

Rép. 1ʳᵉ 10 000 fr; 2º 20 000 fr; 3º 60 000; capital 90 000 fr.

1744. *Deux personnes placent le 1ᵉʳ janvier, à intérêts simples, mais à des taux différents, deux sommes : la première, qui s'élève à 76 788 fr, est placée au taux de 5 p %, et la seconde, de 76 395 fr, à 6 p %. On demande la date du jour où les deux personnes devront se présenter à leurs maisons de banque pour retirer exactement la même somme (capital et intérêts réunis).*

Au jour demandé, le deuxième capital aura rapporté
$$76\,788 - 76\,395 = 393 \text{ fr de plus que le premier.}$$

En un an, il rapporte $6 \times 763,95 - 5 \times 767,88 = 744$ fr 30 de plus que le premier.

Pour rapporter 393 fr de plus, il lui faudra
$$\frac{365 \times 393}{744,30} \text{ ou } 193 \text{ jours.}$$

Les deux sommes seront égales le 13 juillet de la même année.

Rép. Le 13 juillet.

Remarque. Si l'on compte l'année de 360 jours, on trouve 190 jours au lieu de 193, soit 6 mois de 30 jours et 10 jours.

On a (Probl. 941. O) $a(1 + rt) = a'(1 + r't)$,

d'où l'on tire
$$t = \frac{a - a'}{a'r' - ar} = \frac{393}{744,3} = 190 \text{ jours.}$$

Rép. La date demandée serait le 10 juillet.

1745. *Trois personnes ont mis chacune une certaine somme dans une spéculation. La mise de la deuxième est les 0,75 de celle de la première; celle de la troisième est les 0,50 de celle de la deuxième. Elles ont fait un bénéfice de 263 fr 50, qui représente 20 % du capital engagé. Trouver ce qu'il revient à chacune de ce bénéfice, et le capital engagé.*

La mise de la troisième personne est les $0,75 \times 0,5 = 0,375$ de la mise de la première.

Lorsque la première personne met 1 fr, le total des mises égale
$$1 + 0,75 + 0,375 = 2 \text{ fr } 125.$$

Le bénéfice de la première personne égale $\dfrac{263,5}{2,125} = 124$ fr; celui de la deuxième égale $124 \times 0,75 = 93$ fr, et celui de la troisième $93 : 2 = 46$ fr 50.

Le capital engagé égale $263,5 : \dfrac{20}{100} = 263,5 \times 5 = 1317$ fr 50.

Rép. 1re 124 fr, 2e 93 fr, 3e 46 fr 50; capital 1317 fr 50.

1746. *Deux dames entrent successivement dans un magasin de nouveautés; la première achète les ⅖ d'une pièce de velours de soie; la seconde, la moitié du reste. Sachant qu'elles ont payé le mètre 23 fr, et que l'une a 2 m 95 de velours de plus que l'autre, chercher le gain total du négociant, qui gagne 15 %, après avoir vendu le reste de la pièce au même prix.*

Le marchand vend 115 fr ce qui lui coûte 100 fr; il paye donc le mètre de velours de soie $\dfrac{100 \times 23}{115} = 20$ fr; il gagne 3 fr par mètre.

La deuxième dame prend les $\frac{3}{5} \times \frac{1}{2} = \frac{3}{10}$ de la pièce, c'est-à-dire $\frac{2}{5} - \frac{3}{10} = \frac{1}{10}$ de moins que la première dame.

La longueur de la pièce est de $2,95 \times 10 = 29$ m 5.

Le négociant gagne $3 \times 29,5 = 88$ fr 50.

Rép. 88 fr 50.

1747. *On assure le transport de trois voitures, moyennant une prime de 1 % sur la première, estimée 4 400 fr, de 2 % sur la seconde, estimée 6 000 fr, et de 3 % sur la troisième, estimée 3 200 fr. Les voitures éprouvent chacune pour 260 fr d'avaries. Faire le compte entre l'assureur et l'assuré.*

Il est dû à l'assureur $44 + 2 \times 60 + 3 \times 32 = 260$ fr.

Il doit rembourser à l'assuré le montant des avaries, soit $260 \times 3 = 780$ fr.

L'assureur doit à l'assuré $780 - 260 = 520$ fr.

Rép. 520 fr.

1748. *Un spéculateur achète une propriété de 256 hectares 8 ares, au prix de 447 116 fr. Il ne la garde que deux ans, et elle ne lui rapporte que 3 % par an; tandis que s'il eût placé la somme qu'il a déboursée, il en eût retiré 5,15 %. A quel prix doit-il revendre l'hectare, pour faire un bénéfice réel de 7 %, en tenant compte et du prix d'achat et de la perte des intérêts qu'il a éprouvée?*

En plaçant son argent à 5,15 p %, le spéculateur aurait gagné $(5,15 - 3)\,2 = 4,3$ p % de plus, soit $4471,16 \times 4,3 = 19225,988$.

Il veut gagner $4471,16 \times 7 = 31\,298$ fr 12.

Il doit vendre la propriété
$$447\,116 + 19\,225,98 + 31\,298,12 = 497\,640 \text{ fr } 10.$$

ou $\dfrac{497\,640,10}{256,08}$ ou 1943 fr 30 l'hectare.

Rép. 1 943 fr 30.

1749. *L'are de terrain mis en culture produit, chiffre moyen, 17 litres de blé par an. On demande : 1° combien de blé produit un champ de 3 hectares 6 ares; 2° à quel prix le mètre carré de ce champ a été acheté, sachant que le propriétaire vend le terrain 21 300 fr, et qu'il gagne 6 fr 50 p % sur le prix d'achat.*

Un champ de 3 hectares 6 ares produit $17 \times 306 = 5202$ litres de blé par an.

Le champ a été payé $\dfrac{100 \times 21\,300}{106,5} = 20\,000$ fr.

Le mètre carré a été payé $\dfrac{20\,000}{30\,600}$ ou 0 fr 653.

Rép. 1° 5 202 litres; 2° 0 fr 653.

1750. *Dans une prairie de 2 hectares 8 centiares, un cultivateur récolte 12 bottes ½ de foin par are. Il vend son foin 45 fr* les cent bottes, et consent à n'être payé que dans trois mois ; l'or faisant une prime de 15 fr par mille, le cultivateur le porte chez un banquier et reçoit des billets en échange. Dites combien la prime qu'il touche représente d'intérêts pour % de son argent.

Le foin récolté vaut $0,45 \times 12,5 \times 200,08 = 1125$ fr 45.

La prime sera de $15 \times 1,125 = 16$ fr 875, soit 16 fr 90.

Cette prime représente un intérêt de $\dfrac{16,90 \times 4}{11,2545}$ ou 6 p % par an.

Rép. 6 p %.

1751. Deux cent quinze hectolitres de blé, achetés au moment de la récolte, à raison de 22 fr 05 l'hectolitre pesant 80 kilog, ont été revendus plus tard avec un bénéfice de 9 1/4 p %. Le blé s'étant desséché et ayant perdu 4 kilog de son poids par hectolitre, on demande : 1° à quel prix on a dû vendre le quintal métrique ; 2° quel a été le montant total du bénéfice.

Ce qui coûte 22 fr 05 doit être vendu
$$22,05 \times 1,0925 = 24 \text{ fr } 089625.$$
L'hectolitre ne pèse plus que $80 - 4 = 76$ kg.
On a dû vendre le quintal métrique
$$\frac{24,089625 \times 100}{76} \text{ ou } 31 \text{ fr } 696, \text{ soit } 31 \text{ fr } 70.$$
Le blé a coûté $22,05 \times 215 = 4740$ fr 75.
Le bénéfice a été de $9,25 \times 47,4075$ ou 438 fr 50.

Rép. 1° 31 fr 70 ; 2° 438 fr 50.

1752. Un marchand a acheté une balle de riz, pesant 198 kgr, au prix de 0 fr 45 le kilogr. Il en a déjà vendu les 5/9, à raison de 0 fr 60 le kilogr, lorsqu'on offre de lui prendre le reste, en lui assurant un bénéfice total de 30 % sur son prix d'achat. On demande à combien revient au dernier acquéreur le kilogramme de riz.

La balle de riz a coûté $0,45 \times 198 = 89$ fr 10.
Elle doit être vendue $1,30 \times 89,1 = 115$ fr 83 ou 115 fr 85.

De la première vente on a retiré $0,6 \times \dfrac{198 \times 5}{9} = 66$ fr.

Les $\dfrac{198 \times 4}{9} = 88$ kilogr qui restent doivent être vendus

$$115,85 - 66 = 49 \text{ fr } 85 ; \text{ soit } \frac{49,85}{88} = 0 \text{ fr } 566.$$

Rép. 0 fr 566.

1753. Un marchand vend une pièce de toile en trois fois ; le premier coupon est les 2/7 de la pièce ; le deuxième est formé des 4/5 du reste, et le troisième coupon, qui a une longueur de 8 mètres, est vendu 22 fr. Il fait dans chacune de ces ventes un bénéfice de 10 %. On demande : 1° combien de mètres contenait la pièce ; 2° le prix total de vente ; 3° le prix d'achat.

Le 2ᵉ coupon est les $\dfrac{5 \times 4}{7 \times 5} = \dfrac{4}{7}$ de la pièce, et le 3ᵉ le $\dfrac{1}{7}$.

La pièce contenait $8 \times 7 = 56$ mètres.

Le prix total de vente égale $22 \times 7 = 154$ fr.

Le prix d'achat égale $\dfrac{100 \times 154}{110} = 140$ fr.

Rép. 1° 56 mètres ; 2° 154 fr ; 3° 140 fr.

1754. *Une marchande a acheté 35 pièces de drap de 60 mètres chacune, à raison de 1 065 fr la pièce. Elle a vendu le tout avec un bénéfice de 8 3/4 p %. On demande le prix d'achat d'un mètre, le prix de vente, et le bénéfice de la marchande pour chaque mètre.*

Un mètre de drap coûte $\dfrac{1\,065}{60} = 17$ fr 75.

Le prix de vente d'un mètre de ce drap sera
$$1{,}0875 \times 17{,}75 = 19 \text{ fr } 30.$$
Sur chaque mètre on gagne $19{,}30 - 17{,}75 = 1$ fr 55.

Rép. Achat 17 fr 75 ; vente 19 fr 30 ; bénéfice 1 fr 55.

1755. *Un marchand achète une pièce de drap à 18 fr 50 le mètre ; il en revend les 2/5 à 19 fr 80 le mètre, le 1/4 du reste à 20 fr 50, et les 2/3 du nouveau reste à 21 fr 90. Après ces trois ventes, il ne lui reste plus que 3 m 60 de drap, qu'il vend 21 fr 75 le mètre. On demande : 1° combien la pièce contenait de mètres de drap ; 2° combien ce marchand a gagné pour cent sur le prix d'achat.*

La deuxième vente représente les $\dfrac{3}{5} \times \dfrac{1}{4} = \dfrac{3}{20}$ de la pièce ;

la troisième, les $\dfrac{3}{5} \times \dfrac{3}{4} \times \dfrac{2}{3} = \dfrac{3}{10}$,

et le reste, $1 - \left(\dfrac{2}{5} + \dfrac{3}{20} + \dfrac{3}{10} \right) = \dfrac{20 - (8 + 3 + 6)}{20}$ ou les $\dfrac{3}{20}$.

La pièce contenait $\dfrac{3{,}6 \times 20}{3} = 24$ mètres.

Elle a coûté $18{,}5 \times 24 = 444$ fr.

Gain $(19{,}8 - 18{,}5) \times \dfrac{24 \times 2}{5} + (20{,}5 - 18{,}5) \times \dfrac{24 \times 3}{20} +$

$(21{,}9 - 18{,}5) \times \dfrac{24 \times 3}{10} + (21{,}75 - 18{,}5) \times 3{,}6 = 55$ fr 85.

Sur 100 fr d'achat, le marchand a gagné $\dfrac{55{,}85}{4{,}44} = 12$ fr 58.

Rép. 1° 24 mètres ; 2° 12,58 p %

1756. *Une personne a acheté un certain nombre de mètres d'étoffe. Elle a payé les 7/12 de cette étoffe 12 fr 50 le mètre, les 5/33 15 fr le mètre, et le reste 7 fr 60 le mètre. Le total de la dépense est une somme qui, augmentée des intérêts qu'elle produirait en trois ans, au taux de 6 p % par an, donnerait 16 232 fr 67. Combien a-t-on acheté de mètres à chacun des prix indiqués ?*

Le prix d'achat de l'étoffe égale $\dfrac{16\,232{,}67}{1{,}18} = 13\,756$ fr 50.

Le reste égale $1 - \left(\dfrac{7}{12} + \dfrac{5}{33} \right) = \dfrac{132 - (77 + 20)}{132} = \dfrac{35}{132}$ de l'étoffe.

Donc 132 mètres d'étoffe ont coûté

$$12,5 \times 77 + 15 \times 20 + 7,6 \times 35 \text{ ou } 1528 \text{ fr } 50.$$

Cette personne avait acheté $\dfrac{132 \times 13756,5}{1528,5} = 1188$ m d'étoffe.

Il y avait $\dfrac{1188 \times 7}{12} = 693$ m à 12 fr 50;

$\dfrac{1188 \times 5}{33} = 180$ m à 15 fr le mètre,

et $\quad 1188 - (693 + 180) = 315$ m à 7 fr 60 le mètre.

Rép. 693 m à 12 fr 50; 180 m à 15 fr; 315 m à 7 fr 60.

1757. *Une usine à gaz emploie chaque mois 500000 kilogr de houille. On sait que 200 kilogr de houille produisent 45 m cubes de gaz et 50 kilogr de coke. Le bénéfice net est de 1 fr 50 par 1000 hectolitres de gaz, et de 3 fr 50 par tonne de coke. Un capitaliste achète cette usine; on demande quelle somme il en a donnée, sachant que son argent a été placé au taux de 8 %.*

L'usine produit chaque année

$$\frac{45 \times 500000 \times 12}{200} = 13500000 \text{ hectol de gaz,}$$

et $\quad \dfrac{50 \times 500000 \times 12}{200} = 1500000$ kg ou 1500 tonnes de coke.

Le bénéfice net d'une année égale

$$1,5 \times 13500 + 3,5 \times 1500 = 25500 \text{ fr.}$$

L'usine a été achetée $\dfrac{25500 \times 100}{8} = 318750$ fr.

Rép. 318750 fr.

1758. *Un négociant a acheté, à raison de 25 fr l'hectolitre, 30 barriques de vin, d'une contenance moyenne de 218 litres; il a dépensé en plus 250 fr pour frais de transport et de droits d'entrée. Le vin a été mouillé, c'est-à-dire mélangé d'eau, à raison de 18 %. On demande combien le négociant devra vendre l'hectolitre du liquide ainsi préparé, pour gagner 20 % sur le chiffre de ses déboursés.*

Les 30 barriques contiennent $2,18 \times 30 = 65$ hectol 4.

Le vin coûte $25 \times 65,4 + 250 = 1885$ fr.

Le vin mouillé doit être vendu $1885 + 18,85 \times 20 = 2262$ fr.

On vendra $65,4 + 0,18 \times 65,4 = 77$ hectol 17 de vin mouillé.

Le négociant vendra l'hectolitre $\dfrac{2262}{77,17} = 29$ fr 31.

Rép. 29 fr 31.

1759. *Un capital, placé à 4 3/4 % par an, a produit, au bout de 6 ans 5 mois 20 jours, un intérêt qui a été employé au payement d'un terrain rectangulaire de 258 mètres de longueur, et dont les dimensions sont dans le rapport de 5 à 15. On demande quel est ce capital, sachant que le terrain s'est vendu à raison de 4850 fr l'hectare.*

La largeur du champ est $\frac{5}{15} = \frac{1}{3}$ de la longueur,

soit $\frac{258}{3} = 86$ mètres.

Sa surface égale $258 \times 86 = 22188$ m q ou 2 hectom q 2188.
Il a coûté $4850 \times 2,2188 = 10761$ fr 18, soit 10761 fr 20.
Le capital qui a rapporté cette somme en 6 ans 5 mois 20 jours ou 2330 j est $a = \frac{i}{rt} = \frac{10761,2 \times 360}{0,0475 \times 2330} = 35003$ fr 65.

Rép. 35003 fr 65.

1760. *Un marchand, en vendant 258 mètres d'une première étoffe, à raison de 2 fr 75 le mètre, a fait une perte de 23 % sur le prix d'achat; d'un autre côté, il a vendu pour 487 fr un lot d'une deuxième étoffe, qui lui avait coûté 450 fr. On demande :
1° combien il a gagné ou perdu p % sur l'ensemble des deux marchés; 2° combien il aurait dû vendre le mètre de la première étoffe pour ne faire ni gain ni perte sur cet ensemble.*

Les 258 m d'étoffe ont coûté $\frac{2,75 \times 258 \times 100}{77}$ ou 921 fr 40.

La perte est de $9,214 \times 23 = 211$ fr 90.
Sur la deuxième étoffe, on a gagné $487 - 450 = 37$ fr.
Sur l'ensemble des deux marchés, le marchand a perdu
$211,90 - 37 = 174$ fr 90.
Sur 100 fr, la perte est de $\frac{174,90 \times 100}{921,4 + 450} = 12$ fr 75.

Pour ne rien perdre, il aurait dû vendre le mètre de la première étoffe $\frac{921,4 - 37}{258} = 3$ fr 427.

Rép. 1° 12,75 p % ; 2° 3 fr 427, soit 3 fr 45 le mètre.

1761. *Un marchand a acheté deux pièces d'étoffe de même qualité, dont les prix sont entre eux comme 12 est à 19. La première a 15 mètres de moins que la seconde, et sa largeur n'est que les $\frac{3}{4}$ de celle de la seconde. Il les a revendues 2557 fr 50, et a fait un bénéfice de 10 % sur le prix d'achat. On demande le prix et la longueur de chaque pièce.*

Les deux pièces d'étoffe ont coûté $\frac{2557,50 \times 100}{110} = 2325$ fr.

Si la 1re pièce d'étoffe coûtait 12 fr, la 2e coûterait 19 fr, et le prix des deux étoffes serait $12 + 19$ fr.

La première a donc coûté $\frac{2325 \times 12}{12 + 19} = 900$ fr,

et la deuxième $2325 - 900 = 1425$ fr.

Si la première étoffe était aussi large que la deuxième, elle coûterait $\frac{900 \times 4}{3} = 1200$ fr.

Donc 15 m de la deuxième étoffe valent $1425 - 1200 = 225$ fr.

La deuxième pièce a $\dfrac{15 \times 1\,425}{225} = 95$ mètres,

et la première $\qquad 95 - 15 = 80$ mètres.

Rép. Première pièce 900 fr, 80 m ; deuxième 1 425 fr, 95 m.

1762. *Un propriétaire fait enclore d'un mur un terrain dont la forme est un carré, et dont la superficie est de 3 hectares 16 ares 84 centiares. Ce mur lui coûte 19 fr le mètre. Pour le payer, le propriétaire retire une somme qu'il avait placée depuis trois ans à intérêts simples, au taux de 5 p %, et il emploie cette somme et les intérêts à éteindre sa dette. On demande quel était primitivement son capital.*

Chaque côté du terrain a $\sqrt{31\,684} = 178$ mètres.
Le mur a coûté $19 \times 178 \times 4 = 13528$ fr.
Le capital primitif est, Probl. 941 (5)

$$a = \frac{A}{i + rt} = \frac{13528}{1,15} = 11\,763 \text{ fr } 50.$$

Rép. 11 763 fr 50.

1763. *Un marchand de bestiaux a fourni à un cultivateur trois vaches et deux génisses. Les vaches valent chacune 280 fr et les génisses valent chacune les ³/₇ du prix d'une vache. Le payement doit s'effectuer dans 5 ans 3 mois 12 jours, en y comprenant les intérêts à 4 ¹/₂ p %. Quel sera le montant du payement ?*

Le cultivateur doit $\quad 280 \times 3 + \dfrac{280 \times 3 \times 2}{7} = 1\,080$ fr.

Le payement sera de $1\,080 + \dfrac{4,50 \times 1\,902 \times 10,8}{360} = 1\,326$ fr 77.

Rép. 1 326 fr 75.

1764. *En vendant les ⁷/₁₂ d'un champ, dont la valeur totale est de 1 092 fr 95, on gagne les ²/₉ du prix d'achat de la portion vendue. Quel est le taux du bénéfice fait sur la vente du champ tout entier, si les ³/₅ du reste ont été vendus dans des conditions de ¹/₄ ou 25 p %, plus avantageuses que celles de la vente précédente, et si le dernier reste a été vendu avec une perte de ⁷/₆₀ du prix d'achat ?*

Sur les $\dfrac{7}{12}$ du champ, on gagne

$$\frac{7}{12} \times \frac{2}{9} = \frac{7}{54} \text{ du prix total d'achat.}$$

Sur les $\dfrac{3}{5}$ du reste ou $\dfrac{5}{12} \times \dfrac{3}{5} = \dfrac{1}{4}$ du champ, on gagne

$$\frac{1}{4} \times \left(\frac{2}{9} + \frac{25}{100} \right) = \frac{17}{144} \text{ du prix total d'achat.}$$

Sur le reste $\dfrac{5}{12} \times \dfrac{2}{5} = \dfrac{1}{6}$, on perd $\dfrac{1}{6} \times \dfrac{7}{60} = \dfrac{7}{360}$ du prix total d'achat.

Sur la vente du champ, on gagne

$$\frac{7}{54} + \frac{17}{144} - \frac{7}{360} = \frac{493}{2160} \text{ du prix d'achat.}$$

Le bénéfice est de $\dfrac{493 \times 100}{2160} = 22{,}82$ p % du prix d'achat.

Rép. 22,82 p %.

Remarque. La somme de 1092 fr 95 est une donnée superflue. D'ailleurs on ne sait si c'est le prix d'achat du champ ou le prix de vente.

1765. *Le chemin de fer d'Orléans a expédié pour Paris, en juillet 1877, une quantité de groseilles et de cerises, dont le prix de vente, placé à 4 ³/₄ p % pendant 30 jours, représente, capital et intérêts compris, 86842 fr 45. Le kilogramme de groseilles ou de cerises étant estimé en moyenne 0 fr 16, on demande le nombre de kilogrammes de groseilles et de cerises expédiés en moyenne, chaque jour, pendant ce mois de juillet.*

En 30 j 100 fr deviennent $100 + \dfrac{4{,}75 \times 1}{12} = \dfrac{120475}{1200}$.

Les groseilles et les cerises valaient

$$\frac{100 \times 1200 \times 86842{,}45}{120475} \text{ ou } 86500 \text{ fr.}$$

Il y en avait $\quad \dfrac{86500}{0{,}16} = 540625$ kg.

Le chemin de fer en a transporté en moyenne

$$\frac{540625}{31} = 17439 \text{ kg } 5 \text{ par jour.}$$

Rép. 17439 kg 5.

1766. *Un commissionnaire de roulage effectue ses transports par voie ferrée. La compagnie du chemin de fer lui prend 0 fr 04 par tonne de houille et par kilomètre, et 0 fr 07 par 100 kilogr de tissus et par kilomètre. Il a transporté pour le compte d'un particulier : 1° 38775 kilogr de houille à 240 kilom; 2° 4756 kgr de tissus à 210 kilom. Combien devra-t-il prendre pour ce transport, si ses frais généraux sont de 1 % du prix demandé par la compagnie, et s'il veut gagner 8 % sur la somme qu'il recevra ?*

Le transport de la houille coûtera

$$38{,}775 \times 0{,}04 \times 240 \text{ ou } 372 \text{ fr } 25.$$

Le transport du tissu coûtera $47{,}56 \times 0{,}07 \times 210$ ou 699 fr 15.

La compagnie recevra $372{,}25 + 699{,}15 = 1071$ fr 40.

Les frais généraux du commissionnaire seront de 10 fr 70.

Lorsque le roulier reçoit 100 fr, il gagne 8 fr et débourse 92 fr.

Lorsqu'il déboursera $1071{,}4 + 10{,}70$ ou 1082 fr 10, il touchera

$$\frac{100 \times 1082{,}1}{92} \text{ ou } 1176 \text{ fr } 20.$$

Rép. 1176 fr 20.

1767. *Une personne achète 2500 hectol de blé, pour 34728 fr,*
rendus dans ses magasins. Dans le transport, 500 hectolitres
ont été avariés; elle n'a pu vendre l'hectolitre de blé avarié que
les 4/5 du prix de l'hectolitre bien conservé; elle a gagné 10 p °/0
sur le prix d'achat. On demande : 1° combien elle a vendu l'hec-
tolitre de blé avarié; 2° combien elle a vendu l'hectolitre de blé
bien conservé.

Le blé a été vendu $34728 + 3472,8 = 38200$ fr 80.

Les 500 hectolitres de blé avarié ne valent que

$$\frac{500 \times 4}{5} \text{ ou } 400 \text{ hectol de l'autre blé.}$$

L'hectolitre de blé conservé a été vendu

$$\frac{38200,8}{2000 + 400} = 15 \text{ fr } 917.$$

L'hectolitre de blé avarié a été vendu

$$\frac{15,917 \times 4}{5} = 12 \text{ fr } 7336.$$

Rép. 1° 12 fr 73; 2° 15 fr 91.

1768. *Une affaire commerciale rapporte la première année*
les 3/11 du capital engagé; la seconde, elle rapporte les 4/5 de ce
qu'elle a rapporté la première année; la troisième et la quatrième
année ensemble, les 5/7 de ce qu'elle a rapporté la seconde; en
tout 358800 fr, pour les deux dernières années. Quel était le ca-
pital engagé ?

Le bénéfice de la 2ᵉ année est les $\frac{3}{11} \times \frac{4}{5}$ du capital engagé.

Le bénéfice de la 3ᵉ année et de la 4ᵉ année en est les

$$\frac{3}{11} \times \frac{4}{5} \times \frac{5}{7} = \frac{12}{77}.$$

Le capital engagé égale

$$358800 : \frac{12}{77} = \frac{358800 \times 77}{12} = 2302300 \text{ fr.}$$

Rép. 2302300 fr.

1769. *Un département alloue à un orphelinat 0 fr 55 par jour*
et par enfant qu'il lui confie. Au bout de l'année, l'orphelinat
aurait perdu 1/8 p °/0 de ses dépenses, s'il n'avait pas fait travailler
ses orphelins; mais, à l'aide de ce travail, il a pu réaliser un bé-
néfice de 3 3/4 p °/0 sur ces mêmes dépenses. Calculer la valeur du
travail des enfants, si la maison a eu, en moyenne, 104 orphelins
dans l'année.

Le département donne $0,55 \times 365 \times 104 = 20878$ fr par an.

Le département donne $100 - \frac{1}{8} = \frac{799}{8}$ pour 100 fr dépensés.

Lorsqu'il donne 20878 fr, la dépense est de

$$\frac{100 \times 8 \times 20878}{799} \text{ ou } 20904 \text{ fr } 15.$$

Le travail des enfants vaut

$$\frac{1}{8} + 3\,\frac{3}{4} = 3\,\frac{7}{8} = \frac{31}{8} \text{ p \% des dépenses,}$$

soit

$$\frac{31}{8} \times 209,04 \text{ ou } 810 \text{ fr.}$$

Rép. 810 fr.

1770. *Une personne achète un terrain de 5 ares 62. Elle en vend les $\frac{3}{7}$ pour 11250 fr, avec un bénéfice de 8 $\frac{2}{3}$ p %. Combien a-t-elle acheté le mètre carré de terrain? Si le reste du terrain est revendu avec un bénéfice de 9 fr $\frac{3}{4}$ p %, combien a-t-on gagné pour % sur toute l'acquisition?*

Ce qui coûte 100 fr est vendu $100 + 8\,\frac{2}{3} = \frac{326}{3}$ de franc.

Les $\frac{3}{7}$ du champ ont coûté $\dfrac{100 \times 3 \times 11250}{326}$ ou 10352 fr 75.

Le terrain a coûté $\dfrac{10352,75 \times 7}{3}$ fr.

Le mètre carré a coûté $\dfrac{10352,75 \times 7}{3 \times 562} = 42$ fr 98.

Sur 700 fr d'achat le bénéfice p % sera

$$\left(\frac{26}{3} \times 3 + \frac{39}{4} \times 4 \right) : 7 = \frac{65}{7} = 9 \text{ fr 285.}$$

Rép. 42 fr 98 le mètre carré; bénéfice, 9,28 p %.

1771. *Le capital engagé dans une usine est de 675000 fr, dont une moitié représente le capital fixe (machines et bâtiments), et dont l'autre moitié forme le fonds de roulement. Cette usine produit annuellement 7640 tonnes de fonte, qui se vend 126 fr 50 la tonne. Le prix de revient de 100 kilogr de fonte est de 8 fr 72; le capital fixe paye 11 fr 50 p % d'intérêts annuels et le fonds de roulement 7 fr 15 p %. Quel est le bénéfice annuel?*

La fonte produite se vend $126,5 \times 7640 = 966460$ fr.
Cette fonte revient à $87,2 \times 7640 = 666208$ fr.
Les intérêts payés pour le capital fixe s'élèvent à

$$\frac{675000}{2} \times 0,115 \text{ ou } 38812 \text{ fr 50.}$$

Pour le fonds de roulement on paye

$$\frac{675000}{2} \times 0,0715 \text{ ou } 24131 \text{ fr 25.}$$

Le bénéfice annuel est de
$$966460 - (666208 + 38812,5 + 24131,25) = 237308 \text{ fr 25.}$$

Rép. 237308 fr 25.

1772. *Une personne possède 175000 fr; elle consacre une partie de cette somme à l'acquisition d'une maison; de plus, elle achète une propriété qui lui coûte les $\frac{5}{8}$ du prix de la maison; elle place* *le reste, moitié à 5 p %, moitié à 4 p %, et ce placement lui procure une rente de 4218 fr 75. Quel est le prix de la maison et celui de la propriété, et quelle est la somme placée à intérêts ?*

Le taux moyen de la somme placée $\dfrac{4+5}{2} = 4,5$.

Cette somme égale $\dfrac{421\,875}{4,5} = 93\,750$ fr.

La maison et la propriété coûtent $175\,000 - 93\,750 = 81\,250$ fr.

La maison coûte $\dfrac{81\,250 \times 8}{13} = 50\,000$ fr.

La propriété coûte $81\,250 - 50\,000 = 31\,250$ fr.

Rép. Maison 50000 fr; propriété 31250 fr; somme placée 93750 fr.

1773. *Un capital ayant été placé pendant 13 ans 5 mois et 12 jours, on a reçu, au terme fixé, une somme de 10682 fr 35 pour remboursement de ce capital et des ⁶/₇ de l'intérêt simple, qui n'avaient pas été payés. On demande le montant du capital placé et le taux du placement, sachant que le capital et l'intérêt qu'il produit en 1 an 1 mois 6 jours sont dans le rapport de 82 à 3. On supposera chaque année de 360 jours, et chaque mois de 30 jours.*

En 1 an 1 mois 6 jours ou 396 jours, 82 fr rapportent 3 fr.

En un jour, 100 fr rapportent $\dfrac{3 \times 100}{82 \times 396}$.

En 13 ans 5 mois 12 jours ou 4842 jours, 100 fr rapportent
$$\dfrac{3 \times 100 \times 4842}{82 \times 396} = 44 \text{ fr } 73.$$

Dans le temps donné, 100 fr deviennent
$$100 + \dfrac{44,73 \times 6}{7} = 138 \text{ fr } 34.$$

Le capital demandé est $\dfrac{100 \times 10682,35}{138,34} = 7721$ fr 80.

Rép. 7721 fr 80.

1774. *Deux propriétés valant ensemble 168600 fr rapportent, l'une 3 ¾ p %, l'autre 5 ½ p %. Si les conditions de fermage de l'une étaient appliquées à l'autre, et vice versâ, le revenu du propriétaire s'accroîtrait de 738 fr 50. Calculer le revenu du propriétaire et la valeur de chacune des propriétés.*

L'augmentation du revenu proviendrait de ce que chaque 100 fr de l'excédent de la valeur de la première propriété sur la valeur de l'autre rapporterait $5,5 - 3,75 = 1$ fr 75 de plus.

La différence des valeurs des propriétés est donc de
$$\dfrac{100 \times 738,50}{1,75} = 42200 \text{ fr.}$$

On aura (Probl. 20 et 22)

$$g = \frac{s + d}{2} = \frac{168600 + 42200}{2} = 105400 \text{ fr},$$

et

$$p = \frac{s - d}{2} = \frac{168600 - 42200}{2} = 63200 \text{ fr}.$$

Le revenu du propriétaire est

$$3,75 \times 1054 + 5,5 \times 632 = 7428 \text{ fr} 50.$$

Rép. Revenu 7428 fr 50; propriétés 105400 fr, et 63200 fr.

Solution algébrique. Soient x et y la valeur de chaque propriété en centaines de francs.

On aura :

$$x + y = 1686 \tag{1}$$

et

$$3,75x + 5,5y = 5,5x + 3,75y - 738,5 \tag{2}$$

De l'équation (2) on tire :

$$x - y = \frac{73850}{175} = 422 \tag{3}$$

En faisant membre à membre la somme et la différence des équations (1) et (3), on a

$$2x = 1686 + 422; \quad \text{d'où} \quad x = 1054,$$

et

$$2y = 1686 - 422; \quad \text{d'où} \quad y = 632.$$

1775. *On engage le tiers d'un capital dans une entreprise où le bénéfice est de 12 %, puis le quart du même capital dans une autre affaire où il rapporte 15 %, et le reste est placé à 10 %. Le bénéfice total est tel que, augmenté des ³/₄ de ses 0,8, il est égal à 24024 fr. Déterminer le capital engagé, les capitaux partiels et les bénéfices qu'ils ont produits.*

Les $\dfrac{3}{4}$ de 0,8 égalent $\dfrac{0,8 \times 3}{4} = 0,6$ ou $\dfrac{3}{5}$.

Le bénéfice égale $24024 : \dfrac{8}{5} = 3003 \times 5 = 15015$ fr.

Le reste, placé à 10 p %, est les $1 - \left(\dfrac{1}{3} + \dfrac{1}{4}\right) = \dfrac{5}{12}$ du capital.

Pour un capital de 1200 fr, la 1ʳᵉ partie rapporterait $12 \times 4 = 48$ fr;
La 2ᵉ partie, $15 \times 3 = 45$ fr, et la 3ᵉ, $10 \times 5 = 50$ fr;
Le bénéfice total serait $48 + 45 + 50 = 143$ fr.

Le capital engagé égale $\dfrac{1200 \times 15015}{143} = 126000$ fr.

Rép.

$\begin{cases} \text{1ʳᵉ entreprise} \dfrac{126000}{3} = 42000 \text{ fr}; \quad \text{bénéfice } 12 \times 420 = 5040 \text{ fr.} \\[2mm] \text{2ᵉ} \quad \text{»} \quad \dfrac{126000}{4} = 31500 \text{ fr}; \quad \text{»} \quad 15 \times 315 = 4725 \text{ fr.} \\[2mm] \text{3ᵉ} \quad \text{»} \quad \dfrac{126000 \times 5}{12} = 52500 \text{ fr}; \quad \text{»} \quad 10 \times 525 = 5250 \text{ fr.} \end{cases}$

1776. *Un capitaliste a partagé sa fortune en trois parties. Avec la première, s'élevant à 120000 fr, il achète une maison qui lui rapporte 3 ½ p % par an; la seconde partie, placée chez un banquier, donne 5 ½ p %; la troisième est engagée dans une entreprise industrielle qui produit 7 ⅓ p %. Le revenu de la deuxième partie est les ²/₅ de celui de la troisième, et la somme de ces deux* *revenus est les* $^{11}/_{17}$ *du revenu total. Quelle est la fortune, et quel est le revenu total ?*

Le revenu de la 1re partie est les

$$\frac{17}{17} - \frac{11}{17} = \frac{6}{17} \text{ du revenu total.}$$

Celui de la 2e est les $\dfrac{2}{7}$ de $\dfrac{11}{17}$ ou $\dfrac{22}{119}$ du revenu total.

Celui de la 3e est les $\dfrac{5}{7}$ de $\dfrac{11}{17}$ ou les $\dfrac{55}{119}$ du revenu total.

Pour 119 fr de revenu, il y a 42 fr de revenu de la maison, 22 fr de revenu de la deuxième partie et 55 fr de la troisième partie.

La première partie rapporte $3,5 \times 1200 = 4200$ fr, c'est-à-dire 100 fois 42 fr.

La deuxième partie rapporte $22 \times 100 = 2200$ fr;

capital $\dfrac{100 \times 2200}{3,5} = 40000$ fr.

La troisième partie rapporte $55 \times 100 = 5500$ fr;

capital $\dfrac{100 \times 3 \times 5500}{22} = 75000$ fr.

La fortune égale $120000 + 40000 + 75000 = 235000$ fr.

Le revenu total égale $4200 + 2200 + 5500 = 11900$ fr.

Rép. Fortune 235000 fr; revenu 11900 fr.

1777. *De deux négociants, le premier fait par an pour 1246180 fr d'affaires; le deuxième en fait pour 2187800 fr. Le premier gagne 9 % et le second 11 % sur le montant total des affaires. Le premier consacre 4 ¹/₂ % de son bénéfice à l'entretien de sa maison et le second 3 ¹/₄ %. Les deux négociants mettent de côté ce qu'ils n'emploient pas à leurs dépenses personnelles. On demande au bout de combien d'années le second aura 300000 fr de plus que le premier.*

Le premier négociant gagne $9 \times 12461,8 = 112156$ fr 20.

Il dépense $4,5 \times 1121,562 = 5047$ fr.

Il lui reste $112156,20 - 5047 = 107109$ fr 20.

Le deuxième négociant gagne $11 \times 21878 = 240658$ **fr.**

Il dépense $3,25 \times 2406,58 = 7821$ fr 40.

Il lui reste $240658 - 7821,40 = 232836$ fr 60.

Chaque année le second négociant met de côté

$232836,6 - 107109,20 = 125727$ fr 40 de plus que le premier.

Pour avoir 300000 fr de plus, il lui faudra

$$\frac{300000}{125727,4} \text{ ou 2 ans 4 mois 17 jours.}$$

Rép. 2 ans 4 mois 17 jours.

1778. *Une personne a placé une même somme de trois manières différentes : le premier placement a été fait au taux de 5 % pendant 8 mois; le deuxième, au taux de 4 ¹/₂ % pendant un an; le troisième, au taux de 3 % pendant 5 mois. L'intérêt total rapporté par les trois placements est de 908 fr 35. On demande : 1° quel est l'intérêt rapporté par chacun de ces placements; 2° quelle est la somme qui a été placée chaque fois.*

Pour 100 fr placés des trois manières différentes, on recevrait

$$\frac{5\times 8}{12}+4,5+\frac{3\times 5}{12}=\frac{109}{12}\ \text{de franc.}$$

Chaque placement est de $\dfrac{100\times 12\times 908,35}{109}$, soit 10 000 fr.

Le premier placement rapporte $\dfrac{5\times 8\times 100}{12}$, soit 333 fr 35.

Le deuxième   »   » $4,5\times 100=450$ fr.

Le troisième   »   » $\dfrac{3\times 5\times 100}{12}=125$ fr.

Rép. 1° 1er 333 fr 35, 2e 450 fr, 3e 125 fr; 2° 10 000 fr.

1779. *Une personne place à 5 %₀ une certaine somme. Au bout de 2 ans, elle en retire les 2/5; 6 mois après, elle en retire les 3/10, et enfin, elle retire ce qui reste à la fin de la troisième année. La somme totale des intérêts qu'elle a ainsi reçus est de 11 243 fr. On demande quelle somme elle avait placée.*

Le reste égale $\dfrac{3}{5}-\dfrac{3}{10}=\dfrac{3}{10}$.

Sur une somme de 1 000 fr, elle retire 400 fr au bout de 2 ans,

300 fr au bout de 2 ans $\dfrac{1}{2}$ et 300 fr après trois ans.

Les intérêts seront $5\times 4\times 2+\dfrac{5\times 3\times 5}{2}+5\times 3\times 3=122$ fr 50.

La somme placée est de $\dfrac{1\,000\times 11\,243}{122,5}$ ou 91 779 fr 60.

Rép. 91 779 fr 60.

1780. *Au 1er février, un banquier a avancé 25 000 fr à un négociant. Cinq mois après, celui-ci rembourse 8 500 fr; 2 mois 1/3 après, 1 500 fr; un mois 3/4 après, 3 675 fr. Combien le négociant doit-il payer au banquier pour se libérer complètement le 1er janvier suivant? Le taux de l'intérêt est 4 1/2 %₀.*

Le 1er janvier, le négociant devra donner
$25 000-(8 500+1 500+3 675)=11 325$ fr, plus les intérêts des sommes dont il a joui.

Pour la 1re somme, il doit $\dfrac{4,5}{12}\times 5\times 85$ ou 159 fr 40.

Pour la 2e   »   » $\dfrac{4,5}{12}\times\left(5+\dfrac{7}{3}\right)\times 15$ ou 41 fr 25.

Pour la 3e   »   » $\dfrac{4,5}{12}\times\left(5+\dfrac{7}{3}+\dfrac{7}{4}\right)\times 36,75$ ou 125 fr 20.

Pour la 4e   »   » $\dfrac{4,5}{12}\times 11\times 113,25$ ou 467 fr 15.

Le négociant payera
$11 325+159,4+41,25+125,20+467,15=12 118$ fr.

Rép. 12 118 fr.

1781. *Une personne a acheté avec les 3/8 de sa fortune un terrain qui lui revient, tous frais payés, à 3528 fr l'hectare; les 2/3 du reste ont été employés à l'achat d'une maison. Le capital dont elle dispose encore, après ces deux opérations, produit une rente de 2805 fr, les 3/8 de ce capital étant placés à 4 1/2 p %/0 et le reste à 6 p %/0. On demande la fortune de cette personne, le prix de sa maison, les sommes qu'elle a placées à 4 1/2 et à 6 %/0, et la contenance de son terrain.*

Sur 100 fr du dernier reste, il y a

$$\frac{100 \times 3}{5} = 60 \text{ fr placés à 4,5 \%/0, et } \frac{100 \times 2}{5} = 40 \text{ fr à 6 \%/0.}$$

Pour 100 fr le revenu est $4,5 \times 0,6 + 6 \times 0,4 = 5$ fr 10.

Le capital placé égale $\dfrac{100 \times 2805}{5,1} = 55\,000$ fr.

Cette somme est le $\dfrac{1}{3}$ du premier reste,

ou les $\dfrac{5}{8} \times \dfrac{1}{3} =$ les $\dfrac{5}{24}$ de la fortune.

Cette fortune est de $\dfrac{55\,000 \times 24}{5} = 264\,000$ fr.

La maison a coûté les $\dfrac{2}{3}$ du premier reste,

ou les $\dfrac{5}{8} \times \dfrac{2}{3} = \dfrac{5}{12}$ de la fortune, soit $\dfrac{264\,000 \times 5}{12} = 110\,000$ fr.

Il y a $\dfrac{55\,000 \times 3}{5} = 33\,000$ fr placés à $4\frac{1}{2}$ p %/0,

et $\dfrac{55\,000 \times 2}{5} = 22\,000$ fr à 6 p %/0.

La terre a une étendue de $\dfrac{264\,000 \times 3}{8 \times 3528} = 28$ hect 0612.

Rép. Fortune 264000 fr, maison 110000 fr; 33000 fr à $4\frac{1}{2}$ p %/0 et 22000 à 6 p %/0; 28 hect 0612.

1782. *Une personne a placé la moitié de son capital à intérêts simples à 5 p %/0. Six mois après le premier placement, elle place l'autre moitié aussi à intérêts simples et à 6 p %/0. Trois ans neuf mois après le second placement, on lui paye la totalité des intérêts des deux placements de la façon suivante : les 9/10 de la valeur de ces intérêts en monnaie d'or, et le reste en monnaie d'argent; la somme ainsi perçue pèse 4 kilogr 287. Cela posé, on demande : 1° quel était le total des intérêts; 2° quel était le montant du capital.*

Sur 100 fr d'intérêts, il y a 90 fr en or et 10 fr en argent.

Le poids de ces deux sommes est de $\dfrac{90}{3,1} + 5 \times 10 = \dfrac{2450}{31}$ gr.

La totalité des intérêts est de $\dfrac{100 \times 31 \times 4287}{2450} = 5424$ fr 35.

Pour 200 fr de capital total, on aurait reçu

$$5 + \frac{51}{12} \times 6 \times \frac{45}{12} = 43 \text{ fr } 75.$$

Le capital est donc de $\dfrac{200 \times 5424,35}{43,75}$ ou 24797 fr 028.

Rép. 1° 5424 35 fr d'intérêts; 2° 24797 fr de capital.

Remarques. Les $\dfrac{9}{10}$ des intérêts seraient 542,435 $\times$ 9, soit 4881 fr 90;

le $\dfrac{1}{10}$, 542 fr 45.

Il est impossible de faire la première somme avec de la monnaie d'or et la seconde avec de la monnaie d'argent.

On fera en or 4880 fr; la somme d'argent sera $\dfrac{4880}{9}$ ou 542 fr 20.

La somme des intérêts serait 4880 + 542,20 = 5422 fr 20.

Le capital serait $\dfrac{200 \times 5422,2}{43,75}$ ou 24787 fr 20 exactement.

La somme perçue pour les intérêts pèserait $\dfrac{4880}{3,1} + 5 \times 542,2 = 4285 \text{ gr.}$

1783. *L'État garantit aux chemins de fer algériens un intérêt de 5 %, sur un capital de 80 millions, c'est-à-dire que si le produit net n'atteint pas cet intérêt, il s'engage à payer chaque année la différence aux actionnaires. Les recettes brutes effectuées en 1875 se sont élevées à 6180943 fr 44, et les frais d'exploitation à 4551166 fr 57. Sachant que les chemins ont coûté réellement, pour la construction et le matériel, 171010575 fr 38, on demande quelle somme l'État a dû payer en 1875, comme conséquence de la garantie d'intérêt, et ce qu'une action de 500 fr a dû rapporter.*

L'État garantit $\dfrac{80 \times 5}{100} = 4$ millions de revenu,

		soit	4000000
Recettes brutes	6180943 fr 44		
Frais d'exploitation	4551166 fr 57		
Produit net	1629776 fr 87	soit	1629776 fr 87
L'État a dû payer			2370223 fr 13

Une action de 500 fr a rapporté

$$\frac{4000000 \times 500}{171010575,4} = 11 \text{ fr } 695, \text{ soit } 11 \text{ fr } 70.$$

Rép. 2370223 fr 13; 11 fr 70.

§ VII. — ESCOMPTE

1787. *Un effet de commerce, escompté à 6 %, trois mois avant son échéance, par la méthode d'escompte en dehors, est réduit à 3546 fr. Quelle était la valeur nominale du titre?*

Sur 100 fr, on retient $\dfrac{6 \times 3}{12} = 1$ fr 5, et l'on donne 100 — 1,5 = 98 fr 5.

La valeur nominale du billet est de $\dfrac{100 \times 3546}{98,5} = 3600$ fr.

Rép. 3600 fr.

1785. *Quel est le montant d'un billet payable dans 45 jours, pour lequel un banquier a pris un escompte de 3 fr 20 à 6 %?*

Sur 100 fr, on retient $\dfrac{6 \times 45}{360} = 0$ fr 75 pour 45 jours.

Le montant du billet est de $\dfrac{100 \times 3,2}{0,75} = 426$ fr 66.

Rép. 426 fr 65.

1786. *Un libraire achète à un éditeur 78 livres marqués 2 fr 50, avec 15 % de remise et 13 pour douze. Faites le compte de ce qu'il doit.*

Le libraire reçoit $\dfrac{78}{13} = 6$ douzaines $\dfrac{13}{12}$, c'est-à-dire qu'il payera 72 volumes.

Le montant de la facture est de $2,5 \times 72 = 180$ fr.

   Remise   15 p % $15 \times 1,8 = \underline{27}$

   Net à payer $\overline{153}$ fr.

Rép. 153 fr.

1787. *Un éditeur a livré à un instituteur 156 exemplaires d'un certain ouvrage pour la somme nette de 546 fr; il a donné un exemplaire de plus par douzaine, et, en outre, il a fait un escompte de 20 % sur le montant de la facture. On demande quelle remise l'éditeur a faite par exemplaire.*

Un exemplaire lui revient à $\dfrac{546}{156} = 3$ fr 50.

Le montant brut de la facture était de $\dfrac{100 \times 546}{80} = 682$ fr 50.

L'instituteur a payé $\dfrac{12 \times 156}{13} = 144$ exemplaires.

Sur le catalogue, le prix d'un exemplaire est de $\dfrac{682,5}{144} = 4$ fr 739.

La remise sur un ouvrage est de $4,739 - 3,50 = 1$ fr 239.

Rép. 1 fr 239.

1788. *Un effet de commerce payable dans 36 jours a été présenté à un banquier qui, outre l'escompte à 6 %, a prélevé une commission de ¹⁄₂ %. Le banquier a payé 2749 fr 42. Quelle était la somme portée sur le billet?*

Le banquier a retenu $\dfrac{6 \times 36}{360} + 0,5 = 1$ fr 10 sur 100 fr.

La somme portée sur le billet était $\dfrac{100 \times 2749,42}{100 - 1,1} = 2780$ fr.

Rép. 2780 fr.

1789. *On propose d'escompter un billet de 2450 fr payable dans 38 jours; l'escompte se fait suivant les usages du commerce à 6 % par an; de plus, le banquier prélève ¹⁄₄ % pour commission de banque, et ¹⁄₁₀ pour frais de correspondance. Quel est le taux réel de cet escompte par an?*

Sur 100 fr, on retient $\dfrac{6 \times 38}{360} + \dfrac{1}{4} + \dfrac{1}{10} = \dfrac{59}{60}$ pour 38 jours.

Pour un an, on retiendrait $\dfrac{59 \times 360}{60 \times 38} = 9$ fr 315.

Rép. Le taux réel est de 9 fr 315 p %.

1790. *Trois billets, l'un de 500 fr à 49 jours d'échéance, le deuxième de 1 224 fr à 62 jours d'échéance, le troisième de 915 fr à 80 jours d'échéance, sont présentés à l'escompte par un négociant, et on lui paye en tout 2 612 fr 95 ; quel est le taux de l'escompte?*

On a retenu $(500 + 1\,224 + 915) - 2\,612,95 = 26$ fr 05.

Sur le premier billet, on a retenu 49 fois l'intérêt de 500 fr pendant 1 jour, ou $500 \times 49 = 24\,500$ fois l'intérêt de 1 fr pendant 1 jour.

Sur le deuxième billet, on a retenu $1\,224 \times 62 = 75\,888$ fois l'intérêt de 1 fr pendant un jour,

et sur le 3° $915 \times 80 = 73\,200$ fois l'intérêt de 1 fr pendant 1 jour.

La somme 26 fr 05 est l'escompte de

$$24\,500 + 75\,888 + 73\,200 = 173\,588 \text{ fr pour 1 jour.}$$

Le taux de l'escompte est de $\dfrac{26,05 \times 360 \times 100}{173\,588} = 5,40$ p %.

Rép. 5,40 p %.

1791. *On escompte à 4 ½ % les trois billets suivants : le premier de 1 550 fr, payable dans 6 mois 20 jours ; le deuxième de 1 990 fr, payable dans 3 mois 10 jours ; le troisième de 2 480 fr, payable dans 5 mois 25 jours. Quelle somme donnera-t-on ? (Employer dans les calculs l'année commerciale de 360 jours.)*

Pour le 1ᵉʳ billet, on donne $1\,550 - \dfrac{4,5 \times 200 \times 15,5}{360}$ ou 1511 fr 25

Pour le 2° » » $1\,990 - \dfrac{4,5 \times 100 \times 19,9}{360}$ ou 1 965 10

Pour le 3ᵉ » » $2\,480 - \dfrac{4,5 \times 175 \times 24,8}{360}$ ou 2 425 75

On donnera   5902 fr 10

Rép. 5902 fr 10.

1792. *On a payé 1 060 fr la tonne d'une certaine substance, déduction faite d'un escompte de 3 p %. Les préparations qu'on fait subir à cette substance pour la revendre coûtent 0 fr 19 par kgr et occasionnent un déchet de 3,50 %. On demande : 1° combien on devra revendre le kgr de cette marchandise pour gagner 12 p % sur le prix de revient ; 2° quel a été le montant de l'escompte.*

1° Une tonne de cette substance revient :

Achat	1 060 fr.
Préparation $0,19 \times 1\,000$	190 fr.
Total	1 250 fr.
On veut gagner 12 fr sur 100 fr $12 \times 12,5 =$	150 fr.
On vendra la substance provenant d'une tonne	1 400 fr.

Le déchet sera de $\dfrac{3,5 \times 1\,000}{100} = 35$ kgr.

Il reste à vendre par tonne $1\,000 - 35 = 965$ kgr.

On devra vendre le kgr $\dfrac{1400}{965} = 1$ fr. 45.

2° Sur 100 fr on payait 97 fr et il y avait 3 fr d'escompte.

Si l'on avait payé 1 fr, l'escompte aurait été 97 fois moindre
ou $\dfrac{3}{97}$ fr.

mais on a payé 1060 fr, l'escompte était donc 1060 fois plus forte
ou $\dfrac{3 \times 1060}{97} = 32$ fr 80.

Rép. 1° 1 fr 45 le kgr; 2° Escompte 32 fr 80 par tonne.

1783. *Deux personnes doivent actuellement des sommes égales.
Pour s'acquitter, la première souscrit un billet de 7380 fr payable
dans 8 mois, et la seconde un billet payable dans 2 mois. Quel
est le montant de ce second billet? Dans les deux cas, le taux de
l'intérêt est de 6 °/₀.*

La somme due par chaque personne doit être augmentée de ses
intérêts jusqu'à l'échéance du billet.

L'intérêt de 100 fr est de

$0,50 \times 8 = 4$ fr pour 8 mois, et de $0,5 \times 2 = 1$ fr pour 2 mois.

La somme due par chaque personne est de
$$\dfrac{100 \times 7380}{104} = 7096 \text{ fr } 15.$$

Le montant du second billet est de
$$7096,15 + 70,9615 = 7167 \text{ fr } 10.$$

Rép. 7167 fr 10.

Remarque. Nous avons employé l'escompte en dedans, comme le com-
porte la question.

Par le moyen de l'escompte en dehors, on aurait eu

Escompte de 7380 fr, $4 \times 73,80 = 295$ fr 20.

Valeur du billet, $7380 - 295,20 = 7084$ fr 80.

Montant du 2° billet, $7084,8 + \dfrac{7084,8}{99} = 7156$ fr 35.

Rép. 7156 fr 35.

1794. *Une personne achète de la toile pour faire quatre douzaines
et demie de chemises. On sait qu'il faut 3 m 25 de toile pour faire
une chemise, et que la couturière demande 1 fr 40 de façon. Quel
sera le montant de la dépense, si la toile coûte 1 fr 85 le mètre et
si l'on obtient, en payant comptant, un escompte de 3 fr ³/₄ °/₀?*

A 1 fr 85 le mètre, la toile coûterait $1,85 \times 3,25 \times 54 = 324$ fr 65

Escompte 3,75 p °/₀ $3,75 \times 3,24$ 12 fr 15

Prix net de la toile   312 fr 50

La façon a coûté $1,4 \times 54 = 75$ fr 60.

La dépense s'est élevée à $312,50 + 75,6 = 388$ fr 10.

Rép. 388 fr 10.

1795. *Une personne présente à la banque un billet payable
dans 36 jours et reçoit, déduction faite de l'escompte en dehors,*

une somme de 3428 fr 25. On demande quelle était la valeur portée sur le billet, le taux de l'escompte étant 6 %, par an.

Sur 100 fr, le banquier retient $\dfrac{6 \times 36}{360} = 0$ fr 60 ; il remet 99 fr 40.

La valeur portée sur le billet était de

$$\frac{100 \times 3428,25}{99,4} \quad \text{ou} \quad 3448 \text{ fr } 95.$$

Rép. 3448 fr 95.

1796. *Calculer l'escompte usuel à 6 %, de 9360 fr payables dans 8 mois. Chercher ensuite le capital qui, augmenté de ses intérêts pendant 8 mois, au taux de 6 %, donne 9360 fr.*

Pour 8 mois, l'escompte de 100 fr est $0,5 \times 8 = 4$ fr.
L'escompte demandé est donc $4 \times 93,6 = 374$ fr 40.
Pour 100 fr, on recevrait dans 8 mois 104 fr.

Pour recevoir 9360 fr, il faut $\dfrac{100 \times 9360}{104} = 9000$ fr.

Rép. Escompte 374 fr 40 ; capital 9000 fr.

Remarque. Le problème n'est autre que celui-ci :
Escompter en dehors et en dedans, un billet de 9360 fr pour 8 mois le taux de l'escompte étant 6 p %.
On trouve pour somme escomptée : escompte en dehors, 8985 fr 60 en dedans, 9000 fr.

1797. *On demande quelle doit être la valeur nominale d'un billet payable dans 162 jours, pour que la différence entre l'escompte en dedans et l'escompte en dehors, à 6 p %, soit de 4 fr 05 (année de 365 jours).*

ESCOMPTE EN DEDANS

Escompte d'une somme de 100 fr, pour 162 jours,

$$\frac{6 \times 162}{365} = \frac{972}{365} \text{ fr.}$$

100 fr vaudront, dans 162 jours, $100 + \dfrac{972}{365} = \dfrac{37472}{365}$ fr.

ESCOMPTE EN DEHORS

L'escompte de $\dfrac{37472}{365}$ fr pour 162 jours est de

$$\frac{6 \times 162 \times 37472}{365 \times 100 \times 365} = \frac{36422784}{13322500}.$$

La différence entre les escomptes est de

$$\frac{36422784}{13322500} - \frac{972}{365} = \frac{944784}{13322500}.$$

La valeur nominale est de

$$\frac{37472 \times 13322500 \times 4,05}{365 \times 944784} = 5863 \text{ fr } 03.$$

Rép. 5863 fr 03.

Remarque. Les calculs de ce problème sont très longs.
Si l'on avait effectué les opérations à 1 dix-millième près, on aurait eu pour réponse 5864 fr 40.
A 1 millionième près, on aurait 5863 fr.
En prenant l'année de 360 jours, on trouve 5863 fr 05.

1798. *Un meuble m'a coûté 600 fr. Quel prix faut-il le marquer pour qu'en faisant un escompte de 10 % je gagne néanmoins 20 % sur le prix d'achat.*

Pour gagner 20 p % sur le prix d'achat, il faut vendre le meuble
$$600 + 20 \times 6 = 720 \text{ fr.}$$
Pour que le prix net du meuble soit 720 fr, il faut le marquer
$$\frac{100 \times 720}{90} = 800 \text{ fr.}$$

Rép. 800 fr.

1799. *Un marchand a acheté 6412 kilog d'huile de colza au prix de 65 fr l'hectol. Il paye comptant et on lui fait un escompte de 6 %. Il revend les 3/4 de l'huile au prix de 73 fr les 100 kg, et le reste, à 79 fr l'hectolitre. Calculer son bénéfice. On sait qu'un litre d'huile pèse 916 grammes.*

Le marchand a acheté $\dfrac{6412}{91,6} = 70$ hectolitres d'huile.

Un hectolitre revient à $65 - 65 \times 0,06 = 61 \text{ fr } 10$.

Les 70 hectol d'huile ont coûté $61,10 \times 70 = 4277$ fr.

Des $\dfrac{3}{4}$ de cette huile, le marchand a retiré
$$\frac{6412 \times 3 \times 0,73}{4} = 3510 \text{ fr } 55.$$

Pour le reste, il a reçu $\dfrac{70}{4} \times 79 = 1382 \text{ fr } 50$.

Le bénéfice est de $3510,55 + 1382,5 - 4277 = 616 \text{ fr } 05$.

Rép. Bénéfice 616 fr 05.

1800. *Pour éclairer une usine, il faut 725 becs de gaz qui, en moyenne, restent allumés 2 heures 8/10 par jour pendant 180 jours de l'année. Le gaz est payé à raison de 0 fr 40 le mètre cube, et chaque bec en consomme 123 litres 1/4 par heure. On fait au propriétaire de l'usine une remise égale aux 58/725 de la consommation annuelle du gaz qu'il emploie. On demande : 1° quel est pour cent le montant de cette remise; 2° le prix net du mètre cube de gaz consommé à l'usine; 3° à combien s'élèverait la dépense totale, s'il n'y avait pas de remise.*

La remise est de 58 fr sur 725 fr ou de $\dfrac{58 \times 100}{725} = 8 \text{ p } \%$.

Le prix net du mètre cube de gaz est de
$$0,4 - 0,4 \times 0,08 = 0 \text{ fr } 368.$$
L'usine consomme
$$123,25 \times 2,8 \times 725 \times 180 = 45035550 \text{ litres de gaz.}$$
La dépense totale serait de $0,4 \times 45035,55$ ou 18014 fr 20.

Rép. 1° 8 p %; 2° 0 fr 368; 3° 18014 fr 20.

1801. *Un tapissier achète, à raison de 45 fr la pièce, un certain nombre de fauteuils. Il paye 1/3 comptant, 1/3 avec une lettre de change à 60 jours d'échéance, et le reste par une seconde* *lettre à 90 jours. Si, au jour du payement de la première lettre, on escomptait en dehors la seconde au taux de 5 %, on recevrait 15 fr de moins que sa valeur nominale. Combien le tapissier a-t-il acheté de fauteuils?*

L'escompte de la seconde lettre pour 30 jours est de 15 fr.

L'escompte de 100 fr pour 30 j étant de $\dfrac{5 \times 30}{360} = \dfrac{5}{12}$ de franc, la valeur nominale de la seconde lettre de change est de

$$\frac{100 \times 12 \times 15}{} = 3600 \text{ fr.}$$

Le tapissier a acheté $\dfrac{3600 \times 3}{45} = 240$ fauteuils.

Rép. 240 fauteuils.

1802. *Un billet, payable dans 6 mois, a subi, au taux de 6 % par an, un escompte en dehors de 599 fr 46. On demande : 1° quel est le montant du billet; 2° quel serait l'escompte en dedans; 3° ce que représente la différence entre les deux escomptes.*

Sur 100 fr, on a retenu 3 fr.
Le montant du billet était 599,46 : 0,03 = 19982 fr.

L'escompte en dedans serait $\dfrac{3 \times 19\,982}{103}$ ou 582 fr.

La différence entre les deux escomptes est de
$$599,46 - 582 = 17 \text{ fr } 46;$$

elle est $\dfrac{17,46 \times 100}{582}$ ou 3 p % de l'escompte en dedans.

Rép. 1° 19982 fr; 2° 582 fr; 3° 17 fr 46 ou 3 p % de l'escompte en dedans.

1803. *Deux personnes entrent chez un banquier, la première avec un billet de 1500 fr, payable dans 6 mois, la seconde avec un billet de 1470 fr, payable dans 10 jours; le banquier escompte les deux billets au même taux et donne à la seconde personne 12 fr 55 de plus qu'à la première. Quel est le taux de l'escompte?*

On a retenu à la première personne
$$(1500 - 1470) + 12,55 = 42 \text{ fr } 55 \text{ de plus qu'à la seconde.}$$
On lui a retenu l'escompte de $1500 \times 6 = 9000$ fr pour un mois.
A la seconde, on a retenu l'escompte de
$$1470 \times \frac{1}{3} = 490 \text{ fr pour un mois.}$$

Donc les 42 fr 55 sont l'escompte de
$$9000 - 490 = 8510 \text{ fr pour un mois.}$$

Le taux de l'escompte est de $\dfrac{42,55 \times 12}{85,1} = 6$ p %.

Rép. 6 p %.

1804. *Deux négociants ont chacun une facture : l'une est de 980 fr, payable dans 20 jours; l'autre de 1000 fr, payable dans*

255 *jours. Ils les échangent, mais à la condition que la seconde sera augmentée de 12 fr 70. A combien pour %% s'élève l'escompte ?*

On retiendra sur la deuxième facture 1012,7 — 980 = 32 fr 70 de plus que sur la première.

Sur la 2ᵉ, on retient l'intérêt de 1012,7 × 255 = 258 238 fr 50 pour 1 j.

Sur la 1ʳᵉ, on retient l'intérêt de 980 × 20 = 19 600 »

Donc 32 fr 70 sont l'intérêt de 238 638 fr 50 pour 1 j.

Le taux de l'escompte est de $\dfrac{32,7 \times 360 \times 100}{238638,5} = 4{,}933$ p %%.

Rép. 4,933 p %%.

Remarque. En comptant l'année de 365 jours, on trouve 5 p %%.

1805. *Un marchand a acheté pour 2560 fr de marchandises, à un an de terme pour le payement, avec un escompte de 4 %% par an s'il paye avant le terme fixé. Il se libère quelque temps après l'achat en donnant 2480 fr 64. Après combien de mois et de jours a-t-il payé ?*

On a retenu 2560 — 2480,65 = 79 fr 35.

Le payement a été effectué $\dfrac{12 \times 79,36 \times 100}{4 \times 2560}$ ou 9 mois 9 jours avant le terme, ou 2 mois 21 jours après l'achat des marchandises.

Rép. 2 mois 21 jours.

1806. *Un négociant achète 18 barils d'huile pesant ensemble 1350 kilog net, à 105 fr 40 les 100 kilog, payables dans 6 mois, avec faculté de faire des avances de payement à raison de 7 %% d'escompte par an. 45 jours après cet achat, il donne 800 fr; puis quelque temps après il solde en donnant 587 fr 70. On demande de combien de jours il a dû avancer ce dernier payement.*

L'huile vaut 105,40 × 13,5 = 1 422 fr 90.

Les 800 fr ont été escomptés pour 180 — 45 = 135 jours.

Pour 135 j, l'escompte de 100 fr est de $\dfrac{7 \times 135}{360} = 2$ fr 625.

Les 800 fr représentent une valeur de $\dfrac{100 \times 800}{97,375} = 821$ fr 55.

Le négociant doit encore 1 422,9 — 821,55 = 601 fr 35.

L'escompte de cette somme est de 601,35 — 587,7 = 13 fr 65.

L'escompte a été pris pour

$$\dfrac{12 \times 13,65 \times 100}{7 \times 601,35} \text{ ou } 3 \text{ mois } 26 \text{ jours.}$$

Rép. On a avancé le dernier payement de 3 mois 26 jours.

1807. *Un marchand a acheté 11 922 kilog 8 d'huile de colza, au prix de 62 fr l'hectolitre. Il paye comptant, et on lui fait un escompte de 7 %%. Il revend les ⁵⁄₆ de cette huile au prix de 73 fr* *les 100 kilog, et le reste, en bloc, 1 890 fr. Calculer son bénéfice. Un litre d'huile pèse 913 grammes.*

Le marchand a acheté $\dfrac{11\,922,8}{91,3}$ ou 130 hectol 59 d'huile.

Il devait payer $\quad 62 \times 130,59 = 8\,096$ fr 55

Escompte 7 % $\quad 80,965 \times 7 = \overline{\quad 566 \text{ fr } 75}$

$\qquad$ Net à payer $\qquad \overline{7\,529 \text{ fr } 80}$

Le prix de vente est de $\dfrac{11\,922,8 \times 5 \times 0,73}{6} + 1\,890 = 9\,143$ fr

Le bénéfice du marchand est de $9\,143 - 7\,529,80 = 1\,613$ fr 20.

$\qquad$ **Rép.** 1 613 fr 20.

1808. *Une personne achète une première fois 10 m de velours et 12 m de soie, et elle paye en tout 465 fr 20 en bénéficiant d'un escompte de 2 %. — Une autre fois, elle achète 4 m de velours et 6 m de soie de même qualité, et elle débourse 204 fr en bénéficiant d'un escompte de 4 p %. Trouver le prix du mètre de velours et du mètre de soie.*

La première facture était de $465,2 : 0,98$ ou 474 fr 70.

La deuxième $\quad$ » $\quad$ de $\quad 204 : 0,96$ ou 212 fr 50.

Si la première fois la personne avait acheté 5 mètres de velours et 6 mètres de soie, la facture aurait été de

$$\frac{474,70}{2} = 237 \text{ fr } 35.$$

La différence $237,35 - 212,5$ ou 24 fr 85 représente le prix de 1 mètre de velours.

Le mètre de soie vaut $\dfrac{474,70 - 24,85 \times 10}{12} = 18$ fr 85.

$\qquad$ **Rép.** Velours 24 fr 85 le mètre; soie 18 fr 85 le mètre.

1809. *Un marchand achète les $^7/_8$ d'une pièce de drap à raison de 16 fr 50 le mètre; il cède les $^9/_{10}$ de son achat à un de ses confrères, qui lui donne en payement un billet de 1 050 fr, payable dans 4 mois 20 jours. En négociant ce billet chez un banquier au taux de 6 %, le marchand rentre dans ses déboursés et gagne 38 fr 50 sur son dernier marché, outre le drap qui lui reste. Trouver le nombre de mètres de la pièce de drap et le montant total des bénéfices du marchand, sachant qu'il a vendu le reste à raison de 18 fr le mètre. On compte l'année commerciale de 360 jours et le mois de 30 jours.*

Sur le billet, on retiendra $\dfrac{6 \times 140 \times 10,50}{360} = 24$ fr 50.

Le marchand recevra $\quad 1\,050 - 24,50 = 1\,025$ fr 50.

Les $\dfrac{7}{8}$ de la pièce de drap ont coûté $1\,025,5 - 38,50 = 987$ fr.

La pièce contenait $\dfrac{987 \times 8}{7 \times 16,5} = 68$ m $\dfrac{4}{11}$ ou 68 m 36.

De la vente du reste, il retire $18 \times \dfrac{68,36 \times 7}{8 \times 10}$; soit 107 fr 65.

Le bénéfice total du marchand est de $38,5 + 107,65 = 146$ fr 15.

Rép. 1° 68 m 36; 2° 146 fr 15.

§ VIII. — RÉPARTITION PROPORTIONNELLE

1810. *Partager le nombre 392 en parties proportionnelles aux nombres 5, 13 et 17.*

On aura (Arith., n°ˢ 503 et 504)

$$\frac{x}{5} = \frac{y}{13} = \frac{z}{17} = \frac{x + y + z}{35} = \frac{392}{35} = 11,20$$

d'où
$$x = 11,20 \times 5 = 56$$
$$y = 11,20 \times 13 = 145,6$$
$$z = 11,20 \times 17 = 190,40$$

Rép. 56, 145,6 et 190,40.

1811. *Partager 1 480 en deux parties proportionnelles aux fractions* $^2/_3$ *et* $^4/_5$.

Les nombres proportionnels sont

$$\frac{2}{3} \text{ et } \frac{4}{5} \text{ ou } \frac{10}{15} \text{ et } \frac{12}{15} \text{ ou enfin } 10 \text{ et } 12.$$

On aura
$$x = \frac{1\,480 \times 10}{22} = 672,7272\ldots$$
$$y = \frac{1\,480 \times 12}{22} = 807,2727\ldots$$

Rép. 672,72 et 807,27.

1812. *Une somme de 2 100 fr doit être partagée entre trois personnes : la part de la première doit être les* $^2/_3$ *de celle de la seconde; la part de la seconde, les* $^4/_5$ *de celle de la troisième. Combien revient-il à chaque personne?*

La 1ʳᵉ part est les $\dfrac{2}{3}$ de la 2ᵉ ou les $\dfrac{4}{5} \times \dfrac{2}{3} = \dfrac{8}{15}$ de la 3ᵉ.

La somme des parts est donc les
$$\frac{8}{15} + \frac{4}{5} + 1 = \frac{8}{15} + \frac{12}{15} + \frac{15}{15} = \frac{35}{15} \text{ de la part de la 3ᵉ.}$$

La part de la 3ᵉ est $\dfrac{2100 \times 15}{35} = 900$ fr.

La part de la 2ᵉ est $\dfrac{900 \times 4}{5} = 720$ fr.

La part de la 1ʳᵉ est $\dfrac{720 \times 2}{3} = 480$ fr.

Rép. 1ʳᵉ 480 fr, 2° 720 fr, 3° 900 fr.

1813. *Une personne a payé 242 fr 40 six paires de draps et une couverture. On demande, par les procédés arithmétiques, le prix de chacun de ces objets, sachant que 7 paires de draps et deux couvertures auraient coûté 308 fr 05.*

Si, au lieu de 6 paires de draps et 1 couverture, on avait pris 12 paires de draps et 2 couvertures, on aurait dépensé le double, ou
$$242,40 \times 2 = 484 \text{ fr } 80.$$

Puisque pour 7 paires de draps et 2 couvertures on aurait payé 308 fr 05, 12 — 7 ou 5 paires de draps valent
$$484,8 - 308,05 = 176 \text{ fr } 75.$$

Une paire de draps vaut donc $\dfrac{176,75}{5} = 35 \text{ fr } 35$.

Une couverture vaut $242,40 - (35,35 \times 6) = 30 \text{ fr } 30$.

Rép. Paire de draps 35 fr 35; couverture 30 fr 30.

1814. *Deux personnes, en réunissant leur avoir, ont 167 280 fr. La première place ses fonds à 4 %, pendant 3 mois, et elle se fait un revenu double de celui que toucherait la seconde, en plaçant ses fonds à 5 %, pendant 7 mois. Quel est l'avoir de chacune d'elles ?*

Les revenus doivent être dans le rapport de 2 à 1.
Pour avoir 2 fr de revenu, la première personne doit placer
$$\frac{100 \times 2 \times 12}{4 \times 3} = 200 \text{ fr.}$$

Pour avoir 1 fr de revenu, la deuxième personne doit placer
$$\frac{100 \times 12}{5 \times 7} = \frac{240}{7} \text{ fr.}$$

Les capitaux doivent donc être dans le rapport
$$200 : \frac{240}{7} \text{ ou } 1\,400 : 240 \text{ ou } 35 : 6.$$

Rép.
$\begin{cases} 1^{re} \text{ part} & \dfrac{167\,280 \times 35}{41} = 142\,800 \text{ fr.} \\ 2^{e} \text{ part} & 167\,280 - 142\,800 = 24\,480 \text{ fr.} \end{cases}$

Solution algébrique. On a $\quad x + y = 167\,280$

et $\quad \dfrac{4 \times 3}{12} \times \dfrac{x}{100} = 2 \left(5 \times \dfrac{7}{12} \times \dfrac{y}{100} \right),$

ou $\qquad\qquad 6x = 35y, \qquad$ d'où $x = \dfrac{35y}{6}.$

Mettons cette valeur de x dans la 1re équation, nous aurons :
$$\frac{35y}{6} + y = \frac{41y}{6} = 167\,280,$$

d'où $\qquad y = \dfrac{167\,280 \times 6}{41} = 24\,480 \text{ fr.}$

$$x = 167\,280 - 24\,480 = 142\,800 \text{ fr.}$$

1815. *On partage une somme de 10000 fr entre quatre personnes. La première a deux fois autant que la seconde moins 2000 fr; la seconde, trois fois autant que la troisième moins*

3000 fr, et la troisième, six fois autant que la quatrième moins
4000 fr. Quelle a été la part de chaque personne ?

La 4ᵉ a une certaine somme ;   soit   1 part.
La 3ᵉ a 6 fois la 4ᵉ part moins 4000 fr ; soit   6 parts —   4000 fr
La 2ᵉ a 18 fois la 4ᵉ part moins 12000 fr,
    moins 3000 fr ;   soit   18   «   —15000 fr
La 1ʳᵉ a 36 fois la 4ᵉ part moins 30000 fr,
    moins 2000 fr ;   soit   36   «   —32000 fr
                                                        ─────────────────
                                                        61 parts — 51000 fr.

La somme à partager égale 61 fois la 4ᵉ part moins 51000 fr.

Donc la 4ᵉ part vaut $\dfrac{51000 + 10000}{61}$ ou   1000 fr.

La 3ᵉ part égale   6000 — 4000   ou   2000 fr.
La 2ᵉ   »   6000 — 3000   ou   3000 fr.
La 1ʳᵉ   »   6000 — 2000   ou   4000 fr.

Rep. 1ʳᵉ 4000 fr ; 2ᵉ 3000 fr ; 3ᵉ 2000 fr ; 4ᵉ 1000 fr.

1816. *Un chef d'usine emploie 12 hommes, payés à raison de*
3 fr 40 par jour ; 7 femmes, payées 1 fr 80 ; 5 enfants, payés
1 fr 10. Il se propose de partager une gratification extraordinaire
de 1200 fr, proportionnellement aux salaires journaliers. Quelle
somme devra-t-il donner à chacune des personnes qu'il emploie ?

Salaire des hommes $3,40 \times 12 = 40$ fr 80
   »   des femmes $1,80 \times 7 = 12, 60$
   »   des enfants $1,10 \times 5 = 5, 50$
                                        ─────────
   Total des salaires   58 fr 90

Pour 58 fr 90 de salaire, on distribue 1200 fr.

Pour 1 fr, on donnera $\dfrac{1200}{58,90}$.

Et pour le salaire d'un homme, on donnera

$$\dfrac{1200}{58,90} \times 3,40 = 69 \text{ fr } 27.$$

Une femme recevra $\dfrac{1200}{58,90} \times 1,80 = 36$ fr 67.

Un enfant recevra $\dfrac{1200}{58,90} \times 1,10 = 22$ fr 41.

Rép. Hommes 69 fr 27 ; femmes 36 fr 67 ; enfants 22 fr 41 chacun.

1817. *Partager une longueur de 7456 m en 2 parties propor-*
tionnelles aux chemins parcourus par deux courriers qui, ani-
més de la même vitesse, marchent, l'un pendant 3 h 10 m 7 s,
l'autre pendant 2 h 56 m 18 s.

3 h 10 m 7 s valent 11407 s ; 2 h 56 m 18 s valent 10578 s.
Somme 11407 + 10578 = 21985.

Le 1ᵉʳ courrier a parcouru $\dfrac{7456 \times 11407}{21985}$ ou 3868 m 573.

Le 2ᵉ courrier a parcouru $\dfrac{7456 \times 10578}{21985}$ ou 3587 m 426.

Rép. 3868 m 57 et 3587 m 42.

1818. *Partager une somme de 252 fr entre trois personnes, de telle sorte que la deuxième ait les $\frac{3}{4}$ de la part de la première, et que la part de la troisième soit égale à la demi-somme des parts des deux autres.*

Les nombres proportionnels sont 1, $\frac{3}{4}$, $\frac{7}{4 \times 2} = \frac{7}{8}$

ou 8, 6 et 7. — Somme 21.

La 1re personne aura $\dfrac{252 \times 8}{21} = 12 \times 8 = 96$ **fr.**

La 2e » $12 \times 6 = 72$ **fr.**

La 3e » $12 \times 7 = 84$ **fr.**

Rép. 1re 96 fr; 2e 72 fr; 3e 84 fr.

1819. *Dans le mémoire de l'entrepreneur chargé de la construction d'un mur de soutènement pour une route tracée en montagne, la main-d'œuvre est comptée pour 602 fr 30, et se décompose en journées d'ouvriers à 3 fr 50 et en journées de manœuvres à 1 fr 80. Le nombre des manœuvres a été, en moyenne, à celui des ouvriers dans le rapport de 4 à 7. On demande combien il y a eu de journées d'ouvriers.*

Lorsqu'il y a 4 manœuvres, il y a 7 ouvriers.

Pour ces 11 travailleurs on payera $1,8 \times 4 + 3,5 \times 7 = 31$ fr 70.

Il y a eu $\dfrac{7 \times 602,3}{31,7}$ ou 133 journées d'ouvriers,

et $\dfrac{4 \times 602,3}{31,7} = 76$ de manœuvres.

Rép. 133 journées d'ouvriers.

1820. *Une propriété est vendue 20000 fr, et le produit de cette vente est distribué entre trois créanciers, auxquels il est dû 10000 fr, 15000 et 25000 fr; les frais de poursuite et de vente s'élèvent à 15 p % du prix de vente. Combien chaque créancier recevra-t-il?*

Les frais s'élèvent à $15 \times 200 = 3000$ fr.

Il reste $20000 - 3000 = 17000$ fr à partager en parties proportionnelles aux nombres 10, 15 et 25, ou 2, 3 et 5, dont la somme est 10.

Le 1er créancier aura $\dfrac{17000 \times 2}{10}$ ou 3400 fr.

Le 2e » $\dfrac{17000 \times 3}{10}$ ou 5100 fr.

Le 3e » $\dfrac{17000 \times 5}{10}$ ou 8500 fr.

Rép. 1er 3400 fr; 2e 5100 fr; 3e 8500 fr.

1821. *Trois personnes se sont associées pour placer dans une entreprise une somme d'argent qui s'est augmentée du quart de sa valeur et est devenue 60500 fr. Quelle sera la part de chaque personne dans le bénéfice, sachant que la première avait déposé* les $^2/_8$ de la somme, la deuxième les $^2/_5$, et la troisième le reste?

Le bénéfice de l'entreprise est de $\dfrac{60\,500}{5} = 12\,100$ fr.

La 3e personne avait déposé les $1 - \left(\dfrac{3}{8} + \dfrac{2}{5}\right) = \dfrac{9}{40}$ de la somme.

Nombres proportionnels $\dfrac{3}{8}$, $\dfrac{2}{5}$, $\dfrac{9}{40}$ ou 15, 16, 9; somme, 40.

$$\textbf{Rép.} \begin{cases} \text{La 1}^{\text{re}} \text{ personne aura } \dfrac{12\,100 \times 15}{40} \text{ ou } 4537 \text{ fr } 50. \\[2mm] \text{La 2}^e \qquad\quad » \qquad \dfrac{12\,100 \times 16}{40} \text{ ou } 4840 \text{ fr.} \\[2mm] \text{La 3}^e \qquad\quad » \qquad \dfrac{12\,100 \times 9}{40} \text{ ou } 2722 \text{ fr } 50. \end{cases}$$

1822. *On a échangé 5 moutons contre 2 ânes, 10 ânes contre 3 bœufs, 12 bœufs contre 5 chevaux, et 7 chevaux contre 8 chameaux, estimés chacun 315 fr en moyenne. Dire le prix d'un mouton.*

Un cheval vaut $\dfrac{315 \times 8}{7} = 360$ fr.

Un bœuf » $\dfrac{360 \times 5}{12} = 150$ fr.

Un âne » $\dfrac{150 \times 3}{10} = 45$ fr.

Un mouton » $\dfrac{45 \times 2}{5} = 18$ fr.

Rép. 18 fr.

1823. *On a acheté pour 44 fr 50, 8 kilog de sucre, 7 kilog de chocolat et 2 kilog de thé. On sait que 3 kilog de chocolat ont la même valeur que 5 kilog de sucre, et que 2 kilog de thé valent autant que 6 kilog de chocolat. Combien vaut le kilog de chacune de ces trois substances?*

Un kg de thé vaut 3 kg de chocolat ou 5 kg de sucre.

Les 2 kg de thé valent 10 kg de sucre.

Les 7 kg de chocolat valent $\dfrac{5 \times 7}{3} = \dfrac{35}{3}$ kg de sucre.

Donc pour $8 + \dfrac{35}{3} + 10$ ou $\dfrac{89}{3}$ kg de sucre, on aurait payé 44 fr 5.

$$\textbf{Rép.} \begin{cases} \text{Le kg de sucre vaut } \dfrac{44,5 \times 3}{89} \text{ ou } 1 \text{ fr } 50. \\[2mm] \text{Le kg de chocolat vaut } \dfrac{1,5 \times 5}{3} \text{ ou } 2 \text{ fr } 5. \\[2mm] \text{Le kg de thé vaut } 1,5 \times 5 \text{ ou } 7 \text{ fr } 5. \end{cases}$$

1824. *A un morceau d'or, qui a un volume de 8 centimètres cubes, on veut allier de l'argent, de telle sorte qu'un centim cube de l'alliage pèse 12 gr 50. Calculer le volume de cet argent, sachant qu'un centim cube d'argent pèse 10 gr 40, et qu'un centim cube d'or pèse 19 gr 2.*

Le 8 cc d'or pèsent $19,2 \times 8 = 153$ gr 6.

Et 8 cc de l'alliage pèseront $12,5 \times 8 = 100$ gr.

Les 8 cc d'or pèsent 153,6 — 100 ou 53 gr 6 de plus que 8 cc de l'alliage.

Ces 53 gr 6 sont le poids qu'il manque au poids du volume de l'argent qu'il faudra employer pour égaler le poids du même volume d'alliage.

Un cc d'argent pesant 12,5 — 10,4 = 2 gr 1 de moins que 1 cc d'alliage, il faudra $\dfrac{53,6}{2,1}$ ou 25 cc 523 d'argent.

Rép. 25 cc 523.

1825. Un négociant a trois maisons dont le capital immobilisé n'est que les $^{11}/_{14}$ *du capital employé dans le commerce. Quel est le revenu de chacune de ses trois maisons, sachant que le capital commercial lui donne, à raison de* $^3/_8$ % *par mois, un revenu annuel de 16934 fr 55, et que les sommes employées à l'achat de chaque maison sont entre elles comme les nombres 37, 45 et 28 ?*

Le capital commercial rapporte $\dfrac{3 \times 12}{8} = 4,5$ p % par an.

Ce capital est de 1698455 : 4,5 ou 377434 fr 45.

La valeur des 3 maisons est de $\dfrac{377434,45 \times 11}{14}$ ou 296555 fr 65.

La 1re maison vaut $\dfrac{296555,65 \times 37}{110}$ ou 99750 fr 55.

La 2e »   » $\dfrac{296555,65 \times 45}{110}$ ou 121318 fr 20.

La 3e »   » $\dfrac{296555,65 \times 28}{110}$ ou 75486 fr 90.

Rép. 1re 99750 fr 55; 2e 121318 fr 20; 3e 75486 fr 90.

1826. Trois ouvriers ont travaillé pour le même patron. Le premier a fait 18 journées à 3 fr 50; le deuxième, 15 journées à 4 fr 25; le troisième, 6 journées à 5 fr. Le patron, étant à court d'argent, leur abandonne en payement un effet de 187 fr 75 à partager entre eux. Un agent d'affaires consent à changer à ses risques et périls cet effet contre espèces, moyennant un escompte de 8 %. Combien revient-il à chaque ouvrier?

Il est dû au 1er ouvrier   3,5 × 18 =   63 fr.

»   au 2e »   4,25 × 15 =   63 fr 75.

»   au 3e »   5 × 6 =   30 fr.

Total.   156 fr 75.

Le billet vaut 187,75 — 8 × 1,8775 ou 172 fr 75.

Le 1er ouvrier aura $\dfrac{172,75 \times 63}{156,75}$ ou 69 fr 45.

Rép. Le 2e »   » $\dfrac{172,75 \times 63,75}{156,75}$ ou 70 fr 25.

Le 3e »   » $\dfrac{172,75 \times 30}{156,75}$ ou 33 fr 05.

1827. *Comment partager 5600 fr entre cinq personnes, de manière que la deuxième ait 200 fr de plus que le double de la part de la première; la troisième, 400 fr de moins que le triple de la part de la première; la quatrième, 150 fr de plus que la somme de la deuxième et de la troisième part; la cinquième, 475 fr de plus que le ¼ des quatre parts réunies?*

La 1re personne aura une part; soit 1 part.

La 2^e	»	»	»	2 parts	plus 200 fr.
La 3^e	»	»	»	3 parts	moins 400 fr.
La 4^e	»	»	»	5 parts	moins 50 fr.
La 5^e	»	»	»	2 parts $\frac{3}{4}$	plus 412 fr 50.

La somme à partager égale $\dfrac{55}{4}$ de la 1re part plus 162 fr 50.

Donc $\dfrac{55}{4}$ de la part de la 1re personne

valent $5600 - 162,5 = 5437$ fr 50.

$$
\text{Rép.}
\begin{cases}
\text{La 1}^{\text{re}}\text{ personne aura } \dfrac{5437,5 \times 4}{55} \text{ ou 395 fr 45.} \\
\text{La 2}^{\text{e}} \quad\text{»}\quad\text{»}\quad 395,45 \times 2 + 200 \text{ ou 990 fr 90.} \\
\text{La 3}^{\text{e}} \quad\text{»}\quad\text{»}\quad 395,45 \times 3 - 400 \text{ ou 786 fr 35.} \\
\text{La 4}^{\text{e}} \quad\text{»}\quad\text{»}\quad 395,45 \times 5 - 50 \text{ ou 1 927 fr 25.} \\
\text{La 5}^{\text{e}} \quad\text{»}\quad\text{»}\quad \dfrac{395,45 \times 11}{4} + 412,5 \text{ ou 1 500 fr.}
\end{cases}
$$

1828. *Trois ouvrières, travaillant dans un atelier de confection six jours par semaine, reçoivent pour salaire, au bout de la quinzaine, la somme de 50 fr 40. Comment cette somme doit-elle être répartie, sachant que, dans un jour, la deuxième fait les ¾ de l'ouvrage fait par la première, et la troisième les ⅔ de ce que fait la seconde? Quel sera le gain quotidien de chacune d'elles?*

La 3e ouvrière fait les $\dfrac{3}{4} \times \dfrac{2}{3}$ ou $\dfrac{1}{2}$ de l'ouvrage fait par la 1re.

La somme devra être répartie proportionnellement aux nombres 1, $\dfrac{3}{4}$, $\dfrac{1}{2}$, ou aux nombres 4, 3, 2, dont la somme est 9.

$$
\text{Rép.}
\begin{cases}
\text{La 1}^{\text{re}}\text{ recevra } \dfrac{50,40 \times 4}{9} = 22 \text{ fr 4; soit } \dfrac{22,4}{12} \text{ ou 1 fr 85 par j.} \\
\text{La 2}^{\text{e}} \quad\text{»}\quad \dfrac{50,40 \times 3}{9} = 16 \text{ fr 8; soit } \dfrac{16,8}{12} \text{ ou 1 fr 40 par j.} \\
\text{La 3}^{\text{e}} \quad\text{»}\quad \dfrac{50,40 \times 2}{9} = 11 \text{ fr 20; soit } \dfrac{11,2}{12} \text{ ou 0 fr 95 par j.}
\end{cases}
$$

1829. *Trois cultivateurs ont à répartir entre eux une dépense de 950 fr 85 pour les frais d'un canal d'arrosage dont ils ne profitent pas également. Le premier arrose 1 hect 45 ares, et a* *droit à 8 jours d'arrosage par mois; le second arrose 69 ares avec droit à 12 jours d'arrosage par mois; enfin le troisième a droit à l'arrosage de 92 ares 65 centiares pendant le reste du mois. Combien chacun devra-t-il payer, à un centime près?*

Le 1er cultiv. a droit à l'arros. de   145 × 8 = 1160 ares pendant 1 j.

Le 2e   »   »   »   69 × 12 =   828 ares   »

Le 3e   »   »   »   92,65 × 10 =   926 ares 5   »

On payera 950 fr 85 pour l'arrosage de   2914 ares 5   »

Le 1er cultivateur payera $\dfrac{950,85 \times 1160}{2914,5} = 378$ fr 45.

Le 2e   »   » $\dfrac{950,85 \times 828}{2914,5} = 270$ fr 13.

Le 3e   »   » $\dfrac{950.85 \times 926,5}{2914,5} = 302$ fr 26.

Rép. 1er 378 fr 45; 2e 270 fr 15; 3e 302 fr 25.

1830. *Trois charretiers ont entrepris de transporter 3395 mc de pierre pour la construction d'un édifice. Le transport effectué, il arrive que le premier a transporté* 1/3 *de plus que le deuxième et celui-ci* 1/9 *de plus que le troisième. Sachant que la pierre dure pèse 2,28 fois plus que l'eau pure et que le prix du transport est de 0 fr 6 la tonne, trouver combien de tonnes a transportées chaque charretier et combien il a reçu pour son travail.*

La pierre transportée pesait $2,28 \times 3395 = 7740$ tonnes 6.

Le 2e a transporté les $\dfrac{10}{9}$ de ce qu'a transporté le 3e.

Le 1er a transporté les $\dfrac{10}{9} \times \dfrac{4}{3} = \dfrac{40}{27}$ de ce qu'a transporté le 3e.

Les nombres proportionnels sont donc 40,30 et 27; somme 97.

Le 1er a transporté $\dfrac{7740,6 \times 40}{97} = 3192$ tonnes;

il a reçu $3192 \times 0,6 = 1915$ fr 2.

Le 2e a transporté $\dfrac{7740,6 \times 30}{97} = 2394$ tonnes;

il a reçu $2394 \times 0,6 = 1436$ fr 4.

La 3e a transporté $\dfrac{7740,6 \times 27}{97} = 2154$ tonnes 6;

il a reçu $2154,6 \times 0,6 = 1292$ fr 76.

Rép. 1er 3192 t, 1915 fr 2; 2e 2394 t, 1436 fr 40; 3e 2154 t 6; 1292 fr 75.

1831. *On a recueilli par souscription 1195 fr pour faire un tapis destiné à une chapelle. Ce tapis formera un carré de 7 m de côté. On doit le broder sur du canevas qui a une largeur de 0 m 70 et qui coûte 2 fr 80 le mètre. On peut couvrir 4 décim carrés de ce canevas avec un écheveau de laine coûtant 0 fr 48. Le prix du canevas et de la laine forme les* 14/17 *de la dépense totale. Ce prix une fois soldé, il reste une somme que l'on partage égale-*

ment entre les jeunes filles des deux ouvroirs qui ont fait le travail. Il y a 25 ouvrières dans le premier et 29 dans le second. Quelle somme recevra chaque ouvroir?

Pour broder le tapis, il faudra 7 : 0,70 ou 10 bandes de canevas de 7 mètres chacune, soit 70 mètres.

Il faudra $\dfrac{70 \times 70}{4} = 1\,225$ écheveaux de laine.

Le canevas et la laine coûteront $2,8 \times 70 + 0,48 \times 1\,225 = 784$ fr.

La dépense totale est de $\dfrac{784 \times 17}{14} = 952$ fr.

Il reste $1\,195 - 952 = 243$ fr pour les deux ouvroirs.

Rép. $\begin{cases} \text{Le 1}^{\text{er}} \text{ ouvroir recevra } \dfrac{243 \times 25}{54} \text{ ou 112 fr 50.} \\[2mm] \text{Le second } \quad \text{» } \dfrac{243 \times 29}{54} = 130 \text{ fr 50.} \end{cases}$

1832. *Il reste à un cultivateur 120 m cubes $^{4}/_{10}$ d'engrais pour fumer trois pièces de terre de contenances et de qualités différentes. Contenance de la première, 4 hectares 8 ares; qualité 4. Contenance de la deuxième, 45900 m carrés; qualité 5. Contenance de la troisième, 1 hectomètre carré 53 décamètres carrés; qualité 6. Il veut diriger cet engrais en raison directe de l'étendue et en raison inverse de la qualité de chacune d'elles. Combien de mètres cubes mettra-t-il dans chaque pièce ?*

Le cultivateur devra répartir son engrais proportionnellement aux produits de la surface de chaque pièce de terre par l'inverse du nombre qui représente sa qualité.

Parties proportionnelles, 1re $408 \times \dfrac{1}{4} = 102$

$\quad$ » $\quad$ » $\quad$ 2^{e} $459 \times \dfrac{1}{5} = 91,8$ $\quad$ somme 219,3.

$\quad$ » $\quad$ » $\quad$ 3^{e} $153 \times \dfrac{1}{6} = 25,5$

Le cultivateur mettra dans la 1re $\dfrac{120,4 \times 102}{219,3}$ ou 56 m c.

$\quad$ » $\quad$ » $\quad$ 2^{e} $\dfrac{120,4 \times 91,8}{219,3}$ ou 50 m c 4.

$\quad$ » $\quad$ » $\quad$ 3^{e} $\dfrac{120,4 \times 25,5}{219,3}$ ou 14 m c.

Rép. 1re 56 m c; 2e 50 m c 4; 3e 14 m c.

1833. *Un père laisse en mourant à ses trois fils un domaine d'une valeur totale de 135000 fr, et d'un revenu net annuel de 3 p %. Ceux-ci, voulant augmenter leurs revenus, vendent le domaine pour les 135000 fr qu'ils se partagent, selon les dernières volontés de leur père, proportionnellement aux nombres fractionnaires 3 $^{1}/_{6}$, 2 $^{5}/_{8}$ et 2 $^{1}/_{3}$; puis ils placent leur argent en rentes sur l'État, et ils reçoivent de ce fait un intérêt annuel évalué à 4,75 p %*

*du capital déposé. On demande : 1° quelle est la part de chaque
enfant; 2° de combien chacun a augmenté son revenu annuel.*

Les nombres proportionnels sont $\dfrac{19}{6}$, $\dfrac{21}{8}$, $\dfrac{7}{3}$,

$$\text{ou} \quad 76 \quad 63 \quad 56; \text{ somme } 195.$$

Les parts seront, 1ᵉʳ $\dfrac{135000 \times 76}{195}$ ou 52615 fr 40.

»   2ᵉ $\dfrac{135000 \times 63}{195}$ ou 43615 fr 40.

»   3ᵉ $\dfrac{135000 \times 56}{195}$ ou 38769 fr 20.

Chacun a augmenté son revenu de 4,75 — 3 ou 1 fr 75 p %.

Le revenu du 1ᵉʳ est augmenté de $1,75 \times 526,154$ ou 920 fr 75.
Celui du 2ᵉ   »   de $1,75 \times 436,154$ ou 763 fr 25.
Celui du 3ᵉ   »   de $1,75 \times 387,692$ ou 678 fr 45.

Rép. Héritage 1ᵉʳ 52615 fr 4; 2ᵉ 43615 fr 40; 3ᵉ 38769 fr 20.
     Aug. du revenu 1ᵉʳ 920 fr 75; 2ᵉ 763 fr 25; 3ᵉ 678 fr 45.

1834. *Un propriétaire emploie la neuvième partie de sa fortune pour acheter une maison; avec le quart du reste il achète
un bois; enfin, de ce qui lui reste encore il fait deux parts qui
sont entre elles comme 2 et 3; la première de ces parts étant
placée à 4 % et la seconde à 5 ½ p %, il se fait un revenu annuel
de 8820 fr. On demande : 1° quelles sont les sommes placées
à 4 p % et à 5 ½ p %; 2° la fortune entière, et 3° le prix de la
maison et du bois.*

La maison est le $\dfrac{1}{9}$ de la fortune;   il reste $\dfrac{8}{9}$.

Le bois en est les $\dfrac{8}{9} \times \dfrac{1}{4} = \dfrac{2}{9}$;   il reste $\dfrac{6}{9} = \dfrac{2}{3}$.

La partie placée à 4 p % est les $\dfrac{2}{5}$ du reste, ou les $\dfrac{2}{3} \times \dfrac{2}{5} = \dfrac{4}{15}$
de la fortune.

Celle placée à 5,5 p % en est les $\dfrac{3}{5}$ ou $\dfrac{2}{3} \times \dfrac{3}{5} = \dfrac{6}{15}$.

Pour 400 fr placés à 4 p %, il y a 600 fr placés à 5,5 p %; l'intérêt sera $4 \times 4 + 5,5 \times 6 = 49$ fr.

Rép. $\begin{cases} \text{Il y a } \dfrac{400 \times 8820}{49} = 72000 \text{ fr placés à 4 p \%,} \\[2mm] \text{et } \dfrac{72000 \times 3}{2} = 108000 \text{ fr à 5,5 p \%.} \\[2mm] \text{La fortune est de } \dfrac{72000 \times 15}{4} = 270000 \text{ fr.} \\[2mm] \text{La maison vaut } \dfrac{270000}{9} = 30000 \text{ fr.} \\[2mm] \text{Le bois vaut } \dfrac{270000 \times 2}{9} = 60000 \text{ fr.} \end{cases}$

1835. *Un oncle laisse en mourant une somme de 88000 fr à deux neveux, âgés, l'un de 16, l'autre de 11 ans. Le testament prescrit que cette somme sera partagée de telle sorte que, les deux parts étant placées à 5 p %, chacun des deux neveux touche une somme égale le jour de sa majorité. Faire le partage.*

L'héritage du 1er restera placé pendant 5 ans; celui du second pendant 10 ans.

Pour avoir 100 fr à 21 ans, le 1er devra recevoir (Probl. 941. C.)

$$a = \frac{A}{1 + rt} = \frac{100}{1 + rt} = \frac{100}{1,25} = 80 \text{ fr.}$$

Pour avoir 100 fr à 21 ans, le 2e recevra $\dfrac{100}{1 + rt} = \dfrac{100}{1,5} = \dfrac{200}{3}$ de fr.

L'héritage doit donc être partagé proportionnellement aux nombres 80 et $\dfrac{200}{3}$, ou 240 et 200; somme 440.

Le 1er aura $\dfrac{88000 \times 240}{440}$ ou 48000 fr.

Le 2e   » $\dfrac{88000 \times 200}{440}$ ou 40000 fr.

Rép. 1er 48000 fr; 2e 40000 fr.

§ IX. — SOCIÉTÉ

1836. *Trois personnes se réunissent pour acheter une propriété qui leur coûte 96000 fr. La première donne 40000 fr, la deuxième 30000 fr, et la troisième le reste. Elles revendent la propriété 114000 fr et se partagent le bénéfice proportionnellement à la mise de chacune. Quel est le bénéfice de chacune d'elles?*

La mise de la 3e personne est de 26000 fr.

Le bénéfice égale 114000 — 96000 = 18000 fr.

La 1re aura $\dfrac{18000 \times 40}{96} = 7500$ fr de bénéfice.

La 2e   » $\dfrac{18000 \times 30}{96} = 5625$ fr.   »

La 3e   » $\dfrac{18000 \times 26}{96} = 4875$ fr.   »

Rép. 7500 fr; 2e 5625 fr; 3e 4875 fr.

1837. *L'actif d'une faillite, tous frais de liquidation déduits, est de 168925 fr. Faire la répartition entre quatre créanciers auxquels il est dû respectivement: 63257 fr, 41835 fr, 91605 fr, 53800 fr. On calculera chaque part à moins d'un centime près.*

La somme des créances est de
$$63257 + 41835 + 91605 + 53800 = 250497 \text{ fr.}$$

Le 1er aura $\dfrac{168925 \times 63257}{250497} = 42657$ fr 95.

Le 2°   » $\dfrac{168925 \times 41835}{250497} = 28211$ fr 82.

Le 3°   » $\dfrac{168925 \times 94605}{250497} = 61774$ fr 69.

Le 4°   » $\dfrac{168925 \times 53800}{250497} = 36280$ fr 54.

Rép. 1er 42657 fr 95; 2° 28211 fr 80; 3° 61774 fr 70; 4° 36280 fr 55.

1838. *Trois associés, lorsque leur société a été dissoute, ont retiré, mise et gain compris: le premier, 39352 fr; le deuxième, 32624 fr; le troisième, 13984 fr. Sachant que le gain a été de 10745 fr, on demande quels sont les mises et les gains de chacun des associés.*

Les 3 associés ont retiré $39352 + 32624 + 13984 = 85960$ fr.

Le gain égale les $\dfrac{10745}{85960}$ ou le $\dfrac{1}{8}$ de la somme totale, et par suite le $\dfrac{1}{7}$ des mises.

On aura donc

Rép. $\begin{cases} \text{1er gain } 39352 : 8 = 4919 \text{ fr; mise } 4919 \times 7 = 34433 \text{ fr.} \\ \text{2° } \quad\text{»} \quad 32624 : 8 = 4078 \text{ fr; } \quad\text{»} \quad 4078 \times 7 = 28546 \text{ fr.} \\ \text{3° } \quad\text{»} \quad 13984 : 8 = 1748 \text{ fr; } \quad\text{»} \quad 1748 \times 7 = 12236 \text{ fr.} \end{cases}$

1839. *Une personne qui a fondé un établissement avec un capital de 10000 fr, s'associe une autre personne deux mois après. Au bout de l'année, le partage des bénéfices a lieu dans le rapport de 3 à 5. Quelle somme la seconde personne a-t-elle apportée dans l'association ?*

Lorsque la 1re personne a 3 fr pour 12 mois, ou $\dfrac{3}{12} = 0$ fr 25 pour un mois, la seconde a 5 fr pour 10 mois ou 0 fr 5 pour un mois.

Le gain de la 2° étant double de celui de la 1re dans le même temps, sa mise doit aussi être double.

Rép. La seconde personne a mis 20000 fr.

1840. *Trois personnes ont engagé ensemble dans une entreprise un capital de 43522 fr. La seconde personne a mis 1843 fr de plus que la première, la troisième 3425 fr de plus que la seconde. La première personne ayant laissé son capital pendant quatre ans et demi, la deuxième pendant trois ans, la troisième pendant deux ans trois mois, on demande comment doit être réparti entre les associés le bénéfice total, qui s'élève à 11428 francs.*

La 3° personne a mis $1843 + 3425 = 5268$ fr de plus que la 1re.

Le capital vaut donc 3 fois la part de la 1re, plus
$$1843 + 5268 = 7111 \text{ fr.}$$

La mise de la 1re est de $\dfrac{43522 - 7111}{3} = 12137$ fr.

Celle de la 2°   » $12137 + 1843 = 13980$ fr.

Celle de la 3°   » $13980 + 3425 = 17405$ fr.

Le bénéfice doit être réparti proportionnellement aux produits des mises par les temps.

$$\frac{12137 \times 9}{2} = 54616,5;\ 13980 \times 3 = 41940;\ 17405 \times \frac{9}{4} = 39161,25;$$

$$54616,5 + 41940 + 39161,25 = 135717,75.$$

La 1re aura $\dfrac{11428 \times 54616,5}{135717,75}$ ou 4598 fr 95.

La 2e » $\dfrac{11428 \times 41940}{135717,75}$ ou 3531 fr 50.

La 3e » $\dfrac{11428 \times 39161,25}{135717,75}$ ou 3297 fr 55.

Rép. 1re 4598 fr 95; 2e 3531 fr 50; 3e 3297 fr 55.

1841. *Une société est composée de quatre associés ; le premier a versé 28000 fr qui sont restés pendant toute l'année, le deuxième 16000 fr pendant 9 mois, le troisième 12000 fr pendant 6 mois, le quatrième 6000 fr pendant 4 mois; en outre, deux employés sont intéressés, le premier à 2 % et le second à 1 % dans les bénéfices. Les bénéfices s'étant élevés à 25000 fr, combien revient-il à chacun des deux employés et des quatre associés ?*

Le 1er employé recevra $2 \times 250 = 500$ fr ; le 2e recevra 250 fr.

Il reste à partager $25000 - 750$ ou 24250 en parties proportionnelles aux produits des mises par les temps pendant lesquels elles ont été employées, ou aux produits suivants :

$$28 \times 12 = 336;\ 16 \times 9 = 144;\ 12 \times 6 = 72;\ 6 \times 4 = 24.$$

Somme $336 + 144 + 72 + 24 = 576.$

Rép.
Le 1er aura $\dfrac{24250 \times 336}{576} = 14145$ fr 85.

Le 2e » $\dfrac{24250 \times 144}{576} = 6062$ fr 50.

Le 3e » $\dfrac{24250 \times 72}{576} = 3031$ fr 25.

Le 4e » $\dfrac{24250 \times 24}{576} = 1010$ fr 40.

Le 1er employé, 500 fr, et le 2e, 250 fr.

1842. *Trois personnes se sont associées pour une entreprise; la première a mis les ⁴/₉ des fonds; la seconde a mis 15000 fr de moins que la première, et la troisième 5000 fr de moins que la seconde. Les frais se sont élevés aux ¹⁷/₁₄₀ de la mise totale, et le bénéfice brut aux ²/₅ de cette même mise. Calculer : 1° la mise de chaque associé; 2° le bénéfice net de l'entreprise; 3° la part de chaque associé dans ce bénéfice.*

La somme des mises égale

$$\frac{4}{9} + \frac{4}{9} - 15000 + \frac{4}{9} - 20000 \text{ ou } \frac{12}{9} - 35000 \text{ fr.}$$

Donc les $\dfrac{3}{9}$ ou le $\dfrac{1}{3}$ des mises égale 35000 fr.

La somme des mises est $35000 \times 3 = 105000$ fr.

La mise de la 1re est de $\dfrac{105\,000\times 4}{9}=46\,666$ fr 65.

La mise de la 2e est de $46\,666,65-15\,000=31\,666$ fr 65.
Celle de la 3e égale $31\,666,65-5\,000=26\,666$ fr 65.

Le bénéfice net égale $\dfrac{2}{5}-\dfrac{17}{140}=\dfrac{39}{140}$ des mises,

soit $\dfrac{105\,000\times 39}{140}=29\,250$ fr.

Le bénéfice de la 1re est de $\dfrac{29\,250\times 46\,666,65}{105\,000}$ ou $13\,000$ fr.

Celui de la 2e est de $\dfrac{29\,250\times 31\,666,65}{105\,000}$ ou 8821 fr 45.

Celui de la 3e est de $\dfrac{29\,250\times 26\,666,65}{105\,000}$ ou 7428 fr 55.

Rép. 1° Mises; 1er $46\,666$ fr 65; 2e $31\,666$ fr 65; 3e $26\,666$ fr 65.
2° bénéfice net $29\,250$ fr.
3° 1er $13\,000$ fr; 2e 8821 fr 45; 3e 7428 fr 55.

1843. *A la suite d'une faillite, trois créanciers ont à se partager une somme de 8729 fr et les intérêts que cette somme a produits pendant trois ans à 3 fr 75 %. Leurs créances sont : 7528 fr 45 pour le premier, les $^7/_{12}$ de cette somme pour le second, et les $^3/_5$ de la somme des deux premières créances pour le troisième. On demande ce que recevra chacun d'eux.*

La somme à partager égale $8729+(3,75\times 3\times 87,29)$ ou 9711 fr
Mise du 1er créancier 7528 fr 45

Mise du 2e   » $\dfrac{7528,45\times 7}{12}$ ou 4391 fr 60

Mise du 3e   » $(7528,45+4391,6)\times\dfrac{3}{5}$ ou 7152 fr 05

Somme des mises $19\,072$ fr 10

Rép. $\begin{cases} \text{Le 1er créancier recevra } \dfrac{9711\times 7528,45}{19\,072,1} \text{ ou } 3833 \text{ fr } 30 \\[2mm] \text{Le 2e } \quad » \quad » \quad \dfrac{9711\times 4391,60}{19\,072,1} \text{ ou } 2236 \text{ fr } 10 \\[2mm] \text{Le 3e } \quad » \quad » \quad \dfrac{9711\times 7152,05}{19\,072,1} \text{ ou } 3641 \text{ fr } 60 \end{cases}$

1844. *Deux associés ont mis dans une entreprise, l'un 80000 fr au 1er janvier, l'autre 72000 fr trois mois après. Au 1er mai, le premier a prélevé 1800 fr sur le bénéfice commun et le second 2400 fr au 1er septembre. Que revient-il à chacun sur le bénéfice restant, qui est de 18500 fr, lors du règlement de compte au 1er avril de l'année suivante?*

Le 1er associé a laissé $80\,000$ fr pendant 15 mois,
ou $80\,000\times 15=1\,200\,000$ fr pendant un mois; mais il retire 1800 fr 11 mois avant le règlement.

Il a droit au bénéfice de $1\,200\,000-(1800\times 11)$ ou $1\,180\,200$ fr pour un mois.

Le second a droit au bénéfice de $72000 \times 12 - 2400 \times 7$ ou 847200 fr pendant un mois.

Les nombres proportionnels sont 11802 et 8472; somme 20274.

Le bénéfice est de $18500 + 1800 + 2400 = 22700$ fr.

$$\text{Bénéfice du 1}^{\text{er}} \quad \frac{22700 \times 11802}{20274} \quad \text{ou } 13214 \text{ fr } 24.$$

$$\text{»} \quad \text{du 2}^{\text{e}} \quad \frac{22700 \times 8472}{20274} \quad \text{ou } 9485 \text{ fr } 75.$$

Il revient au 1er $13214,25 - 1800 = 11414$ fr 25.

» au 2^{e} $9485,75 - 2400 = 7085$ fr 75.

Rép. Au 1er 11414 fr 25; au 2e 7085 fr 75.

1845. *Trois personnes s'étant associées ont fait un bénéfice de 10824 fr 25. On demande quelle part reviendra à chacune d'elles, sachant que les mises sont proportionnelles aux fractions $\frac{3}{7}$, $\frac{5}{9}$, $\frac{5}{7}$, et que les temps pendant lesquels elles sont restées engagées sont entre eux comme les fractions $\frac{2}{3}$, $\frac{9}{11}$ et $\frac{3}{4}$.*

Il faut partager le bénéfice en parties proportionnelles aux produits des mises par les temps. (Arith., n° 509.)

$$\frac{3}{7} \times \frac{2}{3} = \frac{2}{7}; \quad \frac{5}{9} \times \frac{9}{11} = \frac{5}{11}; \quad \frac{5}{7} \times \frac{3}{4} = \frac{15}{28}$$

ou 88, 140 et 165; somme, 393.

$$\text{La 1}^{\text{re}} \text{ personne aura } \frac{10824,25 \times 88}{393} = 2423 \text{ fr } 75.$$

Rép. $$\text{La 2}^{\text{e}} \quad \text{»} \quad \frac{10824,25 \times 140}{393} = 3855 \text{ fr } 95.$$

$$\text{La 3}^{\text{e}} \quad \text{»} \quad \frac{10824,25 \times 165}{393} = 4544 \text{ fr } 55.$$

1846. *Trois personnes se sont associées pour une entreprise; la première a versé 16832 fr et la deuxième 10625 fr. La deuxième a apporté, outre sa mise, un brevet qui lui donne droit, d'après l'acte de société, au prélèvement de $8,5$ p $\%$ sur les bénéfices avant le partage. Au moment de la liquidation, le premier associé reçoit 1854 fr 25 et le troisième 2524 fr 25. On demande : $1°$ le montant du capital engagé par le troisième associé; $2°$ le montant des sommes qui reviennent au deuxième associé pour sa mise et son brevet; $3°$ le bénéfice total de la société.*

Le 3e associé a versé $\dfrac{16832 \times 2524,25}{1854,25}$ ou 22914 fr.

Le 2e associé reçoit pour son capital

$$\frac{1854,25 \times 10625}{16832} \quad \text{ou } 1170 \text{ fr } 50 \text{ de bénéfice.}$$

Le bénéfice des mises est de

$$1854,25 + 1170,5 + 2524,25 = 5549 \text{ fr.}$$

Quand les bénéfices des mises sont de $100 - 8,5 = 91$ fr 50, le brevet donne droit à 8 fr 50.

Pour son brevet, le 2ᵉ associé reçoit donc
$$\frac{8,5 \times 5549}{91,5} = 515 \text{ fr } 50.$$

Le bénéfice total de la société est de $5549 + 515,50 = 6064$ fr 50.

Rép. 1° 22914 fr; 2° pour la mise 1170 fr 50, pour le brevet 515 fr 50; 3° bénéfice total 6064 fr 50.

1847. *Trois communes se réunissent pour la construction d'un hospice; la dépense est évaluée à 120000 fr.; il est convenu que chacune doit y contribuer proportionnellement à ses impositions directes. La première paye 25000 d'impositions, la deuxième 20000 fr, la troisième 19000 fr. On demande : 1° la part contributive de chaque commune; 2° la somme devant être payée par des centimes additionnels, on demande de combien de centimes par franc doivent être augmentées les impositions pour que le tout soit payé au bout de dix ans, en payant chaque année la même somme, le département ayant avancé les sommes sans intérêts.*

La somme des impositions de ces trois communes est de
$25 + 20 + 19$ ou 64000 francs.

La 1ʳᵉ commune versera $\dfrac{120000 \times 25}{64} = 46875$ fr.

La 2ᵉ   »   » $\dfrac{120000 \times 20}{64} = 37500$ fr.

La 3ᵉ   »   » $\dfrac{120000 \times 19}{64} = 35625$ fr.

Chaque année les communes donneront ensemble 12000 fr;
soit $\dfrac{1200000}{64000}$ ou 18 cent 75 par franc.

Rép. 1° 1ʳᵉ 46875 fr, 2ᵉ 37500 fr, 3ᵉ 35625 fr; 2° 18 cent 75 par franc.

§ X. — ÉCHÉANCE MOYENNE

1848. *Une personne, qui a emprunté 5750 fr, a souscrit en même temps, pour s'acquitter, trois billets de 2000 fr chacun, payables : le premier dans 4 mois, le deuxième dans 9 mois et le troisième dans 14 mois. Quel est le taux de l'escompte?*

La personne donnera $6000 - 5750 = 250$ fr pour les intérêts de 5750 fr.

Elle jouit des intérêts de $2000 \times 4 = 8000$ fr pendant 1 mois.

$2000 \times 9 = 18000$ fr   »   »

$2000 \times 14 = 28000$ fr   »   »

Total   54000 fr pendant 1 mois.

Puisque les intérêts de 54000 fr pendant un mois sont 250 fr, le taux demandé est de $\dfrac{250 \times 100 \times 12}{54000} = 5,55$ p %.

Rép. 5,55 p %.

1849. *Un négociant a souscrit deux billets à ordre, l'un de 2345 fr, payable dans 65 jours; l'autre de 3260 fr, payable dans 82 jours. On demande l'échéance du billet unique qu'i fait en remplacement des deux premiers, le montant de cet effet étant égal à la somme des valeurs nominales des deux premiers, et le taux de l'escompte étant pour les trois billets de 5 %. (Escompte en dehors. Année de 360 jours.)*

Le négociant doit jouir de
2345 fr pendant 65 jours, ou de $2345 \times 65 = 152425$ fr pendant 1 j,
et de 3260 fr pendant 82 j, ou de $3260 \times 82 = 267320$ fr   »

soit de   419745 fr pendant 1 j.

Il devra garder $2345 + 3260 = 5605$ fr pendant

$$\frac{419745}{5605} = 74 \text{ jours } 887, \text{ soit } 75 \text{ jours par excès.}$$

Rép. 75 jours.

1850. *Une personne a trois billets : le premier de 3500 fr, payable le 15 novembre 1898; le second de 4200 fr, payable le 30 décembre 1898, et le troisième de 3700 fr, payable le 25 mars 1899; elle les porte le 1er mars 1898 chez un banquier qui veut bien les lui escompter, et qui lui remet 9974 fr 40. A quel taux ces billets ont-ils été escomptés? (On appliquera l'escompte commercial, et on supposera tous les mois de trente jours).*

Du 1er mars 1898 au 15 novembre, il y a $(30 \times 8) + 14 = 254$ j.
» » au 30 décembre, il y a $(30 \times 9) + 29 = 299$ j.
» » au 25 mars 1899, il y a $360 + 24 = 384$ j.
Le banquier retient $(3500 + 4200 + 3700) - 9974,4 = 1425$ fr 60
pour l'intérêt de $3500 \times 254 = 889000$ pendant un jour,
$4200 \times 299 = 1255800$ »   »
$3700 \times 384 = 1420800$ »   »

ou de   3565600 fr pendant un jour.

Le taux de l'escompte est de $\dfrac{1425,6 \times 100 \times 360}{3565600} = 14,3935$ p %.

Rép. 14,39 p %.

Remarque. Dans la pratique, on compte toujours les mois tels qu'ils sont. Du 1er mars 1898 au 15 novembre, il y a 259 jours; au 30 décembre, 304 jours; au 25 mars 1899, 384 jours.
On trouve ainsi pour réponse 12,24 p % par excès.

1851. *Un commerçant remet le même jour à son banquier trois effets de commerce : le premier de 850 fr 75, payable dans 45 jours; le deuxième de 315 fr 40, payable dans 30 jours; le troisième de 610 fr 50, payable dans 90 jours. Pour simplifier les écritures, le banquier remplace ces trois effets par un seul d'une valeur égale à leur somme. A combien de jours devra-*

*t-il en fixer l'échéance, pour qu'il n'y ait ni gain ni perte d'in-
térêts ?*

Les intérêts des trois effets équivalent aux intérêts de

$$850{,}75 \times 45 = 38\,283 \text{ fr } 75 \text{ pendant un jour,}$$
$$315{,}40 \times 30 = 9462 \qquad » \qquad »$$
$$610{,}50 \times 90 = 54\,945 \qquad » \qquad »$$

soit aux intérêts de $\qquad 102\,690$ fr 75 pendant un jour.

Le nouveau billet sera de $850{,}75 + 315{,}40 + 610{,}50 = 1\,776$ fr 65.

Le billet sera à $\dfrac{102\,690{,}75}{1\,776{,}65} = 57$ jours 79, soit 58 jours.

Rép. A 58 jours.

1852. *Si deux billets, l'un de 700 fr, payable au 24 juin,
l'autre de 900 fr, payable au 15 août de la même année, sont
remplacés par un billet unique de 1600 fr, quelle devra être
l'échéance de ce dernier ?*

*Est-il nécessaire, pour déterminer la date précise de cette
échéance, de connaître la date du jour où ce billet unique de
1600 fr est souscrit ?*

Du 24 juin au 15 août, il y a 52 jours.

Le 24 juin, le souscripteur des billets doit encore jouir des intérêts de 900 fr pendant 52 jours, ou de $900 \times 52 = 46\,800$ fr pendant un jour.

Il gardera les 1600 fr jusqu'à ce qu'ils aient produit le même
intérêt que 46 800 fr en un jour,

soit $\qquad \dfrac{46\,800}{1600} = 29$ jours $\dfrac{1}{4}$, soit 29 jours.

Le billet unique devra échoir 29 jours après le 24 juin, c'est-
à-dire le 23 juillet.

On voit qu'il n'est pas nécessaire de connaître la date de la
souscription du billet unique pour déterminer son échéance.

Rép. Le 23 juillet.

Remarque. On aurait pu prendre pour base toute autre date que le
24 juin, quoique cette date soit la plus commode.

1853. *Pour s'acquitter d'une dette, une personne a donné à son
créancier deux billets : l'un de 860 fr, payable dans 8 mois;
l'autre de 580 fr, payable dans 11 mois. Trois mois plus tard,
elle offre de remplacer ces deux billets par un seul, payable dans
un an; le créancier accepte, mais à condition que le billet sera
de 1480 fr. A quel taux prête-t-il son argent ?*

La première somme, qui devait être payée dans $8 - 3 = 5$ mois,
restera 7 mois de plus entre les mains du débiteur, et la seconde
4 mois de plus.

Pour les intérêts de ces sommes,
ou les intérêts de $\quad 860 \times 7 = 6020$ fr pendant un mois
et de $\quad 580 \times 4 = 2320 \qquad » \qquad »$

soit de $\qquad\qquad 8340$ fr pendant un mois

le créancier recevra $1480 - (860 + 580) = 40$ fr de plus.

Le taux de l'intérêt est donc de $\dfrac{40 \times 100 \times 12}{8340} = 5,7554$ p %.

Rép. $5,755$ p %.

1854. *Un négociant a souscrit trois billets : le premier, de 1200 fr, est payable dans 10 mois; le second, de 800 fr, est payable dans 5 mois, et le troisième, de 1000 fr, est payable dans 9 mois. On lui propose de se libérer en un seul payement, à 6 mois d'échéance, avec un escompte de 5 %. Quelle est la somme à payer à cette date : 1° dans le cas de l'escompte en dehors; 2° dans le cas de l'escompte en dedans?*

1° ESCOMPTE EN DEHORS

Dans 5 mois, le 1er billet vaudra
$$1200 - \frac{5 \times 5 \times 12}{12} = 1175 \text{ fr}$$

Dans 5 mois, le 2e billet vaudra $\qquad\qquad\qquad 800$

»   le 3e   » $\quad 1000 - \dfrac{5 \times 4 \times 10}{12} = \quad 983 \quad 35$

»   le négociant devrait $\qquad\qquad \overline{2958 \text{ fr } 35}$

Pour 100 fr payables dans un mois, on donnerait
$$100 - \frac{5}{12} = \frac{1195}{12}$$

Le billet payable dans un mois, qui vaut 2958 fr 35, a pour valeur nominale $\dfrac{100 \times 12 \times 2958,35}{1195}$ ou 2970 fr 70.

2° ESCOMPTE EN DEDANS

Dans 5 mois, le 1er billet vaudra
$$1200 - \frac{25 \times 12 \times 1200}{12 \times 1225} = 1175 \text{ fr } 50$$

Dans 5 mois, le 2e billet vaudra $\qquad\qquad\qquad 800$

»   le 3e   » $\quad 1000 - \dfrac{20 \times 12 \times 1000}{12 \times 1220} = \quad 983 \quad 60$

»   le négociant devrait $\qquad\qquad \overline{2959 \text{ fr } 10}$

L'escompte sur le montant du billet, qui vaut 2959 fr 10, payable dans un mois, est de $\dfrac{5}{12} \times 29,591 = 12$ fr 329, soit 12 fr 35.

Le montant du billet sera $2959,10 + 12,35 = 2971$ fr 45.

Rép. 1° Escompte en dehors 2970 fr 10; escompte en dedans 2971 fr 45.

1855. *Un teneur de livres reçoit le même jour trois billets d'un client : le premier de 275 fr, payable le 30 juin; le deuxième de 548 fr 50, payable le 15 octobre; le troisième de 1250 fr, payable le 30 novembre de la même année. Pour simplifier les écritures, il porte à l'avoir du client une somme unique égale à la somme des valeurs nominales des trois billets. A quelle date doit-il fixer l'échéance commune? Au 31 décembre, quelle somme portera-t-il à l'avoir du client, l'intérêt étant 6 %/₀ par an?*

1° Du 30 juin au 15 octobre, il y a 107 jours, et au 30 novembre, il y a 153 jours.

Le 30 juin, le client doit encore jouir des intérêts de la 2ᵉ somme pendant 107 jours et des intérêts de la 3ᵉ pendant 153 jours, ou des intérêts de $548,5 \times 107 + 1250 \times 153 = 249939$ fr 50 pendant un jour.

Pour compenser ces intérêts, il gardera la somme
$$275 + 548,5 + 1250 = 2073 \text{ fr } 50$$

pendant $\dfrac{249939,5}{2073,5} = 120$ jours $\dfrac{1}{2}$, soit 121 jours.

L'échéance unique sera le 29 octobre.

2° Du 29 octobre au 31 décembre, il y a 63 jours.

L'intérêt de 2073 fr 50 pour 63 jours est de
$$\frac{6 \times 63 \times 20.735}{360} = 21,77, \text{ soit 21 fr 75.}$$

Au 31 décembre, l'avoir du client sera
$$2073,50 + 21,75 = 2095 \text{ fr } 20.$$

Rép. 1° Échéance commune 29 octobre; 2° avoir au 31 décembre 2095 fr 20.

1856. *Pour accorder aux particuliers un titre de rente de 50 fr en 3 %/₀, l'État leur demande quinze versements mensuels de chacun 80 fr, et dont le premier aura lieu le 18 mars, par exemple. On demande : 1° à quelle date pourrait se faire un payement unique, égal à la somme des quinze versements; 2° quelle somme devrait verser le 18 mars un particulier désirant s'acquitter d'un seul coup (escompte à 5 %/₀ par an); 3° quel est le prix d'émission du 3 %/₀ le 18 mars.*

1° L'acheteur ne jouit pas du 1ᵉʳ payement.

Il jouit du 2ᵉ pendant 1 mois, soit de 80×1 fr pendant 1 mois.

Il jouit du 3ᵉ pendant 2 mois, soit de 80×2 fr   »   »

. . . .

Il jouit du 15ᵉ pendant 14 mois, soit de 80×14 fr   »   »

Il doit donc jouir de
$$80 \times 1 + 80 \times 2 \ldots + 80 \times 14 = 80 (1 + 2 + \ldots 14).$$

Mais (Arith., n° 674) $(1 + 2 + \ldots 14) = \dfrac{1 + 14}{2} \times 14 = 15 \times 7.$

Le produit du payement unique, 80×15, par le temps qui s'écoulera du 18 mars au jour où il se fera, doit être égal au produit $80 \times 15 \times 7.$

Donc $80 \times 15 \times x = 80 \times 15 \times 7.$

Si l'on divise chaque membre de l'égalité par 80×15, on a $x = 7$ mois.

Le payement unique se ferait donc le 18 octobre.

2° Le 18 mars, on devrait verser $80 \times 15 = 1200$ fr moins l'escompte de cette somme pour 7 mois,

ou $$1200 - \frac{5 \times 7 \times 12}{12} = 1165 \text{ fr.}$$

3° Pour 3 fr de rente, on paye $\dfrac{1165 \times 3}{50} = 69$ fr 90.

Rép. 1° Le 18 octobre; 2° 1165 fr; 3° prix d'émission 69 fr 90.

Remarque. Si l'on prenait l'escompte en dehors, il faudrait chercher combien vaudraient tous les payements augmentés de leurs intérêts au jour du dernier payement. (Probl. 1714. Rem.)

Le 1er payement deviendrait dans 14 mois

$$80(1 + rt) = 80 \times \left(1 + \frac{0,05 \times 14}{12}\right) = \frac{80}{1200} \times 1270;$$

Le 2e payement vaudrait dans 13 mois

$$80 \times \left(1 + \frac{0,05 \times 13}{12}\right) = \frac{80}{1200} \times 1265, \text{ etc.}$$

On aurait

$$\frac{80}{1200} \times 1270 + \frac{80}{1200} \times 1265... + \frac{80}{1200} \times 1200 = \frac{80}{1200}(1270 + 1265...1200),$$

ou $$\frac{2}{50} \times \frac{1270 + 1200}{2} \times 15 = 1235 \text{ fr.}$$

Cherchons quelle est la somme qui, augmentée des intérêts pour 14 mois, est devenue 1235 fr.

On aura, Probl. 941 (10) :

$$a = \frac{1235}{1 + rt} = \frac{1235}{\dfrac{127}{120}} = \frac{1235 \times 120}{127} \text{ ou } 1166 \text{ fr } 95.$$

Le prix d'émission du 3 p $^0/_0$ serait alors de
$$\frac{1166,95 \times 3}{50} = 70,017 \text{ ou } 70 \text{ fr.}$$

1857. *Pour acquitter une dette de 8410 fr 80, on donne en payement : 1° un billet de 3528 fr, payable dans 25 jours; 2° un billet de 2523 fr, payable dans 53 jours; 3° un troisième billet, payable dans 60 jours. On demande : 1° quel est le montant de ce troisième billet; 2° quels seraient le montant et l'échéance d'un billet, à échéance moyenne, équivalant à l'ensemble des trois billets dont il s'agit. Le taux de l'escompte est de 6 %* *par an.*

Le 1er billet vaut $3528 - \dfrac{6 \times 25 \times 35,28}{360} = 3513$ fr 30.

Le 2e billet vaut $2523 - \dfrac{6 \times 53 \times 25,23}{360} = 2500$ fr 70.

Le 3e billet vaut $8410,80 - (3513,3 + 2500,70) = 2396$ fr 80.

L'escompte de 100 fr de valeur nominale pour 60 jours étant $\dfrac{6 \times 60}{360} = 1$ fr, la valeur nominale de ce dernier billet est de

$$\frac{100 \times 2396,80}{99} \text{ ou } 2421 \text{ fr.}$$

Le montant du billet à échéance moyenne serait de
$$3528 + 2523 + 2421 = 8472 \text{ fr.}$$
Le débiteur doit jouir de $3528 \times 25 = 88\,200$ fr pendant 1 jour.
» » de $2523 \times 53 = 133\,719$ » »
» » de $2421 \times 60 = 145\,260$ » »

soit $\quad\quad\quad$ 367 179 fr pendant 1 jour.

Le billet unique de 8472 fr sera payable dans
$$\frac{367\,179}{8472} = 43 \text{ j } 34, \text{ soit 44 jours.}$$

Rép. 1° Le 3ᵉ billet est de 2421 fr;
2° billet unique 8472 fr, payable dans 44 jours.

1858. Un négociant doit trois billets portant la même somme, et payables, le premier dans 5 mois, le deuxième dans 9 mois et le troisième dans un an et 3 mois. Il s'acquitte en payant comptant une somme de 1780 fr, et en souscrivant un nouveau billet de 865 fr, payable dans 3 mois. Quelle était la valeur des premiers billets? Suivant l'usage ordinaire, l'escompte se fait en dehors et à raison de 6 % par an.

Le billet de 865 fr vaut, au moment de l'opération,
$$865 - \frac{6 \times 3 \times 8,65}{12} \text{ ou 852 fr.}$$

La dette est de $1780 + 852 = 2632$ fr.

L'escompte de 100 fr pour 5 mois est de $\dfrac{6 \times 5}{12} = 2$ fr 50;
100 fr du premier billet valent, au moment de l'opération,
$$100 - 2,5 = 97 \text{ fr } 50, \text{ et 1 fr vaut 0 fr 975,}$$
le premier billet vaut donc les 0,975 de sa valeur nominale.

De même 100 fr du deuxième billet valent $100 - \dfrac{6 \times 9}{12} = 95$ fr 50,
et le deuxième billet vaut les 0,955 de sa valeur nominale.

100 fr du troisième billet valent $100 - \dfrac{6 \times 15}{12} = 92$ fr 50,
et le troisième billet les 0,925 de la valeur nominale.

Comme les billets ont la même valeur nominale,
les $0,975 + 0,955 + 0,925 = 2,855$ de cette valeur égalent **2632 fr.**

Chaque billet était de $\dfrac{2632}{2,855}$ ou 921 fr 90.

Rép. 921 fr 90.

1859. Un commerçant remet à un banquier, le 21 mars, cinq effets, à diverses échéances, savoir: un effet de 1870 fr, payable le 30 mars; un deuxième de 918 fr, payable le 3 avril; un troisième de 2000 fr, payable le 29 avril; un quatrième de 500 fr, payable le 15 mai; un cinquième de 1200 fr, payable le 7 juin. Il obtient en échange un seul effet énonçant la même somme totale (1870 + 918 + 2000 + 500 + 1200). Trouver l'échéance de cet effet unique par la condition que si on l'escomptait le 21 mars, on aurait à payer la même somme qu'en escomptant séparément à la même date les cinq premiers effets. Donner la formule pour résoudre toutes les questions du même genre.

Sur le 1er billet on retiendra l'escompte de

$$1870 \times 9 = 16830 \text{ fr pour un jour.}$$

Sur le 2e	»	»	$918 \times 13 = 11934$	»	»
Sur le 3e	»	»	$2000 \times 39 = 78000$	»	»
Sur le 4e	»	»	$500 \times 55 = 27500$	»	»
Sur le 5e	»	»	$1200 \times 78 = 93600$	»	»

Sur le billet unique on retiendra l'escompte de 227864 fr pour un jour,

ou l'escompte de $1870 + 918 + 2000 + 500 + 1200 = 6488$ fr

pendant $\dfrac{227864}{6448}$ ou 35 jours.

Règle. Pour trouver l'échéance moyenne de plusieurs billets, on multiplie la valeur moyenne de chacun d'eux par le temps qui sépare son échéance de la date choisie pour base d'opération; le total de ces produits, divisé par le total des sommes à payer, donne le temps qu'il faut ajouter à la date prise pour point de départ afin d'obtenir la date de l'échéance moyenne cherchée.

Rép. Échéance moyenne 25 avril.

§ XI. — RENTES

(Dans les calculs on tiendra compte, s'il y a lieu, du courtage et du timbre. — Arith., n° 533.)

1860. *A quel cours doit être la rente 3 %, lorsque la rente 3,5 % est à 108 fr 275, pour que l'on place son argent au même taux, en achetant indifféremment du 3 ou du 3,5 %.*

L'argent sera placé au même taux dans les deux cas; si 3,5 fr de rentes 3 % coûtent 108 fr 275.

Le cours du 3 % doit être $\dfrac{108,275 \times 3}{3,5} = 92$ fr 807.

Rép. 92,807.

1861. *Si le cours de la rente 3 ½ % s'élève de 109 fr 55 à 110 fr 15, quelle doit être la hausse correspondante du cours de la rente 3 %, qui était d'abord de 102 fr 72.*

Soit x le cours de la rente 3 p %, correspondant au cours de 110 fr 15.

On aura $\dfrac{x}{102,72} = \dfrac{110,15}{109,55}$

d'où $x = \dfrac{110,15 \times 102,72}{109,55} = 103,282.$

La hausse correspondante du 3 p % est de

$$103,282 - 102,72 = 0 \text{ fr } 562.$$

Rép. 0 fr 562.

1862. *La rente 3 % est au cours de 103 fr 05 et la rente 3,5 % au cours de 106,85. Un particulier qui veut placer un certain capital calcule qu'il aura 321 fr de rente de plus en achetant* *du 3,5 %, qu'en achetant du 3 %. On demande la valeur de ce capital et le revenu qu'il donnerait, s'il était employé à acheter de la rente 3 %.*

Pour un capital de $103,05 \times 106,85$, ou $11\,010,90$, on aurait en rentes 3,5 %

$$\frac{3,5 \times 103,05 \times 106,85}{106,85} = 360 \text{ fr } 675$$

et en rentes 3 %

$$\frac{3 \times 103,05 \times 106,85}{103,05} = 320 \text{ fr } 55$$

Différence des rentes obtenues   40 fr 125

Pour ces 40 fr 125 de différence dans les rentes le capital est 11 010 fr 90 ; pour 321 fr il sera

$$\frac{11\,010,90 \times 321}{40,125} = 88\,087 \text{ fr } 20.$$

Mais le capital employé à l'achat des rentes doit être augmenté du courtage et du timbre.

Courtage $88\,087,20 \times \dfrac{1}{1000} = 88 \text{ fr } 10$

Timbre $0,0125 \times 89$; soit   1 fr 15.

Le capital total est donc :

$$88\,087,20 + 88,10 + 1,15 = 88\,176,45.$$

En 3 % on aurait une rente de

$$\frac{88\,087,20 \times 3}{103,05}, \text{ soit } 2564 \text{ fr.}$$

Avec un reliquat de 23 fr 80.

     Rép. Cap. 88 176 fr 45 ; rente 3 % 2564 fr ; reste 23 fr 80.

1863. *Une institutrice a dépensé dans l'année ¹/₃ de ses appointements pour sa nourriture, ¹/₄ pour son entretien, son chauffage et son éclairage, et ¹/₇ pour objets divers. Elle a acheté avec le surplus 14 fr de rente 3 ¹/₂ p %, au cours de 105 fr 25. Quels étaient ses appointements ?*

$$\frac{1}{3} + \frac{1}{4} + \frac{1}{7} = \frac{28 + 21 + 12}{84} = \frac{61}{84}.$$

La somme employée à l'achat des rentes représente les

$$\frac{84 - 61}{84} = \frac{23}{84} \text{ du traitement.}$$

Les rentes coûtent, capital $105,25 \times 4 = 421$ fr
               courtage   0 fr 50
               timbre   0 fr 05
                     Total   421 fr 55

Les appointements sont de $\dfrac{421,55 \times 84}{23} = 1539$ fr 57 ; soit 1 540 fr.

     Rép. 1540 fr.

1864. *La différence des fortunes de deux personnes est de 20 000 fr. L'une a placé son capital en rentes sur l'État et ne touche que 3 % ; l'autre a placé ses fonds dans un commerce et*

en retire 15 %. *Les revenus de ces deux personnes sont égaux.
Quels sont les capitaux?*

Évidemment c'est la fortune placée en rentes sur l'État qui surpasse l'autre de 20 000 fr.

Ces 20 000 fr rapportent annuellement $3 \times 200 = 600$ fr :

Chaque 100 fr de la fortune employée dans le commerce rapporte $15 - 3 = 12$ fr de plus que 100 fr de la première.

Pour que la deuxième fortune rapporte 600 fr de plus qu'une somme égale de la première, il faut qu'elle soit de

$$\frac{600 \times 100}{12} = 5000\,\text{fr.}$$

La fortune placée en rentes sur l'État est de
$$5000 + 20\,000 = 25\,000\,\text{fr.}$$

Rép. En rente 25 000 fr ; dans le commerce 5000 fr.

1865. *Un fonctionnaire dont le traitement est de 4 200 fr, économise les $\frac{2}{7}$ de ce traitement, et les place à la fin de chaque année, à intérêts simples, au taux de 4,5 %. A la fin de la cinquième année, il emploie les sommes qu'il a économisées et les intérêts qu'elles lui ont rapportés à acheter de la rente 3,5 %, au cours de 108 fr 25. Quel revenu annuel se fera-t-il ainsi?*

Chaque année, le fonctionnaire économise $\dfrac{4200 \times 2}{7} = 1200$ fr.

A $4\frac{1}{2}$ p % cette somme rapporte annuellement
$$4,5 \times 12 = 54\,\text{fr.}$$

On aura	1re économie	$1200 + 54 \times 4 = 1416$ fr
	2e »	$1200 + 54 \times 3 = 1362$
	3e »	$1200 + 54 \times 2 = 1308$
	4e »	$1200 + 54 \times 1 = 1254$
	5e »	1200

Les économies de 5 années
et leurs intérêts se montent à   6540 fr

Le courtage sera $\dfrac{6540}{1000}$ ou 6 fr. 55.

Le capital que l'on pourra employer à l'achat de la rente est de
$$6540 - (6,55 + 0,10) = 6533\,\text{fr 35.}$$

Pour cette somme, on aura $\dfrac{3.5 \times 6533,35}{108,25} = 211$ fr de rente ; il reste 7 fr 40.

Rép. Revenu annuel 211 fr.

1866. *Un fonctionnaire, dont le traitement annuel est de 2800 fr, économise les $\frac{2}{7}$ de ce traitement, et les place à la fin de chaque année, à intérêts simples, au taux de 5 %. A la fin de la cinquième année, il emploie les sommes qu'il a économisées et les intérêts qu'elles lui ont rapportés à acheter de la rente 3 %, au cours de 96 fr 50. Quel revenu annuel se fera-t-il ainsi?*

Chaque année le fonctionnaire économise $\dfrac{2800 \times 2}{7} = 800$ fr.

A 5 p $^0/_0$, cette somme rapporte annuellement $5 \times 8 = 40$.

1re économie		$800 + 40 \times 4 = 960$ fr.
2e	»	$800 + 40 \times 3 = 920$
3e	»	$800 + 40 \times 2 = 880$
4e	»	$800 + 40 \times 1 = 840$
5e	»	800 800

Économies après 5 années 4400 fr.

Courtage $\dfrac{44}{10} = 4$ fr 40.

Capital disponible pour l'achat de la rente
$$4400 - (4,4 + 0,10) = 4395 \text{ fr } 50.$$

Pour cette somme, on aura $\dfrac{3 \times 4395,50}{96,5} = 136$ fr de rente,
il reste 20 fr 80.

     Rép. 136 fr de rente.

1867. *Il y a seize mois que deux personnes se sont partagé un héritage. La première a eu $^2/_7$ de plus que la seconde, et a placé de suite son argent à 4 $^1/_2$ p $^0/_0$. Elle a reçu aujourd'hui, en capital et en intérêts, une somme avec laquelle elle a pu acheter un coupon de 3816 fr de rente à 3 $^1/_2$ p $^0/_0$, au cours de 110 fr 55. Quelle est la valeur de l'héritage?*

Le coupon de rente vaut : capital $\dfrac{110,55 \times 3816}{3,5} = 120531$ fr 10

     Courtage et timbre $120,55 + 1,55 = $ 122 fr 10

       Total 120653 fr 20

Pour 100 fr on reçoit au bout de 16 mois,, $100 + \dfrac{4,5 \times 16}{12} = 106$ fr.

La part d'héritage de la 1re personne égale
$$\dfrac{100 \times 120653,20}{106} = 113823 \text{ fr } 80.$$

Lorsque la 2e a reçu 7 fr la 1re a reçu 9 francs.

La 2e a reçu $\dfrac{7 \times 113823,80}{9}$ ou 88529 fr 60.

La valeur de la fortune est de $113823,80 + 88529,60 = 202353$ fr 40.

     Rép. 202353 fr 40.

1868. *Le 18 décembre 1894, un particulier plaça une somme de 85400 fr en achat de rentes 3 p $^0/_0$, au cours de 95 fr 10. Quatre mois après, il vendit ses rentes au cours de 96 fr 45. On demande à quel taux l'argent de ce particulier se sera trouvé placé. On sait que les rentes 3 p $^0/_0$ se payent le premier jour de janvier, d'avril, de juillet et d'octobre de chaque année.*

Pour 85400 fr on a pu acheter $\dfrac{3 \times (85400 - 86,30)}{95,10} = 2690$ fr de rentes; il reste 40 fr 60. (Probl. 1107. Rem. 1.)

Ces rentes coûtent $85\,400 - 40,60 = 85\,359\ \text{fr}\ 40$;

On retire de la vente $\dfrac{96,45 \times 2\,690}{3}$ ou $86\,483\ \text{fr}\ 50$

Courtage et timbre à retrancher $87\ \text{fr}\ 60$

$\overline{86\,395\ \text{fr}\ 90}$

Coupon d'avril encaissé $\dfrac{2\,690}{4}$ ou $672\ \text{fr}\ 50$

Total $87\,068\ \text{fr}\ 40$

Le bénéfice réalisé est de $87\,068,4 - 85\,359,4 = 1\,709\ \text{fr}$.

Le bénéfice p % égale $\dfrac{1\,709 \times 12 \times 100}{4 \times 85\,359,4} = 6$.

Rép. 6 p % par défaut.

Remarque. Le coupon payable le 1er janvier devait être détaché au moment de l'achat (Arith., n° 527), et celui d'avril était encaissé au moment de la vente.

Si le coupon de janvier n'avait pas été détaché, le bénéfice aurait été de $1\,709 + 672,5 = 2\,381,5$, et le bénéfice p %

$$\dfrac{2\,381,5 \times 12 \times 100}{4 \times 85\,359,4} = 8\ \text{fr}\ 37.$$

1869. *Un propriétaire possède 3 hectares 27 ares de terre loués à un fermier, à raison de 116 fr 50 l'hectare. On demande à quel prix il doit vendre la propriété pour augmenter son revenu d'un quart, en supposant qu'il place l'argent produit par la vente en rentes 3 p %, le cours de la rente étant de 102 fr 30.*

La propriété rapporte $116,5 \times 3.27 = 380\ \text{fr}\ 955$.

Le propriétaire veut avoir $\dfrac{380,955 \times 5}{4}$ ou $476\ \text{fr}$ de revenu,

soit $476\ \text{fr}$ de rente (Arith. n° 527).

Achat $\dfrac{102,30 \times 476}{3} = 16\,231\ \text{fr}\ 60$

Courtage et timbre $16\ \text{fr}\ 25 + 0,25 = $ $16\ \text{fr}\ 50$

Rép. La propriété doit être vendue $16\,248\ \text{fr}\ 10$

1870. *Avec un même capital on pourrait acheter 1800 fr de rentes 3 p %, ou 1951 fr 91 de rentes 3,5 %. L'écart par franc de rente, c'est-à-dire la différence des sommes nécessaires pour acheter 1 fr de rente de chaque espèce, serait de 2 fr 65. Quels sont les cours du jour et quel est le capital?*

Pour 1800 fr de rentes 3,5 % on a payé $2,65 \times 1800 = 4\,770\ \text{fr}$ de moins que pour les 1800 fr de rentes 3 p %.

Avec cette somme on a pu acheter $1\,951,91 - 1\,800 = 151\ \text{fr}\ 65$ de rentes 3,5 p %.

Un franc de rente 3,5 p % coûtait $\dfrac{4\,770}{154,65} = 31\ \text{fr}\ 40$; le cours de cette rente était de $31,40 \times 3,5 = 109\ \text{fr}\ 90$.

Un franc de rente 3 p % coûtait $31,40 + 2,65 = 34\ \text{fr}\ 05$; le cours de cette rente était de $34,05 \times 3 = 102\ \text{fr}\ 15$.

Les rentes 3 p % ont coûté : Achat $34,05 \times 1800 = 61\,290$ fr

Courtage et timbre $61,30 + 0,8 =$ 62 fr 10

Le capital employé était de   61 352 fr 10

Rép. 1° 3 % 102 fr 15, 3,5 p % 109 fr 90 ; 2° capital 61 352 fr 10.

1871. *Une personne a placé le tiers de son capital en rentes 3 p %, au cours de 100 fr 40, et les deux autres tiers à 3,5 %, au cours de 108 fr 30. Elle prélève sur son revenu la prime d'une assurance de 20 000 fr, payable à ses héritiers au jour de son décès. Le taux de la prime est de 6 ¹/₄ p %. Il reste à cette personne 3560 fr à dépenser par an. On demande le montant du capital qu'elle a placé.*

La prime d'assurance sur 20 000 fr est de $6,25 \times 200 = 1\,250$ fr.

Le revenu de la personne est de $1\,250 + 3560 = 4\,810$ fr.

Lorsqu'elle emploie 100 fr 40 en achat de rentes 3 %, elle emploie $100,40 \times 2 = 200$ fr 8 à l'achat de rentes 3,5 % ; le capital est alors de $100,4 \times 3 = 301$ fr 20.

Pour 301 fr 20 de capital on obtiendrait

$$3 + \frac{3,5 \times 200,8}{108,3} = \frac{3749 + 7010,5}{1083} = \frac{10759,50}{1083} \text{ fr de revenu.}$$

Pour avoir 4810 fr de revenu il faut un capital de

$$\frac{301,20 \times 1\,083 \times 4810}{10\,759,5} = 155\,137 \text{ fr } 10$$

Courtage et timbre   157 fr 10

Capital employé   155 294 fr 20

Rép. Capital 155 294 fr 20.

1872. *En présentant à l'escompte deux billets payables, l'un dans 24 jours, l'autre dans 35 jours, on a reçu une certaine somme avec laquelle on a acheté de la rente 3,5 p %, au cours de 108 fr 10. Le coupon trimestriel est de 74 fr 75, et l'on sait que le montant du premier billet était les ⁵/₁₂ du montant du second. On demande quelles étaient les valeurs des deux billets. (Taux 6 %, année 360 jours.)*

La rente annuelle est de $74,75 \times 4 = 299$ fr.

La rente a coûté : Achat $\dfrac{108,1 \times 299}{5} = 9\,234$ fr 80

Courtage et timbre   9 fr 40

Total   9 244 fr 20

Si le 2ᵉ billet était de 1 200 fr, le 1ᵉʳ serait de 500 fr.

Le 1ᵉʳ billet escompté vaudrait $500 - \dfrac{6 \times 24 \times 5}{360} = 498$ fr.

Le 2ᵉ   »   » $1\,200 - \dfrac{6 \times 35 \times 12}{360} = 1\,193$ fr.

Les deux billets vaudraient $498 + 1193 = 1\,691$ fr.

Lorsque les 2 billets se réduisent à 9 244 fr 20, la valeur nominale du 2ᵉ est de $\dfrac{1\,200 \times 9\,244,20}{1\,691} = 6\,560$ fr.

La valeur du 1er est de 6560 fr $\times \dfrac{5}{12} = 2733$ fr 33.

Rép. 1er billet 2733 fr 33 ; 2e billet 6560 fr.

1873. *Une personne a un capital dont elle dispose de la manière suivante : elle en place le 1/4 à 4 p. %, les 2/5 du reste à 5 p %, et tout le reste à 6 p %. Ce dernier placement lui rapporte 669 fr 50 d'intérêt annuel. Si cette personne avait employé le capital entier à l'achat de rentes 3 p %, à quel cours aurait-elle dû acheter ces rentes, pour avoir un revenu annuel égal à celui que lui donnent les trois placements indiqués ci-dessus ?*

La 2e partie est les $\dfrac{3}{4} \times \dfrac{2}{5} = \dfrac{6}{20}$ du capital,

et la 3e part les $\dfrac{3}{4} \times \dfrac{3}{5} = \dfrac{9}{20}$.

La 3e part est de $\dfrac{100 \times 669,5}{6} \times 11158$ fr 333...

Le capital égale $\dfrac{100 \times 669,5 \times 20}{6 \times 9} = 24796$ fr 30.

Il y a $\quad 24776,3 \times \dfrac{1}{4} = 6199$ fr 05 placés à 4 p %,

et $\quad 24796,3 \dfrac{6}{20} = 7438$ fr 90 $\quad$ » $\quad$ à 5 p %.

Le revenu annuel est de :
$$4 \times 61,9905 + 5 \times 74,389 + 669,5 = 1289 \text{ fr } 40.$$
Le timbre et le courtage s'élèveront à $0,35 + 24,8 = 25$ fr 15 environ.
Les 1289 fr 40 de rentes 3 p % devront coûter :
$$24796,30 - 25,15 = 24771 \text{ fr } 15.$$
Donc 3 fr de rente devront coûter : $\dfrac{24771,15 \times 3}{1289,4} = 57$ fr 618.

Rép. 57 fr 618.

1874. *Une succession, qui doit être partagée également entre trois personnes, comprend : 1° une maison estimée 28000 fr ; 2° 8 hectares 4 ares 15 centiares de terre de labour à 4560 fr l'hectare ; 3° 4 hectares 9 ares de pré à 6500 fr l'hectare ; 4° 7 hectares 86 centiares de bois de taillis à 3200 fr l'hectare ; 5° un titre nominatif de 1950 fr de rentes 3 p % au cours de 101 fr 25. La première personne prend la maison ; la deuxième, les terres de labour ; la troisième, les prés et les bois. Répartir le titre de rente entre les trois héritiers, de manière à rétablir l'égalité des parts.*

La maison vaut	28000 fr
La terre de labour vaut	$4560 \times 8,0445 = 36669$ fr 25
Le pré vaut	$6500 \times 4,09 = 26585$ fr
Le bois	$3200 \times 7,0086 = 22427$ fr 50

Le titre de rente vaut $\dfrac{101,25 \times 1950}{3} = 65812,5$ ⎫

A retrancher courtage et timbre $\quad 66,70$ ⎬ 65745 fr 80

L'héritage vaut $\qquad\qquad\qquad\qquad\qquad$ 179427 fr 55

Chaque personne doit avoir   59 809 fr 15

La 1re personne recevra, outre la maison,

$$59\,809,15 - 28\,000 = 31\,809\ \text{fr}\ 15;$$

La 2e, outre la terre de labour,

$$59\,809,15 - 36\,669,25 = 23\,139\ \text{fr}\ 90;$$

La 3e, outre le pré et le bois,

$$59\,809,15 - (26\,585 + 22\,427,50) = 10\,796\ \text{fr}\ 65.$$

Rép. 1re 31 809 fr 15; 2e 23 139 fr 90; 3e 10 796 fr 65.

1875. *Une personne a une fortune de 250 000 fr; elle en place une partie à 4 1/2 p %, et l'autre à 5 1/4 p %. Avec le 2/11 de son revenu, elle achète : 1° un titre de 45 fr de rentes 3 p %, au cours de 102 fr 15; elle paye les frais de courtage, qui sont de 1/10 p % du capital engagé, plus le timbre, 2° un terrain de forme carrée, dont le côté à 25 m 04, à 115 fr l'are. On demande quelles sont les deux parties de cette fortune, qui sont respectivement placées à 4 1/2 et à 5 1/4 p %.*

Le titre de rente coûte : Achat $\dfrac{102,15 \times 45}{3} = 1532\ \text{fr}\ 25$

Courtage et timbre   1 fr 60

                    Total   1 530 fr 85

Le terrain coûte $25,04 \times 25,04 \times 1,15 =$ 721 fr 05

Les $\dfrac{2}{11}$ du revenu valent   2 251 fr 90

Le revenu est de $\dfrac{2\,251,90 \times 11}{2} = 12\,385\ \text{fr}\ 45.$

Si toute la fortune était placée à 5,25 le revenu serait

$$5,25 \times 2500 = 13\,125\ \text{fr}.$$

Il est plus faible de $13\,125 - 12\,385,45 = 739\ \text{fr}\ 55.$

Chaque centaine de francs placée à 4,50 au lieu de 5,25 rapporte

$$5,25 - 4,5 = 0\ \text{fr}\ 75\ \text{de moins}.$$

Pour diminuer le revenu de 739 fr 55, il faudra qu'il y ait

$$\dfrac{100 \times 739,55}{0,75}\ \text{soit}\ 98\,606\ \text{fr}\ 66\ \text{à}\ 4\tfrac{1}{2}\ \text{p}\ \%.$$

Il y a $250\,000 - 98\,606\ \text{fr}\ 66 = 151\,393\ \text{fr}\ 33\ \text{à}\ 5\tfrac{1}{4}\ \text{p}\ \%.$

Rép. 98 606 fr 66 à $4\tfrac{1}{2}$ p % et 151 393 fr 33 à $5\tfrac{1}{4}$ p %.

1876. *Une société possède un capital de 30 000 fr, destiné à fonder une bibliothèque. Elle dépense 12 000 fr pour l'acquisition du local, des armoires et autres meubles nécessaires. Elle consacre 2 000 fr à un premier achat de livres, et avec le reste de son capital elle achète de la rente 3 p % au cours de 101 fr 40. Le libraire chargé de la fourniture des livres consent à faire un rabais de 15 p % sur les prix des catalogues. On demande : 1° à quelle somme devra s'élever la facture du libraire pour que, déduction faite du rabais, il ne reste à payer que 2 000 fr;*

2° *quelle somme cette société pourra consacrer chaque année au service et à l'entretien de la bibliothèque.*

Sur 100 fr de facture on ne paye que $100 - 15 = 85$ fr.

La facture devra être de $\dfrac{100 \times 2000}{85} = 2352$ fr 95.

Il reste pour l'achat de la rente $30000 - 14000 = 16000$ fr.

Le courtage et le timbre vaudront environ $0,2 + \dfrac{160}{10} = 16$ fr 20

Il restera pour l'achat de la rente $16000 - 16,2 = 15983$ fr 80.

Avec cette somme on aura $\dfrac{3 \times 15983,80}{101,40}$ ou 472 fr de rente

pour le service et l'entretien de la bibliothèque, plus un reliquat de 30 fr 20.

Rép. 1° facture 2352 fr 95; rente 472 fr.

§ XII. — ACTIONS ET OBLIGATIONS

1877. *Une personne retire 30000 fr placés à 4,6 p %, et elle achète vingt-trois obligations du chemin de fer de l'Ouest, qui rapportent chacune 15 fr par an, et qui lui ont coûté 308 fr chacune. Avec le reste de son argent, elle achète de la rente 3,5 %, au cours de 109 fr 80. Aura-t-elle plus ou moins de revenu que dans le premier placement, et quelle sera la différence?*

Le revenu annuel de la personne était de $4,60 \times 300 = 1380$ fr
Les obligations ont coûté $308 \times 23 = 7084$ fr.
Courtage 7,10.
Timbre 0,40.
Soit 7091,50.
Elles rapportent $15 \times 23 = 345$ fr.
Il reste pour acheter de la rente $30000 - 7091,5 = 22908$ fr 5
Le courtage et le timbre s'élèveront à $0,30 + 22,95 = 23$ fr 25.
Le prix d'achat de la rente pourra être de
$$22908,5 - 23,25 = 22885 \text{ fr } 25.$$

Pour cette somme on aura $\dfrac{3,5 \times 22885,25}{109,80} = 729$ fr de rente.

Le revenu annuel de la personne sera maintenant de
$$345 + 729 = 1074 \text{ fr.}$$

Rép. Le revenu sera moindre de $1380 - 1074 = 306$ fr.

1878. *Le même jour, les actions du chemin de fer du Midi, qui rapportent 40 fr par an, sont à 1069 fr, et les actions du chemin de fer d'Orléans, qui rapportent 56 fr, sont à 1272 fr. Quelle valeur doit préférer l'acheteur, et quel revenu brut se fera-t-il avec un capital de 16800 fr? Quel sera son revenu mensuel, en supposant que cette valeur soit frappée d'un impôt de 7 p %?*

En achetant des actions du chemin de fer du Midi, l'acheteur se ferait un revenu annuel de $\dfrac{40 \times 16800}{1069} = 628$ fr 60.

Avec les actions de l'Orléans, il aura $\dfrac{56 \times 16800}{1272} = 739\,\text{fr}\,60$.

L'Orléans est donc préférable.

L'impôt réduira le revenu à $739,6 - 7 \times 7,396 = 687\,\text{fr}\,85$.

Le revenu mensuel sera de $687,85 : 12 = 57\,\text{fr}\,30$.

Rép. L'Orléans est préférable; revenu mensuel 57 fr 30.

1879. *En souscrivant au 1ᵉʳ avril une obligation de la ville de Paris au prix de 440 fr, on paye immédiatement 140 fr, et le reste tous les six mois, par somme de 100 fr. dont l'escompte sera évalué à 6 p. % A quel taux se trouve acquise cette obligation, si elle rapporte tous les six mois une somme de 10 fr?*

Le 1ᵉʳ payement de 100 fr vaut le 1ᵉʳ avril $100 - 3 = 97$ fr

Le 2ᵉ » » » $100 - 6 = 94$ fr

Le 3ᵉ » » » $100 - 9 = 91$ fr

L'obligation est donc payée $140 + 97 + 94 + 91 = 422$ fr.

Elle rapporte $\dfrac{20 \times 100}{422} = 4,739\,\text{p}\,\%$.

Rép. 4,739 p %.

1880. *Vingt actions du chemin de fer du Nord, achetées 1 650 fr l'une, donnent un revenu brut de 1 360 fr par an. Les actions au porteur sont frappées d'un impôt de 7 p %; les actions nominatives ne subissent qu'une retenue de 3 p %. Quel est le revenu annuel : 1° si les actions sont au porteur; 2° si les actions sont nominatives? A quel taux place-t-on son argent si les actions sont nominatives?*

Les actions ont coûté $1\,650 \times 20 = 33\,000$ fr.

Les actions au porteur donneraient un revenu net de
$$1\,360 - 13,6 \times 7 = 1\,264\,\text{fr}\,8.$$

Et les actions nominatives $1\,360 - 13,6 \times 3 = 1\,319\,\text{fr}\,20$.

Les actions nominatives rapportent $\dfrac{1\,319,2}{330} = 3\,\text{fr}\,99$ soit $4\,\text{p}\,\%$.

Rép. Revenu annuel : 1° au porteur 1 264 fr 8; 2° nominatives 1 319 fr 20; taux 4 p %.

1881. *Un chemin de fer long de 156 kilom a coûté 42 millions; les $^3/_5$ du capital sont formés par des actions de 500 fr; le reste a été produit par l'émission d'un emprunt en obligations, au cours de 262 fr 50; chaque obligation rapporte 15 fr d'intérêt annuel; en outre, on compte 1 fr 20 par obligation et par an, pour l'amortissement de l'emprunt en obligations. Quelles devront être les recettes brutes, par kilomètre, pour que les actionnaires reçoivent 6 p % de leur argent, et en supposant que les frais d'exploitation absorbent 45 p % des recettes?*

Le capital a été formé par $\dfrac{42\,000\,000 \times 3}{5 \times 500} = 50\,400$ actions

et $\dfrac{42\,000\,000 \times 2}{5 \times 262,5} = 64\,000$ obligations.

Pour payer l'intérêt des obligations, il faudra

$15 \times 64000 =$ . . . . 960 000 fr

Pour l'amortissement des obligations

$1,2 \times 64000 =$ . . . . 76 800 fr

Pour donner 6 % aux actionnaires, il faut

$6 \times 5 \times 50400 =$ . . . . 1 512 000 fr

Le bénéfice net doit être de   2 548 800 fr

Sur 100 fr de recettes brutes, il y a $100 - 45 = 55$ fr de bénéfice net.

Les recettes devront être de $\dfrac{2548800 \times 100}{55} = 4634181$ fr 8.

Les recettes brutes par kilomètre devront être de

$$\frac{4634181,8}{156} = 29706 \text{ fr } 30 \text{ par excès.}$$

Rép. 29 706 fr 30 par kilomètre.

1882. *A quel taux place-t-on son argent lorsqu'on achète, au cours de 524 fr 50, une obligation de la ville de Paris, rapportant un intérêt annuel de 20 fr, qui se trouve réduit à 18 fr 50, par application de la loi sur les valeurs mobilières ? Serait-il plus avantageux d'acheter des rentes 3,5 p % au cours de 109 fr 50 ? Quel serait le bénéfice annuel pour une personne qui aurait un capital de 18000 fr à placer ?*

En achetant une obligation, on place son argent à

$$\frac{18,5 \times 100}{524,5} = 3,527 \text{ p } \%.$$

Pour 3,5 fr de rente en obligations on paye $\dfrac{524,5 \times 3,5}{18,5} = 99$ fr 23.

Il est donc avantageux d'acheter des obligations.

En achetant des obligations, on se ferait un revenu annuel de

$$\frac{18,5 \times [18000 - (0,9 + 18)]}{524,5} = 634 \text{ fr } 22.$$

En achetant du 3,5 % on se ferait un revenu de

$$\frac{3,5 \times [18000 - (0,25 + 18)]}{109,5} = 574 \text{ fr } 75.$$

En achetant des obligations on a $634,22 - 574,75 = 59$ fr 47 de plus.

Rép. L'achat des obligations est préférable ; bénéfice annuel 59 fr 47.

Remarque. Pratiquement, on ne peut acheter que 34 obligations, qui donneraient un revenu de $18,5 \times 34 = 629$ fr ; il reste 148 fr 25.

1883. *A l'époque de la colonisation de l'Algérie une société obtint la concession de 20229 hectares de terrain. Elle en vendit aux Européens 4670 hectares 44 ares 34 centiares. Sur ce qui lui restait, 1824 hectares 69 ares 07 demeurèrent en jachère en 1875. Les autres terres furent cultivées et produisirent un bénéfice net de 178682 fr 03. Pour exploiter sa concession, la compagnie constitua un capital de cinq millions en actions de 500 fr. On demande le revenu d'une de ces actions et ce qu'un hectare de* *terre cultivée produisit en 1875, sachant qu'au moyen des terrains vendus et des amortissements annuels, on avait déjà remboursé 1652824 fr 75 sur ce capital.*

L'étendue des terres cultivées en 1875 était de
$$20229 - (4670,4134 + 1824,6907) = 13743 \text{ ha}, 8959.$$
Le capital employé à l'exploitation était en 1875 de
$$5000000 - 1652824,75 = 3347175 \text{ fr } 25.$$

Une action de 500 fr rapporta $\dfrac{178682,03 \times 500}{3347175,25} = 26 \text{ fr } 691.$

Un hectare de terre cultivée rapporta $\dfrac{178682,03}{13733,8959} = 13 \text{ fr } 01.$

Rép. Une action rapportait 26 fr 69; un hectare 13 fr 01.

§ XIII. — MÉLANGES ET ALLIAGES

1884. *On fait 6 p % de remise sur le prix de 100 kilog de marchandises, 7 p % sur 80 kilog et 10 p % sur 250 kilog. Quel est le taux moyen de l'escompte sur le poids total de la marchandise?*

Sur 100 kg, la remise est égale au prix de 6 kg de marchandise.
Sur 80 kg,   »   » $7 \times 0,8 = $ 5 kg 6   »
Sur 250 kg,   »   »   de 25 kg   »
Sur 430 kg,   »   »   de 36 kg 6

Le taux moyen de la remise est de $36,6 : 4,30$ ou 8,51 p. %.

Rép. 8,51 p %.

1885. *Un marchand achète 8 barriques de vin à raison de 204 fr la barrique. Il ajoute au tout 150 litres d'eau, vend 1 fr 50 chaque litre de mélange ainsi préparé, et gagne 400 fr sur le tout. Combien chaque barrique contenait-elle de litres de vin?*

Le vin coûte $204 \times 8 = 1632$ fr.

Le mélange est vendu $1632 + 400 = 2032$ fr.

Il y avait $2032 : 1,5 = 1354$ litres 66 de mélange.

Chaque barrique contenait $\dfrac{1354,66 - 150}{8}$ ou 150 litres 58.

Rép. 150 litres 58.

1886. *On a 120 hectol de vin à 60 fr l'hectol. On demande combien il faudra y ajouter de vin à 44 fr pour faire un mélange valant 50 fr l'hectolitre.*

Disposition des données.

60	10
	50
44	6

En vendant 50 fr ce qui coûte 60 fr, on perd 10 fr; en vendant 50 fr ce qui coûte 44 fr, on gagne 6 fr. Si l'on mélange 6 hectolitres de vin à 60 fr l'hectolitre et 10 hectol à 44 fr l'hectolitre, le gain égalera la perte, car $10 \times 6 = 6 \times 10$.

Avec un hectolitre de vin à 60 fr, on mettra $\dfrac{10}{6}$ hectol à 44 fr.

Avec 120 hectolitres à 60 fr, on devra mettre
$$\dfrac{10 \times 120}{6} = 200 \text{ hectol à 44 fr.}$$

Vérification. 120 hectol à 60 fr valent $60 \times 120 = 7\,200$ fr.

200 » à 44 fr » $44 \times 200 = 8\,800$

320 hectol de mélange valent $16\,000$ fr.

Prix moyen du mélange $\dfrac{16\,000}{320} = 50$ fr.

Rép. 200 hectolitres à 44 fr.

1887. *Un marchand veut faire un sac de farine pesant 75 kg; il met de la farine à 0 fr 62 le kilog et de la farine 0 fr 70 le kilog, de manière que le sac coûte 48 fr 75. On demande combien il doit prendre de kilog de chaque espèce.*

Le kilogramme du mélange vaudra $48,75 : 75 = 0$ fr 65.

Disposition des données.

0,62		3
	0,65	
0,70		$\dfrac{5}{8}$

On prendra les $\dfrac{5}{8}$ du sac,

ou $\dfrac{75 \times 5}{8} = 46$ kg 975

de farine à 0 fr 62 le kilogramme,

et les $\dfrac{3}{8}$ ou $\dfrac{75 \times 3}{8} = 28$ kilogr 125

de farine à 0 fr 70 le kilogr.

Rép. 46 kg 875 à 0 fr 62 et 28 kg 125 à 0 fr 70.

1888. *On veut mélanger des vins à 35 fr et à 28 fr l'hectolitre, de manière qu'un hectolitre du mélange revienne à 30 fr; de combien d'hectolitres du premier et d'hectolitres du second le mélange devra-t-il se composer?*

Disposition des données.

35		5
	30	
28		$\dfrac{2}{7}$

Il faut prendre 2 hectol de vin à 35 fr l'hectol, pour 5 hectol de vin à 28 fr l'hectol.

C'est-à-dire les $\dfrac{2}{7}$ du mélange à 35 fr l'hectol et les $\dfrac{5}{7}$ à 28 fr l'hectol.

Rép. 2 hectol à 35 fr, pour 5 hectol à 28 fr; ou $\dfrac{2}{7}$ du mélange à 35 fr et $\dfrac{5}{7}$ à 28 fr.

1889. *Un stère de bois de charme pèse 410 kilog et coûte 21 fr; un stère de bois de sapin pèse 315 kilog et coûte 16 fr. Un marchand fait avec ces deux bois un mélange dont le stère pèse 350 kilog. Combien devra-t-il vendre le stère de ce mélange pour gagner 20 p %?*

Disposition des données.

410		60
	350	
315		$\dfrac{35}{95}$

Pour former un stère de bois pesant 350 kilog, on devra prendre $\dfrac{35}{95}$ ou $\dfrac{7}{19}$ de stère de bois pesant 410 kg, et $\dfrac{60}{95}$ ou $\dfrac{12}{19}$ de stère de bois pesant 315 kilog.

Le stère de ce bois reviendra à $\dfrac{21 \times 7}{19} + \dfrac{16 \times 12}{19}$ ou $\dfrac{339}{19}$ fr.

Pour gagner 20 p %, on devra vendre le stère de ce bois

$$\dfrac{339}{19} + \dfrac{330}{19} \times \dfrac{20}{100} = 21 \text{ fr } 41.$$

Rép. 21 fr 41 le stère.

1890. *On a un mélange de 125 litres de vin à 120 fr l'hectol et de 165 litres d'un autre vin à 80 fr l'hectol. On demande combien il faut ajouter de vin de la première qualité pour que sur 84 litres du nouveau mélange il se trouve seulement 15 litres de la seconde. Déterminer le prix de l'hectolitre du nouveau mélange.*

Le vin de seconde qualité sera les $\dfrac{15}{84}$ du mélange, et celui

de première qualité, les $\dfrac{84}{84} - \dfrac{15}{84}$ ou les $\dfrac{69}{84}$.

Le mélange sera de $\dfrac{165 \times 84}{15}$ ou 924 litres.

Il contiendra $\dfrac{924 \times 69}{84} = 759$ litres de vin de 1re qualité.

Il faudra ajouter $759 - 125 = 634$ litres de vin de 1re qualité.
L'hectolitre de mélange vaudra

$$\dfrac{120 \times 69}{84} + \dfrac{80 \times 15}{84} \text{ ou } 112 \text{ fr } 85.$$

Rép. 1º 634 litres de 1re qualité; 2º 112 fr 85 l'hectolitre.

1891. *On a vendu au prix de 184 fr un tonneau de vin d'une capacité de 220 litres. Ce vin a été formé par le mélange de deux vins coûtant, le premier 0 fr 80, le second 0 fr 55 le litre. Combien le tonneau contient-il de litres de chaque espèce de vin, sachant qu'on fait sur la vente un bénéfice de 30 fr?*

Disposition des données.

Le prix de revient d'un litre de mélange est de $\dfrac{184 - 30}{220}$ ou 0 fr 70.

$$0,80 \qquad 10 \text{ ou } 2$$
$$0,70$$
$$0,55 \qquad 15 \text{ ou } \dfrac{3}{5}$$

Le vin de 1re qualité est les $\dfrac{3}{5}$ du mélange, et celui de 2e qualité les $\dfrac{2}{5}$.

Rép.
$$\begin{cases} 1\text{re qualité } \dfrac{220 \times 3}{5} = 132 \text{ litres.} \\[2mm] 2^{e} \text{ « } \dfrac{220 \times 2}{5} = 88 \text{ litres.} \end{cases}$$

1892. *On mélange 6 pièces de vin de Bourgogne de 228 litres chacune et coûtant 80 fr l'une, avec 750 litres de vin de l'Hérault à 0 fr 27 le litre, puis on soutire ce mélange dans dix fûts de 230 litres, qu'on achève de remplir avec de l'eau. A combien revient l'hectolitre de ce dernier mélange et combien a-t-on ajouté de litres d'eau?*

Le premier mélange contient $228 \times 6 + 750 = 2118$ litres.

Il vaut $80 \times 6 + 0,27 \times 750 = 682$ fr 50.

L'hectolitre du dernier mélange revient à
$$682,50 : 23 = 29 \text{ fr } 673.$$

On a ajouté $2300 - 2118 = 182$ litres d'eau.

Rép. 1° 29 fr 67 l'hectol; 2° 182 litres d'eau.

1893. *A du vin coûtant 48 fr l'hectol on veut ajouter de l'eau et de l'esprit-de-vin, de telle sorte que le mélange revienne à 40 fr et contienne la même quantité d'alcool que le vin primitif, c'est-à-dire 11 ½ p %. L'esprit de vin employé contient 80,5 p % d'alcool et coûte, tel qu'il est, 72 fr l'hectol. On demande les quantités d'eau et d'esprit-de-vin qu'il faut ajouter à 36 hectol de vin.*

L'eau et l'alcool que l'on ajoutera au vin doivent former un mélange contenant $11\frac{1}{2}$ p % d'alcool. Pour former ce mélange, on prendra 115 hectol d'alcool pour 690 hectol d'eau.

Disposition des données.

80,5	690
11,5	
0	115
	805
48	8
40	
10,285	29,715

Le mélange reviendra à
$$\frac{72 \times 115}{805} = 10 \text{ fr } 285 \text{ l'hectol.}$$

Aux 36 hectol de vin, il faudra ajouter $\dfrac{8 \times 36}{29,715}$ ou 9 hectol 692, soit 969 litres du mélange précédent.

Il y aura $\dfrac{969 \times 115}{805}$ ou 138 litres 5 d'alcool,

et $\dfrac{969 \times 690}{805} = 830$ litres 5 d'eau.

Rép. 830 litres 5 d'eau et 138 litres 5 d'esprit-de-vin.

1894. *Un marchand a acheté 3 barriques de vin de qualités différentes pour les mélanger. Les contenances des fûts sont entre elles comme 3, 4 et 5, et les prix de l'hectol comme 6, 7 et 8. La vente du mélange a produit 227 fr 90 avec un bénéfice de 6 % sur le prix d'achat ou de 2 fr 15 par hectolitre. On demande le nombre de litres et le prix du litre de chaque qualité.*

Les trois barriques de vin ont coûté $227,9 : 1,06 = 215$.

Le bénéfice est de $227,9 - 215 = 12$ fr 90.

Les trois barriques contenaient $12,9 : 2,15 = 6$ hectolitres.

La 1re barrique contenait $\dfrac{600 \times 3}{3+4+5}$ ou 150 litres.

La 2e » » $\dfrac{600 \times 4}{12}$ ou 200 litres.

La 3e » » $\dfrac{600 \times 5}{12}$ ou 250 litres.

Si le vin de la 1re barrique coûtait 6 fr l'hectolitre, celui de la 2e coûterait 7 fr, et celui de la 3e 8 fr.

A ces prix, la 1re barrique coûterait $6 \times 1,5 = 9$ fr.
»   la 2e   »   » $7 \times 2 = 14$ fr.
»   la 3e   »   » $8 \times 2,5 = 20$ fr.

soit, pour les 3 barriques,   43 fr.

Si les 3 barriques coûtaient 43 fr., l'hectolitre de vin de la 1re barrique coûterait 6 fr.

Mais les 3 barriques ont coûté 215 fr au lieu de 43, c'est-à-dire 215 : 43 ou 5 fois plus; l'hectolitre a donc coûté 5 fois plus

ou   1re barrique $6 \times 5 = 30$ fr l'hectolitre;
         2e   » $7 \times 5 = 35$ »
         3e   » $8 \times 5 = 40$ »

Rép. 1re barrique, 150 litres, 0,30 le litre; 2e 200 litres, 0,35; 3e 250 litres, 0,40 le litre.

1895. *Pour remplir un tonneau de 450 litres, un marchand emploie une certaine quantité d'eau et trois espèces de vins qui coûtent respectivement 40 fr, 44 fr et 55 fr l'hectolitre; pour un litre de vin à 40 fr, il met 3 litres à 44 fr, et il ajoute un litre d'eau pour 24 litres de vin. En vendant le mélange à raison de 0 fr 60 le litre, il gagne 54 fr. Combien a-t-il employé de chaque espèce de liquide?*

La vente du mélange produira $0,6 \times 450 = 270$ fr.

Le vin revient à $270 - 54 = 216$ fr.

Dans le mélange, il y aura $450 : 25 = 18$ litres d'eau et $450 - 18$ ou 432 litres de vin.

Un litre de vin du mélange revient en moyenne à
$$216 : 432 = 0 \text{ fr } 50.$$

Le prix moyen d'un litre de vin des deux premières qualités est de
$$\frac{0,40 + (0,44 \times 3)}{4} = 0 \text{ fr } 43.$$

Disposition des données.

0,43		7
	0,50	
0,50		5
		$\overline{12}$

Il faut donc former un mélange de 432 litres avec du vin à 0 fr 43 et à 0 fr 55 le litre, dont le prix moyen soit 0 fr 50.

On prendra $\dfrac{432 \times 7}{12}$ ou 252 litres de vin à 0 fr 55, et $\dfrac{432 \times 5}{12} = 180$ des deux premières qualités,

soit $\dfrac{180 \times 1}{4} = 45$ litres à 0 fr 40, et $\dfrac{180 \times 3}{4} = 135$ litres à 0 fr 44.

Rép. 45 litres à 0 fr 40; 135 lit à 0 fr 44; 252 lit à 0 fr 55.

1896. *Un mélange de salpêtre et de soufre contient 7 parties de salpêtre pour 3 de soufre et forme une masse de 80 kilogrammes. 1° Combien faudrait-il y ajouter de salpêtre pour que le mélange renfermât 11 parties de salpêtre pour 4 de soufre? 2° Combien pourrait-on retrancher de soufre pour avoir le même mélange? 3° Quelle quantité égale faudrait-il ajouter de salpêtre et retrancher de soufre pour obtenir encore le même mélange?*

Le mélange étant dans le rapport de 7 de salpêtre pour 3 de soufre, sur 80 kg il y aura $\dfrac{7\times80}{10}=56$ kg de salpêtre

et $\dfrac{3\times80}{10}=24$ kg de soufre.

Si on ajoute du salpêtre au mélange, les 24 kg de soufre représenteront les $\dfrac{4}{15}$ du nouveau mélange.

La quantité de salpêtre sera donc $\dfrac{24\times11}{4}=66$ kg.

Il a fallu ajouter $66-56=10$ kg de salpêtre.

Si on retranche du soufre, les 56 kg de salpêtre du premier mélange représentent les $\dfrac{11}{15}$ du nouveau; alors la quantité de soufre qui entrera dans ce nouveau mélange sera

$$\dfrac{56\times4}{11}=20\text{ kg }364.$$

La quantité de soufre à retrancher est de $24-20{,}364=3$ kg 636

Dans le premier mélange, le rapport du salpêtre au soufre est $\dfrac{56}{24}$; j'appelle x la quantité de salpêtre à ajouter et celle de soufre à retrancher, alors la fraction devient $\dfrac{56+x}{24-x}$; mais ce rapport doit encore être $\dfrac{11}{4}$; donc

$$\dfrac{56+x}{24-x}=\dfrac{11}{4}\,; \quad\text{ou}\quad 224+4x=264-11x$$

d'où $$x=\dfrac{264-224}{15}=2\text{ kg }667.$$

Rép. 1° 10 kg de salpêtre; 2° 3 kg 636 de soufre; 3° 2 kg 667 de l'un et de l'autre.

1897. *Un négociant veut composer un mélange de trois sortes de café qu'il vendra 2 fr 75 le kilog en faisant, sur le prix de revient, un bénéfice de 25 p %. Il a en magasin 350 kilogr d'une espèce qu'il a payée, il y a plus d'un an, 175 fr les 100 kilogr et qu'il estime avoir acquis 12 % de plus-value par suite du déchet de la marchandise et de l'intérêt de ses avances; il les emploiera concurremment avec des poids inconnus de deux autres qualités valant, l'une 2 fr 80 et l'autre 2 fr 20 le kilogr, et entrant dans le mélange, la première pour une part, et la seconde pour deux. On propose de trouver ces poids.*

Le kilogr de café doit revenir à $2{,}75:1{,}25=2$ fr 20.

Le café en magasin vaut $1{,}75\times1{,}12=1$ fr 96 le kilogr.

Le café de troisième qualité étant au prix de revient du mélange, on peut en mettre la quantité que l'on voudra sans changer le prix moyen du mélange.

Disposition des données.

1,96	24	2	On prendra $\dfrac{350 \times 2}{5} \times 140\,\text{kg}$ de café à 2 fr 80
2,20	ou		
2,80	60	5	et $140 \times 2 = 280\,\text{kg}$ à 2 fr 20.

Rép. 140 kg à 2 fr 80 et 280 kg à 2 fr 20.

1898. On a deux sortes de vins. L'hectolitre du premier peut être cédé à 95 fr 25, payables dans 80 jours; l'hectolitre du second est évalué à 70 fr 35, payables dans 30 jours. Combien doit-on prendre de chacun d'eux pour composer 105 hectol qu'on puisse vendre, sans perte ni gain, 80 fr l'hectol, payables dans 90 jours? Le taux annuel de l'escompte est 6 p %.

L'hectolitre du premier vin vaut comptant

$$95,25 - \frac{6 \times 80 \times 95,25}{360 \times 100} = 93\,\text{fr}\,98.$$

L'hectolitre du second vaut $70,35 - \dfrac{6 \times 30 \times 70,35}{360 \times 100}$ ou 70 fr

L'hectolitre du mélange doit valoir comptant

$$80 - \frac{6 \times 90 \times 80}{360 \times 100} = 78\,\text{fr}\,80.$$

Disposition des données.

93,98	1518	On prendra $\dfrac{880 \times 105}{2398} = 38$ hl 53 du premier vin.
78,80		
70	880	et $\dfrac{1518 \times 105}{2398} = 66$ hectol 48 du deuxième.
	2398	

Rép. 38 hectol 53 à 95 fr 25 et 66 hectol 48 à 70 fr 35.

1899. On a deux sortes de vins. L'hectolitre du premier peut être cédé au prix de 93 fr 25, payables dans 90 jours; l'hectol du deuxième est évalué à 75 fr 20, payables dans 30 jours. Combien faut-il prendre de chacun d'eux pour composer 103 hectol d'un mélange qui puisse être cédé, sans perte ni gain à 85 fr 50 l'hectol, payables dans 90 jours? Taux de l'escompte 6 % par an.

Cherchons ce que vaudrait l'hectolitre du deuxième vin, payable dans 90 jours, c'est-à-dire 60 jours plus tard.

L'escompte de 100 fr pour 60 jours est 1 fr.

Ce que l'on vendrait 100 fr dans 90 jours, ne se vendrait dans 30 jours que 99 fr.

Le deuxième vin vaudrait dans 90 jours

$$\frac{100 \times 75,2}{99} = 75\,\text{fr}\,959,\ \text{soit}\ 75\,\text{fr}\,96.$$

Disposition des données.

93,25	775	On prendra $\dfrac{954 \times 103}{1729} = 56$ hl 83 du premier vin.
85,50		
75,96	954	et $\dfrac{775 \times 103}{1729} = 46$ hectol 17 du deuxième.
	Total 1729	

Rép. 56 hectol 83 du premier et 46 hectol 17 du deuxième.

1900. *On a deux sortes de vins. L'hectolitre du premier peut être cédé au prix de 78 fr 50, payables dans 90 jours ; l'hectolitre du second est évalué à 63 fr 25, payables à 150 jours. Combien faut-il prendre de chacun d'eux pour composer 87 hectol d'un mélange qui pourrait être cédé à 70 fr 45, payables dans 6 mois? On prendra l'escompte en dehors à 6 % par an.*

Cherchons la valeur de chaque sorte de vin, payable dans 90 jours.

Le second vaudra 63 fr 25, moins l'escompte de cette somme pour 60 jours, soit $63,25 - 0,6325 = 62,6175$.

Le mélange doit valoir 70,45, moins l'escompte de cette somme pour 90 jours, soit $70,45 - 0,7045 \times 1,5 = 69$ fr 39325.

Disposition des données.

78,5		910 675
	69,39325	
62,6175		677 575
		1 588 250

On prendra

$\dfrac{677575 \times 87}{1\,588\,250}$ ou 37 hl 115 du premier vin

et $\dfrac{910675 \times 87}{1\,588\,250}$ ou 49 hl 885 du second.

Rép. 3711 litres 5 du premier vin et 4988 litres 5 du second.

1901. *On a un lingot d'argent au titre de 0,825. On y ajoute 2 000 grammes d'argent pur et on obtient ainsi un lingot au titre de 0,850. On demande quel était le poids du premier lingot.*

On aura (Probl. 1577. Rem.).

Disposition des données.

0,825	25	1
0,850	ou	
1	150	6

Pour 1 kg d'argent pur on prendra 6 kg du lingot au titre de 0,825; pour 2 kilog, on en prendra $6 \times 2 = 12$ kg.

Rép. Le lingot pèse 12 kilog.

Soit x le poids du lingot on aura $(x + 2) \times 0,85 = x \times 0,825 + 2$,

d'où $x = 12$.

1902. *Quel doit être le titre d'un alliage d'argent pesant 3 kilogr 75 pour qu'en le fondant avec 5 kilogr d'argent pur on obtienne un nouvel alliage au titre de 0,835?*

L'alliage pèsera $3,75 + 5 = 8$ kg 75.

Il contiendra $0,835 \times 8,75 = 7$ kg 30625 d'argent pur.

Le premier alliage contenait

$7,30625 - 5 = 2$ kg 30625 d'argent pur.

Son titre est de $\dfrac{2,30625}{3,75} = 0,615$.

Rép. 0,615.

1903. *On a fondu 144 grammes d'or au titre de 0,95 avec un nombre inconnu de grammes d'alliage au titre de 0,70. On demande de déterminer ce nombre de grammes d'alliage au titre de 0,70, sachant que le titre de l'alliage résultant est de 0,77.*

Disposition des données.

0,95	18
0,77	
0,70	7

Il faudra prendre

$$\frac{18 \times 144}{7} = 370 \text{ gr } 285 \text{ de l'alliage au}$$

titre de 0,70.

Rép. 370 gr 285.

1904. *On fond ensemble trois lingots d'or. Le premier, au titre de 0,927, pèse 7 kilogr 2 ; le second, au titre de 0,892, pèse 8 kgr 4 ; le troisième, au titre de 0,900, pèse 10 kilogr. Quel est le titre du mélange ?*

On aura 1er lingot, poids 7,2 ; or pur, $0,927 \times 7,2 = 6 \text{ kg } 6744$

     2°   »   »   8,4 ;   » $0,892 \times 8,4 = 7 \text{ kg } 4928$

     3°   »   »   10 ;   » $0,900 \times 10 = 9 \text{ kg}$

     Mélange   »   25 kg 6   »   23 kg 1672

Rép. Le titre du nouveau lingot égale $\dfrac{23,1672}{25,6} = 0,9049$.

1905. *Un orfèvre a deux lingots d'argent : l'un au titre de 0,798, l'autre au titre de 0,867. Combien doit-il prendre de chacun pour former un troisième lingot au titre de 0,800 ?*

Disposition des données.

0,798	2
0,800	
0,867	67

Rép. On doit prendre deux parties au titre de 0,867 pour 67 au titre de 0,798.

1906. *Une somme en argent monnayé, au titre de 0,900, a été amenée au titre de 0,835 par l'addition d'une certaine quantité de cuivre. La somme fabriquée avec l'alliage a été ainsi augmentée de 5000 fr. Quelle était la somme primitive ?*

La somme fabriquée avec l'alliage pèse $5 \times 5000 = 25000$ gr de plus que la première somme.

Disposition des données.

0,900	65
0,835	
0	835

On ajoute 1 gr de cuivre pour $\dfrac{835}{65}$ gr au titre de 0,9.

(Probl. 1578. Rem.)

On ajoute 25000 grammes pour $\dfrac{835 \times 25000}{65}$ ou 321 154 gr au titre de 0,9.

Rép. La somme primitive était de $321154 : 5 = 64230$ fr 80.

1907. *Le centimètre cube d'or pèse 19 gr 3 ; le centimètre cube d'argent pèse 10 gr 5. On propose d'allier à 250 gr d'or un poids d'argent tel que le centimètre cube de l'alliage pèse 13 gr 6. On supposera que l'alliage se fait sans changement de volume.*

Disposition des données.

19,3	57
13,6	
10,5	31

On prendra donc 57 cmc d'argent pour 31 cmc d'or,

ou $10,5 \times 57 = 598$ gr 50 d'argent

pour $19,3 \times 31 = 598$ gr 30 d'or.

Avec 1 gr d'or il faudrait $\dfrac{598,5}{598,3}$ d'argent,

avec 250 gr d'or, il faudra $\dfrac{598,5 \times 250}{598,3} = 250$ gr 083 d'argent.

Rép. 250 gr 083 d'argent.

1908. *Un lingot formé d'argent et de cuivre, pesant 30 kilogr, est au titre de 0,850. On y ajoute 4 kilogr de cuivre; quel est le titre du nouvel alliage? Combien faut-il ajouter de cuivre à ce nouvel alliage pour abaisser le titre à 0,600?*

Le lingot contient $0,85 \times 30 = 25$ kg 5 d'argent pur.

Le titre du nouvel alliage est $25,5 : 34 = 0,750$.

Disposition des données.   Il faut ajouter

0,75		15	$\dfrac{15 \times 34}{60}$ ou 8 kg 5 de cuivre au der-
	0,60		
0		60	nier alliage.

Rép. 1° Titre 0,750; 2° il faut encore ajouter 8 kg 5 de cuivre.

1909. *On a fondu ensemble 2 kilogr 25 décagr d'un métal, qui ont coûté 43 fr 50; et 4 kilogr 6 hectogr d'un second métal, qui ont coûté 27 fr. Quel sera le prix d'un kilogr de l'alliage, en supposant qu'il y ait un déchet de 2 %, et que la fabrication de cet alliage ait coûté 12 fr?*

L'alliage pèsera $(2,25 + 4,6) \times 0,98 = 6$ kg 713.

Il vaudra $43,5 + 27 + 12 = 82$ fr 50.

Un kilog de cet alliage vaudra $82,5 : 6,713 = 12$ fr 28.

Rép. 12 fr 28 le kilogramme.

1910. *On a trois lingots d'or aux titres de 0,980, 0,840 et 0,750. On veut obtenir un lingot de 3 kilogr 25 au titre de 0,900. Quel poids faut-t-il prendre des deux premiers alliages, si l'on impose la condition d'employer 500 grammes du troisième?*

Disposition des données.   Avec 500 gr du troisième lingot, il

0,98		8	faudra employer
	0,90		$\dfrac{15 \times 500}{8} = 937$ gr 5 du premier.
0,75		15	

Il faut encore $3250 - (500 + 937,5) = 1812$ gr 5 que l'on formera avec les deux premiers lingots.

0,98		8	On prendra encore
	0,90		$1812,5 \times \dfrac{6}{14} = 776$ gr 785 du premier
0,84		6	et $1812,5 \times \dfrac{8}{14} = 1035$ gr 715 du
		14	deuxième.

Il y aura $937,5 + 776,785 = 1714$ gr 285 du premier lingot.

Rép. 1714 gr 285 du premier lingot et 1035 gr 715 du deuxième.

Algèbre. Soient x la quantité à prendre du 1er lingot, et y celle à prendre du 2e, on aura

$$\frac{98x}{100} + \frac{84y}{100} + \frac{500 \times 75}{100} = \frac{3250 \times 90}{100}, \text{ et } x + y + 500 = 3250 \text{ gr.}$$

ou $\qquad 98x + 84y = 255\,000 \text{ gr et } x + y = 2750 \text{ gr.}$

d'où l'on tire $\qquad x = 1714 \text{ gr } 285, \text{ et } y = 1035 \text{ gr } 715.$

Le problème est déterminé, car on a 2 inconnues et 2 équations.

1911. *On a trois alliages d'or aux titres de 0,750, 0,840 et 0,920. On demande quel poids on doit prendre de chacun d'eux pour obtenir un alliage pesant 4050 gr au titre de 0,890. Le poids du métal tiré du premier lingot doit être au poids tiré du deuxième dans le rapport de 2 à 7.*

Disposition des données.

1er	0,75		14	2e	0,84		5
		0,89				0,89	
3e	0,92		3	3e	0,92		3

Pour 3 gr du premier alliage, il faut 14 gr du troisième;

pour 2 gr, il en faudra $\dfrac{14 \times 2}{3} = \dfrac{28}{3}$ grammes.

Pour 3 gr du deuxième alliage, il faut 5 gr du troisième;

pour 7 gr, il en faudra $\dfrac{5 \times 7}{3} = \dfrac{35}{3}$.

Donc pour 2 gr du premier alliage et 7 du deuxième, il faudra

$$\frac{28}{3} + \frac{35}{3} = \frac{63}{3} \text{ ou 21 gr du troisième.}$$

Le total serait $2 + 7 + 21 = 30$ gr.

On prendra $\qquad 4050 \times \dfrac{2}{30} = 270 \text{ gr du premier alliage.}$

$\qquad\qquad » \qquad 4050 \times \dfrac{7}{30} = 945 \text{ gr du deuxième.}$

$\qquad\qquad » \qquad 4050 \times \dfrac{21}{30} = 2835 \text{ gr du troisième.}$

Rép. Premier 270 gr; deuxième 945 gr; troisième 2835 gr.

Algèbre. Soient x, y et z les poids à prendre des trois lingots. On a

$$\frac{75x}{100} + \frac{84y}{100} + \frac{92z}{100} = \frac{4050 \times 89}{100}, \text{ ou } 75x + 84y + 92z = 360\,450 \text{ gr. (1)}$$

$$\frac{x}{y} = \frac{2}{7} \quad (2) \quad \text{et} \quad x + y + z = 4050. \quad (3)$$

De l'équation (3) on tire $z = 4050 - x - y$.

Mettons cette valeur de z dans l'équation (1), nous aurons

$75x + 84y + 372\,600 - 92x - 92y = 360\,450$, ou $17x + 8y = 12\,150$.

De l'équation (2) on tire $y = \dfrac{7x}{2}$; d'où $8y = \dfrac{7x}{2} \times 8 = 28x$.

La dernière équation devient $17x + 28x = 45x = 12\,150$; d'où $x = 270$ gr.

Mettons cette valeur dans l'équation (2), nous aurons

$$\frac{270}{y} = \frac{2}{7}; \quad \text{d'où} \quad y = 945 \text{ gr.}$$

De l'équation (3) on tire

$z = 4050 - (x + y) = 4050 - (270 + 945) = 2835 \text{ gr.}$

Le problème est déterminé, car nous avons 3 inconnues et 3 équations.

1912. *Un lingot d'argent au titre de 0,850 a été fondu avec 145 gr d'alliage au titre de 0,900; le titre du lingot obtenu est de 0,865. On demande : 1° le poids du lingot primitif; 2° sa valeur légale au change des monnaies.*

Disposition des données.

0,850   15

      0,865

0,900   35

Avec 145 gr au titre de 0,900, il a fallu $\dfrac{35 \times 145}{15}$ ou 338 gr 33 au titre de 0,850.

Le lingot contient
$338,33 \times 0,850 = 287$ gr 580 d'argent pur.

Il vaut (Arith., n° 446) $220,56 \times 0,28758$ ou 63 fr 45.

Rép. 1° Poids 338 gr 33...; 2° valeur 63 fr 45.

1913. *En ajoutant 276 gr de cuivre à deux alliages d'or et de cuivre dont les poids sont entre eux comme 8 est à 11, on a fabriqué de la monnaie pour une somme de 12 400 fr. On sait de plus que les quantités d'or contenues dans les deux lingots sont proportionnelles aux nombres 5 et 7. On demande les titres des deux lingots.*

La somme pèse $\dfrac{12400 \times 5}{15,5} = 4000$ gr.

Les deux alliages pesaient ensemble $4000 - 276 = 3724$ gr.

Ils contenaient $0,9 \times 4000 = 3600$ gr d'or pur.

Le 1er alliage pesait $\dfrac{3724 \times 8}{19} = 1568$ gr.

Le 2e   »   » $\dfrac{3724 \times 11}{19} = 2156$ gr.

Le 1er alliage contenait $\dfrac{3600 \times 5}{12} = 1500$ gr d'or pur.

Le 2e   »   » $\dfrac{3600 \times 7}{12} = 2400$ gr. id.

Le titre du 1er égale $1500 : 1568 = 0,9566$.
Le titre du 2e   » $2100 : 2156 = 0,9740$.

Rép. Titre du 1er lingot 0,9566; titre du 2e 0,974.

1914. *Un lingot d'argent et de cuivre est au titre de 0,800 et pèse 17 kilog; un autre lingot formé des mêmes métaux est au titre de 0,920 et pèse 13 kilog. On propose de retirer un même poids de chaque lingot, de manière que les deux lingots restants, fondus ensemble, donnent un alliage au titre de 0,8408.*

On prendra $17 - 13 = 4$ kg de plus du 1er lingot que du second.

Disposition des données.

    792 à 0,8   408

        0,8408

    408 à 0,92   792

diff.   384

Lorsqu'on prend 384 kg de plus du 1er lingot que du second, on prend 792 kg du 1er.

Lorsqu'on prendra 4 kg de plus, on prendra du 1er lingot $\dfrac{792 \times 4}{384} = 8$ kg 250,

Rép. On retirera de chaque lingot $17 - 8,250 = 8$ kg 250.

1915. *On a une somme de 8580 fr formée de pièces de 5 fr en argent et de pièces de 10 fr en or. Le nombre des pièces de 10 fr est à celui des pièces de 5 fr dans le rapport de 54 à 35. On fond toutes ces pièces en un seul lingot et l'on demande : 1° le poids du cuivre contenu dans ce lingot; 2° le poids du cuivre contenu dans 1 kilog de cet alliage.*

Pour 54 pièces de 10 fr ou 540 fr en or, il y a 35 pièces de 5 fr ou 175 fr en argent.

La somme serait $540 + 175 = 715$ fr.

Il y a donc dans la somme donnée $\dfrac{540 \times 8580}{715} = 6480$ fr en monnaie d'or, et $\dfrac{175 \times 8580}{715} = 2100$ fr en monnaie d'argent.

La somme en or pèse $\dfrac{6480 \times 5}{15,5}$ ou 2090 gr 32.

La somme en argent pèse $2100 \times 5 = 10500$ gr.

Le lingot pèse donc $2090,32 + 10500 = 12590$ gr 32.

Il est évident que le poids du cuivre est le $\dfrac{1}{10}$ du poids total, puisqu'il égale le $\dfrac{1}{10}$ du poids de la somme en or, plus le $\dfrac{1}{10}$ du poids de la somme en argent.

Rép. $\begin{cases} \text{1° Le lingot contient 1259 gr 032 de cuivre.} \\ \text{2° Sur 1 kg de l'alliage, il y a 100 gr de cuivre.} \end{cases}$

1916. *Déterminer le poids d'une pièce de 20 fr, qui serait formée d'un alliage d'or et d'argent. Les poids de ces deux métaux devraient présenter la proportion relative de l'or et du cuivre dans la monnaie d'or courante; seulement, dans l'évaluation du poids de la pièce, il devrait être tenu compte de la valeur de l'argent employé.*

Sur 1 gr du poids de la pièce, il y aura 0 gr 9 d'or pur et 0 gr 1 d'argent pur.

La valeur sera (Arith., n° 405)
$$3,437 \times 0,9 + 0,22056 \times 0,1 = 3 \text{ fr } 115356.$$

Pour valoir 20 fr, la pièce devra peser $20 : 3,115356$ ou 6 gr 419.

Rép. 6 gr 419.

Remarque. Si l'on ne tient pas compte du prix de fabrication, on trouvera pour poids de la pièce 6 gr 406.

1917. *Le doublon, monnaie d'or des îles Philippines, est au titre de 0,875 et pèse 6 gr 766 ; le double ducat, monnaie d'or des Pays-Bas, est au titre de 0,983 et pèse 6 gr 988. Combien de doublons et de doubles ducats faut-il fondre dans un creuset pour faire un alliage qui servira à fabriquer 1000 pièces de 20 fr en monnaie française ?*

La somme de 20×1000 ou 20000 fr pèse $\dfrac{20000 \times 5}{15,5}$ ou 6451 gr 6.

Disposition des données.

0,875	25
0,900	
0,983	83
	108

On prendra $\dfrac{6451,6 \times 83}{108} = 4958$ gr 17 en doublons.

ou $4958,17 : 6,766 = 732$ doublons 8.

et $\dfrac{6451,6 \times 25}{108} = 1493$ gr 425 en doubles ducats.

ou $1493,425 : 6,988 = 213$ d. ducats 71.

Rép. 732 doublons 8 et 213 doubles ducats 7.

1918. *Un alliage d'or et de cuivre au titre de 0,91 pèse quatre fois plus qu'un second alliage au titre de 0,86; d'autre part, la valeur du premier surpasse celle du second de 2866 fr 458. On sait que le kilogramme d'or pur vaut 3437 fr et que la valeur d'un alliage se réduit à celle de l'or pur qu'il contient. Trouver le poids de chacun des deux alliages proposés et dire quel serait le titre du lingot résultant de leur fusion.*

Pour 4 kg du 1er alliage il y a 1 kg du 2e.

Les 4 kg du 1er alliage contiennent $0,91 \times 4 = 3$ kg 64 d'or pur, et valent $3437 \times 3,64 = 12510$ fr 68.

Le kg du 2e alliage contient 0 kg 86 d'or pur et vaut
$$3437 \times 0,86 = 2955 \text{ fr } 82.$$

Les 4 kg du 1er alliage valent $12510,68 - 2955,82 = 9554$ fr 86 de plus que le poids correspondant du 2e alliage.

Le 2e alliage pèse $\dfrac{1 \times 2866,458}{9554,86}$ ou 0 kg 300.

Le 1er alliage pèse $0,3 \times 4 = 1$ kg 200.

Le lingot résultant pèse 1 kg 5 et contient
$$0,91 \times 1,2 + 0,86 \times 0,3 = 1 \text{ kg } 35 \text{ d'or pur.}$$

Le titre de ce lingot est de $1,35 : 1,5 = 0,9$.

Rép. 1° poids 1 kg 200 et 0 kg 300; 2° titre 0,9.

1919. *Le métal des cloches est composé de 25 parties de cuivre et de 7 parties d'étain; le cuivre coûte 2 fr 75 et l'étain 2 fr 20 le kilog. Calculer, d'après ces données, la valeur intrinsèque d'une cloche qui pèse 600 kilog. Calculer aussi le prix de revient de cette cloche, sachant que le déchet qui se produit à la fonte est de 6 %₀ du métal employé, et que les frais de fabrication peuvent être évalués à 0 fr 60 pour chaque kilog mis à la fonte.*

Le métal de cette cloche contient $\dfrac{600 \times 25}{32} = 468$ kg 75 cuivre,

et $600 - 468,75 = 131$ kg 25 d'étain.

1° La valeur intrinsèque de la cloche est de
$$2,75 \times 468,75 + 2,2 \times 131,25 = 1577 \text{ fr } 80.$$

Le métal employé vaut $1577,8 : 0,94 = 1678$ fr 50.

Le poids du métal employé est de $600 : 0,94 = 638$ kg 297.

Les frais de fabrication s'élèvent à $638,297 \times 0,6 = 382$ fr 978, soit 383 fr.

2º Le prix de revient de la cloche est donc de
$$1\,678,50 + 383 = 2\,061 \text{ fr } 50.$$

Rép. 1º val. intrinsèque 1 577 fr 80 ; 2º prix de revient 2 061 fr 50.

1920. *On a un lingot d'argent pur pesant 5 400 gr, un autre lingot de 8 kilog au titre de 0,840, et enfin 9 860 gr de vieilles pièces de 5 fr usées par la circulation. Combien faut-il fondre de cuivre avec tout ce métal pour avoir un alliage propre à faire des pièces de 1 fr au titre actuel ? En admettant que le déchet sur le poids total soit de 2 %, quelle sera la valeur du nouvel alliage ?*

L'alliage contiendra $5,4 + 0,84 \times 8 + 0,9 \times 9,860 = 20$ kg 994 d'argent pur.

L'alliage au titre de 0,835, qui contient 20 kg 994 d'argent pur, pèse $\dfrac{20,994}{0,835} = 25$ kg 1 425.

1º Il faudra ajouter $25,1425 - (5,4 + 8 + 9,86) = 1$ kg 8 825 de cuivre.

Les 25 kg 1 425 se réduiront
$$\text{à } 25,1425 - 25,1425 \times 0,02 = 24 \text{ kg } 63\,965.$$
On fera avec ce lingot $24\,639,65 : 5$ ou 4 928 pièces de 1 fr.
Le prix de fabrication est de $24,639 \times 1,5 = 36$ fr 95.
Le lingot vaut $4\,928 - 36,95$, soit 4 891 fr 05.

Rép. 1º 1 kg 8 825 de cuivre ; 2º 4 891 fr 05.

A l'hôtel des Monnaies, le nouvel alliage vaut (Arith., nº 416)
$$220,56 \times 20,994 = 4\,630 \text{ fr } 45.$$

1921. *On a deux lingots d'argent : le premier est au titre de 0,840 et pèse 3 kilog 75 ; le second est au titre de 0,950 et pèse 5 kilog 425. On demande de calculer : 1º le poids et le titre du lingot qu'on obtient en les fondant ensemble ; 2º le poids du cuivre qu'il faut ajouter à l'alliage ainsi obtenu pour l'amener au titre légal de 0,900, et le nombre de pièces de 5 fr que l'on pourra fabriquer avec cet alliage.*

1ᵉʳ lingot poids 3 kg 75 ;	argent pur	$0,84 \times 3,75 = 3$ kg 15
2ᵉ » » 5 kg 425 ;	»	$0,95 \times 5,425 = 5$ kg 15375
3ᵉ » » 9 kg 175		8 kg 30375

Le titre égale $8,30375 : 9,175 = 0,905$.
Au titre de 0,900, le lingot pèsera $8,30375 : 0,9 = 9$ kg 2264.
Il faut ajouter $9,2264 - 9,175 = 51$ gr 4 de cuivre.

Rép. 1º poids 9 kg 175 ; titre 0,905 ; 2º 51 gr 4 de cuivre.

1922. *On a deux lingots de même poids et de titres différents. Si on fond le premier lingot avec le ¹⁄₄ du deuxième, on obtient un alliage au titre de 0,936 ; si on fond le premier lingot avec la ¹⁄₂ du deuxième, on a un alliage au titre de 0,920. Cela posé, on demande : 1º le titre de chaque lingot ; 2º en supposant que le métal fin qui entre dans chacun des lingots vaille 220 fr le* *kilog, et l'autre métal 10 fr le kilog, de trouver le titre de l'alliage qu'il faudrait former pour que la valeur de cet alliage fût de 201 fr 10 le kilog ; 3° de trouver quel poids il faudrait prendre de chaque lingot pour obtenir un kilog de cet alliage.*

Dans le 1er cas, pour 4 gr du 1er lingot il y a 1 gr du second; dans le second cas, pour 2 gr du 1er lingot il y a 1 gr du second.

La matière précieuse contenue dans 4 gr du 1er lingot, plus celle de 1 gr du second, égale la matière précieuse des 5 gr du mélange.

Donc 4 fois le titre du 1er lingot, plus le titre du second, égale $0,936 \times 5$ ou 4,680.

De même 2 fois le titre du 1er lingot, plus le titre du second, égale $0,920 \times 3 = 2,760$.

$$\text{ou} \quad 4\,T + t = 4,680$$
$$\text{et} \quad 2\,T + t = 2,760$$

d'où différence $\qquad 2\,T \qquad = 1,920$.

1° Titre du 1er lingot $T = \dfrac{1,920}{2} = 0,960$.

Titre du 2e lingot $t = 4,680 - 0,960 \times 4 = 0,840$.

2° Si les 1000 gr étaient du 1er métal, ils vaudraient **220 fr.**
Ils valent $220 - 201,1 = 18$ fr 90 de moins.

Un gramme du 2e métal vaut $0,22 - 0,01 = 0$ **fr 21 de moins** que 1 gr du 1er.

Il y a donc $18,9 : 0,21 = 90$ gr du 2e métal,
$\qquad\qquad$ et $1000 - 90 = 910$ gr du second.

Pour que le kg d'alliage vaille 201 fr 10,
$\qquad$ le titre doit être $910 : 1000 = 0,910$

.Disposition des données.
$$0,96 \qquad 5$$
$$0,91$$
$$0,84 \qquad \dfrac{7}{12}$$

3° Pour faire 1 kg d'alliage au titre de 0,91, il faudra prendre $\dfrac{7}{12}$ kg ou 0 kg 5833... du 1er lingot et $\dfrac{5}{12}$ kg ou 0 kg 4166.. du 2e.

Rép. 1° titres 0,960 et 0,840; 2° titre 0,910;
$\qquad$ 3° 583 gr 33 du 1er, et 416 gr 66... du 2e.

§ XIV. — SURFACE ET VOLUME DES CORPS

1923. *On veut amender un terrain complètement dénué de calcaire avec de la marne renfermant 79 % de calcaire; on répand à cet effet sur le sol 82 m cubes de marne par hectare, et on les mélange à la couche superficielle au moyen de labours répétés. Sachant que cette couche a une épaisseur de 0 m 18, on demande quelle proportion de calcaire elle renfermera après l'opération.*

La couche superficielle de la terre à amender
est de $0,18 \times 10000 = 1\,800$ m c.

Après l'amendement, le volume sera $1\,800 + 82 = 1882$ m c.

Il y aura alors $0,79 \times 82 = 64$ m c 78 de calcaire.

La proportion du calcaire est donc $\dfrac{64,78 \times 100}{1882} = 3,442$ p %.

Rép. 3,442 p %.

1924. *Un champ a la forme d'un rectangle; son périmètre est égal à 780 m; la différence entre la base et la hauteur de ce rectangle est de 150 m. On demande : 1° de calculer la surface du champ; 2° de déterminer le rayon du cercle équivalent; 3° de calculer la surface et le côté du losange dont les diagonales seraient respectivement égales l'une à la base, l'autre à la hauteur dudit rectangle.*

Le demi-périmètre, ou la somme de la base et de la hauteur égale $780 : 2 = 390$ m.

Nous aurons (Probl. 20 et 22) $b = \dfrac{s+d}{2} = \dfrac{390+150}{2} = 270$ m,

$$\text{et} \quad h = \frac{s-d}{2} = \frac{390-150}{2} = 120.$$

1° La surface du champ est de $270 \times 120 = 32400$ m carrés (Arith., n° 582).

2° On a (Arith., n° 586) $\pi r^2 = 32400$;

$$\text{d'où } r = \sqrt{\frac{32400}{3,1416}} = 101 \text{ m } 554.$$

3° La surface du losange qui aurait pour diagonales 270 m et 120 m serait (Arith., n° 583) $S = \dfrac{dd'}{2} = \dfrac{270 \times 120}{2} = 16\,200$ m c.

Le côté du losange est l'hypoténuse d'un triangle rectangle dont les côtés de l'angle droit sont les $\frac{1}{2}$ diagonales, ou $\dfrac{270}{2} = 135$ m

et $\dfrac{120}{2} = 60$ m.

On aura donc $c = \sqrt{(135)^2 + (60)^2} = \sqrt{21\,825} = 147$ m 73.

Rép. 1° 3 ha 24; 2° $r = 101$ m 554; 3° surf. 1 ha 62, $c = 147$ m 73.

1925. *Un propriétaire veut faire construire un fossé autour de sa propriété; cette propriété a la forme d'un carré et a une contenance de 8 hectares 78 ares 25 centiares. Le fossé doit avoir 1 m 25 de largeur, 1 m 35 de profondeur et les bords doivent être taillés à pic. On demande combien lui coûtera ce fossé, sachant que le mètre cube de terrassement est payé 1 fr 50; en outre, quel exhaussement subirait le terrain enclos si l'on répandait uniformément sur sa surface la terre provenant du fossé. On sait qu'un trou d'un mètre cube donne 1 m cube 35 centièmes de terre friable.*

Chaque côté de la propriété a $\sqrt{87825}$ = 296 m 35.

La longueur du fossé sera

de 296,35 × 2 + (296,35 — 2,5) 2 = 1 180 m 40.

La surface du fossé sera 1,25 × 1 180,4 = 1 475 m carrés 5.

Le volume de la terre enlevée sera de

1 475,5 × 1,35 = 1 991 m cubes 925.

Le fossé coûtera 1,5 × 1 991,925 = 2 987 fr 85.

La surface du champ est maintenant de

87 825 — 1 475,5 = 86 349 m carrés 5.

La terre à répandre a un volume de 1,35 × 1 991,925 = 2 689 m c 098.

L'exhaussement du terrain sera de $\dfrac{2689,098}{86349,5}$ = 0 m 03114.

Rép. Fossé 2987 fr 85; exhaussement 0 m 03114.

1926. *Un étang a une superficie de 178 hectares 28 ares et une profondeur moyenne de 3 m 6. On veut le mettre à sec par le jeu de deux machines à vapeur appartenant à deux entrepreneurs différents. La première machine fonctionne sans interruption pendant toute la semaine; la seconde chôme le dimanche et le lundi. La première consomme 168 kilog de charbon dans le temps que met la seconde à brûler 153 kilog. Pour chaque kilog de charbon consommé, la première déverse hors de l'étang 170 m cubes d'eau, la seconde 120. On demande ce que recevra chacun des entrepreneurs, si l'on est convenu de leur payer 19 fr pour 1000 m cubes d'eau déversés.*

Le volume de l'eau à enlever est de 1 782 800 × 3,6 = 6 418 080 m c.

Le travail sera payé 19 × 6 418,08 = 121 943 fr 5.

La 1re machine déverse 170 × 168 = 28 560 m c, pendant que la seconde en déverse 120 × 153 = 18 360 m c.

Mais la 1re travaille 7 jours quand la 2e travaille 5 jours.

Le travail des deux machines sera donc proportionnel aux nombres 28 560 × 7 = 199 920 et 18 360 × 5 = 91 800.

La somme de ces nombres égale 199 920 + 91 800 = 291 720.

Le 1er entrepreneur recevra $\dfrac{121\,943,5 \times 199\,920}{291\,720}$ = 83 569 fr 65.

et Le 2e   » $\dfrac{121\,943,5 \times 91\,800}{291\,720}$ = 38 373 fr 85.

Rép. 1er 83569 fr 65; 2e 38373 fr 85.

1927. *Quel est le poids d'un demi-stère de bois dont la densité est les $^5/_{10}$ de celle de l'eau? Quelle serait la longueur du côté d'un cube de laiton ayant même poids que ce demi-stère de bois, la densité du laiton étant égale à 8,8?*

Le demi-stère de ce bois pèse $500 \times 0,5 = 250$ kg.

Le cube de laiton aura pour volume $\dfrac{250}{8,8} = 28$ dc 409 cc.

La longueur du côté du cube sera de $\sqrt[3]{28,409} = 3$ dm 051 ou 0 m 305.

 Rép. 0 m 305.

1928. *Un accident fait écouler dans une citerne longue de 2 m 50, large de 1 m 80, profonde de 2 m 85, et remplie d'eau aux $^3/_8$ de sa profondeur, les $^5/_9$ de la contenance d'un tonneau d'huile de 2 hectol 25. On demande de calculer : 1° l'épaisseur de la couche d'huile formée à la surface de l'eau de la citerne; 2° la différence du poids de l'eau contenue dans la citerne avec celui du même volume d'huile, en supposant que toute l'huile du tonneau eût été au poids de l'eau qui l'aurait rempli dans le rapport de 4,58 à 5; 3° la fraction qui représenterait la partie vide du tonneau dans le cas où la couche d'huile de la citerne eût été plus épaisse de cinq millimètres.*

Le volume de l'huile tombée dans la citerne
$$\text{est de } \frac{225 \times 5}{9} \ 125 \text{ litres.}$$

La surface de la base de la citerne est de $2,5 \times 1,8 = 4$ m car 5.

1° L'épaisseur de la couche d'huile est de $\dfrac{0,125}{4,5} = 0$ m 02777…

2° Le volume de l'eau de la citerne
$$\text{est de } 4,5 \times \frac{2,85 \times 3}{8} = 4 \text{ m c } 809\,375.$$

La densité de l'huile est de $\dfrac{4,58}{5} = 0,916$.

L'eau de la citerne pèse 4 809 kg 375.
Le même volume d'huile pèserait
$$0,916 \times 4\,809,375 = 4\,405 \text{ kg } 3875.$$

La différence égale $4\,809,375 - 4\,405,3875 = 403$ kg 9875.

3° L'épaisseur de la couche d'huile augmentée de 5 millim
$$\text{serait de } \frac{0,125}{4,5} + 0,005 = \frac{0,25 + 0,045}{9} = \frac{0,295}{9} \text{ mètres.}$$

Le volume de l'huile tombée dans la citerne serait de
$$4,5 \times \frac{0,295}{9} = 0 \text{ m c } 1\,475 \text{ ou } 147 \text{ lit } 5.$$

Le vide du tonneau sera de $\dfrac{147,5}{225}$ ou les $\dfrac{59}{90}$ du tonneau.

 Rép. 1° 27 millim 77; **2°** 403 kg 9875; **3°** $\dfrac{59}{90}$.

1929. *On plonge dans un vase cylindrique, dont la base est de 0 mq 902 de surface et qui contient de l'eau, un bloc de pierre dont le volume est de 0 mc 003 et qui est entièrement immergé. On demande de combien le niveau de l'eau du vase s'est élevé.*

Puisque l'augmentation du volume est de 0 mc 003, le niveau de l'eau s'est élevé de $\dfrac{0{,}003}{0{,}902} = 0$ m 0033259.

Rép. 3 millimètres 32.

1930. *Une salle de classe a 7 m 50 de longueur, sur 6 m 10 de largeur. On demande : 1° d'évaluer le nombre d'élèves qu'elle peut contenir, à raison de 1 m carré par élève ; 2° d'évaluer le volume d'air qu'elle contient, en admettant la hauteur tolérée de 3 m 30 ; 3° le volume d'air par élève ; 4° le volume d'oxygène, sachant que l'air normal en contient 21 %; 5° le volume d'acide carbonique, sachant qu'il s'en trouve les $^{5}/_{10\,000}$ du volume de l'air.*

La surface de la classe est de $7{,}5 \times 6{,}1 = 45$ mq 75.

1° La salle peut contenir 45 élèves.

2° Le volume de l'air de la salle est de $45{,}75 \times 3{,}3 = 150$ mc 975.

3° Pour chaque élève il y a $150{,}975 : 45 = 3$ mc 355 d'air.

4° La salle contient $150{,}975 \times 0{,}21 = 31$ mc 70475 d'oxygène.

5° Et $\dfrac{150\,975 \times 5}{10\,000} = 75$ lit 4875 d'acide carbonique.

Rép. 1° 45 élèves ; 2° 150 mc 975 ; 3° 3 mc 355 ; 4° 31 mc 70475 ; 5° 75 lit 4875.

1931. *Dans une caisse dont la largeur est les $^{2}/_{5}$ de la longueur, on verse de l'eau jusqu'à une hauteur de 0 m 28 ; la caisse contient alors 2 940 litres : trouver sa longueur et sa largeur.*

La surface de la base de la caisse est de $2{,}940 : 0{,}28 = 10$ mq 5.

Cette surface est les $\dfrac{2}{5}$ du carré de la grande dimension (Probl. 700).

La longueur de la caisse est de $\sqrt{\dfrac{10{,}5 \times 5}{2}} = 5$ m 123.

La largeur est de $5{,}123 \times \dfrac{2}{5} = 2$ m 049.

Rép. Longueur 5 m 123 ; largeur 2 m 049.

Algèbre. Soit x la longueur, la largeur sera $\dfrac{2x}{5}$.

On a $$x \times \frac{2x}{5} = \frac{2x^2}{5} = 10{,}5$$

d'où $$x = \sqrt{\frac{10{,}5 \times 5}{2}} = 5 \text{ m } 123.$$

1932. *Un particulier fait répandre uniformément, dans une cour de forme rectangulaire, une couche de sable de 3 centimètres d'épaisseur, au prix de 4 fr 50 le mètre cube. On demande les deux dimensions de cette cour, sachant que la dépense s'est éle-*

véc à 136 fr 89 et que la largeur de la cour est exactement les $^2/_3$
de la longueur.

On a répandu dans la cour $136,89 : 4,5 = 30$ mc 42 de sable.
La surface de la cour est de $30,42 : 0,03 = 1014$ m carrés.

Cette surface égale (Probl. 700) les $\frac{2}{3}$ du carré de la lon-

gueur de la cour, ou les $\frac{3}{2}$ du carré de la largeur.

La longueur sera donc $\sqrt{\dfrac{1014 \times 3}{2}} = 39$ mètres,

et la largeur » $\sqrt{\dfrac{1014 \times 2}{3}} = 26$ mètres.

Rép. 39 mètres et 26 mètres.

1933. *Un réservoir a 1 m 50 de largeur, 2 m 80 de longueur et
1 m 25 de profondeur. On demande : 1° combien il renferme de
litres quand il est plein ; 2° quelle hauteur il faudrait lui donner
pour qu'il renfermât 10 m cubes.*

La surface de la base du réservoir égale $1,5 \times 2,8 = 4$ m car 20.
Son volume est de $4,20 \times 1,25 = 5$ m c 25 ou 5250 d c.
Pour que ce réservoir contînt 10 m c, il faudrait que la pro-
fondeur fût de $10 : 4,20 = 2$ m 38.

Rép. 1° 5250 litres; 2° 2 m 38.

1934. *Un vase cylindrique de la capacité d'un litre a une hauteur double de son diamètre. Calculer, à un millimètre près, chacune des deux dimensions. Même calcul pour deux autres vases
de même forme, contenant, l'un 2 litres, l'autre* $^1/_2$ *litre. Déduire autant que possible les dimensions de ces deux derniers
vases de celles du premier.*

1° On a $h = 2d = 4r$.
Par suite (Arith., n° 602) le volume du cylindre est
$$\pi r^2 h = \pi r^2 \times 4r = 4\pi r^3 \qquad (1).$$
Donc $\qquad 4\pi r^3 = 1$ décimètre cube,

d'où l'on tire $r^3 = \dfrac{1}{4\pi}$,

et $r = \sqrt[3]{\dfrac{1}{4\pi}} = 0$ dm 43.

Le diamètre égale $43 \times 2 = 86$ mm, et la hauteur $86 \times 2 = 172$ mm.

2° Pour le double litre on a aussi $h = 2d = 4r$;
d'où (1) $\qquad 4\pi r^3 = 2$

et $\qquad r = \sqrt[3]{\dfrac{2}{4\pi}} = 0$ dm 541 925.

Le diamètre est donc $54,1925 \times 2 = 108$ mm 385
et la hauteur $\qquad 108,385 \times 2 = 216$ m 77.

3º Pour le demi-litre on aura

$$r = \sqrt[3]{\frac{0,5}{4\pi}} = 0 \, dm \, 34139.$$

Le diamètre égale $34,139 \times 2 = 68 \, mm \, 278$,
et la hauteur $68,278 \times 2 = 136 \, mm \, 556$.

Rép. $\begin{cases} \text{Litre } d = 86 \, mm, \ h = 172 \, mm; \\ \text{Double litre } d = 108 \, mm \, 385, \ h = 216 \, mm \, 77; \\ \text{Demi-litre } d = 68 \, mm \, 278, \ h = 136 \, mm \, 556. \end{cases}$

1935. *Le litre type destiné à la mesure des liquides ayant la hauteur double du diamètre, quelles sont ses dimensions en millimètres? Si l'on verse dans ce vase 3 kilogr 399 de mercure dont la densité est 13,596, à quelle hauteur ce liquide s'élèvera-t-il?*

On a trouvé (Probl. 1934) pour les dimensions du litre
$h = 172$ millimètres; $d = 86$ mm.

Le volume du mercure que l'on verse dans le vase est de

$$\frac{3,399}{13,596} = 0 \, dc \, 250.$$

Puisque le volume du mercure est le $\frac{1}{4}$ du volume du litre

il s'élèvera au $\frac{1}{4}$ de la hauteur ou $\frac{172}{4} = 43$ millimètres.

Rép. $h = 172 \, mm$; $d = 86 \, mm$; hauteur du mercure $43 \, mm$.

Remarque. Si le poids du mercure était, par exemple, de 8 021 gr 64, le volume serait $8021,64 : 13,596 = 590 \, c. \, c$
La surface de la base du cylindre étant de $\pi r^2 = 3,1416 \times 43^2$, le

mercure s'élèvera à la hauteur de $\dfrac{590\,000}{3,1416 \times 43^2} = 101 \, mm \, 57$ par excès.

1936. *Un litre servant de mesure est en zinc, dont la densité est 7,19; sa hauteur est le double du diamètre de la base; l'épaisseur du métal est 0 m 005. On demande son poids.*

On a trouvé (Probl. 1934) pour la hauteur intérieure 172 mm, et pour le diamètre intérieur 86 mm.
Le diamètre extérieur sera $86 + 5 \times 2 = 96 \, mm$.
Le litre se compose d'une enveloppe cylindrique dont les diamètres sont 86 et 96 mm et la hauteur 172 mm, et d'un disque de 96 mm de diamètre et de 5 mm d'épaisseur.
La surface de la base de l'enveloppe cylindrique égale (Arith., nº 581) $\pi(R + r)(R - r) = 3,1416 \times 91 \times 5 = 1429 \, mmq \, 428$.
Le volume de cette enveloppe est de
$$1429,428 \times 172 = 245861 \, mmc \, 616.$$
Le volume du disque est de
$$\pi R^2 h = 3,1416 \times 2304 \times 5 = 36191 \, mmc \, 232.$$
Le volume du zinc qui forme le litre est de
$$245861,616 + 36191,232 = 282052 \, mmc \, 848.$$

Le poids de ce zinc est de

$$7,19 \times 282,052848 \text{ ou } 2027 \text{ gr } 96.$$

Rép. 2027 gr 96.

1937. *Une poutre en chêne de 4 m 50 de long et de 0 m 30 d'é-
quarrissage flotte sur l'eau ; une de ses faces latérales est parallèle à la surface de l'eau. Quelle est la hauteur de la partie submergée ? La densité du chêne est 0,92. Si cette même poutre flottait
sur la mer, quelle serait la hauteur de la partie non submergée ?
La densité de l'eau de mer est 1,026.*

La surface de l'une des faces latérales de la poutre est de

$$0,3 \times 4,5 = 1 \text{ mq } 35.$$

Le volume de la poutre est de $1,35 \times 0,3 = 0 \text{ mc } 405$.

Son poids est de $0,92 \times 405 = 372 \text{ kg } 6$.

Dans l'eau douce la poutre s'enfoncera jusqu'à ce qu'elle déplace 372 kg 6 d'eau, c'est-à-dire 372 dc 6.

La hauteur de la partie submergée est de $\dfrac{372,6}{135} = 2 \text{ dm } 76$.

Dans l'eau de mer elle déplacera 372 kg 6 d'eau,

c'est-à-dire $\dfrac{372.6}{1,026} = 363 \text{ dc } 157$.

La hauteur de la partie submergée sera de $\dfrac{363,157}{135} = 2 \text{ dm } 690$.

La hauteur de la partie non submergée serait de $3 - 2,69 = 0 \text{ dm } 31$.

Rép. 1° 0 m 276 ; 2° 0 m 031.

1938. *Un vase cylindrique en plomb, ouvert par un bout,
contient 8 litres 05 : les dimensions intérieures sont telles que le
diamètre est la moitié de la hauteur ; calculez le volume du métal
qui a servi à fabriquer ce vase, sachant que les parois ont
partout 0 m 04 d'épaisseur et que le déchet a été les 0,03 du métal
employé. (Poitiers, 1876.)*

On a $\qquad h = 2d = 4r.$

Le volume $\qquad \pi r^2 h$ ou $4\pi r^3 = 8050 \text{ cmc},$

d'où l'on tire $\quad r = \sqrt[3]{\dfrac{8050}{4\pi}} = 8 \text{ cm } 6204$, soit 8 cm 62.

La hauteur égale $\quad 4r = 8,62 \times 4 = 34 \text{ cm } 48.$

Le volume demandé se compose, comme au problème 1936,
d'une enveloppe cylindrique et d'un disque.

Les rayons sont $R = 8,62 + 4 = 12 \text{ cm } 62$, et $r = 8 \text{ cm } 62.$

Volume de l'enveloppe $\pi (R + r)(R - r) h,$

ou $\qquad 3,1416 \times 21,24 \times 4 \times 34,48 = 9203 \text{ cmc } 0683.$

Volume du disque $\pi r^2 h = 3,1416 \times (12,62)^2 \times 4 = 2001 \text{ cmc } 3801.$

Le volume total est donc

$$9203,0683 + 2001,3801 = 11204 \text{ cmc } 4484.$$

Puisque, à cause du déchet, 100 parties se réduisent à 97, le
volume du plomb employé est de

$$\frac{11204,4484 \times 100}{97} = 11550 \text{ cmc } 97.$$

Rép. 11550 cmc 97.

Remarque. Les parois de ce vase ont une trop grande épaisseur. Le métal pèserait $11,35 \times 11,204 = 127$ kg 1654.

Si l'on prend pour épaisseur 4 millimètres, on obtient :

Volume de l'enveloppe, $3,1416 \times 17,64 \times 0,4 \times 34,48 =$ 764 cmc 3226

Volume du disque, $\qquad 3,1416 \times (17,64)^2 \times 0,4 =$ 391 cmc 0281

Volume total. . . . . 1155 cmc 3507

Volume du métal employé $\dfrac{1155,3507 \times 100}{97} = 1191$ cmc 088.

Rép. 1191 cmc 083.

1939. *Un demi-hectolitre destiné à la mesure des liquides est en cuivre et doit être étamé intérieurement. Calculer la dépense à raison de 1 fr 40 le mètre carré.*

Le demi-hectolitre (Arith., n° 378) est une mesure dont la hauteur égale le diamètre $h = d = 2r$.

On a $\qquad \pi r^2 h = 2\pi r^3 = 500$ dc,

d'où $\qquad r = \sqrt[3]{\dfrac{500}{3,1416 \times 2}} = 4$ dm 3012 soit 0 m 43.

La surface du fond égale πr^2.

La surface latérale (Arith., n° 596) égale
$$2\pi r h = 2\pi r \times 2r = 4\pi r^2.$$

La surface intérieure égale donc $\pi r^2 + 4\pi r^2 = 5\pi r^2$,
ou $\qquad 5 \times 3,1416 \times 0,43^2 \times = 2$ mq 9044.

La dépense sera de $1,4 \times 2,90 = 4$ fr 06.

Rép. 4 fr 05.

1940. *Calculer le poids d'un lingot dont la densité est de 11,35 et dont la forme est celle d'un cône droit de 0 m 36 de hauteur et une circonférence de base de 0 m 84.*

Le volume du cône est égal au produit de la surface de la base par le $\dfrac{1}{3}$ de la hauteur.

La surface de la base égale (Arith., n° 586, 3°)
$$\dfrac{\overline{\text{Circ}}^2}{4\pi} = \dfrac{84^2}{4\pi} = 561 \text{ cmq 5.}$$

Le volume du cône égale $561,5 \times \dfrac{36}{3} = 6738$ cmc.

Le poids du lingot est de $11,35 \times 6738 = 76476$ gr 3.

Rép. 76 kg 4763.

1941. *On fabrique des sphères d'argent, en fondant pour chacune d'elles une pièce de 5 fr. On en remplit une caisse qui a une longueur de 8 centim 3, une largeur de 5 centim 81, une hauteur de 6 centim 64. On demande le prix total des sphères* *contenues dans cette caisse. Le poids spécifique de l'argent monnayé est 10,5.*

Le volume de chaque sphère sera $V = \dfrac{P}{D} = \dfrac{25}{10,5}$ cmc.

On a (Arith., nº 605) $\quad \dfrac{\pi d^3}{6} = \dfrac{25}{10,5}$

d'où $d = \sqrt[3]{\dfrac{25 \times 6}{10,5 \times \pi}} = 1$ cm 6567.

Dans la longueur on pourra mettre $\quad \dfrac{8,3}{1,6567}$ soit 5 sphères.

Dans la largeur $\quad \dfrac{5,81}{1,6567}$ soit 3 sphères.

Dans la hauteur $\quad \dfrac{6,64}{1,6567}$ soit 4 sphères.

La caisse contiendra $5 \times 3 \times 4 = 60$ sphères.

Le prix total des sphères est de $5 \times 60 = 300$ fr.

Rép. 300 fr.

1942. *On prend successivement les $^7/_{11}$ et les $^4/_9$ d'un nombre; on multiplie l'un par l'autre les nombres obtenus et l'on a pour produit 12644,4. Quel est ce nombre, à 0,001 près?*

Soit x le nombre cherché, on aura

$$\frac{7x}{11} \times \frac{4x}{9} = \frac{28x^2}{99} = 12\,644,4,$$

d'où $\quad x = \sqrt{\dfrac{12\,644,4 \times 99}{28}} = 211,440.$

Rép. Le nombre demandé est 211,44.

1943. *Un terrain a la forme d'un trapèze ABDC; la grande base CD de ce trapèze a 64 m, la base opposée AB a 28 m et la hauteur est de 25 m. Sur le côté CD se trouve un puits P à 24 m du sommet D. On demande de faire passer par le centre de ce puits une droite PM qui partage le terrain en deux parties équivalentes, et de déterminer le point où elle aboutit sur AB.*

Surface $\quad ABCD = \dfrac{28 + 64}{2} \times 25 = 1150$ mq,

dont la moitié est de 575 m q.

On obtiendra la demi-somme des bases des trapèzes partiels en divisant la surface par la hauteur $\dfrac{575}{25} = 23$ m; donc la somme des bases égale 46 m

$MB = 46 - 24 = 22$ m.

Rép. MB = 22 mètres.

1944. *Combien faut-il de carreaux ayant la forme d'un hexagone régulier de 1 décim de côté pour carreler une chambre rec-*

tangulaire de 6 m de longueur sur 4 m 30 de largeur? (On n'ira pas plus loin que le centim carré dans le calcul des surfaces.)

La surface de l'hexagone régulier (Géom., C. S., n° 400)

égale $\dfrac{3a^2}{2}\sqrt{3} = \dfrac{3}{2} \times 1{,}732 = 2\,dmq\;598$, soit $2\,dmq\;60$.

La surface à carreler égale $6 \times 4{,}3 = 25\,mq\;8$ ou $2580\,dmq$.

La surface de la salle contient $\dfrac{2580}{2{,}60} = 992$ fois la surface d'un hexagone.

Rép. 992 carreaux.

Remarque. Le petit rayon de l'hexagone égale (Géom, C. S., n° 315).

$$\frac{a}{2}\sqrt{3} = \frac{1}{2}\sqrt{3} = 0\,dm\;866.$$

Pratiquement, il y aura dans la largeur $\dfrac{4{,}30}{0{,}0866 \times 2}$ 24 hexagones $\dfrac{1}{2}$ dans chaque ligne, un côté du carreau étant placé parallèlement à la longueur de l'appartement.

Dans la longueur, deux hexagones feront une longueur de 3 dm; il y aura donc 60 : 3 = 20 doubles rangées.

Il faudra $24 \times 20 \times 2 = 960$ carreaux entiers, et $\dfrac{1}{2} \times 20 \times 2 = 20$ demi-carreaux, sans compter les petits triangles du haut et du bas, c'est-à-dire la valeur de 9 carreaux environ, supposé qu'il n'y ait rien de perdu. Soit en tout $960 + 20 + 9 = 989$.

Rép. 900 carreaux environ.

1945. *Un tube cylindrique en métal a 2 m de longueur. Le diamètre intérieur du tube égale 1 décim 50; l'épaisseur du tube est de 0 décim 25. Quel est le poids de ce tube rempli d'eau pure, sachant que le métal dont il est formé pèse 7 fois autant que l'eau sous le même volume?*

On a $r = 0\,dm\;75$ et $R = 0{,}75 + 0{,}25 = 1\,dm$.

Pour pouvoir contenir de l'eau ce tube doit être fermé à une de ses extrémités. Il se compose d'une enveloppe cylindrique et d'un disque.

La base de l'enveloppe cylindrique est une couronne dont la surface égale $\pi(R+r)(R-r) = 3{,}1416 \times 1{,}75 \times 0{,}25 = 1\,dmq\;37445$.

Volume de l'enveloppe $1{,}37445 \times 20 = 27\,dmc\;489$.

Volume du disque $3{,}1416 \times 1 \times 0{,}25 = 0\,dmc\;7854$.

Volume du métal $27{,}489 + 0{,}7854 = 28\,dmc\;2744$.

Poids du métal $28{,}2744 \times 7 = 197\,kg\;9208$.

Volume intérieur du tube
$$\pi r^2 h = 3{,}1416 \times 0{,}5625 \times 20 = 35\,dmc\;343.$$

Le poids de 35 dmc 343 d'eau est 35 kg 343.

Poids total $197{,}9208 + 35{,}343 = 233\,kg\;2638$.

Rép. 233 kg 2638.

Remarque. Si le tube n'est pas fermé à l'une de ses extrémités, le poids du tube rempli d'eau sera de $27{,}489 \times 7 + 35{,}343 = 227\,kg\;766$.

1946. *Un fil cylindrique de platine, de 48 m de longueur,* *pèse 24 gr 468. Sachant qu'un centimètre cube de platine pèse 22 gr, on demande de calculer le diamètre de ce fil.*

Volume du fil $\dfrac{24,468}{22}$ cmc.

Surface de la base $\dfrac{\pi d^2}{4} = \dfrac{24,468}{22 \times 4800}$ cmq;

d'où $d = \sqrt{\dfrac{24,468 \times 4}{22 \times 4800 \times 3,1416}} = 0 \text{ cm } 017175.$

Rép. 0 millimètre 1 717.

1947. *Un terrain carré de 4 hectares 4 ares 1 centiare doit être entouré d'un fossé dont la profondeur sera de 60 centim. et dont la section sera un trapèze, la grande base ayant 80 centim, le rapport des bases étant $^3/_5$. L'axe du fossé se trouvant sur la limite du terrain, on demande le plus grand volume d'eau que pourra contenir ce fossé.*

Le côté du terrain a $\sqrt{40401} = 201$ mètres de longueur.

La petite base du trapèze a $0,80 \times \dfrac{3}{5} = 0$ m 48.

Le volume de l'eau qui remplit le fossé est égal au produit de la section droite par le périmètre du terrain, car le fossé se compose de 4 prismes égaux dont la longueur est de 201 mètres.

On aura $V = \dfrac{0,80 + 0,48}{2} \times 0,60 \times 201 \times 4 = 308$ mc 736.

Rép. 308 mc 736.

1948. *Calculer le nombre de stères contenus dans une bille de chêne ayant la forme d'un tronc de cône dont la hauteur est de 5 m 40, la circonférence de la base inférieure est de 1 m 75 et celle de la base supérieure de 1 m 20.*

On a $c = 1$ m 75, $c' = 1$ m 20, $h = 5$ m 40.

Rayon de la base inférieure $r = \dfrac{c}{2\pi}$.

Rayon de la base supérieure $r' = \dfrac{c'}{2\pi}$.

La formule $V = \dfrac{\pi h}{3}(r^2 + r'^2 + rr')$ (Arith., n° 604)

devient $V = \dfrac{\pi h}{3}\left(\dfrac{c^2}{4\pi^2} + \dfrac{c'^2}{4\pi^2} + \dfrac{cc'}{4\pi^2}\right) = \dfrac{\pi h}{3} \times \dfrac{1}{4\pi^2}(c^2 + c'^2 + cc')$

ou $\dfrac{h}{12\pi}(c^2+c'^2+cc') = \dfrac{5,40}{12 \times 3,1416}(3,0625+1,44+2,10) = 0$ mc 94573.

Rép. 9 décist 45.

1949. *On fait creuser un puits de 12 m de profondeur sur 1 m 50 de diamètre. Quelle somme doit-on donner aux ouvriers, à raison de 4 fr 25 le mètre cube?*

On a $V = \pi r^2 h$ ou $\dfrac{\pi d^2 h}{4} = \dfrac{3,1416}{4} \times 2,25 \times 12 = 21$ mc 2058.

On doit donner aux ouvriers $4,25 \times 21,2058 = 90$ fr 124.

Rép. 90 fr 10.

1950. *Quel serait le prix de 4000 m de fil de fer ayant 0 m 0018* de diamètre, à raison de 4 fr 90 la botte de 5 kilogr? On sait que le poids spécifique du fer est 7,8.

Volume du fil de fer

$$\pi r^2 l = 3,1416 \times (0,09)^2 \times 400000 = 10178 \text{ cmc } 784.$$

Poids du fil de fer $7,8 \times 10178,784 = 79394 \text{ gr } 5152.$

On payera $\dfrac{4,9 \times 79,394515}{5} = 77 \text{ fr } 80.$

Rép. 77 fr 80.

1951. *On fait creuser un puits de 18 m de profondeur et de 1 m 75 de diamètre. La terre que l'on en extrait pèse en moyenne 3280 kilogr par mètre cube. On demande quel poids de terre on a à extraire.*

Le volume de la terre enlevée égale $\pi r^2 h = \dfrac{\pi d^2 h}{4}$,

ou $\dfrac{3,1416 \times 3,0625 \times 18}{4} = 43 \text{ mc } 295175.$

Le poids de cette terre égale

$$3280 \times 43,295175 = 142008 \text{ kg } 174 \text{ gr}.$$

Rép. 142008 kg 174.

§ XV. — PROGR., INTÉRÊTS COMPOSÉS, ANNUITÉS

1952. *Une progression par différence a pour premier terme 8 ¼ et pour raison ²/₃. Calculer la somme de ses 25 premiers termes.*

On a (Arith., n° 680)

$$25^e \text{ terme } l = a + (n-1)r = 8\frac{1}{4} + \frac{24 \times 2}{3} = 24\frac{1}{4} = \frac{97}{4},$$

et (Arith., n° 684) $S = \dfrac{a+l}{2} \times n = \dfrac{1}{2}\left(\dfrac{33}{4} + \dfrac{97}{4}\right) 25 = 406,25.$

Rép. Somme 406,25.

1953. *On veut border un trottoir long de 120 mètres avec des pierres longues chacune de 0 m 30 qui sont déposées à l'une des extrémités du trottoir à construire. Quel chemin parcourra un aide-maçon pour les déposer à l'endroit que chacune doit occuper, si l'on suppose qu'il s'arrête chaque fois au point milieu de la longueur que la pierre doit couvrir, et qu'il revienne au point de départ après avoir posé la dernière pierre?*

L'aide-maçon parcourra un chemin égal à deux fois la somme des termes d'une progression arithmétique dont le 1er terme $a = 0$ m 15, la raison $r = 0$ m 30 et le nombre des termes

$$n = 120 : 0,30 = 400.$$

On aura $l = a + (n-1)r = 0,15 + 399 \times 0,3 = 119 \text{ m } 85.$

$$S = \frac{(a+l)n}{2} = \frac{(0,15 + 119,85) \times 400}{2} = 24000 \text{ mètres}.$$

$$2 S = 24 \times 2 = 48 \text{ kilomètres}.$$

Rép. 48 kilomètres.

1954. *Un capital de 10000 fr placé à intérêts composés s'est elevé au bout de 3 ans à 11576 fr 25; à quel taux a-t-il été placé?*

Le formule C (Arith., n° 726) donne

$$r = \sqrt[n]{\frac{A}{a}} - 1 = \sqrt[3]{\frac{11576,25}{10000}} - 1 = 1,05 - 1 = 0,05.$$

Rép. Taux 5 p %.

1955. *Quelle somme faut-il placer actuellement à 5 % pour obtenir 10000 fr au bout de 5 ans, en laissant les intérêts se capitaliser?*

La formule B (Arith., n° 726) donne

$$a = \frac{A}{(1+r)^n} = \frac{10000}{(1,05)^5}.$$

Log. $10000 = 4$

5 fois log. 1,05 $= 0,105\,946\,495$ (Arith., page 51, log.)

Log. $a = 3,894\,053\,505$, d'où $a = 7835$ fr 25.

Rép. 7835 fr 25.

1956. *Que devient au bout de 7 ans et 3 mois une somme de 1350 fr placée à intérêts composés au taux de 4,50 %?*

Pour 7 ans, on aurait (Arith., n° 726, A) $A = 1350(1,045)^7$.

Log. $1350 = 3,13033$

7 fois log. $1,045 = 0,133814$

Log. $A = 3,264144$, d'où $A = 1837$ fr 15

Intérêt de 3 mois $4,5 \times \dfrac{3}{12} \times 18,3715$ $20 , 65$

Total   1857 fr 80

Rép. 1857 fr 80.

1957. *Une somme est restée placée pendant un certain temps à 4 % et à intérêts composés, et l'on remarque que si elle eût été placée pendant le même temps à 5 % et à intérêts simples, le capital définitif eût été le même. On demande la durée de ce placement.*

Soient a la somme placée, et n le temps cherché.

Placée à intérêts composés, la somme est devenue

$$A = a(1+r)^n = a(1,04)^n.$$

Placée à intérêts simples, elle serait devenue

$$A = a(1 + rn) = a(1 + 0,05n).$$

On aura donc $a(1,04)^n = a(1 + 0,05n).$

Ou, en divisant par a, $(1,04)^n = 1 + 0,05n$.

En comparant ce que devient 1 fr placé à intérêts composés pendant 1 an, 2 ans, etc., à 1 fr, augmenté de son intérêt simple pendant le même temps, on voit que le temps demandé est compris entre 11 ans et 12 ans,

car pour 11 ans $(1,04)^{11} = 1,5394541$, et $1 + 0,05 \times 11 = 1$ fr 55

et pour 12 ans $(1,04)^{12} = 1,6010322$, et $1 + 0,05 \times 12 = 1$ fr 60.

Après 11 ans la différence égale $1,55 - 1,5394541 = 0$ fr 0105459.

Cherchons quel temps il faut à 1 fr 5394541, pour rapporter au taux de 4 p % 0 fr 0105459 de plus que rapporte 1 fr à 5 p % pendant le même temps.

Soit x ce temps, nous aurons

$$0,04 \times 1,5394541 \times x - 0,05 \times x = 0,0105459,$$

ou

$$x(0,04 \times 1,5394541 - 0,05) = 0,0105459$$

et

$$x \times 0,011578164 = 0,0105459,$$

d'où

$$x = \frac{0,0105459}{0,011578164} = 10 \text{ mois } 28 \text{ jours.}$$

Rép. 11 ans 10 mois 28 jours.

Remarque. Si, dans un examen, par exemple, on n'a pas à sa disposition la table des intérêts composés, il faut faire les puissances de 1,04 et les comparer à $1 + 0,05x$.

Pour	2 ans.	$(1,04)^2 = 1,0816$		$1 + 0,05 \times 2 = 1,10$
	4 ans.	$(1,0816)^2 = 1,169857856$		
		soit 1,17		$1 + 0,05 \times 4 = 1,20$
	8 ans.	$(1,17)^2 = 1,3689$		$1 + 0,05 \times 8 = 1,40$
	10 ans.	$1,3689 \times 1,0816 = 1,4806\ldots$		$1 + 0,05 \times 10 = 1,50$
	11 ans.	$1,4806 \times 1,04 = 1,539824$		$1 + 0,05 \times 11 = 1,55$
		Différence	$1,55 - 1,539824 = 0,010176.$	

Et enfin, en opérant comme ci-dessus

$$x = \frac{0,010176}{0,04 \times 1,539824 - 0,05} = 10 \text{ mois } 16 \text{ jours.}$$

Rép. 11 ans 10 mois 16 jours.

1958. *On a deux billets, l'un de 1500 fr, payable dans un an; l'autre de 2350 fr, payable dans 5 ans. On veut les remplacer par un seul billet payable dans 3 ans. Quel en devra être le montant? Les intérêts composés seront calculés à raison de 5 %.*

La formule $a = \dfrac{A}{(1+r)^n}$ (Arith., n° 726, *B*) nous permet de trouver la valeur actuelle des billets.

x étant la valeur nominale du billet unique, on a

$$\frac{1500}{1,05} + \frac{2350}{(1,05)^5} = \frac{x}{(1,03)^3}$$

Multiplions les deux membres de cette égalité par $(1,05)^3$, nous aurons $x = 1500(1,05)^2 + \dfrac{2350}{(1,03)^2} = 3785$ fr 25.

Rép. 3785 fr 25.

1959. *On place 6548 fr à intérêts composés à 4 % et 6616 fr un an après. Trois ans après le deuxième placement, les deux sommes ont acquis la même valeur. Quel est le taux du second placement?*

Représentons par x le $\dfrac{1}{100}$ du taux cherché, nous aurons

$$6548(1,04)^4 = 6616(1+x)^3$$

ou

$$x = \sqrt[3]{\frac{6548(1,04)^4}{6616}} - 1 = 0,05.$$

Rép. Le taux du second placement est de 5 p %.

1960. *Une personne a placé les* $^2/_{11}$ *de sa fortune à 6 p* $^0/_0$, *les* $^5/_{16}$ *à 5 p* $^0/_0$ *et le reste à 4 p* $^0/_0$. *Au bout de l'année, elle a dépensé les* $^5/_7$ *de son revenu, et elle place le reste à 6 p* $^0/_0$ *et à intérêts composés. Au bout de 3 ans 5 mois, ce reste ainsi placé devient 3400 fr. On demande quelle était la fortune de cette personne.*

Soit a la somme placée à intérêts composés.

Au bout de 3 ans cette somme sera devenue $a\,(1,06)^3$.

L'intérêt de 100 fr pendant 5 mois est de $\dfrac{6\times 5}{12}=2,5$ p $^0/_0$.

La somme $a\,(1,06)^3$ vaudra après 5 mois
$$a\,(1,06)^3\times 1,025=3400 \text{ fr};$$
d'où $\qquad a=\dfrac{3400}{(1,06)^3\times 1,025}=2785 \text{ fr } 078,\ \text{ soit } 2785 \text{ fr } 10$

Le revenu annuel était donc $\dfrac{2785,10\times 7}{2}=9747 \text{ fr } 85.$

Les deux premiers placements valent
$$\frac{2}{11}+\frac{5}{16}=\frac{32+55}{176}=\frac{87}{176} \text{ de la fortune.}$$

La somme placée à 4 $^0/_0$ en est les $\dfrac{176-87}{176}=\dfrac{89}{176}.$

Pour un capital de 17600 fr le revenu annuel serait
pour la 1re partie $\dfrac{17600\times 32\times 6}{176\times 100}$ ou $32\times 6=192 \text{ fr}$

pour la 2^e $\qquad\qquad\qquad\qquad\quad 55\times 5=275$
pour la 3^e $\qquad\qquad\qquad\qquad\quad 89\times 4=356$

$\qquad\qquad\qquad$ Soit en tout $\qquad\qquad 823$ fr

La somme demandée est donc $\dfrac{17600\times 9747,85}{823}=208459 \text{ fr } 55.$

Rép. 208459 fr 55.

Remarque. Si l'on conserve tous les chiffres, on trouve 208457 fr 80.

1961. *Une somme de 105850 fr provient d'un capital qui a été placé pendant 3 ans 7 mois à intérêts composés à 5* $^1/_2$ *p* $^0/_0$. *Ce capital lui-même représente les* $^7/_9$ *du prix de vente d'un champ de forme rectangulaire qui a 385 mètres de longueur. Sachant que l'hectare de ce champ a été vendu 7650 fr, calculer la longueur du champ.*

Pour 7 mois l'intérêt de 1 fr est de $\dfrac{0,055\times 7}{12}=\dfrac{0,385}{12}$;

1 fr devient au bout de 7 mois $1+\dfrac{0,385}{12}=\dfrac{12,385}{12}.$

Après 3 ans la somme placée à intérêts composés valait
$$\frac{105850\times 12}{12,385} \text{ fr.}$$

La somme placée était de $\dfrac{105850\times 12}{12,385\times(1,055)^3}=87341 \text{ fr } 10.$

Le prix de vente du champ était de $\dfrac{87341,1\times 9}{7}=112295 \text{ fr } 7.$

Superficie du champ $\dfrac{112\,295,7}{7650} = 14$ hect 6791 ou 146791 m car·

Largeur $146\,791 : 385 = 381$ m 27.

Rép. 381 m 27.

1962. *On emprunte 8000 fr le 1er janvier 1894 ; on remet au prêteur : 1276 fr le 30 juin ; 2240 fr le 30 septembre de la même année. On se libère en versant une dernière somme de 5711 fr 83. Dire à quelle date elle a dû être versée, l'intérêt étant capitalisé tous les ans au taux de 5 p %.*

Le 1er janvier 1895 la somme 8000 fr vaudra

$$8000 \times 1,05 = 8400 \text{ fr.}$$

A la même date, les 1276 fr vaudront

$$1276 + \frac{5 \times 6 \times 12,76}{12} = 1307 \text{ fr } 90$$

et les 2240 fr vaudront $2240 + \dfrac{5 \times 3 \times 22,4}{12} = 2268$ fr.

L'emprunteur doit donc le 1er janvier 1895

$$8400 - (1307,90 + 2268) = 4824 \text{ fr } 10.$$

Somme due le 1er janvier 1895	4824 fr 10
Intérêts d'un an	241 , 20
Au 1er janvier 1896	5065 , 30
Intérêts d'un an	253 , 25
Au 1er janvier 1897	5318 , 55
Intérêts d'un an	265 , 95
Au 1er janvier 1898	5584 , 50

La somme 5584,50 doit rapporter $5711,83 - 5584,50 = 127$ fr 33.

Cette somme rapporte $\dfrac{0,05 \times 5584,50}{12} = 23$ fr 26875 par mois.

Pour rapporter 127 fr 33, il lui faudra

$$\frac{127,33}{23,26875} = 5 \text{ mois } 14 \text{ jours.}$$

La somme a dû être payée 5 mois 14 jours après le 1er janvier 1898, c'est-à-dire le 15 juin 1898.

Rép. Le 15 juin 1898.

1963. *Un banquier prête pour 4 ans, au taux de 5 p % et à intérêts composés, une somme qu'on ne connaît pas. Seulement on sait que l'emprunteur pourrait s'acquitter en payant quatre annuités de 2203 fr 9204 chacune, la première ayant lieu un an après la date du prêt. Quelle est la somme prêtée ?*

La formule B (Arith., n° 736) donne

$$A = \frac{2203,9204 \times (1,05^4 - 1)}{0,05 (1,05)^4} = 7814 \text{ fr } 75.$$

Rép. 7814 fr 75.

1964. *Une commune se propose de construire une maison d'école au moyen d'un emprunt contracté à 5 %, et remboursable en 6 ans avec l'excédent des recettes communales, lequel* s'élève à 3285 fr : on demande la somme que la commune doit emprunter.

La formule B (Arith., n° 736) donne

$$A = \frac{3285\,(1,05^6 - 1)}{0,05\,(1,05)^6} = 16674 \text{ fr } 70.$$

Rép. 16674 fr 70.

1965. *Deux familles dépensent habituellement chacune 4 fr par jour. Elles se composent chacune du père, qui gagne 2 fr 25 par jour; de la mère, qui gagne 0 fr 60, et de deux enfants, qui gagnent l'un et l'autre 1 fr 85. La première famille travaille régulièrement six jours chaque semaine; mais la seconde, qui fait le lundi, ne travaille que cinq jours, et elle dépense le lundi 4 fr 40 de plus que les autres jours. Chaque famille verse ses économies à la caisse d'épargne tous les trois mois. On demande combien la première famille aura économisé de plus que la seconde au bout d'une année. L'argent placé à la caisse d'épargne rapporte 3 fr 50 p % et porte intérêt seulement au bout d'une semaine.*

Chaque famille gagne $2,25 + 0,60 + 1,85 \times 2 = 6$ fr 55 par jour de travail.

La première gagne $6,55 \times 6 = 39$ fr 30 par semaine, et elle dépense $4 \times 7 = 28$ fr.

La deuxième gagne $6,55 \times 5 = 32$ fr 75 par semaine, et elle dépense $28 + 4,40 = 32$ fr 40.

Les économies de la première sont de $39,30 - 28 = 11$ fr 30 par semaine, ou de $11,30 \times \dfrac{52}{4} = 146$ fr 90 par trimestre.

Les économies de la deuxième sont de $32,75 - 32,40 = 0$ fr 35 par semaine, ou de $0,35 \times 13 = 4$ fr 55 par trimestre.

Le premier dépôt portera intérêt pendant $52 - 14 = 38$ semaines, le deuxième pendant $38 - 13 = 25$, le troisième pendant $25 - 13 = 12$.

Si nous appelons i l'intérêt de 1 fr pendant une semaine, ou $\dfrac{0,035}{52}$, nous aurons pour les intérêts des trois premiers dépôts

$$146 \times 38i + 146 \times 25i + 146 \times 12i = 146 \times 75i,$$

$$\text{ou} \qquad 146 \times 75 \times \frac{0,035}{52} = 7 \text{ fr } 35.$$

Les économies de la première famille sont donc au bout de l'année $\qquad 146,9 \times 4 + 7,35 = 594$ fr 95.

Les intérêts des sommes déposées par la deuxième famille s'élèvent à $\qquad 4 \times 75 \times \dfrac{0,035}{52} = 0$ fr 20.

Les économies de la deuxième famille sont au bout de l'année de $\qquad 4,55 \times 4 + 0,20 = 18$ fr 40.

A la fin de l'année la première famille aura économisé $594,95 - 18,40 = 576$ fr 55 de plus que la 2e.

Rép. 576 fr 55.

QUESTIONS DE THÉORIE

1966. *Énoncer la convention de la numération écrite; en démontrer l'importance dans les calculs.*

Arith., n° 26.

Importance. Les opérations sont rendues beaucoup plus faciles et plus rapides. Pour s'en convaincre, on n'a qu'à essayer, sans recourir à cette convention, de faire une opération quelconque, soit, par exemple, la multiplication de 4 mille 5 cent quarante-huit par 8 cent vingt-cinq.

1967. *Exposer la numération écrite. On ne s'occupera que des nombres entiers.*

Arith., n°° 25, 26, 27.

1968. *Expliquer comment, avec les neuf chiffres significatifs et le zéro, on peut, dans le système décimal, représenter tous les nombres quels qu'ils soient.*

Chaque ordre peut avoir au plus 9 unités.

Les chiffres peuvent donc représenter toutes les unités des différents ordres, et le zéro remplacera les ordres d'unités qui pourraient manquer dans le nombre.

1969. *Définition et théorie de la soustraction. Appliquer le raisonnement aux nombres 4027 et 3249.*

Arith., n° 66. $4027 - 3249 = 778$.

1970. *Exposer la méthode de soustraction par compensation sur les exemples suivants :* 1° 43025 *et* 19086; 2° 8 1/3 *et* 4 5/9.

1° Arith., n° 66.

2° $8\dfrac{1}{3} = 8\dfrac{3}{9}$

$4\dfrac{5}{9}$

$\overline{3\dfrac{7}{9}}$

Ne pouvant ôter 5 neuvièmes de 3 neuvièmes, j'augmente de 1 unité ou 9 neuvièmes le nombre supérieur; 9 neuvièmes et 3 neuvièmes font 12 neuvièmes, 5 neuvièmes ôtés de 12 neuvièmes reste 7 neuvièmes. Ayant augmenté le nombre supérieur de 1 unité, j'augmente par compensation le nombre inférieur de 1 unité; 1 unité et 4 unités font 5 unités, ôtées de 8 unités reste 3 unités.

Le reste demandé est 3 unités $\dfrac{7}{9}$.

1971. *Soustraire 0,475 de 1 et expliquer l'opération.*

Arith., n° 69.

1972. *Expliquer la multiplication de deux nombres entiers sur l'exemple* 45×89000.

Arith., n° 95.

1973. *Que devient le produit de la multiplication de deux nombres : 1° si l'on ajoute l'unité à chacun des facteurs; 2° si l'on retranche l'unité de chacun des facteurs? Raisonner sur le produit* 4125×36.

1° $(4125 + 1) \times (36 + 1) = 4125 \times 36 + 36 + 4125 + 1$. (Arith., n° 82.)

Le produit 4125×36 est augmenté de la somme des deux facteurs plus 1, ou $4125 + 36 + 1 = 4162$.

2° On a $(4124 + 1) \times (35 + 1) = 4125 \times 36$.

Mais $(4124 + 1) \times (35 + 1) = 4124 \times 35 + 4124 + 35 + 1$.

On voit que le produit 4125×36 surpasse de $4124 + 35 + 1$ le produit de ces mêmes facteurs diminués de 1.

$$4124 + 35 + 1 = 4125 + 36 - 1.$$

Donc, si l'on retranche 1 de chacun des facteurs d'un produit de 2 facteurs, le produit est diminué de la somme moins 1 des 2 facteurs donnés.

On a d'ailleurs 1° $(a + 1)(b + 1) = ab + a + b + 1$
et 2° $(a - 1)(b - 1) = ab - a - b + 1 = ab - (a + b - 1)$.

1974. *Multiplication des nombres décimaux. Faire le raisonnement sur les exemples suivants :* $40,35 \times 4$; $56 \times 0,022$. *Montrer que tous les autres cas se ramènent à ces deux-là. Règle à suivre dans la pratique.*

Raisonnement. (Arith., n° 99.)

Les autres cas qui peuvent se présenter, se ramènent aisément aux précédents; par exemple, $40,35 \times 0,022$ devient $4035 \times 0,00022$ en multipliant le multiplicande par 100 et en divisant le multiplicateur par 100.

Le produit n'a pas changé, car le produit a été multiplié et divisé par 100. Règle. (Arith., n° 100.)

1975. *Expliquer pourquoi le produit des deux nombres* $3,248$ *et* $0,27$ *aura cinq chiffres décimaux.*

Arith., n° 100.

1976. *Exposer et démontrer le moyen de déterminer le nombre des chiffres du quotient dans une division.*

Arith., n° 113; ou bien : Soit à diviser 472905 par 567.

On a $567 \times 100 < 472905 < 567 \times 1000$.

Le dividende 472905 étant compris entre 100 fois et 1000 fois le diviseur 567, le quotient sera compris entre 100 et 1000; il aura donc 3 chiffres, c'est-à-dire autant de chiffres qu'il faut écrire de zéros à la droite du diviseur pour qu'il contienne le dividende au moins une fois et moins de dix fois.

expliquer la division des nombres entiers sur l'exemple
suivant : 472905 : 567. La méthode fera connaître le quotient à
une unité près et le reste de la division.

Arith., n° 117.

1078. Diviser 4632 par 784. On fera voir qu'en cherchant combien de fois le chiffre des plus hautes unités du diviseur est contenu dans les unités de même espèce que renferme le dividende,
on est exposé à trouver un quotient trop fort, mais qu'on ne
trouve jamais un quotient trop petit. On prouvera que le reste de
l'opération doit être moindre que le diviseur, et aussi que la
moitié du dividende.

En divisant 45 centaines par 7 centaines, on trouve un quotient 6 qui est trop fort ; en effet, outre le produit des 7 centaines
par le quotient, les 45 centaines contiennent les centaines provenant du produit des 8 dizaines par le quotient, soit $8\,d \times 5 = 40\,d$
ou 4 centaines. Or, le reste de la division de 45 centaines par 7
est 3. Il faudra donc diminuer le quotient de 45 par 7 de 1 unité.

On ne peut pas trouver un quotient trop faible, parce que si
le dividende partiel que l'on prend est parfois trop fort, il n'est
jamais trop faible, et par conséquent le quotient obtenu ne peut
être trop faible lui-même.

Le reste de la division doit être moindre que le diviseur.
(Arith., n° 119.)

Le reste doit être moindre que la moitié du dividende, c'est-
à-dire que l'on doit avoir $r < \dfrac{D}{2}$.

En effet, on a $$D = dq + r.$$
Le reste étant toujours plus petit que le diviseur, si dans l'é-
galité ci-dessus nous remplaçons d par r, le second nombre sera
plus petit que le premier, et l'on aura $rq + r$ ou $r(q+1) < D$,

d'où $$r < \frac{D}{q+1}.$$

On voit que le reste pourra être d'autant plus grand que le
quotient sera plus petit. Le quotient étant 3, par exemple, le
reste sera plus petit que le $\frac{1}{4}$ du dividende, car on aura

$$r < \frac{D}{3+1}, \text{ etc.}$$

Or la plus petite valeur du quotient est 1, on aura alors

$$r < \frac{D}{2}.$$

Le reste sera donc toujours plus petit que la moitié du dividende,
pourvu toutefois que le dividende soit plus grand que le diviseur.

1079. Démontrer que si l'on multiplie le dividende et le diviseur d'une division par un même nombre : 1° la partie entière
du quotient ne change pas, mais le reste est multiplié par ce

nombre; 2° la fraction complémentaire du quotient ne change pas. On fera le raisonnement sur l'exemple 250 : 34, en prenant 10 pour multiplicateur.

On a (Arith., n° 122)

1° $250 = 34 \times 7 + 12$
$$250 \times 10 = (34 \times 10) \, 7 + 12 \times 10.$$

2° $250 = 34 \times \left(7 + \dfrac{12}{34} \right)$

et $250 \times 10 = 34 \times 10 \left(7 + \dfrac{12}{34} \right).$

1980. *Faire connaître : 1° comment le produit de deux nombres peut être plus petit que le multiplicande; 2° dans quel cas le quotient de la division de deux nombres peut être plus grand que le dividende.*

1° D'après la définition de la multiplication (Arith., n° 73), le produit sera plus petit que le multiplicande, si le multiplicateur est plus petit que 1.

2° Le dividende est égal au produit du quotient par le diviseur; or, nous venons de le voir, le produit, ou le dividende, sera plus petit que le quotient, si l'autre facteur, le diviseur, est plus petit que 1.

1981. *Expliquer la division des nombres décimaux. On fera l'explication sur l'exemple suivant : 0,437 par 1,97, et on calculera le quotient avec l'approximation de un demi-cent-millième.*

Raisonnement. (Arith., n° 125 et 127.)

$0,437 : 1,97 = 0,221842$, soit $0,22184$ à $\dfrac{1}{2}$ cent-millième près.

1982. *On multiplie 15 dix-millionièmes par 25 cent-millièmes. On divise ensuite les ³/₅ du produit par 9 centièmes. Quel est le quotient?*

Le quotient demandé est

$$\frac{0,0000015 \times 0,00025 \times 3}{5 \times 0,09} = 0,0000000025$$

ou $\dfrac{25}{10000000000} = \dfrac{1}{400000000}.$

1983. *Quelle différence y a-t-il entre le produit et le quotient de 48 par 0,75.*

Le produit de 48 par 0,75 ou $\dfrac{3}{4}$ est les $\dfrac{3}{4}$ de 48, tandis que le quotient en est les $\dfrac{4}{3}$. (Arith., n° 73 et 250.)

La différence égale donc les $\dfrac{4}{3} - \dfrac{3}{4}$ ou les $\dfrac{16-9}{12} = \dfrac{7}{12}$ de 48.

Différence $\dfrac{48 \times 7}{12} = 28.$

1984. *Expliquer la division d'un nombre décimal par un nombre décimal. On fera voir, étant donnée une fraction périodique 0,531 531 531 à diviser par une fraction périodique 0,27 27 27,* comment il est possible de calculer approximativement le quotient avec une erreur moindre que $^1/_{100}$.

1° Raisonnement de la division d'un nombre décimal par un nombre décimal. (Arith., nᵒˢ 125 et 127.)

2°, $0,531\,531\,531\ldots = \dfrac{531}{999}$ et $0,272727\ldots = \dfrac{27}{99}$.

Le quotient exact des deux fractions périodiques est donc

$$\frac{531}{999} : \frac{27}{99} = \frac{531 \times 99}{999 \times 27} = \frac{649}{333}.$$

Mais $\qquad \dfrac{649}{333} = 1,948.$

Rép. 1,94 à $\dfrac{1}{100}$ près, ou 1,95 à $\dfrac{1}{2}$ centième près.

1985. *Qu'est-ce qu'un nombre premier ? Comment reconnaît-on si le nombre 851 est premier ? Où doit s'arrêter cette série d'opérations ?*

Arith., nᵒˢ 170, 174 et 175.
$$851 = 23 \times 37.$$

1986. *Comment décomposer un nombre en ses facteurs premiers ? Application de cette décomposition à la recherche du plus grand commun diviseur et du plus petit commun multiple de plusieurs nombres. Déterminer, d'après cette règle, le plus grand commun diviseur des nombres 7260, 55444 et 1980, et le plus petit multiple commun de ces trois nombres.*

Arith., nᵒˢ 182, 183 et 184.
$$7260 = 2^2.3.5.11^2$$
$$55444 = 2^2.83.167$$
$$1980 = 2^2.3^2.5,11$$
$$\text{p. g. c. d. } 2^2 = 4$$
$$\text{p. p. c. m. } 2^2.3^2.5.11^2.83.167 = 301\,892\,580.$$

1987. *Indiquer et expliquer le caractère auquel on reconnaît qu'un nombre est divisible par 25, et le procédé le plus rapide pour effectuer la division.*

Arith., n° 149.

Pour effectuer rapidement la division d'un nombre par 25, on divise le nombre par 100 et l'on multiplie le quotient obtenu par 4. Exemple : Soit à diviser par 25 le nombre 3945.

On aura $\dfrac{3945}{25} = \dfrac{3945 \times 4}{25 \times 4} = \dfrac{3945 \times 4}{100} = 39,45 \times 4 = 157,80.$

1988. *Exposer ce que deviennent : 1° la somme ou la différence de deux nombres, lorsqu'on multiplie chacun de ces nombres par une même quantité ; 2° le produit de deux facteurs, lorsqu'on multiplie chacun d'eux par le même nombre ; 3° le quotient de deux nombres, lorsqu'on multiplie le dividende et le diviseur par un même nombre. Explication raisonnée de ce prin-*

cipe sur les deux nombres 454 et 27, que l'on considèrera successivement par voie d'addition, de soustraction, de multiplication et de division, et que l'on multipliera par le même nombre 3.

1° La somme ou la différence, sont multipliées par le nombre. (Arith., n° 79.)

$$454 \times 3 + 27 \times 3 = (454 + 27) 3$$
$$454 \times 3 - 27 \times 3 = (454 - 27) 3$$

2° Le produit est multiplié par le carré du nombre. (Arith., n° 96.)

$$(454 \times 3) \times (27 \times 3) = 454 \times 27 \times 3 \times 3 = 454 \times 27 \times 3^2$$

3° Le quotient ne change pas, mais le reste est multiplié par ce nombre. (Arith., n° 122.)

$$454 = 27 \times 16 + 22 \text{ et } 454 \times 3 = (27 \times 3) \times 16 + 22 \times 3.$$

1989. *Démontrer que, si l'on multiplie deux nombres par un troisième, le quotient ne changera pas, mais que le reste de leur division sera multiplié par le troisième nombre. On prendra pour exemple les deux nombres 162 et 48, que l'on multipliera tous deux par 7.*

Déduire de ce principe que si l'on multiplie deux nombres par un troisième, leur plus grand commun diviseur sera multiplié par le troisième nombre. On prendra pour exemple les mêmes nombres 162 et 48, que l'on multipliera par 7.

Arith., n°° 122, 166 et 167.

1990. *Exposer les diverses méthodes par lesquelles on trouve le plus grand commun diviseur de deux nombres. Faire voir comment chacune d'elles conduit nécessairement au but que l'on se propose. Application de ces méthodes à la recherche du plus grand commun diviseur des deux nombres 5544 et 936.*

Arith., n°° 164 et 189.

$$5544 = 2^3 \times 3^2 \times 7 \times 11 ; \quad 936 = 2^3 \times 3^2 \times 13$$
$$\text{p. g. c. d. } 2^3 \times 3^2 = 72.$$

1991. *Établir les conditions nécessaires et suffisantes pour qu'un nombre m soit divisible par un autre nombre a, qui est égal à $5^2 \times 11 \times 37$.*

Pour que le nombre m soit divisible par le nombre a, il faut et il suffit qu'il contienne tous les facteurs premiers de a, avec un exposant au moins égal à celui des facteurs premiers de a; en d'autres termes, m doit être un multiple du produit

$$5^2 \times 11 \times 37.$$

1992. *Énoncer et démontrer la règle pour obtenir en facteurs premiers le plus petit commun multiple de plusieurs nombres donnés a, b, c, et appliquer cette règle à :*

$$a = 10175 ; \quad b = 1885 ; \quad c = 5075.$$

(Arith., n° 191.)

On a
$$a = 10175 = 5^2 \times 11 \times 37 ;$$
$$b = 1885 = 5 \times 13 \times 29 ;$$
$$c = 5075 = 5^2 \times 7 \times 29 ;$$
$$\text{p. p. c. m.} = 5^2 \times 7 \times 11 \times 13 \times 29 \times 37 = 26851825.$$

Trouver tous les nombres entiers qui divisent exactement le nombre 180; les ranger par ordre de grandeur; inscrire en face de chacun d'eux le quotient que fournit la division de 180 par ce nombre, et dire ce que ce tableau offre de remarquable. Indiquer, d'ailleurs, exposer la méthode qu'on aura suivie pour trouver les diviseurs.

(Arith., n°˒ 186 et 187.)

$$180 = 2^2 \times 3^2 \times 5.$$

Diviseurs.   1, 2, 3, 4, 5, 6, 9,10,12,15,18,20,30,36,45,60,90,180.
Quotients. 180,90,60,45,36,30,20,18,15,12,10, 9, 6, 5, 4, 3, 2, 1.

On remarquera que les diviseurs sont les mêmes nombres que les quotients, mais ils sont disposés dans un ordre inverse.

1994. *Démontrer que si un nombre est divisible par deux autres nombres séparément, il ne sera nécessairement divisible par leur produit que si ces deux autres nombres sont premiers entre eux.*

Exemple : 72 est divisible par 3, il est divisible par 8, il sera donc divisible par 24. Ce même nombre 72 est divisible aussi par 8 et par 4, mais il ne sera pas divisible par 4×8 ou 32.

1° Arith., n° 180.

$$\text{On a} \quad 72 = 8 \times 9.$$

Le facteur 4 divise le produit 72 ou 8×9, mais comme il n'est pas premier avec 8, il ne divise pas nécessairement l'autre facteur $9 = 4 \times 2 + 1$;

$$\text{d'où} \quad 72 = 8(4 \times 2 + 1) = 8 \times 4 \times 2 + 8 = 32 \times 2 + 8.$$

1995. *Démontrer que tout nombre qui en divise deux autres divise aussi le reste de la division du plus grand par le plus petit; en sorte que 7, par exemple, divisant les deux nombres 385 et 245, divisera aussi le reste 140 de la division du plus grand, 385, par le plus petit, 245.*

Soit D le dividende, d le diviseur, q le quotient et r le reste.

On a $D = dq + r$, ou $D - dq = r$.

Tout nombre a qui divise D et d, divisera dq multiple de d; divisant D et dq, a divisera leur différence r. (Arith., n°˒ 138, 139, 140.) Donc : *Tout nombre qui divise le dividende et le diviseur d'une division, divise le reste.*

7, qui divise le dividende 385 et le diviseur 245, divisera aussi le reste 140; en effet, $140 = 7 \times 20$.

1996. *Démontrer que tout nombre qui divise le diviseur et le reste d'une division, divise le dividende.*

On a (Probl. 1995) $D = dq + r$.

Tout nombre a qui divise r et d divise dq multiple de d, et, par suite, il divise la somme $dq + r$ ou D. (Arith., n° 138.)

1997. *Démontrer qu'en disposant dans un ordre arbitraire les chiffres du nombre 68923, les différences des nombres ainsi ob-*

[illegible]

... les chiffres du nombre ... on
ajoute des chiffres ... à chaque ...
La différence ... des ... terme[s] ...
en divisant les deux parties $m+9$ et $m+10$ ...
Arith., n° 180.
Cette propriété est donc générale.
On a, par ex., $68\,923 - 28\,369 = 40\,554 = 4506 \times 9$.

1908. *Démontrer que si l'on ajoute un même nombre aux deux termes d'une fraction proprement dite, la valeur de cette fraction différera d'autant moins de l'unité que le nombre ajouté aux deux termes sera plus grand. On prendra pour exemple la fraction* $^3/_5$, *et l'on devra chercher le nombre qu'il faudra ajouter à ses deux termes, pour que sa valeur ne diffère plus de l'unité que de* $^1/_{100}$.

Arith., n° 208.

La différence des deux termes de la fraction $\dfrac{3}{5}$ restera la même si l'on ajoute une même quantité à chacun de ses termes.

Elle sera donc toujours $5-3$ ou 2 parties de l'unité.

Lorsque la différence sera $\dfrac{1}{100}$ on aura $\dfrac{2}{x} = \dfrac{1}{100}$ ou $\dfrac{2}{x} = \dfrac{2}{200}$,
le dénominateur sera donc 200.

Il faudra ajouter à chacun des termes $200-5$ ou 195.

Vérification $\dfrac{3+195}{5+195} = \dfrac{198}{200}$; diff. $\dfrac{200-198}{200} = \dfrac{2}{200} = \dfrac{1}{100}$.

1909. *Que devient une fraction: 1° si l'on ajoute à lui-même chacun de ses termes; 2° si l'on supprime son dénominateur?* Explication.

1° La fraction ne change pas de valeur.

En effet, la fraction $\dfrac{a}{b}$ devient $\dfrac{a+a}{b+b} = \dfrac{2a}{2b} = \dfrac{a}{b}$.

2° La fraction est multipliée par le dénominateur.

En effet $\dfrac{a}{b} \times b = a$.

2000. *Simplification des fractions: 1° procédé des divisions successives; utilité de la connaissance des caractères de divisibilité; 2° procédé du plus grand commun diviseur; utilité de cette simplification.*

Arith., nos 218-221.

1° Si l'on connaît les caractères de divisibilité des nombres, la simplification des fractions se fera rapidement; dans le cas où ...

traire on est exposé à prendre pour nombres premiers des nombres qui ne le sont pas.

2° Lorsqu'on divise deux nombres par leur p. g. c. d., les quotients obtenus sont nécessairement premiers entre eux. (Arith., n° 168.)

Par ce procédé on est certain d'obtenir une fraction réduite à sa plus simple expression.

2001. *Comparer les deux expressions* 7×9 *et* $\dfrac{7 \times 0{,}2 \times 9 \times 0{,}005}{0{,}001}$, *et prouver qu'elles sont d'égale valeur.*

On a
$$\frac{7 \times 0{,}2 \times 9 \times 0{,}005}{0{,}001} = 7 \times 9 \times \frac{0{,}2 \times 0{,}005}{0{,}001};$$

mais
$$\frac{0{,}2 \times 0{,}005}{0{,}001} = \frac{0{,}0010}{0{,}001} = 1.$$

Donc
$$7 \times 9 = \frac{7 \times 0{,}2 \times 9 \times 0{,}005}{0{,}001}.$$

2002. *Trouver la valeur de l'expression suivante:*
$$\frac{2(7-5) \times (8-3)}{4 \times (5+4)}.$$

Rendre compte des opérations.

Divisons d'abord par 4 le numérateur et le dénominateur; pour cela il suffit de supprimer au numérateur le facteur 2 et (7—5) qui égale aussi 2, et au dénominateur le facteur 4. (Arith., n° 121.)

Nous aurons donc $\dfrac{2(7-5) \times (8-3)}{4 \times (5+4)} = \dfrac{8-3}{5+4}$ ou $\dfrac{5}{9}$.

2003. *Effectuer complètement les calculs suivants*
$$\frac{5\,\tfrac{1}{5} \times 420 \times 0{,}25 \times \tfrac{1}{2}}{1\,\tfrac{3}{4} \times 2\,\tfrac{2}{5} \times \tfrac{13}{2}}.$$

On a
$$5\tfrac{1}{5} \times 420 \times 0{,}25 \times \tfrac{1}{2} = \tfrac{26}{5} \times 420 \times 0{,}25 \times \tfrac{1}{2} = 26 \times 42 \times 0{,}25 = 13 \times 21$$

$$1\tfrac{3}{4} \times 2\tfrac{2}{5} \times \tfrac{13}{2} = \tfrac{7}{4} \times \tfrac{12}{5} \times \tfrac{13}{2} = \frac{7 \times 3 \times 13}{10}.$$

Donc
$$\frac{5\tfrac{1}{5} \times 420 \times 0{,}25 \times \tfrac{1}{2}}{1\tfrac{3}{4} \times 2\tfrac{2}{5} \times \tfrac{13}{2}} = \frac{13 \times 21}{\frac{7 \times 3 \times 13}{10}} = 10.$$

2004. *Réduire à sa plus simple expression la fraction*
$$\frac{12 \times 34 \times 169}{51 \times 91 \times 32}.$$

On opérera la réduction sans effectuer préalablement les multiplications indiquées, mais en décomposant en leurs facteurs premiers chacun des nombres qui entrent dans la composition du numérateur et du dénominateur.

On a $12 = 2^2 \times 3$; $34 = 2 \times 17$; $169 = 13^2$,
et $51 = 3 \times 17$; $91 = 7 \times 13$; $32 = 2^5$.

Donc
$$\frac{12 \times 34 \times 169}{51 \times 91 \times 32} = \frac{2^2 \times 3 \times 2 \times 17 \times 13^2}{3 \times 17 \times 7 \times 13 \times 2^5} = \frac{13}{2^2 \times 7} = \frac{13}{28}.$$

2005. *Réduire au même dénominateur les fractions suivantes:* $^{5}/_{7}$, $^{11}/_{14}$, $^{3}/_{5}$, $^{13}/_{20}$, $^{3}/_{4}$. *Expliquer la méthode sur cet exemple.*

Examiner le cas particulier où l'on a deux fractions telles que le dénominateur de l'une est un multiple du dénominateur de l'autre. Exemple: $^{4}/_{7}$, $^{16}/_{28}$.

Arith., nᵒˢ 226 et 227.

Les dénominateurs des fractions $\frac{5}{7}$, $\frac{3}{5}$, $\frac{3}{4}$ étant des sous-multiples des dénominateurs 14 ou 20, le plus petit dénominateur commun des fractions proposées est donc le p. p. m. c. des nombres 14 et 20 ou 140.

Ces fractions deviendront respectivement

$$\frac{100}{140}, \quad \frac{110}{140}, \quad \frac{84}{140}, \quad \frac{91}{140} \quad \text{et} \quad \frac{105}{140}.$$

La fraction $\frac{4}{7}$ égale $\frac{16}{28}$. (Arith., nᵒ 225.)

2006. *Réduire au plus petit dénominateur commun les trois fractions suivantes:* $^{3}/_{4}$, $^{5}/_{8}$, $^{7}/_{12}$. *Expliquer l'opération.*

Arith., nᵒ 227.

Fractions données $\frac{3}{4}$, $\frac{5}{8}$, $\frac{7}{12}$

p. p. dénom. com. $8 \times 3 = 24$.

Fractions réduites au p. p. dénom. com. $\frac{18}{24}$, $\frac{15}{24}$, $\frac{14}{24}$.

2007. *Soustraire* $^{5}/_{6}$ *de* $^{8}/_{9}$. *Rendre compte de l'opération.*

Arith., nᵒ 232.

$$\frac{8}{9} - \frac{5}{6} = \frac{16-15}{18} = \frac{1}{18}.$$

2008. *Dire ce qu'on entend par multiplier une fraction par une fraction, et expliquer comment il se fait que le produit de deux fractions, l'une et l'autre plus petites que l'unité, est plus petit que chacune des deux fractions.*

Multiplier une fraction par une autre fraction, c'est (Arith., nᵒ 73) chercher une autre fraction appelée produit, qui soit à l'une d'elles ce que l'autre est à l'unité.

Les deux facteurs étant plus petits que l'unité, le produit sera nécessairement plus petit que chacun des facteurs. (Arit. nᵒˢ 246 2ᵒ.)

2009. *Quel changement éprouve un produit de deux facteurs, lorsqu'on multiplie par* $^{2}/_{3}$ *chacun des facteurs de ce produit?*

Le produit est multiplié par le carré de la fraction $\frac{2}{3}$ ou par $\frac{4}{9}$. (Arith., nᵒ 96.)

En effet, soit ab le produit, on aura

$$a \times \frac{2}{3} \times b \times \frac{2}{3} = ab\,\frac{2}{3} \times \frac{2}{3} = ab \times \frac{4}{9}.$$

2010. *Qu'appelle-t-on fractions de fractions ? Comment trouvera-t-on la valeur des* 2/9, *des* 3/11 *de 6 fr 50 ?*

On appelle fractions de fractions le produit de plusieurs fractions. (Arith., n° 246 2°.)

Les $\frac{2}{9}$ des $\frac{3}{11}$ de 6 fr 5, valent $6{,}5 \times \frac{3}{11} \times \frac{2}{9} = 0$ fr 303939…

2011. *Calculer, à moins de 0,01, le produit de* 88/11 *par* 235.

Le produit demandé est exactement $\frac{88}{11} \times 235 = 8 \times 235 = 1880$.

Le produit à $\frac{1}{100}$ près de $\frac{88}{13}$ par 235 serait de 1590,77 par excès.

2012. *Indiquer le sens précis qu'il faut attacher à l'opération qui consiste à diviser un nombre entier,* 12, *par exemple, par une fraction telle que* 3/4.

Diviser un nombre entier par $\frac{3}{4}$, c'est chercher un autre nombre dont le nombre donné n'est que les $\frac{3}{4}$. 12 est donc les $\frac{3}{4}$ du nombre cherché ; ce nombre égale $\frac{12 \times 4}{3} = 16$.

2013. *Théorie de la division des fractions. Montrer que tous les cas rentrent dans celui de la division d'une fraction par une fraction. Exemple :* $7 : \frac{5}{6}$; $\frac{3}{4} : 9$; $\frac{7}{20} : \frac{3}{7}$.

Arith., n°° 253 et 254.

2014. *Donner un exemple d'un problème qui se résout par une division de fractions, et en expliquer la théorie.*

Un rouleau de papier sans fin a 142 m $\frac{3}{8}$ de longueur ; combien pourra-t-on couper de rouleaux pour papier peint de 8 m $\frac{2}{3}$ chacun.

Arith., n°° 250, 253.

2015. *Quel doit être en fraction décimale le diviseur d'une division dont le quotient est égal à seize fois le dividende ? (Faire le raisonnement.)*

On a $\qquad D = dq$, d'où $d = \dfrac{D}{q}$,

mais $\quad q = 16\,D$;

donc $\quad d = \dfrac{D}{16\,D} = \dfrac{1}{16} = 0{,}0625$.

2016. *Conversion des fractions ordinaires en fractions décimales. Exposé, sur les fractions* 5/8, 1/3, 12/15 *et* 7/22 *de la méthode générale. Faire connaître les conditions nécessaires et suffisantes pour qu'une fraction ordinaire soit exactement réductible en décimales.*

Arith., n°° 255, 256 et 257.

$\frac{5}{8} = 0{,}265$; $\frac{1}{3} = 0{,}333…$; $\frac{12}{15} = 0{,}80$; $\frac{7}{22} = 0{,}31818…$

2017. *Démontrer qu'une fraction ordinaire, dont le dénominateur ne contient que des facteurs de 10, c'est-à-dire 2 ou 5 (en nombre quelconque) sera toujours réductible exactement en fraction décimale, et qu'on pourra déterminer à l'avance le nombre de chiffres à écrire à la droite de la virgule, en sorte que $^{31}/_{80}$, par exemple, donnera lieu à une fraction décimale ayant quatre chiffres à droite de la virgule.*

Arith., n° 257.

2018. *Convertir en fractions ordinaires les fractions décimales: 0,54; 0,365; 0,414; 0,30; 0,68, et réduire les fractions ainsi obtenues à leur plus simple expression. Expliquer les opérations.*

Arith., n°° 268 et 269.

$$0,54 = \frac{54}{100} = \frac{27}{50} \; ; \; 0,3 = \frac{3}{10}.$$

$$0,365 = \frac{365}{1000} = \frac{73}{200} \; ; \; 0,68 = \frac{68}{100} = \frac{17}{25}.$$

$$0,414 = \frac{414}{1000} = \frac{207}{500}.$$

2019. *Convertir en fractions ordinaires les fractions décimales périodiques 0,45 45 45... 0,318 318 318... 0,333..., et réduire les fractions ainsi obtenues à leur plus simple expression. Rendre compte des opérations.*

Arith., n° 262 à 265.

$$0,45\,45\,45... = \frac{45}{99} = \frac{5}{11} \; ; \; 0,318\,318\,318... = \frac{318}{999} = \frac{106}{333}.$$

$$0,27\,333... = \frac{273 - 27}{900} = \frac{246}{900} = \frac{41}{150}.$$

2020. *Démontrer que l'on a* $\dfrac{5}{7} = \dfrac{55}{77} = \dfrac{555}{777} = \dfrac{5555}{7777} = $ *etc.; en est-il de même des fractions suivantes :*

$$\frac{35}{71}, \quad \frac{35\,35}{71\,71}, \quad \frac{35\,35\,35}{71\,71\,71}, \quad \text{etc.?}$$

On a

$$\frac{55}{77} = \frac{5 \times 11}{7 \times 11} = \frac{5}{7};$$

$$\frac{555}{777} = \frac{5 \times 111}{7 \times 111} = \frac{5}{7};$$

$$\frac{5555}{7777} = \frac{5 \times 1111}{7 \times 1111} = \frac{5}{7}.$$

Toutes ces fractions sont égales, puisqu'elles sont toutes équivalentes à $\dfrac{5}{7}$.

Ou bien

$$\frac{5}{7} = \frac{50}{70} = \frac{500}{700} = \frac{5000}{7000} = \frac{5555}{7777}.$$

Le dernier rapport est égal à chacun des autres, car son numérateur est la somme des numérateurs de tous les autres rapports, et son dénominateur, la somme des dénominateurs des autres rapports. (Arith., n° 458.)

On a de même $\dfrac{35\,35}{71\,71} = \dfrac{35 \times 101}{71 \times 101} = \dfrac{35}{71}$;

$$\dfrac{35\,35\,35}{71\,71\,71} = \dfrac{35 \times 10101}{71 \times 10101} = \dfrac{35}{71}\ \text{etc.}$$

2021. *Démontrer que dans les mesures de surface chaque unité vaut cent fois l'unité de l'ordre immédiatement inférieur. Faire voir aussi que la règle générale de la numération décimale est toujours appliquée pour la représentation de ces grandeurs.*

Arith., nᵒˢ 348 et 349.

Les nombres qui représentent les unités de surface suivent la numération décimale, puisque le mètre carré vaut dix dixièmes de mètre carré, le dixième de mètre carré vaut dix centièmes de mètre carré ou dix décimètres carrés, etc.

2022. *Donner la liste complète des mesures réelles de poids, et établir les relations entre ces mesures et les mesures de volume.*

50 kg	corresp. à $\frac{1}{2}$ hectol d'eau.		5 gr corresp.	à	5	centime d'eau.
20 kg	»	double décal.	2 gr	»	2	id.
10 kg	»	décal.	1 gr	»	1	id.
5 kg	»	$\frac{1}{2}$ décal.	5 décigr	»	500	millim c.
2 kg	»	double litre.	2 décigr	»	200	id.
1 kg	»	litre.	1 décigr	»	100	id.
5 hectog	»	$\frac{1}{2}$ litre.	5 centig	»	50	id.
2 hectog	»	double décil.	2 centig	»	20	id.
1 hectog	»	décil.	1 centig	»	10	id.
50 gr	»	$\frac{1}{2}$ décil.	5 millig	»	5	id.
20 gr	»	double centil.	2 millig	»	2	id.
10 gr	»	centil.	1 millig	»	1	id.

2023. *Du franc. — Diamètre et poids des diverses pièces de monnaie de France. Rapport, à poids égal, de la valeur de l'or à l'argent.*

Arith., nᵒˢ 399, 407 et 409.

2024. *Montrer, par des exemples, qu'il n'est pas vrai de dire que le titre d'un alliage est la quantité de métal fin qu'il renferme. Donner la définition, qui ne donne lieu à aucune objection.*

Un alliage d'or et de cuivre dont le poids est de 5 gr et le titre de 0,750, ne contient pas seulement 0 gr 750 d'or pur, mais $0,750 \times 5 = 3$ gr 75.

Définition (Arith., nᵒ 401). Le titre indique la quantité de matière précieuse contenue dans l'unité de poids de l'alliage.

2025. *Qu'entend-on par quantités directement proportionnelles et inversement proportionnelles à d'autres quantités ? Faire comprendre que partager un nombre en parties inversement proportionnelles à des nombres donnés, revient à partager ce nombre en parties directement proportionnelles aux inverses des nombres* donnés. *Application : partager 360 en parties inversement proportionnelles aux fractions* $\frac{1}{2}$, $\frac{2}{3}$, $\frac{3}{4}$.

Arith., n° 454 à 456.

Partager un nombre en parties inversement proportionnelles à des nombres donnés, c'est donner d'autant plus à chaque part que la part est représentée par un nombre plus petit.

Les nombres proportionnels étant les fractions $\frac{1}{2}$, $\frac{2}{3}$, $\frac{3}{4}$, quand on donnera 1 fr, par exemple, à une part représentée par 1, on donnera 2 fois plus ou 2 fr à une part représentée par un nombre deux fois plus petit, $\frac{1}{2}$.

Pour une part représentée par $\frac{1}{3}$, on donnera 3 fois plus que pour la part représentée par 1, ou 3 fr; et pour la part représentée par $\frac{2}{3}$ on donnera 2 fois moins qu'à cette dernière, ou $\frac{3}{2}$ fr, etc.

Les parts proportionnelles sont donc 2, $\frac{3}{2}$, $\frac{4}{3}$, qui deviennent $\frac{12}{6}$, $\frac{9}{6}$, $\frac{8}{6}$ et 12, 9, 8, dont la somme est 29.

$1^{re} \cdot \dfrac{360 \times 12}{29} = 148\,fr\,95$: $2^e \dfrac{360 \times 9}{29} = 111\,fr\,75$; $3 \cdot \dfrac{360 \times 8}{29} = 99\,fr\,30$.

2026. *Théorie des questions d'alliage. Indiquer les deux principaux genres que comprennent ces questions, et en expliquer la solution sur des exemples convenablement choisis.*

Arith., n° 576 à 579.

2027. *Expliquer théoriquement comment on trouve deux nombres, dont la somme soit égale à 1645, et qui fassent une proportion avec 3 et 4.*

Soient x et y les deux nombres.

On doit avoir $\dfrac{x}{y} = \dfrac{3}{4}$,

d'où $\dfrac{x+y}{y} = \dfrac{7}{4}$ ou $\dfrac{1645}{y} = \dfrac{7}{4}$. (Arith., n° 451.)

Donc $y = \dfrac{1645 \times 4}{7} = 940$.

et $x = 1645 - 940 = 705$.

Règle. Arith., n° 504.

FIN